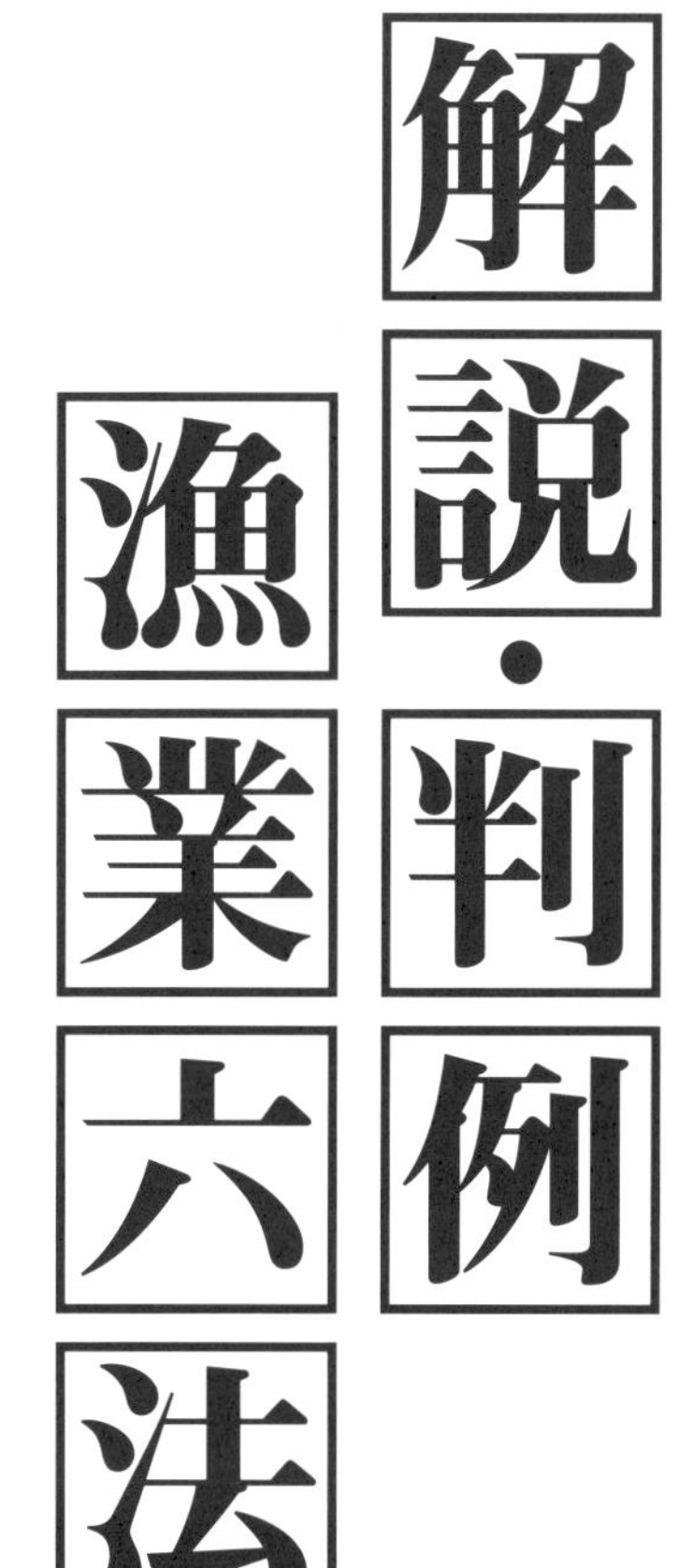

# 解説・判例 漁業六法

金田禎之／編著

大成出版社

# はしがき

本書では、漁業六法として、漁業法、水産資源保護法、外国人漁業の規制に関する法律、水産業協同組合法、漁船法、漁港漁場整備法を取り上げた。これらの法律は、いずれも漁業生産に関する法律として、漁業法を中心として密接に関連する重要な法律である。

漁業法は、漁業生産に関する基本的制度を定めたものである。水産資源保護法は、水産資源の保護培養を目的とした法律である。昭和二六年一一月に公布される以前は、水産資源保護培養に関する一部の事項が漁業法で規定されており、それが移されたものである。外国人漁業の規制に関する法律は、昭和四二年七月に公布される以前は、漁業法第六五条に基づく「外国人の行なう漁業等の取締りに関する省令」（昭和四一年農林省令第五八号）であったものである。また、水産業協同組合法は、昭和一八年に水産業団体法（昭和一八年法律第四三号）が公布されるまでは、旧漁業法（明治三四年法律第三四号）の中で、漁業組合、水産組合の制度として規定されていた。このように、四法はかつて漁業法の中で規定されていたものが、それぞれが独立して単独法となったものである。

また、漁船法は、漁業生産手段にとって必要不可欠の漁船に関する重要な法律である。漁港漁場整備法は、漁業生産の基地である漁港及び漁業生産の基盤である漁場の整備に関する重要な法律である。このように本書に取り上げた漁業六法は、漁業生産にとって相互に密接に関連のある法律である。

これらの漁業六法は、戦後の各種の経済民主化政策に主導されながら成立公布され、以来、日本経済の発展に伴って幾たびかの改正が行われ、今日に至ったものである。この間漁業をめぐる状況は、沿岸から遠洋への外延的発展期から一転して本格的な二〇〇海里時代へと移行し、漁業協同組合の合併の進展など大きく変容している。さらに、近年においては漁業就業者は減少し、漁村の社会構造も変化し、貿易の自由化の中での国際競争は激化するなど大きく変貌してきた。このように漁業内外の情勢が著しく複雑多岐にわたる漁業関係の実態の中で、いかに具体的に漁業六法を適切に運用していくかは非常に重要な問題である。

本書は、漁業六法について、それぞれ逐条ごとに簡潔な解説と判例要旨を記述して、できるだけ、わかりやすく取りまとめたつもりである。漁業六法の運用に携わる方々に広くご利用いただき、そのご理解の一助ともなれば幸いである。

平成二一年六月二五日

金田禎之

# 凡　例

一　本書は、漁業六法として漁業法、水産資源保護法、外国人漁業の規制に関する法律、水産業協同組合法、漁船法、漁港漁場整備法を取り上げた。

二　本書は、漁業六法について、それぞれ逐条ごとに簡潔な解説と判例要旨を記述して、わかりやすく取りまとめた。法関係の政省令は、つとめて多く引用して解説した。

三　判例は、著者編集の「漁業関係判例総覧（増補改訂版）」「漁業関係判例総覧・続巻（増補改訂版）」「漁業関係判例要旨総覧」から主として引用して、さらに、判例について調査、研究しやすいように関係の文献についてもそれぞれ詳細に記述した。

四　条項、事項等が索引しやすいように、できるだけ詳細な目次を掲載した。

五　本書に記載した略称例は、次のとおりである。

|  |  |
|---|---|
| 金田禎之編　漁業関係判例総覧（増補改訂版） | 総覧 |
| 金田禎之編　漁業関係判例総覧・続巻（増補改訂版） | 総覧続巻 |
| 金田禎之編　漁業関係判例要旨総覧 | 要旨総覧 |
| 最高裁判所 | 最高裁 |
| 高等裁判所 | 高裁 |
| 地方裁判所 | 地裁 |
| 行政裁判所 | 行裁 |
| 簡易裁判所 | 簡裁 |
| 最高裁判所刑事判例集 | 最高裁刑集 |
| 最高裁判所民事判例集 | 最高裁民集 |
| 最高裁判所裁判集（刑） | 裁判集刑 |
| 最高裁判所裁判集（民） | 裁判集民 |
| 高等裁判所刑事裁判例集 | 高裁刑集 |
| 高等裁判所民事裁判例集 | 高裁民集 |
| 高等裁判所刑事判決特報 | 高裁刑特報 |
| 高等裁判所刑事裁判特報 | 高裁特報 |
| 東京裁判所刑事時報 | 東京刑時報 |
| 東京裁判所民事時報 | 東京民時報 |
| 下級裁判所刑事裁判例集 | 下裁刑集 |
| 下級裁判所民事裁判例集 | 下裁民集 |
| 行政事件裁判例集 | 行政集 |
| 大審院刑事判決録 | 刑録 |

大審院民事判決録　民録
大審院刑事裁判集　刑集
大審院民事裁判集　民集
大審院裁判例　裁判例
行政裁判所判決録　行録
判例タイムズ　タイムズ
判例時報　時報
金融法務事情　金融法務
金融商事判例　金融商事
訟務月報　訟務
判例地方自治　自治
刑事裁判月報　刑裁月報
法律新聞　新聞

六　本書に関連した主なる参考図書は次のとおりである。

金田禎之　新編漁業法詳解（増補三訂版）　成山堂書店
金田禎之　新編漁業法のここが知りたい（付資源保護法・資源管理法・遊漁船業法・水産基本法）　成山堂書店
金田禎之　新編都道府県漁業調整規則詳解（改訂版）　水産新潮社
金田禎之　定置漁業者のための漁業制度解説　水産グラフ社
金田禎之　実用漁業法詳解（一〇訂版）　成山堂書店
金田禎之　都道府県漁業調整規則の解説（三訂版）　新水産新聞社
金田禎之　漁業関係判例総覧（増補改訂版）　大成出版社
金田禎之　漁業関係判例総覧・続巻（増補改訂版）　大成出版社
金田禎之　漁業関係判例要旨総覧　大成出版社
金田禎之　漁業関係の判決要旨三七〇例　大成出版社
金田禎之　判例に学ぼう（水産技術と経営）　水産技術経営研究会
金田禎之　海と川をめぐる法律問題　河中自治振興財団
金田禎之　漁業権等の諸問題—漁業権等をめぐる諸問題—　日本船長協会

と船舶の通航
金田禎之　日本漁具漁法図説（増補二訂版）　成山堂書店
金田禎之　日本の漁業と漁法（改訂版）　成山堂書店
金田禎之　漁業紛争の戦後史　成山堂書店
金田禎之　漁業資材の統制とその変遷　産業資材調査会
金田禎之　知っておきたい「海の法律」　釣春秋社
金田禎之　さかな随談　成山堂書店
金田禎之　総合水産辞典（四訂版）　成山堂書店

目　次

# 第一部　漁業法

〔内容現在　平成一九年六月六日法律第七七号〕

## 第一章　総　則


第一条　この法律の目的……4
第二条　定義……4
第三条・第四条　適用範囲……6
第五条　共同申請……7


## 第二章　漁業権及び入漁権


第六条　漁業権の定義……8
第七条　入漁権の定義……10
第八条　組合員の漁業を営む権利……11
第九条　漁業権に基づかない定置漁業等の禁止……14
第一〇条　漁業の免許……15
第一一条・第一一条の二　免許内容等の事前決定……15
第一二条　海区漁業調整委員会への諮問……18
第一三条　免許をしない場合……19
第一四条　免許についての適格性……21
第一五条　優先順位……25
第一六条　定置漁業の免許の優先順位……25
第一七条　区画漁業（主として第二種区画漁業）の免許の優先順位……30
第一八条　特定区画漁業の免許の優先順位……32
第一九条　真珠養殖業の免許の優先順位……32
第二〇条　削除
第二一条　漁業権の存続期間……34
第二二条　漁業権の分割又は変更……36
第二三条　漁業権の性質……37
第二四条　抵当権の設定……38
第二五条　特定区画漁業権の譲渡により先取特権又は抵当権が消滅する場合……39
第二六条　漁業権の移転の制限……40
第二七条　相続又は法人の合併若しくは分割によって取得した定置漁業権又は区画漁業権……41
第二八条　水面使用の権利……41
第二九条　貸付けの禁止……42
第三〇条　登録した権利者の同意……42
第三一条　組合員の同意……43

第三二条　漁業権の共有……43
第三三条　変更の同意……44
第三四条　漁業権の制限又は条件……44
第三五条　休業の届出……45
第三六条　休業中の漁業許可……46
第三七条　休業による漁業権の取消し……46
第三八条　適格性の喪失等による漁業権の取消し……47
第三九条　公益上の必要による漁業権の変更、取消し又は行使の停止……48
第四〇条　錯誤によってした免許の取消……50
第四一条　抵当権者の保護……51
第四二条　漁場に定着した工作物の買取……52
第四二条の二　入漁権取得の適格性……52
第四三条　入漁権の性質……53
第四四条　入漁権の内容の書面化……53
第四五条　裁定による入漁権設定、変更及び消滅……54
第四六条　入漁権の存続期間……55
第四七条　入漁権の共有……56
第四八条・第四九条　入漁料の不払等……56
第五〇条　漁業権等の登録……56
第五一条　裁判所の管轄……58

## 第三章　指定漁業

第五二条　指定漁業の許可……59
第五三条　削除
第五四条　起業の認可……61
第五五条　認可の効力……62
第五六条　許可又は起業の認可をしない場合……62
第五七条　許可又は起業の認可についての適格性……63
第五八条　公示……64
第五八条の二　公示に基づく許可等……65
第五九条　許可等の特例……68
第六〇条　許可の有効期間……69
第六一条　変更の許可……69
第六二条　相続又は法人の合併若しくは分割……70
第六二条の二　許可等の失効……71
第六二条の三　許可証の書換え交付等……72
第六三条　準用規定……73
第六四条　水産政策審議会に対する報告……74

## 第四章　漁業調整

第六五条　漁業調整に関する命令……76

第六六条　許可を受けない中型まき網漁業等の禁止……81
第六七条　海区漁業調整委員会又は連合海区漁業調整委員会の指示……83
第六八条　広域漁業調整委員会の指示……85
第六九条から第七一条まで　削除
第七二条　漁場又は漁具の標識……86
第七三条　公共の用に供しない水面……86
第七四条　漁業監督公務員……87
第七四条の二　漁業監督官と漁業監督吏員の協力……89
第七四条の三　漁業監督吏員と都道府県の区域……90
第七四条の四　都道府県が処理する事務……90

## 第五章　削　除

第七五条から第八一条まで　削除

## 第六章　漁業調整委員会等

### 第一節　総　則

第八二条　漁業調整委員会……91
第八三条　所掌事務……91

### 第二節　海区漁業調整委員会

第八四条　設置……93
第八五条　構成……93
第八六条　選挙権及び被選挙権……94
第八七条　欠格者……95
第八八条　選挙事務管理者……96
第八九条　選挙人名簿……96
第九〇条　投票……98
第九一条　投票の無効……99
第九二条　当選人に不足を生じた場合……100
第九三条　委員に欠員を生じた場合……102
第九四条　公職選挙法の準用……102
第九五条　兼職禁止……104
第九六条　委員の辞職の制限……104
第九七条　被選挙権の喪失による委員の失職……105
第九七条の二　就職の制限による委員の失職……105
第九八条　委員の任期……106
第九九条　委員の解職の請求……107
第一〇〇条　委員の解任……108
第一〇一条・第一〇二条　委員会の会議……108

第一〇三条から第一〇四条まで　削除

第三節　連合海区漁業調整委員会

第一〇五条　設置……109
第一〇六条　構成……110
第一〇七条　委員の任期及び解任……112
第一〇八条　委員の失職……112
第一〇九条　準用規定……112

第四節　広域漁業調整委員会

第一一〇条　設置……114
第一一一条　構成……114
第一一二条　議決の再議……115
第一一三条　解散命令……116
第一一四条　準用規定……116

第五節　雑　　則

第一一五条　削除
第一一六条　報告徴収等……118
第一一七条　広域漁業調整委員会等に対する農林水産大臣の監督……119
第一一八条　漁業調整委員会の費用……119
第一一九条　委任規定……119

第七章　土地及び土地の定着物の使用

第一二〇条―第一二三条　土地の使用及び立入等……120
第一二四条　土地及び土地の定着物の使用……121
第一二五条　使用権設定の裁定……122
第一二六条　土地及び土地の定着物の貸付契約に関する裁定……125

第八章　内水面漁業

第一二七条・第一二八条　内水面における第五種共同漁業の免許……126
第一二九条　遊漁規則……127
第一三〇条　内水面漁場管理委員会……129
第一三一条　構成……129
第一三二条　準用規定……130

第九章　雑　　則

第一三三条　漁業手数料……131
第一三四条　報告徴収等……131

第一三四条の二　行政手続法の適用除外……132
第一三五条　不服申立ての制限……133
第一三五条の二　不服申立てと訴訟との関係……133
第一三五条の三　抗告訴訟の取扱い……135
第一三六条・第一三七条　管轄の特例……135
第一三七条の二　提出書類の経由機関……136
第一三七条の三　事務の区分……136

## 第一〇章　罰　則

第一三八条・第一四二条　三年以下の懲役又は二〇〇万円以下の罰金又はその併科……139
第一三九条・第一四二条　一年以下の懲役、五〇万円以下の罰金若しくはその併科又は拘留、科料……144
第一四〇条　没収及び追徴……144
第一四一条・第一四二条　六か月以下の懲役、三〇万円以下の罰金又はその併科……146
第一四三条　二〇万円以下の罰金……147
第一四四条　一〇万円以下の罰金……149
第一四五条　両罰規定……150
第一四六条　過料……150

# 第二部　水産資源保護法

〔内容現在　平成一九年六月六日法律第七七号〕

## 第一章　総　則

第一条　この法律の目的……155
第二条・第三条　適用範囲……155

## 第二章　水産資源の保護培養

### 第一節　水産動植物の採捕制限等

第四条　水産動植物の採捕制限等に関する命令……156
第五条―第七条　漁法の制限……159
第八条・第二六条　公共の用に供しない水面……161
第九条　許可漁船の定数……162
第一〇条　定数超過による許可の取消及び変更……163
第一一条　損失補償……164
第一二条　漁業従事者に対する措置……165
第一三条　漁獲限度……165

### 第一節の二　水産動物の輸入防疫

第一三条の二　輸入の許可……166
第一三条の三　許可に当たっての命令等……167
第一三条の四　焼却等の命令……168
第一三条の五　報告及び立入検査……169

### 第二節　保護水面

第一四条　保護水面の定義……170
第一五条　保護水面の指定……170
第一五条の二　保護水面の区域の変更等……172
第一六条　保護水面の管理者……172
第一七条　保護水面の管理計画……172
第一八条　工事の制限等……173

### 第三節　さく河魚類の保護培養

第二〇条　センターが実施すべき人工ふ化放流……177
第二一条　受益者の費用負担……177
第二二条―第二四条　さく河魚類の通路の保護……178
第二五条　内水面におけるさけの採捕禁止……180
第二六条　公共の用に供しない水面……181

第四節　水産動植物の種苗の確保
第二七条　届出の義務……182
第二八条　生産及び配布の指示……182
第三章　水産資源の調査
第二九条　水産資源の調査……183
第三〇条　報告の徴収等……183
第四章　補　助
第三一条　補助……184
第五章　雑　則
第三二条　水産資源保護指導官及び水産資源保護指導吏員……185
第三二条の二　都道府県が処理する事務……185
第三三条　水産資源の保護培養に関する協力……185
第三四条　水産政策審議会による報告徴収等……186
第三五条　不服申立てと訴訟との関係……186
第三五条の二　事務の区分……186
第三五条の三　経過措置……187
第六章　罰　則
第三六条・第三九条　三年以下の懲役、二〇〇万円以下の罰金又はその併科……188
第三六条の二・第三九条　三年以下の懲役、一〇〇〇万円以下の罰金又はその併科……188
第三七条・第三九条　一年以下の懲役、五〇万円以下の罰金又はその併科……189
第三八条　没収及び追徴……189
第四〇条　六か月以下の懲役又は三〇万円以下の罰金……190
第四一条　両罰規定……190

# 第三部　外国人漁業の規制に関する法律

〔内容現在　平成一三年六月二九日法律第九二号〕

第一条　趣旨……193
第二条　定義……193
第三条　漁業等の禁止……195
第四条・第四条の二　寄港の許可等……197
第五条　退去命令……199
第六条　漁獲物等の転載等の禁止……199
第六条の二　行政手続法の適用除外……201
第六条の三　経過措置……201
第七条　都道府県が処理する事務……202
第八条　条約の効力……202
第九条・第一〇条　罰則……202

# 第四部　水産業協同組合法

〔内容現在　平成二一年六月二四日法律第五九号〕

## 第一章　総　則

第一条　この法律の目的……207
第二条　組合の種類……207
第三条　組合の名称……207
第四条　組合の目的……208
第五条　組合の人格……208
第六条　組合の住所……209
第七条　私的独占の禁止及び公正取引の確保に関する法律との関係……209
第八条　事業利用分量配当等の課税の特例……210
第九条　登記……210
第一〇条　定義……211

## 第二章　漁業協同組合

### 第一節　事　業

第一一条　事業の種類……213
第一一条の二　資源管理規程……219
第一一条の三　出資の総額の最低限度……221
第一一条の四　信用事業規程……221
第一一条の五　地方公共団体等に対する貸付けの最高限度……223
第一一条の六　信用事業に係る経営の健全性の確保……223
第一一条の七　名義貸しの禁止……224
第一一条の八　信用事業に係る禁止行為……225
第一一条の九　特定貯金等契約の締結に関する金融商品取引法の準用……226
第一一条の一〇　貯金者等に対する情報の提供等……227
第一一条の一一　同一人に対する信用の供与等……230
第一一条の一二　特定関係者との間の取引等……231
第一一条の一三　信用事業の利用者等の利益の保護のための体制整備……232
第一一条の一四　会計の区分経理……233
第一二条　倉荷証券の発行……233
第一三条　倉荷証券の記載事項等……234
第一四条　寄託物の保管期間……234
第一五条　商法の準用……235
第一五条の二　共済規程……235

第一五条の三　共済事業に係る経営の健全性の基準……236
第一五条の四　共済契約の申込み撤回等……237
第一五条の五　共済契約の締結等に関する禁止行為……239
第一五条の六　特定共済契約の締結の代理等の委任の禁止……240
第一五条の七　特定共済契約の締結に関する金融商品取引法の準用……240
第一五条の八　共済代理店が加えた損害の賠償責任……242
第一五条の九　共済事業の適切な運営を確保するための措置……242
第一五条の九の二　共済事業の利用者等の利益の保護のための体制整備……244
第一五条の一〇　責任準備金……245
第一五条の一一　支払準備金……245
第一五条の一二　価格変動準備金……246
第一五条の一三　契約者割戻し……247
第一五条の一四　会計の区分経理……247
第一五条の一五　特別勘定……247
第一五条の一六　財産の運用方法の制限……248
第一五条の一七　共済計理人の選任等……249
第一五条の一八　共済計理人の職務……249
第一五条の一九　共済計理人の解任……250
第一六条　団体協約の効力……250
第一七条　漁業の経営……250

## 第二節　共済契約に係る契約条件の変更

第一七条の二　契約条件の変更の申出……252
第一七条の三　業務の停止等……252
第一七条の四　契約条件の変更の限度……253
第一七条の五　契約条件の変更の議決……253
第一七条の六　契約条件の変更等についての仮議決……254
第一七条の七　契約条件の変更に係る書類の備付け等……254
第一七条の八　共済調査人……255
第一七条の九　共済調査人による調査……255
第一七条の一〇　共済調査人の秘密保持義務……256
第一七条の一一　契約条件の変更に係る承認……256

第一七条の一二　契約条件の変更の通知及び異議申立て等……256
第一七条の一三　契約条件の変更の公告等……257

## 第三節　子会社等

第一七条の一四　子会社の範囲等……258
第一七条の一五　議決権の取得等の制限……259

## 第四節　組　合　員

第一八条　組合員たる資格……262
第一九条　出資……267
第一九条の二　回転出資金……268
第二〇条　持分の譲渡……269
第二一条　議決権及び選挙権……269
第二二条　経費……271
第二三条　過怠金……271
第二四条　専用契約……272
第二五条　加入制限の禁止……272
第二六条　任意脱退……274
第二七条　法定脱退……275
第二八条　脱退者の持分の払戻し……277
第二八条の二　脱退者の払込義務……278
第二九条　時効……278
第三〇条　持分払戻しの停止……279
第三一条　出資口数の減少……279
第三一条の二　組合員名簿の備付け及び閲覧等……280

## 第五節　管　理

第三二条　定款に記載し、又は記録すべき事項……281
第三三条　規約で定めうる事項……284
第三三条の二　定款その他の書類の備付け及び閲覧等……285
第三四条　役員……286
第三四条の二　経営管理委員……290
第三四条の三　組合と役員との関係……290
第三四条の四　役員の資格……290
第三四条の五　役員等の兼職又は兼業の制限……292
第三五条　役員の任期……293
第三六条　理事会の職務等……293
第三七条　理事会の議決等……294
第三八条　経営管理委員会の職務等……295
第三九条　理事会の議事録の備付け及び閲覧等……296

第三九条の二　理事及び経営管理委員の忠実義務等……297
第三九条の三　代表理事……298
第三九条の四　理事及び経営管理委員に関する会社法の準用……299
第三九条の五　監事……301
第三九条の六　役員の組合に対する損害賠償責任等……302
第四〇条　決算関係書類の作成、備付け及び閲覧等……306
第四一条　事業別損益を明らかにした書面の作成等……308
第四一条の二　特定組合の監査……308
第四一条の三　特定組合以外の組合の監査……310
第四二条　役員の改選又は解任の請求……310
第四二条の二　役員に欠員を生じた場合の措置……313
第四三条　行政庁による一時役員の職務を行うべき者の選任又は総会の招集……313
第四四条　役員の責任を追及する訴えに関する会社法の準用……314
第四五条　参事及び会計主任の選任等……314
第四六条　参事又は会計主任の解任の請求……316
第四七条　競争関係にある者の役員等への就任禁止……316
第四七条の二　通常総会の招集……317
第四七条の三　臨時総会の招集……317
第四七条の四　総会招集者……319
第四七条の五　総会の招集の決定……319
第四七条の六　総会の招集の通知等……320
第四七条の七　組合員に対する通知……321
第四八条　総会の議決事項……322
第四九条　総会の議事……325
第五〇条　特別決議事項……326
第五〇条の二　役員の説明義務……328
第五〇条の三　延期又は続行の議決……329
第五〇条の四　総会の議事録の備付け及び閲覧等……329
第五一条　総会の議決の不存在若しくは無効の確認又は取消しの訴えに関する会社法の準用……330
第五一条の二　総会の部会……331
第五二条　総代会……333
第五三条　出資一口の金額の減少……335

第五四条　出資一口の金額の減少に対する債権者の保護……336
第五四条の二　信用事業の譲渡又は譲受け……337
第五四条の三　総会の議決を経ない信用事業の譲受け……339
第五四条の四　共済事業の譲渡等……340
第五四条の五　会計の原則……341
第五四条の六　会計帳簿……342
第五五条　準備金及び繰越金……342
第五六条　剰余金の配当……344
第五七条　剰余金の出資の払込みへの充当……345
第五七条の二　回転出資金による損失のてん補及びその払戻し……346
第五七条の三　財務基準……346
第五八条　組合の持分取得の禁止……347
第五八条の二　業務報告書……347
第五八条の三　業務及び財産の状況に関する説明書類の縦覧……348

## 第六節　設　立

第五九条　発起人……350
第六〇条　設立準備会……350
第六一条　定款作成委員の選任等……351
第六二条　創立総会……351
第六三条　設立の認可の申請……353
第六四条　設立の認可……354
第六五条　認可の期間……354
第六六条　理事への事務引渡……356
第六六条の二　設立の認可の取消し……356
第六七条　成立の時期……357
第六七条の二　設立の無効の訴えに関する会社法の準用……357

## 第七節　解散及び清算

第六八条　解散事由……358
第六九条　合併の手続……359
第六九条の二　総会の議決を経ない合併……361
第六九条の三　合併契約に関する書面等の備付け及び閲覧等……362
第七〇条　合併による設立に必要な行為……363
第七一条　合併の時期……364
第七二条　合併による権利義務の承継……364

第七二条の二　合併に関する事項を記載した書面の備付け及び閲覧等……364
第七三条　合併の無効の訴え等に関する会社法の準用……365
第七四条　清算人……366
第七四条の二　清算人の職務……367
第七五条　清算事務……367
第七六条　決算報告……368
第七七条　清算に関する会社法等の準用……368

## 第三章　漁業生産組合

第七八条　事業の種類……371
第七九条　組合員たる資格……371
第八〇条　組合員の常時従事条件……372
第八一条　組合の事業の常時従事者……372
第八二条　出資……372
第八二条の二　組合員名簿の備付け及び閲覧等……373
第八三条　定款に記載し、又は記録すべき事項……373
第八三条の二　組合の業務の決定……374
第八三条の三　組合の代表……374
第八三条の四　理事の代表権の制限……374
第八三条の五　理事の代表行為の委任……375
第八四条　理事と組合との契約等……375
第八四条の二　監事の職務……375
第八五条　余剰金の配当……375
第八五条の二　清算中の組合の能力……376
第八五条の三　裁判所による清算人の選任……376
第八五条の四　清算人の解任……377
第八五条の五　清算人の職務及び権限……377
第八五条の六　債権の申出の催告等……377
第八五条の七　期間経過後の債権申出……378
第八五条の八　清算中の組合についての破産手続の開始……378
第八五条の九　裁判所による監督……379
第八五条の一〇　清算結了の届出……379
第八五条の一一　解散及び清算の監督等に関する事件の管轄……379
第八五条の一二　不服申立ての制限……379
第八五条の一三　裁判所の選任する清算人の報酬……380
第八五条の一四　即時抗告……380
第八五条の一五　検査役の選任……380
第八六条　準用規定……380

## 第四章 漁業協同組合連合会

第八七条 事業の種類……383
第八七条の二 監査事業……387
第八七条の三 子会社の範囲等……388
第八七条の四 議決権の取得等の制限……393
第八八条 会員たる資格……394
第八九条 議決権及び選挙権……395
第九〇条 発起人……396
第九一条 解散事由……396
第九一条の二 連合会の権利義務の包括承継……397
第九二条 準用規定……398

## 第五章 水産加工業協同組合

第九三条 事業の種類……402
第九四条 組合員たる資格……405
第九五条 出資……405
第九五条の二 公正取引委員会の排除措置命令による脱退……406
第九五条の三・第九五条の四 排除措置……406
第九五条の五 東京高等裁判所の管轄権……407
第九六条 準用規定……407

## 第六章 水産加工業協同組合連合会

第九七条 事業の種類……411
第九八条 会員たる資格……415
第九八条の二 議決権及び選挙権……415
第九九条 発起人……415
第一〇〇条 準用規定……416

## 第六章の二 共済水産業協同組合連合会

第一〇〇条の二 事業の種類……420
第一〇〇条の三 子会社の範囲等……421
第一〇〇条の四 議決権の取得等の制限……423
第一〇〇条の五 会員たる資格……424
第一〇〇条の六 議決権及び選挙権……425
第一〇〇条の七 発起人……426
第一〇〇条の八 準用規定……426

## 第七章 登 記 等

第一〇一条 設立の登記……430
第一〇二条 設立登記事項の変更の登記……432

第一〇三条　他の登記所の管轄区域内への
　主たる事務所の移転の登記……432
第一〇四条　理事の職務執行停止等の登記……432
第一〇五条　参事の登記……433
第一〇六条　解散の登記……433
第一〇七条　合併の場合の登記……433
第一〇八条　削除
第一〇九条　清算結了の登記……434
第一一〇条　従たる事務所の所在地における登記……434
第一一一条　他の登記所の管轄区域内への従たる
　事務所の移転の登記……435
第一一二条　従たる事務所における変更の登記等……435
第一一三条　管轄登記所及び登記簿……436
第一一四条　裁判による登記の嘱託……436
第一一五条　設立の登記の申請……436
第一一六条　事務所新設、移転及び設立の
　登記事項変更の登記の申請……437
第一一七条　解散の登記の申請……438
第一一八条　清算結了の登記の申請……438
第一一九条　登記の期間の計算……438
第一二〇条　商業登記法の準用……439
第一二一条　公告の方法等……439

## 第七章の二　特定信用事業代理業

第一二一条の二　許可……442
第一二一条の三　適用除外……442
第一二一条の四　特定信用事業代理業に関する
　銀行法の準用……443
第一二一条の五　特定信用事業代理業に関する
　金融商品取引法の準用……444

## 第八章　監　督

第一二二条　報告の徴収……457
第一二三条　業務又は会計状況の検査……458
第一二三条の二　行政庁の監督上の命令……460
第一二四条　法令等の違反に対する措置……462
第一二四条の二　行政庁による解散命令……463
第一二四条の三　解散命令の通知の特例……464
第一二五条　決議、選挙又は当選の取消し……464
第一二六条　専用契約の取消し……467
第一二六条の二　行政庁への届出……468
第一二六条の三　認可等の条件……470

第一二六条の四　農林水産省令への委任……470
第一二七条　監督行政庁等……470
第一二七条の二　財務大臣への協議……473
第一二七条の三　財務大臣への通知……473
第一二七条の四　財務大臣への資料提出等……474
第一二七条の五　警察庁長官等からの意見聴取……475
第一二七条の六　行政庁への意見……475
第一二七条の七　事務の区分……475

## 第九章　罰　則

第一二八条……477
第一二八条の二……478
第一二八条の三……478
第一二八条の四……479
第一二八条の五……480
第一二九条……481
第一二九条の二……481
第一二九条の三……482
第一二九条の四……482
第一二九条の五……482
第一二九条の六……482
第一二九条の七……482
第一二九条の八……482
第一二九条の九……484
第一二九条の一〇……486
第一三〇条……486
第一三一条……496
第一三二条……497
第一三三条……497
第一三四条……497

# 第五部　漁　船　法

〔内容現在　平成一九年六月六日法律第七七号〕

## 第一章　総　　則


第一条　この法律の目的……501
第二条　漁船の定義……501


## 第二章　漁船の建造調整


第三条　動力漁船の合計総トン数の最高限度等……504
第四条　建造、改造及び転用の許可……505
第五条　許可の基準……508
第六条　許可の失効……509
第七条　許可の取消し……510
第八条　工事完成後の認定……511
第九条　指定認定機関……512


## 第三章　漁船の登録


第一〇条　漁船の登録……513
第一一条　登録の基準……514
第一二条　登録票の交付……515
第一三条　登録票の検認……515
第一四条　指定検認機関……516
第一五条　登録票の備付け……516
第一六条　登録番号の表示……517
第一七条　変更の登録……518
第一八条　登録の失効……519
第一九条　登録の取消し……520
第二〇条　登録票の返納及び登録番号の抹消……521
第二一条　登録謄本の交付……522
第二二条　船舶法の適用除外……522
第二三条　漁船原簿の副本の提出等……522
第二四条　農林水産省令への委任……522


## 第四章　漁船に関する検査


第二五条　依頼検査……523
第二六条　検査成績……524


## 第五章　漁船に関する試験


第二七条　設計及び試験の依頼……525
第二八条　模範設計……525

## 第六章　指定認定機関及び指定検認機関

### 第一節　指定認定機関

第二九条　指定認定機関の指定……526
第三〇条　欠格条項……526
第三一条　指定の基準……527
第三二条　指定の公示等……528
第三三条　指定の更新……528
第三四条　認定の方法……528
第三五条　認定の義務……529
第三六条　報告……529
第三七条　業務規程……529
第三八条　帳簿の記載……530
第三九条　照会……530
第四〇条　業務の休廃止……530
第四一条　解任命令……531
第四二条　秘密保持義務等……531
第四三条　適合命令……532
第四四条　指定の取消し等……532
第四五条　農林水産大臣又は都道府県知事による認定の業務の実施……533

### 第二節　指定検認機関

第四六条　指定検認機関の指定……534
第四七条　準用……534

## 第七章　雑　則

第四八条　不服申立て……536
第四九条　報告の徴収……536
第五〇条　立入検査……537
第五一条　水産政策審議会による報告徴収等……538
第五二条　手数料……539

## 第八章　罰　則

第五三条・第五四条　一年以下の懲役又は一〇〇万円以下の罰金……540
第五五条・第五六条　三〇万円以下の罰金……540
第五七条　両罰規定……541

# 第六部　漁港漁場整備法

〔内容現在　平成一九年五月三〇日法律第六一号〕

## 第一章　総　則


第一条　目的……545
第二条　漁港の意義……545
第三条　漁港施設の意義……545
第四条　漁港漁場整備事業の意義……545
第五条　漁港の種類……547


## 第二章　漁港の指定


第六条　漁港の指定……549


## 第二章の二　漁港漁場整備基本方針


第六条の二　漁港漁場整備基本方針……552


## 第二章の三　漁港漁場整備長期計画


第六条の三・第六条の四　漁港漁場整備長期計画……554


## 第三章　水産政策審議会


第七条から第一二条まで　削除
第一三条　調査等……556
第一四条　審議の公開等……556
第一五条・第一六条　削除


## 第四章　特定漁港漁場整備事業


第一七条　地方公共団体が施行する特定漁港漁場整備事業……558
第一八条　水産業協同組合が施行する特定漁港漁場整備事業……561
第一九条　国が施行する特定漁港漁場整備事業……561
第一九条の二　土地又は水面の測量等……564
第一九条の三　特定第三種漁港に係る特定漁港漁場整備事業……564
第二〇条　費用の負担及び補助……566
第二〇条の二　市町村の分担金……568
第二〇条の三　他の工作物と効用を兼ねる漁港施設の工事の費用の負担……569

第二一条 特定漁港漁場整備事業の施行の許可に係る権利の譲渡及び特定漁港漁場整備事業の施行の委託 569
第二二条 削除
第二三条 施行者に対する命令及び許可の取消 569
第二四条 土地、水面等の使用 570
第二四条の二 国の施行する特定漁港漁場整備事業によって生じた土地等の管理及び処分 571

## 第五章 漁港の維持管理

第二五条 漁港管理者の決定 573
第二六条 漁港管理者の職責 574
第二七条 漁港管理会 576
第二八条から第三三条まで 削除
第三四条 漁港管理規程の制定及び変更 576
第三五条 利用の対価の徴収 578
第三六条 土地、水面等の使用及び収用 578
第三六条の二 漁港台帳 579
第三七条 漁港施設の処分の制限 579
第三七条の二 行政財産である特定漁港施設の貸付け 580
第三八条 漁港施設の利用 582
第三九条 漁港の保全 583
第三九条の二 監督処分 586
第三九条の三 負担金の通知及び納入手続等 589
第三九条の四 経過措置 589
第三九条の五 土砂採取料及び占用料 590

## 第六章 雑 則

第四〇条 漁港施設とみなされる施設 591
第四一条 調査、測量及び検査 592
第四二条 国土交通大臣に対する協議 593
第四三条 不服申立て 593
第四四条 都道府県等が処理する事務 594
第四四条の二 経過措置 595

## 第七章 罰 則

第四五条 五〇万円以下の罰金 596
第四六条 三〇万円以下の罰金 596
第四七条 両罰規定 597

# 第一部　漁業法

〔昭和二四年一二月一五日法律第二六七号<br>最終改正平成一九年六月六日法律第七七号〕

我が国最初の漁業法は、明治の帝国議会に提出されて以来一〇年の紆余曲折の歳月を経過して、明治三四年帝国議会において三五条からなる最初の漁業法（明治三四年法律第三四号）がようやく通過し、翌明治三五年から施行された。これについては漁業権の法的性格の曖昧性、慣行漁業、慣行漁場の処理方法等種々の点で実情に則しない点が多く、直ちに改正の議が起こり、後九年にして明治四三年に全部改正が行われ、いわゆる明治漁業法（明治四三年法律第五八号）の成立をみるに至った。これらは、主に封建時代から引き継がれた過去の慣行を基盤としてできあがっているものであり、その後の諸般の情勢の変化、特に漁船の動力化というような新しい事態にもかかわらず、根本的な部分には何らの改正もなく戦後まで推移した。

戦後になって、経済民主化政策の一環として、陸の農地解放に続いて、歴史的な海の漁業制度の改革が行われた。これは、占領下という特殊な状況のもとで、国会等においてもいろいろと紛糾したが、結局、昭和二四年一二月五日に新しい現在の漁業法が成立公布された。この漁業法（昭和二四年法律第二六七号）は、長年慣行として行われてきた沿岸漁場の全面的な整理を行ったものであって、このために必要な漁業法施行法（昭和二四年法律第二六八号）を同時に公布施行して、旧漁業権及びこれに関連する権利者に対し、補償金として、当時の金で一七八億円にものぼる金額の漁業証券が交付された。このようにして、江戸時代から長い慣行によって続いた権利関係も、すべて補償され、制度上は一応白紙に返った上で出発した。

現行漁業法は、漁業権の種類について従来のような特別及び専用漁業権を廃止し、そのうち浮魚を漁業権の内容から外し、その他を共同漁業権に編成替えした。また、小型定置も定置漁業権から外して共同漁業権とした。免許の方法については、明治漁業法では漁業権は先願主義によって個々の申請について免許したが、現行法では知事が漁業調整委員会の意見を聴いて水面の総合利用を図る上から漁場計画を定めこれを公示して、希望者の申請を受け付け、これら申請人から適格性のある者で優先順位の第一のものから免許される方法をとった。

漁業権の性格としては、これを物権とみなされるが、私権としての性格は著しく制限された。すなわち、明治漁業法においては漁業権を賃貸することができたが、現行漁業法では貸付けは一切禁止され、譲渡、担保権設定も極めて制限されている。漁業権の存続期間も従来二〇年間でしかも更新を自由に認めていたが、現行法では五年又は一〇年に短縮され、漁場計画制度により単なる更新は認められない。

現行漁業法は漁業権のほかに、特定の漁業については農林水産大臣の許可制をとり、また都道府県知事も漁業調整取締りその他水産資源の保護培養のため必要がある場合には、その管轄海面における漁業について許可制をとりうることとなっている。内水面漁業については、明治漁業法は、海面の規定をそのまま適用していたが、現行法では内水面の特性である増殖を中心として特別に規定している。さらに、現行法の大きな特色の一つは、漁業者又は漁業従事者の代表を中心とした民主的な漁業調整機構としての漁業調整委員会制度の規定が採用されたことである。

なお、水産資源保護法は、昭和二六年一一月に公布される以前は、水産資源に関する事項が漁業法で規定されており、それが移されたものである。外国人漁業の規制に関する法律は、昭和四二年七月に公布される以前は、漁業法第六五条に基づき「外国人の行なう漁業等の取締りに関する省令」（昭和四一年農林省令第五八号）であったものである。また、水産業協同組合法は、昭和一八年に水産業団体法（昭和一八年法律第四三号）が公布されるまでは、旧漁業法（明治三四年法律第三四号）の中で、漁業組合の制度として規定されていた。このように、これらの法律は、かつて漁業法の中で規定されていたものが、独立して単独法となったもので、現在でも漁業法とは相互に関連のある不離一体の法律である。

# 第一章　総　則

（この法律の目的）

**第一条**　この法律は、漁業生産に関する基本的制度を定め、漁業者及び漁業従事者を主体とする漁業調整機構の運用によつて水面を総合的に利用し、もつて漁業生産力を発展させ、あわせて漁業の民主化を図ることを目的とする。

解説　漁業法は漁業生産に関する基本的制度を定めたものである。この場合の「漁業生産に関する基本的制度」とは漁業制度、すなわち漁場の利用関係―漁場を誰にどう使わせるか、そしてそれを誰が決めるのかを定める制度である。漁業生産に係る制度は種々あるが、その中で「基本的制度」というのは、漁業生産にとって漁場が基本であり、漁場の利用に関する制度ということである。なぜなら、漁業生産にとって漁船、漁港、漁具等の生産手段も必要であるが、漁場が使えるかどうかが漁業生産の出発点であり、しかも生産手段と異なり代替性のないものであるからである。

このように、漁業法は漁場の利用に関する制度を定めたものであるが、その目的とするところは「水面を総合的に利用し、もって漁業生産力を発展させ、あわせて漁業の民主化を図ること」である。

判例

1　競願関係を調整する目的のためにのみ新漁場計画を追加してした漁業権の免許処分は、漁業法第一条に違背し無効である。（最高裁二小民判決、総覧二三七頁・裁判集民七〇号一頁）

2　熊本県が国家賠償法第一条第一項による損害賠償責任を負うとした原審の判断は、熊本県漁業調整規則が、水産動植物の繁殖保護等を直接の目的とするものであるが、それを摂取する者の健康の保持等をもその究極の目的とするものであると解されることからすれば、是認することができる。（平成一六年一〇月一五日最高裁二小民判決、判例時報一八七六号二頁、最高裁民集五八巻七号一八〇二頁）

（定義）

**第二条**　この法律において「漁業」とは、水産動植物の採捕又は養殖の事業をいう。
2　この法律において「漁業者」とは、漁業を営む者をいい、「漁業従事者」とは、漁業者のために水産動植物の採捕又は養殖に従事する者をいう。
3　この法律において「動力漁船」とは、推進機関を備える船舶であつて次の各号のいずれかに該当するものをいう。
一　専ら漁業に従事する船舶
二　漁業に従事する船舶であつて漁獲物の保蔵又は製造の設備を有するもの
三　専ら漁場から漁獲物又はその製品を運搬する船舶
四　専ら漁業に関する試験、調査、指導若しくは練習に従事する船舶又は漁業の取締りに従事する船舶であつて漁ろう設備を有するもの

**解説**　漁業とは、水産動植物の採捕又は養殖の事業をいう。水産動植物とは、海面、河川、湖沼など水界を生活環境とする動物及び植物の一切をいう。採捕とは、天然的状態にある水産動植物を人の所持その他事実上支配し得るべき状態に移す行為をいう。養殖とは、収穫の目的をもって人工手段を加え、水産動植物の発生又は生育を積極的に増進し、その数又は個体の量を増加させ又は質の向上を図る行為をいう（第一項）。養殖と類似して異なるものに畜養と増殖（漁業法第一二七条）がある。

漁業者とは、漁業を営む者をいう。漁業を営むとは、自己の名をもって漁業を営業し、かつ単にその営業に出資するのみでなく経営の意思決定を自ら行い、これに参与する者をいう。漁業従事者とは、漁業者のために水産動植物の採捕又は養殖する者をいう（第二項）。

「動力漁船」の定義規定が、平成一九年六月六日（法律第七七号）に改正されたが、改正以前の規定では、日本国民が日本船舶以外の動力漁船を用いた場合には対象とならなかったので、新たに外国船舶を含んだ定義規定に置き直すことにより、日本人が外国船舶を使用して操業する場合も法の範囲に含まれることとされた（第三項）。

**判例**

1　漁業法にいう「業とする」とは、「反復継続して之を行う意志を以て水産動植物の採捕又は養殖を行う」意と解するを相当とする。昭和二五年四月二二日仙台高裁刑判決、総覧二頁・高裁刑特報七三号一二九頁）

2　機船底曳網漁業を営むとは、同漁業が現実に開始されることをもって足り、漁獲の事実を必要としない。(昭和三〇年六月二二日最高裁二小刑判決総覧五五九頁・最高裁刑集九巻七号一一七二号一二九頁)

3　漁業法の漁業者が営む自己所用の餌料採捕もまた漁業法にいう漁業に属する。(大正五年六月八日行政裁判決、総覧五頁・行禄二七輯六二七頁)

(適用範囲)

**第三条**　公共の用に供しない水面には、別段の規定がある場合を除き、この法律の規定を適用しない。

**第四条**　公共の用に供しない水面であつて公共の用に供する水面と連接して一体を成すものには、この法律を適用する。

解説　「公共の用に供する水面」とは、その水面が水産動植物の採捕に関し一般の公共使用に供されている水面をいう。「公共の用に供する水面と連接して一体をなす水面」とは、その水面の客観的状態が公共の用に供する水面と連接一体をなし、その分限がないような場合をいう。これらの水面には漁業法が適用される。一般には、公共の用に供しない私用水面には漁業法は適用されないが第七三条の特例がある。

判例

1　河川の水面であって満潮時船舶の航行する場所は、漁業法のいわゆる公共の用に供する水面である。(昭和五年七月三一日大審院刑判決、総覧一七頁・刑集九巻六二二頁)

2　我が国に船籍を有する機船により我が国の領海外において底曳網漁業をなす者に対しても適用されるものである。(昭和七年七月二一日大審院刑判決、総覧六二九頁・刑集一一巻一一二三頁)

3　漁業法第六六条第一項は、我が国領海における漁業及び公海における日本国民の漁業のほか、これらの我が国領海及び公海と連接一体をなす外国の領海における日本国民の漁業にも適用される。(昭和四六年四月二二日最高裁一小刑判決、総覧七〇六頁・最高裁刑集二五巻三号四九二頁)

4　漁業法・水産資源保護法・北海道漁業調整規則の目的とするところを十分達成するためには、何らの境界もない広大な海洋における水産動植物を対象として行われる漁業の性質にかんがみれば、日本国民が我が国領海又は公海と連接一体をなす外国の領海においてした調整規則の規定に違反する行為をも罰する必要のあることは、いうをまたないところであり、それゆえ、その罰則規定は、当然日本国民がかかる外国の領海において営む漁業にも適用される趣旨のものと解するのが相当である。（平成八年三月二六日最高裁三小刑決定、上告棄却、総覧続巻二一二頁・タイムス九〇五号一三六頁）

（共同申請）

**第五条** この法律又はこの法律に基く命令に規定する事項について二人以上共同して申請しようとするときは、そのうち一人を選定して代表者とし、これを行政庁に届け出なければならない。代表者を変更したときもまた同じである。

2 前項の届出がないときは、行政庁は、代表者を指定する。

3 代表者は、行政庁に対し、共同者を代表する。

4 前三項の規定は、二人以上共同して漁業権又はこれを目的とする抵当権若しくは入漁権を取得した場合に準用する。

**解説** この規定は漁業法及びこれに基づく政令、省令及び調整規則等の規定によって漁業権及び漁業許可等に関するすべての申請をする場合に適用される。二人以上が共同して申請するときは、そのうちの一人を選定して代表者とし、行政庁に届け出なければならない。この場合の代表者は、行政庁に対する手続上、共同者全員を代表することにとどまり、それ以外に他の共同者に対して何らの特権を持っているわけではない。

**判例**

1 共有名義の登録手続を求める場合代表者を選定しないからといって、登録を申請することができないということではない。（大正九年七月八日大審院民判決、総覧一九頁・民集二六輯九六一頁）

2 共同申請において代表者の定めがある場合には、代表者に対して処分を通告すれば、他の共同申請者に対する関係でも処分の通告があったものと解するのが相当である。（昭和六三年三月二四日鳥取地裁民判決、総覧続巻二頁・自治四八号八三頁）

# 第二章　漁業権及び入漁権

（漁業権の定義）

**第六条**　この法律において「漁業権」とは、定置漁業権、区画漁業権及び共同漁業権をいう。

2　「定置漁業権」とは、定置漁業を営む権利をいい、「区画漁業権」とは、区画漁業を営む権利をいい、「共同漁業権」とは、共同漁業を営む権利をいう。

3　「定置漁業」とは、漁具を定置して営む漁業であつて次に掲げるものをいう。

一　身網の設置される場所の最深部が最高潮時において水深二十七メートル（沖縄県にあつては、十五メートル）以上であるもの（瀬戸内海（第百十条第二項に規定する瀬戸内海をいう。）におけるます網漁業並びに陸奥湾（青森県焼山崎から同県明神崎灯台に至る直線及び陸岸によつて囲まれた海面をいう。）における落とし網漁業及びます網漁業を除く。）

二　北海道においてさけを主たる漁獲物とするもの

---

4　「区画漁業」とは、次に掲げる漁業をいう。

一　第一種区画漁業　一定の区域内において石、かわら、竹、木等を敷設して営む養殖業

二　第二種区画漁業　土、石、竹、木等によつて囲まれた一定の区域内において営む養殖業

三　第三種区画漁業　一定の区域内において営む養殖業であつて前二号に掲げるもの以外のもの

5　「共同漁業」とは、次に掲げる漁業であつて一定の水面を共同に利用して営むものをいう。

一　第一種共同漁業　藻類、貝類又は農林水産大臣の指定する定着性の水産動物を目的とする漁業

二　第二種共同漁業　網漁具（えりやな類を含む。）を移動しないように敷設して営む漁業であつて定置漁業及び第五号に掲げるもの以外のもの

三　第三種共同漁業　地びき網漁業、地こぎ網漁業、船びき網漁業（動力漁船を使用するものを除く。）、飼付漁業又はつきいそ漁業（第一号に掲げるものを除く。）であつて、第五号に掲げるもの以外のもの

四　第四種共同漁業　寄魚漁業又は鳥付こぎ釣漁業であつて、次号に掲げるもの以外のもの

五　第五種共同漁業　内水面（農林水産大臣の指定す

る湖沼を除く。）又は農林水産大臣の指定する湖沼に準ずる海面において営む漁業であつて第一号に掲げるもの以外のもの

**解説**　漁業権には、定置漁業権、区画漁業権、及び共同漁業権がある。漁業権とは、行政庁の免許により一定の水面において特定の漁業を一定期間排他的に営むことのできる権利であり、それぞれ定置漁業権とは定置漁業を営む権利であり、区画漁業権とは区画漁業を営む権利であり、共同漁業権とは共同漁業を営む権利である。

定置漁業とは、漁具を定置して営む漁業であって身網の設置される最深部が最高潮時において水深二七メートル（沖縄県にあっては一五メートル）以上のもの及び北海道においてさけを主たる漁獲物とするものをいう。区画漁業とは、一定の区域内において営む養殖業をいう。共同漁業の本質は、一定の漁場を共同に利用して営むということである。共同に利用してというのは、その地区の漁民の入会漁場であるという性格が強いことを意味し、一般的には漁業協同組合又は漁業協同組合連合会が漁業権を有し、その制定する漁業権行使規則に基づいて組合員がその漁場に入会って漁業を行うものである。

**判例**

1　第三種区画漁業権を内容とする漁業権に基づきあさり貝を養殖している区画内で第三者があさり貝を採取したとしても、天然に繁殖したあさり貝も生存し、漁業権侵害の罪を構成することは格別、窃盗罪は構成しない。（昭和三五年九月一三日最高裁三小刑判決、総覧二四頁・裁判集刑一三五号二八九頁）

2　真珠貝養殖業者が稚貝を採捕して放養場に放養した場合においては、その真珠貝は自然に発生した海藻魚貝と異なり養殖業者の所有に属するので、他人が権利がないのにこれを捕獲するときは窃盗罪を構成する。（昭和元年一二月二五日大審院刑判決、総覧三八頁・刑集五巻一二号六〇三頁）

3　鰤大敷網漁業権者はその漁場に向って来遊する魚族（免許された漁獲物）を独占捕獲する権利を有するものではない。したがって、新規漁業のために障碍を受けても直ちにその権利を侵害されたということではない。（明治四四年三月一三日行政裁判決、総覧三六頁・行輯一六七頁）

4　専用漁業権は、免許された一定の水面を専用して一定の水産動植物を採取捕獲することをもってその内容

とするものであって、所有権のように当該区域の全水面を排他的に占有する権利ではないので、同漁業権の実施に妨げのない限り何人といえども当該水面の使用はこれをなし得る者と解する。（昭和九年四月七日大審院民判決、総覧三九頁・新聞三六八六号一七頁）

5　専用漁業権の区域の岩石に付着してきた海草は直ちに漁業権者の所有に帰するものではない。他人が不法にこれを領得する行為は漁業権の侵害に当たることは勿論であるけれども、窃盗罪を構成することはない。（大正一一年一一月三日大審院刑判決、総覧四二頁・刑集一巻六二二頁）

（入漁権の定義）

**第七条**　この法律において「入漁権」とは、設定行為に基づき、他人の共同漁業権又はひび建養殖業、藻類養殖業、垂下式養殖業（縄、鉄線その他これらに類するものを用いて垂下して行う水産動物の養殖業をいい、真珠養殖業を除く。）、小割り式養殖業（網いけすその他のいけすを使用して行う水産動物の養殖業をいう。）若しくは第三種区画漁業たる貝類養殖業を内容とする区画漁業権（以下「特定区画漁業権」という。）に属する漁場においてその漁業権の内容たる漁業の全部又は一部を営む権利をいう。

**解説**　入漁権の対象となる漁業権は、組合管理漁業権（共同漁業権及び特定区画漁業権）である。「入漁権を取得する」ということは、他の漁業協同組合（又は連合会）の所有している組合管理漁業権について、設定行為（すなわち当事者間の契約）によってその管理権限の一部移転を受けて、その漁業権の内容となっている漁業権の全部又は一部の営む権利を取得することである。

**判例**

1　将来、更新により取得すべき漁業権にあらかじめ入漁権の設定を約した契約は有効である。（昭和八年五月一八日大審院民判決、総覧五四頁・新聞三五六三号七頁）

2　入漁権の登録処分は、営業免許処分に当たらない。（明治四四年九月二九日行政裁裁決、総覧五七頁・行録二二輯九三六頁）

3　入漁権なるものは、契約により生ずる純然たる私法上の権利であって、行政処分をもって授与する権利で

はない。（明治四四年一一月一七日大審院民判決、総覧三九四頁・民六一七輯六六九頁）

4　入漁当時何らその対価を支払う約束がなかったとしても、その後に至って漁業権者に対し入漁の対価を支払うことを約束したときは、これを漁業法でいうところの入漁料と認めることを妨げないものである。（昭和一六年七月一五日大審院民判決、総覧五七頁・新聞四七一八号一三頁）

（組合員の漁業を営む権利）

**第八条**　漁業協同組合の組合員（漁業者又は漁業従事者であるものに限る。）であつて、当該漁業協同組合又は当該漁業協同組合を会員とする漁業協同組合連合会がその有する各特定区画漁業権若しくは共同漁業権又は入漁権ごとに制定する漁業権行使規則又は入漁権行使規則で規定する資格に該当する者は、当該漁業協同組合又は漁業協同組合連合会の有する当該特定区画漁業権若しくは共同漁業権又は入漁権の範囲内において漁業を営む権利を有する。

2　前項の漁業権行使規則又は入漁権行使規則（以下単に「漁業権行使規則」又は「入漁権行使規則」という。）には、同項の規定による漁業を営む権利を有する者の資格に関する事項のほか、当該漁業権又は入漁権の内容たる漁業につき、漁業を営むべき区域及び期間、漁業の方法その他当該漁業を営む権利を有する者が当該漁業を営む場合において遵守すべき事項を規定するものとする。

3　漁業協同組合又は漁業協同組合連合会は、その有する特定区画漁業権又は第一種共同漁業を内容とする共同漁業権について漁業権行使規則を定めようとするときは、水産業協同組合法（昭和二十三年法律第二百四十二号）の規定による総会（総会の部会及び総代会を含む。）の議決前に、その組合員（漁業協同組合連合会の場合には、その会員たる漁業協同組合の組合員。以下同じ。）のうち、当該漁業権に係る漁業の免許の際において当該漁業権の内容たる漁業を営む者（第十四条第六項の規定により適格性を有するものとして設定を受けた特定区画漁業権及び第一種共同漁業を内容とする共同漁業権については、当該漁業権に係る漁場の区域が内水面（第八十四条第一項の規定により農林水産大臣が指定する湖沼を除く。第二十一条第一項を除き、以下同じ。）以外の水面である場合にあつては沿岸漁業（総トン数二十トン以上の動力漁船を使用して行う漁業及び内水面における漁業を除いた漁業をいう。以下同じ。）を営む者、河川以外の内水面である場合にあつては当該内水面において漁業を営む者、河川である場合にあつては当該河川において水産動植物の採捕又は養殖をする者）であつて、当該漁業権に係る第十一条に規定する地元地区（共同漁業権については、同条に規定する関係地区）の区域内に住所を有するものの三分の二以上の書面による同意を得なければならない。

4　前項の場合において、水産業協同組合法第二十一条第三項（同法第八十九条第三項において準用する場合を含む。）の規定により電磁的方法（同法第十一条の二第四項に規定する電磁的方法をいう。）により議決権を行うことが定款で定められているときは、当該書面による同意に代えて、当該漁業権行使規則についての同意を当該電磁的方法により得ることができる。この場合において、当該漁業協同組合又は漁業協同組合連合会は、当該書面による同意を得たものとみなす。

5　前項前段の電磁的方法（水産業協同組合法第十一条の二第五項の農林水産省令で定める方法を除く。）により得られた当該漁業権行使規則についての同意は、漁業協同組合又は漁業協同組合連合会の使用に係る電子計算機に備えられたファイルへの記録がされた時に当該漁業協同組合又は漁業協同組合連合会に到達したものとみなす。

6　漁業権行使規則又は入漁権行使規則は、都道府県知事の認可を受けなければ、その効力を生じない。

7　第三項から第五項までの規定は特定区画漁業権又は第一種共同漁業を内容とする共同漁業権に係る漁業権行使規則又は入漁権行使規則の変更又は廃止について、前項の規定は漁業権行使規則又は入漁権行使規則の変更又は廃止について準用する。この場合において、第三項中「当該漁業権に係る漁業の免許の際において当該漁業権の内容たる漁業を営む者」とあるのは、「当該漁業権の内容たる漁業を営む者」と読み替えるものとする。

**解説**　漁業協同組合の組合員は、自己の所属する漁業協同組合（又は連合会）が制定した漁業権行使規則又は入漁権行使規則で規定する資格に該当する場合は、その者が個人はもちろん法人であれ准組合員であれ、当該漁業協同組合又は連合会の有する管理漁業権や入漁権の範囲内において、漁業を営む権利があるというのが本条の要旨である。漁業協同組合の組合員であっても、漁業権行使規則又は入漁権行使規則で規定する資格に該当しない者は、当該漁業権又は入漁権に係る漁業を営む権利はない。

判例

1　組合員の漁業を営む権利は、漁業協同組合の漁業権に依拠し、そこから派生する権利である。（昭和六三年五月二七日長崎地裁民判決、総覧続巻三四頁・訟務三五巻一号一二六頁）

2　漁業法第八条第一項に規定する「漁業を営む権利」は、漁業権そのものではなく漁業権から派生している権利であり、漁業協同組合の構成員たる地位と不可分の関係の社員的権利というべきものである。（昭和六一年一一月一一日青森地裁民判決、総覧続巻八八頁・訟務三三巻七号一八五四頁）

3　共同漁業権は漁業協同組合等に帰属し、各組合員に総有的に帰属するものではない。（平成五年三月三一日和歌山地裁民判決、総覧続巻五七五頁・自治一二三号八四頁）

4　組合員の漁業を営む権利は漁業協同組合という団体の構成員としての地位に基づき、組合の制定する漁業権行使規則の定めるところに従って行使することのできる権利である。（平成元年七月一三日最高裁一小民判決、総覧続巻六一頁・訟務三五巻二号一九五頁）

5　漁業協同組合が漁業法第八条第二項に規定する事項について総会決議により漁業権行使規則の定めと異なった規律を行うことは許されないものと解する。（平成九年七月一日最高裁三小民判決、総覧続巻九五頁・時報一六一七号七二頁）

6　漁業法第八条第三項及び第五項は、漁業権の変更の場合に適用又は類推適用すべきものではない。（昭和六〇年一二月一七日最高裁三小民判決、総覧続巻三一頁・タイムス五八三号六三頁）

（注）　新しく平成一三年六月「漁業法等の一部を改正する法律」（平成一三年法律第九〇号）に基づいて、漁業権行使規則の制定等の場合（法第八条第三～五項）と同様に組合員の同意制度（法第三一条）が設定された。

7　共同漁業権は総会の特別決議により放棄することができ、放棄された水面においては漁業権から派生する行使権も消滅することになる。（昭和六二年六月一二

日福岡高裁民判決、総覧続巻三七頁・時報一二四九号四六頁）

**第九条**　定置漁業及び区画漁業は、漁業権又は入漁権に基くのでなければ、営んではならない。

（漁業権に基かない定置漁業等の禁止）

**解説**　漁業権は特定の水面において特定の漁業を営む権利であるが、この権利に基づかなくては共同漁業権以外の漁業権漁業は営むことができないというのが本条である。共同漁業を除外している理由は、共同漁業はその漁法が定置漁業、区画漁業と異なり、水面を独占的に使用する性格が極めて薄いこと、言い換えると定置、区画漁業は漁法上水面を占有して他の漁業を排除するから漁場計画の段階で漁場を特定し、他の漁業との調整を図る必要がある反面、漁場計画で策定された以外のものは他の漁業の妨害になったり公益上支障があるおそれがあるので、これを排除する必要がある。共同漁業については水面を占有する度合いが少ないので、定置、区画漁業で危惧される他の漁業との調整上及び公益上の心配が少なく、かつ、その漁業の性格上あえて漁業権にしなくても支障がないものと考えられる。場合によっては自由漁業として、あるいは知事許可漁業として操業する方が漁場管理面から適切な場合もあるから、漁業権に基づかなくては営めないとすることは実情に合わない点も生ずる可能性があるからである。

**判例**

1　漁業権は行政庁の漁業免許の時をもって発生する。（大正一一年六月一六日大審院刑判決、総覧二一一頁・刑集一巻六号三四七頁）

2　定置漁業については、漁業の種類による各別の免許を必要とする。（大正三年四月七日大審院刑判決、総覧二一三頁・刑録二〇輯九巻四九四頁）

3　区画漁業の免許は、漁業種類ごとに行う必要がある。（大正一四年一二月二六日行政裁判決、総覧二一五頁・行録三六輯一一六四頁）

4　免許を受けた漁場以外でする漁業は、免許によらない漁業である。（昭和九年二月一〇日大審院刑判決、総覧二一六頁・刑集一三巻七六頁）

5　免許を受けた漁業時期以外の漁業は、免許によらない漁業である。（昭和八年二月六日大審院刑判決、総覧二一九頁・刑集一二巻上二五頁）

（漁業の免許）
**第十条**　漁業権の設定を受けようとする者は、都道府県知事に申請してその免許を受けなければならない。

**解説**　漁業権はすべて行政庁の免許という行政行為によって設定される権利であり、漁業権の設定は行政庁の免許による以外発生しない。一般的にいって免許とは、特定人に対して権利を付与することを内容とする行政行為であって、申請を前提要件としてこれに対してなされる。このため、行政庁の免許以外の原因（たとえば取得時効）により漁業権を原始取得することはできない。

**判例**

1　漁業権は行政庁の免許によって取得することのできる一種の権利であって民法上の事項若しくは先占等によって取得すべきものではない。（明治三五年三月一七日大審院民判決、総覧二三三頁・民録八輯三巻四九頁）

2　同一漁場においても時期を異にし、名称が同じでない漁業はこれを免許することを妨げない。（明治四二年一〇月六日行政裁判決、総覧二三一頁・行禄二〇輯一二一二頁）

3　県知事に対して漁業の免許処分をすべき旨を判決で命ずることは、三権分立の建前上許されないから、かかる判決を求める訴は不適法である。（昭和二九年八月六日長崎地裁民判決、総覧二九八頁・行政集五巻八号一九六二頁）

（免許の内容等の事前決定）
**第十一条**　都道府県知事は、その管轄に属する水面につき、漁業上の総合利用を図り、漁業生産力を維持発展させるためには漁業権の内容たる漁業の免許をする必要があり、かつ、当該漁業の免許をしても漁業調整その他公益に支障を及ぼさないと認めるときは、当該漁業の免許について、海区漁業調整委員会の意見をきき、漁業種類、漁場の位置及び区域、漁業時期その他免許の内容たるべき事項、免許予定日、申請期間並びに定置漁業及び区画漁業についてはその地元地区（自然的及び社会経済的条件により当該漁業の漁場が属すると認められる地区をいう。）、共同漁業についてはその関係地区を定めなければならない。

2　都道府県知事は、海区漁業調整委員会の意見をきいて、前項の規定により定めた免許の内容たるべき事項、免許予定日、申請期間又は地元地区若しくは関係地区を変更することができる。
3　海区漁業調整委員会は、都道府県知事に対し、第一項の規定により免許の内容たるべき事項、免許予定日、申請期間及び地元地区又は関係地区を定めるべき旨の意見を述べることができる。
4　海区漁業調整委員会は、前三項の意見を述べようとするときは、あらかじめ、期日及び場所を公示して公聴会を開き、利害関係人の意見をきかなければならない。
5　第一項又は第二項の規定により免許の内容たるべき事項、免許予定日、申請期間及び地元地区若しくは関係地区を定め、又はこれを変更したときは、都道府県知事は、これを公示しなければならない。
6　農林水産大臣は、都道府県の区域を超えた広域的な見地から、水産動植物の繁殖保護を図り、漁業権又は入漁権の行使を適切にし、漁場の使用に関する紛争の防止又は解決を図り、その他漁業調整のために特に必要があると認めるときは、都道府県知事に対し、第一項又は第二項の規定により免許の内容たるべき事項、免許予定日、申請期間及び地元地区若しくは関係地区を定め、又はこれを変更すべきことを指示することができる。

**第十一条の二**　都道府県知事は、現に漁業権の存する水面についての当該漁業権の存続期間の満了に伴う場合にあつては当該存続期間の満了日の三箇月前までに、その他の場合にあつては免許予定日の三箇月前までに、前条第一項の規定による定めをしなければならない。

**解説**　漁場計画（免許内容等の事前決定）とは、水面全体の総合的利用の見地から漁業生産力を維持発展させるために、いかに漁場を利用すべきかという計画のことをいう。漁場計画は漁業権制度の基礎であると同時にその出発点ともなっており、その樹立いかんによっては、沿岸漁民の生活権を脅かすことにもなりかねない。したがって漁業法で知事は公共水面についてその漁業上の総合利用を図り、漁業生産力を維持発展させるため、漁業の免許をする必要があると認める場合は、漁業調整その他公益に支障を及ぼさない限り、漁場計画（免許の内容等の事前決定）を樹立しなければならないよう規定されている（第一一条）。

漁場計画の樹立の時期は次のとおりである。

① 現に漁業権の存する水面について、当該漁業権の存続期間の満了に伴う場合にあっては当該存続期間の満了日の三か月前までに

② その他の場合にあっては免許予定日の三か月前までに

漁場計画を樹立しなければならない（第一一条の二）。

なお、漁業権について、漁場計画を樹立し免許に至る本法に基づく手続上の順序について、わかりやすくするため表示してみると次のようになる。

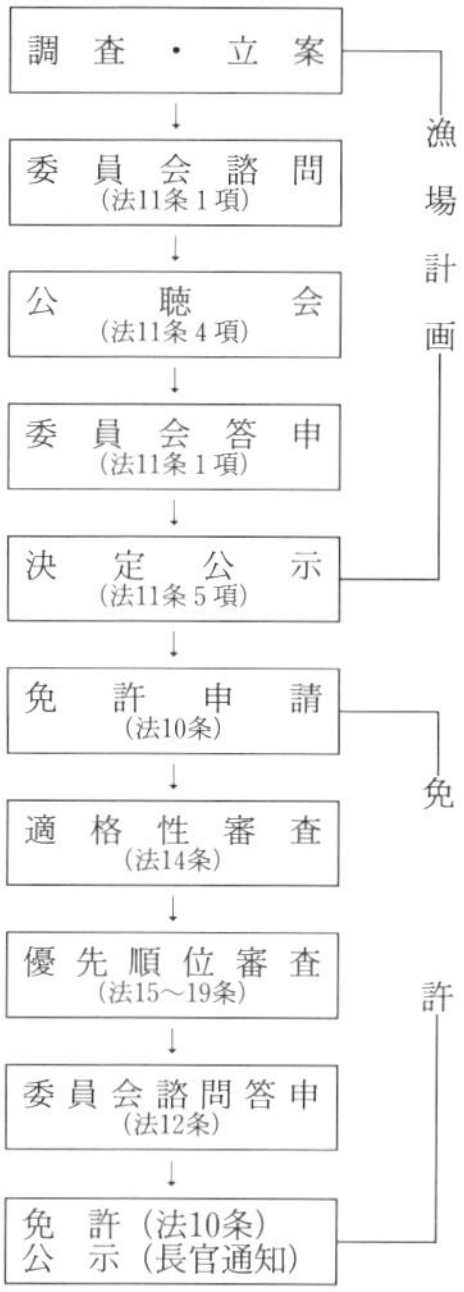

漁場計画

- 調査・立案
- ↓
- 委員会諮問（法11条1項）
- ↓
- 公聴会（法11条4項）
- ↓
- 委員会答申（法11条1項）
- ↓
- 決定公示（法11条5項）

免許

- ↓
- 免許申請（法10条）
- ↓
- 適格性審査（法14条）
- ↓
- 優先順位審査（法15〜19条）
- ↓
- 委員会諮問答申（法12条）
- ↓
- 免許（法10条）<br>公示（長官通知）

**判例**

1　知事が私益調整のためにのみ漁場を新設して、これについての免許処分をした場合に、農林大臣が漁業法の目的、理念に反するとして、これを取り消すことができる。（昭和三八年二月三日最高裁三小民判決、総覧二三七頁・裁判集七〇号一頁）

2　共同漁業免許の切替手続に関し、知事が従前の免許対象となっていた漁場から一部の区域を除外した漁場計画を決定し、右除外区域について漁場計画の決定をしなかったときは、当該漁業権の帰属主体である漁業協同組合は、決定された漁場計画を超える右除外区域を含む範囲についての免許申請を行い、その拒否処分に対する取消しを求めることにより、その違法を争うことができる。（昭和六三年五月二七日長崎地裁民判決、総覧続巻一一四頁・訟務三五巻一号一二六頁）

3　共同漁業権の一部放棄を受けてされる変更免許に際し、漁場計画の必要はない。（昭和六三年三月二八日仙台高裁民判決、総覧続巻一一三頁・訟務三四巻一〇号一九六五号）

4　共同漁業権の区域内に区画漁業権の設定を受けようとする者に共同漁業権者の同意を得させ、これを漁場計画の樹立ないし免許の許否の判断資料とすることは、県知事の裁量に属する相当な措置というべきであり、また、共同漁業権者が右の同意をするに当たっては、漁業協同組合の総会の決議を経るのが相当であ

る。（昭和六一年六月一六日広島高裁民判決、総覧続巻一一四頁・自治三〇号八六頁）

5　漁業法第一一条第一項により知事が漁場計画の樹立に当つて行う漁場区域の決定は、既往における旧漁業権の有無・範囲及び沿岸地域の行政区画に拘束されることなく、当該海域の自然的・社会経済的諸条件を考慮しつつ、その自由な裁量によって決すべき事項というべきである。（昭和三六年四月一八日盛岡地裁民判決、総覧二五一頁・行政集一二巻四九一一頁）

6　漁業法第一一条第二項の規定により都道府県知事が漁業の免許申請期間の延長をすることのできるのは、当初に定めた期間が短きに失するためにこれを延長する必要がある場合、または、当初に定めた期間内に適式な申請がなされなかった場合、その他期間変更を正当とする事由のある場合に限ると解すべきである。（昭和二九年七月六日鹿児島地裁民判決、総覧二六〇頁・行政集五巻七号一七四四頁）

（海区漁業調整委員会への諮問）

**第十二条**　第十条の免許の申請があつたときは、都道府県知事は、海区漁業調整委員会の意見をきかなければならない。

**解説**　本条は、第一〇条の免許の申請があったときにおける海区漁業調整委員会への諮問について定めている。第一〇条の規定に基づいて免許の申請があった場合には、仮に第一三条第一項（免許をしない場合）の各号の一に該当することが明白な場合であっても、海区漁業調整委員会の意見を聴くことなく申請を却下することは違法である。

**判例**

1　漁業法第一二条の規定により都道府県知事が漁業の免許を決定するに当つて徴すべき海区漁業調整委員会の意見は、同法第一〇三条の再議の規定に徴しても、免許の重要な前提手続をなすものと解されるから、同委員会の意見が無効の議決に基づくものである場合には、当該意見を聴いてそのままなされた漁業免許処分も違法として取消しを免れない。（昭和二九年七月六日鹿児島地裁民採決、総覧七九二頁・行政集五巻七号一七五二頁）

2　海区漁業調整委員会は、知事の諮問機関として、漁業免許の当否につき意見を答申するにすぎず、知事は独自の立場において免許するかどうかを決定するものであるから、同委員会の免許の適格性認定に関する手続上の瑕疵により、知事の免許処分の違法を来すことはない。（昭和二九年八月六日長崎地裁民判決、総覧二九八頁・行政集五巻八号一九六二頁）

（免許をしない場合）

**第十三条**　左の各号の一に該当する場合は、都道府県知事は、漁業の免許をしてはならない。

一　申請者が第十四条に規定する適格性を有する者でない場合

二　第十一条第五項の規定により公示した漁業の免許の内容と異なる申請があつた場合

三　その申請に係る漁業と同種の漁業を内容とする漁業権の不当な集中に至る虞がある場合

四　免許を受けようとする漁場の敷地が他人の所有に属する場合又は水面が他人の占有に係る場合において、その所有者又は占有者の同意がないとき

2　前項第四号の場合においてその者の住所又は居所が明らかでないため同意が得られないときは、最高裁判所の定める手続により、裁判所の許可をもつてその者の同意に代えることができる。

3　前項の許可に対する裁判に関しては、最高裁判所の定める手続により、上訴することができる。

4　第一項第四号の所有者又は占有者は、正当な事由がなければ、同意を拒むことができない。

5　海区漁業調整委員会は、都道府県知事に対し、第一項の規定により漁業の免許をすべきでない旨の意見を述べようとするときは、あらかじめ、当該申請者に同項各号の一に該当する理由を文書をもつて通知し、公開による意見の聴取を行わなければならない。

6　前項の意見の聴取に際しては、当該申請者又はその代理人は、当該事案について弁明し、かつ、証拠を提出することができる。

**解説**　免許しない場合がまとめて規定されているが要約すると、適格性がない場合、漁場計画と異なる申請をした場合、その申請した漁業と同種の漁業を内容とする漁業権の不当な集中になるおそれがある場合、漁場の敷地が他人の所有に属する場合又は水面を他人が占有している場合に所有者又は占有者の同意がないときの四項目に該当する場合である。

「同種の漁業」とは、漁場計画の際公示された漁業種類及び漁業の名称が同種のものであって、かつ、その漁業の規模が比較的類似しているものをいう。「漁業権の不当な集中」とは、漁利の均てんを図るという意味からの規定であって、具体的にはその地域の同種の漁業権の設定状況、他の申請者の雇用関係、経営内容等について判断すべきであって、一律に何統以上が不当の集中と決めることはできない。「水面の占有」とは、第三者に対して対抗できる権原に基づく水面の支配をいうものである。水面が他人の占有にかかる場合の代表的事例であるが、これは公共の用に供する水面と連接して一体をなす私有水面を、たとえば港湾法第三七条の規定（港湾区域内の工事等の許可）及び河川法第一七条の規定（工作物の新築等の許可）による許可を受けている場合や公有水面埋立法第二条の規定による埋立免許を受けている場合等がこれに該当する。

判例

1　海は古来より自然の状態のままで一般公衆の共同使用に供されてきたところのいわゆる公共用物であって、国の直接の公共的支配管理に服し、特定人による排他的支配の許されないものであるから、そのままの状態においては、所有権の客体たる土地には当たらないというべきである。（昭和六一年一二月一六日最高裁三小民判決、総覧続巻八二頁・最高裁民集四〇巻七号一二三六頁）

2　海面は行政上の処分をもって一定の区域を限り私人にその使用又は埋立、開墾等の権利を取得させることはあるが、海面のままこれを私人の所有とはなし得ないものである。（大正四年一二月二八日大審院民判決、総覧二六七頁・民録二一輯二一二四頁）

3　専用漁業権は、免許された一定の水面を専用して一定の水産動植物を採取捕獲することをもってその内容とするものであって、所有権のように当該区域の全水面を排他的に占有する権利ではないので、同漁業権の実施に妨げのない限り何人といえども当該水面の使用はこれをなし得るものと解せざるをえない。（昭和九年四月七日大審院民判決、総覧三九頁・新聞三六八六号一七頁）

4　専用漁業権とは、一定の水面を専用し限定せられた種類の漁業を行うものであるので、その区域内において他人に定置漁業を免許するには、当該漁業者の承諾を必要とするものではない。（明治四一年一一月一九

日行政裁判決、総覧四三頁・行録一九輯一二九八頁）

（免許についての適格性）

**第十四条**　定置漁業又は区画漁業の免許について適格性を有する者は、次の各号のいずれにも該当しない者とする。

一　海区漁業調整委員会における投票の結果、総委員の三分の二以上によつて漁業若しくは労働に関する法令を遵守する精神を著しく欠き、又は漁村の民主化を阻害すると認められた者であること。

二　海区漁業調整委員会における投票の結果、総委員の三分の二以上によつて、どんな名目によるのであつても、前号の規定により適格性を有しない者によつて、実質上その申請に係る漁業の経営が支配されるおそれがあると認められた者であること。

2　特定区画漁業権の内容たる区画漁業の免許については、第十一条に規定する地元地区（以下単に「地元地区」という。）の全部又は一部をその地区内に含む漁業協同組合又はその漁業協同組合を会員とする漁業協同組合連合会であつて当該特定区画漁業権の内容たる漁業を営まないものは、前項の規定にかかわらず、次に掲げるものに限り、適格性を有する。ただし、水産業協同組合法第十八条第四項の規定により組合員たる資格を有する者を特定の種類の漁業を営む者に限る漁業協同組合及びその漁業協同組合を会員とする漁業協同組合連合会は、適格性を有しない。

一　その組合員のうち地元地区内に住所を有し当該漁業を営む者の属する世帯の数が、地元地区内に住所を有し当該漁業を営む者の属する世帯の数の三分の二以上であるもの

二　二以上共同して申請した場合において、これらの組合員のうち地元地区内に住所を有し当該漁業を営む者の属する世帯の総数が、地元地区内に住所を有し当該漁業を営む者の属する世帯の数の三分の二以上であるもの

3　前項の地元地区内に住所を有し当該漁業を営む者を組合員とする漁業協同組合又は漁業協同組合連合会が同項の規定により適格性を有する漁業協同組合又は漁業協同組合連合会に対して同項に規定する漁業の免許を共同して申請することを申し出た場合には、その漁業協同組合又は漁業協同組合連合会は、正当な事由がなければ、これを拒むことができない。

4　第二項の規定により適格性を有する漁業協同組合又は漁業協同組合連合会が同項に規定する漁業の免許を受けた場合には、その免許の際に同項の地元地区内に住所を有し当該漁業を営む者であつた者を組合員とする漁業協同組合又は漁業協同組合連合会は、都道府県知事の認可を受けて、その漁業協同組合又は漁業協同組合連合会に対し当該漁業権を共有すべきことを請求することができる。この場合には、第二十六条第一項の規定は、適用しない。

5　前項の認可の申請があつたときは、都道府県知事は、海区漁業調整委員会の意見を聴かなければならない。

6　第十一条第五項の規定により公示された特定区画漁業権の内容たる区画漁業に係る漁場の区域の全部が当該公示の日（当該区画漁業に係る漁場の区域について同項の規定による変更の公示がされた場合には、当該公示の日）以前一年間に当該区画漁業を内容とする特定区画漁業権の存しなかつた水面である場合における当該特定区画漁業権の内容たる区画漁業の免許については、地元地区の全部又は一部をその地区内に含む漁業協同組合又はその漁業協同組合を会員とする漁業協同組合連合会であつて当該特定区画漁業権の内容たる漁業を営まないものは、第一項及び第二項の規定にかかわらず、次に掲げるものに限り、適格性を有する。

一　その組合員のうち地元地区内に住所を有し一年に九十日以上沿岸漁業を営む者（河川以外の内水面における当該漁業の免許については当該内水面において一年に三十日以上漁業を営む者、河川における当該漁業の免許については当該河川において一年に三十日以上水産動植物の採捕又は養殖をする者。以下同じ。）の属する世帯の数が、地元地区内に住所を有し一年に九十日以上沿岸漁業を営む者の属する世帯の数の三分の二以上であるもの

二　二以上共同して申請した場合において、これらの組合員のうち地元地区内に住所を有し一年に九十日以上沿岸漁業を営む者の属する世帯の総数が、地元地区内に住所を有し一年に九十日以上沿岸漁業を営む者の属する世帯の数の三分の二以上であるもの

7　第二項ただし書及び第三項から第五項までの規定は、前項の区画漁業の免許について準用する。この場合において、第三項及び第四項中「当該漁業を営む者」とあるのは、「一年に九十日以上沿岸漁業を営む

者」と読み替えるものとする。

8　共同漁業の免許について適格性を有する者は、第十一条に規定する関係地区（以下単に「関係地区」という。）の全部又は一部をその地区内に含む漁業協同組合又はその漁業協同組合を会員とする漁業協同組合連合会（第二項ただし書に規定する漁業協同組合又は漁業協同組合連合会を除く。）であつて次に掲げるものとする。

一　その組合員のうち関係地区内に住所を有し一年に九十日以上沿岸漁業を営む者の属する世帯の数が、関係地区内に住所を有し一年に九十日以上沿岸漁業を営む者の属する世帯の数の三分の二以上であるもの

二　二以上共同して申請した場合において、これらの組合員のうち関係地区内に住所を有し一年に九十日以上沿岸漁業を営む者の属する世帯の総数が、関係地区内に住所を有し一年に九十日以上沿岸漁業を営む者の属する世帯の数の三分の二以上であるもの

9　第二項各号、第六項各号又は前項各号の規定により世帯の数を計算する場合において、当該漁業を営む者が法人であるときは、当該法人（株式会社にあつては、公開会社（会社法（平成十七年法律第八十六号）第二条第五号に規定する公開会社をいう。以下同じ。）でないものに限る。以下この項において同じ。）の組合員、社員若しくは株主又は当該法人の組合員、社員若しくは株主である法人の組合員、社員若しくは株主のうち当該漁業の漁業従事者である者の属する世帯の数により計算するものとする。

10　第三項から第五項までの規定は、共同漁業に準用する。この場合において、第三項及び第四項中「地元地区」とあるのは「関係地区」と、「当該漁業を営む者」とあるのは「一年に九十日以上沿岸漁業を営む者」と読み替えるものとする。

11　漁業協同組合又は漁業協同組合連合会が第一種共同漁業又は第五種共同漁業を内容とする共同漁業権を取得した場合においては、海区漁業調整委員会は、その漁業協同組合又は漁業協同組合連合会と関係地区内に住所を有する漁民（漁業者又は漁業従事者たる個人をいう。以下同じ。）であつてその組合員でないものとの関係において当該共同漁業権の行使を適切にするため、第六十七条第一項の規定に従い、必要な指示をするものとする。

**解説**　漁業権について免許の申請が知事に提出されると、海区漁業調整委員会に意見を聴いて（第一二条）、申請者について免許に関する適格性が検討され、さらに適格性のある者が複数有る場合には優先順位が勘案され、その結果優先順位に該当する者に漁業権が免許される。ここでいう「適格性」とは、免許を受け得る最小限の資格要件であり、第一三条第一項第一号で「申請者が第一四条に規定する適格性を有する者でない場合」は、都道府県知事は漁業の免許をしてはならないこととなっている。適格性に関する条項をわかりやすく漁業種類ごとに整理すると次のとおりである。

①　経営者免許漁業権
　イ　定置漁業権（第一項）
　ロ　区画漁業権（第一項）
②　組合管理漁業権
　イ　特定区画漁業権
　　i　既存漁場の場合（第二項）
　　ii　新規漁場の場合（第六項）
　ロ　共同漁業権（第八項）

この場合「経営者免許漁業権」とは、当該漁業権の内容となっている漁業を直接経営する者に対してのみ免許される漁業権をいう。

その対象となるものは、定置漁業権及び区画漁業権（特定区画漁業権を除く。）である。これらの漁業権の内容となる漁業は、相当の資金を要し誰でもやれるという性質のものでなく、経営者が特定する漁業であるので組合管理を認められていない。

「組合管理漁業権」とは、漁業協同組合（又はその連合会）が漁業権の免許を受け、漁業権行使規則を制定してこれに基づいて漁業権を管理し、組合員にその行使を行わせることのできる漁業権をいう。共同漁業権及び特定区画漁業権（ひび建養殖業、藻類養殖業、垂下式養殖業、小割り式養殖業、若しくは第三種区画養殖業たる貝類養殖業をいう（第七条）。）はその対象となっている。

**判例**

1　他社から豊富な経験、技術、資材及び資金の提供を受けてする漁業協同組合の漁業経営が、漁業法第一四条第一項第二号にいわゆる免許を受ける適格を有しない者によって「実質上その申請に係る漁業の経営が支配されるおそれがある」ものと認められない。（昭和二九年八月六日長崎地裁民判決、総覧二九八頁・行政集五巻八号一九六二頁）

2　漁業法第一四条第一項第二号の規定は、申請人が不適格でないことにつき海区漁業調整委員会の間に異論のない場合には、特にこの点について投票を行う必要はない。（昭和二九年八月六日長崎地裁民判決、総覧二九八頁・行政集五巻八号一九六二頁）

3　漁業免許当時地元地区内に住所を有し当該漁業を営んでいた者を組合員とする漁業協同組合は、右漁業免許当時いまだ設立されていなくても漁業法第一四条第四項、第七項によって、免許された漁業権の共有を請求することができる。（昭和三九年六月八日最高裁一小民判決、総覧二九〇頁・最高裁民集一五巻六号一五三三頁）

（優先順位）

**第十五条**　漁業の免許は、優先順位によつてする。

**解説**　優先順位とは、前述した適格性―資格審査をパスした者の中から更に免許を受けることのできる順番のことである（第一五条）。法所定の優先順位の判定を誤ってする免許は許されない。

次に優先順位に関する条項をわかりやすく漁業種類ごとに整理すると、次のとおりである。

①　経営者免許漁業権
- イ　定置漁業権（第一六条）
- ロ　区画漁業権
  - i　特定区画、真珠養殖業以外の区画漁業（主に第二種区画漁業）（第一七条）
  - ii　真珠養殖業（第一九条）

②　組合管理漁業権
- イ　特定区画漁業権（第一八条）
- ロ　共同漁業権（なし）

**判例**

優先順位について、その判断を誤ってなした免許は無効である。（昭和二九年七月六日鹿児島地裁民判決、総覧七九二頁・行政集五巻七号一七五二頁）

（定置漁業の免許の優先順位）

**第十六条**　定置漁業の免許の優先順位は、次の順序による。

一　漁業者又は漁業従事者

二　前号に掲げる者以外の者

2　前項の規定により同順位である者相互間の優先順位は、次の順序による。

一　その申請に係る漁業と同種の漁業に経験がある者
二　沿岸漁業であつて前号に掲げる漁業以外のものに経験がある者
三　前二号に掲げる者以外の者
3　前項の規定において「経験」とは、その申請の日以前十箇年の間において、漁業を営み又はこれに従事したことをいう。以下第十九条までにおいて同じである。
4　前三項の規定により同順位である者相互間の優先順位は、次の順序による。
一　その申請に係る漁業の漁場の存する第八十四条第一項の海区（以下「当該海区」という。）において経験がある者
二　前号に掲げる者以外の者
5　前各項の規定により同順位の者がある場合においては、都道府県知事は、免許をするには、その申請に係る漁業について次に掲げる事項を勘案しなければならない。
一　労働条件
二　地元地区内に住所を有する漁民（以下「地元漁民」という。）特に当該漁業の操業により従前の生業を奪われる漁民を使用する程度
三　地元漁民が当該漁業の経営に参加する程度
四　当該漁業についての経験の程度、資本その他の経営能力
五　当該漁業にその者の経済が依存する程度
六　当該漁業の漁場の属する水面において操業する他の漁業との協調その他当該水面の総合的利用に関する配慮の程度
6　地元漁民七人以上が組合員、社員又は株主となつている法人（株式会社にあつては、公開会社でないものに限る。）であつて次の各号のいずれにも該当するものは、前各項の規定にかかわらず、第一順位とする。
一　漁業を営むことを主たる目的とする者であること。
二　組合員、社員又は株主の過半数が、当該海区においてその申請に係る漁業と同種の漁業に経験がある者であるか又は当該漁業の免許が他の者にされたときは従前の生業を失うに至る者であること。
三　組合員、社員又は株主の三分の二以上がその営む事業に常時従事する者であること。
四　組合員若しくは社員のうちその営む事業に常時従

事する者の出資額又は株主のうちその営む事業に常時従事する者の有する株式の数の合計が、総出資額又は発行済株式の総数の過半を占めていること。

7　前項の規定により同順位の者がある場合においては、都道府県知事は、免許をするには、その申請に係る漁業について第五項第三号から第六号までに掲げる事項を勘案しなければならない。

8　次の各号のいずれかに該当する者は、前各項の規定にかかわらず、第一順位とする。

一　地元地区の全部又は一部をその地区内に含む漁業協同組合であつて、次のいずれにも該当するもの

イ　組合員（二以上共同して申請した場合には、これらの総組合員）のうち地元漁民である者の属する世帯の数が、地元漁民の属する世帯の数の七割以上であること。

ロ　組合員である地元漁民が議決権及び出資額において過半を占めていること。

二　地元漁民が組合員、社員又は株主となつている法人（株式会社にあつては公開会社でないものに限り、漁業協同組合を除く。）であつて、次のいずれにも該当するもの

イ　組合員、社員又は株主（二以上共同して申請した場合には、その総組合員、総社員又は総株主）のうち地元漁民である者の属する世帯の数が、地元漁民の属する世帯の数の七割以上であること。

ロ　当該漁業に常時従事する者の三分の一以上が、その組合員、社員若しくは株主であるか又はこれらと世帯を同じくする者であること。

ハ　組合員、社員又は株主である地元漁民の有する議決権の合計が総組合員、総社員又は総株主の議決権の過半を占めており、かつ、組合員若しくは社員である地元漁民の出資額又は株主である地元漁民の有する株式の数の合計が総出資額又は発行済株式の総数の過半を占めていること。

三　第一号の漁業協同組合又は前号の法人が組合員、社員又は株主となつている法人（株式会社にあつては、公開会社でないものに限る。）であつて、次のいずれにも該当するもの

イ　当該漁業に常時従事する者の三分の一以上が、その組合員、社員若しくは株主である第一号の漁業協同組合若しくは前号の法人の組合員、社員若しくは株主であるか又はこれらと世帯を同じくす

る者であること。

ロ　組合員、社員又は株主である第一号の漁業協同組合又は前号の法人の有する議決権の合計が総組合員、総社員又は総株主の議決権の過半を占めており、かつ、組合員若しくは社員である第一号の漁業協同組合若しくは前号の法人の出資額又は株主である第一号の漁業協同組合若しくは前号の法人の有する株式の数の合計が総出資額又は発行済株式の総数の過半を占めていること。

9　前項第一号イ又は第二号イの規定により世帯の数を計算する場合において、その組合員、社員又は株主が法人であるときは、当該法人（株式会社にあつては、公開会社でないものに限る。以下この項において同じ。）の組合員、社員若しくは株主又は当該法人の組合員、社員若しくは株主である法人の組合員、社員若しくは株主のうち地元漁民である者の属する世帯の数により計算するものとする。

10　地元漁民又は地元漁民が組合員、社員若しくは株主となつている法人（株式会社にあつては、公開会社でないものに限る。）が第八項第一号の漁業協同組合又は同項第二号若しくは第三号の法人に加入を申し出た場合には、その申出を受けた者は、正当な事由がなければ、これを拒むことができない。地元地区の全部若しくは一部をその地区内に含む漁業協同組合又は地元漁民が組合員、社員若しくは株主となつている法人（株式会社にあつては、公開会社でないものに限る。）が第八項第一号の漁業協同組合又は同項第二号の法人に対し当該漁業の免許を共同して申請することを申し出た場合も、同様とする。

11　二人以上共同して申請した場合において、その申請者が第一項、第二項又は第四項の各号のいずれに該当するかは、各申請者のうちいずれに該当する者が議決権及び出資額において過半を占めているかによつて定める。この場合において、いずれに該当する者も議決権及び出資額において過半を占めていない場合は、その申請者は、第一項第二号、第二項第三号又は第四項第二号に該当するものとみなす。

12　二人以上共同して申請した場合において、その申請者が第六項又は第八項に規定する者に該当するかどうかは、各申請者のうち第六項又は第八項に規定する者に該当する者が議決権及び出資額において過半を占めているかどうかによつて定める。

13　法人（株式会社にあつては、公開会社でないものに限る。）が第一項第一号、第二項第一号若しくは第二号又は第四項第一号に該当しない場合であつても、その組合員、社員又は株主のうちこれに該当する者の有する議決権の合計が総組合員、総社員又は総株主の議決権の過半を占めており、かつ、その組合員若しくは社員のうちこれに該当する者の出資額又はその株主のうちこれに該当する者の有する株式の数の合計が総出資額又は発行済株式の総数の過半を占めている場合は、その法人は、これに該当するものとみなす。

14　第十一項又は前項の計算については、第二項第一号に該当する者は、同項第二号に該当する者でもあるとみなす。

**解説**　定置漁業権の優先順位は、第一六条に順位の低いものから高い者について順次規定されているが、わかりやすく要約すると次の順序による。

第一順位　漁業協同組合自営（これと実態を同じくする漁民会社等を含む。）（第八項）

第二順位　生産組合（これと実態を同じくする漁民会社）（第六項）

第三順位　普通の個人、株式会社

これらの相互間では、さらに次の要件によって順位をつける。

①　今まで漁業に携わっていた者であるかどうか（第一項）

②　その申請に係る漁業に経営者又は従事者として経験があるかどうか（第二項）

③　その海区で経験があるかどうか（第四項）

さらに同順位の場合は六つの勘案項目を掲げ（第五項）、それで総合判断して最終的に定める。

この順位の根本は、地元漁民による団体経営を個別経営より優先していることである。沿岸漁場はその利用は地元漁民の意思によって決められなければならず、その漁利は漁民全体に等しく帰属するように考えられなければならない。しかし、漁場は限定されているので自らやれる数は定まってくる。したがってそれを特定の経営者にろう断させないで、一応漁民が希望すればやれる程度の規模の漁業なら極力やれる機会を公平にし（入会漁場）、単独ではやれない漁業は団体経営をして関係漁民みんなが経営に参加し、利潤の平等な分配を受けるようにしようとするものでる。

判例

1　知事が定置漁業権の優先順位を誤って行った不免許処分は違法であり、国家賠償法第一条第一項、第三条第一項に基づき、本件不免許処分によって被った損害を賠償すべきである。（平成六年八月二九日札幌地裁民判決、総覧続巻一五〇頁・タイムズ八八〇号一七二頁）

（区画漁業の免許の優先順位）

**第十七条**　区画漁業（真珠養殖業及び特定区画漁業権の内容たる区画漁業を除く。）の免許の優先順位は、次の順序による。

一　漁業者又は漁業従事者

二　前号に掲げる者以外の者

2　前項の規定により同順位である者相互間の優先順位は、次の順序による。

一　漁民

二　前号に掲げる者以外の者

3　前二項の規定により同順位である者相互間の優先順位は、次の順序による。

一　地元地区内に住所を有する者

二　前号に掲げる者以外の者

4　前三項の規定により同順位である者相互間の優先順位は、次の順序による。

一　その申請に係る漁業と同種の漁業に経験がある者

二　沿岸漁業であつて前号に掲げる漁業以外のものに経験がある者

三　前二号に掲げる者以外の者

5　前各項の規定により同順位である者相互間の優先順位は、次の順序による。

一　当該海区において経験がある者

二　前号に掲げる者以外の者

6　前各項の規定により同順位の者がある場合においては、都道府県知事は、免許をするには、その申請に係る漁業について次の事項を勘案しなければならない。

一　当該漁業にその者の生計が依存する程度

二　労働条件

三　地元漁民を使用する程度

四　地元漁民が当該漁業の経営に参加する程度

五　当該漁業についての経験の程度、資本その他経営能力

六　当該漁業の漁場の属する水面において操業する他

の漁業との協調その他当該水面の総合的利用に関する配慮の程度

7　前各項の規定の適用に関しては、前条第十一項、第十三項及び第十四項の規定を準用する。この場合において、同条第十一項中「第一項、第二項又は第四項」とあるのは「第十七条第一項から第五項まで」と、「第一項第二号、第二項第三号又は第四項第二号」とあるのは「第十七条第一項第二号、第二項第二号、第三項第二号、第四項第三号又は第五項第二号」と、同条第十三項中「第一項第一号、第二項第一号若しくは第二号又は第四項第一号」とあるのは「第十七条第一項第一号、第二項第一号、第三項第一号、第四項第一号若しくは第二号又は第五項第一号」と、同条第十四項中「第二項第一号」とあるのは「第十七条第四項第一号」と読み替えるものとする。

8　法人が地元地区内に住所を有する場合であつても、その組合員、社員若しくは株主のうち地元地区内に住所を有する者の有する議決権の合計が総組合員、総社員若しくは総株主の議決権の過半を占めていない場合又はその組合員若しくは社員のうち地元地区内に住所を有する者の出資額若しくはその株主のうち地元地区内に住所を有する者の有する株式の数の合計が総出資額若しくは発行済株式の総数の過半を占めていない場合は、第三項の規定の適用に関しては、その法人は、地元地区内に住所を有しないものとみなす。

**解説**　経営者免許漁業権の中で真珠漁業を内容とする区画漁業権以外の区画漁業権であるが、実際にはこれに該当するものは主として第二種区画漁業を内容とする区画漁業権である

この優先順位は、漁民団体の優先順位はなく、大体定置の第三順位たる一般経営体間の順位と同じ取扱いで、ただ定置より地元の小規模漁業という色彩が強いので、定置の三つの優先順位決定項目のほかに、個人経営を優先させ、地元居住者を優先させるという二つの項目が加えられている。これらによる最優先者が多数ある場合には、第六項の勘案事項で判断することになっている。優先順位について、わかりやすく表にすると次のようである。

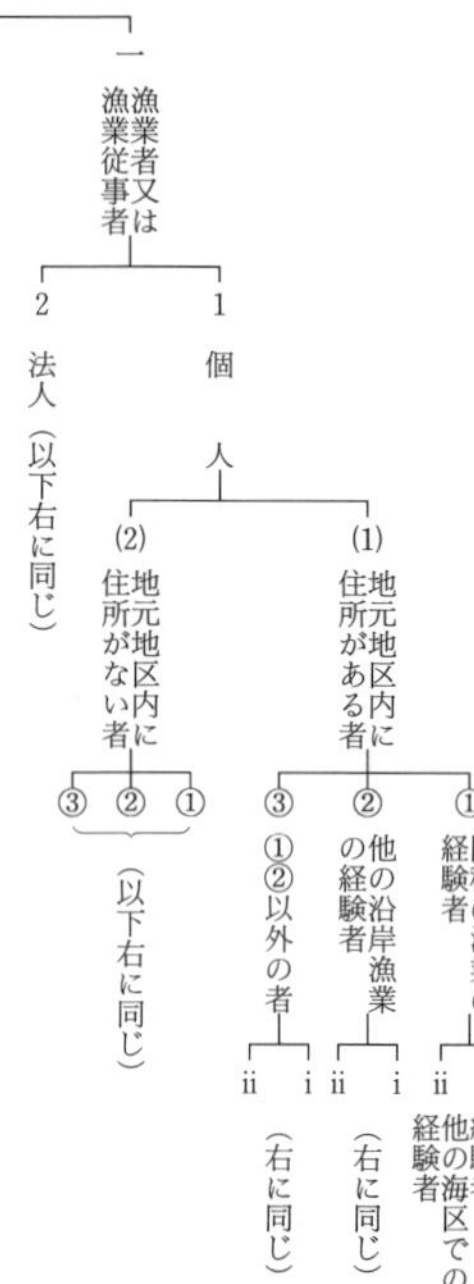


**第十八条**　特定区画漁業権の内容たる区画漁業の免許の優先順位は、第十四条第二項又は第六項の規定により適格性を有する者を第一順位とする。

2　前項に規定する者が申請しない場合においては、前条並びに第十六条第六項から第十項まで及び第十二項の規定を準用する。この場合において、同条第六項中「前各項」とあるのは「第十八条第二項において準用する第十七条」と、同条第八項中「前各項」とあるのは「第十八条第二項において準用する第十七条並びに第十六条第六項及び第七項」と読み替えるものとする。

**解説**　特定区画漁業権を内容とする区画漁業の免許の優先順位は、管理漁業権としての適格性を有する漁業協同組合又はその連合会（第一四条第二項又は第六項の規定により適格性を有する者）が申請する場合が最優先であるが、これらの者が申請しなかった場合には、当該漁業を自ら営もうとする者に対しても免許される。この場合の優先順位は次のとおりである。

第一順位　定置漁業権の免許に際し、第一優先順位となる一定要件を備える漁業協同組合又は漁民会社

第二順位　定置漁業権の免許に際し、第二優先順位となる生産組合法人

第三順位　区画漁業（真珠養殖業及び特定区画漁業権を内容とするものを除く。）による。

**第十九条**　真珠養殖業を内容とする区画漁業の免許の優先順位は、次の順序による。

一　漁業者又は漁業従事者

二　前号に掲げる者以外の者

2　前項の規定により同順位である者相互間の優先順位は、次の順序による。

一　真珠養殖業を内容とする区画漁業に経験がある者

二　前号に掲げる者以外の者

3　第一項及び前項第二号の規定により同順位である者相互間の優先順位は、次の順序による。
一　地元地区内に住所を有する者
二　前号に掲げる者以外の者
4　第十一条第五項の規定により公示された真珠養殖業を内容とする区画漁業に係る漁場の区域の全部が当該公示の日（当該区画漁業に係る漁場の区域について同項の規定による変更の公示がされた場合には、当該公示の日）以前一年間に真珠養殖業を内容とする区画漁業権の存しなかつた水面である場合における真珠養殖業を内容とする区画漁業の免許については、第十六条第八項第一号の漁業協同組合又は同項第二号若しくは第三号の法人は、第一項第一号、第二項第一号又は前項第一号に該当しない場合であつても、その組合員、社員又は株主のうちに真珠養殖業を内容とする区画漁業に経験がある者がいる場合は、これに該当するものとみなす。この場合については、第十六条第九項、第十項及び第十二項の規定を準用する。
5　前各項の規定により同順位の者がある場合においては、都道府県知事は、免許をするには、その申請に係る漁業について次に掲げる事項を勘案しなければならない。
一　労働条件
二　地元漁民を使用する程度。大規模の経営の場合にあつては、特に、当該漁業の操業により従前の生業を奪われる漁民を使用する程度
三　当該漁業についての経験の程度、資本その他経営能力。特に当該漁業に関する進歩的企画の程度
四　当該漁業にその者の経済が依存する程度
五　当該漁業の漁場の属する水面において操業する他の漁業との協調その他当該水面の総合的利用に関する配慮の程度
6　第一項から第三項まで及び前項の規定の適用に関しては、第十六条第十一項及び第十三項並びに第十七条第八項の規定を準用する。

**解説**　真珠養殖業を内容とする区画漁業の免許についての優先順位は、既存漁場と新規漁場では取扱いが多少異なる。

①　既存漁場の場合
既存漁場における真珠養殖業を内容とする区画漁業権の免許の優先順位は、漁民団体優先の規定はなく、

大体前述した定置漁業の第三順位者間の優先順位と同じであるが、さらに真珠養殖業が特殊な商品を生産する漁業であるので、特に経験を重視する優先順位の規定になっている（第一項、第二項、第三項）。優先順位についてわかりやすく表にすると次のとおりである。

一　漁業者又は漁業従事者
　1　真珠養殖業の経験者
　2　無経験者
　　(1)　地元に住所がある者
　　(2)　地元に住所がない者
二　その他の者——（右に準ずる）

なお、「経験」は、定置漁業やその他の区画漁業の二つの場合と異なり、同種の漁業の経験でなく真珠養殖業の経験が必要であり、かつその経験は当該海区の内か外かは問題とせずどこでも経験があればよいのである。なお、「経験」とは、その申請の日以前一〇か年の間において、漁業を営み又は従事したことをいう（第三項）。また、地元地区に住所を有するかどうかということは、無経験者についてのみ問題にしており経験者であればどこに住所があろうとかまわない（第三項）。

②　新規漁場の場合

新規漁場である者の免許については、次の要件のすべてに該当する漁業協同組合等の法人を「真珠養殖業に経験を有する漁業者」と同列におき、第一順位とする（第四項）。「新規漁場」とは、真珠養殖業を内容とする区画漁業であって、その漁場の区域の全部が関係の漁場計画公示の日以前一年間に真珠養殖業を内容とする区画漁業の存しなかった水面をいう。

イ　定置漁業の免許の第一順位の要件と同じ要件を備える漁業協同組合（第一六条第八項第一号）、漁業生産組合、合資会社、合名会社及び株式会社（公開会社でないものに限る。）（同項第二号）あるいはこれらの法人を組合員、社員又は株主とする法人（同項第三号）のいずれかであること。

ロ　その構成員又は社員の中に真珠養殖業に経験のある者がいること。

なお、第一順位に該当する者が二以上あるときは、都道府県知事は、第五項の勘案事項を勘案して免許する。

（漁業権の存続期間）

**第二十一条**　漁業権の存続期間は、免許の日から起算して、真珠養殖業を内容とする区画漁業権、第六条第五項第五号に規定する内水面以外の水面における水産動物の養殖業を内容とする区画漁業権（特定区画漁業権及び真珠養殖業を内容とする区画漁業権を除く。）又は共同漁業権にあつては十年、その他の漁業権にあつては五年とする。

2　都道府県知事は、漁業調整のため必要な限度において前項の期間より短い期間を定めることができる。

**解説**　本条では、漁業権ごとに次のような存続期間が定められている。特例として、都道府県知事は、漁業調整のため必要がある場合には法定された期間より短い期間を定めることができる。しかし、漁業調整以外の事由から短くすることはできない。

| | |
|---|---|
| 共同漁業権 | 一〇年 |
| 定置漁業権 | 五年 |
| 区画漁業権 | |
| 　真珠養殖業 | 一〇年 |
| 　大規模な海面の魚類養殖業 | 一〇年 |
| 　特定区画漁業権 | 五年 |
| 　内水面における魚類養殖業 | 五年 |

**判例**

1　漁業権の存続期間の変更を求める訴は、裁判所に行政庁に委された裁量権の範囲に立ち入ることを求めるものであるから不適法である。（昭和三三年二月二五日最高裁三小民判決、総覧三三七頁・最高裁民集一二巻二号二四八頁）

2　鮭定置漁業を営む者に対して知事がした漁業権を免許しない旨の処分の取消しを求める訴えが、右免許申請に係る漁業権の存続期間は最終口頭弁論期日においてすでに徒過しており、その取消しを求める訴えの利益がない。（平成元年五月一九日札幌地裁民判決、総覧続巻一五九頁・自治七九号一八六頁）

3　漁業権の免許処分の取消しを求める訴訟の係属中、免許存続期間の満了により当該漁業権が消滅した場合には、右免許処分の取消しを求める法律上の利益は存しない。（昭和三三年二月一七日長崎地裁民判決、総覧三三三頁）

4　漁業法第二一条第二項の漁業権の存続期間の短縮は、都道府県知事の裁量権に基づき単独でこれをなしうるものであり、海区漁業調整委員会の意見を聴く必要はないものと解すべきものである。（昭和三〇年五月三一日鹿児島県地裁民判決、総覧二二六頁・行政集

六巻五号一二七八頁）

（漁業権の分割又は変更）
**第二十二条**　漁業権を分割し、又は変更しようとするときは、都道府県知事に申請してその免許を受けなければならない。
2　都道府県知事は、漁業調整その他公益に支障を及ぼすと認める場合は、前項の免許をしてはならない。
3　第一項の場合においては、第十二条（海区漁業調整委員会への諮問）及び第十三条（免許をしない場合）の規定を準用する。

**解説**　漁業権は知事の免許によって発生する権利であり、その内容は免許という行政行為によって決められる。この漁業権の内容は、漁場計画の際に免許の内容を定めて申請者を募って、その内容のものを免許するのであるが、その後の事情、たとえば、海況、漁況の著しい変動による場合、あるいは資源的にみて明らかに計画が不適当である場合等においては、当事者の申請によって変更し得るのであり、漁業権の同一性を失わないでその内容を構成する要素、すなわち漁業区域、漁業種類等について、分割又は変更することができる。

また、この分割又は変更の場合も、漁場計画の樹立の場合と同様に「漁業調整その他公益に支障を及ぼす」と知事が認める場合は免許してはならないこととなっている。

**判例**

1　共同漁業権の一部を放棄することは、新たな権利の設定を受けるわけではないから、漁業法第二二条第一項の変更免許の必要はない。（昭和六三年三月二八日仙台高裁民判決、総覧続巻一六二頁・訟務三四巻一〇号一九六五頁）

2　漁業協同組合は、公有水面埋め立て完成による漁業権の事実上の消滅に同意したに過ぎず埋立完成までは漁業権は消滅しないのであるから、それ以前の段階で漁業権変更につき都道府県知事の免許を受ける必要はない。（昭和六二年六月一二日福岡高裁民判決、総覧続巻三七頁・時報一二四九号四六頁）

3　埋立工事について漁業権に基づく物上請求権の放棄を約したときには、右権利行使の禁止の効果は、漁業権の変更の有無とは関係なく発生する。（平成元年五月一五日福岡高裁民判決、総覧続巻一六三頁）

（漁業権の性質）

**第二十三条**　漁業権は、物権とみなし、土地に関する規定を準用する。

2　民法（明治二十九年法律第八十九号）第二編第九章（質権）の規定は定置漁業権及び区画漁業権（特定区画漁業権であつて漁業協同組合又は漁業協同組合連合会の有するものを除く。次条、第二十六条及び第二十七条において同じ。）に、第八章から第十章まで（先取特権、質権及び抵当権）の規定は特定区画漁業権であつて漁業協同組合又は漁業協同組合連合会の有するもの及び共同漁業権に、いずれも適用しない。

**解説**　漁業権は物権とみなされる。漁業権は特定の水面において特定の漁業を独占排他的に営み、利益を享受する権利であり、その利益享受が一般人に対抗し得る権利である点において、物権が物について一定の利益享受を一般人に対抗し得るものであるとの権利（民法第一七七条）と性質が同じである。したがって漁業権の法律上の効力を規定するのに、物権と同一の地位に置くのが便宜であるので、物権とみなされている。しかしながら、漁業権の内容は漁場という特定の水面において一定内容の漁業を営む権利であって、一般の有体物に対する直接支配することを本体とする物権とは、厳密なる意味においては区別されるべきであるので、「みなす」と規定されているのである。物権とみなされる結果として生ずる漁業権の効力として、漁業権の内容たる一定の利益享受を妨害する行為に対しては物権的請求権がある。

また、漁業協同組合の組合員の漁業を営む権利―行使権は、漁業権そのものではないが、それと不可分の、その具体化されたもので、物権的権利である。

**判例**

1　海が公共用水面である上、特定の水面に漁業権が重複して免許されることからすると、漁業権を有する者は、免許の対象となった特定の種類の漁業、すなわち、水産動植物の採捕又は養殖の事業を営むために必要な範囲及び様態においてのみ水面を使用することができるに過ぎず、右の範囲及び様態を超えて無限定に海水面を支配あるいは利用する権利を有するものではない。（平成八年一〇月二八日東京高裁民判決、総覧続巻一三頁・タイムズ九二五号二六八頁）

2　海は古来より自然の状態のままで一般公衆の共同使用に供されてきたところのいわゆる公共用物であっ

て、国の直接の公共的支配管理に服し、特定人による排他的支配の許されないものであるから、そのままの状態においては、所有権の客体たる土地には当たらないというべきである。（昭和六一年一二月一六日最高裁三小民判決、総覧続巻八二頁・最高裁民集四〇巻七号一二三六頁）

3　専用漁業権は、免許された一定の水面を専用して一定の水産動植物を採取捕獲することをもってその内容とするものであって、所有権のように当該区域の全水面を排他的に占有する権利ではないので、同漁業権の実施を妨げない限り何人といえども当該水面の使用はこれをなし得るものと解せざるをえない。（昭和九年四月七日大審院民判決、総覧三九頁・新聞三六八六号一七頁）

4　第三種区画漁業権を内容とする漁業権に基づきあさり貝を養殖している区画内で第三者があさり貝を採取したとしても、天然に繁殖したあさり貝も生存し、漁業権侵害の罪を構成することは格別、窃盗罪は構成しない。（昭和三五年九月一三日最高裁三小刑判決、総覧二四頁・裁判集刑一三五号二八九頁）

5　真珠貝養殖業者が稚貝を採捕して放養場に放養した場合においては、その真珠貝は自然に発生した海藻魚貝と異なり養殖業者の所有に属するので、他人が権利がないのにこれを捕獲するときは窃盗罪を構成する。（昭和元年一二月二五日大審院刑判決、総覧三八頁・刑集五巻一二号六〇三号）

6　専用漁業権を有する当該区域内の、その内容となる動植物を他人が不法に領得する行為は漁業権の侵害にあたることは勿論であるけれども、窃盗罪を構成することはない。（大正一一年一一月三日大審院民判決、総覧四二頁・刑集一巻六二二頁）

7　漁業権者が、その有する漁業権を債権者の名義に書換えたるときは、そのいわゆる担保なるものは、物権的効力を生ずるものに非ずして債権者のために一種の抗弁権即ち債権的関係を生ずるに過ぎない。免許漁業権は、一般財産権と異なり正当な権原なくして単にその客体たる漁場のみを占有することは、漁業法の認許せざる所である。（大正元年一一月二八日函館控訴院民判決、総覧三六六頁・新聞八三二号二六頁）

（抵当権の設定）

**第二十四条**　定置漁業権又は区画漁業権について抵当権

を設定した場合において、その漁場に定着した工作物は、民法第三百七十条（抵当権の効力の及ぶ範囲）の規定の準用に関しては、漁業権に付加してこれと一体を成す物とみなす。定置漁業権又は区画漁業権が先取特権の目的である場合も、同様とする。

2　定置漁業権又は区画漁業権を目的とする抵当権の設定は、都道府県知事の認可を受けなければ、その効力を生じない。

3　都道府県知事は、定置漁業権又は区画漁業権を目的とする抵当権の設定が、当該漁業の経営に必要な資金の融通のためやむを得ないと認められる場合でなければ、前項の認可をしてはならない。

4　第二項の認可をしようとするときは、都道府県知事は、海区漁業調整委員会の意見をきかなければならない。

**解説**　抵当権の効力は、その不動産に付加して一体となっている物に及ぶ（民法第三七〇条）。漁業権の場合には漁場に定着する工作物は、この付加して一体となっている物と認めたのである（第一項後段）。たとえば、区画漁業権の場合の築堤、パイル式囲い等の施設はこれの対象となる。定置漁業権又は区画漁業権の場合の先取特権についても同じ扱いとなる（第一項後段）。

　また、抵当権を設定し得る定置漁業権又は区画漁業権について、知事の認可を受けなければ、これを目的とする抵当権の効力を生じない（第二項）。仮に、この規定に違反して知事の認可なしに抵当権を設定しても、その効力を生じないから、その債権者は抵当権として抵抗できない。

　知事は、抵当権設定の認可申請があった場合にそれが当該漁業、すなわち定置漁業又は区画漁業の経営に必要な資金のため、やむを得ないと認められる場合でなければ認可してはならないとして、知事の認可の権限を制限している（第三項）。

（特定区画漁業権の譲渡により先取特権又は抵当権が消滅する場合）

**第二十五条**　特定区画漁業権が先取特権又は抵当権の目的である場合において、第二十七条第二項の通知を受けた漁業権者がこれを漁業協同組合又は漁業協同組合連合会に譲渡するには、漁業権者は、先取特権者又は抵当権者（登録した者に限る。以下同じ。）の同意を得なければならない。

2　先取特権者又は抵当権者は、正当な事由がなければ、前項の同意を拒むことができない。

3　第一項の譲渡があつたときは、先取特権又は抵当権は、消滅する。

**解説**　特定区画漁業権は、その保有主体が漁業協同組合又はその連合会であるか否かによって扱いを異にしている。したがって、これらの特定区画漁業権を組合以外のものが持っていて、それが先取特権の目的となっており、あるいはこれに抵当権が設定されている場合に、これを組合に譲渡するとこれは担保物権の目的となり得なくなるので、担保物権者保護のために、その譲渡について担保権者の同意を得ることを要するとしてその保護を講じている。しかし、これは相続合併の場合に相続人又は合併後存続する法人若しくは合併により成立した法人が適格性を有しないときに、知事の通知に従いなされる場合（第二七条第二項）のみであって、それ以外は抵当権者等の同意は問題とならない（第一項）。

（漁業権の移転の制限）

**第二十六条**　漁業権は、相続又は法人の合併若しくは分割による場合を除き、移転の目的となることができない。ただし、定置漁業権及び区画漁業権については、滞納処分による場合、先取特権者若しくは抵当権者がその権利を実行する場合又は第二十七条第二項の通知を受けた者が譲渡する場合において、都道府県知事の認可を受けたときは、この限りでない。

2　都道府県知事は、第十四条第一項、第二項又は第六項に規定する適格性を有する者に移転する場合でなければ、前項の認可をしてはならない。

3　前項の規定により認可をしようとするときは、都道府県知事は、海区漁業調整委員会の意見を聴かなければならない。

**解説**　漁業権は、一定の漁業を営むという利益を権利として保護しようとするものであるが、特定の者に特定の水面の排他的な利用を認めることにかんがみ、漁業法の定められた適格性（第一四条）及び優先順位（第一五条—第一九条）を有する者に対して、免許によって設定されることになっている。したがって、漁業権の自由な処分を認めると、このような適格性等を有しない者が漁業権を取得するおそれがあることから、原則として、移転の目的となることができないとされているものである。しかし、相続又は分割による場合に限り、例外として漁業権の移転制限が認められている（第一項）。

（相続又は法人の合併若しくは分割によって取得した定置漁業権又は区画漁業権）

**第二十七条**　相続又は法人の合併若しくは分割によって定置漁業権又は区画漁業権を取得した者は、取得の日から二箇月以内にその旨を都道府県知事に届け出なければならない。

2　都道府県知事は、海区漁業調整委員会の意見を聴き、前項の者が第十四条第一項に規定する適格性を有する者でないと認めるときは、一定期間内に譲渡しなければその漁業権を取り消すべき旨をその者に通知しなければならない。

**解説**　相続又は合併若しくは分割の場合は、漁業権の承継が認められるが、定置漁業権又は区画漁業権の場合は、これによって取得した者が、二か月以内に届け出なければならない（第一項）。これを怠った者は、一〇万円以下の過料に処せられる（第一四六条）。相続によって承継する時期は、民法第八八二条の規定による財産相続の日、すなわち被相続人が死亡した日をもって承継する。また、法人が合併した場合は、合併後存続する法人（吸収合併の場合）又は合併によって成立する法人（新設合併の場合）が従前の漁業権をそのまま承継する。

（水面使用の権利義務）

**第二十八条**　漁業権者の有する水面使用に関する権利義務（当該漁業権者が当該漁業に関し行政庁の許可、認可その他の処分に基づいて有する権利義務を含む。）は、漁業権の処分に従う。

**解説**　本条は、漁業権を移転したら、その行使に伴って有している水面使用の権利義務も、それに伴って移転するという規定で、漁業権は水面使用権がないと行使はできず、不可欠一体のものであるので、漁業権に使用権を伴わせることとされている。「水面使用の権利義務」とは、私有水面についての賃貸権、権利化した公共水面の使用権などであり、「行政庁の許可、認可その他の処分に基づいて有する権利義務」とは、公共水面使用について許可等（漁港漁場整備法第三九条の五、港湾法第三七条、河川法第二三条等に基づく水域、流水占用の許可、水面使用について許可を要する許可等）を要する場合、その許可を受けていること等をいう。

（貸付けの禁止）
**第二十九条**　漁業権は、貸付けの目的となることができない。

**解説**　漁業権は、財産権の一種であるから、この限りにおいては漁業権者がこれをどう行使しようと勝手であり、したがって、貸付けて賃貸料をとることも自由であるという考え方も成り立つが、一方、漁業権は水面の総合利用という観点から漁業調整の一手段としての範囲で認められた公的性格を持つ権利であり、かつ適格性や優先順位等を判断して免許するという法の趣旨が、自らの意志で経営する者に漁業を営むという利益を第三者から保護しようということであることにかんがみ、貸付禁止の観点があるのである。

条文中「貸付けの目的となることができない。」とは、法律上の不能を意味し、したがって貸付契約を結んでもそれは無効であり、有効な貸付けとならない。貸付けした場合には、罰則（第一四一条、第一四二条）が適用される。

（登録した権利者の同意）
**第三十条**　漁業権は、第五十条の規定により登録した権利者の同意を得なければ、分割し、変更し、又は放棄することができない。
2　第十三条第二項から第四項まで（同意が得られない場合等）の規定は、前項の同意に準用する。

**解説**　漁業権者が漁業権を分割し、変更し、又は放棄することによって、その漁業権の上に権利、すなわち先取特権、抵当権又は入漁権を設定している者は、その権利の価値が減少、消滅して損害を被るので、これらの権利者の同意を要することとされている。このように権利の処分は自由であるが、それによって他の権利に損害を与えることができないのは、権利一般について当然のことであり、これについて明文化されている。

**判例**　漁業法第三〇条に定める漁業権の貸付けの禁止は、すでに漁業免許を受けて確定的に取得した漁業権を賃貸借の目的とする場合はもちろんのこと、免許前であっても、免許を受けた際にはその漁業権を賃貸する旨の停止条件付賃貸借をすることもまた禁じているものと解すべきである。（昭和三八年九月一日仙台高裁刑判決、

総覧三六九頁・仙台高裁判決速報昭和三八年二〇号八頁）

（組合員の同意）

**第三十一条**　第八条第三項から第五項までの規定は、漁業協同組合又は漁業協同組合連合会がその有する特定区画漁業権又は第一種共同漁業を内容とする共同漁業権を分割し、変更し、又は放棄しようとするときに準用する。この場合において、同条第三項中「当該漁業権に係る漁業の免許の際において当該漁業権の内容たる漁業を営む者」とあるのは、「当該漁業権の内容たる漁業を営む者」と読み替えるものとする。

**解説**　特定区画漁業権又は第一種共同漁業を内容とする共同漁業権を分割し、変更し、又は放棄しようとするときは、総会（部会又は総代会を含む。）の議決前に、地元地区（共同漁業権については関係地区）の区域内に住所を有する組合員であって、次に掲げる者の三分の二以上の書面による同意を得なければならない。

①　既存漁場に設置された特定区画漁業権については、当該漁業権の内容たる漁業を営む者

②　新規漁場に設定された特定漁業権及び第一種共同漁業権については、

イ　海面にあっては、沿岸漁業を営む者

ロ　湖沼（河川以外の内水面）にあっては、当該湖沼で漁業を営む者

ハ　河川にあっては、当該河川で水産動植物の採捕又は養殖する者

（漁業権の共有）

**第三十二条**　漁業権の各共有者は、他の共有者の三分の二以上の同意を得なければ、その持分を処分することができない。

2　第十三条第二項から第四項まで（同意が得られない場合等）の規定は、前項の同意に準用する。

**解説**　共有物の持分の処分は、本来各共有者の自由であるが、漁業権の場合は共有者相互間の人間関係が密接で権利の行使上重大な利害関係を有するので、他の共有者の大多数、三分の二以上の同意を要する。「処分」とは、持分の喪失の原因となる一切の行為で、譲渡、抵当権設定、放棄等をさす。「できない」とは、不能を意味し、同意なくして処分行為をしても無効である。

**判例**　漁業権、入漁権の持分処分の同意は処分行為以前にあることを必要とせず、処分の行為後にその同意を得

るに至ったときはこれと同時に将来に向つて処分の効力を生ぜしむる法意であると解する。（昭和四年六月四日大審院民判決、総覧三七八頁・裁判例二巻四六頁）

**第三十三条**　漁業権の各共有者がその共有に属する漁業権を変更するために他の共有者の同意を得ようとする場合においては、第十三条第二項から第四項まで（同意が得られない場合等）の規定を準用する。

**解説**　共有漁業権の変更は、民法第二五一条の準用によって共有者全員の同意を要するが、共有漁業権には、たとえば網組のように非常に多数の場合があり、その中の一部の者の住所、又は居所が不明で同意が得られないことも少なくないので、この場合には裁判所の許可をもって同意に代えることができるし、また正当な事由がなければ同意を拒むことができない。

（漁業権の制限又は条件）

**第三十四条**　都道府県知事は、漁業調整その他公益上必要があると認めるときは、免許をするにあたり、漁業権に制限又は条件を付けることができる。

2　前項の制限又は条件を付けようとするときは、都道府県知事は、海区漁業調整委員会の意見をきかなければならない。

3　第一項の規定による制限又は条件の付加については、第十一条第六項の規定を準用する。

4　都道府県知事は、免許後、海区漁業調整委員会が漁業調整その他公益上必要があると認めて申請したときは、漁業権に制限又は条件を付けることができる。

5　海区漁業調整委員会は、前項の申請をしようとするときは、あらかじめ、当該漁業権者に制限又は条件を付ける理由を文書をもつて通知し、公開による意見の聴取を行わなければならない。

6　前項の意見の聴取に際しては、当該漁業権者又はその代理人は、当該事案について弁明し、かつ、証拠を提出することができる。

7　当該漁業権者又はその代理人は、第五項の規定による通知があつた時から意見の聴取が終結する時までの間、海区漁業調整委員会に対し、当該事案についてした調査の結果に係る調書その他の当該申請の原因となる事実を証する資料の閲覧を求めることができる。この場合において、海区漁業調整委員会は、第三者の利益を害するおそれがあるときその他正当な理由があるときでなければ、その閲覧を拒むことができない。

8　前三項に定めるもののほか、海区漁業調整委員会が行う第五項の意見の聴取に関し必要な事項は、政令で定める。

**解説**　「制限又は条件」とは、形式的に漁業権の内容を構成する要素でなく、漁業権の内容は、漁業種類、漁場の位置及び区域、漁業時期等の要素で構成されるが（第一一条第一項）、こうして内容の決まった漁業権に対し、さらに行使方法を制約するために付けるもので、行政行為の附款である。したがって本権そのものの本質的制約になるようなものは、付けることができない。

制限又は条件は免許に際して付ける場合（第一項）と、免許後に付ける場合（第四項）があり、前者の場合は知事が海区漁業調整委員会の意見をきいて（第二項）、漁業調整その他公益上必要があるかどうかを判定して付け、後者の場合は海区漁業調整委員会がそれを判定して、必要ありと認めたら知事に申請し、知事が委員会の発意に基づいて付けることになっている。委員会が知事に申請しようとするときは、あらかじめ当該漁業者に制限又は条件を付ける理由を文書をもって通知し、公開による意見の聴取を行わなければならない（第五項）。この場合、当該申請者又はその代理人は、当該事案について弁明し、証拠を提出することができる（第六項）。また海区漁業調整委員会に対し、その行った関係の調書その他当該申請の原因となる事実を証する資料の閲覧を求めることができる（第七項）。

（休業の届出）

**第三十五条**　漁業権者が一漁業時期以上にわたつて休業しようとするときは、休業期間を定め、あらかじめ都道府県知事に届け出なければならない。

**解説**　漁業権者が一漁業時期以上にわたって休業しようとするときは、休業期間を定めて知事に届出なければならない。届出を怠ると一〇万円以下の罰金に処せられるほか（第一四四条）、漁業法違反で免許の取消し事由ともなる（第三九条第二項）。

「休業」とは、免許を受けた漁業を全然営まないことをいう。また、「一漁期」とは、漁業権の内容となっている漁業時期のことであり、漁業種類別に異なっているのが通例である。

（休業中の漁業許可）

**第三十六条**　前条の休業期間中は、第十四条第一項に規定する適格性を有する者は、第九条の規定にかかわらず、都道府県知事の許可を受けて当該漁業権の内容たる漁業を営むことができる。

2　前項の許可の申請があつたときは、都道府県知事は、海区漁業調整委員会の意見をきかなければならない。

3　第一項の許可については、第十三条第五項及び第六項（意見の聴取）、第二十二条第二項（免許をしない場合）、第三十四条（漁業権の制限又は条件）、前条（休業の届出）、次条、第三十八条第一項、第二項及び第五項、第三十九条（漁業権の取消し）並びに第四十条（錯誤によつてした免許の取消し）の規定を準用する。この場合において、第三十八条第一項中「第十四条」とあるのは、「第十四条第一項」と読み替えるものとする。

4　前三項の規定は、第三十九条第二項の規定に基く処分により漁業権の行使を停止された期間中他の者が当該漁業を営もうとする場合に準用する。

解説　漁業権者が当該漁業権にかかる漁業について休業届を出したときは、その休業期間中は適格性を有する者は知事の許可を受けて、その漁業権の内容になっている漁業を営むことができる。休業届が提出されず、知事が第三九条第二項の規定によって漁業権を取り消したときは本条の規定は適用されずこの場合には必要があれば知事は新しく漁場計画樹立することになる。

（休業による漁業権の取消し）

**第三十七条**　免許を受けた日から一年間、又は引き続き二年間休業したときは、都道府県知事は、その漁業権を取り消すことができる。

2　漁業権者の責めに帰すべき事由による場合を除き、第三十九条第一項の規定に基づく処分、第六十五条第一項若しくは第二項の規定に基づく命令、第六十七条第一項の規定に基づく指示、同条第十一項の規定に基づく命令、第六十八条第一項の規定に基づく指示又は同条第四項において読み替えて準用する第六十七条第十一項の規定に基づく命令により漁業権の行使を停止された期間は、前項の期間に算入しない。

3　第一項の規定により漁業権を取り消そうとするとき

は、都道府県知事は、海区漁業調整委員会の意見を聴かなければならない。

4　前項の場合には、第三十四条第五項から第八項まで（意見の聴取）の規定を準用する。この場合において、同条第七項中「海区漁業調整委員会」とあるのは、「都道府県知事」と読み替えるものとする。

**解説**　免許を受けた日から一年間全然その漁業をやらない場合、又はちょっとやったが途中でやめ、その後二年間まるまる休業したときは、知事は免許を取り消すことができるとの規定である。このことは行政庁に取消し得る職権を付与したもので、取消し義務を負わしたものではないのであって、行政庁は水面を総合的に利用し、漁業生産力の発展を図る上から諸般の事情を勘案して、取消しを相当と認めた場合において取消し処分がされるものである。

**判例**

1　行政庁に取消し得る職権を付与したのに止まり、取り消すべき義務を負わしめたものでないので官庁の認可を経ないで引き続き二年間漁具を敷設しない事実があり、行政庁が免許を取り消すのが相当であると認めた場合のみ取消処分を為すことは違法ではない。（大正二年四月二六日行政裁判決、総覧三八二頁・行禄二四輯三七五頁）

2　引き続き二年以上休業した漁業免許を取り消した処分は違法ではない。（大正一三年一二月二六日行政裁判決、総覧三五八五頁・行禄三五輯一〇二〇頁）

（適格性の喪失等による漁業権の取消し）

**第三十八条**　漁業の免許を受けた後に漁業権者が第十四条に規定する適格性を有する者でなくなつたときは、都道府県知事は、漁業権を取り消さなければならない。

2　前項の規定により漁業権を取り消そうとするときは、都道府県知事は、海区漁業調整委員会の意見をきかなければならない。

3　漁業権者以外の者が実質上当該漁業権の内容たる漁業の経営を支配しており、且つ、その者には第十五条から第十九条まで（優先順位）の規定によれば当該漁業の免許をしないことが明らかであると認めて、海区漁業調整委員会が漁業権を取り消すべきことを申請したときは、都道府県知事は、漁業権を取り消すことができる。

4 前項の規定の適用については、漁業権者たる漁業協同組合が他の者の出資を受けて当該漁業権の内容たる漁業を営む場合において、当該出資額が出資総額の過半を占めていることをもつてその他の者が実質上当該漁業の経営を支配していると解釈してはならない。

5 第二項の場合には前条第四項（意見の聴取）の規定を、第三項の場合には第三十四条第五項から第八項まで（意見の聴取）の規定を準用する。

**解説** 第一項及び第二項は、漁業権者が適格性を喪失したら、漁業権を必ず取り消さなければならないということである。適格性は免許についての最低要件であるので、これを喪失したら知事は取消し義務を負い、必ず取り消さなければならないのである。

第三項は、優先順位が上位にあると認めて免許したのに、いったん免許したら他の者が実質上経営を支配してしまった。そして、もしその者が表面に立って申請したのだったら、優先順位が下位にあるので明らかに免許しないのだったというような経営内容となった場合には、優先順位が上位にあると認めて免許した意味が失われるわけであるから、知事は免許について取消し得ることを規定したものである。

第四項は、漁業協同組合が漁業権者でない他者の協力を受けて漁業を営むに当たって、他者の出資が多いからといって、それだけの理由でその者が実質上当該漁業の経営を支配していると解釈してはいけないというものであり、したがってこれは漁業権の取り消し事由とはならない。

（公益上の必要による漁業権の変更、取消し又は行使の停止）

**第三十九条** 漁業調整、船舶の航行、てい泊、けい留、水底電線の敷設その他公益上必要があると認めるときは、都道府県知事は、漁業権を変更し、取り消し、又はその行使の停止を命ずることができる。

2 漁業権者が漁業に関する法令の規定に違反したときもまた前項に同じである。

3 前二項の規定による処分をしようとするときは、都道府県知事は、海区漁業調整委員会の意見をきかなければならない。

4 前項の場合には、第三十七条第四項（意見の聴取）

の規定を準用する。

5　第一項又は第二項の規定による漁業権の変更若しくは取消し又はその行使の停止については、第十一条第六項の規定を準用する。

6　都道府県は、第一項の規定による漁業権の変更若しくは取消し又はその行使の停止によつて生じた損失を当該漁業権者に対し補償しなければならない。

7　前項の規定により補償すべき損失は、同項の処分によつて通常生ずべき損失とする。

8　第六項の補償金額は、都道府県知事が海区漁業調整委員会の意見を聴いて決定する。

9　前項の補償金額に不服がある者は、その決定の通知を受けた日から六月以内に、訴えをもつてその増額を請求することができる。

10　前項の訴えにおいては、都道府県を被告とする。

11　第一項の規定により取り消された漁業権の上に先取特権又は抵当権があるときは、当該先取特権者又は抵当権者から供託をしなくてもよい旨の申出がある場合を除き、都道府県は、その補償金を供託しなければならない。

12　前項の先取特権者又は抵当権者は、同項の規定により供託した補償金に対してその権利を行うことができる。

13　第一項の規定による漁業権の変更若しくは取消し又はその行使の停止によつて利益を受ける者があるときは、都道府県は、その者に対し、第六項の補償金額の全部又は一部を負担させることができる。

14　前項の場合には、第九項及び第十項、第三十四条第二項（海区漁業調整委員会への諮問）並びに第三十七条第四項（意見の聴取）の規定を準用する。この場合において、第九項中「増額」とあるのは、「減額」と読み替えるものとする。

15　第十三項の規定による負担金は、地方税の滞納処分の例によつて徴収することができる。ただし、先取特権の順位は、国税及び地方税に次ぐものとする。

**解説**　本条は、公益上の必要による漁業権の変更、取消し又は行使の停止について定めている。

漁業調整、船舶の航行、てい泊、けい留、水底電線の敷設その他公益上必要があると認めるときは、知事は、漁業権を変更し、取り消し、又はその行使の停止を命ずることができる（第一項）。「漁業権を変更」するとは、漁業権の内容たる漁業種類、漁場の位置及び区域、漁業時期等を変更することをいう。「変更」により漁業権の内容を減少せしめるのであるから縮小された部分についてみると漁業権の一部取消しである。また、「漁業権を取り消し」とは、免許という行政行為を取り消すのではなく、免許という行政行為の効果を消滅せしめる別個の行政行為である。

漁業に関する法令の規定に違反した場合も第一項と同様に知事は、漁業権の変更等を命ずることができる（第二項）。

財産権たる漁業権について、第一項の漁業権の変更等の処分を知事が行った場合には、憲法第二九条第三項より、これに伴い漁業権者に生じた通常生ずる損失に対して、知事は補償しなければならない（第六項、第七項）。

**判例**

1　都道府県知事において、公益上の必要のため漁業権をさせるにつき、漁業法第三九条による一方的取消しの方法によるか、それとも漁業協同組合との協定により漁業権を放棄させることの当否、これが漁民等の生活の基盤としている漁業権を消滅させることの当否、これが漁民等の生活や事業の円滑な進行に与える影響の度合、また右のような一方的取消しによらずに合意によって漁業権を放棄せしめるための難易や妥協補償額の見込み等一切の事情を総合考慮して判断すべき事柄であり、知事の裁量にゆだねられる問題である。（昭和六二年九月二八日仙台高裁民判決、総覧続巻五八六頁・自治四三号七二頁）

2　鮭地曳網漁業が、鮭魚が川口に入るのを阻止しその蕃殖を妨げる場合において、当該行政庁が当該漁業を公益を害するものとしその漁場区域を制限したのは相当である（旧漁業法第九条（現第三九条）を発動した事例）。（明治四二年五月二六日行政裁判決、総覧三八七頁・行禄二〇輯六五七頁）

3　漁業法第九条（現第三九条）は漁業免許が正当に与えられた場合に適用すべき規定であって、誤謬を訂正するような場合に適用すべきものではない。（明治三九年七月六日行政裁判決、総覧八一一頁・行禄一七輯四〇二頁）

（錯誤によつてした免許の取消）

**第四十条**　錯誤により免許をした場合においてこれを取り消そうとするときは、都道府県知事は、海区漁業調整委員会の意見をきかなければならない。

**解説**　錯誤によって免許をしたときは、行政行為の一般原則から、その錯誤の行政行為を取り消すことができる。この場合の免許の取消しは行政行為の一般原則から当然であるので、条文中他の場合と異なって取消し得るという規定がないのである。錯誤の行政行為は、その全部又は一部を取消し得るが、一部の取消しとは、たとえば漁場区域を広く定めて免許したが、そのうち一部の区域を免許したのは錯誤であった等の場合、その区域にかかる部分を取り消すであり、取消しの結果その区域を除いた区域を対象とする漁業権となる。なお、錯誤による取消しの場合も、他の場合と同様に海区漁業調整委員会の意見を聞かなければならない。

**判例**

1　行政官庁が漁業免許を与えた後誤謬を発見してこれを是正した場合といえどもその訂正命令が実質的に一部の免許を許否したものであるときは、被処分者は行政訴訟を提議することができる。（明治三九年七月六日行政裁判決、総覧八一一頁・行禄一七輯四〇二頁）

2　定置漁業の免許を与えた行政官庁が漁業法第二五条（現第四〇条）によりその免許を取り消したのは違法ではない。（大正六年七月一四日行政裁判決、総覧三八九頁・行禄二八輯六巻五三二頁）

（抵当権者の保護）

**第四十一条**　漁業権を取り消したときは、都道府県知事は、直ちに、先取特権者又は抵当権者にその旨を通知しなければならない。

2　前項の権利者は、通知を受けた日から三十日以内に漁業権の競売を請求することができる。但し、第三十九条第一項の規定による取消又は錯誤によつてした免許の取消の場合は、この限りでない。

3　漁業権は、前項の期間内又は競売の手続完結の日まで、競売の目的の範囲内においては、なお存続するものとみなす。

4　競売による売却代金は、競売の費用及び第一項の権利者に対する債務の弁済に充て、その残金は国庫に帰属する。

5　買受人が代金を納付したときは、漁業権の取消しはその効力を生じなかつたものとみなす。

**解説**　漁業権を取り消した場合、知事はただちに先取特権者又は抵当権者にその旨通知しなければならないが（第一項）、この取消しが漁業者の責に帰すべき事由によってなされた場合は、その漁業権の上に先取特権又は抵当権があるときは、これらの権利者に不測の損害を被らせることになる。

漁業権者の責に帰すべき事由によってなされる取消し、すなわち第三九条第一項の漁業調整その他公益上の必要による取消し錯誤による免許の取消し以外は、漁業権そのものを存続させるのではないというのではなく、権利者に非があるから取り消すので、権利者が変わればよいのであるから、競売してその結果第三者に漁業権を行使させて差し支えない。このような考えから、先取特権者又は抵当権者は、この場合には競売の請求ができることになっている。

競売の請求は、知事の通知を受けた日から三〇日以内に地方裁判所に対してすることになるが、この期間内又は競売がなされた場合は競売手続完結の日まで、競売の目的の範囲内において漁業権が存続するものとみなされる（第三項）。

（漁場に定着した工作物の買取）

**第四十二条**　漁場に定着する工作物を設置して漁業権の価値を増大せしめた漁業権者は、その漁業権が消滅したときは、当該工作物の利用によつて利益を受ける漁業の免許を受けた者に対し、時価をもつて当該工作物を買い取るべきことを請求することができる。

**解説**　漁業権者が、漁場に定着する工作物を設置して漁業権の価値を増加させた場合、たとえば、第二種区画漁業の場合における築堤式、あるいはパイル式の養殖施設のその設置等がその代表的な例であるが、存続期間の満了その他の事由によってその漁業権が消滅したとき、新たに当該漁業場にかかる漁業権の免許を受けた者に対して、工作物の買取請求権が認められている。

（入漁権取得の適格性）

**第四十二条の二**　漁業協同組合及び漁業協同組合連合会以外の者は、入漁権を取得することができない。

**解説**　本条は入漁権の適格性について定めている。法律上の性格から入漁権を取得できるのは、漁業協同組合及びその連合会に限定されているのは当然である。

（入漁権の性質）

**第四十三条**　入漁権は、物権とみなす。

２　入漁権は、譲渡又は法人の合併による取得の目的となる外、権利の目的となることができない。

３　入漁権は、漁業権者の同意を得なければ、譲渡することができない。

**解説**　入漁権は、漁業権と同様に物権とみなされるから、物権の有する排他性も認められる（第一項）。しかし、その処分については強い制約を受け、譲渡又は法人の合併による取得の目的となるほか、権利の目的となることはできないとされている（第二項）。したがって貸付けはもちろん担保に供することも許されない。また、譲渡するについても、漁業権者の同意を必要とする（第三項）。

**判例**

１　入漁権は専用漁業権に附随する所謂制限物権にして専用漁業権の発生以前之と独立して存在すること能はず。入漁契約が物権的契約なること亦言を俟たざるところなりとす。（昭和七年八月一三日長崎控訴院民判決、法律評論二二巻四号三一七頁）

２　将来基本たる物権を取得すべきことを予想し取得を条件として之に制限物権の設定を為し得ざるものとす。（昭和八年五月一八日大審院民判決、総覧五四頁・新聞三五六三号七頁）

（入漁権の内容の書面化）

**第四十四条**　入漁権については、書面により左に掲げる事項を明らかにしなければならない。

一　入漁すべき区域
二　入漁すべき漁業の種類、漁獲物の種類及び漁業時期
三　存続期間の定があるときはその期間
四　入漁料の定があるときはその事項
五　漁業の方法について定があるときはその事項
六　漁船、漁具又は漁業者の数について定があるときはその事項
七　入漁者の資格について定があるときはその事項
八　その他入漁の内容

**解説**　入漁権に係る契約は、書面でしなければならない（第四四条）。しかし、書面ですることは効力要件ではなく、書面でしなかったからといって入漁権が無効だというわけではないし、また罰則も付けられていない。だ

が、書面でしなければ漁業法違反になるし、後で入漁権の存否、内容について紛争が起こった場合には、一応入漁権はないものと推定され、入漁権者の方にその存在、内容を立証する挙証責任が負わされ不利になるので、必ず書面にしておく必要がある。

（裁定による入漁権の設定、変更及び消滅）

**第四十五条**　入漁権の設定を求めた場合において漁業権者が不当にその設定を拒み、又は入漁権の内容が適正でないと認めてその変更若しくは消滅を求めた場合において相手方が不当にその変更若しくは消滅を拒んだときは、入漁権の設定、変更又は消滅を拒まれた者は、海区漁業調整委員会に対して、入漁権の設定、変更又は消滅に関する裁定を申請することができる。

2　前項の規定による裁定の申請があつたときは、海区漁業調整委員会は、相手方にその旨を通知し、かつ、農林水産省令の定めるところにより、これを公示しなければならない。

3　第一項の規定による裁定の申請の相手方は、前項の公示の日から二週間以内に海区漁業調整委員会に意見書を差し出すことができる。

4　海区漁業調整委員会は、前項の期間を経過した後に審議を開始しなければならない。

5　裁定は、その申請の範囲をこえることができない。

6　裁定においては、左の事項を定めなければならない。

一　入漁権の設定に関する裁定の申請の場合にあつては、設定するかどうか、設定する場合はその内容及び設定の時期

二　入漁権の変更に関する裁定の申請の場合にあつては、変更するかどうか、変更する場合はその内容及び変更の時期

三　入漁権の消滅に関する裁定の申請の場合にあつては、消滅させるかどうか、消滅させる場合は消滅の時期

7　海区漁業調整委員会は、裁定をしたときは、遅滞なくその旨を裁定の申請の相手方に通知し、かつ、農林水産省令の定めるところにより、これを公示しなければならない。

8　前項の公示があつたときは、その時に、裁定の定めるところにより当事者間に協議がととのつたものとみなす。

**解説**　本条は、海区漁業調整委員会の裁定による入漁権の設定、変更及び消滅について定めたものである。海区漁業調整委員会に裁定の申請をなし得るのは、入漁権を設定しようとする場合だけでなく既存の入漁権の内容が適正でなくなったので、これを変更し、あるいは消滅させてしまう場合も同様に申請することができることをも規定している（第一項）。これらの場合、入漁しようとする者、入漁権者及び漁業権者のいずれも申請できることは当然であるが、裁定の申請には相手方が不当に許否したという事実判断が重要である。

裁定に係る事務手続等について、順をおってみると次のとりである。

① 裁定の申請があったら海区漁業調整委員会は、相手方にその旨を通知し、かつ漁業法施行規則（以下本法において「施行規則」という。）第二条の規定に従ってこれを公示する（第二項）。

② 相手方は公示の日から二週間以内に委員会に意見等を提出することができる（第三項）。

③ 委員会は、この意見書の提出期間が経過した後に審議を開始しなければならない（第四項）。

④ 裁定は申請の範囲をこえることはできない（第五項）。これは裁判の場合に、判決は原告の訴えの範囲をこえることができないのと同じで、当事者訴訟主義をとる裁判の原則である。

⑤ 裁定では、設定、変更又は消滅させるかどうか、その内容、その効力発生の時期を決める（第六項）。

⑥ 裁定したら直ちにその旨を裁定の申請の相手方に通知し、施行規則第二条の二の規定に従って公示する（第七項）。

（入漁権の存続期間）

**第四十六条**　存続期間について別段の定がない入漁権は、その目的たる漁業権の存続期間中存続するものとみなす。但し、入漁権者は、何時でもその権利を放棄することができる。

**解説**　入漁権の存続期間は設定行為により定められる。したがって存続期間を定めたときはその期間について記載する。しかし特別の定めがない場合は、本権たる漁業権の存続期間中存続するものとみなされる。また、入漁権の放棄は常に漁業権者の利益を特に害するものではないので、入漁権者はいつでもその権利を放棄することができる。

（入漁権の共有）

**第四十七条**　第三十二条及び第三十三条（漁業権の共有）の規定は、入漁権を共有する場合に準用する。

**解説**　入漁権の共有関係については、漁業権の共有関係とほぼ同様のことがいえる。

①　民法第二六四条による民法第二編第三章第三節の所有権の共有に関する規定が原則的に準用される。

②　入漁権の共有に関する漁業法上の特別規定も漁業権の場合（第三二条・第三三条）を準用されており同様である。

（入漁料の不払等）

**第四十八条**　入漁権者が入漁料の支払を怠つたときは、漁業権者は、その入漁を拒むことができる。

2　入漁権者が引き続き二年以上入漁料の支払を怠り、又は破産手続開始の決定を受けたときは、漁業権者は、入漁権の消滅を請求することができる。

**第四十九条**　入漁料は、入漁しないときは、支払わなくてもよい。

**解説**　入漁権者は、入漁しないときは入漁料を支払わなくてもよい（第四九条）。また、入漁権者が入漁料の支払を怠ったときは、漁業権者は入漁を拒むことができる（第四八条第一項）。さらに、引き続き二年以上入漁料の支払を怠ったり、又は破産法第三〇条第一項に基づく破産手続開始の決定を受けたときは、入漁権の消滅を請求することができる（第四八条第二項）。これは漁業権者の解除を規定したもので、その一方的意志表示によって入漁権を消滅させることができる。

（登録）

**第五十条**　漁業権、これを目的とする先取特権、抵当権及び入漁権の設定、保存、移転、変更、消滅及び処分の制限並びに第三十九条第一項又は第二項の規定による漁業権の行使の停止及びその解除は、免許漁業原簿に登録する。

2　前項の登録は、登記に代るものとする。

3　免許漁業原簿については、行政機関の保有する情報の公開に関する法律（平成十一年法律第四十二号）の規定は、適用しない。

4　免許漁業原簿に記録されている保有個人情報（行政機関の保有する個人情報の保護に関する法律（平成十

五年法律第五十八号）第二条第三項に規定する保有個人情報をいう。）については、同法第四章の規定は、適用しない。
5　前各項に規定するもののほか、登録に関して必要な規定は、政令で定める。

**解説**　漁業権の登録とは、当該漁業を免許した行政庁が、免許漁業原簿に漁業登録令の定めるところによって一定の事項を記載することである。登録事項は、漁業権と漁業権を目的とする先取特権、抵当権及び入漁権の設定、保存、移転、変更、消滅及び処分の制限と、第三九条第一項又は第二項の規定による漁業権の行使の停止及びその解除である（第一項）。

漁業登録は、登記に代わるものであって（第二項）、第三者に対抗する要件（民法第一七七条）であるから、登録の有無は漁業権の行使に支障を及ぼさない。すなわち漁業権の登録は、その権利の存否、内容及び範囲を確定する行政処分ではなく、単にこれを公示する行政上の手続であるにすぎない。

**判例**
1　漁業法における漁業権、入漁権の登録はその権利の存否内容及び範囲を確定する行政処分ではなく単にこれを公示する行政上の手続に過ぎない。したがっていやしくも当該申請が形式上の要件を具備するときは登録官吏はこれを受理し登録をなすべき義務があるものと解する。（明治四四年一一月一七日大審院民判決、総覧三九四頁・民録一七輯六六九頁）
2　漁業権に対する仮登録が権利の順位保全の効力を有するには、後に同一内容を有する権利につき本登録をすることを要するものであって、本登録とその保全すべき権利の内容を異にするときは仮登録は無効であって権利の順位保全の効力を有しないものである。（大正六年一二月二六日大審院民判決、総覧三九四頁・民録一七輯六六九頁）
3　漁業権は物権と看做されるものであって、その移転登録の抹消を請求し得べき者は現存の登録名義人ではなくて、現に事実上その漁業権を有する者又はその者の権利を行う者でなければならない。（大正一一年三月三〇日札幌控訴院民判決、総覧四〇六頁）
4　入漁権の登録処分は、行政訴訟の対象とならない。（明治四四年一〇月一三日行政裁判決、総覧八一三頁・行禄二二輯一二三七頁）

5　予告登録は、漁業登録令第三一条所定の訴願又は訴訟の提議された事実を一般に公示し、漁業権について法律行為をなす者が不測の損害を被ることのないようにすることを目的とするものであって、訴願又は訴訟を提起した者に対し特段の権利を賦与するものでなく、したがって、訴訟提起を理由とする予告登録があるからといって、当該原告を漁業法第三一条にいう同法「第五〇条の規定により登録した権利者」であるということはできないから、同人の同意なくしてされた漁業権の放棄は有効である。（昭和三二年七月一九日福岡高裁民判決、総覧三七〇頁・行政集八巻七号二九八頁）

（裁判所の管轄）

**第五十一条**　裁判所の土地の管轄が不動産所在地によって定まる場合には、漁場に最も近い沿岸の属する市町村を不動産所在地とみなす。

**解説**　漁業権は物権とみなされているが、さらに水面の利用は物権の中でも土地の利用と最もその形態が近いので、土地に関する規定が準用されている。本条は、漁業権について裁判所の土地の管轄について定めたものである。裁判所の土地の管轄が不動産所在地によって定まると規定されているとき、漁業権には本来所在場所なるものがないので、この点を補充する規定を設け、漁場に最も近い沿岸の属する市町村を不動産所在地とみなすこととされている。

# 第三章　指定漁業

（指定漁業の許可）

**第五十二条**　船舶により行なう漁業であつて政令で定めるもの（以下「指定漁業」という。）を営もうとする者は、船舶ごとに（母船式漁業（製造設備、冷蔵設備その他の処理設備を有する母船及びこれと一体となつて当該漁業に従事する独航船その他の農林水産省令で定める船舶（以下「独航船等」という。）により行なう指定漁業をいう。以下同じ。）にあつては、母船及び独航船等ごとにそれぞれ）、農林水産大臣の許可を受けなければならない。

2　前項の政令は、水産動植物の繁殖保護又は漁業調整のため漁業者及びその使用する船舶について制限措置を講ずる必要があり、かつ、政府間の取決め、漁場の位置その他の関係上当該措置を統一して講ずることが適当であると認められる漁業について定めるものとする。

3　第一項の政令を制定し又は改廃する場合には、政令で、その制定又は改廃に伴い合理的に必要と判断される範囲内において、所要の経過措置を定めることができる。

4　農林水産大臣は、第一項の政令の制定又は改廃の立案をしようとするときは、水産政策審議会の意見を聴かなければならない。

5　母船式漁業に係る第一項の許可は、母船にあつてはこれと一体となつて当該漁業に従事する独航船等（以下「同一の船団に属する独航船等」という。）を、独航船等にあつてはこれと一体となつて当該漁業に従事する母船（以下「同一の船団に属する母船」という。）をそれぞれ指定して行なうものとする。

6　農林水産大臣は、第一項の許可をしたときは、農林水産省令で定めるところにより、その者に対し許可証を交付する。

**解説**　指定漁業は次の二つの要件を備える漁業について、政令で具体的に指定された漁業をいう。すなわち、

①　水産動植物の繁殖保護又は漁業調整のため、漁業者及びその使用する船舶について、制限措置を講ずる必

要がある漁業であること。

② 政府間の取決め、漁場の位置、その他の関係上、当該措置を統一して講ずることが適当である漁業であること。

指定漁業について「漁業法第五二条第一項の指定漁業を定める政令」(昭和三八年政令第六号、最終改正平成一四年政令第一号)で次の漁業が指定されている。

沖合底びき網漁業、以西底びき網漁業、遠洋底びき網漁業、大中型まき網漁業、大型捕鯨業、小型捕鯨業、母船式捕鯨業、遠洋かつお・まぐろ漁業、近海かつお・まぐろ漁業、中型さけ・ます流し網漁業、北太平洋さんま漁業、日本海べにずわいがに漁業、いか釣り漁業である。

判例

1 被告人みずからが個人経営者として指定漁業の許可等に違犯したという公訴事実と、たとえ同一人であっても法人の代表者として、業務に関して右の違犯行為をした場合とでは、その行為の効果の帰属する主体を異にするし、没収、追徴等の附帯の処分にも影響するものであるから、両者は基本たる事実関係を異にし、その間に公訴事実の同一性を認めることはできない。(昭和四〇年五月一〇日仙台高裁刑判決、総覧四〇八頁・高裁刑集一八巻五号一六八頁)

2 農林大臣の許可を受け船舶を使用して指定漁業を営むことができる地位は、右船舶を担保とするにあたりこれとともにする場合には、担保の目的とすることができる。(昭和五四年一二月一八日最高裁三小民判決、総覧四一一頁・金融商事五八八号二〇頁)

3 わが国とアメリカ・カナダ間の北太平洋の公海漁業に関する国際条約によりわが国がさけ・ます漁業の許可することができない海域におけるさけ・ます漁業の違反操業に対しては、漁業法第五二条第一項の違反罪が成立し、指定漁業の許可及び取締り等に関する省令第六八条の違反罪は成立しない。(昭和四八年一一月九日釧路地裁刑判決、総覧四二五頁・刑裁月報五巻一一号一四四八頁)

4 農林大臣の許可を受けないで指定漁業である中型さけ・ます流し網漁業を営んだ者の犯行を幇助した者が、その違犯漁獲物を引きとつて所持販売した場合には、漁業法違犯幇助罪と指定漁業の許可及び取締りに関する省令違犯の罪との二罪が成立し、後者が前者に吸収される関係にあるものでない。(昭和四〇年七月六日札幌高裁刑判決、総覧四二九頁・札幌高裁速報五

五号三四頁）

5　いわゆる漁権が抵当権の設定されている漁船と一体として任意売却された場合には、民法第五〇四条を類推適用するのが相当である。（昭和五四年三月二六日東京高裁民判決、総覧四一九頁・時報九二六号五八頁）

（起業の認可）

**第五十四条**　指定漁業（母船式漁業を除く。）の許可を受けようとする者であつて現に船舶を使用する権利を有しないものは、船舶の建造に着手する前又は船舶を譲り受け、借り受け、その返還を受け、その他船舶を使用する権利を取得する前に、船舶ごとに、あらかじめ起業につき農林水産大臣の認可を受けることができる。

2　母船式漁業の許可を受けようとする者であつて現に母船又は独航船等を使用する権利を有しないものは、母船若しくは独航船等の建造に着手する前又は母船若しくは独航船等を譲り受け、借り受け、その返還を受け、その他母船若しくは独航船等を使用する権利を取得する前に、母船及び独航船等ごとにそれぞれ、あらかじめ起業につき農林水産大臣の認可を受けることができる。

3　母船式漁業の許可を受けようとする者であつて現に母船又は独航船等を使用する権利を有するものは、当該母船と同一の船団に属する独航船等の全部について母船式漁業の起業の認可が申請され、又は当該独航船等と同一の船団に属する母船について母船式漁業の起業の認可が申請されている場合には、当該母船又は独航船等について、あらかじめ起業につき農林水産大臣の認可を受けることができる。

4　第五十二条第五項の規定は、前二項の認可に準用する。

**解説**　漁業の許可を受けようとする者が、既に当該漁業に使用する船舶の権利を持っている場合は、直ちに許可の申請をしてよいが、使用権を有していない場合は、使用権を取得する前にあらかじめ起業の認可を受けることができる。これは許可の事前承認ないし条件付き許可ともいわれているもので、漁業者が船舶に資本を投じて、しかも許可を得られなかったということのないよう漁業者の危険負担をなくすための救済的な規定である。このように本来救済的な規定であるので「起業の認可を受けることができる」と義務規定でなく、任意規定となっている。

**第五十五条**　起業の認可を受けた者がその起業の認可に基いて指定漁業の許可を申請した場合において、申請の内容が認可を受けた内容と同一であり、かつ、当該認可に係る指定漁業の許可の有効期間中であるときは、次条第一項各号の一に該当する場合を除き、許可をしなければならない。

2　起業の認可を受けた者が、認可を受けた日から農林水産大臣の指定した期間内に許可を申請しないときは、起業の認可は、その期間の満了の日に、その効力を失う。

**解説**　起業の認可を受けた者が船舶の使用権を取得して許可を申請すれば、特別の事情がない限り許可される。「起業の認可に基づいて」とは、認可は許可の内容である船舶の総トン数、操業区域、操業期間等を定めて特定の者に対してなされるものであるが、その者が認可を受けた内容をもととしてという意味で、行政庁においてその内容を確認し、いわば事前承認ないし条件付き許可を得ていたものが、船舶の使用権を得た（条件が成就した）場合に本許可を申請して、はじめて許可されるということである。

（許可又は起業の認可をしない場合）

**第五十六条**　左の各号の一に該当する場合は、農林水産大臣は、指定漁業の許可又は起業の認可をしてはならない。

一　申請者が次条に規定する適格性を有する者でない場合

二　その申請に係る漁業と同種の漁業の許可の不当な集中に至る虞がある場合

三　申請者が当該申請に係る母船と同一の船団に属する独航船等又は当該申請に係る独航船等と同一の船団に属する母船について、現に許可若しくは起業の認可を受けており又は受けようとする者と異なる場合において、その申請につきその者の同意がないとき。

2　農林水産大臣は、前項の規定により許可又は認可をしないときは、あらかじめ、当該申請者にその理由を文書をもつて通知し、公開による意見の聴取を行わなければならない。

3　前項の意見の聴取に際しては、当該申請者又はその代理人は、当該事案について弁明し、かつ、証拠を提出することができる。

**解説**　許可又は起業の認可（以下「許可等」という。）の基準の規定の方法として積極的規定と消極的規定とがある。前者は、積極的に許可等の処分をすべき場合を規定するものであり、後者は、消極的に許可等をしてはならない場合を規定するものである。本条の規定は後者の消極的規定であって、漁業の許可又は起業の認可をしない場合として、三つの場合（適格性がない場合・許可等の不当な集中に至る虞がある場合・母船式漁業における場合）を規定している。

（許可又は起業の認可についての適格性）

**第五十七条**　指定漁業の許可又は起業の認可について適格性を有する者は、左の各号のいずれにも該当しない者とする。

> 注　第一項は、平成一九年六月法律第七七号により改正され、平成二二年四月一日から施行
>
> 「左の」を「次の」に改める。

一　漁業に関する法令を遵守する精神を著しく欠く者であること。

二　労働に関する法令を遵守する精神を著しく欠く者であること。

三　許可を受けようとする船舶（母船式漁業にあつては、母船又は独航船等）が農林水産大臣の定める条件をみたさないこと。

四　その申請に係る漁業を営むに足る資本を有しないこと。

五　第一号又は第二号の規定により適格性を有しない者が、どんな名目によるのであつても、実質上当該漁業の経営を支配するに至る虞があること。

> 注　第三〜五号は、平成一九年六月法律第七七号により改正され、平成二二年四月一日から施行
>
> 第三号中「みたさない」を「満たさない」に改め、第四号中「足る資本」を「足りる資本その他の経理的基礎」に改め、第五号中「虞」を「おそれ」に改める。

2　農林水産大臣は、前項第三号の条件を定めようとするときは、水産政策審議会の意見を聴かなければなら

ない。

**解説** 適格性とは、許可等が行われるについての資格要件をいい、いかなる理由があっても不適格者には許可されない。適格性を有する者は次のいずれにも該当しない者である。

① 漁業に関する法令及び労働に関する法令を遵守する精神を著しく欠く者

② 許可を受けようとする船舶が、「指定漁業の許可及び取締り等に関する省令」第六条に規定する船舶適格条件を満たさないないもの

③ 必要とする資本を有しないもの

（公示）

**第五十八条** 農林水産大臣は、指定漁業の許可又は起業の認可をする場合には、第五十五条第一項及び第五十九条の規定による場合を除き、当該指定漁業につき、あらかじめ、水産動植物の繁殖保護又は漁業調整その他公益に支障を及ぼさない範囲内において、かつ、当該指定漁業を営む者の数、経営その他の事情を勘案して、その許可又は起業の認可をすべき船舶の総トン数別の隻数又は総トン数別及び操業区域別若しくは操業期間別の隻数（母船式漁業にあつては、母船の総トン数別の隻数又は総トン数別及び操業区域別若しくは操業期間別の隻数並びに各母船と同一の船団に属する独航船等の種類別及び総トン数別の隻数）並びに許可又は起業の認可を申請すべき期間を定め、これを公示しなければならない。

2 前項の許可又は起業の認可を申請すべき期間は、三箇月を下ることができない。ただし、農林水産省令で定める緊急を要する特別の事情があるときは、この限りでない。

3 農林水産大臣は、第一項の規定により公示すべき事項を定めようとするときは、水産政策審議会の意見を聴かなければならない。ただし、前項の農林水産省令で定める緊急を要する特別の事情があるときは、この限りでない。

4 農林水産大臣は、一の指定漁業につきその許可をし又は起業の認可をしても水産動植物の繁殖保護又は漁業調整その他公益に支障を及ぼさないと認めるときは、当該指定漁業につき第一項の規定による公示をしなければならない。

5 水産政策審議会は、前項の公示に関し農林水産大臣

に意見を述べることができる。

**解説**　農林水産大臣は、指定漁業の許可等をする場合には、当該指定漁業につき、あらかじめ水産動植物の繁殖保護又は漁業調整、その他公益に支障を及ぼさない範囲において、かつ、当該指定漁業を営む者の数、経営その他の事情を勘案して許可等をすべき船舶の総トン数別の隻数、総トン数別、操業区域別の隻数又は総トン数別、操業期間別の隻数のうち、どれか一つを定め、許可等を申請すべき期間とともに、これを公示しなければならない。

（公示に基づく許可等）

**第五十八条の二**　前条第一項の規定により公示した許可又は起業の認可を申請すべき期間内に許可又は起業の認可を申請した者の申請に対しては、同項の規定により公示した事項の内容と異なる申請である場合及び第五十六条第一項各号のいずれかに該当する場合を除き、許可又は起業の認可をしなければならない。ただし、当該申請が母船式漁業に係る場合において、当該申請が前条第一項の規定により公示した事項の内容に適合する場合及び第五十六条第一項各号のいずれかに該当しない場合であつても、当該申請に係る母船と同一の船団に属する独航船等についての申請の全部又は当該申請に係る独航船等と同一の船団に属する母船についての申請が前条第一項の規定により公示した事項の内容と異なる申請である場合及び第五十六条第一項各号のいずれかに該当するときは、この限りでない。

2　前項の規定により許可又は起業の認可をしなければならない申請に係る船舶の隻数（母船式漁業にあつては、母船の数。以下この項から第五項までにおいて同じ。）が前条第一項の規定により公示した船舶の隻数を超えるときは、前項の規定にかかわらず、農林水産大臣は、公正な方法でくじを行い、許可又は起業の認可をする者を定める。

3　農林水産大臣は、第一項の規定により許可又は起業の認可をしなければならない申請に係る船舶の隻数が前条第一項の規定により公示した船舶の隻数を超える場合において、その申請のうちに次に掲げる申請があるときは、前項の規定にかかわらず、その申請に対して、次の順序に従つて、他の申請に優先して許可又は起業の認可をしなければならない。

一　現に当該指定漁業の許可又は起業の認可を受けて

いる者（次号の申請に基づく許可又は起業の認可を受けている者にあつては、新技術の企業化により現にこの号の申請に基づく許可を受けている者と同程度の漁業生産を確保することが可能となつたものとして農林水産省令で定める基準に適合するものに限り、当該指定漁業の許可の有効期間の満了日が前条第一項の規定により公示した許可又は起業の認可を申請すべき期間の末日以前である場合にあつては、当該許可の有効期間の満了日において当該指定漁業の許可又は起業の認可を受けていた者を含む。）が当該指定漁業の許可の有効期間（起業の認可を受けており又は受けていた者にあつては、当該起業の認可に係る指定漁業の許可の有効期間）の満了日の到来のため当該許可又は起業の認可に係る船舶と同一の船舶についてした申請（母船式漁業にあつては、同一の船団に属する母船及び独航船等の全部について、当該許可又は起業の認可に係る母船又は独航船等と同一の母船又は独航船等についてした申請）

二　漁業生産力の発展に特に寄与すると農林水産大臣が認める試験研究又は新技術の企業化のために使用する船舶についてされた申請

4　農林水産大臣は、前項の規定により許可又は起業の認可をしなければならない申請のうち同項第一号に係るものに係る船舶の隻数が前条第一項の規定により公示した船舶の隻数を超える場合には、前項の規定にかかわらず、少なくとも次に掲げる事項を勘案して（母船式漁業にあつては、同一の船団に属する母船及び独航船等について次に掲げる事項を勘案して）許可又は起業の認可の基準を定め、これに従つて許可又は起業の認可をしなければならない。

一　前項の規定により許可又は起業の認可をしなければならない申請に係る船舶（母船式漁業にあつては、母船又は独航船等。第六項において同じ。）の申請者別隻数

二　当該指定漁業の操業状況

三　各申請者が当該指定漁業に依存する程度

5　農林水産大臣は、第三項の規定により許可又は起業の認可をしなければならない申請のうち同項第二号に係るものに係る船舶の隻数が前条第一項の規定により公示した船舶の隻数から第三項第一号の申請に基づく許可又は起業の認可を受けた船舶の隻数を差し引いた隻数を超える場合には、同項の規定にかかわらず、同

項第二号の申請に係る試験研究又は新技術の企業化の内容が漁業生産力の発展に寄与する程度を勘案して許可又は起業の認可の基準を定め、これに従つて許可又は起業の認可をしなければならない。

6　次の各号のいずれかに該当する場合における措置その他前各項の規定の適用に関し必要な事項は、政令で定める。

一　当該指定漁業の許可又は起業の認可の申請をした後において、当該申請に係る船舶が滅失し又は沈没した場合

二　当該指定漁業について従前の許可又は起業の認可を受けている船舶が、前条第一項の許可又は起業の認可を申請すべき期間の満了日の前六箇月以内に滅失し又は沈没した場合

三　当該指定漁業の許可又は起業の認可の申請に係る船舶について、次条各号の規定により許可又は起業の認可の申請をし、これに対する許可若しくは起業の認可又は申請の却下を受けていない場合

四　当該指定漁業の許可又は起業の認可の申請をした者が、その申請をした後において死亡し又は解散した場合

7　農林水産大臣は、第三項第一号の農林水産省令並びに第四項及び第五項の基準を定めようとするときは、水産政策審議会の意見を聴かなければならない。

**解説**

一　許可の原則（第五八条の二第一項）

公示された申請期間内に、許可又は起業の認可を申請した者に対しては、次の二つの場合を除き、許可等をしなければならない。

①　その申請の内容が公示の内容と合致しない場合

②　第四六条第一項各号の一（許可をしない場合）に該当する場合

二　新規許可（第五八条の二第二項）

申請した隻数が公示した船舶の隻数を超えるときは、欠格事由に該当しないものであれば平等な選抜方法（抽選方式）によって指定漁業を受ける者を定める。

三　実績者優先（第五八条の二第三項）

申請のうちに現に当該指定漁業の許可を受けている者が、その指定漁業の許可の有効期間の満了日到来のため、その許可等に係る船舶と同一の船舶についてし

た申請があるときは、他の申請に優先して許可等をしなければならない。

（許可等の特例）

**第五十九条**　次の各号のいずれかに該当する場合は、その申請の内容が従前の許可又は起業の認可を受けた内容と同一であるときは、第五十六条第一項各号のいずれかに該当する場合を除き、指定漁業の許可又は起業の認可をしなければならない。

一　指定漁業の許可を受けた者が、その許可の有効期間中に、その許可を受けた船舶（母船式漁業にあつては、母船又は独航船等。以下この号から第三号までにおいて同じ。）を当該指定漁業に使用することを廃止し、他の船舶について許可又は起業の認可を申請した場合

二　指定漁業の許可を受けた者が、その許可を受けた船舶が滅失し、又は沈没したため、滅失又は沈没の日から六箇月以内（その許可の有効期間中に限る。）に他の船舶について許可又は起業の認可を申請した場合

三　指定漁業の許可を受けた者から、その許可の有効期間中に、許可を受けた船舶を譲り受け、借り受け、その返還を受け、その他相続又は法人の合併若しくは分割以外の事由により当該船舶を使用する権利を取得して当該指定漁業を営もうとする者が、当該船舶について指定漁業の許可又は起業の認可を申請した場合

四　母船式漁業について第一号又は第二号の規定により許可又は起業の認可が申請された場合において、従前の母船若しくは独航船等を当該母船式漁業に使用することを廃止し、又は従前の母船若しくは独航船等が滅失し若しくは沈没したため従前の母船と同一の船団に属する独航船等又は従前の独航船等と同一の船団に属する母船に係る母船式漁業の許可又は起業の認可がその効力を失つたことにより、その許可又は起業の認可を受けていた者が、当該許可若しくは起業の認可に係る独航船等若しくは母船又はこれらに代えて他の独航船等若しくは母船を当該申請に係る母船と同一の船団に属する独航船等又は当該申請に係る独航船等と同一の船団に属する母船として許可又は起業の認可を申請したとき。

**解説**　前述した公示に基づく原則的な許可方式に対して、許可の特例として、いわゆる代船許可と承継許可の場合には、公示によらない許可等も認めている。

①　廃止代船許可（第一号）

許可の有効期間中に許可を受けた船舶を、その指定漁業に使用することを廃止し、他の船舶について許可又は起業の認可を申請した場合であって、従前の船舶が、老朽、非能率等によって他の船舶でその指定漁業を営もうとする場合には、許可を受けられるのである。

②　沈没代船許可（第二号）

許可船舶が滅失し、又は沈没したため、その日から六か月以内（その許可の有効期間中に限る。）に他の船舶について許可又は起業の認可を申請した場合には許可を受けられる。

③　承継許可（第三号）

指定漁業の許可を受けた者から、その許可の有効期間中に許可を受けた船舶を使用する権利を取得した当該指定漁業を営もうとする者が、当該船舶について指定漁業の許可等を申請した場合は、当該申請の内容が従前の許可等と同一であるときは、指定漁業の許可をしなければならない。

（許可の有効期間）

**第六十条**　指定漁業の許可の有効期間は、五年とする。ただし、前条の規定によつて許可をした場合は、従前の許可の残存期間とする。

2　前項の有効期間は、同一の指定漁業については同一の期日に満了するようにしなければならない。

3　農林水産大臣は、水産動植物の繁殖保護又は漁業調整のため必要な限度において、水産政策審議会の意見を聴いて、第一項の期間より短い期間を定めることができる。

**解説**　指定漁業の許可の有効期間は五年である。しかし、第五九条の代船許可か、承継許可の有効期間は従前の許可の残存期間である（第一項）。農林水産大臣は、水産動植物の繁殖保護又は漁業調整のため必要な限度において、水産政策審議会の意見を聴いて、五年より短い期間を定めることができる（第二項）。

（変更の許可）

**第六十一条**　指定漁業の許可又は起業の認可を受けた者

が、その許可又は起業の認可を受けた船舶（母船式漁業にあつては、母船又は独航船等。以下この条及び次条において同じ。）について、その船舶の総トン数を増加し、又は操業区域その他の農林水産省令で定める事項を変更しようとするときは、農林水産大臣の許可を受けなければならない。

**解説**　指定漁業の許可等について、変更の生ずるのは次の二つの場合がある。

一　農林水産大臣が自ら行う場合

許可等をした農林水産大臣が、自らその許可等の内容を事後において変更することは、第六三条において準用する第三九条の規定によって、一定の要件がある場合に限って一定の手続によって行われる。一定の要件とは「水産動植物の繁殖保護、漁業調整、船舶の航行、てい泊、けい留、水底電線の敷設その他公益上の必要がある場合」あるいは「許可又は起業認可を受けた者が漁業に関する法令の規定に違反したとき」をいう。

二　漁業者の申請により行う場合

許可又は起業の認可を受けた者が何らかの必要があって、一旦受けた許可又は起業の認可の内容を変更する場合については第六一条において「許可又は起業の認可を受けた船舶について、その船舶の総トン数を増加し、又は操業区域その他省令で定める事項を変更しようとするときは、農林水産大臣の許可を受けなければならない。」と定められている。

（相続又は法人の合併若しくは分割）

**第六十二条**　指定漁業の許可又は起業の認可を受けた者が死亡し、解散し、又は分割（当該指定漁業の許可又は起業の認可を受けた船舶を承継させるものに限る。）をしたときは、その相続人（相続人が二人以上ある場合においてその協議により指定漁業を営むべき者を定めたときは、その者）、合併後存続する法人若しくは合併によつて成立した法人又は分割によつて当該船舶を承継した法人は、当該指定漁業の許可又は起業の認可を受けた者の地位を承継する。

2　前項の規定により指定漁業の許可又は起業の認可を受けた者の地位を承継した者は、承継の日から二箇月以内にその旨を農林水産大臣に届け出なければならない。

**解説**　相続又は会社の合併又は分割の場合、相続人又は存続会社は、被相続人又は消滅会社の権利義務の全部を承継するものとされている（第一項）。しかし、相続人又は存続会社は必ずしも指定漁業の許可等の適格性を有する者ではないため、許可等を承継した相続人等は許可等の承継の日から二か月以内に水産基本法第三五条により届出させることとし、農林水産大臣は相続人等の適格性を判断し、第五六条第一項に該当する場合は許可等を取り消すこととなる（第二項）。

（許可等の失効）

**第六十二条の二**　左の各号の一に該当する場合は、当該指定漁業の許可又は起業の認可は、その効力を失う。

注　第一項は、平成一九年六月法律第七七号により改正され、平成二二年四月一日から施行

「左の各号の一に」を「次の各号のいずれかに」に改める。

一　指定漁業の許可を受けた船舶（母船式漁業にあつては、母船又は独航船等。次号及び第三号において同じ。）を当該指定漁業に使用することを廃止したとき。

二　指定漁業の許可又は起業の認可を受けた船舶が滅失し又は沈没したとき。

三　指定漁業の許可を受けた船舶を譲渡し、貸し付け、返還し、その他その船舶を使用する権利を失つたとき。

2　左の各号の一に該当する場合は、当該母船と同一の船団に属する独航船等の全部又は当該独航船等と同一の船団に属する母船に係る母船式漁業の許可又は起業の認可は、その効力を失う。

注　第二項は、平成一九年六月法律第七七号により改正され、平成二二年四月一日から施行

「左の各号の一に」を「次の各号のいずれかに」に改める。

一　母船式漁業の許可を受けた母船又は同一の船団に属する独航船等の全部を当該母船式漁業に使用することを廃止したとき。

二　母船式漁業の許可又は起業の認可を受けた母船又は同一の船団に属する独航船等の全部が滅失し又は沈没したとき。

三　母船式漁業の許可を受けた母船又は同一の船団に

属する独航船等の全部を譲渡し、貸し付け、返還し、その他その母船又は独航船等の全部を使用する権利を失つたとき。

四　母船又は同一の船団に属する独航船等の全部に係る母船式漁業の許可又は起業の認可が第六十三条において準用する第三十八条第一項又は第三十九条第二項の規定により取り消されたとき。

注　第四号は、平成一九年六月法律第七七号により改正され、平成二二年四月一日から施行

四　母船又は同一の船団に属する独航船等の全部に係る母船式漁業の許可又は起業の認可が次条第一項若しくは第二項又は第六十三条において準用する第三十九条第二項の規定により取り消されたとき。

**解説**　許可等の失効とは、一度完全に成立した許可等の行政処分が、一定の事由が発生したことにより行政庁の意志表示に基づかないで、当然にその効力を失う場合が失効である。本条の規定による失効は、いずれも船舶に着目したものであって、次の一つに該当する場合には、指定漁業の許可等は失効する（第一項）。

① 船舶の使用廃止による失効
② 船舶の滅失又は沈没による失効
③ 船舶の使用権喪失による失効

また、母船式漁業の場合については、船団の一体性の原則から許可等の失効が定められている（第二項）。

注　第六二条の三は、平成一九年六月法律第七七号により追加され、平成二二年四月一日から施行

（適格性の喪失等による許可等の取消し）

**第六十二条の三**　農林水産大臣は、指定漁業の許可又は起業の認可を受けた者が第五十六条第一項第二号又は第五十七条第一項各号（第四号を除く。）のいずれかに該当することとなつたときは、当該指定漁業の許可又は起業の認可を取り消さなければならない。

2　農林水産大臣は、指定漁業の許可又は起業の認可を受けた者が第五十七条第一項第四号に該当することとなつたときは、当該指定漁業の許可又は起業の認可を取り消すことができる。

3　前二項の規定による許可又は起業の認可の取消しに係る聴聞の期日における審理は、公開により行わなければならない。

（許可証の書換え交付等）

**第六十二条の三**　許可証の書換え交付、再交付及び返納に関し必要な事項は、農林水産省令で定める。

注　旧第六二条の三は、平成一九年六月法律第七七号により改正され、平成二二年四月一日から施行

第六十二条の三を第六十二条の四とする。

**解説**　許可証の書換え交付等については、「指定漁業の許可及び取締り等に関する省令」第一一条から第一四条に規定されている。指定漁業の許可を受けた者は、許可証の記載事項に変更を生じたときは許可証の書換え交付を速やかに申請し（第一一条）、許可証を亡失し、又は毀損した場合には、理由を付して許可証の再交付を速やかに申請しなければならない（第一二条）。さらに、許可がその効力を失い、又は取り消された場合に許可証を速やかに返納しなければならない（第一四条）。

（準用規定）

**第六十三条**　指定漁業の許可又は起業の認可に関しては、第三十四条第一項（漁業権の制限又は条件）、第三十五条（休業の届出）、第三十七条第一項及び第二項、第三十八条第一項、第三十九条第一項、第二項、第六項から第十項まで及び第十三項から第十五項まで（漁業権の取消し）並びに水産資源保護法（昭和二十六年法律第三百十三号）第十二条（漁業従事者に対する措置）の規定を準用する。この場合において、「都道府県知事」とあるのは「農林水産大臣」と、第三十四条第一項中「公益上必要があると認めるときは、免許をするにあたり、」とあるのは「公益上必要があると認めるときは、」と、第三十八条第一項中「第十四条に規定する適格性を有する者でなくなつたとき」とあるのは「第五十六条第一項第一号又は第二号に該当することとなつたとき」と、第三十九条第一項中「漁業調整」とあるのは「水産動植物の繁殖保護、漁業調整」と、同条第六項、第十項及び第十三項中「都道府県」とあるのは「国」と、同条第八項中「都道府県知事が海区漁業調整委員会の意見を聴いて」とあるのは「農林水産大臣が」と、同条第十四項中「第十項、第三十四条第二項（海区漁業調整委員会への諮問）並びに第三十七条第四項（意見の聴取）」とあるのは「第十項」と、同条第十五項中「地方税の滞納処分」とあるのは「国税滞納処分」と、同法第十二条中「第十条

第五項」とあるのは「漁業法第六十三条において準用する同法第三十九条第一項」と、「同条第四項の告示の日」とあるのは「その許可の取消しの日」と読み替えるものとする。

> 注　第一項は、平成一九年六月法律第七七号により改正され、平成二二年四月一日から施行
>
> 「第三十八条第一項、第三十九条第一項」を「第三十九条第一項」に改め、「、第三十八条第一項中「第十四条に規定する適格性を有する者でなくなつたとき」とあるのは「第五十六条第一項第一号又は第二号に該当することとなつたとき」と」を削る。

2　農林水産大臣は、前項において準用する第三十四条第一項又は第三十九条第一項若しくは第二項の規定による制限若しくは条件の付加又は変更若しくは停止の命令をしようとするときは、行政手続法（平成五年法律第八十八号）第十三条第一項の規定による意見陳述のための手続の区分にかかわらず、聴聞を行わなければならない。

3　農林水産大臣は、第一項において準用する第三十九条第十三項の規定による処分をしようとするときは、行政手続法第十三条の規定にかかわらず、聴聞を行わなければならない。

4　第一項において準用する第三十四条第一項、第三十七条第一項、第三十八条第一項又は第三十九条第一項、第二項若しくは第十三項の規定による処分に係る聴聞の期日における審理は、公開により行わなければならない。

> 注　第四項は、平成一九年六月法律第七七号により改正され、平成二二年四月一日から施行
>
> 「、第三十八条第一項」を削る。

**解説**　本条は、指定漁業の許可及び起業の認可について、漁業権等に関する規定を準用したものである。

（水産政策審議会に対する報告）

**第六十四条**　農林水産大臣は、毎年少なくとも一回、水産政策審議会に対し、指定漁業の許可及び起業の認可の状況を報告するものとする。

**解説**　水産政策審議会は、水産基本法第三五条に「農林水産省に、水産政策審議会（以下「審議会」という。）を置く。」と規定し、水産政策に関する重要事項を審議

事項とする唯一の政策審議会型の審議会として、設置された。そして審議会は、水産基本法の規定に基づき、水産に関して講じようとする施策、水産基本計画等について審議するほか、漁業法等の個別法の規定によりその権限に属させられた事項等について、それぞれ処理することとなっている（水産基本法第三六条）。

農林水産大臣は、指定漁業の許可事務の適正かつ円滑な処理を図るため許可等に関する重要事項の決定等については水産政策審議会の積極的活用を図ることとされており、指定漁業を指定する政令の制定改廃（第五二条第四項）、許可についての適格性（第五七条第二項）、公示（第五八条第三項、第五項）、公示に基づく許可（第五八条の二第六項）、許可の有効期間（第六〇条第三項）等の場合に水産政策審議会の意見をきく必要がある。また、農林水産大臣は、毎年少なくとも一回は水産政策審議会に対し、指定漁業の許可及び起業の認可の状況を報告するものと定められている。

# 第四章　漁業調整

（漁業調整に関する命令）

**第六十五条**　農林水産大臣又は都道府県知事は、漁業取締りその他漁業調整のため、特定の種類の水産動植物であつて農林水産省令若しくは規則で定めるものの採捕を目的として営む漁業若しくは特定の漁業の方法であつて農林水産省令若しくは規則で定めるものにより営む漁業（水産動植物の採捕に係るものに限る。）を禁止し、又はこれらの漁業について、農林水産省令若しくは規則で定めるところにより、農林水産大臣若しくは都道府県知事の許可を受けなければならないこととすることができる。

2　農林水産大臣又は都道府県知事は、漁業取締りその他漁業調整のため、次に掲げる事項に関して必要な農林水産省令又は規則を定めることができる。

一　水産動植物の採捕又は処理に関する制限又は禁止（前項の規定により漁業を営むことを禁止すること及び農林水産大臣又は都道府県知事の許可を受けなければならないこととすることを除く。）

二　水産動植物若しくはその製品の販売又は所持に関する制限又は禁止

三　漁具又は漁船に関する制限又は禁止

四　漁業者の数又は資格に関する制限

3　前項の規定による農林水産省令又は規則には、必要な罰則を設けることができる。

4　前項の罰則に規定することができる罰は、農林水産省令にあつては二年以下の懲役、五十万円以下の罰金、拘留若しくは科料又はこれらの併科、規則にあつては六月以下の懲役、十万円以下の罰金、拘留若しくは科料又はこれらの併科とする。

5　第二項の規定による農林水産省令又は規則には、犯人が所有し、又は所持する漁獲物、その製品、漁船及び漁具その他水産動植物の採捕の用に供される物の没収並びに犯人が所有していたこれらの物件の全部又は一部を没収することができない場合におけるその価額の追徴に関する規定を設けることができる。

6　農林水産大臣は、第一項及び第二項の農林水産省令を定めようとするときは、水産政策審議会の意見を聴かなければならない。

7　都道府県知事は、第一項及び第二項の規則を定めようとするときは、農林水産大臣の認可を受けなければならない。

8　都道府県知事は、第一項及び第二項の規則を定めようとするときは、第八十四条第一項に規定する海面に係るものにあつては関係海区漁業調整委員会の意見を、内水面に係るものにあつては内水面漁場管理委員会の意見を聴かなければならない。

**解説**　本条は、農林水産大臣又は都道府県知事が漁業調整のため、水産動植物の採捕に関する制限又は禁止に関する命令を定めることができることについて定めたものである。

平成一九年六月六日（法律第七七号）に、改正前の漁業法第六五条第一項が第二項となり、新しく第一項及び第一三八条第一項第六号の規定が追加され、また、水産資源保護法第四条第一項が第二項となり、新しく、第一項及び第三六条の規定が追加されたが、その趣旨は次のとおりである。

罰則の上限は、省令では二年以下の懲役又は五〇万円以下の罰金等、規則の規定では六か月以下の懲役又は一〇万円以下の罰金等とされているが、漁業法等の本体では三年以下の懲役又は二〇〇万円以下の罰金等となっており、それぞれの量刑に相当の差がある。農林水産省令及び都道府県が定める規則に違反した無許可操業等についての罰則の引き上げを手当てする観点から、改正前の漁業法第六五条第一項及び水産資源保護法第四条第一項の規定により省令又は規則に委任されている水産動植物に関する制限又は禁止のうち禁止された漁業又は農林水産大臣若しくは都道府県知事の許可を要することとされた漁業について、これを営み又は無許可で営むことを構成要件として法律に規定し、漁業法（第一三八条第六号）及び水産資源保護法（第三六条第一号）の罰則が直接適用されることになった。ただし、禁止又は許可の対象となる漁業の種類は、水産動植物の資源状況等に応じて随時変更する必要性若しくは地域における具体的に規制すべき漁業の多様性を踏まえ、「特定の種類の水産動植物の採捕を目的として営む漁業」又は「特定の漁業の方法により営む漁業」という規制対象となる行為などを明記し、具体的な漁業の種類については省令又は規則に委任することとされた。この改正によって前述したような量刑の差を解消し、罰則を三年以下の懲役又は二〇〇万円以下の罰金に引き上げることとされた。

漁業法第六五条を根拠として、農林水産大臣又は都道府県知事は、漁業取締りその他漁業調整のため、水産動植物の採捕に関する制限又は禁止等について必要な農林水産省令又は漁業調整規則を定めることができ、これらは必要な罰則を付することができる。一方、水産資源保護法第四条の規定に基づいて、水産資源の保護培養のため水産動植物の採捕に関する制限又は禁止等について必要な農林水産省令又は漁業調整規則を定めることができ、これらは必要な罰則を付することができる。省令、規則を制定する場合には、漁業調整上と水産資源保護上の目的は不利一体となっている場合が多く、一般には両法の根拠規定に基づいて定められている。

また、これらの制限又は禁止については、次のような理由で省令、規則に委任されている。

① 全国一律になしうるものであっても、具体的事情に応じて随時変更することを要するため、具体的規定については立法技術上省令に委任する。

② 各都道府県ごとになすべき制限又は禁止についても、その内容は極めて複雑で一律に規定することは困難で、かつ、その内容は具体的事情に応じて随時変更することを要するものが多いため、具体的規定を立法技術上規則に委任する。

判例

1　漁業法第六五条及び水産資源保護法第四条は漁業調整又は水産資源の保護培養のため必要があると認める事項に関して、その内容を限定して、罰則を制定する権限を都道府県知事に賦与しているところ、右規定が憲法第三一条に違犯しないことは、明らかである。（昭和四九年一二月二〇日最高裁二小刑判決、総覧四九三頁・裁判集刑一九四号二五頁）

2　前記漁業取締規則の停船命令規定並びにその罰則規定は、漁業法第六五条第一項ないし第三項及び水産資源保護法第四条第一項ないし第三項の委任により定められたものであるから違憲ではない。（昭和四〇年五月二〇日最高裁一小刑判決、総覧五七五頁・裁判集刑一五五号六八一頁）

3　いわゆる機船底引き網漁業を営むとは、同漁業が現実に開始されることをもって足り、漁獲の事実を必要としない。（昭和三〇年六月二二日最高裁二小刑判決、総覧五五九頁・最高裁刑集九巻七号一一七二頁）

4　「禁止漁具を用いて採捕してはならない」という場合の「採捕」とは、当該禁止漁具の使用による採捕行為を意味する。（昭和四六年一一月一六日最高裁三小刑判決、総覧九一八頁・最高裁刑集二五巻八号九六四頁）

5　和歌山県漁業取締規則の効力は、当該知事が従来取締り並びに監督を行ってきた海面に及ぶ。（昭和一二年一二月二日大審院刑判決、総覧五三七頁・刑集一六巻一五三〇頁）

6　北海道漁業調整規則の適用される海面は、同規則の目的とする漁業調整上その調整を必要とし、かつ北海道知事の漁業取締上可能な水域である。（昭和三五年一二月一六日最高裁二小刑判決、総覧四七八頁・裁判集一三六号六七七頁）

7　漁業法、水産資源保護法及び北海道漁業調整規則の目的である水産資源の保護培養及び維持並びに漁業秩序の確立のための漁業取締りその他漁業調整を必要とする範囲の、わが国領海における漁業及び公海における日本国民の漁業のほか、これらのわが国領海及び公海と連接一体をなす外国の領海における日本国民の漁業にも適用される。（昭和四六年四月二二日最高裁一小刑判決、総覧四四四頁・最高裁刑集二五巻三号四五一頁）

8　被告人が海上保安庁の巡視艇等の追尾を振り切るためなどに船体に無線機、レーダー及び高出力の船外機等を装備した漁船を使用し、共犯者らを乗り込ませるなどして、北海道漁業調整規則に違反する漁業を営んだという本件事案の下において、同規則第五五条第二項本文により右船舶船体等をその所有者である被告人から没収することは相当である。（平成二年六月二八日最高裁刑判決、総覧続巻二二四頁・時報一三五号一五六頁）

9
一　あわびの密漁犯人を現行犯逮捕するため約三〇分間密漁船を追跡した者の依頼により約三時間にわたり同船の追跡を継続した行為は、違法な現行犯逮捕の行為と認めることができる。
二　現行犯逮捕をしようとする場合において、現行犯人から抵抗を受けたときは、逮捕をしようとする者は、警察官であると私人であるとを問わず、その際の状況からみて社会通念上逮捕のために必要かつ相当であると認められる限度内の実力を行使することが許され、たとえその実力の行使が刑罰法令に触れることがあるとしても、刑法第三五条により罰せられない。

三　あわびの密漁犯人を現行犯逮捕するため密漁船を追跡中、同船が停船の呼びかけに応じないばかりでなく、三回にわたり追跡する船に突込んで衝突させたり、ロープを流してスクリューにからませようとしたため、抵抗を排除する目的で、密漁船の操舵者の手足を竹で叩き突くなどし、全治約一週間を要する右足背部刺創を負わせた行為は、社会通念上逮捕をするために必要かつ相当な限度内にとどまるものであり、刑法第三五条により罰せられない。（昭和五〇年四月三日最高裁一小刑判決、総覧四八二頁・最高裁刑集二九巻四号一三三頁）

10　許可を受けない船舶と許可を受けた船舶とを連結使用し二そう曳機船底曳網漁業をする行為は、その全部を不可分的に無許可漁業をもって論ずべきものである。（昭和九年四月二六日大審院刑判決、総覧六二六頁・刑集一三巻五四〇頁）

11　さけ・ます流し網漁業取締規則第二九条第二項の但書の規定は、漁業法第六五条第四項、水産資源保護法第四項の委任の範囲を超えたもので違法である。（昭和三八年一二月二四日最高裁三小刑判決、総覧六六五頁・裁判集刑三六号一四九頁）

12　機船底曳網漁業取締規則第一八条により追徴すべき漁獲物の価額は犯人が当該漁獲物を売却した代金によりこれを認定しても違法ではない。（大正一三年一月二一日大審院刑判決、総覧六三八頁・刑集三巻一号一一頁）

13　機船底曳網漁業取締規則第一八条による犯行により漁獲物の価額追徴の規定を設けたのは、元来当該漁獲物はこれを没収すべきものであるが、それを没収することができない場合において、没収に代えて漁獲物の価額を追徴するの法意であることが明白である。したがって、その追徴は没収をすることができなくなった時及び場所における漁獲物の価額を標準としてこれをなすことをもって右の法意に適合するというべきであって、漁場現場における価額をもって右の標準をなすべきものでない。（昭和七年七月二一日大審院刑判決、総覧六二九頁・刑集一一巻一一二三頁）

14　いわゆる両罰規定は決して他人の行為に対する責任ではなく、また故意過失の有無を問わず処罰することを定めたものでないから刑法総則と矛盾するところはない。（昭和二八年七月八日福岡高裁刑判決、総覧六一四頁・高裁特報二六号一一二頁）

（許可を受けない中型まき網漁業等の禁止）

**第六十六条**　中型まき網漁業、小型機船底びき網漁業、瀬戸内海機船船びき網漁業又は小型さけ・ます流し網漁業を営もうとする者は、船舶ごとに都道府県知事の許可を受けなければならない。

2　「中型まき網漁業」とは、総トン数五トン以上四十トン未満の船舶によりまき網を使用して行う漁業（指定漁業を除く。）をいい、「小型機船底びき網漁業」とは、総トン数十五トン未満の動力漁船により底びき網を使用して行う漁業をいい、「瀬戸内海機船船びき網漁業」とは、瀬戸内海（第百十条第二項に規定する瀬戸内海をいう。）において総トン数五トン以上の動力漁船により船びき網を使用して行う漁業をいい、「小型さけ・ます流し網漁業」とは、総トン数三十トン未満の動力漁船により流し網を使用してさけ又はますをとる漁業（母船式漁業を除く。）をいう。

3　農林水産大臣は、漁業調整のため必要があると認めるときは、都道府県別に第一項の許可をすることができる船舶の隻数、合計総トン数若しくは合計馬力数の最高限度を定め、又は海域を指定し、その海域につき同項の許可をすることができる船舶の総トン数若しくは馬力数の最高限度を定めることができる。

4　農林水産大臣は、前項の規定により最高限度を定めようとするときは、関係都道府県知事の意見を聴かなければならない。

5　都道府県知事は、第三項の規定により定められた最高限度を超える船舶については、第一項の許可をしてはならない。

**解説**　知事許可漁業の対象となるべき漁業の中には、水産資源の保護培養上あるいは二府県にまたがる漁業調整上、各都道府県ごとの許可隻数の限度等、知事の判断だけに任せることは必ずしも適当でないものがある。ある県知事が許可を乱発すると、その資源への悪影響が隣接の他県の漁業者にまで及ぶような漁業であるとか、操業上無理を生じて必然的に他県の漁場を侵犯し、漁業紛争を激化させるようなおそれのある漁業である。このような漁業は、その経営規模等からみて、誰に許可するか等の判断は、通常地域の事情に応じて都道府県知事がするのが適切であり、また許可件数が著しく多いことからいっても国の処理は困難であるが、一方、都道府県ごとの許可隻数の最高限度、あるいは許可し得る漁船の船総トン数、馬力数の限度などについては、農林水産大臣が統一的に規制し得るようにすることが必要である。

中型まき網漁業、小型機船底びき網漁業、瀬戸内海機船船びき網漁業及び小型さけ・ます流し網漁業は、このような趣旨から、第六六条第一項で法定知事許可漁業として規定され、船舶ごとに操業海域を管轄する都道府県知事の許可を受けなければ営んではならないこととなっている。

判例

1　小型機船底びき網漁業取締規則所定の禁止漁具を使用して無許可漁業を営んだ場合は、漁業法第六六条違犯の所為と網口開口板の使用を禁止した小型機船底びき網漁業取締規則第四条第二項違犯の所為とは、刑法第五四条第一項前段の一所為数法の関係にあるものと解するのが相当であり、同法第四五条前段の併合罪の関係にあるものとは認められない。(総覧六八一頁・広島高裁速報昭和四一年一〇九号一〇五頁)

2　中型まき網漁業許可証の「漁業種類」欄にも「いわし・あじ・さばまき網漁業」と明示されていたというから、漁業法第六六条第一項による大分県知事の右中型まき網漁業許可は、いわし、あじ、さばを目的として採捕することに限定されたものであって、それ以外の魚種を目的として採捕することは禁止されていたと解すべきである。したがって、右許可以外の魚種であるいさきを目的として採捕した被告人らの行為は、許可の内容である魚種等により区分された漁業種類に違反する操業を禁止した大分県漁業調整規則第一五条に違反することが明らかである。(平成八年三月一九日最高裁三小刑判決、総覧続巻二六七頁・時報一五六七号一四四頁)

3　国後島ケラムイ崎北東約五海里で同島沿岸線から約二・五海里の海域は、漁業法第六六条第一項の無許可漁業禁止の効力が及ぶ範囲に含まれる。(昭和四五年九月三〇日最高裁二小刑判決、総覧六八二頁・最高裁集二四巻一〇号一四三五頁)

4　北海道地先海面に関しては、漁業法第六六条第一項は、北海道地先海面であって、漁業法及び同法に基づく北海道海面漁業調整規則の目的である漁業秩序の確立のための漁業取締りその他漁業調整を必要とする範囲の、わが国領海及び公海における日本国民の漁業のほか、これらのわが国領海及び公海と連接して一体をなす外国の領海における日本国民の漁業にも適用される。（昭和四六年四月二二日最高裁一小刑判決、総覧七〇六頁・最高裁刑集二五巻三号四九二頁）

5　被告人は、いわゆるごち網であっても、底びき網として容易に使用できる脅しのない網を使用していたこと、ごち網では全く使用することがなく、小型底びき網に装着されて初めて効能を発揮する網口開口板を装着していたことなど底びき網を行ったものと優に認定できるというべきである。（平成七年二月二日福岡高裁刑判決、高裁速報一三八七号一四一頁）

（海区漁業調整委員会又は連合海区漁業調整委員会の指示）

**第六十七条**　海区漁業調整委員会又は連合海区漁業調整委員会は、水産動植物の繁殖保護を図り、漁業権又は入漁権の行使を適切にし、漁場の使用に関する紛争の防止又は解決を図り、その他漁業調整のために必要があると認めるときは、関係者に対し、水産動植物の採捕に関する制限又は禁止、漁業者の数に関する制限、漁場の使用に関する制限その他必要な指示をすることができる。

2　前項の規定による海区漁業調整委員会の指示が同項の規定による連合海区漁業調整委員会の指示に抵触するときは、当該海区漁業調整委員会の指示は、抵触する範囲においてその効力を有しない。

3　都道府県知事は、海区漁業調整委員会又は連合海区漁業調整委員会に対し、第一項の指示について必要な指示をすることができる。この場合には、都道府県知事は、あらかじめ、農林水産大臣に当該指示の内容を通知するものとする。

4　第一項の場合において、都道府県知事は、その指示が妥当でないと認めるときは、その全部又は一部を取り消すことができる。

5　第一項の規定による指示については、第十一条第六項の規定を準用する。この場合において、同項中「都道府県知事」とあるのは「海区漁業調整委員会又は連合海区漁業調整委員会」と読み替えるものとする。

6　前項において準用する第十一条第六項の規定による指示に従つてされた第一項の指示については、第四項の規定は適用しない。

7　農林水産大臣は、第五項において準用する第十一条第六項の規定により指示をしようとするときは、あらかじめ、関係都道府県知事に当該指示の内容を通知しなければならない。ただし、地方自治法（昭和二十二年法律第六十七号）第二百五十条の六第一項の規定による通知をした場合は、この限りでない。

8　第一項の指示を受けた者がこれに従わないときは、海区漁業調整委員会又は連合海区漁業調整委員会は、都道府県知事に対して、その者に当該指示に従うべきことを命ずべき旨を申請することができる。

9　都道府県知事は、前項の申請を受けたときは、その申請に係る者に対して、異議があれば一定の期間内に申し出るべき旨を催告しなければならない。

10　前項の期間は、十五日を下ることができない。

11　第九項の場合において、同項の期間内に異議の申出がないとき又は異議の申出に理由がないときは、都道府県知事は、第八項の申請に係る者に対し、第一項の指示に従うべきことを命ずることができる。

12　都道府県知事が前項の規定による命令をしない場合には、第十一条第六項の規定を準用する。

**解説**　漁業を規制する法令としては、漁業法、水産資源保護法及びこれらに基づく命令等があるが、これら法令はその性格上、一般的固定的な制限又は禁止について、それぞれの法令の体系の枠内で個別の漁業を規制している。したがって、そこでなされる制限や禁止の間隙の調整が困難な場合も予想され、漁業調整が円滑になされない危険性がある。そこで、この間隙を補完する意味で、海区漁業調整委員会が漁業調整上必要と認めたときは、関係者に対して指示権を発動して漁業調整の円滑化を図ろうというのが本来の趣旨である。

第一項は指示の目的、内容、対象等について規定している。指示の目的は、漁業調整であり、例示として「水産動植物の繁殖保護を図り、漁業権又は入漁券の行使を適切にし、漁場の使用に関する紛争の防止又は解決を図り」と規定されているが、その他、漁業調整に必要があると認められるときは指示をなし得るのである。また、指示の内容は、例示として「水産動植物の採捕の制限又は禁止、漁業者の数に関する制限」が規定されているが、漁業調整上必要な事項なら、その他いかなる事項でもよいわけである。さらに、指示は誰に対してもなし得るのである。それは漁民はもちろん非漁民に対しても、特定人に対しても、一般人に対してもよいわけである。

第三項は、「委員会指示に対する知事の指示権」等について規定している。海区漁業調整委員会及び連合海区漁業調整委員会は、知事の監督に属することとしている（第八二条第二項）。第一項の規定による海区漁業調整委員会等の指示は、それ自体に強制力はなく、知事の裏付命令（第一一項）によって初めて強制力をもつこととされていることから、知事が裏付命令を出し得るよう、知事と漁業調整委員会との調整を図る必要がある。

第八項から第一一項までは委員会指示に対する裏付命令の一連の手続について規定されている。指示を受けた者がこれに従わないときは、海区漁業調整委員会は知事に対して、その者の指示に従うべき旨の命令を出してほしいと申請し（第八項）、知事は申請を受けたら一五日を下らない一定期間を定めて（第一〇項）、その者に指示に対して異議があればその期間内に申し出るよう催告する（第九項）。もし、その一定期間内に異議の申出がない場合、異議の申出があっても指示に従わない正当な理由がないときは、知事はその者に対して指示に従うべき旨を命ずる。この知事の命令に違反した場合には、第一三九条に規定する罰則の適用がある。

（広域漁業調整委員会の指示）

**第六十八条**　広域漁業調整委員会は、都道府県の区域を超えた広域的な見地から、水産動植物の繁殖保護を図り、漁業権又は入漁権（第百三十六条の規定により農林水産大臣が自ら都道府県知事の権限を行う漁場に係る漁業権又は入漁権に限る。）の行使を適切にし、漁場（同条の規定により農林水産大臣が自ら都道府県知事の権限を行うものに限る。）の使用に関する紛争の防止又は解決を図り、その他漁業調整のために必要があると認めるときは、関係者に対し、水産動植物の採捕に関する制限又は禁止、漁業者の数に関する制限、漁場の使用に関する制限その他必要な指示をすることができる。

2　前条第一項の規定による海区漁業調整委員会又は連合海区漁業調整委員会の指示が前項の規定による広域漁業調整委員会の指示に抵触するときは、当該海区漁業調整委員会又は連合海区漁業調整委員会の指示は、抵触する範囲においてその効力を有しない。

3　農林水産大臣は、広域漁業調整委員会に対し、第一項の指示について必要な指示をすることができる。

4　第一項の規定による指示については、前条第四項及び第八項から第十一項までの規定を準用する。この場合において、同条第四項、第八項、第九項及び第十一項中「都道府県知事」とあるのは「農林水産大臣」と、同条第八項中「海区漁業調整委員会又は連合海区漁業調整委員会」とあるのは「広域漁業調整委員会」と読み替えるものとする。

**解説**　広域漁業調整委員会は、複数の都道府県にまたがって分布回遊し、大臣管理漁業と知事管理漁業が共に利用している水産資源の保護を図るとともに、その持続的利用を図るため、必要に応じてその調整結果を担保することができるよう、水産動植物の繁殖保護のための指示を行うことができるのである。しかし、漁業権又は入漁権の行使の適正化や漁場の使用に関する紛争の防止又は解決に関する指示については、広域漁業調整委員会においてそのすべてを行うことは適当でなく、第一三六条の規定に基づき、大臣が自ら都道府県知事の権限を行っている漁場に限ることが規定されている。

（漁場又は漁具の標識）

**第七十二条**　都道府県知事は、漁業者、漁業協同組合又は漁業協同組合連合会に対して、漁場の標識の建設又は漁具の標識の設置を命ずることができる。

**解説**　知事は漁業者、漁業協同組合及びその連合会に対して、漁場の標識の建設又は漁具の標識設置を命ずることができる。これは第三者が誤って漁業権を侵害したり、漁具により他の船舶の航行の安全が害されることがないようにするためである。「漁場の標識」とは、一般的には漁業権の漁場の区域等を示す標識のことである。「漁具の標識」の設置については、定置漁業、延縄漁業、流し網漁業等の広い海面に漁具を設置して漁業を営むものは標識の設置が必要である。都道府県漁業調整規則では漁業法第七二条の実施規定として、特に漁具標識の設置義務について一括して規定されている。

（公共の用に供しない水面）

**第七十三条**　公共の用に供しない水面であつて公共の用に供する水面又は第四条の水面に通ずるものには、命令をもつて第六十五条（漁業調整に関する命令）の規定及びこれに係る罰則を適用することができる。

**解説**　公共の用に供しない水面については、公共の用に供する水面と連接一体となるものを除き、本法の規定は適用されないのが原則である（第三条及び第四条）。しかし、公共の用に供しない水面であっても公共の用に供する水面又公共の用に供する水面と連接一体をなす水面に通ずる水面について、漁業調整のため必要な第六五条の規定よる制限又は禁止が及ばないとすると、これらの制限又は禁止の実効性を著しく欠くこととなる場合がある。このために、本条により、これらの水面に通ずる水面についても、命令をもって第六五条の規定及びこれに係る罰則を適用することができることとされている。現在のところ指定されている水面はない。この規定でいう「通ずる」とは「連接一体」よりも広く、水路をもって直接又は間接に通ずる場合をさしているものである。

（漁業監督公務員）

**第七十四条**　農林水産大臣又は都道府県知事は、所部の職員の中から漁業監督官又は漁業監督吏員を命じ、漁業に関する法令の励行に関する事務をつかさどらせる。

2　漁業監督官の資格について必要な事項は、政令で定める。

3　漁業監督官又は漁業監督吏員は、必要があると認めるときは、漁場、船舶、事業場、事務所、倉庫等に臨んでその状況若しくは帳簿書類その他の物件を検査し、又は関係者に対し質問をすることができる。

4　漁業監督官又は漁業監督吏員がその職務を行う場合には、その身分を証明する証票を携帯し、要求があるときはこれを呈示しなければならない。

5　漁業監督官及び漁業監督吏員であつてその所属する官公署の長がその者の主たる勤務地を管轄する地方裁判所に対応する検察庁の検事正と協議をして指名したものは、漁業に関する罪に関し、刑事訴訟法（昭和二十三年法律第百三十一号）の規定による司法警察員として職務を行う。

**解説**　漁業監督公務員には、漁業監督官と漁業監督吏員とがあり、漁業監督官は国家公務員であり、農林水産大臣がその所部の職員の中から任命し、漁業監督吏員は地方公務員であり、都道府県知事がその所部の職員の中から任命する（第一項）。漁業監督公務員は、漁業取締りの執行機関として、漁業に関する事務をつかさどらせる。

漁業監督公務員は、必要があると認めるときは、漁場、船舶、事業場、事務所、倉庫等に望んで、その状況若しくは帳簿書類その他の物件を検査し、又は関係者に対して質問することができることになっている（第三項）。そして、これによる検査を拒み、妨げ、若しくは忌避し、又はその質問に対する答弁をせず、若しくは虚偽の陳述をした者に対しては、六か月以下の懲役又は三〇万円以下の罰金に処する旨の罰則が適用される（第一四一条第二項）。なお、「指定漁業の許可及び取締りに関する省令」第九〇条で「漁業監督官は法第七四条第三項の規定による検査又は質問をするために必要があるときは、停船を命ずることができる。」と規定されており、また、都道府県漁業調整規則でも漁業監督吏員について同様の規定がある。

また、漁業監督官及び漁業監督吏員であって、その所属する官公署の長がその者の主たる勤務地を管轄する地方裁判所に対応する検察庁の検事正と協議をして指名したものは、漁業に関する罪に関し、刑事訴訟法の規定による司法警察員として職務を行うと規定し、漁業監督官及び漁業監督吏員に対して、漁業の罪については司法警察員として司法権限を付与する旨定めている（第五項）。

判例

1 一　停船命令規定並びにその罰則規定は、漁業法第六五条第一項ないし第三項及び水産資源保護法第四条第一項ないし第三項の委任により定められたものであるので違憲ではない。

二　漁業監督吏員が管轄海域から追跡中継続して発した停船命令は、管轄外海域であっても適法である。（昭和四〇年五月二〇日最高裁一小刑判決、総覧五七五頁・裁判集刑一五五号六八一頁）

2 固定式刺し網漁業を営む者が、仕掛けた刺し網を底曳網漁船に破られ、漁獲がなくなる損害を繰り返し被ったのは、県及び国の操業違反の取締りに落ち度があったこともその一因であるとして、県及び国に対し、損害賠償を求めた事案につき、底曳網漁船による漁網破損の事実についての立証はなく、また、県の漁業監督吏員及び国の海上保安部所属の海上保安官らが違法操業を黙認放置していた事実を認めるに足りる証拠もないので原告の請求については理由がない。（平成五年七月二七日福島地裁民判決、総覧続巻二八六頁・自治一三一号一〇五頁）

3　司法警察員としての職務を有しない漁業監督吏員は漁業法第七四条第三項に基づく「監査」の権限を有するものであり、同吏員が本件において中浮網を引き揚げたのは右の権限に基づき、当該中浮網が果たして北海道漁業取締規則第四六条に違反する網なりや否やを調査するために引き揚げたものと解し得る。（昭和二八年三月一二日札幌高裁刑判決、総覧七六六頁・高裁刑特報三二号五頁）

4　逮捕を免かれるため、公務員に対し、もし公務の執行として一定の所為に出るにおいて危害に及ぶべき状況をことさらに乍出覚知させる行為（漁業取締船に対するロープ流し妨害行為等）は、公務執行妨害の罪を構成する脅迫に当たるものと解すべきである。（昭和三〇年三月二六日福岡高裁刑判決、総覧七六七頁・高裁刑集八巻三号一九五頁）

5　司法警察員が海上における漁業に関する現行犯を検挙するため船舶を運航する場合、海上衝突予防法規を遵守すべき義務がある。（昭和三三年七月三日福岡高裁刑判決、総覧七四八頁・高裁刑集一一巻六号三一七頁）

（漁業監督官と漁業監督吏員の協力）

**第七十四条の二**　農林水産大臣は、都道府県知事に対し、捜査上特に必要があると認めるときは、当該都道府県の漁業監督吏員を漁業監督官に協力させるべきことを求めることができる。この場合においては、当該漁業監督吏員は、捜査に必要な範囲において、農林水産大臣の指揮監督を受けるものとする。

2　都道府県知事は、農林水産大臣に対し、捜査上特に必要があると認めるときは、農林水産大臣の協力を申請することができる。この場合においては、農林水産大臣は、適当と認めるときは、当該漁業監督官を協力させるものとする。

**解説**　国の職員である漁業監督官と都道府県の職員である漁業監督吏員については、ともに漁業に関する法令全般について同じ職務を行う権限を有することとなっているが、その地理的管轄については、漁業監督官については法律上の制限はないものの、漁業監督吏員については、都道府県の職員であることから、その職務を行うことのできる区域は当該都道府県の区域内に制限されるという違いがある。このため、漁業犯罪に関する捜査の円滑化、効率化を図るため、国の職員である漁業監督官と都道府県の職員である漁業監督吏員について、特定の事件について司法警察員として捜査を行う上で特に必要がある場合において、農林水産大臣は都道府県知事に対して、また都道府県知事は農林水産大臣に対してそれぞれ協力を求めることができる（第一項）。この場合において、漁業監督官に協力することとなった漁業監督吏員については、その所属する都道府県の区域外において捜査に従事することがあり得ることから、捜査に必要な範囲で農林水産大臣の指揮監督を受けることとなる（第二項）。

（漁業監督吏員と都道府県の区域）

**第七十四条の三**　漁業監督吏員は、前条に規定する場合のほか、捜査のため必要がある場合において、農林水産大臣の許可を受けたときは、当該都道府県の区域外においても、その職務を行うことができる。

**解説**　司法警察員たる漁業監督吏員は、第七四条の二に基づき漁業監督官に協力する場合以外でも捜査のために必要がある場合において、農林水産大臣の許可を受けたときは、その所属する都道府県の区域外においてもその職務を行うことができる。

（都道府県が処理する事務）

**第七十四条の四**　この章に規定する農林水産大臣の権限に属する事務の一部は、政令で定めるところにより、都道府県知事が行うこととすることができる。

**解説**　「第四章　漁業調整（第六五条から第六四条の三まで）」に規定する農林水産大臣の権限に属する事務の一部は、政令で定めるところにより、都道府県知事が行うこととすることができる。なお、現行ではこのような政令は制定されていない。

# 第五章 削除

# 第六章 漁業調整委員会等

## 第一節 総則

（漁業調整委員会）

**第八十二条** 漁業調整委員会は、海区漁業調整委員会、連合海区漁業調整委員会及び広域漁業調整委員会とする。

2 海区漁業調整委員会は都道府県知事の監督に、連合海区漁業調整委員会はその設置された海区を管轄する都道府県知事の監督に、広域漁業調整委員会は農林水産大臣の監督に属する。

**解説** 漁業調整委員会は、国又は都道府県に設置された行政委員会であって、海区漁業調整委員会、連合海区漁業調整委員会及び広域漁業調整委員会の三種類がある（第一項）。海区漁業調整委員会は都道府県知事の監督に、連合海区漁業調整委員会は設置された海区を管轄する都道府県知事の管轄に、また、広域漁業調整委員会は農林水産大臣の監督に属する（第二項）。委員会と行政庁の権限の関係は各条文ごとに限定してあり、監督に属するからといって、委員会の権限をおかすことはもちろんできないが、一般的に監督すると規定することにより、全体的な漁業法の運用につき指揮監督権があり、行政庁は委員会に方針を示し、また委員会に随時意見を求めることができる。

（所掌事項）

**第八十三条** 漁業調整委員会は、その設置された海区又は海域の区域内における漁業に関する事項を処理する。

**解説** 漁業調整委員会は、その設置された海区又は海域の区域内における事項—もちろん漁業に関する事項を処理する。したがって属地的権限を有するわけで、その漁業を営む者が他海区に沿う市町村の者であっても、その権限は及び、逆に自分の海区に沿う市町村の者が関係している事項でも、よその事項であれば、その権限は及ばない。

**判例** 海区漁業調整委員会は、漁業協同組合の漁場をめぐる紛争について調停する職務権限をも有する。（昭和三六年一〇月二四日最高裁三小刑判決、総覧七七一頁・最高裁判例集一五巻九号一六一二頁）

## 第二節　海区漁業調整委員会

（設置）

**第八十四条**　海区漁業調整委員会は、海面（農林水産大臣が指定する湖沼を含む。第百十八条第二項において同じ。）につき農林水産大臣が定める海区に置く。

2　農林水産大臣は、前項の規定により湖沼を指定し、又は海区を定めたときは、これを公示する。

**解説**　海区漁業調整委員会は、海面（農林水産大臣が指定する湖沼を含む。）につき、農林水産大臣が定める海区ごとに置かれる（第一項）。海区は原則として、一県一海区であるが、特殊な立地条件下にある水面では、特別に海区指定がなされる。すなわち離島に係る海区（たとえば新潟県佐渡海区）とか、指定湖沼に係る海区（たとえば茨城県霞ヶ浦北浦海区）とか、地理的に同一県下の他の海区と隔絶していると考えられる海区（たとえば兵庫県但馬海区とか、福岡県、佐賀県の有明海区）とか、あるいは非常に長い海岸線に係る海区（たとえば北海道の各海区）などは別の海区として分けられている。

現在海区数は全国で総計六四海区である。

農林水産大臣が海面として指定した湖沼（第二項）は、琵琶湖、霞ヶ浦、北浦及び外浪逆浦、浜名湖、中海、加茂湖、猿潤湖、風蓮湖、厚岸湖である。

（構成）

**第八十五条**　海区漁業調整委員会は、委員をもつて組織する。

2　海区漁業調整委員会に会長を置く。会長は、委員が互選する。但し、委員が会長を互選することができないときは、都道府県知事が第三項第二号の委員の中からこれを選任する。

3　委員は、左に掲げる者をもつて充てる。

一　次条の規定により選挙権を有する者が同条の規定により被選挙権を有する者につき選挙した者九人（農林水産大臣が指定する海区に設置される海区漁業調整委員会にあつては、六人）

二　学識経験がある者の中から都道府県知事が選任した者四人（前号に規定する海区漁業調整委員会にあつては、三人）及び海区内の公益を代表すると認められる者の中から都道府県知事が選任した者二人

（前号に規定する海区漁業調整委員会にあっては、一人）

4　都道府県知事は、専門の事項を調査審議させるために必要があると認めるときは、委員会に専門委員を置くことができる。

5　専門委員は、学識経験がある者の中から、都道府県知事が選任する。

6　委員会には、書記又は補助員を置くことができる。

**解説**　海区漁業調整委員会は一五人の委員（農林水産大臣が指定する海区は一〇人）で構成される。委員は次の三つの部門から選ばれる（第三項）。

① 漁民委員（選挙による委員）　九人（指定海区にあっては六人）

② 学識経験委員（知事の選任による委員）　四人（指定海区にあっては三人）

③ 公益代表委員（知事の選任による委員）　二人（指定海区にあっては一人）

会長は、委員の中から互選する。委員以外の者は会長となれない。もし委員が会長を互選することができないときは知事が選任委員の中から選任する（第二項）。会長は、会務を総理し、会を代表する。会長が欠けたとき又は事故のあるときは、これに代行する者がなければ会の運営ができないので、委員が互選した者がその職を代行する（漁業法施行令（以下本法において「施行令」という。）第三条）。

（選挙権及び被選挙権）

**第八十六条**　海区漁業調整委員会が設置される海区に沿う市町村（海に沿わない市町村であつて、当該海区において漁業を営み又はこれに従事する者が相当数その区域内に住所又は事業場を有している等特別の事由によつて農林水産大臣が指定したものを含む。）の区域内に住所又は事業場を有する者であつて、一年に九十日以上、漁船を使用する漁業を営み又は漁業者のために漁船を使用して行う水産動植物の採捕若しくは養殖に従事するものは、海区漁業調整委員会の委員の選挙権及び被選挙権を有する。

2　都道府県知事は、当該海区漁業調整委員会の意見をきいて、当該海区の特殊な事情により、特定の漁業につき、前項の漁業者又は漁業従事者の範囲を拡張し、又は限定することができる。

3　海区漁業調整委員会の委員又は漁業協同組合若しくは漁業協同組合連合会の役員であつてその委員又は役員に就任する際第一項又は前項の規定による海区漁業調整委員会の委員の選挙権及び被選挙権を有していたものは、在任中行われる選挙又は退任後最初に行われる選挙については、前二項の規定により選挙権及び被選挙権を有しない場合であつても、選挙権及び被選挙権を有するものとみなす。

**解説**　海区漁業調整委員会委員は選挙権及び被選挙権は次の三要件に該当するものが、その資格を有する（第一項）。

① 漁業者又は漁業従事者であること。

② その海区に沿う市町村に住所又は事業所を有すること。

③ 一年に九〇日以上漁船を使用する漁業を営み、又はこれに従事すること。

しかし例外として、知事が特殊な事情により漁業種類によっては要件を拡張し又は限定し得る（第二項）。また、海区漁業調整委員、漁業協同組合又はその連合会の役員は、在任中又は退任後、最初に行われる選挙については、資格要件の例外が認められている（第三項）。

（欠格者）

**第八十七条**　左の各号の一に該当する者は、選挙権及び被選挙権を有しない。

一　二十年未満の者

二　公職選挙法（昭和二十五年法律第百号）第十一条第一項（選挙権及び被選挙権を有しない者）に規定する者

2　公職選挙法第三条（公職の定義）に規定する公職にある間に犯した同法第十一条第一項第四号に規定する罪により刑に処せられ、その執行を終わり又はその執行の免除を受けた者でその執行を終わり又はその執行の免除を受けた日から五年を経過したものは、当該五年を経過した日から五年間、被選挙権を有しない。

3　選挙管理委員会の委員及び職員、投票管理者、開票管理者、選挙長並びに選挙事務に関係のある地方公共団体の職員は、在職中、その関係区域内において、海区漁業調整委員会の委員の候補者となることができない。

4　裁判官、検察官、会計検査官、収税官吏、警察官及

び公安委員会の委員は、在職中、海区漁業調整委員会の委員の候補者となることができない。

**解説**　海区漁業調整委員会委員の選挙権及び被選挙権に対する欠格者をまとめると次のとおりである（第一項）。

① 二〇才未満の者（法第八七条第一項第一号）

② 成人被後見人（公選法第一一条第一項第一号）

「成人後見人」とは、二〇才以上の者で、現に精神上の障害により判断能力が不十分な状況にある人に対して、本人や、配偶者又は四親等以内の親族等の申立てにより、家庭裁判所から後見人開始の審判を受けた者をいう（民法第七条・第八条）。

③ 禁錮以上の刑に処せられ、その執行を終わるまでの者（公選法第一一条第一項第二号）

④ 禁錮以上の刑に処せられ、その執行を受けることがなくなるまでの者（刑の執行猶予中の者を除く。）（公選法第一一条第一項第三号）

⑤ 公職にある間に犯した罪により刑に処せられた者（公選法第一一条第一項第四号）

⑥ 法律で定めるところにより行われる選挙、投票及び国民審査に関する犯罪により禁錮以上の刑に処せられ、その刑の執行猶予中の者（公選法第一一条第一項第五号）

（選挙事務管理者）

**第八十八条**　海区漁業調整委員会の委員の選挙に関する事務は、地方自治法第百八十一条に規定する都道府県の選挙管理委員会が管理する。

**解説**　海区漁業調整委員会の委員の選挙についての事務は、一般の公職選挙の場合と同様に都道府県の選挙管理委員会が管理する。選挙管理委員会の委員は定数四人である（地方自治法第一八一条第二項）。

（選挙人名簿）

**第八十九条**　第八十六条第一項の市町村の選挙管理委員会は、政令の定めるところにより、申請に基づいて、毎年九月一日現在で選挙人の選挙資格を調査し、海区漁業調整委員会選挙人名簿を調製しなければならない。

2　前項の場合において申請がないとき、又は申請に錯誤若しくは遺漏があるときは、選挙管理委員会は、職権で選挙人名簿に登載し、又は申請を補正することができる。

3　選挙人の年齢は、選挙人名簿確定の期日で算定する。

4　選挙人名簿には、選挙人の氏名及び生年月日（法人にあつては名称）並びに住所（当該地区内に住所がない場合には事業場）等を記載しなければならない。

5　選挙人名簿は、十二月五日をもつて確定する。

6　選挙人名簿は、次年の十二月四日まで据えおかなければならない。ただし、市町村の選挙管理委員会は、選挙人名簿に登載されている者が死亡したときは直ちに修正するものとし、選挙人名簿に登載されている者が確定判決により修正すべきものとなつたときは直ちに修正するとともにその旨を告示しなければならない。

7　市町村の選挙管理委員会は、選挙人名簿に登載されている者が当該市町村の選挙人名簿に登載される資格を有せず、又は有しなくなつたことを知つた場合には、前項ただし書の規定に該当する場合を除くほか、直ちに選挙人名簿にその旨の表示をしなければならない。

8　市町村の選挙管理委員会は、当該市町村と同一の海区に沿う他の市町村の選挙人名簿に登載されている者を当該市町村の選挙人名簿に登載したときは、直ちにその旨を関係のある市町村の選挙管理委員会に通知しなければならない。

**解説**　選挙人名簿は、市町村の選挙管理委員会が毎年九月一日現在で調整する（第一項）。この調整は、委員会で一定の様式の申請書（海区漁業調整委員会委員の選挙等に関する省令第一条）を配り、これに記入して九月五日まで（施行令第五条第一項）に申請させこの申請に基づいて選挙資格を調査して、一〇月一五日まで（施行令第五条第二項）に調整する。このように選挙人名簿は申請を基本とし、もし申請がなかったら職権で搭載もでき、申請に錯誤又は遺漏があったら職権で補正することができるようになっている（第二項）。

**判例**

一　町選挙管理委員会が誤って違法に選挙人名簿に対する異議申立期間を認め名簿脱漏の有権者に追加登録を許す旨の印刷物を配布した事実はあっても、これに従って登録方を申し立てた者に対してすべて登録を拒否した以上、それは選挙の無効原因となるものではない。

二　町選挙管理委員会が成規の選挙人名簿（甲名簿）を調整しながら、その縦覧期間経過後みだりに選挙人名簿なるもの（乙名簿）を作成し、これを選挙期日における選挙人の受付及び対象に使用したことは、選挙の規定に違背するけれども甲名簿を使用した場合と現実に乙名簿を使用した場合とによって生ずる相違が最下位当選者の得票と次点者の得票の差からみてその当落の順位を変更するおそれの認められない以上、選挙の結果に異同を及ぼすおそれはないから、右選挙を無効とすることはない。（昭和二六年二月六日名古屋地裁民判決、総覧七八〇頁・行政集二巻一号四二頁）

（投票）

**第九十条**　選挙は、投票によって行う。

2　投票は、一人一票に限る。

3　投票は、選挙人が自ら投票所に行き、投票用紙に候補者一人の氏名（法人にあっては名称。以下同じ。）を自書して行わなければならない。但し、法人にあっては、その指定する者が行うものとし、この場合において必要な事項は、政令で定める。

4　投票用紙には、選挙人の氏名を記載してはならない。

**解説**　海区漁業調整委員会の投票に関しても、公職選挙法に準じて、次のような基本原則を定めている。

①　一人一票主義

投票は、一人一票に限られる（第一項）。法のもとの平等を保障する憲法第一四条を受けた規定である。

②　無記名投票主義

投票の秘密は憲法の保障するところである（憲法第一五条第四項）。

③　投票用紙主義

投票用紙は、選挙の当日、投票所において選挙人に交付される（第九四条で準用された公選法第四五条第一項）。

④　投票所投票主義

投票は、選挙人が自ら投票所に行き行われなければならない（第三項）。投票用紙公給主義と同じく、秘密投票の趣旨をつらぬき、選挙の公正を保とうとするものである。

⑤　自書主義

投票は、選挙人が自ら投票所に行き、投票用紙に候補者一人の氏名（法人にあっては名称）を自書して行わなければならない（第三項）。自書主義の例外として、身体の故障又は非識字により候補者の氏名を記載することができない選挙人のために、代理投票制度が設けられている（第九四条で準用する公選法第四八条）。

**判例**　海区漁業調整委員会の選挙において、「カフミオ」と記載した投票は、「カ」が候補者住岡政悦の選挙管理委員会に届け出た屋号であり、しかもその選挙においてその屋号を「カ」と呼称する者は同候補者一人であっても、「カ」と表示した部分は、単に投票の他事記載として許されるというにとどまるものであって、同候補者の氏名そのものを記載したことにならず、またフミオの表示は、同候補者の指名の記載とは認めがたいから、結局、無効な投票といわなければならない。（昭和二五年一一月一五日札幌高裁民判決、総覧七八五頁・行政集一巻八号一一〇七頁）

（投票の無効）

**第九十一条**　次に掲げる投票は、無効とする。

一　所定の用紙を用いないもの

二　候補者でない者又は第八十七条第三項若しくは第九十四条において準用する公職選挙法第二百五十一条の二第一項及び第四項の規定により候補者となることができない者の氏名を記載したもの。

三　二人以上の候補者の氏名を記載したもの

四　被選挙権のない候補者の氏名を記載したもの

五　候補者の氏名以外の事を記載したもの。ただし、職業、身分、住所又は敬称の類を記入したものは、この限りでない。

六　候補者の氏名を自書しないもの

七　どの候補者を記載したのか確認できないもの

**解説**　投票の効力は、開票管理者が開票立会人の意見をきいて判定することとなる。判定に当たっては、次に掲げる無効投票（第九一条）に違反しない限り、可能の限り有効としなければならない（第九四条で準用する公選法第六七条）。

①　所定の用紙を用いないもの

②　候補者でない者の氏名を記載したもの

③　候補者となることができない者の氏名を記載した投票
④　二人以上の候補者の氏名を記載したもの
⑤　被選挙権のない候補者の氏名を記載したもの
⑥　候補者の氏名以外の事（職業、身分、住所、敬称の類を除く。）を記載したもの
⑦　候補者の氏名を自書しないもの
⑧　どの候補者を記載したのか確認できないもの

（当選人に不足を生じた場合）

**第九十二条**　次に掲げる事由の一が生じた場合において、第九十四条において準用する公職選挙法第九十五条第一項ただし書の得票者であつて当選人とならなかつたものがあるときは、直ちに選挙会を開き、その者の中から当選人を定めなければならない。ただし、その者が選挙の期日以後において被選挙権を有しなくなつたとき、又は第九十四条において準用する同法第二百五十一条の二第一項及び第四項の規定により当該選挙に係る同条第一項第一号、第三号及び第四号に掲げる者の選挙に関する犯罪によつて当該選挙に係る選挙の行われる区域において行われる海区漁業調整委員会の委員の選挙において海区漁業調整委員会の委員の候補者となり若しくは海区漁業調整委員会の委員の候補者であることができない者となつたときは、これを当選人と定めることができない。

一　当選人が当選を辞したとき、又は死亡者であるとき。

二　当選人が第九十四条において準用する公職選挙法第九十九条、第百三条第二項若しくは第四項又は第百四条の規定により当選を失つたとき。

三　第九十四条において準用する公職選挙法第二百二条第一項、第二百三条、第二百六条第一項又は第二百七条の規定による異議の申出又は訴訟の結果、当選人がなくなり、又は当選人がその選挙における委員の定数に達しなくなつたとき。

四　第九十四条において準用する公職選挙法第二百五十一条の二第一項の規定により当選人の当選が無効となつたとき。

五　当選人が選挙に関する犯罪により刑に処せられ当選が無効となつたとき。

2　前項各号に掲げる事由の一が生じた場合において、前項の規定により当選人を定めることができないと

き、又は前項の規定により当選人を定めてもなおその数が不足するとき（第八十五条第三項第一号の委員の任期満了前二箇月以内に当選人に不足を生じ、その不足数が委員の欠員の数とあわせて二人以下である場合を除く。）は、都道府県の選挙管理委員会は、選挙の期日を定めてこれを告示し、更に選挙を行わせなければならない。但し、同一人に関して前項各号に掲げるその他の事由により、又は次条第二項の規定により選挙の期日を告示したときは、この限りでない。

3　第九十四条において準用する公職選挙法第二百二条第一項、第二百三条、第二百六条第一項又は第二百七条の規定による異議の申出期間、異議の決定が確定しない間又は訴訟が裁判にかかつている間は、前項の選挙は行うことができない。

4　当選人がないとき、又は当選人がその選挙における委員の定数に達しないときもまた前二項に同じである。

**解説**　選挙会において決定された当選人が、委員の身分を取得するまでの間に、一定の事由によりその当選人とならなかった者（法定得票数以上の者）の中から補充的に当選人を定めることを、当選人の繰上補充という。当選人が委員の身分を取得するまでの間に、次の事由に該当した場合に繰上補充を行う（第一項）。

①　当選人が当選を辞したとき、又は死亡者であるとき。

②　当選人が被選挙権を失ったとき、又は死亡者であるとき（公選法第九二条）。

③　当選人が兼職禁止の職にあり、その職を辞した旨の届出をしないために当選を失ったとき（公選法第一〇三条第二項）。

④　既に他の選挙の当選人となっており、更正決定、繰上補充による当選を辞退する旨の届出をしないため、選挙の当選を失ったとき（公選法第一〇三条第四項）。

⑤　当選人が地方公共団体との請負関係に関する届出をしないために当選を失ったとき（公選法第一〇四条）。

⑥　選挙の効力及び当選の効力に関する異議申立て、又は訴訟の結果当選人がなくなり、又はその選挙における委員の定数に達しなくなったとき（公選法第二〇二条第一項、第二〇三条、第二〇六条第一項、第二〇七条）。

⑦　連座制の規定により当選人の当選が無効となったと

き（公選法第二五一条の二第一項）。

⑧　当選人が選挙に関する犯罪により刑に処せられ当選が無効となったとき。

（委員に欠員を生じた場合）

**第九十三条**　第八十五条第三項第一号の委員に欠員を生じた場合において、第九十四条において準用する公職選挙法第九十五条第一項但書の得票者であつて当選人とならなかつたものがあるときは、直ちに選挙会を開き、その者の中から当選人を定めなければならない。この場合においては、前条第一項但書の規定を準用する。

2　前項の委員に欠員を生じた場合において、前項の規定により当選人を定めることができないとき、又は前項の規定により当選人を定めてもなおその数が不足するとき（委員の任期満了前二箇月以内に委員に欠員を生じ、その数が当選人の不足数とあわせて二人以下である場合を除く。）は、都道府県の選挙管理委員会は、選挙の期日を定めてこれを告示し、選挙を行わせなければならない。但し、同一人に関して前条第二項又は第四項の規定により選挙の期日を告示したときは、この限りでない。

3　前条第三項の規定は、前項の選挙に準用する。

**解説**　公選委員に欠員を生じた場合に、選挙会を開いて、法定得票数以上の得票を有した者で、当選人とならなかったものがあるときは、その中から得票順に繰上当選人を決定する。この繰上補充にあたって、第九二条で当選人に不足を生じた場合を規定し、第九三条で委員に欠員を生じた場合を規定して、両者を使い分けているが、これは当選人であるが一時的にまだ委員の身分を取得していない場合があるのであって、両者は異なるからである（もちろん重複する場合もある。）。

（公職選挙法の準用）

**第九十四条**　公職選挙法第八条（特定地域に関する特例）、第十条第二項（被選挙人の年齢の算定方法）、第十七条（投票区）、第十八条（第一項ただし書を除く。）（開票区）、第二十三条から第二十五条まで、第三十条（選挙人名簿）、第三十三条、第三十四条第一項、第三項、第四項及び第六項（選挙期日）、第六章（投票）（第三十五条、第三十六条、第三十七条第三項及び第四項、第三十八条第四項、第四十条、第四十六

条、第四十六条の二、第四十九条第四項から第八項まで並びに第四十九条の二の規定を除く。）、第七章（開票）（第六十一条第三項及び第四項、第六十二条第三項から第五項まで及び第八項ただし書、第六十八条並びに第六十八条の二第二項、第三項及び第五項の規定を除く。）、第八章（選挙会及び選挙分会）（第七十五条第二項、第七十七条第二項及び第八十一条の規定を除く。）、第八十六条の四第一項、第二項、第五項及び第九項から第十一項まで、第八十六条の八、第九十条、第九十一条第二項（候補者）、第十章（当選人）（第九十五条の二から第九十八条まで、第九十九条の二、第百条第一項から第三項まで、第七項及び第八項、第百一条から第百一条の二の二まで並びに第百八条第二項の規定を除く。）、第百十一条第一項及び第二項（欠けた場合の通知）、第百十六条（議員又は当選人がすべてない場合の一般選挙）、第百十七条（設置選挙）、第百二十九条、第百三十条、第百三十一条第一項及び第二項、第百三十二条から第百三十七条まで、第百三十七条の三、第百三十八条、第百四十条の二、第百四十八条の二、第百六十一条第一項、第三項及び第四項、第百六十四条の六、第百六十六条、第百七十八条（選挙運動）、第十五章（争訟）（第二百二条第二項、第二百四条、第二百五条第五項、第二百六条第二項、第二百八条、第二百九条の二第二項、第二百十一条第二項、第二百十六条及び第二百二十条第四項の規定を除く。）、第十六章（罰則）（第二百二十四条の三、第二百三十五条の二第一号及び第二号、第二百三十五条の三、第二百三十五条の四、第二百三十五条の六、第二百三十六条第二項、第二百三十六条の二、第二百三十八条の二、第二百三十九条第一項第四号及び第二項、第二百三十九条の二第一項、第二百四十条第二項、第二百四十二条第二項、第二百四十二条の二、第二百四十三条第一項第一号及び第二号から第九号まで並びに第二項、第二百四十四条第一項第一号から第五号の二まで、第七号及び第八号並びに第二項、第二百四十六条から第二百五十条まで、第二百五十一条の二第二項、第三項及び第五項、第二百五十一条の三、第二百五十一条の四、第二百五十二条の二、第二百五十二条の三、第二百五十五条第三項から第五項まで並びに第二百五十五条の二から第二百五十五条の四までの規定を除く。）、第二百六十四条の二（行政手続法の適用除外）、第二百七十条第一項本文（選挙に関する届出等の時間）、第二百七十条の二（不在者投票の時間）、第二百七十条の三（選挙に関する届出等の期限）、第二百七十二条（命令への委任）並びに附則第四項及び第五項の規定は、衆議院議員、参議院議員、地方公共団体の長及び市町村の議会の議員の選挙に関する部分を除くほか、海区漁業調整委員会の委員の選挙に準用する。この場合において、次の表の上欄に掲げる同法の規定の中で同表中欄に掲げるものは、それぞれ同表下欄のように読み替えるものとする。
（表略）

**解説** 本条は、公職選挙法の準用である。海区漁業調整委員会の委員の選挙につては、公職選挙法の規定が、衆議院議員、参議院議員、地方公共団体の長及び市町村の議会の議員の選挙の規定を除いて（都道府県の議会の議員の選挙に関する規定が）準用され、本条の表により一部の文言が読み替えられている。

（兼職の禁止）
**第九十五条** 委員は、都道府県の議会の議員と兼ねることができない。

**解説** 都道府県の議会の議員が、海区漁業調整委員会の委員に立候補する規定はないので、立候補はしてよいが、兼職を禁止しているので（第九五条）、当選したら議員をやめなければならない。この兼職禁止の趣旨は、立法と行政の分離という三権分立の思想に基づくもので、県の立法に当たる県会議員と行政委員会である調整委員との兼職を禁止したものである。

（委員の辞職の制限）
**第九十六条** 委員は、正当な事由がなければ、その職を辞することができない。

**解説** 正当な事由がなければ辞任することができない。法的には辞職が不可能という効力規定ではなく、訓示規定である。公選委員であると、知事選任委員であるとを問わず、辞職の理由が正当であるかどうかの認定は海区漁業調整委員会が行うが、辞職の申し出があった場合には、公職であっても本人の意思に反して在職を強制し得るものではない。

（被選挙権の喪失による委員の失職）

**第九十七条**　委員が被選挙権を有しない者であるときは、その職を失う。その被選挙権の有無は、委員が第八十七条第一項第二号若しくは第二項又は第九十四条において準用する公職選挙法第二百五十二条の規定に該当するため被選挙権を有しない場合を除くほか、委員会が決定する。この場合において、被選挙権を有しない旨の決定は、出席委員の三分の二以上の多数によらなければならない。

2　前項の場合においては、委員は、第百二条の規定にかかわらず、その会議に出席して自己の資格に関して弁明することはできるが、決定に加わることはできない。

3　第一項の規定による決定は、文書をもつてし、その理由をつけて本人に交付しなければならない。

4　第一項の規定による決定に不服がある者は、前項の交付を受けた日から三十日以内に、委員会を被告として裁判所に出訴することができる。この期間は、不変期間とする。

5　委員は、第九十四条において準用する公職選挙法第十五章の規定による異議の申出若しくは訴訟の提起に対する決定若しくは判決又は本条第一項若しくは前項の規定による決定若しくは判決が確定するまでは、その職を失わない。

**解説**　委員は、委員である間は被選挙権を保持する必要があり、被選挙権がなくなれば失職する。被選挙権の有無の判定は、公選法第一一条に規定する「選挙権及び被選挙権を有しない者」及び公選法（第九四条で準用する）第二五二条に規定する「選挙犯罪に因る処刑者に対する選挙権及び被選挙権の停止」については、客観的に自明であるので、これらの場合を除き、それ以外の事由による場合は、認定を必要とする問題であるので、いったん委員になった以上は、その委員会の認定を重視して委員会の決定によらしめ、しかも被選挙権を有しないと決定するには、出席委員の三分の二以上の多数を必要とすることとされている。この場合に当該委員は関係の委員会に出席して弁明することができる。しかし、その決定には参加できない。

（就職の制限による委員の失職）

**第九十七条の二**　委員が地方自治法第百八十条の五第六項の規定に該当するときは、その職を失う。その同項の規定に該当するかどうかは、第八十五条第三項第一号の委員にあつては委員会、同項第二号の委員にあつては都道府県知事が決定する。この場合において、委員会の決定は、出席委員の三分の二以上の多数によらなければならない。
2　前条第二項（委員の弁明）の規定は第八十五条第三項第一号の委員に、前条第三項（決定書の交付）及び第四項（出訴）の規定は委員会及び都道府県知事の決定に準用する。

**解説**　委員が地方自治法第一八〇条の五第六項（委員の就職制限）の規定に該当するときは、その職を失う（第一項前段）。地方自治法第一八〇条の五第六項の規定により委員の就職を制限されている職は次のとおりである。

①　当該都道府県に対し、その職務に関し請負をすること。

②　当該都道府県において経費を負担する事業につき、その都道府県の知事、委員会若しくは委員又はこれらの委員を受けた者に対し、その職に関し、請負をする者及びその支配人となること。

③　主として、①及び②と同一の行為をする法人の無限責任社員、取締役若しくは監査役又はこれに準ずべき者、支配人及び清算人になること。

委員が就職制限の職に就職しているかどうかは選挙による漁民委員については、海区漁業調整委員会が出席委員の三分の二以上の多数によって決定し、都道府県知事の選任による委員については都道府県知事が決定する（第一項中段、後段）。

**判例**　漁業法第九七条の二に基づく海区漁業調整委員会委員の失職事由である、地方自治法第一八〇条の五第六項にいう当該普通地方公共団体等に対する請負行為の制限とは、普通地方公共団体たる都道府県若しくはその長、委員会等に対する請負行為の制限であって、漁業協同組合に対する請負行為を含まないものと解する。（昭和四〇年三月一六日福岡高裁民判決、総覧七八八頁・行政集一六巻三号三六一頁）

（委員の任期）
**第九十八条**　委員の任期は、四年とする。
2　第八十五条第三項第一号の委員の任期は、一般選挙の日から起算する。但し、委員の任期満了の日前に一般選挙を行った場合においては、前任者の任期満了の日の翌日から起算する。

3　補欠委員は、前任者の残任期間在任する。

4　委員は、その任期が満了しても、後任の委員が就任するまでの間は、なおその職務を行う。

**解説**　委員の任期は四年である（第一項）。「四年」の計算方法は、民法第一四三条の例による。すなわち、委員の任期の第一日から起算して、四年後の同月同日の前日までである。公選委員の場合において、一般選挙により選出された委員の任期の始期は、原則として当該一般選挙の日である。ただし、委員の任期満了による選挙が任期満了前に行われたときは、任期満了の日の翌月から起算する（第二項）。補欠選挙による委員は、前任者の残存期間在任することとなる（第三項）。また、委員の任期が満了しても、何かの事情で後任委員が就任しない間は、行政上、委員の不在の期間は許されないので、なお従来の委員が職務を行うこととなっている（第四項）。

（委員の解職の請求）

**第九十九条**　選挙権を有する者は、政令の定めるところにより、その総数の三分の一以上の者の連署をもって、その代表者から、都道府県の選挙管理委員会に対し、委員の解職を請求することができる。

2　前項の選挙権を有する者とは、選挙人名簿確定の日においてこれに登載された者とし、その総数の三分の一の数は、都道府県の選挙管理委員会において、選挙人名簿確定後直ちに告示しなければならない。

3　第一項の請求があったときは、委員会は、直ちに請求の要旨を公表し、これを選挙権を有する者の投票に付さなければならない。

4　委員は、前項の規定による解職の投票において過半数の同意があったときは、その職を失う。

5　政令で特別の定をするものを除く外、委員の選挙に関する規定は、第三項の規定による解職の投票に準用する。

**解説**　選挙権者は、委員の解職を請求することができる（第一項）。この場合の委員とは、公選委員であって知事選委員は含まれていない。解職請求は、委員の個々についてするのであって、委員会自体の解散請求は認められていない。また、解職請求は、その委員の就任の日から六か月間はできない（施行令第一九条）。

（委員の解任）

**第百条**　都道府県知事は、特別の事由があるときは、第八十五条第三項第二号の委員を解任することができる。

**解説**　知事選任委員は特別の事由があれば知事が解任できる。この特別の事由とは、法律には列記はしていないが、恣意的になし得ないことはもちろんで、選任の場合と同じく、漁民の総意を反映するようなやり方で解任するようにしなければならない。

（委員会の会議）

**第百一条**　海区漁業調整委員会は、定員の過半数にあたる委員が出席しなければ、会議を開くことができない。

2　議事は、出席委員の過半数で決する。可否同数のときは、会長の決するところによる。

3　海区漁業調整委員会の会議は、公開する。

4　会長は、議事録を作成し、これを縦覧に供しなければならない。

**第百二条**　委員は、自己又は同居の親族若しくはその配偶者に関する事件については、議事にあずかることができない。但し、海区漁業調整委員会の承認があつたときは、会議に出席し、発言することができる。

**解説**　会議を開くに当たっての定足数は、定員すなわち、法定の委員数の過半数が必要である（第一〇一条第一項）。議事の決定は、出席委員の過半数で、可否同数のときは会長が決める（第一〇一条第二項）。この例外としては、出席委員の三分の二以上の多数決によるもの（第九七条第一項前段）及び総委員の三分の二以上の多数決によるもの（第一四条第一項第一号及び第二号）がある。議事録は会長が作成して一般の縦覧に供する（第四項）。

委員は、自分又は同居親族若しくは配偶者に関する事件について、議事から排除されている。特に委員会が承認すれば、出席、発言は認められる。ただし議決権はない（第一〇二条）。

**判例**　海区漁業調整委員会の「議事は、可否同数のときは、会長の決するところによる」との漁業法第一〇一条第二項の規定は、強行法規であるから、右規定と異なる方法によってなされた議事は、無効である。（昭和二九年七月六日鹿児島地裁民判決、総覧七九二頁・行政集五巻七号一七五二頁）

## 第三節　連合海区漁業調整委員会

（設置）

**第百五条**　都道府県知事は、必要があると認めるときは、特定の目的のために、二以上の海区の区域を合した海区に連合海区漁業調整委員会を置くことができる。

2　農林水産大臣は、必要があると認めるときは、都道府県知事に対して、連合海区漁業調整委員会を設置すべきことを勧告することができる。この場合には、都道府県知事は、当該勧告を尊重しなければならない。

3　都道府県知事が第一項の規定により連合海区漁業調整委員会を置こうとする場合において、その海区の一部が他の都道府県知事の管轄に属するときは、当該都道府県知事と協議しなければならない。

4　海区漁業調整委員会は、必要があると認めるときは、特定の目的のために、他の海区漁業調整委員会と協議して、その区域と当該他海区漁業調整委員会の区域とを合した海区に連合海区漁業調整委員会を置くことができる。

5　前項の協議がととのわないときは、海区漁業調整委員会は、これを監督する都道府県知事に対して、これに代るべき定をすべきことを申請することができる。この場合において、各海区漁業調整委員会を監督する都道府県知事が異なるときは、その協議によつて定める。

6　第三項又は前項の協議がととのわないときは、都道府県知事は、農林水産大臣に対して、これに代るべき定をすべきことを申請することができる。

7　前二項の規定により都道府県知事又は農林水産大臣が定をしたときは、その定めるところにより協議がととのつたものとみなす。

**解説**　連合海区漁業調整委員会は特定の目的のために、二以上の海区にわたる問題を処理するために、随時必要に応じて設けられる（第一項、第四項）。これらの方法として次の三種類がある。

①　知事が設置する場合

一つの都道府県に二以上の海区がある場合は、同一の管轄内であるのであまり問題はない。しかし、一県一海区の場合が多く、他の知事の管轄に属する海区の調整を必要とすることから設けることが多い。この場合は他の知事と協議して設けることとなる（第三項）。もし協議が整わないときは、農林水産大臣に対して、協議に代わるべき定をしてほしい旨申請し（第六項）、農林水産大臣が調整してその定をしたら、その定める内容の協議が整ったことになって（第七項）、それに従って連合海区漁業調整委員会が設けられるのである。

② 海区漁業調整委員会が自発的に設置する場合

海区漁業調整委員会が必要があると認めた場合に、他の海区漁業調整委員会と協議して、両方の区域をあわせた連合海区漁業調整委員会を置くことができる（第四項）。この場合、協議が整わないときは所管の知事に協議に代わる定めをしてほしいと申請する（第五項前段）。この場合、双方の海区が同一の都道府県内にあれば、それが①の場合の知事の定と同様決まることとなるが（第七項）、もし二都道府県にわたるときは所管の知事が二人であるから、その協議で決めることとし（第五項後段、第七項）、その協議が整わないときは①の知事が連合海区漁業調整委員会を設置する場合の手続と同じように、農林水産大臣の定を求めることとなる（第六項、第七項）。

③ 大臣が知事に勧告して設置する場合

国は必要がある場合には、関係都道府県に対して、連合海区漁業調整委員会を設置するよう勧告することができる（第二項）。また、広域的な漁業紛争解決のために連合海区漁業調整委員会の果たす重要性に鑑み、農林水産大臣の勧告があった場合には、都道府県知事は当該勧告を尊重しなければならないこととしている（第二項後段）。

（構成）

**第百六条**　連合海区漁業調整委員会は、委員をもつて組織する。

2　委員は、その海区の区域内に設置された各海区漁業調整委員会の委員の中からその定めるところにより選出された各同数の委員をもつて充てる。但し、海区漁業調整委員会の数が第三項の規定による委員の定数をこえる場合にあつては、各海区漁業調整委員会の委員の中から一人を選出し、その者が互選した者をもつて充てる。

3　委員の定数は、前条第一項に規定する場合にあつては、同条第三項に規定する場合を除き、都道府県知事が、同条第三項に規定する場合にあつては各都道府県知事が協議して、同条第四項に規定する場合にあつては各海区漁業調整委員会が協議して定める。
4　前条第一項の規定により連合海区漁業調整委員会を設置した都道府県知事又は同条第四項の規定により連合海区漁業調整委員会を設置した海区漁業調整委員会を監督する都道府県知事は、必要があると認めるときは、第二項の規定により選出される委員の外、学識経験がある者の中から、その三分の二以下の人数を限り、委員を選任することができる。
5　前項の委員の選任については、前条第三項に規定する場合及び同条第五項後段に規定する場合にあつては、当該都道府県知事と協議しなければならない。
6　第三項の海区漁業調整委員会の協議がととのわないときは、前条第五項の規定を準用する。
7　第三項、第五項又は前項において準用する前条第五項の都道府県知事の協議がととのわないときは、前条第六項の規定を準用する。
8　前三項の場合には、前条第七項の規定を準用する。

**解説**　連合海区漁業調整委員会は、委員をもって組織する（第一項）。

①　海区代表委員

委員は、その海区の区域内に設置された各海区漁業調整委員会の委員の中からその定めるところによって選出された各同数の委員をもって充てる（第二項前段）。委員の定数が連合海区漁業調整委員会を構成する海区漁業調整委員会の数より少ないときは、各海区漁業調整委員会の委員の中から代表を一人出して、その代表者を互選して決める（第二項但書）。

②　委員の定数

連合海区漁業調整委員会の委員の定数は、設置したものが決める（第三項）。すなわち、知事が設置したときは、その知事が決め、二以上の知事が協議して設置した場合は、定数も同じく両者が決め、その協議が整わないときは、前述の設置の場合と同じように農林水産大臣までもっていって決めてもらう（第八項）。また、海区漁業調整委員会が設けたときは、各海区の委員会が協議して決め（第三項）、協議が整わぬうちは、設置の場合と同じく知事に、最後は農林水産大臣までもっていって決める（第六項、第七項、第八項）。

③　学識経験委員

海区代表委員のほかに、中立的な委員として学識経験委員を置くことができる。学識経験委員は、知事が選任し、その人数は海区代表委員の三分二以下に限られる（第四項）。学識経験委員を置くかどうか、誰を委員とするかは、知事が設置したときはその知事、海区漁業調整委員会が設置したときは、その発議をした委員会を監督する知事が決めるのであるが（第四項）、もし、その設置が他の知事と協議して設けた場合であれば、その協議先の知事と協議する必要がある（第五項）。もし協議が整わないときは、設置の場合と同じく農林水産大臣に決めてもらう（第七項、第八項）。

（委員の任期及び解任）

**第百七条**　前条第二項の規定により選出された委員の任期及び解任に関して必要な事項は、各委員の属する海区漁業調整委員会の定めるところによる。

**解説**　第一〇六条第二項の規定により、海区漁業調整委員会から選出された連合海区漁業調整委員会委員の任期及び解任に関する必要な事項は、各委員の属する海区漁業調整委員会の定めるところによる。

（委員の失職）

**第百八条**　第百六条第二項の規定により選出された委員は、海区漁業調整委員会の委員でなくなつたときは、その職を失う。

**解説**　第一〇六条第二項の規定により、選出された委員は、各委員の属する海区漁業調整委員会の委員でなくなったときは、その職を失う。これは、選出された委員は、各委員の属する海区漁業調整委員会の代表としての性格をもっているためである。

（準用規定）

**第百九条**　第八十五条第二項及び第四項から第六項まで（海区漁業調整委員会の会長、専門委員及び書記又は補助員）、第九十六条（委員の辞職の制限）、第九十八条第四項（任期満了の場合）並びに第百条から第百二条まで（解任及び会議）の規定は、連合海区漁業調整委員会に準用する。この場合において、第八十五条第二項中「第三項第二号の委員」とあるのは「委員」と、同項及び同条第五項中「都道府県知事が」とあるのは「第百六条第四項の委員の選任方法に準じて」

と、第百条中「都道府県知事」とあるのは「第百六条第四項に規定する都道府県知事」と、「委員を」とあるのは「委員をその選任方法に準じて」と読み替えるものとする。

**解説**　連合海区漁業調整委員会に関するその他事項については、それぞれ海区漁業調整委員会の規定を準用し、前述したところに相応して読み替えている。

## 第四節　広域漁業調整委員会

水産資源は、海況の変化を受けて局所的あるいは短期的に状況が変動するものであり、そのような変動は国及び都道府県が水産資源の保護の観点から許可等を行い、また、省令、規則等を制定する際にあらかじめ予測することは困難である。このため、水産資源の保護を適切に図っていくためには、同一の魚種を利用している漁業について、そのような資源状況の変動に適切に対応して、水産資源の利用方法を調整する必要がある。このために、新たに、国の常設機関として、都道府県の区域を越えた広域的な海域を管轄する組織として、広域漁業調整委員会が設置された。

（設置）

**第百十条**　太平洋に太平洋広域漁業調整委員会を、日本海・九州西海域に日本海・九州西広域漁業調整委員会を、瀬戸内海に瀬戸内海広域漁業調整委員会を置く。

2　前項の規定において「太平洋」、「日本海・九州西海域」又は「瀬戸内海」とは、我が国の排他的経済水域、領海及び内水（内水面を除く。）のうち、それぞれ、太平洋の海域、日本海及び九州の西側の海域又は瀬戸内海の海域（これらに隣接する海域を含む。）で政令で定めるものをいう。

**解説**　全国的・広域的な水産動植物の繁殖保護等の観点から国の常設の機関として太平洋広域漁業調整委員会、日本海・九州西広域漁業調整委員会、瀬戸内海広域漁業調整委員会が置かれる。広域漁業調整委員会を三海域に区切って置いた趣旨は、最も広域的に分布するまさば等の浮魚資源が太平洋と日本海の全域に分布することから、これらを単位とすることとし、また、瀬戸内海はそのほとんどを陸域に囲まれているという特殊性があることを考慮されたものである。

（構成）

**第百十一条**　広域漁業調整委員会は、委員をもつて組織する。

2　太平洋広域漁業調整委員会の委員は、次に掲げる者をもつて充てる。

一　太平洋の区域内に設置された海区漁業調整委員会の委員が都道県ごとに互選した者各一人

二　太平洋の区域内において漁業を営む者の中から農

林水産大臣が選任した者七人

三　学識経験がある者の中から農林水産大臣が選任した者三人

3　日本海・九州西広域漁業調整委員会の委員は、次に掲げる者をもって充てる。

一　日本海・九州西海域の区域内に設置された海区漁業調整委員会の委員が道府県ごとに互選した者各一人

二　日本海・九州西海域の区域内において漁業を営む者の中から農林水産大臣が選任した者七人

三　学識経験がある者の中から農林水産大臣が選任した者三人

4　瀬戸内海広域漁業調整委員会の委員は、次に掲げる者をもって充てる。

一　瀬戸内海の区域内に設置された海区漁業調整委員会の委員が府県ごとに互選した者各一人

二　学識経験がある者の中から農林水産大臣が選任した者三人

**解説**　広域漁業調整委員会は、委員をもって組織し、委員の構成は次のとおりである。

① 太平洋広域漁業調整委員会（二八人）

| | |
|---|---|
| 関係海区 | 一八人 |
| 関係漁業者代表を農林水産大臣が選任 | 七人 |
| 学識経験代表者を農林水産大臣が選任 | 三人 |

② 日本海・九州西広域漁業調整委員会（二九人）

| | |
|---|---|
| 関係海区 | 一九人 |
| 関係漁業者代表を農林水産大臣が選任 | 七人 |
| 学識経験代表者を農林水産大臣が選任 | 三人 |

③ 瀬戸内海西広域漁業調整委員会（一四人）

| | |
|---|---|
| 関係海区 | 一一人 |
| 学識経験代表者を農林水産大臣が選任 | 三人 |

（議決の再議）

**第百十二条**　農林水産大臣は、広域漁業調整委員会の議決が法令に違反し、又は著しく不当であると認めるときは、理由を示してこれを再議に付することができる。ただし、議決があつた日から一月を経過したときは、この限りでない。

**解説**　本条は、広域漁業調整委員会の議決が違法又は著しく不当である場合に、農林水産大臣が再議に付し得る旨を規定している。ただし、法的安定性の観点から議決があった日から一か月を経過したときは、再議命令を発することができない。

（解散命令）

**第百十三条** 農林水産大臣は、広域漁業調整委員会が議決を怠り、又はその議決が法令に違反し、若しくは著しく不当であると認めて水産政策審議会が請求したときは、その解散を命ずることができる。

2 前項の規定による農林水産大臣の解散命令を違法であるとしてその取消しを求める訴えは、当事者がその処分のあつたことを知つた日から一月以内に提起しなければならない。この期間は、不変期間とする。

**解説** 広域漁業調整委員会が議決を怠り、また、議決が法令に違反したり、著しく不当であると認めて、水産政策審議会が請求したときは、農林水産大臣は広域漁業調整委員会の解散を命ずることができる（第一項）。この命令に対しては、もちろん行政訴訟を提議することができるが、いつまでも処分が確定しない場合は支障があり、出訴期間を一か月に限定されている（第二項）。

（準用規定）

**第百十四条** 第八十五条第二項及び第四項から第六項まで（海区漁業調整委員会の会長、専門委員及び書記又は補助員）、第九十六条（委員の辞職の制限）、第九十八条第一項、第三項及び第四項（委員の任期）、第百条から第百二条まで（解任及び会議）並びに第百八条（委員の失職）の規定は、広域漁業調整委員会に準用する。この場合において、第八十五条第二項中「第三項第二号の委員」とあるのは「太平洋広域漁業調整委員会にあつては第百十一条第二項第三号の委員、日本海・九州西広域漁業調整委員会にあつては同条第三項第三号の委員、瀬戸内海広域漁業調整委員会にあつては同条第四項第二号の委員」と、同項、同条第四項及び第五項並びに第百条中「都道府県知事」とあるのは「農林水産大臣」と、同条中「第八十五条第三項第二号」とあるのは「第百十一条第二項第二号及び第三号、同条第三項第二号及び第三号並びに同条第四項第二号」と、第百八条中「第百六条第二項の規定により選出された」とあるのは「第百十一条第二項第一号、同条第三項第一号又は同条第四項第一号の規定により互選した者をもつて充てられた」と読み替えるものとする。

**解説**　本条では、広域漁業調整委員会について、海区漁業調整委員会及び連合海区漁業調整委員会に関する規定を準用している。

## 第五節　雑　則

（報告徴収等）

**第百十六条**　漁業調整委員会又は水産政策審議会は、この法律の規定によりその権限に属させられた事項を処理するために必要があると認めるときは、漁業者、漁業従事者その他関係者に対しその出頭を求め、若しくは必要な報告を徴し、又は委員若しくは委員会若しくは審議会の事務に従事する者をして漁場、船舶、事業場若しくは事務所について所要の調査をさせることができる。

2　漁業調整委員会又は水産政策審議会は、この法律の規定によりその権限に属させられた事項を処理するために必要があると認めるときは、その委員又は委員会若しくは審議会の事務に従事する者をして他人の土地に立ち入つて、測量し、検査し、又は測量若しくは検査の障害になる物を移転し、若しくは除去させることができる。

3　前項の場合には、第三十九条第六項から第十二項まで（損失補償）の規定を準用する。この場合において、同条第六項、第十項及び第十一項中「都道府県」とあるのは「広域漁業調整委員会又は水産政策審議会にあつては国、その他の場合にあつては都道府県」と、同条第八項中「都道府県知事が海区漁業調整委員会」とあるのは「広域漁業調整委員会又は水産政策審議会にあつては農林水産大臣がその委員会又は審議会の意見を聴き、その他の場合にあつては都道府県知事が海区漁業調整委員会」と読み替えるものとする

**解説**　漁業調整委員会又は水産政策審議会は、その権限に属する事項（第八三条、第一一二条）を処理するために、関係者の出頭、報告の徴収、船舶、事業場等の調査の権限（第一項）及び土地への立入り、測量、検査のための障害物の移転、除去の権限（第二項）を有する。土地への立入り等第二項の権限を行使した場合は、公益上の必要により漁業権の変更、取消し、行使の停止をした場合（第三九条第一項、第六項）と同じく、その通常生ずべき損失を補償する（第三項）。

（広域漁業調整委員会等に対する農林水産大臣の監督）

**第百十七条**　農林水産大臣は、広域漁業調整委員会及び水産政策審議会に対し、監督上必要な命令又は処分をすることができる。

**解説**　農林水産大臣は、その監督権を有する広域漁業調整委員会及び水産政策審議会に対し、監督上必要な命令又は処分をすることができる。「命令又は処分」とは、一般的監督のために必要なものであるから、法律上規定された委員会の権限をおかすことはできない。したがって取消権、解散権は法律の規定によらなければ、この一般規定によってなすことはできず、この命令、処分は訓辞的なものと解する。

（漁業調整委員会の費用）

**第百十八条**　国は、漁業調整委員会（広域漁業調整委員会を除く。次項において同じ。）に関する費用の財源に充てるため、都道府県に対し、交付金を交付する。

2　農林水産大臣は、前項の規定による都道府県への交付金の交付については、各都道府県の海区の数、海面において漁業を営む者の数及び海岸線の長さを基礎とし、海面の利用の状況その他の各都道府県における漁業調整委員会の運営に関する特別の事情を考慮して政令で定める基準に従って決定しなければならない。

**解説**　国は都道府県に対して、漁業調整委員会（広域漁業調整委員会を除く。）に関する費用の財源に充てるため交付金を交付し、国として一定の負担をすることとしている（第一項）。交付金に対する配分基準は、第二項に基づき施行令第二八条で定められている。その内訳は、海区の数が五割、漁業を営む者の数が一割、海岸線の長さが一割、海面の利用状況その他特別な事情によるものが三割となっている。

（委任規定）

**第百十九条**　この章に規定するもののほか、漁業調整委員会に関して必要な事項は、政令で定める。

**解説**　第六章漁業調整委員会等（第八二条〜第一一九条）に規定するもののほか、漁業調整委員会に関して必要な事項は、本条に基づき政令で定めることとなっている。具体的には、施行令第二条から第二九条までにおいて漁業調整委員会に関する事項を定めている。

# 第七章　土地及び土地の定着物の使用

（土地の使用及び立入等）

**第百二十条**　漁業者、漁業協同組合又は漁業協同組合連合会は、左に掲げる目的のために必要があるときは、都道府県知事の許可を受けて、他人の土地を使用し、又は立木竹若しくは土石の除去を制限することができる。この場合において、都道府県知事は、当該土地、立木竹又は土石につき所有権その他の権利を有する者にその旨を通知し、且つ、公告するものとする。

一　漁場の標識の建設

二　魚見若しくは漁業に関する信号又はこれに必要な設備の建設

三　漁業に必要な目標の保存又は建設

**第百二十一条**　漁業者は、必要があるときは、都道府県知事の許可を受けて、特別の用途のない他人の土地に立ち入つて漁業を営むことができる。

**第百二十二条**　漁業に関する測量、実地調査又は前二条の目的のために必要があるときは、都道府県知事の許可を受けて、他人の土地に立ち入り、又は支障となる木竹を伐採し、その他障害物を除去することができる。

**第百二十三条**　前三条の行為をする者は、あらかじめその旨を土地の所有者又は占有者に通知し、且つ、これによつて生じた損失を補償しなければならない。

2　前項の場合には、第三十九条第七項、第十一項及び第十二項（損失補償）の規定を準用する。

**解説**　漁業を営むには、他人の土地に立ち入ることが必要な場合があり、また土地、土地の定着物の使用が必要不可欠な場合もある。漁業、漁業協同組合又はその連合会は、必要があるときは知事の許可を受けて次のことができる。

①　漁場の標識の建設、魚見若しくは漁業に関する信号又はこれに必要な設備の建設、漁業に必要な目標の保存又は建設のため他人の土地の使用、又は立木竹若しくは土石の除去の制限（第一二〇条）

②　特別に用途のない他人の土地に立ち入っての漁業の操業（第一二一条）

③　他人の土地に立入り、又は支障となる木竹を伐採し、その他障害物の除去（第一二二条）

なお、①の許可を受けようとする者は、施行規則第四条の規定により申請書を、②の許可を受けようとする者は、施行規則第六条の規定による申請書を、③の許可を受けようとする者は、施行規則第七条の規定による申請書を都道府県知事あて提出しなければならない。また、他人の土地を使用し、あるいは他人の土地へ立ち入ろうとする者は、あらかじめ、その旨を土地の所有者又は占有者に通知し、かつ、これによって生じた損失を補償することが義務づけられている（第一二三条）。補償額は、第三九条第六項の規定の準用によって使用、立入り等によって通常生ずべき損失額である。

（土地及び土地の定着物の使用）

**第百二十四条**　漁業者、漁業協同組合又は漁業協同組合連合会は、土地又は土地の定着物が海草乾場、船揚場、漁舎その他漁業上の施設として利用することが必要且つ適当であつて他のものをもつて代えることが著しく困難であるときは、都道府県知事の認可を受けて、当該土地又は当該定着物の所有者その他これに関して権利を有する者に対し、これを使用する権利（以下「使用権」という。）の設定に関する協議を求めることができる。

2　前項の認可の申請があつたときは、都道府県知事は、同項の土地又は土地の定着物の所有者その他これに関して権利を有する者、同項の認可を受けようとする者及び海区漁業調整委員会の意見をきかなければならない。

3　都道府県知事は、第一項の認可をしたときは、その旨を土地又は土地の定着物の所有者その他これに関して権利を有する者に通知しなければならない。

4　前項の通知を受けた後は、土地又は土地の定着物の所有者その他これに関して権利を有する者は、第一項の協議がととのうまでは、使用の目的たる漁業に支障を及ぼす虞がない場合を除き、都道府県知事の許可を受けなければ、当該土地の形質を変更し、又は当該定着物を損壊し、若しくは収去することができない。但し、その協議がととのわない場合において、第百二十五条第一項但書の期間内に同項の裁決の申請がないときは、この限りでない。

5　前項の許可の申請があつたときは、都道府県知事は、海区漁業調整委員会の意見をきかなければならない。

**解説** 漁業者、漁業協同組合又はその連合会は土地又は土地の定着物が海草乾場、船揚場、漁舎その他漁業上の施設として利用することが、必要であり、かつ適当であり、しかも代替性がないときは、知事の認可を受けて、所有者その他その物について権利を有する者に対し、使用権設定に関する協議を求めることができる（第一項）。漁業者又は漁業協同組合から認可の申請があったら、知事は権利者と申請者との双方及び海区漁業調整委員会の意見を聴き（第二項）、使用権の設定をすべきであると判断すれば認可する。知事が認可したら権利者に通知し（第三項）、通知があった後は権利者は協議が整うまでは使用の目的に支障がないように措置し、許可なくして形質変更、損壊、収去をしてはならない（第四項）。協議が整わず、しかも法定の期間内に裁定の申請がなかったら、使用をあきらめたのであるから、形質変更等はもちろん差し支えない（第四項但書）。

（使用権設定の裁定）

**第百二十五条** 前条第一項の場合において、協議がととのわず、又は協議をすることができないときは、同項の認可を受けた者は、使用権の設定に関する海区漁業調整委員会の裁定を申請することができる。但し、同項の認可を受けた日から二箇月を経過したときは、この限りでない。

2 前項の規定による裁定の申請があつたときは、海区漁業調整委員会は、当該申請に係る土地又は土地の定着物の所有者その他これに関して権利を有する者にその旨を通知し、且つ、これを公示しなければならない。

3 第一項の規定による裁定の申請に係る土地又は土地の定着物の所有者その他これに関して権利を有する者は、前項の公示の日から二週間以内に海区漁業調整委員会に意見書を差し出すことができる。

4 裁定の申請に係る土地又は土地の定着物の所有者は、前項の意見書において、海区漁業調整委員会に対し、当該土地若しくは当該定着物の使用が三箇年以上にわたり、又は当該土地若しくは当該定着物の形質の変更を来すような使用権の設定をすべき旨の裁定をしようとする場合には、これに代えて、当該土地又は当該定着物を買い取るべき旨の裁定をすべきことを申請することができる。

5　裁定の申請に係る土地の上に定着物を有する者は、第三項の意見書において、海区漁業調整委員会に対し、使用権を設定すべき旨の裁定をしようとする場合には当該工作物の移転料に関する裁定をすべきことを申請することができる。但し、当該工作物が前条第三項の通知があつた後に設置されたものであるときは、この限りでない。

6　海区漁業調整委員会は、第三項の期間を経過した後に審議を開始しなければならない。

7　裁定は、その申請の範囲をこえることができない。

8　海区漁業調整委員会は、土地若しくは土地の定着物の使用が三箇年以上にわたり、又は土地若しくは土地の定着物の形質の変更を来すような使用権の設定をすべき旨の裁定をしようとする場合において第四項の申請があつたときは、これに代えて、当該土地又は当該定着物を買い取るべき旨の裁定をしなければならない。

9　海区漁業調整委員会は、使用権を設定すべき旨の裁定をしようとする場合において第五項の申請があつたときは、当該工作物の移転料に関する裁定をしなければならない。

10　使用権を設定すべき旨の裁定又は買い取るべき旨の裁定においては、左の事項を定めなければならない。

一　使用権を設定すべき土地若しくは土地の定着物並びに設定すべき使用権の内容及び存続期間又は買い取るべき土地若しくは土地の定着物

二　対価並びにその支払の方法及び時期

三　土地又は土地の定着物の引渡の時期

四　使用開始の時期

五　第五項の申請があつた場合においては移転料並びにその支払方法及び時期

11　海区漁業調整委員会は、裁定をしたときは、遅滞なくその旨を当該土地又は当該定着物の所有者その他これに関して権利を有する者に通知し、且つ、これを公示しなければならない。

12　前項の公示があつたときは、裁定の定めるところにより当事者間に協議がととのつたものとみなす。

13　民法第六百十二条（賃借権の譲渡及び転貸の制限）の規定は、前項の場合には適用しない。

14　第一項若しくは第四項又は第五項の裁定において定める使用権の設定若しくは買取の対価又は移転料の額

に不服がある者は、第十一項の公示の日から六月以内に訴えをもつてその増減を請求することができる。

15　前項の訴においては、申請者又は当該土地若しくは当該定着物の所有者その他これに関して権利を有する者を被告とする。

**解説**　前条第一項の規定による認可を受けて土地等の所有者と協議し、協議が整えばそれで決まるが、整わないときは、海区漁業調整委員会の裁定を受けることになる。法による手続をわかりやすく図表にすると、次のような順序で行われる。

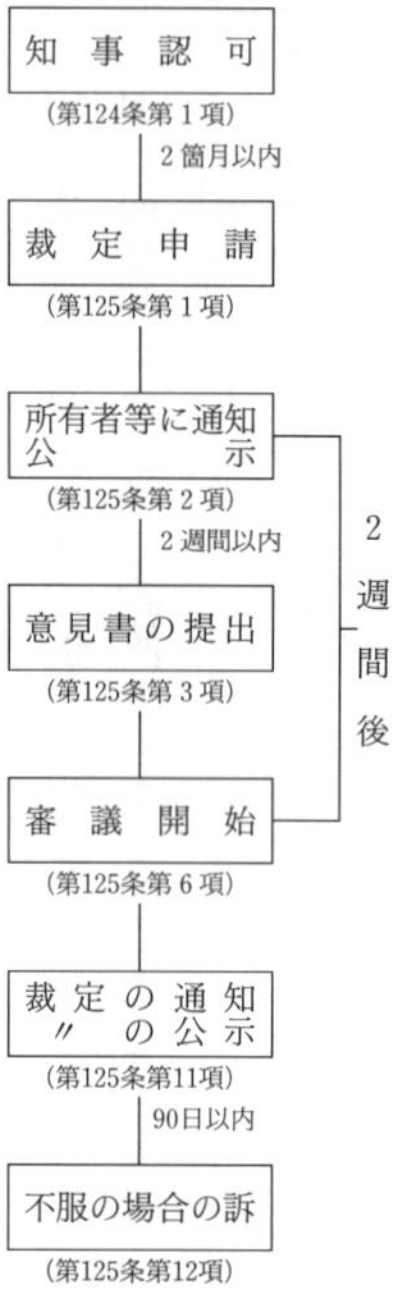

| 手続 | 根拠 | 期間 |
|---|---|---|
| 知事認可 | （第124条第1項） | 2箇月以内 |
| 裁定申請 | （第125条第1項） | |
| 所有者等に通知<br>公示 | （第125条第2項） | 2週間以内 |
| 意見書の提出 | （第125条第3項） | |
| 審議開始 | （第125条第6項） | （通知・公示から）2週間後 |
| 裁定の通知<br>〃の公示 | （第125条第11項） | 90日以内 |
| 不服の場合の訴 | （第125条第12項） | |

まず、使用権の設定に関する海区漁業調整委員会の裁定を申請する場合は、知事の認可を受けてから二か月以内に行わなければならない（第一項）。裁定申請があったら海区漁業調整委員会は所有者等の権利者に通知及び一般に公示し（第二項）、公示の日から二週間、権利者側から意見書を提出するのを待ち（第三項）、その二週間が過ぎてから裁定の審議を開始する（第六項）。権利者は意見書の中で裁定についての意見を述べるわけであるが、特にその物の使用が三年以上にわたるか、あるいは使用の結果、その形質の変更を来すような場合には買取りを、土地に使用権を設定しようとする場合に、その土地の上に工作物があるときは、その移転料の支払を申請することができ（第四項、第五項）、この申請があったときは買取り、あるいは移転料の支払の裁定をしなければならない（第八項、第九項）。裁定では、申請の範囲を超えることができない（第七項）。また、裁定では第一〇項に掲げる事項を決める。

裁定をしたら直ちに権利者へ通知及び一般に公示し（第一一項）、公示があったら裁定で定めた内容で協議が整ったものとみなされ、自動的に使用権設定の契約が成立する。なお、その物の上に既に賃借権がある場合には、使用を求める者に別に賃借権を設定しないで既存の賃借権をその者に譲渡せしめ、又は、その物を転貸させる裁定をすることもあるので、民法第六一二条の賃借人が所有者の同意なくして賃借権の譲渡、賃借物の転貸をなし得ないという規定を適用しないこととされている（第一三項）。

裁定で定めた対価又は移転料の額に不服がある者は、裁定の公示の日から六か月以内にその増減の訴をなし得る。権利者からは申請者を被告としての増額の、申請者からは権利者を被告として減額の請求となるわけである（第一四項、第一五項）。これは使用権の設定はやむを得ないと認めるが、対価の額に不服がある場合に、それのみを切り離して訴えを認めたものである。

（土地及び土地の定着物の貸付契約に関する裁定）

**第百二十六条** 漁業者、漁業協同組合又は漁業協同組合連合会が第百二十四条第一項に規定する土地又は土地の定着物を漁業に使用するため貸付を受けている場合において経済事情の変動その他事情の変更によりその契約の内容が適正でなくなつたと認めるときは、当事者は、海区漁業調整委員会に対して、当該貸付契約の内容の変更又は解除に関する裁定を申請することができる。

2 前項の申請があつた場合には、前条第二項、第三項、第六項及び第七項の規定を準用する。

3 第一項の裁定においては、左の事項を定めなければならない。

一 変更に関する裁定の申請の場合にあつては、変更するかどうか、変更する場合はその内容及び変更の時期

二 解除に関する裁定の申請の場合にあつては、解除するかどうか、解除する場合は解除の時期

4 前項の裁定があつた場合には、前条第十一項、第十二項、第十四項及び第十五項の規定を準用する。

**解説** 第一二四条第一項に規定する土地、土地の定着物の貸付けを受けている場合に、その契約の内容が経済変動等の事情の変更により適正でなくなったときは、これを適正にするために、契約の変更、解除に関する裁定の申請ができる。これは貸付けを受けている漁業者側から申請する場合だけでなく、逆に所有者側からも変更を申請し、さらに解除についても申請できる（第一項）。裁定の申請があった場合の手続は、新たに使用権を設定する場合の手続と同様である。

# 第八章　内水面漁業

内水面漁業の実態は、海面漁業と比べてその性格が著しく異なっている。すなわち、

① 海面に比べて専業の漁業者の比重が著しく低く、半農半漁の性格が濃厚で、しかも漁業を営まない水産動植物の採捕者が広範に存在すること。

② 内水面の資源の特質として、増殖しなければ成り立たない性格のものが多いこと。

③ 河川は公共的性格が強く、漁業や採捕者のほか広範な遊漁人口を抱えていること。

など、海面の漁業とは性格を異にしており、漁業規制の方式も海面とは別に考えるべき点が多い。このような事情から内水面漁業規制方式として、内水面の実態に適する方式が必要である。

（内水面における第五種共同漁業の免許）

**第百二十七条**　内水面における第五種共同漁業は、当該内水面が水産動植物の増殖に適しており、且つ、当該漁業の免許を受けた者が当該内水面において水産動植物の増殖をする場合でなければ、免許してはならない。

**第百二十八条**　都道府県知事は、内水面における第五種共同漁業の免許を受けた者が当該内水面における水産動植物の増殖を怠つていると認めるときは、内水面漁場管理委員会の意見をきいて増殖計画を定め、その者に対し当該計画に従つて水産動植物を増殖すべきことを命ずることができる。

2　前項の規定による命令を受けた者がその命令に従わないときは、都道府県知事は、当該漁業権を取り消さなければならい。

3　前項の場合には、第三十九条第三項及び第四項（公益上の必要による漁業権の変更、取消又は行使の停止）の規定を準用する。

4　農林水産大臣は、内水面における水産動植物の保護増殖のため特に必要があると認めるときは、都道府県知事に対し、第一項の規定による命令をすべきことを指示し、又は当該命令にかかる増殖計画を変更すべきことを指示することができる。

**解説**　内水面における共同漁業は、増殖事業との関連から、第一種共同漁業に該当するものを除き、漁法のいかんを問わず第五種共同漁業に統合されている。第一種共同漁業すなわち、藻類（ひし、じゅんさい等）貝類（しじみ、からすがい等）又は定着性水産動物（えむし等）を対象とするもののほかは、すべての水産動植物が第五種共同漁業権の対象になり得るが、第一二七条の規定により、対象とする水産動植物の増殖が可能であり、かつ、これを増殖する場合でなければ免許されないのである。内水面における第五種共同漁業に限って、特に増殖義務が法定されているのは、第五種共同漁業権という私権の設定を認めたことと、内水面の公共的性格ということの両面を調和する意味合いからである。

また、免許は受けたが、その後増殖を怠っていると認めるときは、知事は内水面管理委員会の意見を聴いて増殖計画を定め、その計画に従って増殖すべきことを命じることができる（第一二八条第一項）。もし、この命令に従わないときは、知事は漁業権を取り消さなければならない（第二項）。この場合は、取消しを知事に義務づけている。なお、この取消しの場合に委員会の意見を聴くべきこと及び聴聞制度をとることについては海の場合と同様である（第三項）。

また、農林水産大臣は、内水面における水産動植物の保護増殖のため特に必要があると認めるときは、知事に対して増殖命令の規定を発動すべきことを指示し、さらに知事の定めた増殖計画が不十分であると認めるときは、その変更を指示し得ることとされている（第四項）。

（遊漁規則）

**第百二十九条**　内水面における第五種共同漁業の免許を受けた者は、当該漁場の区域においてその組合員以外の者のする水産動植物の採捕（以下「遊漁」という。）について制限をしようとするときは、遊漁規則を定め、都道府県知事の認可を受けなければならない。

2　前項の遊漁規則（以下単に「遊漁規則」という。）には、左に掲げる事項を規定するものとする。

一　遊漁についての制限の範囲
二　遊漁料の額及びその納付の方法
三　遊漁承認証に関する事項
四　遊漁に際し守るべき事項
五　その他農林水産省令で定める事項

3　遊漁規則を変更しようとするときは、都道府県知事の認可を受けなければならない。
4　第一項又は第三項の認可の申請があつたときは、都道府県知事は、内水面漁場管理委員会の意見をきかなければならない。
5　都道府県知事は、遊漁規則の内容が左の各号に該当するときは、認可をしなければならない。
一　遊漁を不当に制限するものでないこと。
二　遊漁料の額が当該漁業権に係る水産動植物の増殖及び漁場の管理に要する費用の額に比して妥当なものであること。
6　都道府県知事は、遊漁規則が前項各号の一に該当しなくなつたと認めるときは、内水面漁場管理委員会の意見をきいて、その変更を命ずることができる。
7　都道府県知事は、第一項又は第三項の認可をしたときは、漁業権者の名称その他の農林水産省令で定める事項を公示しなければならない。
8　遊漁規則は、都道府県知事の認可を受けなければ、その効力を生じない。その変更についても、同様とする。

**解説**　内水面における第五種共同漁業権の免許を受けた者は、遊漁について制限しようとするときは、遊漁規則を定め、都道府県知事の認可を受けなければならず、遊漁規則によらずに遊漁を制限してはならないこととされている。また、内水面における「遊漁」とは、漁業権者たる内水面漁業協同組合の組合員以外の者のする水産動植物の採捕をいうと定義されている（第一項）。

さらに、遊漁規則には次の六項目の事項を規定することとされている（第一項及び施行規則第一三条）。

① 遊漁についての制限の範囲
② 遊漁料の額及びその納付方法
③ 遊漁承認証に関する事項
④ 遊漁に際し守るべき事項
⑤ 遊漁監視員に関する事項
⑥ 違反者に関する事項

知事は漁業権者である漁業協同組合から遊漁規則の認可申請が提出され、次の二つの要件を満たしているときは第五項の規定により認可しなければならない。

① 遊漁を不当に制限するものでないこと
② 遊漁料の額が当該漁業権に係る水産動植物の増殖及び漁場の管理に要する費用の額に比べて妥当であること

（内水面漁場管理委員会）

**第百三十条**　都道府県に内水面漁場管理委員会を置く。

2　内水面漁場管理委員会は、都道府県知事の監督に属する。

3　内水面漁場管理委員会は、当該都道府県の区域内に存する内水面における水産動植物の採捕及び増殖に関する事項を処理する。

4　この法律の規定による海区漁業調整委員会の権限は、内水面における漁業に関しては、内水面漁場管理委員会が行う。

**解説**　内水面漁業を管理する機構として、都道府県ごとに内水面漁場管理委員会を設置し、都道府県知事の監督下に、採捕及び養殖に関する事項を処理する。海区漁業調整委員会の場合は第八三条で「漁業に関する事項を処理する」と規定されているのに対して、内水面漁場管理委員会の場合は本条第三項で「水産動植物の採捕及び増殖に関する事項を処理する。」と表現を変えて規定されている。このことは、内水面においては漁業を営んでいない自家用としてあるいは遊漁のために水産動植物を採捕する者が多いので、漁業ではなく採捕と規定されている。なお、前述のとおり内水面漁業における増殖の必須性とこれに対する内水面漁場管理委員会の役割の重要性にかんがみ、増殖もあわせて規定したものである。なお、漁業法の中で、「海区漁業調整委員会が行う」と海区漁業調整委員会の権限として規定されている条文は、すべて海区漁業調整委員会と読み替えて準用されている（第四項）。

（構成）

**第百三十一条**　内水面漁場管理委員会は、委員をもつて組織する。

2　委員は、当該都道府県の区域内に存する内水面において漁業を営む者を代表すると認められる者、当該内水面において水産動植物の採捕をする者を代表すると認められる者及び学識経験がある者の中から都道府県知事が選任した者をもつて充てる。

3　前項の規定により選任される委員の定数は、十人とする。但し、農林水産大臣は、必要があると認めるときは、特定の内水面漁場管理委員会について別段の定数を定めることができる。

**解説**　内水面漁場管理委員会の委員は、

① 当該都道府県の内水面において操業する漁業者を代表すると認められる者
② 同内水面において水産動植物を採捕する者を代表とすると認められる者
③ 学識経験がある者

の中から選任される（第一項）。これは、どの分野の代表から何人と固定的に規定されていないので、県内の内水面漁業の実態に応じて知事が決めることになっている。また、海区漁業調整委員会の場合と異なり、すべて知事選任で選挙の形式がとられなかったのは、第一に内水面の利用形態が複雑なため選挙がはなはだしく困難であること、第二に内水面の漁場管理が資源の保護増殖を最大の目標としているから、単に技術的問題ばかりでなく、公益上の見地から処理しなければならない場合が多いからである。

内水面漁場管理委員会の委員の人数は、原則として一〇人であるが、内水面の複雑性に応じて農林水産大臣が告示によって増減できるようになっている（第三項）。現在、北海道一八人、群馬県、埼玉県、長野県、岐阜県一三人、東京都、富山県、大阪府、鳥取県、佐賀県、長崎県、沖縄県八人である。

（準用規定）

**第百三十二条** 第八十五条第二項、第四項から第六項まで（海区漁業調整委員会の会長、専門委員及び書記又は補助員）、第九十五条（兼職の禁止）、第九十六条（委員の辞職の制限）、第九十七条の二（就職の制限による委員の失職）、第九十八条第一項、第三項、第四項（任期）、第百条から第百二条まで（解任及び会議）及び第百十六条から第百十九条まで（報告徴収等、監督、費用及び委任規定）の規定は、内水面漁場管理委員会に準用する。この場合において、第百十八条第二項中「各都道府県の海区の数、海面において漁業を営む者の数及び海岸線の長さを基礎とし、海面」とあるのは、「政令で定めるところにより算出される額を均等に交付するほか、各都道府県の内水面組合（水産業協同組合法第十八条第二項の内水面組合をいう。）の組合員の数及び河川の延長を基礎とし、内水面」と読み替えるものとする。

**解説** 本条は、内水面漁場管理委員会について、漁業調整員会の規定をそれぞれ準用している。

# 第九章　雑　則

（漁業手数料）
**第百三十三条**　この法律又はこの法律に基づく命令の規定により、農林水産大臣に対して漁業に関して申請をする者は、農林水産省令の定めるところにより、手数料を納めなければならない。
2　前項の手数料の額は、実費を勘案して農林水産省令で定める。

**解説**　本条は、漁業法等に基づく申請手数料について定めている。農林水産大臣に対して漁業に関して申請する者は、漁業手数料規則（昭和二五年農林省令第二〇号）の定めるところにより、手数料を納めなければならない。また、都道府県知事に対して漁業に関して申請する場合の手数料については、各都道府県の条例により納めることとしている（地方自治法第二二七条、第二二八条第一項）。

（報告徴収等）
**第百三十四条**　農林水産大臣又は都道府県知事は、漁業の免許又は許可をし、漁業調整をし、その他この法律又はこの法律に基く命令に規定する事項を処理するために必要があると認めるときは、漁業に関して必要な報告を徴し、又は当該職員をして漁場、船舶、事業場若しくは事務所に臨んでその状況若しくは帳簿書類その他の物件を検査させることができる。
2　農林水産大臣又は都道府県知事は、漁業の免許又は許可をし、漁業調整をし、その他この法律又はこの法律に基く命令に規定する事項を処理するために必要があると認めるときは、当該職員をして他人の土地に立ち入つて、測量し、検査し、又は測量若しくは検査の障害となる物を移転し、若しくは除去させることができる。
3　前二項の規定により当該職員がその職務を行う場合には、その身分を証明する証票を携帯し、要求があるときはこれを呈示しなければならない。
4　第二項の場合には、第百十六条第三項（損失補償）の規定を準用する。

解説　農林水産大臣又は都道府県知事は、漁業の免許又は許可をし、漁業調整をし、その他漁業法又は漁業法に基づく命令の規定する事項を処理するために必要があると認めるときは、漁業調整委員会又は水産政策審議会の報告徴収等の権限（第一一六条）と同じように、

① 漁業に関して必要な報告を徴し、又は当該職員をして漁業、船舶、事業場又は事務所に臨んでその状況若しくは帳簿書類その他の物件を検査させることができる（第一項）。

② 当該職員をして他人の土地に立ち入って、測量し、検査し、又は測量若しくは検査の障害となる物を移転し、若しくは除去させることができる（第二項）。

当該職員がこれらの職務を行う場合は、その身分を証明する証票を携帯し、要求があるときはこれを呈示しなければならない（第三項）。また、他人の土地への立入り等の第二項の権限を行使した場合は、公益上の必要により漁業権の変更、取消し、行使の停止をした場合の損失補償（第三九条第六項から第一二項まで）と同じく、そのために通常生ずべき損失を補償しなければならない（第四項）。

（行政手続法の適用除外）

**第百三十四条の二**　第三十四条第四項、第三十七条第一項、第三十八条第一項並びに第三十九条第一項、第二項及び第十三項（第三十六条第三項において準用する場合を含む。）、第三十八条第三項並びに第百二十八条第二項の規定による処分については、行政手続法第三章（第十二条及び第十四条を除く。）の規定は、適用しない。

2　第五十条第一項に規定する登録に関する処分については、行政手続法第二章及び第三章の規定は、適用しない。

解説　第一項に列記されている都道府県知事による処分は、行政手続法の第二条に規定する不利益処分に該当するが、これらは、いずれも海区漁業調整委員会（又は内水面漁場管理委員会）が申請又は意見を述べる際に公開による意見の聴取を行うことになっており、手続の重複を避けるために、行政手続法第三章（第一二条及び第一四条を除く。）の規定を適用しないことになっている（第一項）。

また、第五〇条第一項に規定する登録に関する処分に

ついては、行政庁が一定の権限又は事実関係に関し形式的審査権限のみに基づいて行う登録に関する処分であるため、他の法律における登記関係規定と同様に、行政手続法第二章及び第三章の規定を適用しないこととされている（第二項）。

（不服申立ての制限）

**第百三十五条**　漁業調整委員会又は内水面漁場管理委員会がした処分については、行政不服審査法（昭和三十七年法律第百六十号）による不服申立てをすることができない。

**解説**　漁業調整委員会又は内水面漁場管理委員会がした処分については、行政不服審査法による不服申立てをすることができない。

（不服申立てと訴訟との関係）

**第百三十五条の二**　農林水産大臣又は都道府県知事が第二章から第四章まで（第六十五条第一項又は第二項の規定に基づく農林水産省令及び規則を含む。）の規定によつてした処分の取消しの訴えは、その処分についての異議申立て又は審査請求に対する決定又は裁決を経た後でなければ、提起することができない。

2　前項に規定する処分については、行政手続法第二十七条第二項の規定は、適用しない。

**解説**　農林水産大臣又は都道府県知事が漁業法第二章から第四章までの規定等に基づいてした処分の取消しの訴えを提起する場合は、異議申立て又は審査請求に対する決定又は裁決を経た後でなければ提起することができない（第一項）。このことは、漁業に関する不服申立ては専門的な事項を対象としたことであるから、処分をした行政庁に一義的に判断させることが妥当であるとの趣旨である。しかし、次の場合には、行政事件訴訟法第八条第二項により処分の取消しの訴えを直ちに提起できる。

①　審査請求があった日から三か月を経過しても決定又は裁決がないとき

②　処分、処分の執行又は手続の続行により生ずる著しい損害を避けるため緊急の必要があるとき

③　その他決定又は裁決を経ないことにつき正当な理由があるとき

**判例**

1　知事が漁業権免許処分に際して、公示その他所要手

続を怠ったとしても、原告らが右処分のあったことを処分後間もなく知ったと認められる場合には、右処分に対する審査請求の不服申立期間徒過につき、行政不服審査法第一四条第一項ただし書の「やむをえない理由」及び同条第三項ただし書の「正当な理由」があるものとはいえない。（昭和五一年六月二八日長崎地裁民判決、総覧八〇一頁・下裁民集二七巻六号九五〇頁）

2　判決が確立した場合に申立人等が本件漁業権を原状に複することは可能であり、とくにその損害について償うことができないと思われるような事情について何ら申立人などは開陳しないのであるから本件裁決により申立人等が償うことができない損害を受けるものということはできない。（昭和二九年八月二六日東京地裁民判決、総覧八〇九頁・行政集五巻八号一九七三頁）

3　判決を待つにおいては、この間申立人は漁期を失しかつ生活の途を断たれ償うことのできない損害を被るとの申立を肯定させる資料がない。したがって行政処分停止命令申立を却下する。（昭和二七年一〇月八日青森地裁民判決、総覧八一一頁・行政集三巻一〇号二一〇六頁）

4　入漁権に関しては漁業法その他法令において免許又は許可の処分を認めない。これに関してはただ登録処分を認めるものであって、登録処分に対しては行政訴訟を提起することはできない。（明治四四年一二月一一日行政裁判決、総覧八一四頁・行録二二輯九八二頁）

5　審査請求を経ないで提起された県漁業調整規則に基づく知事の中型まき網漁業船舶に対する停泊命令を徒過してしまい司法救済を受けられなくなるおそれが大きいから、行政事件訴訟法第八条第二項第二号にいう「著しい損害を避けるため緊急の必要があるとき」に当たる。（総覧続巻二九三頁・訟務二五巻一一号二八四四頁）

6　行政事件訴訟法第一〇条第二項によれば、処分の取消しの訴えとその処分についての審査請求を棄却した裁決の取消しの訴えとを提起することができる場合には、裁決の取消しの訴えにおいては処分の違法を理由にして取消しをもとめることができない旨定められているところ、本件訴えは本件不認可処分についての審査請求を棄却した裁決の取消しを求める訴えであり、右不認可処分に対する取消し訴訟の提起が許されることは漁業法第一三五条の二の規定に照らして明らかであるから、原告は本件決定の取消しを求める本訴において本件不認可処分の違法を主張することは許されないものといわねばならない。（昭和五六年八月二七日東京高裁民判決、総覧続巻二九三頁・行政集三二巻八号一四七二頁）

（抗告訴訟の取扱い）

**第百三十五条の三**　漁業調整委員会（広域漁業調整委員会を除く。）又は内水面漁場管理委員会は、その処分（行政事件訴訟法（昭和三十七年法律第百三十九号）第三条第二項に規定する処分をいう。）又は裁決（同条第三項に規定する裁決をいう。）に係る同法第十一条第一項（同法第三十八条第一項において準用する場合を含む。）の規定による都道府県を被告とする訴訟について、当該都道府県を代表する。

**解説**　本条は、海区漁業調整委員会又は内水面漁場管理委員会の処分又は裁決に関する行政事件訴訟法第三条に基づく取消訴訟の訴訟遂行について定めたものである。海区漁業調整委員会又は内水面漁場管理委員会はその処分又は裁決に係る行政事件訴訟法第一一条第一項の規定による都道府県を被告とする訴訟について、当該都道府県を代表すると規定している。このことは、海区漁業調整委員会又は内水面漁場管理委員会は都道府県とは一定の独立性を保った執行機関であり、行政事件訴訟法第一一条第一項による都道府県を被告とする訴訟であっても、訴訟遂行は海区漁業調整委員会が行うことが適当であるとの趣旨から定められたものである。

（管轄の特例）

**第百三十六条**　漁場が二以上の都道府県知事の管轄に属し、又は漁場の管轄が明確でないときは、農林水産大臣は、これを管轄する都道府県知事を指定し、又は自ら都道府県知事の権限を行うことができる。

**第百三十七条**　この法律中市町村に関する規定は、特別区のある地にあつては特別区に、地方自治法第二百五十二条の十九第一項の指定都市にあつては区に、全部事務組合又は役場事務組合のある地にあつては組合に適用する。

**解説**　都道府県知事は、その管轄に属する水面について漁場計画を樹立して漁業の免許をし、あるいは漁業の許可等行うが、漁場が二以上の知事の管轄に属する場合又は漁場の管轄が明確でないときは、農林水産大臣がそれを管轄する知事を指定し、又は自ら都道府県知事の権限を行うことができるという規定である（第一三六条）。現在のところ、本条を適用されているものは、海面では有明海の筑後川河口（福岡県・佐賀県）内水面では十和田湖（青森県・秋田県）の二例について、農林水産大臣自ら第一〇条（漁業の免許）などに基づく県知事の権限を行っている。

次に第一三七条は、市町村に関する規定の特例について定めている。市町村に関する規定とは、市町村の選挙管理委員会が行う選挙人名簿の調製（第八九条）等海区漁業調整委員会の選挙等に関するものである。条文中「特別区」とは地方自治法第二八一条の規定により東京都の区がこれに該当し、「地方自治法第二五二条の一九第一項の指定都市」とは、札幌市、仙台市、千葉市、さいたま市、川崎市、横浜市、静岡市、名古屋市、京都市、大阪市、神戸市、広島市、北九州市及び福岡市がこれに該当する。「全部事務組合」とは地方自治法第二八四条第二項に基づくものであり、「役場組合」とは同条第六項に基づくものである。

（提出書類の経由機関）

**第百三十七条の二**　この法律又はこの法律に基づく命令の規定により農林水産大臣に提出する申請書その他の書類は、農林水産省令で定める手続に従い、都道府県知事を経由して提出しなければならない。

**解説**　本条により、漁業法又は法に基づく命令の規定により農林水産大臣に提出する申請書その他の書類は、都道府県知事を経由して提出しなければならないこととし、これらは農林水産省令（「指定漁業の許可及び取締り等に関する省令」第三条、「特定大臣許可漁業等の取締りに関する省令」第二条及び「漁業法施行規則」第一七条）で定められる手続に従って行うこととされている。

（事務の区分）

**第百三十七条の三**　この法律の規定により都道府県が処理することとされている事務のうち、次に掲げるものは、地方自治法第二条第九項第一号に規定する第一号法定受託事務とする。

一　第六十五条第一項、第二項、第七項及び第八項並

びに第六十六条第一項の規定により都道府県が処理することとされている事務

二　第六十七条第三項、第四項、第九項及び第十一項、第七十二条、第百三十四条第一項及び第二項、同条第四項において準用する第百十六条第三項において準用する第三十九条第六項、第八項及び第十一項並びに前条の規定により都道府県が処理することとされている事務（第五十二条第一項に規定する指定漁業若しくは第六十五条第一項若しくは第二項の規定に基づく農林水産省令の規定により農林水産大臣の許可その他の処分を要する漁業又は同条第一項若しくは第二項の規定に基づく規則若しくは第六十六条第一項の規定により都道府県知事の許可その他の処分を要する漁業に関するものに限る。）

2　この法律の規定により市町村が処理することとされている事務のうち、次に掲げるものは、地方自治法第二条第九項第二号に規定する第二号法定受託事務とする。

一　海区漁業調整委員会の委員の選挙又は解職の投票に関し、市町村が処理することとされている事務

二　海区漁業調整委員会選挙人名簿に関し、市町村が

処理することとされている事務

**解説**　本条は、都道府県事務及び市町村事務の区分について規定している。

一　第一号法定受託事務

第一項は、漁業法の規定により都道府県が処理することとされている事務のうち、法定受託事務に該当するものを列挙したものである。これは、国が本来果たすべき役割に係る事務を都道府県が処理することとされていたものであり、第一号法定受託事務（地方自治法第二条第九項第一号）としている。

①　都道府県の規則制定（第六五条）及び法定知事許可漁業の許可（第六六条）

②　委員会指示の取消等（第六七条）、標識の設置命令（第七二条）、漁業に関する報告徴収等（第一三四条）

二　第二号法定受託事務

第二項は、漁業法の規定により市町村が処理することとされている事務のうち、法定受託事務に該当するものを列挙したものである。これは、都道府県（選挙管理委員会）が本来果たすべき役割に係る事務を市町

村（選挙管理委員会）が処理することとされていたものであり、第二号法定受託事務（地方自治法第二条第九項第二号）としている。

① 海区漁業調整委員会の委員の選挙等に関する事務（第九四条等）

② 海区漁業調整委員会選挙人名簿に関する事務（第八九条等）

# 第一〇章　罰　則

漁業法の罰則には、行政刑罰（懲役、罰金等）と行政上の秩序罰（過料）とがあり、前者は、刑法総則の適用を受け、かつ、刑事訴訟法の定めるところによって科せられるが、後者は、非訟事件手続法（第二〇六条から第二〇八条ノ二まで）の定めるところに従って、過料に処せられるべき者の住所地の地方裁判所において科せられる。

**第百三十八条**　次の各号のいずれかに該当する者は、三年以下の懲役又は二百万円以下の罰金に処する。

一　第九条の規定に違反した者

二　漁業権、第三十六条の規定による漁業の許可又は指定漁業の許可に付けた制限又は条件に違反して漁業を営んだ者

三　定置漁業権若しくは区画漁業権の行使の停止中その漁業を営み、共同漁業権の行使の停止中その漁場において行使を停止した漁業を営み、又は指定漁業若しくは第三十六条の規定により許可を受けた漁業の停止中その漁業を営んだ者

四　第五十二条第一項の規定に違反して指定漁業を営んだ者

五　指定漁業の許可を受けた者であつて第六十一条の規定に違反した者

六　第六十五条第一項の規定による禁止に違反して漁業を営み、又は同項の規定による許可を受けないで漁業を営んだ者

七　第六十六条第一項の規定に違反して漁業を営んだ者

**第百四十二条**　第百三十八条、第百三十九条又は前条第一号の罪を犯した者には、情状により、懲役及び罰金を併科することができる。

**解説**　本条は、罰則の三年以下の懲役又は二〇〇万円以下の罰金又はその併科に関する規定である。

漁業法違反による最高刑として、「三年以下の懲役若しくは二〇〇万円以下の罰金又はその併科」（第一三八条・第一四二条）が規定されているが、これに該当する事項は次のとおりである。

なお、懲役とは、受刑者を監獄に拘置して、所定の作

業を行わせることをいい（刑法第一二条第二項）、罰金とは犯人から一定額の金銭を取り上げる刑罰で、一万円以上とする（刑法第一五条）。上限は各本条に定められている。「懲役及び罰金の併科」とは、情状をはかり、重罪のときは、懲役と罰金をあわせて科することである。

1　無免許漁業（第九条違反）

漁業権又は入漁権に基づかないで定置漁業及び区画漁業を営んだ者がこれに該当する。

2　制限又は条件違反（第三四条第一項、第三項違反）

第三四条第一項、第三項に基づく漁業権に付した制限条件違反、漁業権漁業の休業中の漁業許可に付した制限条件違反（第三六条第三項において準用）、指定漁業に付した制限条件違反（第六三条において準用）がこれに該当する。

3　行使停止期間中の操業（第三九条第一項、第二項違反）

第三九条第一項、第二項に基づき、行使の停止命令を受けている者が、当該漁業権に基づく漁業、指定漁業（第六三条において準用）、漁業権の休業中の許可（第三六条第三項において準用）を、それぞれ命令に違反して営んだ場合がこれに該当する。

4　指定漁業の無許可操業（第五二条第一項違反）

指定漁業は船舶ごとに許可を受けなければならない。したがって指定漁業の許可は、特定人に対し、船舶ごとになされる。本号に該当する者は、当該指定漁業の許可を受けないで営んだ場合、当該指定漁業の許可を受けない船舶を使用して営んだ場合である。

5　許可内容違反（第六一条違反）

許可内容のうち、第六一条の規定に違反して漁業を営んだものがこれに該当する。第六一条で「船舶の総トン数を増加し、又は操業区域その他省令で定める事項」と規定され、指定漁業の許可及び取締り等に関する省令第九条で「操業区域、操業期間、漁業の方法（沖合底びき網漁業又は大中型まき網漁業に限る。）等と規定されており、これらの規定に違反して当該漁業を営んだ場合が該当する。

6　特定大臣許可漁業及び知事許可制漁業の無許可操業等（第六五条第一項）

「特定大臣許可漁業等の取締りに関する省令」第三条及び各都道府県漁業調整規則に基づく「知事許可制漁業」の許可を受けないで当該許可を営んだ場合が該

当する。

7　法定知事許可漁業の無許可操業（第六六条第一項違反）

中型まき網漁業、小型機船底びき網漁業、瀬戸内海機船船びき網漁業又は小型さけ・ます流し網漁業について船舶ごとに、当該海面を管轄する都道府県知事の許可を受けないで漁業を営んだ場合がこれに該当する。

判例

1　漁業は行政庁の免許をもって発生する。（大正一一年六月一六日大審院刑判決、総覧二一一頁・刑集一巻六号三四七頁）

2　定置漁業については、漁業の種類が同一であっても漁業の名称ごとに免許を受ける必要がある。（大正四年一〇月一九日大審院刑判決、総覧二一二頁・刑録二一輯二六巻一六三八頁）

3　定置漁業については、漁業種類による各別の免許を必要とする。（大正三年四月七日大審院刑判決、総覧二一三頁・刑録二〇輯九巻四九四頁）

4　区画漁業の免許は、漁業種類ごとに行う必要がある。（大正一四年一二月二六日行政裁判決、総覧二一五頁・行録三六輯一一六四頁）

5　免許を受けた漁場以外でやる漁業は、免許によらない漁業である。（昭和九年二月一〇日大審院刑判決、総覧二一六頁・刑集一三巻七六頁）

6　定置漁業者が免許漁場の区域外にわたり漁具を敷設した場合は免許によらない漁業に該当する。（昭和四年五月二日大審院刑判決、総覧二一八頁・刑集八巻二〇二頁）

7　免許を受けた漁業時期以外の漁業は、免許によらない漁業である。（昭和八年二月六日大審院刑判決、総覧二一九頁・刑集一二巻上二五頁）

8　免許漁業の期間満了後に行った漁業は、免許によらない漁業である。（明治四五年一月二二日大審院刑判決、総覧二二一頁・刑録一八輯一巻二三頁）

9　漁業法第二一条（現三四条）により付した制限条件であって、それが必要と認められないものについてはその処分は違法である。（大正一〇年一二月一〇日行政裁判決、総覧三八〇頁・行録三二輯八六二頁）

10　機船底曳網漁業は、船舶ごとに許可を受けなければならない。（昭和三年五月二二日大審院刑判決、総覧六三一頁・刑集七巻三七一頁）

11　汽船捕鯨業を営むにはそれに使用する船舶ごとの許可が必要で、その許可のない船舶によって捕鯨業を営むことはできない。（昭和二五年三月一四日仙台高裁刑判決、総覧六七八頁・高裁刑特報一三巻一八四頁）

12　許可船舶と無許可船舶とを使用して二そう曳き機船底曳網漁業を営む場合は、いずれも無許可漁業となる。（昭和九年四月二六日大審院刑判決、総覧六二六頁・刑集一三巻五四〇頁）

13　一隻の船舶を使用して数人共同して漁業を営む場合には、各自許可を受けることを要する。（昭和六年五月二八日大審院刑判決、総覧六二八頁・刑集一〇巻二四六頁）

14　機船底曳網漁業を営むとは、同漁業が現実に開始されることをもって足り、漁獲の事実を必要としない。（昭和三〇年六月二二日最高裁刑判決、総覧五五九頁・最高裁刑集九巻七号一一七二頁）

15　「火光を利用して漁業を営む」とは、漁業者が漁獲の目的で現実に火光を使用して集魚行為を開始するを以て足り必ずしも魚を捕獲することを要しないものと解する。（昭和二九年二月九日高松高裁刑判決、総覧六七六頁・高裁刑集七巻四号五一二頁）

16　機船手繰網漁業を操業するとは、海中に繰り入れたロープは漁網に付加されて一体となっているものと認められるので、右ロープを繰り入れたことにより機船手繰網漁業を操業したと解するのを相当とする。（昭和四六年九月六日広島高裁刑判決、総覧五一三頁・色島高裁判決速報四六年五号三頁）

17　機船底曳網漁業とは、営利の目的を以て業として底曳網を使用して漁獲行為即ち水産動物の採捕を行うことを指すものであり、かつ、「業として」とは「反復継続して之を行う意思を以て」の意と解するのを相当とする。（昭和二五年四月二二日仙台高裁刑判決、総覧二頁、高裁刑特報七三号一二九頁）

18　機船手繰網漁業の許可を受けない者が同禁止区域内において当該漁業を営んだ行為については、無許可操業の適用を受ける。（昭和九年四月二六日大審院刑判決、総覧六二六頁・刑集一三巻五四〇頁）

19　水産動植物に採捕の目的を以て機船底曳網漁業用の漁網を海底におろした上、現にこれが曳網を開始した以上、たとえ漁獲の事実がなく、あるいは、所期の目的地点までの漁網曳引の事実がなくとも機船底曳網漁業を営んだものに該当する。（昭和二七年六月五日福

岡高裁刑判決、総覧五六七頁・高裁刑特報一九巻九九頁）

20　被告人みずからが個人経営者として中型かつお・まぐろ漁業取締規則第二条に違反したという公訴事実と、たとえ同一人であっても、被告人がH株式会社という法人の代表者として、右会社の業務に関して右の違反行為をした場合とでは、その行為の効果の帰属する主体を異にするし、没収、追徴等の附帯の処分にも影響するから、両者は基本たる事実関係を異にし、その間に公訴事実の同一性を認めることはできない。（昭和四〇年五月一〇日仙台高裁刑判決、総覧四〇八頁・高裁刑集一八巻五号一六八頁）

21　現行犯逮捕のため犯人を追跡した者の依頼により追跡を継続した行為は、適法な現行犯逮捕の行為と認めることができる。（昭和五〇年四月二七日最高裁一小刑判決、総覧四八二頁・最高裁刑集二九巻四号一三三頁）

22　第六六条第一項の規定により許可をなし得る権限を有する都道府県知事は、当該海域を管轄する知事のみに限られる。（昭和二八年四月二七日福岡高裁刑判決、総覧七〇四頁・高裁刑集六巻四号五三八頁）

23　単なる無許可漁業を営んだ場合と、小型底びき網漁業取締規則の禁止漁具を使用して無許可漁業を営んだ場合とがあるが、後者は一所為数法の関係にあり、漁業法違反は営業犯として包括的に一罪であるから、右前者と後者の関係に併合罪を適用するのは法令適用の誤りである。（昭和四一年一二月一六日広島高裁刑判決、総覧六八一頁・広島高裁速報昭和四一年一〇九号一〇五頁）

24　漁業種類を「いわし・あじ・さばまき網漁業」とした大分県知事による中型まき網漁業許可によりそれ以外の魚種を採捕することは違反である。（平成八年三月一九日最高裁三小刑判決、総覧続巻二六七頁・時報一五六七号一四六頁）

25　被告人は、いわゆるごち網であっても、底びき網として容易に使用できる脅しのない網を使用していたこと、網口開口板を装着していたこと、遊泳力があってごち網漁法では捕獲されにくいクロサギを大量に捕獲していたことなどを併せ考えると、被告人は、網を曳行する漁法、すなわち、底びき網漁を行ったものと優に認定できるというべきである。（平成七年二月二日福岡高裁刑判決、総覧続巻二八四頁・高裁速報一三八

七号一四一頁)

26　国後島ケムライ三崎北東約五海里で同島沿岸線から約二・五海里の海域は、漁業法第六六条第一項の無許可操業禁止区域の効力が及ぶ範囲に含まれる。(昭和四五年九月三〇日最高裁二小刑判決、総覧六八二頁・最高裁刑集二四巻一〇号一四三五頁)

27　漁業法第六六条第一項は、わが国領海及び公海と連接一体をなす外国領海における日本国民の漁業にも及ぶ。(昭和四六年四月二二日最高裁一小刑判決、総覧七〇六頁・最高裁刑集二五巻三号四九二頁)

**第百三十九条**　第六十七条第十一項(第六十八条第四項において準用する場合を含む。)の規定に基づく命令に違反した者は、一年以下の懲役若しくは五十万円以下の罰金又は拘留若しくは科料に処する。

**第百四十二条**　第百三十八条、第百三十九条又は前条第一号の罪を犯した者には、情状により、懲役及び罰金を併科することができる。

**解説**　本条は、罰則の一年以下の懲役、五〇万円以下の罰金若しくはその併科又は拘留、科料に関する規定である。

拘留とは、一日以上三〇日未満拘置場に拘置する刑罰をいう(刑法一六条)。また、科料とは、罰金と同じく犯人から一定額の金銭を取り上げる刑罰であるが、金額の点で罰金と区別される。すなわち、科料とは、一千円以上一万円未満である(刑法第一七条)。

漁業調整委員会指示に対する都道府県知事の裏付命令違反(第二九条違反)がこれに該当する。

**第百四十条**　第百三十八条又は前条の場合においては、犯人が所有し、又は所持する漁獲物、その製品、漁船又は漁具その他水産動植物の採捕の用に供される物は、没収することができる。ただし、犯人が所有していたこれらの物件の全部又は一部を没収することができないときは、その価額を追徴することができる。

**解説**　本条は、罰則の没収及び追徴に関する規定である。

第一三八条及び第一三九条の付加罪として、犯人が所有し、又は所持する漁獲物、製品、漁船及び漁具等は没収することができる。さらに、犯人が所有していたこれらの物件の全部又は一部を没収することができないときは、その価格を追徴することができる(第一四〇条)。

没収とは、犯罪行為と関係のある一定の物を取り上げて国庫に帰属せしめる行為をいう。この場合の一定の物とは、犯人が所有し、又は所持する漁獲物、製品、漁船、漁具及び水産動植物の採捕に使用した物が該当する。この規定に基づいて犯人が所持する第三者の所有物を没収する場合には「刑事事件における第三者所有物の没収手続に関する応急措置法」に基づいて、第三者に告知、弁解、防御の機会を与えた上で行わなければならない。

追徴とは、没収すべき物の全部又は一部を没収することができない場合に、これに代えてその価額を徴収する処分をいう。その価額は、没収することができなくなったとき及び場所における価額を標準として、認定されるべきである。この場合は犯人が所有していた物件に限ってでき、犯人が所持していたもので第三者の所有に属する物件についてはできない。

判例

1　憲法二九条第一項は、財産権は、これを侵してはならないと規定し、また同三一条は何人も、法律の定める手続きによらなければ、その生命もしくは自由を奪われ、又はその他の刑罰を科せられないと規定しているが、前記第三者の所有物の没収は、被告人に対する付加刑として言い渡され、その刑事処分の効果が第三者に及ぶものであるから、所有物を没収せられる第三者についても、告知、弁解、防御の機会を与えることが必要であって、これなくして第三者の所有物を没収することは適正な法律手続きによらないで、財産権を侵害する制裁を科するに他ならない。（昭和三七年一一月二八日最高裁大刑判決、総覧五九八頁・最高裁刑集一六巻一一号一五九三頁）

2　被告人が海上保安庁巡視艇等の追尾を振切るためなど船体に無線機、レーダー及び高出力の船外機等を装備した漁船を使用し、共犯者らを乗り込ませるなどして、北海道漁業調整規則に違反する漁業を営んだという本件事案の下において、同規則五五条二項本文により右船舶船体などをその所有である被告人から没収することは相当である。（平成二年六月二八日最高裁一小刑判決、総覧続巻二二四頁・最高裁刑集四四巻四号三九六頁）

3　右差押えに係るうなぎは、刑事訴訟法第一二二条、第二二二条第一項所定の「没収することができる押収物で保管に不便なもの」として右規定に従い換価処分に付されたものであるから、、換価代金は、宮崎県内水面漁業調整規則第三六条第二項によりこれを没収すべきものであって、同金額を追徴すべきものではない。（昭和六三年七月一日福岡高裁刑判決、総覧続巻二七四頁・時報一二九四号一四三頁）

4　漁業法第一四〇条により追徴することのできる漁獲物の価格は、客観的に適正なる卸売り価格をいう。（昭和四九年六月一七日最高裁一小刑判決、総覧八一七頁・最高裁刑集二八巻六号一八三頁）

5　追徴すべき漁獲物の価額は犯人が当該漁獲物を売却したる代金に依りてこれを認定するも違法に非ず。（大正一三年一月二一日大審院刑判決、総覧六三八頁・刑集三巻一号一一頁）

6　追徴は、没収をすることができなくなったとき及び場所における漁獲物の価額を標準とすべきである。（昭和七年七月二一日大審院刑判決、総覧六二九頁・刑集一一巻一一二三頁）

7　漁業法第一四〇条の趣旨から見ると、被告人等の各取得額に応じて、これを追徴すべきものと解するのが相当である。（昭和二四年一一月二日福岡高裁刑判決、総覧八二四頁・高裁刑特報六巻六七頁）

**第百四十一条**　次の各号のいずれかに該当する者は、六月以下の懲役又は三十万円以下の罰金に処する。
一　第二十九条の規定に違反して漁業権を貸付けの目的とした者
二　第七十四条第三項の規定による漁業監督官又は漁業監督吏員の検査を拒み、妨げ、若しくは忌避し、又はその質問に対し答弁をせず、若しくは虚偽の陳述をした者
三　第百二十四条第四項の規定に違反した者
四　第百三十四条第一項の規定による報告を怠り、若しくは虚偽の報告をし、又は当該職員の検査を拒み、妨げ、若しくは忌避した者
五　第百三十四条第二項の規定による当該職員の測量、検査、移転又は除去を拒み、妨げ、又は忌避した者

**第百四十二条**　第百三十八条、第百三十九条又は前条第一号の罪を犯した者には、情状により、懲役及び罰金を併科することができる。

**解説**　本条は、罰則の六か月以下の懲役、三〇万円以下の罰金又はその併科に関する規定である。本条に該当す

るものとして次のものがある。

① 漁業権の貸付けの禁止（第二九条違反）

漁業権の貸付けの禁止違反がこれに該当する。

② 漁業監督公務員の検査の許否等（第七四条第三項違反）

漁業監督官又は漁業監督吏員の検査を拒み、妨げ、若しくは忌避し、又はその質問に対し答弁せず、若しくは虚偽の陳述をした者がこれに該当する。

③ 土地の形質の変更等（第一二四条第四項違反）

第一二四条第四項に基づき、土地又は土地の定着物の所有者などが知事の許可を受けないで、当該土地の形質を変更し、又は当該定着物を損壊し、若しくは収去した場合がこれに該当する。

④ 報告徴収の許否等（第一三四条第一項違反）

第一三四条第一項前段の規定に基づき、農林水産大臣又は都道府県知事が漁業に関して報告を徴収したのに対し、報告を怠り、若しくは虚偽の報告をし、又は同条同項後段の規定に基づき、当該職員の行う漁場、船舶などの検査を拒み、妨げ、忌避した場合がこれに該当する。

⑤ 他人の土地に立ち入って行う測量等の許否等（第一三四条第二項違反）

第一三四条第二項の規定に基づき、当該職員が他人の土地に立ち入って、測量し、検査し、又は測量若しくは検査の障害となる物を移転し、若しくは除去することを拒み、妨げ、忌避した場合がこれに該当する。

**第百四十三条**　漁業権又は漁業協同組合の組合員の漁業を営む権利を侵害した者は、二十万円以下の罰金に処する。

2　前項の罪は告訴がなければ公訴を提起することができない。

**解説**　本条は、罰則の二〇万円以下の罰金に関する規定である。本条に該当するものとして次のものがある。

漁業権、行使権侵害（第一四三条違反）

第六条第一項に規定する漁業権又は第八条第一項に規定する漁業協同組合の組合員の漁業を営む権利を侵害した場合がこれに該当する。これらはいずれも親告罪である。

**判例**

1　漁業協同組合が第三種区画漁業を内容とする区画漁業（地まき式養殖業）の免許を受けあさり貝を移植

し、あさり貝を養殖している区画内であさり貝を採取したとしても、漁業権侵害の罪を構成することは格別、窃盗罪を構成しない。（昭和三五年九月一三日最高裁三小刑判決、総覧二四頁、裁判集刑一三五号二八九頁）

2　漁業法による侵害罪（現第一四三条第一項）は、必ずしも他人の水産動植物に関する財産権を侵害した事実のあることを必要としないので、他人が採捕しかつ移植しておいた真珠貝を窃取することによってその他人の漁業権を侵害したときは、一個の行為であって刑法の窃盗罪（第二三五条）及び漁業法の侵害罪の二罪に触るものである。（大正三年一〇月六日大審院刑判決、総覧八二八頁・刑録二〇輯一八〇八頁）

3　養殖中の真珠母貝を他人が権利なしに採捕したときは窃盗罪を構成する。（昭和元年一二月二五日大審院刑判決、総覧三八頁・刑集五巻一二号六〇三頁）

4　専用漁業権区域の海中の自然に散在する岩石に海草の繁殖を容易ならしめるため漁業権者が、ある種の人工を加える等の手段を施したとしても、他人が不法にこれを領得する行為は漁業権の侵害に当たることは勿論であるけれども、窃盗罪を構成するものではない。（大正一一年一一月三日大審院刑判決、総覧四二頁・刑集一巻六二二頁）

5　定置網漁業権者はその漁場に向かって来遊する魚族（免許された漁獲物）を独占捕獲する権利を有するものではない。したがって新規漁場のために幾分障碍をうけても直ちにその権利を侵害されたということではない。（明治四四年三月一三日行政裁判決、総覧三六頁・行録二二輯一六七頁）

6　漁業権と漁業権の行使権とは全く別個のものであって、既に配置してある鮹壺を侵害する虞があったとしても、これは決して専用漁業権の侵害ではなく、漁業権の行使権を侵害することになるだけである。（大正六年一一月二四日大審院刑判決、総覧八三〇頁・刑録二三輯三〇号一六一六頁）

7　漁業権は免許の対象となった特定の漁業を営むために必要な範囲及び様態においてのみ水面を使用する権利である。（平成八年一〇月二八日東京高裁民判決、総覧続巻一四頁・タイムズ四二五号二六四頁）

8　専用漁業権は、免許された一定の水面を専用して一定の水産動植物を採取捕獲することをもってその内容とするものであって、所有権のように当該区域の全水面を排他的に占有する権利ではないので、同漁業権実施に妨げのない限り何人といえども当該水面の使用はなし得るものと解せざるを得ない。（昭和九年四月七日大審院民判決、総覧三九頁・新聞三六八六号一七頁）

9　組合員の漁業を営む権利は、漁業協同組合という団体の構成員としての地位に基づき、組合の制定する漁業権行使規則の定めるところに従って行使することのできる権利である。（平成元年七月一三日最高裁民判決、総覧続巻六一頁・最高裁民輯四三巻七号八六六頁）

10　組合員の有する漁業を営む権利は、構成員たる地位と不可分な、いわゆる社員権的権利であり、漁業協同組合の有する共同漁業権から、派生し、これに附随する第二次的権利である。（平成元年一〇月三〇日仙台高裁民判決、総覧続巻六七頁・訟務三五巻二号一九五頁）

**第百四十四条**　次の各号の一に該当する者は、十万円以下の罰金に処する。

一　第三十五条（第三十六条第三項及び第六十三条において準用する場合を含む。）の規定に違反した者

二　第七十二条の規定に基づく命令に違反した者

三　漁場若しくは漁具の標識を移転し、汚損し、又はこわした者

**解説**　本条は、罰則の一〇万円以下の罰金に関する規定である。本条に該当するものとして次のものがある。

①　休業の届出違反（第三五条違反）

第三五条に基づく漁業権の休業の届出、第三六条第一項に基づく漁業権の休業中における漁業の許可を受けた者の休業の届出（第三六条第三項において準用する第三五条）、指定漁業の休業の届出（第三六条において準用する第三五条）がこれに該当する。

②　漁具の標識等の設置命令違反（第七二条違反）

知事が漁業者、漁業協同組合又はその連合会に対して、漁場の標識の建設又は漁具の標識の設置を命じた場合、これに違反した場合が該当する。

③　漁具の標識等の移転等

漁場若しくは漁具の標識を移転し、汚損し、又はこわした者がこれに該当する。

**第百四十五条**　法人の代表者又は法人若しくは人の代理人、使用人その他の従業者が、その法人又は人の業務又は財産に関して、第百三十八条、第百三十九条、第百四十一条、第百四十三条第一項又は前条第一号若しくは第二号の違反行為をしたときは、行為者を罰する外、その法人又は人に対し、各本条の罰金刑を科する。

**解説**　本条は、罰則の両罰規定に関するものである。

法人の代表者又は法人若しくは人の代理人、使用人その他の従業者が、その法人又は人の業務又は財産に関して、第一三八条、第一三九条、第一四一条、第一四三条第一項、第一四四条第一項、第二項の違反行為をしたときは、行為者を罰するほか、その法人又は人に対し、本条の罰金刑を科する（第一四五条）。両罰規定とは、ある犯罪が行われた場合に、行為者本人のほか、その行為者と一定の関係にある他人（法人を含む。）に対しても刑を科する旨の規定をいう。

**判例**

1　いわゆる両罰規定は決して他人の行為に対する責任ではなく、又故意過失の有無を問わず処罰することを定めたものではないから刑法総則の規定と矛盾するところはない。（昭和二八年七月八日福岡高裁刑判決、総覧六一四頁・高裁刑特報二六号一一二頁）

2　漁獲物の没収を規定した漁業法第一四〇条の「犯人」には、同法第一四五条の両罰規定の適用を受ける事業主が含まれる。（昭和五六年四月二四日札幌高裁刑判決、総覧八三三頁）

3　会社の業務に関し、長崎県漁業調整規則第一三条、第一四条の違反行為をした従業員の処罰のほか、同規則第三条の両罰規定の適用によって事業主も処罰される。（昭和六二年八月一八日福岡高裁刑判決、総覧続巻二六八頁・タイムズ六四七号二一九頁）

**第百四十六条**　第二十七条第一項又は第六十二条第二項の規定による届出を怠つた者は、十万円以下の過料に処する。

**解説**　本条は、罰則の過料に関する規定である。

過料というのは、法令によって科せられる金銭罰のうち、刑罰である罰金や科料と区別してこれを科するにはあたらないものとして特に過料という名称で科せられるものである。過料は刑ではないから、これらについては刑法総則の規定は、適用されない。これらの手続を定めた一般的な規定としては、非訟事件手続法の第五編過料事件（第一六一条から第一六四条まで）の規定がある。

第一四六条は、第二八条第一項に基づき相続又は合併によって定置漁業権又は区画漁業権を取得した者が届出を怠った場合、第六二条第二項に基づき相続又は合併によって指定漁業の許可又は起業認可の地位を承継した者が届出を怠った場合に、一〇万円以下の過料に処することを規定している。

# 第二部　水産資源保護法

（昭和二六年一二月一七日法律第三一三号<br>最終改正平成一九年六月六日法律第七七号）

昭和二六年一二月一七日に水産資源保護法（昭和二六年法律第三一三号）が公布された。これは、漁業法で規定されていた条文の中から「水産動植物採捕制限等に関する命令」（第四条）、「漁法の制限」（第五条、第六条、第七条）、「さく河魚類の通路の保護」（第二二条、第二三条、第二四条）が移されたほか、従来あった水産資源枯渇防止法（昭和二五年法律第一七一号）の規定が受け継がれ、新しく資源の積極的な維持培養を図るため、「保護水面」及び「さけ・ます類の国営人工ふ化放流」等に関する諸規定を設け、これらを統合一元化して水産資源の保護培養に関する制度を定めたものである。さらに平成八年六月には新しく、第一三条の二から第一三条の五が追加され「水産動植物の種苗の輸入防疫制度」が創設された。漁業制度に関する法律として、漁業法とは不可分一体として運用される重要な法律である。

# 第一章　総　則

（この法律の目的）

**第一条**　この法律は、水産資源の保護培養を図り、且つ、その効果を将来にわたつて維持することにより、漁業の発展に寄与することを目的とする。

**解説**　本法の目的は、水産資源の保護培養を図り、かつ、その効果を将来にわたって維持することによって漁業の発展に寄与することである。

（適用範囲）

**第二条**　公共の用に供しない水面には、別段の規定がある場合を除き、この法律の規定を適用しない。

**第三条**　公共の用に供しない水面であつて公共の用に供する水面と連接して一体を成すものには、この法律を適用する。

**解説**　本条は漁業法第三条及び第四条と同じ規定である。すなわち、「公共の用に供する水面」とは、その水面が水産動植物の採捕に関し一般の公共使用に供されている水面をいう。「公共の用に供する水面と連接して一体をなす水面」とは、その水面の客観的状態が公共の用に供する水面と連接一体をなし、その分限がないような場合をいう。これらの水面には水産資源保護法が適用される。一般には、公共の用に供しない私用水面には水産資源保護法は適用されないが第八条の特例がある。

# 第二章　水産資源の保護培養

## 第一節　水産動植物の採捕制限等

（水産動植物の採捕制限等に関する命令）

**第四条**　農林水産大臣又は都道府県知事は、水産資源の保護培養のために必要があると認めるときは、特定の種類の水産動植物であつて農林水産省令若しくは規則で定めるものの採捕を目的として営む漁業若しくは特定の漁業の方法であつて農林水産省令若しくは規則で定めるものにより営む漁業（水産動植物の採捕に係るものに限る。）を禁止し、又はこれらの漁業について、農林水産省令若しくは規則で定めるところにより、農林水産大臣若しくは都道府県知事の許可を受けなければならないこととすることができる。

2　農林水産大臣又は都道府県知事は、水産資源の保護培養のために必要があると認めるときは、次に掲げる事項に関して、農林水産省令又は規則を定めることができる。

一　水産動植物の採捕に関する制限又は禁止（前項の規定により漁業を営むことを禁止すること及び農林水産大臣又は都道府県知事の許可を受けなければならないこととすることを除く。）

二　水産動植物の販売又は所持に関する制限又は禁止

三　漁具又は漁船に関する制限又は禁止

四　水産動植物に有害な物の遺棄又は漏せつその他水産動植物に有害な水質の汚濁に関する制限又は禁止

五　水産動植物の保護培養に必要な物の採取又は除去に関する制限又は禁止

六　水産動植物の移植に関する制限又は禁止

3　前項の規定による農林水産省令又は規則には、必要な罰則を設けることができる。

4　前項の罰則に規定することができる罰は、農林水産省令にあつては二年以下の懲役、五十万円以下の罰金、拘留若しくは科料又はこれらの併科、規則にあつては六月以下の懲役、十万円以下の罰金、拘留若しくは科料又はこれらの併科とする。

5　第二項の規定による農林水産省令又は規則には、犯人が所有し、又は所持する漁獲物、漁船、漁具その他水産動植物の採捕の用に供される物及び同項第六号の水産動植物の没収並びに犯人が所有していたこれらの物件の全部又は一部を没収することができない場合におけるその価額の追徴に関する規定を設けることができる。

6　農林水産大臣は、第一項及び第二項の農林水産省令を定めようとするときは、水産政策審議会の意見を聴かなければならない。

7　都道府県知事は、第一項及び第二項の規則を定めようとするときは、農林水産大臣の認可を受けなければならない。

8　都道府県知事は、第一項及び第二項の規則を定めようとするときは、漁業法（昭和二十四年法律第二百六十七号）第九十四条第一項（海区漁業調整委員会の設置）に規定する海面に係るものにあつては、関係海区漁業調整委員会の意見を、同法第八条第三項（内水面の定義）に規定する内水面に係るものにあつては、内水面漁場管理委員会の意見を聴かなければならない。

9　農林水産大臣は、第二項第四号又は第五号に掲げる事項に関する農林水産省令又は規則であつて、河川法（昭和三十九年法律第百六十七号）が適用され、若しくは準用される河川（以下「河川」という。）又は砂防法（明治三十年法律第二十九号）第二条（指定土地）の規定により国土交通大臣が指定した土地（以下「指定土地」という。）に係るものを定め又は認可しようとするときは、あらかじめ、国土交通大臣に協議しなければならない。

10　農林水産大臣は、第二項第四号に掲げる事項に関する農林水産省令又は規則を定め又は認可しようとするときは、あらかじめ、経済産業大臣に協議しなければならない。

**解説**　農林水産大臣又は都道府県知事は、水産資源の保護培養のために必要があると認めるときは、特定の種類の水産動植物であって農林水産省令若しくは規則で定めるものの採捕を目的として営む漁業若しくは特定の漁業の方法であって農林水産省令若しくは規則で定めるものにより営む漁業（水産動植物の採捕に係るものに限る。）を禁止し、又はこれらの漁業について、農林水産省令若しくは規則で定めるところにより、農林水産大臣又は都道府県知事の許可を受けなければならないこととすることができる（第一項）。漁業法第六五条第一項で解説したような理由によって、改正前の水産資源保護法においても、平成一九年六月六日（法律第七七号）に、第四条第一項が第二項となり、新しく第四条第一項及び第三六条（罰則）の規定が追加された。

また、水産資源の保護培養のために必要があると認めるときは、次に掲げる事項に関して農林水産省令又は漁業調整規則を定めることができ、これらは必要な罰則を付することができる（第二項）。

① 水産動植物の採捕に関する制限

② 水産動植物の販売又は所持に関する制限又は禁止

③ 漁具又は漁船に関する制限又は禁止

④ 水産動植物の遺棄又は漏せつその他水産動植物に有害な水質の汚濁に関する制限又は禁止

⑤ 水産動植物の保護培養に必要な物の採取又は除去に関する制限又は禁止

⑥ 水産動植物の移植に関する制限又は禁止

この規定は、漁業法第六五条第二項の規定に類似しているが、漁業法の場合には「漁業調整のため」と規定されているのに対して、水産資源保護法の第四条第二項は「水産資源の保護培養のため」と規定されており、それぞれの漁業調整と水産資源の保護培養とは表裏一体をなす事項で、農林水産省令又は漁業調整規則は両法の規定に基づいて定められている。

**判例**

1 水産資源保護法第四条が都道府県知事に対し罰則を制定する権限を付与したことは、憲法第三一条に違反するものではない。（昭和四九年一二月二〇日最高裁二小刑判決、総覧四九二頁・裁判集刑一九四号四二五頁）

2 知事が、当該漁場に係る漁業権を有する者が同意を許否したことは正当な理由があると認めた場合において、本件申請が北海道海面漁業調整規則第四三条第三項に規定する同意書の添付という手続要件を欠如するものとして同申請書を却下処分を行っても違法ではない。（昭和五三年一二月一二日札幌高裁刑判決、総覧八四八頁）

3 さけ・ます流し網漁業取締規則第二九条第二項の但書の規定は、漁業法第六五条第四項、水産資源保護法第四項の委任の範囲を超えたもので違法である。（昭和三八年一二月二四日最高裁三小刑判決、総覧六六五頁・裁判集刑三六号一四九頁）

4　油槽所の重油タンクの底に残留していた重油と土砂、塵埃等に相当量の石鹼水を混入した油性混合物が、愛知県漁業調整規則第三二条第一項にいう水産動植物に有害なものである。（昭和四七年一二月二五日名古屋地裁刑判決、総覧八六七頁・刑裁月報四巻一二号二〇一二頁）

5　熊本県知事は、水俣病にかかる前記諸事情について国と同様の認識を有し、又は有し得る状況にあったのであり、同知事には昭和三四年一二月までに県漁業調整規則三二条（水産動植物の繁殖保護に有害な物の除去に必要な設置命令等）に基づく規制権限を行使すべき作為義務があり、昭和三五年一月以降、この権限の行使を欠くものであるとして、県が国家賠償法一条一項による損害賠償責任を負うとして原審の判断は、同規則が、水産動植物等を直接の目的とするものではあるが、それを摂取する者の健康の保持等をもその究極の目的とするものであると解されることからすれば、是認することができる。（平成一六年一〇月一五日最高裁二小民判決、時報一八七六号二頁・最高裁民集五八巻七号一八〇二頁）

6　北海道海面漁業調整規則第四三条により岩礁破砕等の許可申請書に添付を要求されている漁業権者の同意書の添付は、右許可申請書の手続要件であって原則としてこれを添付すべきであり、例外的に漁業権者の同意許否が同意権の濫用にわたり、又は許否を正当ならしめる理由が存在しないと認められるような場合に限ってその不同意の事情を記載した書面の提出によって右手続要件を充足させることができる。（昭和五三年二月二三日札幌地裁民判決、訟務二四巻四号八三三頁）

（漁法の制限）

**第五条**　爆発物を使用して水産動植物を採捕してはならない。但し、海獣捕獲のためにする場合は、この限りでない。

**第六条**　水産動植物をまひさせ、又は死なせる有毒物を使用して、水産動植物を採捕してはならない。但し、農林水産大臣の許可を受けて、調査研究のため、漁業法第百二十七条に規定する内水面において採捕する場合は、この限りでない。

**第七条**　前二条の規定に違反して採捕した水産動植物は、所持し、又は販売してはならない。

**解説** 爆発物を使用して水産動植物を採捕することを禁止している。ただし、海獣捕獲（たとえば捕鯨業）の場合に限り除かれている（第五条）。また、水産動植物をまひさせ、又は死なせる有毒物を使用しての水産動植物の採捕も禁止されている（第六条）。いずれの方法も水産動植物を根こそぎ採捕するおそれがあり、水産資源保護上問題が大きいので禁止されているのである。

さらに、これらの規定に違反して採捕した水産動植物は、こられらを所持し、又は販売することも禁止している（第七条）。この理由は、採捕の禁止だけでは取締りの徹底が十分に期せられないために、所持、販売までも禁止しているのである。

**判例**

1 水産資源保護法第五条に「爆発物を使用し水産動植物を採捕してはならない。」という意義は、爆発物を使用しその箇所に棲息していた「チヌ」の生命を奪い浮上らせた以上、一般的見解としては生命力ある「チヌ」を採捕したと言うべく、死体となった「チヌ」を現実に拾い集めて握有すると否とを問わぬものと解するを相当とする。（昭和四一年三月九日長崎地裁刑判決、総覧八七九頁・下裁刑集八巻三号四六三頁）

2 魚類を捕獲するため爆発物を使用し、魚類を容易に捕捉し得る状態に置くにおいては、現実にこれを拾い集めて取得すると否とを問わず、漁業法第六八条（現水産資源保護法第五条）にいわゆる「水産動植物の採捕」したものと解するのを相当とする。（昭和二九年三月四日最高裁一小刑判決、総覧八八三頁・裁判集刑八巻三号二二八頁）

3 他人が魚類捕獲のために爆発物を使用して魚類を死に至らしめた場合において、その情を知りながら浮かんでいる魚類を拾い集めて所持することは、漁業法第七〇条（現水産資源保護法第七条）に「前二条の規定に違反して採捕した水産動植物」を所持することに該当する。（昭和二九年三月四日最高裁一小刑判決、総覧八八三頁・裁判集刑八巻三号二二八頁）

4 海上において魚類を採捕する目的で爆発物を使用した者が、へい死した魚類を船内にすくい上げて船内に積載所持の行為は、当然採捕行為に包合され、右の一連の行為は同法所定の採捕罪を構成するものと解すべきである。（昭和二七年四月一八日福岡高裁刑判決、総覧八八七頁・高裁刑集五巻四号六一六頁）

5 漁業法第三六条（現水産資源保護法第五条）の規定

は、水産動植物採捕のために爆発物を使用した者が漁業者であると否とを問わず適用されるものである。（大正一一年一一月八日大審院刑判決、総覧八九二頁・刑集一巻六五〇頁）

6　水産動物の採捕とは、捕獲の目的をもって有毒物を使用した者が、現実にその動物を占有した場合のみならず、有毒物の使用により動物を疲憊斃死させて容易に捕捉し得る状態に置いた場合をも指称するものである。（大正一四年三月五日大審院刑判決、総覧八九九頁・刑集四巻二号一二一頁）

7　漁業法第七〇条（現水産資源保護法第七条）の「所持」には、他人が魚類捕獲のため爆発物を使用して魚類を死に至らしめた場合に、その情を知りながら浮かんでいる魚類を拾い集めて所持することをも含む。（昭和三〇年二月一五日最高裁三小刑判決、総覧九〇〇頁・裁判集刑一〇七号七一一頁）

8　水産資源保護法第七条に違反する犯罪を構成するためには、漁獲の目的で毒物を使用してまひさせ、又は死なせて採捕した魚類であることを認識しながら、之を所持することを要する。（昭和二九年三月一六日広島高裁刑判決、総覧九〇二頁・高裁刑特報三一号八五頁）

9　漁業法施行規則第四七条（現水産資源保護法第七条）は、爆発物又は有毒物を使用して採捕した水産動植物の所持を禁止しているのであるから、この規定は公共の福祉の要請に基づくものと認められる。従って所論のようにこの規定を憲法第一三条に違反するものということはできない。（昭和二五年一〇月一一日最高裁大刑判決、総覧最高裁刑集四巻一〇号二〇二九頁）

（公共の用に供しない水面）

**第八条**　公共の用に供しない水面であつて公共の用に供する水面又は第三条の水面に通ずるものには、政令で、第四条から前条までの規定及びこれらに係る罰則を適用することができる。

（公共の用に供しない水面）

**第二十六条**　公共の用に供しない水面であつて公共の用に供する水面又は第三条の水面に通ずるものには、政令で、第二十二条から前条までの規定及びこれらに係る罰則を適用することができる。

**解説**　公共の用に供しない水面については、公共の用に供する水面と連接一体となるものを除き、本法の規定は適用されないのが原則である（第二条及び第三条）。しかし、公共の用に供しない水面であっても公共の用に供する水面又公共の用に供する水面と連接一体をなす水面に通ずる水面について、水産資源の保護培養のための規定よる制限又は禁止が及ばないとすると、これらの制限又は禁止の実効性を著しく欠くこととなる場合がある。このために、本条により、これらの水面に通ずる水面についても、政令をもって第四条から第七条及び第二二条から第二五条の規定及びこれに係る罰則を適用することができることとされている。現在のところ指定されている水面はない。この規定でいう「通ずる」とは「連接一体」よりも広く、水路をもって直接又は間接に通ずる場合をさしているものである。

（許可漁船の定数）

**第九条** 農林水産大臣は、水産資源の保護のために必要があると認めるときは、漁業法第六十五条第一項又は第二項（漁業調整に関する命令）及びこの法律の第四条第一項又は第二項の規定に基づく農林水産省令の規定により農林水産大臣の許可を要する漁業につき、漁業の種類及び水域別に、農林水産省令で、当該漁業に従事することができる漁船の隻数の最高限度（以下「定数」という。）を定めることができる。

2 農林水産大臣は、前項の定数を定める場合には、水産資源の現状及び現に当該漁業を営む者の数その他自然的及び社会的条件を総合的に勘案しなければならない。

3 農林水産大臣は、定数を定めようとするときは、水産政策審議会の意見を聴かなければならない。

**解説** 本条は、農林水産省令に基づく大臣許可の漁船の定数に関する規定である。農林水産大臣は、水産資源の保護のために必要があると認めるときは、漁業法第六五条第一項又は第二項（漁業調整に関する命令）及び水産資源保護法の第四条第一項又は第二項の規定に基づく農林水産省令の規定により農林水産大臣の許可を要する漁業につき、漁業の種類及び水域別に、農林水産省令で、当該漁業に従事することができる漁船の隻数の最高限度（以下「定数」という。）を定めることができる（第一項）。「農林水産省令の規定により農林水産大臣の許可を要する漁業」とは具体的には「特定大臣許可漁業」（「特定大臣許可漁業等の取締りに関する省令」第一条第二項）である。

　農林水産大臣は、定数を定める場合には、水産資源の現状及び現に当該漁業を営む者の数その他自然的及び社会的条件を総合的に勘案しなければならない。また、この場合には水産政策審議会の意見を聴かなければならない（第二項、第三項）。

（定数超過による許可の取消及び変更）

**第十条**　前条の規定により定数が定められた時に当該漁業の種類及び水域につき現に漁業の許可（漁業に関する起業の認可を含む。以下同じ。）を受けている漁船の隻数が定数をこえているときは、農林水産大臣は、左に掲げる事項を勘案して農林水産省令で定める基準に従い、そのこえる数の漁船につき、当該漁業に係る許可の取消の期日又は変更すべき当該漁業の操業区域及び変更の期日を指定しなければならない。

一　各漁業者が当該漁業の種類及び水域につき許可を受けている漁船の隻数

二　当該漁業に従事する漁船の航海度数、主たる操業の場所、操業日数、網入数、漁獲数量その他の操業状況

三　賃金その他の給与等の労働条件

四　各漁業者の経済が当該漁業に依存する程度

2　農林水産大臣は、前項の基準を定めようとするときは、水産政策審議会の意見を聴かなければならない。

3　第一項の規定による指定をする場合において必要があると認めるときは、農林水産大臣は、当該漁業の種類及び水域につき漁業の許可を受けている漁船であつて同項の指定を受けなかつたものにつき、変更すべき当該漁船の操業区域及び変更の期日を指定することができる。

4　第一項又は前項の規定による指定は、告示をもつてする。

5　前項の告示をしたときは、当該漁業に係る許可は、その有効期間にかかわらず、その指定された期日に取り消され、又は操業区域の変更があつたものとする。

6　第一項又は第三項の規定による指定は、これによつて必要となる次条の規定による補償金の総額が国会の議決を経た予算の金額をこえない範囲内でしなければならない。

**解説**　第九条により大臣許可漁業の漁船の定数が定めら

れたときに、その漁業の種類及び水域について、現に漁業の許可等を受けている漁船の隻数が定数をこえている場合には、そのこえる数の漁船について、許可の取消しの期日、変更すべき操業区域、変更の期日を指定しなければならない。この場合には次の事項を勘案して農林水産省令で定めた基準に従って行う（第一項）。

① 各漁業者がその漁業の種類及び水域について許可を受けている漁船の隻数

② その漁業に従事している漁船の航海度数、主たる操業の場所、操業日数、網入数、漁獲数量その他の操業状況

③ 賃金その他給与等の労働条件

④ 各漁業者の経済が当該漁業に依存する程度

なお、農林水産省令で定めた基準を定めるときは水産政策審議会の意見を聴くことになっている（第二項）。第一項の規定により指定する場合において必要があると認めるときには、その漁業の種類及び水域につき漁業の許可を受けている漁船であって同項の指定を受けなかったものにつき、告示をもって変更すべきその漁船の操業区域及び変更の期日を指定することができる（第三項、第四項）。この場合の告示をしたときは、その漁業に係る許可は、その有効期間にかかわらず、その指定された期日に取り消され、又は操業区域も変更があったものとする（第五項）。

（損失補償）

**第十一条**　政府は、前条第五項の規定による許可の取消又は操業区域の変更によつて生じた損失を当該処分を受けた者に対し補償しなければならない。

2　前項の規定により補償すべき損失は、同項の処分によつて通常生ずべき損失とする。

3　前項の補償金額は、農林水産大臣が水産政策審議会の意見を聴いて定め、これを告示する。

4　補償金交付の方法は、政令で定める。

5　第三項の規定により告示された補償金額に不服がある者は、告示の日から六月以内に、訴えをもつて、その増額を請求することができる。

6　前項の訴えにおいては、国を被告とする。

**解説**　政府は、第一〇条第五項の規定による許可の取消し又は操業区域の変更によって生じた通常生ずべき損失をその処分を受けた者に対し補償しなければならない（第一項、第二項）。

（漁業従事者に対する措置）

**第十二条**　第十条第五項の規定により許可の取消を受けた者は、同条第四項の告示の日現在において、許可を受けた漁船に乗り組んでいる者及び当該漁船のために陸上作業をしている者に対し、交付を受けた補償金のうち農林水産省令で定める金額を支給しなければならない。

**解説**　第一〇条第五項の規定により許可の取消しを受けた者は、同条第四項の告示の日現在において、許可を受けた漁船に乗り組んでいる者及び当該漁船のために陸上作業をしている者に対し、公布を受けた補償金のうち農林水産省令で定める金額を支給しなければならない。

（漁獲限度）

**第十三条**　農林水産大臣は、水産資源の保護のために必要があると認めるときは、漁業法第六十五条第一項又は第二項及びこの法律の第四条第一項又は第二項の規定に基づく農林水産省令の規定により農林水産大臣の許可を要する漁業につき、漁業の種類又は漁獲物の種類及び水域別に、当該漁業により漁獲すべき年間の数量の最高限度（以下「漁獲限度」という。）を定め、関係業者又はその団体に対し、この限度を超えて漁獲しないよう措置すべきことを勧告することができる。

2　農林水産大臣は、前項の漁獲限度を定めようとするときは、水産政策審議会の意見を聴かなければならない。

**解説**　農林水産大臣は、水産資源の保護のため必要があると認めるときは、漁業法第六五条及び水産資源保護法第四条の規定に基づく農林水産省令の規定により農林水産大臣の許可を要する漁業につき、漁業の種類又は漁獲物の種類及び水域別に、その漁業により漁業すべき年間の数量の最高限度（漁獲限度）を定め、関係業者又はその団体に対し、この限度を超えて漁獲しないよう措置すべきことを勧告することができる（第一項）。この場合に「農林水産省令の規定により農林水産大臣の許可を要する漁業」とは具体的には「特定大臣許可漁業」（「特定大臣許可漁業等の取締りに関する省令」第一条第二項）である。なお、農林水産大臣は、漁獲限度を定めようとするときは、水産政策審議会の意見を聴かなければならない（第二項）。

## 第一節の二　水産動物の輸入防疫

海外からの魚病の侵入を防ぐために、疾病の病原体を持ち込むおそれのある水産動物の種苗の輸入について、農林水産大臣の許可制度を導入する制度である。

（輸入の許可）

**第十三条の二**　輸入防疫対象疾病（持続的養殖生産確保法（平成十一年法律第五十一号）第二条第二項に規定する特定疾病に該当する水産動物の伝染性疾病その他の水産動物の伝染性疾病であつて農林水産省令で定めるものをいう。以下同じ。）にかかるおそれのある水産動物であつて農林水産省令で定めるもの及びその容器包装（当該容器包装に入れられ、又は当該容器包装で包まれた物であつて当該水産動物でないものを含む。以下同じ。）を輸入しようとする者は、農林水産大臣の許可を受けなければならない。

2　前項の許可を受けようとする者は、農林水産省令で定めるところにより、当該水産動物の種類及び数量、原産地、輸入の時期及び場所その他農林水産省令で定める事項を記載した申請書に、輸出国の政府機関により発行され、かつ、その検査の結果当該水産動物が輸入防疫対象疾病にかかつているおそれがないことを確かめ、又は信ずる旨を記載した検査証明書又はその写しを添えて、これを農林水産大臣に提出しなければならない。

3　農林水産大臣は、第一項の許可の申請があつた場合において、その申請に係る水産動物及びその容器包装が次の各号のいずれかに該当するときは、同項の許可をしなければならない。

一　前項の検査証明書又はその写しにより輸入防疫対象疾病の病原体を広げるおそれがないと認められるとき。

二　次条第一項の規定による命令に係る措置が実施されることにより輸入防疫対象疾病の病原体を広げるおそれがなくなると認められるとき。

4　農林水産大臣は、第一項の許可をしたときは、農林水産省令で定めるところにより、許可を受ける者に対し輸入許可証を交付する。

**解説**　輸入防疫対象疾病にかかるおそれのある水産動物

及びその容器包装を輸入しようとする者は、農林水産大臣の許可を受けなければならない（第一項）。輸入防疫対象疾病とは、持続的養殖生産確保法第二条第二項に規定する特定疾病に該当する水産動物の伝染性疾病その他の水産動物の伝染性疾病であって水産資源保護法施行規則（以下本法において「施行規則」という。）第一条第二項で定める次のものをものをいう。

「容器包装」とは、水産動物を輸送する場合に用いられる発砲スチロールの箱、ビニール袋、段ボール等であるこれらの「包装容器」を輸入防疫制度の対象としているのは、これらのものにも水産動物の伝染性疾病の病原体が付着しているおそれがあり、水産動物と同様、輸入防疫制度の対象とすることが必要であるためである。

許可を受けようとする者は、当該水産動物の輸出国の政府機関によって発行された検査証明書又はその写しを添えて、農林水産大臣に許可申請を行う。申請書には、①水産動物の種類、②数量、③原産地、④輸入の時期、⑤輸入の場所、⑥荷受人及び荷送の住所氏名、⑦搭載予定地及び搭載予定年月日、⑧搭載予定船舶（航空機）名、⑨仕向地、⑩その他参考となるべき事項を記載することが必要である（第二項、施行規則第一条の二第二項）。

農林水産大臣は、申請に係る水産動物が、第二項の検査証明書によって伝染性疾病を広げるおそれがないと認めるときは、許可を行い、輸入許可証を交付する（第三項、第四項）。

（許可に当たつての命令等）

**第十三条の三**　農林水産大臣は、前条第一項の許可の申請に係る水産動物及びその容器包装が、輸出国の事情その他の事情からみて、同条第二項の検査証明書又はその写しのみによつては輸入防疫対象疾病の病原体を広げるおそれがないとは認められないときは、同条第一項の許可をするに当たり、その申請をした者に対し、輸入防疫対象疾病の潜伏期間を考慮して農林水産省令で定める期間当該水産動物及びその容器包装を農林水産省令で定める方法により管理すべきことを命ずることができる。

2　前項の規定による命令を受けた者は、同項の期間内に当該水産動物が輸入防疫対象疾病にかかり、又はかかつている疑いがあることを発見したときは、農林水産省令で定めるところにより、農林水産大臣の行う検査を受けなければならない。
3　前項の検査を受けた者は、その結果についての通知を受けるまでの間は、当該水産動物及びその容器包装を第一項の農林水産省令で定める方法により管理しなければならない。

**解説**　農林水産大臣は、輸出国の事情からみて、検査証明書又はその写しのみによっては輸入防疫対象疾病の病原体を広げるおそれがないとは認められないときは、一定期間水産動物及びその容器包装を施行規則第一条の六で定める方法により管理すべきことを命ずることができる（第一項）。

第一項の命令を受けた者は、その期間内に当該水産動物が輸入防疫対象疾病にかかっていること等を発見したときは、農林水産大臣が行う検査を受けなければならない（第二項）。この場合に検査を受ける者は、あらかじめ、文書又は口頭により、次に掲げる事項を農林水産大臣に届け出なければならない（施行規則第一条の七）。

① 水産動物の所有者及び管理者の氏名又は名称及び住所
② 水産動物がかかり、又はかかっている疑いがある輸入防疫対象疾病の種類
③ 水産動物の種類
④ 水産動物の所在地
⑤ 水産動物が輸入防疫対象疾病にかかり、又はかかっている疑いがあることを発見した年月日時及び発見時の状態
⑥ その他参考となるべき事項

（焼却等の命令）
**第十三条の四**　農林水産大臣は、前条第二項の検査の結果、第十三条の二第一項の許可の申請に係る水産動物が輸入防疫対象疾病にかかつていると認められるときは、当該水産動物又はその容器包装を所有し、又は管理する者に対し、当該水産動物又はその容器包装、いけすその他輸入防疫対象疾病の病原体が付着し、若しくは付着しているおそれのある物品の焼却、埋却、消毒その他必要な措置をとるべきことを命ずることができる。

**解説**　農林水産大臣は、前条第二項の検査の結果、当該水産動物が輸入防疫対象疾病にかかっていることを認めるときは、当該水産動物又はその容器包装等の焼却等を

命ずることができる。

なお、本条に基づいて焼却、埋却等を命じた場合に当該命令により生じた損失については、この法律においては補償の対象としていない。このことは、

① 輸入防疫においては、輸入される水産動物が伝染性疾病を広げるおそれがあるか否かについて常に把握する体制をとり、伝染病疾患にかかっている水産動物の輸入がなされないようにしていること

② 伝染性疾病にかかっている水産動物は、瑕疵があるものとして輸入元に対して損害賠償請求等をすることが可能である場合が多いことにかんがみれば、当該水産動物の焼却等については、輸入に伴い通常発生しうるリスクとして「受忍しなければならない責務」の範囲内にあると考えられ、憲法第二九条第三項に基づく損失補償が必要となることとは考えられないことによるものである。

（報告及び立入検査）

**第十三条の五**　農林水産大臣は、この節の規定の施行に必要な限度において、水産動物及びその容器包装を輸入しようとする者又は輸入した者その他の関係者に対し、これらの輸入に関し必要な報告を求め、又はその職員に、これらの者の事業場、事務所若しくは水産動物の管理に係る施設に立ち入り、水産動物、容器包装、書類その他の物件を検査させることができる。

2　前項の規定により立入検査をする職員は、その身分を示す証明書を携帯し、関係者に提示しなければならない。

3　第一項の規定による立入検査の権限は、犯罪捜査のために認められたものと解釈してはならない。

**解説**　第一三条の三第一項、第一三条の四第一項等の措置を適切に講じ得るかどうか、又はこれらの措置が適切に講じられているかどうかを確認するため、農林水産大臣は、水産動物を輸入しようとする者又は輸入した者その他の関係者に対して、報告を求め、又は職員を事業場等に立ち入らせ、検査を行わせることができる。

## 第二節　保護水面

水産資源の保護培養を図るには、資源の再生産過程を通じ、稚魚の新規加入や個体の成長に伴う添加量と自然死亡量や漁獲による減少量とを対比しつつ、適切な措置をとることが必要である。このために、本法において保護水面制度が設けられている。

（保護水面の定義）
**第十四条**　この法律において「保護水面」とは、水産動物が産卵し、稚魚が生育し、又は水産動植物の種苗が発生するのに適している水面であつて、その保護培養のために必要な措置を講ずべき水面として都道府県知事又は農林水産大臣が指定する区域をいう。

**解説**　本条は、保護水面の定義に関する規定である。
「保護水面」とは、水産動物が産卵し、稚魚が成育し、又は水産動植物の種苗が発生するのに適している水面であつて、その保護培養のために必要な措置を講ずべき水面として都道府県知事又は農林水産大臣が指定する区域をいう。

（保護水面の指定）
**第十五条**　都道府県知事は、水産動植物の保護培養のため必要があると認めるときは、水産政策審議会の意見を聴いて農林水産大臣が定める基準に従つて、保護水面を指定することができる。
2　都道府県知事は、前項の規定により保護水面の指定をしようとするときは、あらかじめ、農林水産大臣に協議し、その同意を得なければならない。
3　都道府県知事は、第一項の規定により保護水面の指定をしようとするときは、指定をしようとする保護水面が漁業法第八十四条第一項に規定する海面に属する場合にあつては、当該保護水面につき定められた海区に設置した海区漁業調整委員会の意見を、指定をしようとする保護水面が同法第八条第三項に規定する内水面に属する場合にあつては、内水面漁場管理委員会の意見を聴かなければならない。
4　農林水産大臣は、水産動植物の保護培養のため特に必要があると認めるときは、第一項の規定にかかわらず、同項に規定する基準に従つて、保護水面を指定することができる。

5　農林水産大臣は、前項の規定により保護水面の指定をしようとするときは、指定をしようとする保護水面の属する水面を管轄する都道府県知事の意見を聴かなければならない。
6　第三項の規定は、都道府県知事が前項の規定により農林水産大臣に意見を述べようとする場合に準用する。
7　第一項又は第四項の規定による保護水面の指定は、保護水面の区域の告示をもつてする。

**解説**　保護水面を指定する者は、都道府県知事と農林水産大臣の場合がある。

①　都道府県知事の指定
都道府県知事は、水産動植物の保護培養のため必要があると認めるときは、保護水面の指定基準に従って、保護水面を指定することができる（第一項）。ただし、この場合に、都道府県知事は事前に農林水産大臣に協議し、その同意を得なければならない（第二項）。

②　農林水産大臣の指定
都道府県知事だけでなく、農林水産大臣も水産動植物の保護培養のために特に必要があると認めるときは、保護水面の指定基準に従って、保護水面を指定できる（第四項）。この場合には、農林水産大臣は、指定しようとする保護水面の属する水面を管轄する都道府県知事の意見を聴かなければならない（第五項）。

③　保護水面の指定基準
保護水面の指定基準は、農林水産大臣が水産政策審議会の意見を聴いて定めることになっている（第一項）。その内容は次のとおりである（昭和二八年三月二日農林省告示第九四号）。

保護水面は、次の各号のいずれかに該当する水面でなければならない。
イ　次に掲げる基準をすべて満たす水面
i　現に水産動植物が著しく繁殖しているか又は適当な保護培養方法を講ずることにより水産動植物の繁殖を著しく促進できることが確実な水面
ii　当該水面における水産動植物を保護培養することにより他の水面における当該水産動植物の増殖に貢献することが確実な水面
ロ　資源状況の著しく悪化している水産動植物が生育しており、適当な保護培養方法を講ずることにより

当該水産動植物の繁殖を維持又は促進できることが確実な水面

（保護水面の区域の変更等）

**第十五条の二**　都道府県知事又は農林水産大臣は、保護水面が前条第一項に規定する基準に適合しなくなったときその他情勢の推移により必要が生じたときは、遅滞なく、その指定した保護水面の区域を変更し、又はその指定を解除するものとする。

2　前条第二項、第三項及び第五項から第七項までの規定は、前項の規定による変更又は解除について準用する。

**解説**　都道府県知事または農林水産大臣は、前条第一項に規定する保護水面の指定基準に適合しなくなったときその他情勢の推移により必要が生じたときは、遅滞なく、その指定した保護水面の区域を変更し、又はその指定を解除しなければならない。

（保護水面の管理者）

**第十六条**　保護水面の管理は、当該保護水面を指定した都道府県知事又は農林水産大臣が行う。

**解説**　保護水面の管理は、当該保護水面を指定した都道府県知事又は農林水産大臣が行う。

（保護水面の管理計画）

**第十七条**　都道府県知事又は農林水産大臣は、第十五条第一項又は第四項の規定により保護水面の指定をするときは、当該保護水面の管理計画を定めなければならない。

2　前項の保護水面の管理計画においては、少なくとも次に掲げる事項を定めなければならない。

一　増殖すべき水産動植物の種類並びにその増殖の方法及び増殖施設の概要

二　採捕を制限し、又は禁止する水産動植物の種類及びその制限又は禁止の内容

三　制限し、又は禁止する漁具又は漁船及びその制限又は禁止の内容

3　都道府県知事は、その管理する保護水面の管理計画を定め、又は変更しようとするときは、前項各号に掲げる事項について、あらかじめ、農林水産大臣に協議し、その同意を得なければならない。

4　第十五条第三項、第五項及び第六項の規定は、第一

項の保護水面の管理計画を定め、又は変更しようとする場合に準用する。

5　農林水産大臣は、水産動植物の保護培養のため特に必要があると認めるときは、都道府県知事に対し、その管理する保護水面の管理計画を変更すべきことを指示することができる。この場合には、第十五条第五項及び第六項の規定を準用する。

**解説**　保護水面の管理者（当該保護水面を指定した都道府県知事又は農林水産大臣）は、次の三項目を含んだ管理計画を定め、保護水面の管理をしなければならない（第一項）。

①　増殖対象水産動植物の種類、その増殖方法及び増殖施設の概要

②　採捕を制限又は禁止する水産動植物の種類及びその制限又は禁止の内容

③　制限又は禁止する漁具又は漁船及びその制限又は禁止の内容

また、管理計画の実施に当たっては、特に①と②に関しては厳重な規制を加えるため、各都道府県の漁業調整規則に制限又は禁止に関する規定を定めている。さらに水産資源の保護培養上必要な藻場内における漁業の禁止、保護水面内における岩礁の破砕、土砂、岩石の採取行為の制限等についても漁業調整規則に規定するとともに、必要な罰則の整備を行い、管理の徹底が期されている。

（工事の制限等）

**第十八条**　保護水面の区域（河川、指定土地又は港湾法（昭和二十五年法律第二百十八号）第二条第三項（港湾区域の定義）に規定する港湾区域若しくは同法第五十六条第一項（港湾区域の定めのない港湾）に規定する水域（第五項において「港湾区域」と総称する。）に係る部分を除く。）内において、埋立て若しくはしゆんせつの工事又は水路、河川の流量若しくは水位の変更を来す工事をしようとする者は、政令の定めるところにより、当該保護水面を管理する都道府県知事又は農林水産大臣の許可を受けなければならない。

2　都道府県知事又は農林水産大臣は、前項の許可を受けないでされた工事が当該保護水面の管理に著しく障害を及ぼすと認めるときは、当該工事の施行者に対し、当該工事を変更し、又は当該水面を原状に回復す

べきことを命ずることができる。

3　国土交通大臣、都道府県知事又は市町村長は、河川若しくは指定土地に関する第一項に掲げる工事をし、若しくはさせようとする場合又はこれらの工事について河川法第二十三条から第二十七条まで若しくは第二十九条（河川使用の許可等）の規定による許可若しくは砂防法第四条（指定土地における一定行為の禁止、制限）の規定による制限に係る許可をしようとする場合において、当該工事が保護水面の区域内においてされるものであるときは、政令の定めるところにより、あらかじめ、当該保護水面を管理する都道府県知事又は農林水産大臣に協議しなければならない。

4　砂利採取法（昭和四十三年法律第七十四号）第十六条（採取計画の認可）に規定する河川管理者は、同条の採取計画又は変更後の採取計画に基づいて行なう工事が第一項に掲げる工事に該当し、かつ、保護水面の区域内においてされるものである場合において、当該採取計画又は採取計画の変更について同条又は同法第二十条第一項（変更の認可）の規定による認可をしようとするときは、政令の定めるところにより、あらかじめ、当該保護水面を管理する都道府県知事又は農林水産大臣に協議しなければならない。

5　国土交通大臣又は港湾管理者（港湾法第二条第一項（港湾管理者の定義）に規定する港湾管理者をいう。以下同じ。）が港湾区域内における第一項に掲げる工事をしようとする場合又はこれらの工事について港湾管理者が同法第三十七条第一項（港湾区域内の工事の許可）の規定による許可をし、同条第三項（港湾区域内の国等の工事についての特例）の規定による協議に応じ、都道府県知事が同法第五十六条第一項の規定による許可をし、同条第三項（港湾区域の定のない港湾への準用）の規定による協議に応じ、若しくは港湾管理者が同法第五十八条第二項（公有水面埋立法との関係）の規定により公有水面埋立法（大正十年法律第五十七号）の規定による都道府県知事の職権を行おうとする場合において、当該工事が保護水面の区域内においてされるものであるときは、国土交通大臣、港湾管理者又は都道府県知事は、政令の定めるところにより、あらかじめ、当該保護水面を管理する都道府県知事又は農林水産大臣に協議しなければならない。

6　保護水面の区域内において水産動植物の保護培養のため特に必要があるときは、当該保護水面を管理する都道府県知事又は農林水産大臣は、政令の定めるところにより、国土交通大臣、都道府県知事又は港湾管理者に対し、当該区域内における第一項に掲げる工事又はその工事により施設された工作物に関し必要な勧告をすることができる。

**解説**　水産資源の保護培養を図り、かつ、その効果を将来にわたって維持するためには、水産動物が産卵し、稚魚が成育し、水産動植物の種苗が発生するのに適している水面について、その保護培養を妨げうる行為を、適切に管理する必要がある。このため、保護水面の区域内において、埋立若しくは浚渫の工事又は水路、河川の流量若しくは水位の変更を来す工事をしようとする者は、保護水面を管理する都道府県知事又は農林水産大臣の許可を受けなければならない（第一項）。許可を受けようとする者は次の事項を記載した申請書に、当該工事の事業計画書及び設計書並びに当該工事が他の法令に基づく行政庁の許可、免許その他の処分を要するものであるときは、当該処分のあったことを証する書類を添えて、当該保護水面を管理する都道府県知事又は農林水産大臣に提出しなければならない（水産資源保護法施行令（以下「施行令」という。）第一条）。

① 申請者の氏名又は名称及び住所
② 保護水面における工事の概要及びその区域
③ 工事をしようとする理由

都道府県知事又は農林水産大臣は、第一項の許可を受けないでされた工事が当該保護水面の管理に著しい障害を及ぼすと認めるときは、当該工事の施工者に対し、当該工事を変更し、又は当該水面を原状に回復すべきことを命ずることができる（第二項）。

また、次に掲げる者は、次に掲げる場合には、あらかじめ、書面をもって当該保護水面を管理する都道府県知事又は農林水産大臣に協議しなければならない（第三項～第五項、施行令第二条）。

① 国土交通大臣、都道府県知事又は市町村

河川若しくは指定土地に関する第一項に掲げる工事をし、若しくはさせようとする場合又はこれらの工事について河川法第二三条から第二七条まで若しくは第二九条（河川使用の許可等）の規定による許可若しくは砂防法第四条（指定土地における一定行為の禁止、制限）の規定による制限に係る許可をしようとする場合において、当該工事が保護水面の区域内においてさ

れるものであるとき

② 砂利採取法第一六条（採取計画の認可）に規定する河川管理者

同条の採取計画又は変更後の採取計画に基づいて行う工事が第一項に掲げる工事に該当し、かつ、保護水面の区域内においてされるものである場合において、当該採取計画又は採取計画の変更について同条又は同法第二〇条第一項（変更の認可）の規定による認可をしようとするとき

③ 国土交通大臣、港湾管理者又は都道府県知事

国土交通大臣又は港湾管理者が港湾区域内における埋立若しくは浚渫の工事又は水路、河川の流量若しくは水位の変更を来す工事をしようとする場合又はこれらの工事について港湾管理者が港湾法第三七条第一項（港湾区域内の工事の許可）の規定による許可をし、同条第三項（港湾区域内の国等の工事につての特例）の規定による協議に応じ、都道府県知事が同法第五条第一項の規定による許可をし、同条第三項（港湾区域の定めのない港湾への準用）の規定による協議に応じ、若しくは港湾管理者が同法第五八条第二項（公有水面埋立法との関係）の規定により公有水面埋立法の規定による都道府県知事の職権を行おうとする場合において、当該工事が保護水面の区域内においてされるものであるとき

また、保護水面の区域内において水産動植物の保護培養のため特に必要があるときは、当該保護水面を管理する都道府県知事又は農林水産大臣は、書面をもって、国土交通大臣、都道府県知事又は港湾管理者に対し、当該区域内における第一項に掲げる工事又はその工事により施設された工作物に関し必要な勧告をすることができる（第六項）。

## 第三節　さく河魚類の保護培養

さけ・ます類あるいはあゆのようなさく河性魚類は、繁殖又は生育のための河川の相当広範囲な部分にわたって移動するので、これらの魚族の保護培養については特別な措置が必要であり、中でもさけ・ます類のようなものについては、特に慎重な配慮と手厚い資源保護措置が実施されている。

（センターが実施すべき人工ふ化放流）

**第二十条**　農林水産大臣は、毎年度、溯河魚類のうちさけ及びますの個体群の維持のために独立行政法人水産総合研究センター（以下「センター」という。）が実施すべき人工ふ化放流に関する計画を定めなければならない。

2　前項の計画においては、当該年度において人工ふ化放流を実施すべき河川及び放流数を定めなければならない。

3　農林水産大臣は、第一項の計画を定めようとするときは、水産政策審議会の意見を聴かなければならない。

4　農林水産大臣は、第一項の計画を定めたときは、遅滞なく、これを公表するとともに、センターに通知しなければならない。

5　センターは、前項の規定による通知を受けたときは、当該計画に従つて人工ふ化放流を実施しなければならない。

**解説**　「独立行政法人水産総合センター」（以下「センター」という。）が放流を行う場合、農林水産大臣は、毎年度、ふ化放流事業を実施する河川、場所及び放流数等の事項を内容とした実施計画を、あらかじめ水産政策審議会の意見を聴いて定めなければならない。そして、農林水産大臣は実施計画を定めたときは、遅滞なく公表するとともに、センターに通知し、センターはこの計画に従って人工ふ化放流を実施しなければならない（第一項〜第五項）

（受益者の費用負担）

**第二十一条**　センターは、溯河魚類のうちさけ又はますを目的とする漁業を営む者が、前条第一項の人工ふ化放流により著しく利益を受けるときは、農林水産省令で定めるところにより、農林水産大臣の承認を受けて、その者にその実施に要する費用の一部を負担させることができる。

**解説** 受益者の費用負担については、河川内で行われるさけ・ますの人工ふ化事業は、沿岸沖合などのさけ・ますの増殖を目的としているので、センターはさけ、ますを目的とする漁業者が、センターの人工ふ化事業によって著しく利益を受けている場合には、農林水産大臣の承認を受けて受益者に人工ふ化事業に要する費用の一部を負担させることができる。

（さく河魚類の通路の保護）

**第二十二条** さく河魚類の通路となっている水面に設置した工作物の所有者又は占有者は、さく河魚類のさく上を妨げないように、その工作物を管理しなければならない。

2 農林水産大臣又は都道府県知事は、前項の工作物の所有者又は占有者が同項の規定による管理を怠っていると認めるときは、その者に対し、同項の規定に従って管理すべきことを命ずることができる。

3 都道府県知事は、前項の規定による命令をしたときは、遅滞なく、その旨を農林水産大臣に報告しなければならない。

**第二十三条** 農林水産大臣は、さく河魚類の通路を害する虞があると認めるときは、水面の一定区域内における工作物の設置を制限し、又は禁止することができる。

2 農林水産大臣は、前項の規定による制限をしようとするときは、当該工作物を設置しようとする者に対し、さく河魚類の通路又は当該通路に代るべき施設を設置すべきこと、もし、さく河魚類の通路又は当該通路に代るべき施設を設置することが著しく困難であると認める場合においては、当該水面におけるさく河魚類又はその他の魚類の繁殖に必要な施設を設置し、又は方法を講ずべきことを命ずることによつても、これをすることができる。

3 前項の規定による命令を受けた者は、農林水産省令の定めるところにより、当該命ぜられた事項についての計画を作成し、これについて農林水産大臣の承認を受けなければならない。

**第二十四条** 農林水産大臣は、工作物がさく河魚類の通路を害すると認めるときは、その所有者又は占有者に対し、除害工事を命ずることができる。
2　前項の規定により除害工事を命ずるときは、次項の規定による補償金の総額が国会の議決を経た予算の金額をこえない範囲内でしなければならない。
3　農林水産大臣は、第一項の規定により除害工事を命じたときは、その工作物について権利を有する者に対し、相当の補償をしなければならない。但し、第二十二条第二項の規定による命令に違反した者に対し、第一項の規定により除害工事を命じた場合においては、その者に対しては、補償しない。
4　第一項の規定による除害工事の命令が利害関係人の申請によつてされたときは、農林水産大臣の定めるところにより、当該申請者が、前項本文の規定による補償をしなければならない。
5　前二項の補償金額に不服がある者は、補償金額決定の通知を受けた日から六月以内に、訴えをもつて、その増減を請求することができる。
6　前項の訴においては、国を被告とする。但し、第四項の場合においては、申請者又は工作物について権利を有する者を被告とする。
7　第一項の規定による工作物の除害工事の命令があつた場合において、当該工作物の上に先取特権、質権又は抵当権があるときは、当該先取特権者、質権者又は抵当権者から供託しなくてもよい旨の申出がある場合を除き、農林水産大臣又は第四項の当該申請者は、第三項又は第四項の補償金を供託しなければならない。
8　前項の先取特権者、質権者又は抵当権者は、同項の規定により供託した補償金に対してその権利を行うことができる。

**解説**　さく河魚類の資源の保護対策の一環として、その通路となる水面に設置されている工作物又は新たに敷設されようとしている工作物に対して種々の制限又は禁止事項が定められている。

①　既設の工作物（第二二条）

既設の工作物については、その所有者又は占有者は、さく河魚類のさく上を妨げないようその工作物を管理することを義務づけられており、さらに、農林水産大臣又は都道府県知事が、その義務が遵守されないと認めたときは、その工作物の所有者又は占有者に対して、魚類のさく上を妨げないように管理することを命じることができる。

② 新設の工作物（第二三条）

新たに工作物を設置する場合については、農林水産大臣は、さく河魚類の通路を害するおそれがあると認めたときは、水面の一定区域を限って、その中で工作物の設置を制限し、又は禁止することができる（第一項）。この場合に、その工作物を設置しようとする者に対し、さく河魚類の通路又は通路に代わるべき施設、たとえば、魚道、魚梯等の人工通路等の設置を命ずることができ、もしこれらの施設の設置が地形水流などの条件によって著しく困難な場合には、その水面におけるさく河魚類又はその他の魚類の繁殖に必要な、人工ふ化施設、畜養施設等の施設を設置し、又はそれらの資源のふ化放流等の方法を講ずることを命ずることができる（第二項）。この命令を受けた者は、これらの命ぜられた事項についての計画を作成し、農林水産大臣の承認を受けなければならない（第三項）。

③ 除外工事の命令（第二四条）

農林水産大臣は、水面に設置された工作物が、さく河魚類の通路を害すると認めたときは、その所有者又は占有者に対して、直接除害工事を命ずることができる（第一項）。この場合には、その工作物について権利を有する者に対して、予算の範囲内において、相当の補償をしなければならない（第二項、第三項）。ただし、除外工事命令がその河川に係る利害関係人の申請によってなされた場合には、農林水産大臣の定めるところによってその申請者が国に代わって補償しなければならない（第四項）。

（内水面におけるさけの採捕禁止）

**第二十五条**　漁業法第八条第三項に規定する内水面においては、溯河魚類のうちさけを採捕してはならない。ただし、漁業の免許を受けた者又は同法第六十五条第一項若しくは第二項及びこの法律の第四条第一項若しくは第二項の規定に基づく農林水産省令若しくは規則の規定により農林水産大臣若しくは都道府県知事の許可を受けた者が、当該免許又は許可に基づいて採捕する場合は、この限りでない。

**解説**　さけ資源の特性から、湖沼、河川等の内水面では、さけを採捕することが禁止されている。ただし、漁業の免許を受けた者や農林水産省令や都道府県漁業調整規則に定めた手続によって、農林水産大臣や都道府県知事の許可を受けた者が、その免許又は許可に基づいてする場合には、例外としてさけの採捕が認められている。

**判例**

1　水産資源保護法第二五条にいう「採捕」には、現実の捕獲のみならず、さけを捕獲する目的で河川下流において、かさねさし網を使用する行為も含まれる。（昭和四六年一一月一六日最高裁三小刑判決、総覧九一八頁・最高裁刑集二五巻八号九六四頁）

2　水産資源保護法第二五条にいう「採捕」とは、採捕行為を指称し、現実に魚類を採捕したか否か、あるいはこれを捕捉しうる状態において実力支配内に帰属するに至らしめたか否かは問うところではないと解するのが相当である。（昭和四四年一〇月二〇日東京高裁刑判決、総覧九四二頁・時報五九二号一〇一頁）

3　漁具、漁法を具体的に掲げて禁止する規定にいう「採捕してはならない」という場合の採捕とは、当該漁具、漁法の使用による採捕行為を意味する。（昭和四五年四月三〇日東京高裁刑判決、総覧九三八頁・時報六一一号九二頁）

（公共の用に供しない水面）

**第二十六条**　公共の用に供しない水面であつて公共の用に供する水面又は第三条の水面に通ずるものには、政令で、第二十二条から前条までの規定及びこれらに係る罰則を適用することができる。

**解説**　第八条（公共の用に供しない水面）の解説を参照。

## 第四節　水産動植物の種苗の確保

（届出の義務）

**第二十七条**　農林水産省令で定める水産動植物の種苗を、業として、販売の目的をもつて採捕し、又は生産しようとする者は、農林水産省令の定めるところにより、農林水産大臣にその旨の届出をしなければならない。その業を廃止したときも、同様とする。

**解説**　農林水産省令で定める水産動植物の種苗を、業として、販売の目的をもって採捕し、又は生産しようとする者は、農林水産省令の定めるところにより、農林水産大臣にその旨の届出をしなければならない。その業を廃止したときも、同様である。この場合の「農林水産省令で定める水産動植物」とは、あゆである（施行規則第五条）。「本条前段の規定による届出」は、その業を開始しようとする日の三〇日前までに、別記様式第四号による届出書を農林水産大臣に提出してしなければならない（同規則第六条）。また、「本条後段の規定による届出」は、その業を廃止した日から一〇日以内に、その旨を記載した書面を農林水産大臣に提出してしなければならない（施行規則第七条）。

（生産及び配付の指示）

**第二十八条**　農林水産大臣は、前条に規定する水産動植物の種苗を確保するために必要があると認めるときは、農林水産省令の定めるところにより、同条に規定する者に対し、当該水産動植物の種苗の生産又は配付につき必要な指示をすることができる。

**解説**　農林水産大臣は、前条に規定する水産動植物の種苗を確保するために必要があると認めるときは、農林水産省令の定めるところにより、同条に規定する者に対し、当該水産動植物の種苗の生産又は配付につき必要な指示をすることができる。この場合の「農林水産省令の定める指示」は、水産動植物の生産についてする場合は当該水産動植物の種苗の種類及び生産数量又は生産方法を、水産動植物の種苗の配付についてする場合には、当該水産動植物の種苗の種類及び配付価格、配付方法、配付先別数量、又は時期別配付数量を記載した書面を交付してするものとされている（施行規則第八条）。

# 第三章　水産資源の調査

（水産資源の調査）
**第二十九条**　農林水産大臣は、この法律の目的を達成するために、水産資源の保護培養に必要であると認められる種類の漁業について、漁獲数量、操業の状況及び海況等に関し、科学的調査を実施しなければならない。

**解説**　農林水産大臣は、この法律の目的を達成するために、水産資源の保護培養に必要であると認められる種類の漁業について、漁獲数量、操業の状況及び海況等に関し、科学的調査を実施しなければならない。

（報告の徴収等）
**第三十条**　農林水産大臣又は都道府県知事は、前条の調査を行うために必要があると認めるときは、漁業を営み、又はこれに従事する者に、漁獲の数量、時期、方法その他必要な事項を報告させることができる。

2　都道府県知事は、前項の規定により得た報告の結果を農林水産大臣に報告しなければならない。

**解説**　農林水産大臣又は都道府県知事は、前条の調査を行うために必要があると認めるときは、漁業を営み、又はこれに従事する者に、漁獲の数量、時期、方法その他必要な事項を報告させることができる。

# 第四章　補　助

（補助）
**第三十一条**　国は、この法律の目的を達成するために、予算の範囲内において、次に掲げる費用の一部を補助することができる。
一　都道府県知事が管理計画に基づいて行う保護水面の管理に要する費用
二　溯河魚類の通路となつている水面に設置した工作物の所有者又は占有者（第二十四条第一項の規定による除害工事の命令を受けた者を除く。）が、当該水面において、第二十三条第二項に規定する施設を設置し、又は改修するのに要する費用
三　センター以外の者が溯河魚類のうちさけ又はますの人工ふ化放流事業を行うのに要する費用

**解説**　国は、この法律の目的を達成するために、予算の範囲内において、次に掲げる費用の一部を補助することができる。

①　都道府県知事が管理計画に基づいて行う保護水面の管理に要する費用
②　さく河魚類の通路となっている水面に設置した工作物の所有者又は占有者（第二四条第一項の除害工事の命令を受けた者を除く。）が、当該水面において、第二三条第二項に規定する施設を設置し、又は改修するのに要する費用
③　独立行政法人水産総合センター以外の者がさく河魚類のうちさけ又はますの人工ふ化放流事業を行うのに要する費用

# 第五章　雑　則

（水産資源保護指導官及び水産資源保護指導吏員）

**第三十二条**　農林水産大臣は、水産資源の保護培養に関する事項の指導及び普及その他この法律及びこの法律に基づく命令の励行に関する事務をつかさどらせるため、所部の職員のうちから水産資源保護指導官を命ずるものとする。

2　都道府県知事は、水産資源の保護培養に関する事項の指導及び普及その他この法律及びこの法律に基づく命令の励行に関する事務をつかさどらせるため、所部の職員のうちから水産資源保護指導吏員を命ずることができる。

**解説**　農林水産大臣又は都道府県知事は、水産資源の保護培養に関する事項の指導及び普及その他本法及び本法に基づく命令の励行に関する事務をつかさどらせるため、所部の職員のうちから水産資源保護指導官又は水産資源保護指導吏員を命ずるものとする。この場合の「この法律及びこの法律に基づく命令の励行」とは、水産資源保護指導公務員が、法令違反の有無を調査し、違反する事実を摘発して、違反の防止に貢献することをいう。

（都道府県が処理する事務）

**第三十二条の二**　この法律に規定する農林水産大臣の権限に属する事務の一部は、政令で定めるところにより、都道府県知事が行うこととすることができる。

**解説**　この法律に規定する農林水産大臣の権限に属する事務の一部は、政令で定めるところにより、都道府県知事が行うこととすることができる。現在のところこれに関する政令はない。

（水産資源の保護培養に関する協力）

**第三十三条**　都道府県知事は、水産資源の保護培養のために必要があると認めるときは、漁業協同組合その他の者に対し、水産資源の保護培養に関し協力を求めることができる。

**解説**　都道府県知事は、水産資源の保護培養のために必要があると認めるときは、漁業協同組合その他の者に対し、水産資源の保護培養に関し協力を求めることができる。

（水産政策審議会による報告徴収等）

**第三十四条**　水産政策審議会は、第二章第一節の規定によりその権限に属させられた事項を処理するために必要があると認めるときは、漁業を営み、若しくはこれに従事する者その他関係者に対し出頭を求め、若しくは必要な報告を求め、又はその委員若しくはその事務に従事する者に漁場、船舶、事業場若しくは事務所について所要の調査をさせることができる。

**解説**　水産政策審議会は、第二章第一節の規定によりその権限に属させられた事項を処理するために必要があると認めるときは、漁業を営み、若しくはこれに従事する者その他関係者に対し出頭を求め、若しくは必要な報告を求め、又はその委員若しくはその事務に従事する者に漁場、船舶、事業場若しくは事務所について所要の調査をさせることができる。なお、漁業法第六四条（水産政策審議会による報告徴収等）の解説を参照されたい。

（不服申立てと訴訟との関係）

**第三十五条**　農林水産大臣又は都道府県知事が第四条第一項又は第二項の規定に基づく農林水産省令又は規則の規定によってした処分の取消しの訴えは、その処分についての異議申立て又は審査請求に対する決定又は裁決を経た後でなければ、提起することができない。

2　前項に規定する処分については、行政手続法（平成五年法律第八十八号）第二十七条第二項の規定は、適用しない。

**解説**　農林水産大臣又は都道府県知事が第四条第一項又は第二項の規定に基づく農林水産省令又は規則の規定によってした処分の取消しの訴えは、その処分についての異議申立て又は審査請求に対する決定又は裁決を経た後でなければ、提起することができない（第一項）。なお、漁業法第一三五条（不服申立と訴訟の関係）の解説を参照されたい。

（事務の区分）

**第三十五条の二**　第四条第一項、第二項、第七項及び第八項並びに第三十条の規定により都道府県が処理することとされている事務は、地方自治法（昭和二十二年法律第六十七号）第二条第九項第一号に規定する第一号法定受託事務とする。

**解説**　第四条第一項、第二項、第七項及び第八項並びに第三〇条の規定により都道府県が処理することとされている事務は、地方自治法第二条第九項第一号に規定する第一号法定受託事務とする。なお、漁業法第一三七条の三（事務の区分）を参照されたい。

（経過措置）

**第三十五条の三**　この法律の規定に基づき命令を制定し、又は改廃する場合においては、その命令で、その制定又は改廃に伴い合理的に必要と判断される範囲内において、所要の経過措置（罰則に関する経過措置を含む。）を定めることができる。

**解説**　この法律の規定に基づき命令を制定し、又は改廃する場合においては、その命令で、その制定又は改廃に伴い合理的に必要と判断される範囲内において、所要の経過措置（罰則に関する経過措置を含む。）を定めることができる。

# 第六章　罰　則

**第三十六条**　次の各号のいずれかに該当する者は、三年以下の懲役又は二百万円以下の罰金に処する。
一　第四条第一項の規定による禁止に違反して漁業を営み、又は同項の規定による許可を受けないで漁業を営んだ者
二　第五条から第七条までの規定に違反した者

解説　第三六条又は第三九条は、三年以下の懲役、二〇〇万円以下の罰金又はその併科に関する規定である。これに該当するものとしては次のものがある。
①　特定大臣許可漁業及び知事許可制漁業の無許可操業等（第四条第一項）
「特定大臣許可漁業等の取締りに関する省令」第三条及び各都道府県漁業調整規則に基づく「知事許可制漁業」の許可を受けないで当該漁業を営んだ場合
②　漁法の制限（第五条、第六条、第七条）に違反して営んだ場合

**第三十六条の二**　第十三条の二第一項の許可を受けないで、同項の輸入をした者は、三年以下の懲役又は百万円以下の罰金に処する。

解説　第三六条の二・第三九条は、三年以下の懲役、一〇〇万円以下の罰金又はその併科に関する規定である。これに該当するものとしては次のものがある。
第一三条の二（輸入の許可）第一項の規定に違反した場合

**第三十七条**　次の各号のいずれかに該当する者は、一年以下の懲役又は五十万円以下の罰金に処する。
一　第十三条の三第一項、第十三条の四又は第二十四条第一項の規定による命令に違反した者
二　第十三条の三第二項若しくは第三項又は第二十五条の規定に違反した者
三　第十八条第一項の許可を受けないで、同項の工事をした者
四　第二十三条第一項又は第二項の規定による制限又は禁止に違反した者

**第三十九条**　第三十六条から第三十七条までの罪を犯し

た者には、情状により、懲役及び罰金を併科することができる。

**解説**　第三七条・第三九条は、一年以下の懲役、五〇万円以下の罰金又はその併科に関する規定である。これに該当するものとしては次のものがある。

①　第一三条の三（許可に当たっての命令等）第一項、第一三条の四（焼却等の命令）及び第二四条（さく河魚類の通路の保護）第一項に違反した場合

②　第一三条の三（許可に当たっての命令等）第二項、第三項及び第二五条（内水面におけるさけの採捕禁止）の規定に違反した場合

③　第一八条（工事の制限等）第一項の規定に違反した場合

④　第二三条（さく河魚類の通路の保護）第一項、第二項の規定による制限又は禁止に違反した場合

**第三十八条**　第三十六条又は前条第二号（第二十五条に係る部分に限る。）の場合において、犯人が所有し、又は所持する漁獲物、漁船又は漁具その他水産動植物の採捕の用に供される物は、没収することができる。ただし、犯人が所有していたこれらの物件の全部又は一部を没収することができないときは、その価額を追徴することができる。

**解説**　本条は、罰則の没収及び追徴に関する規定である。第三六条又は第三七条第二号（第二五条に係る部分に限る。）の場合においては、犯人が所有し、又は所持する漁獲物、製品、漁船及び漁具等は没収することができる。さらに、犯人が所有していたこれらの物件の全部又は一部を没収することができないときは、その価額を追徴することができる。

没収とは、犯罪行為と関係のある一定の物を取り上げて国庫に帰属せしめる行為をいう。この場合の一定の物とは、犯人が所有し、又は所持する漁獲物、製品、漁船、漁具及び水産動植物の採捕に使用した物が該当する。この規定に基づいて犯人が所持する第三者の所有物を没収する場合には「刑事事件における第三者所有物の没収手続に関する応急措置法」に基づいて、第三者に告知、弁解、防御の機会を与えた上で行わなければならない。追徴とは、没収すべき物の全部又は一部を没収することができない場合に、これに代えてその価額を徴収することができる処分をいう。その価額は、没収することができなく

なったとき及び場所における価額を標準として、認定されるべきである。この場合は犯人が所有していた物件に限ってでき、犯人が所持していたもので第三者の所有に属する物件についてはできない。

**第四十条** 次の各号のいずれかに該当する者は、六月以下の懲役又は三十万円以下の罰金に処する。
一 第十三条の五第一項の規定による報告をせず、若しくは虚偽の報告をし、又は同項の規定による検査を拒み、妨げ、若しくは忌避した者
二 第二十三条第三項の規定に違反した者
三 第二十七条の規定による届出をせず、又は虚偽の届出をした者
四 第三十条第一項の規定による報告をせず、又は虚偽の報告をした者

**解説** 本条は、六か月以下の懲役又は三〇万円以下の罰金に関する規定である。本条に該当するものとしては次のものがある。

① 第一三条の五（報告及び立入検査）第一項の規定による報告をせず、若しくは虚偽の報告をし、又は同項の規定による検査を拒み、妨げ、若しくは忌避した者
② 第二三条（さく河魚類の通路の保護）第三項の規定に違反した者
③ 第二七条（届出の義務）の規定による届出をせず、又は虚偽の報告をした者
④ 第三〇条（報告の徴収等）第一項の規定による報告をせず、又は虚偽の報告をした者

**第四十一条** 法人の代表者又は法人若しくは人の代理人、使用人その他の従業者が、その法人又は人の業務又は財産に関して、第三十六条から第三十七条まで又は前条の違反行為をしたときは、行為者を罰するほか、その法人又は人に対し、各本条の罰金刑を科する。

**解説** 法人の代表者又は法人若しくは人の代理人、使用人その他の従業者が、その法人又は人の業務又は財産に関して、第三六条から第三七条まで又は第四〇条の違反行為をしたときは、行為者を罰するほか、その法人又は人に対し、本条の罰金刑を科する。これはいわゆる両罰規定である。両罰規定とは、ある犯罪が行われた場合に、行為者本人のほか、その行為者と一定の関係にある他人（法人を含む。）に対しても刑を科する旨の規定をいう。

# 第三部　外国人漁業の規制に関する法律

〔昭和四二年七月一四日法律第六〇号
最終改正平成一三年六月二九日法律第九二号〕

昭和三〇年代から四〇年代にかけて外国の大型漁船が我が国近海に進出して操業を行った。これら漁船は、我が国港湾で物の陸揚げ、資材補給等を行ったりして、我が国を漁業基地として利用しつつ、その操業を増大させようとする動きが認められるようになった。当時は、これらについて、特段の法制上の規制が行われていなかったために、我が国の沿岸漁業、沖合漁業との間に漁業調整上、資源上その他多くのトラブルが発生するに至った。

昭和四一年に、取りあえず漁業法の授権の範囲内での閣議決定に基づく規制を行うこととし、昭和四一年一二月二〇日付けをもって、漁業法第六五条第一項に基づき「外国人の行う漁業等の取締りに関する省令」（農林省令第五八号）を制定し、同年一二月二〇日から施行し、取締りを開始した。ところが、漁網その他漁業資材の補給及び漁獲物の港湾又は領海内転載については、漁業法に命令委任の根拠がなく、右の省令では規制できなかったので、他の行政上の措置は行ったものの十分ではなかった。そこで、日本近海における外国漁船の動向に対して、これらのトラブルを完全に排除し漁業秩序を維持するために、昭和四二年七月一四日法律第六〇号をもって新しく本法が公布せられた。

（趣旨）

**第一条**　この法律は、外国人がわが国の港その他の水域を使用して行なう漁業活動の増大によりわが国漁業の正常な秩序の維持に支障を生ずるおそれがある事態に対処して、外国人が漁業に関してする当該水域の使用の規制について必要な措置を定めるものとする。

**解説**　外国人が我が国の港その他の水域を使用して行う漁業活動により、我が国漁業の正常な秩序の維持に支障を生ずるおそれがある事態に対処して、外国漁業に関してする当該水域の使用の規制について必要な措置を定めたのである。本法と漁業法の関係であるが、漁業法は、国内の漁業者を念頭において、その漁獲操業自体を規制することにより相互の調整を図りつつ漁業生産力の発展を期することをねらいとしている。これに対して本法で規制しようとするねらいは、対外的な関係において我が国の漁業秩序を守るため、外国人漁業者の漁獲操業及び付随活動を抑制するところにある。このように漁業法とは、規制の対象、様態、ねらいが異なっているのである。

（定義）

**第二条**　この法律において「本邦」とは、本州、北海道、四国、九州及び農林水産省令で定めるその附属の島をいう。

2　この法律において「漁業」とは、水産動植物の採捕又は養殖の事業（漁業等付随行為を含む。）をいう。

3　この法律において「漁業等付随行為」とは、水産動植物の採捕又は養殖に付随する探索、集魚、漁獲物の保蔵又は加工、漁獲物又はその製品の運搬、船舶への補給その他これらに準ずる行為で農林水産省令で定めるものをいう。

4　この法律において「採捕準備行為」とは、漁具を格納しないで直ちに水産動植物の採捕を行うことができる状態にする行為をいう。

5　この法律において「探索」とは、水産動植物の採捕に資する水産動植物の生息状況の調査であつて水産動植物の採捕を伴わないものをいい、「探査」とは、探索のうち漁業等付随行為に該当しないものをいう。

6　この法律において「漁獲物等」とは、漁獲物及びその製品をいう。

7　この法律において「外国漁船」とは、日本船舶以外の船舶（農林水産大臣の指定するものを除く。）であつて、次の各号の一に該当するものをいう。
一　漁ろう設備を有する船舶
二　前号に掲げる船舶のほか、漁業の用に供され、又は漁場から漁獲物等を運搬している船舶
8　この法律において「本邦の港」とは、港湾法（昭和二十五年法律第二百十八号）第九条第一項（同法第三十三条第二項において準用する場合を含む。）の規定による港湾区域の公告があつた港湾及び漁港漁場整備法（昭和二十五年法律第百三十七号）第二条に規定する漁港をいう。

**解説**　「本邦」とは、本州、北海道、四国、九州及びこれに付属する島（当分の間、歯舞群島、色丹島、国後島及び択捉島を除く。）をいう（第一項、外国人漁業の規制に関する法律施行規則（昭和四二年農林省令第五〇号）第一条）。

「漁業」とは、水産動植物の採捕又は養殖の事業（漁業等付随行為を含む。）をいう（第二項）。水産動植物の採捕又は養殖の事業は、漁業法第二条に規定されているが、本項の場合は「漁業等付随行為」を含んでいる。

「漁業等付随行為」とは、水産動植物の採捕又は養殖に付随する探索、集魚、漁獲物の保蔵又は加工、漁獲物又はその製品の運搬、船舶への補給をいう（第三項）。「その他これらに準ずる行為で農林水産省令で定めるもの」は、現在では定められたものはない。

「採捕準備行為」とは、漁具を格納しないで直ちに水産動植物の採捕を行うことができる状態にする行為をいう（第四項）。

「探索」とは、水産動植物の採捕に資する水産動植物の生息状況の調査であって水産動植物の採捕を伴わないものをいい、「探査」とは、探索のうち漁業等付随行為に該当しないものをいう（第五項）。

「漁獲物等」とは、漁獲物及びその製品をいう（第六項）。この場合の「漁獲物」とは、漁業活動により採捕し、又は養殖した水産動植物をいい、「その製品」とは、漁獲物に人為（加工）を加え、その本来の性質、形態を変化せしめたものをいう。

「外国漁船」とは、日本船舶以外の船舶（農林水産大臣の指定するものを除く。）であって、次の各号の一に該当するものをいう（第七項）。

①　漁ろう設備を有する船舶
②　前号に掲げる船舶のほか、漁業の用に供され、又は漁場から漁獲物等を運搬している船舶
「日本船舶以外の船舶」とは、船舶法第一条に規定する日本船舶以外の船舶をいう。「農林水産大臣の指定するもの」としては、「農林水産省告示第八五六号」（平成一七年五月六日）をもって次のものが定められている。
①　船舶法第一条第三号及び第四号に掲げる法人以外の日本法人が所有する船舶
②　船舶法第一条第一号若しくは第二号に掲げるもの又は日本法人が借り受け、又は国内の港から外国の港まで回航を請け負った船舶
「漁ろう設備」とは、漁ろうすなわち水産動植物の採捕に用いられる手段であって、通常その船において使用されるものをいい、船体に固定されているもののみならず、可動的な漁具等も含まれる。

「漁場から漁獲物等を運搬している船舶」とは、その時点で漁獲物及びその製品の運搬を行っているすべての船舶を指し、漁業者がその漁業活動の一環として行うものたると否とを問わない。

「本法の港」については、第四条の寄港許可制度との関連でその範囲を明確にする必要から定義したものである。したがって、そこに定義しているものは、およそ漁船が寄港して利用する価値のある港はすべて網羅する趣旨から、港湾法上の港湾と漁港漁場整備法上の漁港とのすべてを含ませることとしている（第八項）。

（漁業等の禁止）
**第三条**　次に掲げるものは、本邦の水域において漁業、水産動植物の採捕（漁業に該当するものを除き、漁業等付随行為を含む。以下同じ。）、採捕準備行為又は探査を行ってはならない。ただし、その水産動植物の採捕が農林水産省令で定める軽易なものであるときは、この限りでない。
一　日本の国籍を有しない者。ただし、適法に本邦に在留する者で農林水産大臣の指定するものを除く。
二　外国、外国の公共団体若しくはこれに準ずるもの又は外国法に基づいて設立された法人その他の団体

**解説**　次に掲げるものは、本邦の水域において漁業、水産動植物の採捕（漁業に該当するものを除き、漁業等付随行為を含む。）、採捕準備行為又は探査を行ってはならない。ただし、その水産動植物の採捕が農林水産省令で

定める軽易なものであるときは、この限りでない（第一項）。

① 日本の国籍を有しない者。ただし、適法に本邦に在留する者で農林水産大臣の指定するものを除く。

② 外国、外国の公共団体若しくはこれに準ずるもの又は外国法に基づいて設立された法人その他の団体

「本法の水域」とは、領海及び内水をいう。ただし書の「農林水産省令で定める軽易な水産動植物の採捕」については、施行規則第二条で次のように定められている。

次に掲げる水産動植物の採捕で、第一号及び第二号に掲げるものにあっては総トン数三トン未満の船舶により若しくは船舶によらないで行うもの又は適法に我が国に在留する外国人が日本の国籍を有する漁業者（人に水産動植物の採捕をさせることを業とする者を含む。）の管理の下に総トン数三トン以上の日本船舶によって行うものと、第三号に掲げるものにあっては船舶によらないで行うものとする。

① さおづり又は手づり（まき餌づりを除く。）による水産動植物の採捕

② たも網、叉手網、やす及びは具以外の漁具を使用しないで行う水産動植物の採捕

③ 投網による水産動植物の採捕

「日本の国籍を有しない者」とは、日本人でない者すなわち外国人である。第一号の「農林水産大臣の指定するものを除く」とは、「農林水産省告示第八五七号（平成一七年五月六日）」で具体的に定められている。第二号の「その他の団体」とは、任意団体等で、いわゆる「権力なき社団」のように法人に準ずるような組織としての統一性を有するもの及び国家、地方公共団体等の公共団体を指す。

判例

1　直線基線設定により日本の領水となった海域において韓国漁船船長が行った漁業行為について、日本の取締り及び裁判管轄権は日韓漁業協定によって制約されるものではない。（平成一〇年六月二四日長崎地裁刑判決、総覧続巻二九七頁・タイムズ九九八号二七九頁）

2　被告人が平成九年六月九日外国人漁業の規制に関する法律第三条第一号に違反して漁業を行ったとされる本件海域は、領海及び接続水域に関する法律第一条、第二条、同法施行令第二条第一項により、同年一月一日以降新たに我が国の領海であるから、右海域におけ

る違法行為に対するわが国の裁判権の行使が日本国と大韓民国との間の漁業に関する協定（昭和四〇年条約第二六号、平成一一年一月二二日執行以前のもの）第四条第一項により制限されるものではない。（平成一一年一一月三〇日最高裁三小刑判決、総覧続巻三〇二頁・タイムズ一〇一七号一一四頁）

3　沿岸国がその領海に自らの主権を行使し得ることは国際法上確立された原則であり、本件海域が日本の裁判管轄権が及ぶのは当然のことである。（平成一〇年九月一一日広島高裁刑判決・総覧続巻三〇八頁・高裁速報平成一〇年二号一〇六号・時報一六五六号五六頁）

（寄港の許可等）

**第四条**　外国漁船の船長（船長に代わつてその職務を行なう者を含む。以下同じ。）は、当該外国漁船を本邦の港に寄港させようとする場合には、次に掲げる行為をすることのみを目的として寄港させようとするときを除き、農林水産省令で定めるところにより、農林水産大臣の許可を受けなければならない。

一　海難を避け、又は航行若しくは人命の安全を保持するため必要な行為

二　外国から積み出された漁獲物等（政令で定める書類を添附してあるものに限る。以下「外国積出漁獲物等」という。）の本邦への陸揚げ又は他の船舶への転載

三　外国積出漁獲物等以外の漁獲物等の本邦への陸揚げであつて、わが国漁業の正常な秩序の維持に支障を生ずることとならないものとして政令で定めるもの

2　農林水産大臣は、前項の許可の申請があつた場合には、当該寄港によつて外国漁船による漁業活動が助長され、わが国漁業の正常な秩序の維持に支障を生ずるおそれがあると認められるときを除き、同項の許可をしなければならない。

**第四条の二**　外国漁船の船長は、前条の規定にかかわらず、特定漁獲物等（外国漁船によるその本邦への陸揚げ等によつて我が国漁業の正常な秩序の維持に支障が生じ又は生ずるおそれがあると認められる漁獲物等で政令で定めるものをいう。以下第六条第五項において同じ。）を本邦に陸揚げし、又は他の船舶に転載することを目的として、当該外国漁船を本邦の港に寄港さ

せてはならない。

**解説** 第四条は、外国漁船の寄港の許可制度に関する規定である。外国漁船の船長は、外国漁船を本邦の港に寄港させようとする場合には、次に掲げる行為をすることのみを目的として寄港させようとするときを除き、農林水産省令で定めるところにより、農林水産大臣の許可を受けなければならない（第一項）。

① 海難を避け、又は航行若しくは人命の安全を保持するため必要な行為
② 外国積出漁獲物等の本邦への陸揚げ又は他の船舶への転載
③ 外国積出漁獲物等以外の漁獲物等の本邦への陸揚げであって、我が国漁業の正常な秩序の維持に支障を生ずることとならないものとして政令で定めるもの

「寄港」とは、港を利用する各種の行為を包括的にとらえた概念で、一般には次のようなものが考えられる。

① 漁獲物等の陸揚げ又は転載
② 漁具その他漁業用資材の積込み
③ 脂、燃料等航海用資材の積込み
④ 飲食物の積込み
⑤ 船舶の修繕
⑥ 乗組員の上陸又は休養

第一項の規定による許可を受けようとする船長は、次に掲げる事項を記載した申請書を農林水産大臣に提出しなければならない（施行令第四条）。

① 船長の氏名及び国籍
② 当該外国漁船の名称、種類、国籍及び総トン数（以下「名称等」という。）
③ 当該外国漁船の有する漁ろう設備、当該外国漁船に積載されている漁獲物又はその製品の品名、数量及び積込地（以下「品名等」という。）並びに当該外国漁船が漁業の用に供されている場合にあっては当該漁業の内容
④ 当該外国漁船を使用する権利を有する者の氏名、国籍及び住所（法人その他の団体にあっては、名称、本店又は主たる事務所の所在地及び代表者の氏名。以下「氏名等」という。）
⑤ 当該外国漁船を寄港させようとする本邦の港の名称及び所在地
⑥ 当該外国漁船を寄港させようとする期間及び当該寄港の目的

⑦　当該寄港の次に当該外国漁船を寄港させようとする港の名称及び所在地並びに当該港までの航海の目的

第一項の許可申請があった場合には、寄港によって外国漁船による漁業活動が助長され、我が国漁業の正常な秩序に支障を生ずるおそれがあると認められるときを除き、許可をしなければならない（第二項）。

第四条の二は、特定水産物等の陸揚げ又は転載のための寄港の禁止の規定である。特定水産物等が政令で定められた場合には、第四条の規定にかかわらず、本邦に陸揚げし、又は他の船舶に転載することを目的として、当該外国漁船を本邦の港に寄港させてはならない。

（退去命令）

**第五条**　農林水産大臣は、第四条第一項又は前条の規定に違反して外国漁船の船長が当該外国漁船を本邦の港に寄港させていると認める場合には、当該船長に対し、当該外国漁船を当該本邦の港から退去させるべきことを命ずることができる。

**解説**　本条の退去命令制度は、第四条の寄港許可制度と照応する制度である。農林水産大臣は、第四条の規定に違反して、外国漁船が寄港していると認める場合は、退去させることを命ずることができる。命令に違反した船長は、三年以下の懲役若しくは四〇〇万以下の罰金又はこれの併科に処せられる（第九条第一項第三号）。

（漁獲物等の転載等の禁止）

**第六条**　外国漁船の船長は、本邦の水域（本邦の港の水域を除く。次項において同じ。）において、漁獲物等（外国積出漁獲物等を除く。次項及び第三項において同じ。）を、当該外国漁船から他の船舶に転載し、又は他の外国漁船から当該外国漁船に積み込んではならない。

2　外国漁船以外の船舶の船長は、本邦の水域において、漁獲物等を外国漁船から当該船舶に積み込んではならない。

3　外国漁船以外の船舶の船長は、本邦の水域以外の水域において外国漁船から当該船舶に積み込んだ漁獲物等を、本邦の港において、陸揚げし、又は当該船舶から他の船舶に転載してはならない。

4　前三項の規定は、わが国漁業の正常な秩序の維持に支障を生ずることとならない場合として政令で定める場合には、適用しない。

5　外国漁船以外の船舶（漁船法（昭和二十五年法律第百七十八号）第二条第一項に規定する漁船を除く。）の船長は、特定漁獲物等については、前二項の規定により陸揚げしてはならない場合に該当しない場合においても、これを漁港（漁港漁場整備法第二条に規定する漁港をいう。）において陸揚げし、又は漁港区（港湾法第三十九条第一項の規定により指定された漁港区をいう。）に陸揚げしてはならない。

**解説**　本条は、外国漁船の漁獲物等の転載等の禁止の規定である。禁止されている内容の第一は、港の水域を除く本邦の水域において、外国積出漁獲物等以外の漁獲物等を、外国漁船が、当該外国漁船から他の船舶に転載し、又は外国漁船を含むすべての船舶が、他の外国漁船から当該船舶に積み込むことである（第一項、第二項）。港内以外の我が国領水において、外国積出漁獲物等以外の漁獲物等の授受が禁止されているのは次の場合である。

①　外国漁船が他の外国漁船に転載する場合
②　外国漁船が外国漁船以外の船舶に転載する場合
③　外国漁船が他の外国漁船から積み込む場合
④　外国漁船以外の船舶が外国漁船から積み込む場合

このようにして、外国漁船が採捕した漁獲物等他の船に積み替えて魚槽が空になることにより、再度漁ろう活動を開始することにもなる。このための転載禁止である。なお、第一項、第二項において「本邦の港の水域」が適用除外されているのは、港内については、第四条で規制されているからである。「転載する」とは、漁獲物等を他の船舶に渡す行為をいい、「積み込む」とは、他の船舶から受け取る行為をいう。本条において規制の対象が「船長」とされているのは、転載や積込みの行為について第一次的に意思決定するのが船長だからである。

禁止される内容の第二は、本邦の水域以外の水域において外国積出漁獲物等以外の漁獲物等を外国漁船から積み込んだ外国漁船以外の船舶が、その漁獲物等を、本邦の港において、陸揚げし、又は他の船舶に転載することである（第三項）。第三項の規定は、第一項及び第二項並びに第四条の規定を補完する趣旨の規定である。すなわち、外国漁船は、漁獲物等を我が国の港において陸揚げし、又は転載しようとすれば、第四条の規制を受けることとなる。この規制を回避するために、港外の領海水域で、第四条の規制を受けることのない外国漁船以外の船舶に漁獲物等を転載しようとすれば、第六条第一項又は第二項の規制を受けることとなる。

第四項は、第一項から第三項までの規定の適用除外となる場合を政令に委任して定める旨を規定した委任規定である。委任の仕方としては「わが国漁業の正常な秩序の維持に支障を生ずることとならない場合」として政令が定められるべき旨の限定がされているが、これに基づいて、政令第三条で定める場合は、次に掲げる場合とされている。

① 当該漁獲物等が特定輸入承認に係るものである場合

② 前号に掲げる場合のほか、我が国漁業の正常な秩序の維持に支障を生ずることとならないと認めて農林水産大臣が許可した場合

また、外国漁船以外の船舶の船長は、特定水産物等については、第三項、第四項の規定により陸揚げしてはならない場合に該当しない場合においても、これを漁港又は漁港区（港湾法第三九条第一項）に陸揚げしてはならない（第五項）。

（行政手続法の適用除外）

**第六条の二**　この法律の規定による処分については、行政手続法（平成五年法律第八十八号）第二章及び第三章の規定は、適用しない。

**解説**　平成五年一一月に新しく「行政手続法」が公布されたことに伴って「行政手続法の施行に伴う関係法律の整備に関する法律」が公布された。これに伴って、本法の規定による処分については、行政手続法第二章及び第三章の規定は、適用しないこととされた。

（経過措置）

**第六条の三**　この法律の規定に基づき政令又は農林水産省令を制定し、又は改廃する場合においては、その政令又は農林水産省令で、その制定又は改廃に伴い合理的に必要と判断される範囲内において、所要の経過措置（罰則に関する経過措置を含む。）を定めることができる。

**解説**　本条は、本法の規定に基づき政令又は農林水産省令を制定し、又は改廃する場合における経過措置に関する規定である。

（都道府県が処理する事務）

**第七条**　第四条第一項及び第五条に規定する農林水産大臣の権限に属する事務の一部は、政令で定めるところにより、都道府県知事が行うこととすることができる。

**解説**　都道府県知事に委任しうる権限の範囲は、第四条第一項の寄港許可の権限と、第五条の退去命令の権限の二つである。現在、寄港許可の申請は、外国漁船が寄港しようとする港を管轄する都道府県知事を経由して農林水産大臣に提出されることとなっているが、現在のところ農林水産大臣の直轄で運用されている。

（条約の効力）

**第八条**　この法律に規定する事項に関して条約に別段の定めがあるときは、その規定による。

**解説**　憲法第九八条第二項は、「日本国が締結した条約及び確立された国際法規は、これを誠実に遵守することを必要とする。」と規定している。本条は、国会の承認を経て成立した条約上本法と異なる別段の定めがあるときは、条約の方が優先するという旨を規定しているものである。なお、国会の承認を経ていない単なる政府間の国際取決めは、本条の「条約」に該当するものではなく、したがって、本法上の諸規制を回避するものではない。

（罰則）

**第九条**　次の各号の一に該当する者は、三年以下の懲役若しくは四百万円以下の罰金に処し、又はこれを併科する。

一　第三条の規定に違反した者

二　第四条第一項の規定に違反して同項の許可を受けないで外国漁船を寄港させた船長

二の二　第四条の二の規定に違反した船長

三　第五条の規定による命令に違反した船長

四　第六条第一項から第三項まで又は第五項の規定に違反した船長

2　前項の場合においては、犯人が所有し、又は所持する漁獲物等、船舶又は漁具その他漁業、水産動植物の採捕、採捕準備行為若しくは探査の用に供される物は、没収することができる。ただし、犯人が所有していたこれらの物件の全部又は一部を没収することができないときは、その価額を追徴することができる。

**第十条**　法人の代表者又は法人若しくは人の代理人、使用人その他の従業者が、その法人又は人の業務又は財産に関して、前条第一項の違反行為をしたときは、行為者を罰するほか、その法人又は人に対し、同項の罰金刑を科する。

**解説**　本法においては、第九条第一項各号に該当する者に対して、「三年以下の懲役若しくは四〇〇万円以下の罰金又はこれを併科する。」と規定している。次の者がこれに該当する。

① 第三条（漁業等の禁止）の違反
② 第四条及び第四条の二（寄港の許可等）の違反
③ 第五条（退去命令）の違反
④ 第六条（漁獲物等の転載等の禁止）の違反

第九条第二項は、没収及び追徴に関する規定である。第一項の付加罪として、犯人が所有し、又は所持する漁獲物等、船舶又は漁具その他漁業、水産動植物の採捕、採捕準備行為若しくは探査の用に供される物は、没収することができる。さらに、犯人が所有していたこれらの物件の全部又は一部を没収することができないときは、その価格を追徴することができる。

没収とは、犯罪行為と関係のある一定の物を取り上げて国庫に帰属せしめる行為をいう。この規定に基づいて犯人が所持する第三者の所有物を没収する場合には「刑事事件における第三者所有物の没収手続に関する応急措置法」に基づいて、第三者に告知、弁解、防御の機会を与えた上で行わなければならない。

追徴とは、没収すべき物の全部又は一部を没収することができない場合に、これに代えてその価額を徴収する処分をいう。その価額は、没収することができなくなったとき及び場所における価額を標準として、認定されるべきである。この場合は犯人が所有していた物件に限ってでき、犯人が所持していたもので第三者の所有に属する物件についてはできない。

第一〇条は、両罰規定に関する規定である。法人の代表者又は法人若しくは人の代理人、使用人その他の従業者が、その法人又は人の業務又は財産に関して、第九条第一項の違反行為をしたときは、行為者を罰するほか、その法人又は人に対し、同項の罰金刑を科する。これはいわゆる両罰規定である。両罰規定とは、ある犯罪が行われた場合に、行為者本人のほか、その行為者と一定の関係にある他人（法人を含む。）に対しても刑を科する旨の規定をいう。

# 第四部　水産業協同組合法

〔昭和二三年一二月一五日法律第二四二号
最終改正平成二一年六月二四日法律第五九号〕

水産業団体の法制度の沿革は、大きくは三つに分けられる。

第一期は、前述した旧明治漁業法（明治三四年法律第三四号）及び全部改正の明治漁業法（明治四三年法律第五八号）の時代である。この時代は明治漁業法に基づき、漁業組合が漁業権の保有、調整機能をその主な目的としていたが、昭和八年に改正されて経済事業も組合の目的として加えられ、以後経済事業体としての機能も充実された。

第二期は、水産業団体法（昭和一八年法律第四三号）の時代である。同法が制定されたことによって、水産業諸団体がすべて整理統合されるとともに新たに統制機能を付与され、国策協力機関化された。第三期は、現在の水産業協同組合の時代である。

水産業協同組合（昭和二三年法律第二四二号）は、戦後の第三回臨時国会において成立し、昭和二三年一二月一五日に交付され、翌昭和二四年二月一五日から施行された。本法は、漁民及び水産加工業者の協同組織である水産業協同組合（漁業協同組合、漁業生産組合、漁業協同組合連合会、水産加工協同組合、水産加工協同組合連合会及び共済水産業協同組合連合会）の事業、組織及び管理等の基本的な事項についての法律関係を定めた法律である。

# 第一章　総　則

（この法律の目的）
**第一条**　この法律は、漁民及び水産加工業者の協同組織の発達を促進し、もつてその経済的社会的地位の向上と水産業の生産力の増進とを図り、国民経済の発展を期することを目的とする。

**解説**　本条は、本法の目的を示していると同時に、間接には組合の機能をも明らかにしている。本法は、漁民及び水産加工業者の協同組織である組合の発達を促すのが目的であって、これによってその経済的社会的地位の向上と水産業の生産力の増進を図るのである。そしてまた、このことは、国民経済の発展に役立つものであって、本法はこれを期待しているのである。

「漁民及び水産加工業者の協同組織」とは、構成員が組織体の経営に参加し、相互扶助により、構成員が組織体の事業から直接に便宜を受けるような組織をいう。

**判例**　真珠養殖を営む法人企業の漁業従事者が、水協法第一条にいう漁民であり、他面で労働基準法の適用を受ける企業労働者であったとしても、漁業協同組合正組合員たる資格を有する。（昭和五九年五月一七日福岡高裁民判決、総覧九四七頁・タイムズ五三二号一六八頁）

（組合の種類）
**第二条**　水産業協同組合（以下この章及び第七章から第九章までにおいて「組合」という。）は、漁業協同組合、漁業生産組合及び漁業協同組合連合会、水産加工業協同組合及び水産加工業協同組合連合会並びに共済水産業協同組合連合会とする。

**解説**　本条では組合の種類として、漁業協同組合、漁業生産組合、漁業協同組合連合会、水産加工業協同組合、水産加工業協同組合連合会及び共済水産業協同組合連合会が規定されており、これらは水産業協同組合と総称されている。

（組合の名称）
**第三条**　組合は、その名称中に漁業協同組合、漁業生産組合、漁業協同組合連合会、水産加工業協同組合、水産加工業協同組合連合会又は共済水産業協同組合連合会という文字を用いなければならない。

2　組合でないものは、その名称中に漁業協同組合、漁業生産組合、漁業協同組合連合会、水産加工業協同組合、水産加工業協同組合連合会又は共済水産業協同組合連合会という文字を用いてはならない。

**解説**　本条は、名称保護の規定である。組合は他の法人又は団体と違った機能をもち、違った運営がなされ、特別の国家的保護を受けているのであるから、その名称によって、容易に他の法人又は団体と識別されることが必要である。

組合は、その名称中に漁業協同組合、漁業生産組合、漁業協同組合連合会、水産加工業協同組合、水産加工業協同組合連合会又は共済水産業協同組合連合会という文字を用いなければならない（第一項）。

組合でないものは、その名称中に漁業協同組合、漁業生産組合、漁業協同組合連合会、水産加工業協同組合、水産加工業協同組合連合会又は共済水産業協同組合連合会という文字を用いてはならない（第二項）。

（組合の目的）

**第四条**　組合は、その行う事業によってその組合員又は会員のために直接の奉仕をすることを目的とする。

**解説**　本条は、組合の本質について規定している。組合は、組合員又は会員のために直接の奉仕をすることを目的としており、組合自身の利益を事業の最終目的としてはならないのである。「組合員」とは、漁業協同組合の組合員、「会員」とは漁業協同組合連合会の会員をいう。

**判例**　水産業協同組合法第四条によれば、同法に基づいて設立された組合は、その行う事業によって組合員または会員のために直接の奉仕をすることを目的とするものであって、営利を目的とするものではないから、右組合が、その事業の一環として、みずから漁獲し、または組合員の漁獲した魚類を販売し、あるいは組合員等に対し、その事業、生活に必要な物資を販売する場合でも、当該組合は民法第一七三条にいう「生産者」または「卸売人」にあたらないと解するのが相当である。（昭和四二年三月一〇日最高裁二小民判決、総覧九五一頁・最高裁　民集二一巻二号二九五頁）

（組合の人格）

**第五条**　組合は、法人とする。

**解説** 本法は、「独立一体」としての組合が取引の主体となって、権利義務を有することが適切であり、必要であるので、本条において、組合は法人とすると定めたのである。「法人」とは、自然人ではなくして法人格即ち権利・義務の主体となりうる地位を認められたものである。民法第三三条（法人の成立）には「法人は、この法律その他の法律の規定によらなければ、成立しない。」と規定されており、本条が「この法律」の規定に該当する。

**判例** 水産業協同組合法第五条に基づく法人である漁業協同組合に、組合員として加入する場合における加入の承諾は、法人の意思決定機関がなすべきもので、法人の代表機関が法人を代表してなしうる事項ではないと解するのが相当である。（昭和三七年一一月一六日最高裁三小民判決、総覧一〇二七頁・最高裁民集一六巻一一号一頁）

（組合の住所）
**第六条** 組合の住所は、その主たる事務所の所在地にあるものとする。

**解説** 組合の住所は、その主たる事務所の所在地にあるものとする。組合は法人として権利義務の主体となり、取引その他目的を達成するのに必要ないろいろの法律関係を処していくのであるから、自然人と同様にその活動の本拠としての一定の場所を定めておく必要がある。その本拠としての場所が法人としての組合の住所である。

① 組合の住所についての法律上の効果の主なるものは、債務履行地決定の標準（民法第四八四条、商法第五一六条）、裁判籍決定の標準（民事訴訟法第四条第四項）などである。

② 組合は、主たる事務所の所在地において、設立の登記をすることによって成立する（第六七条）。

（私的独占の禁止及び公正取引の確保に関する法律との関係）
**第七条** 組合は、私的独占の禁止及び公正取引の確保に関する法律（昭和二十二年法律第五十四号。以下「私的独占禁止法」という。）の適用については、これを私的独占禁止法第二十二条第一号及び第三号の要件を備える組合とみなす。

**解説** いわゆる独占禁止法は、第二二条において、一定の要件を備えた組合及び連合会に対して、独占禁止法の規定の一部の適用を排除している。本条は、水産業協同組合を「独占禁止法第二二条第一号及び第三号の要件を備える組合」とみなす規定である。

（参照条文）

独占禁止法第二二条　この法律の規定は、次の各号に掲げる要件を備え、かつ、法律の規定に基づいて設立された組合（組合の連合会を含む。）の行為には、これを適用しない。ただし、不公正な取引方法を用いる場合又は一定の取引分野における競争を実質的に制限することにより不当に対価を引き上げることとなる場合は、この限りでない。

一　小規模の事業者又は消費者の相互扶助を目的とすること。

三　各組合員が平等の議決権を有すること。

（事業利用分量配当等の課税の特例）

**第八条**　組合（法人税法（昭和四十年法律第三十四号）第二条第七号に規定する協同組合等に該当するものに限る。）が、組合の事業を利用した割合又は組合の事業に従事した割合に応じて配当した剰余金の金額に相当する金額は、同法の定めるところにより、当該組合の同法に規定する各事業年度の所得の金額又は各連結事業年度の連結所得の金額の計算上、損金の額に算入する。

**解説**　本条に規定されている内容は、協同組合が事業の利用配分に応じて、また、生産組合が事業の従事配分に応じて、組合（法人税法第二条第七号に規定する協同組合等に該当するものに限る。）の剰余金を分配した場合には、その配当額に相当する金額については、形式上は組合の所得であるが、これを課税の対象としないということである。また、この恩恵を受けられる組合は、確定申告又は期限後申告に事業利用配分量割又は事業従事分量割配当金額に関する申告の記載をした場合、生産組合では、その組合の事業に従事する組合員に対し俸給その他の給与を支給する者以外のものに限られている。

（登記）

**第九条**　この法律の規定により登記すべき事項は、登記の後でなければ、これをもって第三者に対抗することができない。

**解説**　本条は、登記の一般的効力に関する規定であり、登記事項については、登記してはじめて第三者に、その発生、変更、消滅を主張することができる。「登記」とは、一定の重要事項の発生、変更又は消滅を、法律で定めるところに従って、特定の登記簿に記載すること、又は記載されたものをいう。「第三者」とは、ある行為に関する当事者及び承継人以外の者をいう。ここでいう「第三者」とは、組合、組合員及び関係行政庁以外の人と考えられる。登記すべき事項及びその手続については、第七章（第一〇一条～第一二一条）に規定されている。

（定義）

**第十条**　この法律において「漁業」とは、水産動植物の採捕又は養殖の事業をいい、「水産加工業」とは、水産動植物を原料又は材料として、食料、飼料、肥料、糊料、油脂又は皮を生産する事業をいう。

2　この法律において「漁民」とは、漁業を営む個人又は漁業を営む者のために水産動植物の採捕若しくは養殖に従事する個人をいい、「水産加工業者」とは、水産加工業を営む個人をいう。

**解説**　「漁業」とは、水産動植物の採捕又は養殖の事業をいう。水産動植物とは、海面、河川、湖沼など水界を生活環境とする動物及び植物の一切をいう。採捕とは、天然的状態にある水産動植物を人の所持その他事実上支配し得べき状態に移す行為をいう。養殖とは、収穫の目的をもって人工手段を加え、水産動植物の発生又は生育を積極的に増進し、その数又は個体の量を増加させ又は質の向上を図る行為をいう。「水産加工業」とは、水産動植物を原料又は材料として食料、飼料、肥料、糊料、油脂又は皮を生産する事業をいう。原料とは、原型が消滅して生産された物の中に化合している場合をいい、材料とは、原型が存続している場合をいう。加工された水産物を更に高次加工する場合もあるが、本条に列記されている生産物に限定されたもの以外を生産する事業は含まれない（第一項）。

「漁民」とは、漁業を営む個人又は漁業を営む者のために水産動植物を採捕若しくは養殖に従事する個人をいう。「漁業を営む」とは、自己の名をもって漁業を営業し、かつ単にその営業に出資するのみでなく経営の意思決定を自ら行い、又はこれに参与する者をいう。漁業を営む者すなわち、漁業者には個人のほか法人も含まれるが、漁民の場合は法人は除外される。「水産加工業者」

とは、水産加工業を営む個人をいい、法人は含まない（第二項）。

# 第二章　漁業協同組合

## 第一節　事　業

（事業の種類）

**第十一条**　漁業協同組合（以下この章及び第四章において「組合」という。）は、次の事業の全部又は一部を行うことができる。

一　水産資源の管理及び水産動植物の増殖
二　水産に関する経営及び技術の向上に関する指導
三　組合員の事業又は生活に必要な資金の貸付け
四　組合員の貯金又は定期積金の受入れ
五　組合員の事業又は生活に必要な物資の供給
六　組合員の事業又は生活に必要な共同利用施設の設置
七　組合員の漁獲物その他の生産物の運搬、加工、保管又は販売
八　漁場の利用に関する事業（漁場の安定的な利用関係の確保のための組合員の労働力を利用して行う漁場の総合的な利用を促進するものを含む。）
九　船だまり、船揚場、漁礁その他組合員の漁業に必要な設備の設置
十　組合員の遭難防止又は遭難救済に関する事業
十一　組合員の共済に関する事業
十二　組合員の福利厚生に関する事業
十三　組合事業に関する組合員の知識の向上を図るための教育及び組合員に対する一般的情報の提供
十四　組合員の経済的地位の改善のためにする団体協約の締結
十五　漁船保険組合が行う保険又は漁業共済組合若しくは漁業共済組合連合会が行う共済のあつせん
十六　前各号の事業に附帯する事業

2　組合員に出資をさせない組合（以下この章において「非出資組合」という。）は、前項の規定にかかわらず、同項第三号、第四号又は第十一号の事業を行うことができない。

3　第一項第四号の事業を行う組合は、組合員のために、次の事業の全部又は一部を行うことができる。

一　手形の割引
二　為替取引
三　債務の保証又は手形の引受け
三の二　有価証券の売買等（有価証券の売買（金融商品取引法（昭和二十三年法律第二十五号）第二十八条第八項第六号に規定する有価証券関連デリバティブ取引（以下この号及び第十一号において「有価証券関連デリバティブ取引」という。）に該当するものを除く。）又は有価証券関連デリバティブ取引であつて、同法第三十三条第二項に規定する書面取次ぎ行為に限る。以下同じ。）
四　有価証券の貸付け
五　国債等（国債、地方債並びに政府が元本の償還及び利息の支払について保証している社債その他の債券をいう。以下同じ。）の引受け（売出しの目的をもつてするものを除く。）又は当該引受けに係る国債等の募集の取扱い
六　有価証券（国債等に該当するもの並びに金融商品取引法第二条第一項第十号及び第十一号に掲げるものに限る。）の私募（同法第二条第三項に規定する有価証券の私募をいう。以下同じ。）の取扱い

七　農林中央金庫その他主務大臣の定める者（外国の法令に準拠して外国において銀行法（昭和五十六年法律第五十九号）第二条第二項に規定する銀行業を営む者（同法第四条第五項に規定する銀行等を除く。以下「外国銀行」という。）を除く。）の業務の代理又は媒介（主務大臣の定めるものに限る。）
八　国、地方公共団体、会社等の金銭の収納その他金銭に係る事務の取扱い
九　有価証券、貴金属その他の物品の保護預り
九の二　振替業（社債、株式等の振替に関する法律（平成十三年法律第七十五号）第二条第四項に規定する口座管理機関として行う振替業をいう。以下同じ。）
十　両替
十一　デリバティブ取引の媒介、取次ぎ又は代理（金融商品取引法第二条第二十項に規定するデリバティブ取引（同条第二十二項に規定する店頭デリバティブ取引又は有価証券関連デリバティブ取引を除く。）の媒介、取次ぎ又は代理であつて、主務省令で定めるものをいう。以下同じ。）
十二　前各号の事業に附帯する事業

4　第一項第三号及び第四号の事業を併せ行う組合は、これらの事業の遂行を妨げない限度において、次の各号に掲げる有価証券について、当該各号に定める行為を行う事業（前項の規定により行う事業を除く。）を行うことができる。

一　金融商品取引法第三十三条第二項第一号に掲げる有価証券（同法第二条第一項第一号及び第二号に掲げる有価証券並びに政府が元本の償還及び利息の支払について保証している同項第五号に掲げる有価証券その他の債券に限る。）　同法第三十三条第二項第一号に定める行為（同法第二条第八項第一号から第三号までに掲げる行為については、有価証券の売買及び有価証券の売買に係るものに限る。）

二　金融商品取引法第三十三条第二項第一号、第三号及び第四号に掲げる有価証券（前号に掲げる有価証券を除く。）　金融商品取引業者（同法第二条第九項に規定する金融商品取引業者をいい、同法第二十八条第一項に規定する第一種金融商品取引業を行う者に限る。第十一条の十三第二項、第十五条の九の二第二項及び第八十七条の三第一項第二号を除き、以下同じ。）の委託を受けて、当該金融商品取引業者のために行う同法第二条第十一項第一号から第三号までに掲げる行為

注　第二号は、平成二一年六月法律第五八号により改正され、公布の日から起算して一年六月を超えない範囲内において政令で定める日から施行

「第十五条の九の二第二項」を「第十五条の九の三第二項」に改める。

三　金融商品取引法第三十三条第二項第二号に掲げる有価証券　同号に定める行為

5　第一項第三号及び第四号の事業を併せ行う組合は、これらの事業の遂行を妨げない限度において、次に掲げる事業を行うことができる。

一　金融機関の信託業務の兼営等に関する法律（昭和十八年法律第四十三号）により行う同法第一条第一項に規定する信託業務（以下「信託業務」という。）に係る事業

二　信託法（平成十八年法律第百八号）第三条第三号に掲げる方法によつてする信託に係る事務に関する事業

三　金融商品取引法第二十八条第六項に規定する投資助言業務に係る事業

6　組合は、前項第二号の事業を行う場合には、信託業法（平成十六年法律第百五十四号）の適用については、政令で定めるところにより、会社とみなす。

7　第一項第十一号の事業を行う組合は、組合員のために、保険会社（保険業法（平成七年法律第百五号）第二条第二項に規定する保険会社をいう。以下同じ。）その他主務大臣が指定するこれに準ずる者の業務の代理又は事務の代行（農林水産省令で定めるものに限る。）の事業を行うことができる。

8　組合は、定款で定めるところにより、組合員以外の者にその事業（第三項第三号及び第四号の事業にあつては、主務省令で定めるものに限る。）を利用させることができる。ただし、同項第二号から第十号まで及び第十二号、第四項並びに前項の事業に係る場合を除き、一事業年度において組合員及び他の組合の組合員以外の者が利用し得る事業の分量の総額は、当該事業年度において組合員及び他の組合の組合員が利用する事業の分量の総額（政令で定める事業については、政令で定める額）を超えてはならない。

9　次の各号に掲げる事業の利用に関する前項ただし書の規定の適用については、当該各号に定める者を組合員とみなす。

一　第一項第三号の事業　組合員と世帯を同じくする者又は営利を目的としない法人に対して、その貯金又は定期積金を担保として貸し付ける場合におけるこれらの者

二　第一項第四号の事業　組合員と世帯を同じくする者及び営利を目的としない法人

三　第一項第十一号及び第十二号の事業　組合員と世帯を同じくする者

10　組合は、第八項の規定にかかわらず、組合員のためにする事業の遂行を妨げない限度において、定款の定めるところにより、次に掲げる資金の貸付けをすることができる。

一　地方公共団体に対する資金の貸付けで政令で定めるもの

二　営利を目的としない法人であつて、地方公共団体が主たる出資者若しくは構成員となつているもの又は地方公共団体がその基本財産の額の過半を拠出しているものに対する資金の貸付けで政令で定めるもの

三　漁港漁場整備法（昭和二十五年法律第百三十七

号）第六条第一項から第四項までの規定により市町村長、都道府県知事又は農林水産大臣が指定した漁港の区域（以下「漁港区域」という。）における産業基盤又は生活環境の整備のために必要な資金で政令で定めるものの貸付け（前二号に掲げるものを除く。）
四　銀行その他の金融機関に対する資金の貸付け

**解説**　漁業協同組合の行うことのできる事業は、制限列挙主義により規定されており、本条に列挙された以外の事業を行えるのは、第一七条の要件を備えた場合の漁業自営と他の法律の特別の規定によって認められた場合に限られる。個々の組合が実際にある事業を行おうとする場合には、定款で具体的に定めなければならない（第三二条第一項第一号）。

漁業協同組合（以下この章及び第四章において「組合」という。）は、次の事業の全部又は一部を行うことができる（第一項）。
① 水産資源の管理及び水産動植物の増殖
② 水産に関する経営及び技術の向上に関する指導
③ 組合員の事業又は生活に必要な資金の貸付け
④ 組合員の貯金又は定期積金の受入れ
⑤ 組合員の事業又は生活に必要な物資の供給
⑥ 組合員の事業又は生活に必要な共同利用施設の設置
⑦ 組合員の漁獲物その他の生産物の運搬、加工、保管又は販売
⑧ 漁場の利用に関する事業
⑨ 船だまり、船揚場、漁礁その他組合員の漁業に必要な設備の設置
⑩ 組合員の遭難防止又は遭難救済に関する事業
⑪ 組合員の共済に関する事業
⑫ 組合員の福利厚生に関する事業
⑬ 組合事業に関する組合員の知識の向上を図るための教育及び組合員に対する一般的情報の提供
⑭ 組合員の経済的地位の改善のためにする団体協約の締結
⑮ 漁船保険組合が行う保険又は漁業共済組合若しくは漁業共済組合連合会が行う共済のあっせん
⑯ ①から⑮の事業に附帯する事業

「次の事業の全部又は一部」とは、組合で行うことのできる範囲を示した列挙事業については、組合は、その全部を行ってもよいし、又は一部を行わなければならな

いのであり、それは組合の成立条件である。

第三号の「資金の貸付け」とは、償還を条件として資金を融通する一切の業務をいうが、本来営利を目的とするものではないから商行為には該当しない。

第四号の「貯金」とは、余裕金の安全保管と利息を得ることの目的で、金銭を金融機関に寄託する行為又は寄託された金銭をいう。また、「定期積金」とは、期限を定めて一定金額の給付を行うことを約して、定期に又は一定の期間内において数回にわたり受け入れる金銭をいう（銀行法第二条）。定期積金の法律上の性質は、組合は、期限に給付金支払の債務を負担し、積金者は、所定の積金払込みの債務を負担するのであるから、貯金と違い、有償双務の無名契約であり、諾成契約である。非出資組合は、第四号の貯金又は定期積金の受入れの事業を行うことができない（本条第二項）。

第五号に規定されている「物資の供給」とは、購買事業をいうのである。組合員の営む事業に必要な生産資材のみならず日常生活品を第三者又は組合員から買入れその他の方法により取得して組合員に供給するが、取得した物資に加工して供給することも含まれる。

第六号は、いわゆる利用事業のことである。「共同利用施設の設置」とは、組合員の共同の利用に供するための物的、人的な設備をいう。「利用に供する」とは、組合員の便益のために利用させることである。

第一一号に規定されている「共済事業」は、組合員（連合会においては会員たる組合）があらかじめ一定の金額（共済掛金）を組合に拠出しこれによって組合に一定の財源をつくり、これをもって一定の原因（共済事故）によって生ずる組合員の財産上の需要を充足して、組合員（組合）の相互救済及び福利の増進を図る事業をいう。

第一四号に規定する「団体協約」とは、組合員がそれぞれの相手方と契約を結ぶ場合にその条件を有利にするために、組合がその相手方とあらかじめ契約の基準となるべき事項を定めておくことである。この事業はその性質上員外利用を認めることはありえない。

非出資組合は、第四号の貯金又は定期積金の受入事業及び第一一号の共済事業は行うことができない（第二項）。非出資組合は、資本的な基礎をもたず、一般の信用の基盤が弱いためである。

第四号の貯金又は定期積金の受入業務を行う組合は、貯金、定期積金の受入業務のほか、手形の割引、為替取引、債務の保証又は手形の引受け等列挙される各事業の全部又は一部を行うことができる（第三項）。

貸付事業及び貯金事業を併せ行う組合は、これらの事業の遂行を妨げない限度において、①金融機関の信託業務の兼営等に関する法律により行う同法第一条第一項に規定する信託業務に係る事業、②信託法第三条第三号に掲げる方法によってする信託に係る事務に関する事業、③金融商品取引法第二八条第六項に規定する投資助言業務に係る事業を行うことができる（第五項）。「信託業務」とは、委託者が受託者に対して財産を移転・処分し、その財産を受益者のために管理・処分することを業務として行うことであり、その財産の種類により金銭信託や土地信託等がある。

組合が開発する共済の種類だけでなく、民間の保険会社が開発した商品も取り扱うことにより、契約者の多様なニーズに適時に応えることができるようにするため、共済事業を行う組合は、保険会社等の業務の代理又は事務の代行を行えることとされている（第七項）。

（資源管理規程）

**第十一条の二**　前条第一項第一号の事業を行う組合は、一定の水面において水産動植物の採捕の方法、期間その他の事項を適切に管理することにより水産資源の管理を適切に行うため、当該水面において組合員が漁業（遊漁船業の適正化に関する法律（昭和六十三年法律第九十九号）第二条第一項に規定する遊漁船業を含む。以下この条において同じ。）を営むに当たつて遵守すべき事項に関する規程（以下「資源管理規程」という。）を定めようとする場合には、行政庁の認可を受けなければならない。これを変更しようとするときも、同様とする。

2　資源管理規程においては、次に掲げる事項を定めるものとする。

一　資源管理規程の対象となる水面の区域並びに水産資源及び漁業の種類
二　水産資源の管理の方法
三　資源管理規程の有効期間
四　資源管理規程に違反した場合の過怠金に関する事項
五　その他農林水産省令で定める事項

3　第一項の認可（同項の変更の認可を含む。第七項において同じ。）を受けようとする組合は、第四十八条第一項第二号の規定による総会の議決の前に、当該資源管理規程の対象となる水面において当該資源管理規程の対象となる漁業を営む組合員の三分の二以上の書面による同意を得なければならない。

4　前項の場合において、電磁的方法（電子情報処理組織を使用する方法その他の情報通信の技術を利用する方法であつて農林水産省令で定めるものをいう。第百一条第二項第九号を除き、以下同じ。）により議決権を行うことが定款で定められているときは、当該書面による同意に代えて、当該資源管理規程についての同意を当該電磁的方法により得ることができる。この場合において、当該組合は、当該書面による同意を得たものとみなす。

5　前項前段の電磁的方法（農林水産省令で定める方法を除く。）により得られた当該資源管理規程についての同意は、組合の使用に係る電子計算機に備えられたファイルへの記録がされた時に当該組合に到達したものとみなす。

6　資源管理規程は、海洋水産資源開発促進法（昭和四十六年法律第六十号）第十三条第一項に規定する資源管理協定又は漁業法（昭和二十四年法律第二百六十七号）第八条第一項に規定する漁業権行使規則若しくは入漁権行使規則（以下この項において「漁業権行使規則等」という。）が存する場合にあつては、当該資源管理協定又は漁業権行使規則等に従った内容のものでなければならない。

7　組合が第一項の認可を受けた資源管理規程に違反した場合の過怠金については、第二十三条の規定は、適用しない。

8　前各項に規定するもののほか、資源管理規程に関し必要な事項は、政令で定める。

**解説**　本条は、資源管理規程に関する規定である。水産資源の管理という観点から、組合員の行う漁業について、その適正なる実施を図るため、組合自ら採捕の抑制等の取り決めを行うことが明確に位置づけられた。

水産資源の管理の事業（第一一条第一項第一号）を行う組合が、資源管理規程を定めようとする場合は、行政庁の認可を受けなければならない（第一項）。「資源管理規程」とは、一定の水面において水産動植物の採捕の方法、期間その他の事項を適切に行うため、当該水面において組合員が遵守すべき事項に関する規程である。

資源管理規程には、次に掲げる事項を定めなければならない（第二項）。

① 資源管理規程の対象となる水面の区域並びに水産資源及び漁業の種類
② 水産資源の管理の方法
③ 資源管理規程の有効期間
④ 資源管理規程に違反した場合の過怠金に関する事項
⑤ 資源管理規程を変更し、又は廃止する場合の手続その他必要な事項（水産業協同組合法施行規則（以下本法において「施行規則」という。）第三条）

また、総会の議決前に、資源管理規程の対象となる漁業を営む組合員の三分の二以上の書面による同意を得なければならない（第三項）。

（出資の総額の最低限度）

**第十一条の三**　第十一条第一項第四号又は第十一号の事業を行う組合の出資（第十九条の二第二項の回転出資金を除く。）の総額は、政令で定める区分に応じ、政令で定める額以上でなければならない。

2　前項の政令で定める額は、一億円（組合員（第十八条第五項の規定による組合員（以下この章及び第四章において「准組合員」という。）を除く。）の数、地理的条件その他の事項が政令で定める要件に該当する組合又は第十一条第一項第四号の事業を行わない組合にあつては、千万円）を下回つてはならない。

**解説**　本条は、出資の総額の最低限度に関する規定である。信用事業又は共済事業を行う組合の出資の総額は、次に掲げる政令で定める区分に応じ、政令で定める額以上でなければならない（第一項、施行令第四条、第五条）。

① 正組合員数が一〇〇人未満等の又は信用事業を行わない漁業協同組合　千万円
② ①以外の漁業協同組合　一億円
③ 貯金等合計額が千億円以上の漁業協同組合連合会　一〇億円
④ ③以外の漁業協同組合連合会　一億円

（信用事業規程）

**第十一条の四**　組合は、第十一条第一項第四号の事業を行おうとするときは、信用事業規程を定め、行政庁の認可を受けなければならない。

2　前項の信用事業規程には、信用事業（第十一条第一項第三号及び第四号の事業（これらの事業に附帯する事業を含む。）並びに同条第三項から第五項までの事業をいう。第十一条の六第一項、第十一条の八、第十一条の十第二項、第十一条の十四、第十七条の十四第一項並びに第二項第一号及び第二号、第三十四条第三項、第十一項及び第十二項、第五十条第三号の二、第五十四条の二第一項、第二項、第四項及び第七項、第五十八条の三第一項及び第六項、第百二十二条第二項、第百二十三条の二第一項及び第三項、第百二十六条の二第十二号、第百二十六条の四、第百二十七条第一項、第百二十七条の二第一号並びに第百二十七条の三第五号において同じ。）の種類及び事業の実施方法に関して主務省令で定める事項を記載し、又は記録しなければならない。

注　第二項は、平成二一年六月法律第五八号により改正され、公布の日から起算して一年を超えない範囲内において政令で定める日から施行

「第六項」の下に「、第百二十一条の六第五項第二号」を加える。

3　信用事業規程の変更（軽微な事項その他の主務省令で定める事項に係るものを除く。）又は廃止は、行政庁の認可を受けなければ、その効力を生じない。

4　組合は、前項の主務省令で定める事項に係る信用事業規程の変更をしたときは、遅滞なく、その旨を行政庁に届け出なければならない。

5　第一項及び第三項の認可の申請は、申請書に主務省令で定める書類を添えてしなければならない。

**解説**　本条は、信用事業規程に関する規定である。組合は、信用事業を行おうとするときは、総会の議決により（第四八条第一項第二号）、信用事業規程を定め、行政庁の認可を受けなければならない（第一項）。

信用事業規程には、信用事業の種類及び事業の実施方法に関して次の主務省令で定める事項を記載し、又は記録しなければならない（第二項、漁業協同組合等の信用事業等に関する命令（以下「信用省令」という。）第五条第一項）。

① 貯金、貸付け、手形の割引、為替取引その他の事業の種類

② 貯金及び貸付けの利率、貸付け等の相手方、貸付け等の限度、為替取引契約の相手方その他の事業の方法

信用事業規程の変更又は廃止は、行政庁の認可を受け

なければ、その効力を生じない（第三項）。

（地方公共団体等に対する貸付けの最高限度）

**第十一条の五**　組合は、第十一条第十項の規定により貸付けを行う場合において、一事業年度における組合員及び他の組合の組合員以外の者に対する貸付けについてその総額が当該事業年度における組合員及び他の組合の組合員に対する貸付けの総額に政令で定める割合を乗じて得た額を超えることとなるときは、毎事業年度、当該事業年度における組合員及び他の組合の組合員以外の者に対する貸付けの総額の最高限度について、行政庁の認可を受けなければならない。

**解説**　本条は、地方公共団体等に対する貸付けの最高限度に関する規定である。員外利用制限の枠外とされた資金の貸付け（第一一条第一〇項）と、一般の員外貸付けと合わせて、一事業年度における貸付けの総額が、組合員及び他の組合の組合員に対する貸付総額に本法施行令で定める割合（漁協及び信漁連にあっては一〇〇分の一〇〇、加工協及び信用加工連にあっては五分の一）を乗じて得た額を超えるときは、組合員のためにする事業の妨げにならないよう、毎事業年度、当該事業年度における員外者に対する貸付けの総額の最高限度について、行政庁の認可を受けなければならないとされている（本条、施行令第八条）。

なお、この規定に違反した場合は、組合の役員は五〇万円以下の過料に処せられる（第一三〇条第五号）。

（信用事業に係る経営の健全性の確保）

**第十一条の六**　主務大臣は、第十一条第一項第四号の事業を行う組合の信用事業の健全な運営に資するため、当該組合がその経営の健全性を判断するための基準として次に掲げる基準その他の基準を定めることができる。

一　当該組合の保有する資産等に照らし当該組合の自己資本の充実の状況が適当であるかどうかの基準

二　当該組合及びその子会社その他の当該組合と主務省令で定める特殊の関係のある会社の保有する資産等に照らし当該組合及び当該特殊の関係のある会社の自己資本の充実の状況が適当であるかどうかの基準

三　当該組合の剰余金の処分の方法が適当であるかどうかの基準

2　前項に規定する「子会社」とは、組合がその総株主等の議決権（総株主又は総出資者の議決権（株式会社にあつては、株主総会において決議をすることができる事項の全部につき議決権を行使することができない株式についての議決権を除き、会社法（平成十七年法律第八十六号）第八百七十九条第三項の規定により議決権を有するものとみなされる株式についての議決権を含む。以下この条、第十七条の十五、第八十七条の三、第八十七条の四、第百条の三、第百条の四及び第百二十二条において同じ。）をいう。以下同じ。）の百分の五十を超える議決権を有する会社をいう。この場合において、当該組合及びその一若しくは二以上の子会社又は当該組合の一若しくは二以上の子会社がその総株主等の議決権の百分の五十を超える議決権を有する他の会社は、当該組合の子会社とみなす。

3　前項の場合において、組合又はその子会社が有する議決権には、金銭又は有価証券の信託に係る信託財産として所有する株式又は持分に係る議決権（委託者又は受益者が行使し、又はその行使について当該組合若しくはその子会社に指図を行うことができるものに限る。）その他主務省令で定める議決権を含まないものとし、信託財産である株式又は持分に係る議決権で、当該組合又はその子会社が委託者若しくは受益者として行使し、又はその行使について指図を行うことができるもの（主務省令で定める議決権を除く。）及び社債、株式等の振替に関する法律第百四十七条第一項又は第百四十八条第一項の規定により発行者に対抗することができない株式に係る議決権を含むものとする。

**解説**　本条は、信用事業に係る経営の健全性の確保に関する規定である。金融機関の経営の健全性を確保し、金融機関に対する利用者の信頼の醸成及び金融システムの安定性を確保していくためには、金融機関が自らの責任において、中長期的の視点にたって自己資本の充実に努めていく必要がある。組合も、地域金融機関として、銀行等と同様に、組合員等信用事業の利用者の信頼を確保する必要がある。このため、主務大臣は、組合が自己資本の充実の状況等経営の健全性を判断するための基準を定めることができることとしている。

（名義貸しの禁止）

**第十一条の七**　第十一条第一項第四号の事業を行う組合は、自己の名義をもつて、他人に資金の貸付け、貯金若しくは定期積金の受入れ、手形の割引又は為替取引の事業を行わせてはならない。

**解説**　本条は、名義貸しの規定である。信用事業を行う組合は、自己の名義で、他人に資金の貸付け、貯金・定期積金の受入れ等の事業を行わせることを禁止している。

（信用事業に係る禁止行為）

**第十一条の八**　第十一条第一項第四号の事業を行う組合は、信用事業に関し、次に掲げる行為（次条に規定する特定貯金等契約の締結の事業に関しては、第四号に掲げる行為を除く。）をしてはならない。

一　利用者に対し、虚偽のことを告げる行為

二　利用者に対し、不確実な事項について断定的判断を提供し、又は確実であると誤認させるおそれのあることを告げる行為

三　利用者に対し、当該組合又は当該組合の特定関係者（当該組合の子会社（第十一条の六第二項に規定する子会社をいう。第十一条の十一第二項、第十七条の十四、第十七条の十五、第三十四条第十一項、第三十九条第五項及び第五十八条の二第二項において同じ。）、当該組合を所属組合（第百二十一条の二第三項に規定する所属組合をいう。第十一条の十三第一項において同じ。）とする特定信用事業代理業者（第百二十一条の二第三項に規定する特定信用事業代理業者をいう。第十一条の十三第一項において同じ。）その他の当該組合と政令で定める特殊の関係のある者をいう。第十一条の十二において同じ。）その他当該組合と主務省令で定める密接な関係を有する者の営む業務に係る取引を行うことを条件として、信用を供与し、又は信用の供与を約する行為（利用者の保護に欠けるおそれがないものとして主務省令で定めるものを除く。）

四　前三号に掲げるもののほか、利用者の保護に欠けるおそれがあるものとして主務省令で定める行為

**解説**　本条は、信用事業に係る禁止行為に関する規定である。信用事業を行う組合は、信用事業に関し、利用者に対し、虚偽のことを告げる行為、不確実な事項について断定的判断を提供し、又は確実であると誤認させるおそれのあることを告げる行為等をしてはならない（本条、信用省令第七条の三、第七条の四）。

（特定貯金等契約の締結に関する金融商品取引法の準用）

**第十一条の九**　金融商品取引法第三章第一節第五款（第三十四条の二第六項から第八項まで並びに第三十四条の三第五項及び第六項を除く。）、同章第二節第一款（第三十五条から第三十六条の四まで、第三十七条第一項第二号、第三十七条の二、第三十七条の三第一項第二号及び第六号並びに第三項、第三十七条の五、第三十八条第一号及び第二号、第三十八条の二、第三十九条第三項ただし書及び第五項並びに第四十条の二から第四十条の五までを除く。）及び第四十五条（第三号及び第四号を除く。）の規定は、第十一条第一項第四号の事業を行う組合が行う特定貯金等契約（特定貯金等（金利、通貨の価格、同法第二条第十四項に規定する金融商品市場における相場その他の指標に係る変動によりその元本について損失が生ずるおそれがある貯金又は定期積金として主務省令で定めるものをいう。次条第一項において同じ。）の受入れを内容とする契約をいう。第百二十一条の五において同じ。）の締結について準用する。この場合において、これらの規定中「金融商品取引契約」とあるのは「特定貯金等契約」と、「金融商品取引業」とあるのは「特定貯金等契約の締結の事業」と、これらの規定（同法第三十九条第三項本文の規定を除く。）中「内閣府令」とあるのは「主務省令」と、これらの規定（同法第三十四条の規定を除く。）中「金融商品取引行為」とあるのは「特定貯金等契約の締結」と、同法第三十四条中「顧客を相手方とし、又は顧客のために金融商品取引行為（第二条第八項各号に掲げる行為をいう。以下同じ。）を行うことを内容とする契約」とあるのは「水産業協同組合法第十一条の九に規定する特定貯金等契約」と、同法第三十七条の三第一項中「交付しなければならない」とあるのは「交付するほか、貯金者及び定期積金の積金者（以下この項において「貯金者等」という。）の保護に資するため、主務省令で定めるところにより、当該特定貯金等契約の内容その他貯金者等に参考となるべき情報の提供を行わなければならない」と、同法第三十九条第一項第一号中「有価証券の売買その他の取引（買戻価格があらかじめ定められている買戻条件付売買その他の政令で定める取引を除く。）又はデリバティブ取引（以下この条において

「有価証券売買取引等」という。）」とあるのは「特定貯金等契約の締結」と、「有価証券又はデリバティブ取引（以下この条において「有価証券等」という。）」とあるのは「特定貯金等契約」と、「顧客（信託会社等（信託会社又は金融機関の信託業務の兼営等に関する法律第一条第一項の認可を受けた金融機関をいう。以下同じ。）が、信託契約に基づいて信託をする者の計算において、有価証券の売買又はデリバティブ取引を行う場合にあつては、当該信託をする者を含む。以下この条において同じ。）」とあるのは「利用者」と、「補足するため」とあるのは「補足するため、当該特定貯金等契約によらないで」と、同項第二号及び第三号中「有価証券売買取引等」とあるのは「特定貯金等契約の締結」と、「有価証券等」とあるのは「特定貯金等契約」と、同項第二号中「追加するため」とあるのは「追加するため、当該特定貯金等契約によらないで」と、同項第三号中「追加するため、」とあるのは「追加するため、当該特定貯金等契約によらないで」と、同条第二項中「有価証券売買取引等」とあるのは「特定貯金等契約の締結」と、同条第三項中「原因となるものとして内閣府令で定めるもの」とあるのは「原因となるもの」と、同法第四十五条第二号中「第三十七条の二から第三十七条の六まで、第四十条の二第四項及び第四十三条の四」とあるのは「第三十七条の三（第一項の書面の交付に係る部分に限り、同項第二号及び第六号並びに第三項を除く。）、第三十七条の四及び第三十七条の六」と読み替えるものとするほか、必要な技術的読替えは、政令で定める。

注　第一一条の九は、平成二一年六月法律第五八号により改正され、公布の日から起算して一年六月を超えない範囲内において政令で定める日から施行

「第三十七条の五」の下に「、第三十七条の七」を加える。

**解説**　特定貯金等契約の締結に関する金融商品取引法の準用に関する規定である。

（貯金者等に対する情報の提供等）

**第十一条の十**　第十一条第一項第四号の事業を行う組合は、貯金又は定期積金の受入れ（特定貯金等の受入れを除く。）に関し、貯金者及び定期積金の積金者（以下この項において「貯金者等」という。）の保護に資するため、主務省令で定めるところにより、貯金又は

定期積金に係る契約の内容その他貯金者等に参考となるべき情報の提供を行わなければならない。

2　前条及び前項並びに他の法律に定めるもののほか、同項の組合は、主務省令で定めるところにより、その信用事業に係る重要な事項の利用者への説明、その信用事業に関して取得した利用者に関する情報の適正な取扱い、その信用事業を第三者に委託する場合における当該信用事業の的確な遂行その他の健全かつ適切な運営を確保するための措置を講じなければならない。

**解説**　本条は、貯金者等に対する情報等の提供等に関する規定である。信用事業を行う組合は、貯金又は定期積金の受入れに関し、貯金者等に参考となるべき情報の提供を行わなければならない。情報提供の具体的方法としては、主要な貯金等の金利の明示、取り扱う貯金等に係る手数料の明示等である（第一項、信用省令第八条）。

注　第一一条の一〇の二は、平成二一年六月法律第五八号により追加され、公布の日から起算して一年六月を超えない範囲内において政令で定める日から施行

（指定信用事業等紛争解決機関との契約締結義務等）

**第十一条の十の二**　第十一条第一項第四号の事業を行う組合は、次の各号に掲げる場合の区分に応じ、当該各号に定める措置を講じなければならない。

一　指定信用事業等紛争解決機関（第百二十一条の八第一項に規定する指定信用事業等紛争解決機関をいう。以下この条において同じ。）が存在する場合　一の指定信用事業等紛争解決機関との間で信用事業等（第百二十一条の六第五項第二号に規定する信用事業等をいう。次号において同じ。）に係る手続実施基本契約（同条第一項第八号に規定する手続実施基本契約をいう。第三項並びに第十五条の九の二第一項第一号及び第三項において同じ。）を締結する措置

二　指定信用事業等紛争解決機関が存在しない場合　信用事業等に関する苦情処理措置及び紛争解決措置

2　前項において、次の各号に掲げる用語の意義は、当該各号に定めるところによる。

一　苦情処理措置　利用者からの苦情の処理の業務に従事する使用人その他の従業者に対する助言若しくは指導を消費生活に関する消費者と事業者との間に生じた苦情に係る相談その他の消費生活に関する事項について専門的な知識経験を有する者として主務省令で定める者に行わせること又はこれに準ずるも

のとして主務省令で定める措置

二　紛争解決措置　利用者との紛争の解決を認証紛争解決手続（裁判外紛争解決手続の利用の促進に関する法律（平成十六年法律第百五十一号）第二条第三号に規定する認証紛争解決手続をいう。第十五条の九の二第二項第二号において同じ。）により図ること又はこれに準ずるものとして主務省令で定める措置

3　第一項の組合は、同項の規定により手続実施基本契約を締結する措置を講じた場合には、当該手続実施基本契約の相手方である指定信用事業等紛争解決機関の商号又は名称を公表しなければならない。

4　第一項の規定は、次の各号に掲げる場合の区分に応じ、当該各号に定める期間においては、適用しない。

一　第一項第一号に掲げる場合に該当していた場合において、同項第二号に掲げる場合に該当することとなつたとき　第百二十一条の八第一項において準用する銀行法第五十二条の八十三第一項の規定による紛争解決等業務（第百二十一条の六第五項第一号に規定する紛争解決等業務をいう。次号並びに第十五条の九の二第四項第一号及び第二号において同じ。）の廃止の認可又は第百二十一条の八第一項において準用する同法第五十二条の八十四第一項の規定による指定の取消しの時に、第一項第二号に定める措置を講ずるために必要な期間として主務大臣が定める期間

二　第一項第一号に掲げる場合に該当していた場合において、同号の一の指定信用事業等紛争解決機関の紛争解決等業務の廃止が第百二十一条の八第一項において準用する銀行法第五十二条の八十三第一項の規定により認可されたとき、又は同号の一の指定信用事業等紛争解決機関の第百二十一条の六第一項の規定による指定が第百二十一条の八第一項において準用する同法第五十二条の八十四第一項の規定により取り消されたとき（前号に掲げる場合を除く。）　その認可又は取消しの時に、第一項第一号に定める措置を講ずるために必要な期間として主務大臣が定める期間

三　第一項第二号に掲げる場合に該当していた場合において、同項第一号に掲げる場合に該当することとなつたとき　第百二十一条の六第一項の規定による指定信用事業等紛争解決機関の指定の時に、同号に

定める措置を講ずるために必要な期間として主務大臣が定める期間

（同一人に対する信用の供与等）

**第十一条の十一**　第十一条第一項第四号の事業を行う組合の同一人（当該同一人と政令で定める特殊の関係のある者を含む。以下この条において同じ。）に対する信用の供与等（信用の供与又は出資として政令で定めるものをいう。以下この条において同じ。）の額は、政令で定める区分ごとに、当該組合の自己資本の額に政令で定める率を乗じて得た額（以下この条において「信用供与等限度額」という。）を超えてはならない。ただし、信用の供与等を受けている者が合併をし、共同新設分割（法人が他の法人と共同してする新設分割をいう。）若しくは吸収分割をし、又は営業を譲り受けたことにより当該組合の同一人に対する信用の供与等の額が信用供与等限度額を超えることとなる場合その他政令で定めるやむを得ない理由がある場合において、行政庁の承認を受けたときは、この限りでない。

2　前項の組合が子会社で主務省令で定める会社以外のものその他の当該組合と主務省令で定める特殊の関係のある者（以下この条において「子会社等」という。）を有する場合には、当該組合及び当該子会社等又は当該子会社等の同一人に対する信用の供与等の額は、政令で定める区分ごとに、合算して、当該組合及び当該子会社等の自己資本の純合計額に政令で定める率を乗じて得た額（以下この条において「合算信用供与等限度額」という。）を超えてはならない。この場合においては、前項ただし書の規定を準用する。

3　前二項の規定は、国及び地方公共団体に対する信用の供与、政府が元本の返済及び利息の支払について保証している信用の供与その他これらに準ずるものとして政令で定める信用の供与等については、適用しない。

4　第二項の場合において、組合及びその子会社等又はその子会社等の同一人に対する信用の供与等の合計額が合算信用供与等限度額を超えることとなつたときは、その超える部分の信用の供与等の額は、当該組合の信用の供与等の額とみなす。

5　前各項に定めるもののほか、信用の供与等の額、第一項に規定する自己資本の額、信用供与等限度額、第二項に規定する自己資本の純合計額及び合算信用供与等限度額の計算方法その他第一項及び第二項の規定の適用に関し必要な事項は、主務省令で定める。

**解説**　本条は、同一人に対する信用の供与等に関する規定である。貯金等の受入れの事業を行う組合の貸付事業については、組合が金融機関として貸付けを行う場合に当然考慮すべき事項（金融機関としての組合の信用力を維持確立すること、借受者の信用力を勘案すること、大口集中貸付けによる貸倒れの危険を防止すること）のほかに、組合の目的及び性格からくる貸付事業の特性（資金をできるだけ多くの組合員に均てんさせること、水産金融の事情を考慮すること、員外貸付けを規制することなど）についての考慮が必要である。

　貯金等の受入れ事業を行う組合は、単体の場合と信用事業関連子会社との合算の場合とを問わず、同一人（同一人と特殊の関係のある者を含む。）に対しては当該組合の自己資本の額の四〇パーセント、同一人自身（特殊の関係にある者を除いた本来の同一人をさす。）に対しては二五パーセント（組合員たる漁業生産組合等に対しては、三五パーセント）を超えて、信用の供与等、すなわち資本金の貸付け、債務保証、出資等を行ってはならない。しかし、信用供与等先の合併等により信用供与等限度額を上回ったやむを得ない理由があり、行政庁の承認を受けた場合はこの限りでない（第一項、施行令第一〇条第一項から第九項まで、信用省令第一五条から第一九条まで）。

　同一人に対する信用供与等規制は、国及び地方公共団体に対する信用供与等安定的な信用供与には適用されない（第三項、施行令第一〇条第一〇項）。

（特定関係者との間の取引等）

**第十一条の十二**　第十一条第一項第四号又は第十一号の事業を行う組合は、その特定関係者又はその特定関係者に係る利用者との間で、次に掲げる取引又は行為をしてはならない。ただし、当該取引又は行為をすることにつき主務省令で定めるやむを得ない理由がある場合において、行政庁の承認を受けたときは、この限りでない。

一　当該特定関係者との間で行う取引で、その条件が当該組合の取引の通常の条件に照らして当該組合に不利益を与えるものとして主務省令で定める取引

二　当該特定関係者との間又は当該特定関係者に係る利用者との間で行う取引又は行為のうち前号に掲げ

るものに準ずる取引又は行為で、当該組合の事業の健全かつ適切な遂行に支障を及ぼすおそれのあるものとして主務省令で定める取引又は行為

**解説**　本条は、特定関係者との間の取引等の規制に関する規定である。最近、組合の共済事業は、組合員及び組合の事業運営に与える影響が大きくなっており、契約者の漁業経営・漁村生活の安定に、共済事業の健全性の確保が重要な課題となっている。また、改正により共済事業を行う組合が子会社等を保有することを前提に子会社保有規制等を講ずることとされた。このような状況の中で、組合において他の者よりも密接な子会社等との利益相反行為が行われ、事業の健全性が損なわれることを防止する目的として、特定関係者との間の取引等の規制の対象となる組合の範囲について、信用事業を行う組合に加え、共済事業を行う組合にまで拡大することとされた（本条（第九六条第一項及び第一〇〇条の八第一項において準用する場合を含む））。

（信用事業の利用者等の利益の保護のための体制整備）

**第十一条の十三**　第十一条第一項第四号の事業を行う組合は、当該組合、当該組合を所属組合とする特定信用事業代理業者又は当該組合の子金融機関等が行う取引に伴い、これらの者が行う事業又は業務（同項第三号又は第四号の事業、第百二十一条の二第二項に規定する特定信用事業代理業その他の主務省令で定める事業又は業務に限る。）に係る利用者又は顧客の利益が不当に害されることのないよう、主務省令で定めるところにより、当該事業又は業務に関する情報を適正に管理し、かつ、当該事業又は業務の実施状況を適切に監視するための体制の整備その他必要な措置を講じなければならない。

2　前項の「子金融機関等」とは、組合が総株主等の議決権の過半数を保有している者その他の当該組合と密接な関係を有する者として政令で定める者のうち、銀行、金融商品取引業者（金融商品取引法第二条第九項に規定する金融商品取引業者をいう。第十五条の九の二第二項において同じ。）、保険会社その他政令で定める金融業を行う者をいう。

注　第二項は、平成二一年六月法律第五八号により改正され、公布の日から起算して一年六月を超えない範囲内において政令で定める日から施行

「第十五条の九の二第二項」を「第十五条の九の三第二項」に改める。

**解説**　本条は、信用事業の利用者等の利益の保護のための体制整備に関する規定である。

（会計の区分経理）
**第十一条の十四**　第十一条第一項第四号の事業を行う組合は、信用事業に係る会計を他の事業に係る会計と区分して経理しなければならない。

**解説**　本条は、信用事業を行う組合の会計の区分経理に関する規定である。信用事業の健全な運営を確保し、組合員その他の利益を保護する等の趣旨から、信用事業と他の事業とを区分して経理しなければならないこととされている。

（倉荷証券の発行）
**第十二条**　第十一条第一項第七号に掲げる保管事業を行う組合は、主務大臣の許可を受けて、組合員の寄託物について倉荷証券を発行することができる。
2　前項の許可を受けた組合は、寄託者の請求により、寄託物の倉荷証券を交付しなければならない。
3　商法（明治三十二年法律第四十八号）第六百二十七条第二項及び第六百二十八条の規定は、第一項の倉荷証券にこれを準用する。
4　倉庫業法（昭和三十一年法律第百二十一号）第八条第二項、第十二条、第二十二条及び第二十七条の規定は、第一項の場合について準用する。この場合において、これらの規定中「国土交通大臣」とあるのは「主務大臣」と、同法第十二条中「第六条第一項第四号の基準」とあるのは「主務省令で定める基準」と読み替えるものとする。

**解説**　倉荷証券は倉庫証券の一種である。倉庫営業者が寄託者の請求により、預り証券及び質入証券（複券主義）にかえて発行するもの（単券主義）で、両証券をあわせた性質を有し、一つの証券によって寄託物の譲渡・質入れなどの処分行為ができる。この証券を担保として金融の途がつくので、水産物等を組合の倉庫に寄託してもっとも有利な価格条件で販売ができる。

第一一条第一項第七号に掲げる組合員の漁獲物その他の生産物の保管事業を行う組合は、主務大臣の許可を受けて、倉荷証券を発行することができる（第一項）。一般監督官庁が都道府県知事である組合においても主務大臣である農林水産大臣及び国土交通大臣の許可を受けなければならない。一般の倉庫営業者と異なり組合が倉荷証券を発行できるのは、組合員の寄託物についてのみであり、保管事業に員外利用を認める組合であっても、員外利用者の寄託物については発行できない。

倉荷証券の発行の許可を受けた組合は、寄託者の請求があったときは、必ず倉荷証券を発行しなければならない（第二項）。これは商法第六二七条第一項の準用規定である。

本法の規定に基づいて発行する倉荷証券にも商法の規定する倉庫証券と同様の効力をもたせるために商法の規定が準用されている（第三項）。

（倉荷証券の記載事項等）

**第十三条**　前条第一項の許可を受けた組合の作成する倉荷証券には、当該組合の名称を冠する倉庫証券という文字を記載しなければならない。

2　組合でない者の作成する預証券及び質入証券又は倉荷証券には、漁業協同組合倉庫証券という文字を記載してはならない。

**解説**　組合の作成する倉荷証券には「○○漁業協同組合倉荷証券」という文字を記載しなければならない（第一項）。このことは、本法に基づく特殊のものであり、組合の倉荷証券は一般の倉荷証券と区別する必要があるからである。

組合でない者の作成する預り証券及び質入証券又は倉荷証券には、漁業協同組合倉庫証券という文字を記載してはならない（第二項）。本項に違反した者は、一〇万円以下の過料に処せられる（第一三一条）。

（寄託物の保管期間）

**第十四条**　組合が倉荷証券を発行した寄託物の保管期間は、寄託の日から六箇月以内とする。

2　前項の寄託物の保管期間は、六箇月を限度として、これを更新することができる。ただし、更新の際の証券の所持人が組合員でないときには、組合員の利用に支障がない場合に限る。

**解説**　本条は、倉荷証券を発行した寄託物の保管期間に関する規定である。

組合が倉荷証券を発行した寄託物の保管期間は、寄託の日から一応六か月以内と制限されている（第一項）。これは、倉荷証券が組合員以外に譲渡された後に組合が寄託物の保管をすることは、保管事業の員外利用になるので、何時までも放置しておくことはできないのである。

第一項の保管期間は、六か月を限度として、これを更新することが認められている。しかし、更新の際の証券の所持人が組合員でないときには、員外利用となるので組合員の利用に支障がない場合に限られている（第二項）。

（商法の準用）

**第十五条**　商法第六百十六条から第六百十九条まで及び第六百二十四条から第六百二十六条までの規定は、組合が倉荷証券を発行した場合について準用する。

**解説**　本条は、商法の準用に関する規定であって、組合が倉荷証券を発行した場合における寄託者と証券所持人の間の法律関係について準用されている。

（共済規程）

**第十五条の二**　組合が、第十一条第一項第十一号の事業を行おうとするときは、共済事業（同号の事業（この事業に附帯する事業を含む。）及び同条第七項の事業をいう。以下同じ。）の種類その他事業の実施方法、共済契約、共済掛金及び責任準備金の額の算出方法に関して農林水産省令で定める事項を共済規程で定め、行政庁の認可を受けなければならない。

2　共済規程の変更（軽微な事項その他の農林水産省令で定める事項に係るものを除く。）又は廃止は、行政庁の認可を受けなければ、その効力を生じない。

3　組合は、前項の農林水産省令で定める事項に係る共済規程の変更をしたときは、遅滞なく、その旨を行政庁に届け出なければならない。

**解説**　本条は、共済規程に関する規定である。組合が共済事業（第一一条第一項第一一号）を行おうとするときは、総会の議決（第四八条第一項第二号）により共済規程を定め、行政庁の認可を受けなければならない（第一項）。共済規程には、事業の種類、事業の実施方法、共済契約、共済掛金及び責任準備金の額の算出方法を記載する必要があるが、具体的記載事項は、施行規則第一二条（共済規程の記載事項）に定められている。

共済規程を変更（軽微な事項等に係るものを除く）、

又は廃止しようとするときは、総会の議決（第四八条第一項第二号）を経て、行政庁の認可を受けなければ、その効力を生じない（第二項）。しかし、軽微な事項等に関わる変更については、行政庁に届け出ればよいことになっている（第三項、施行規則第一三条）。

（共済事業に係る経営の健全性の基準）

**第十五条の三**　主務大臣は、第十一条第一項第十一号の事業を行う組合の共済事業の健全な運営に資するため、次に掲げる額を用いて、当該組合がその経営の健全性を判断するための基準として共済金、返戻金その他の給付金（以下「共済金等」という。）の支払能力の充実の状況が適当であるかどうかの基準その他の基準を定めることができる。

一　出資の総額、利益準備金の額その他の農林水産省令で定めるものの額の合計額

二　共済契約に係る共済事故の発生その他の理由により発生し得る危険であつて通常の予測を超えるものに対応する額として農林水産省令で定めるところにより計算した額

**解説**　本条は、共済事業に係る経営の健全性の基準に関する規定である。共済事業を行う組合については、行政庁は、その事業の健全な運営を確保し、又は組合員を保護するため、必要に応じ、監督上必要な命令を発することができる（第一二三条の二第三項）が、事業運営に問題を生じ、支払能力が低下するような場合には、このような事後的な改善措置に止まらず、こうした状況をできる限り早期に把握し、改善措置を講ずることが重要である。このために、主務大臣が共済金等の支払能力の充実の状況が適当であるかどうか等の基準を定め、これに基づき、上述の状況にある組合に対し、当該状況の早期改善を図るための業務改善命令を発することができることとされている（本条（第九六条第一項及び第一〇〇条の八第一項において準用する場合を含む。）及び第一二三条の二）。

主務大臣は、次に掲げる額を用いて、共済事業の健全な運営に資するため、共済金等の支払能力の充実の状況が適当であるかどうか等の基準を定めることができる。

①　出資の総額、利益準備金の額等の合計額

②　共済契約に係る共済事故の発生その他の理由により発生し得る危険であって通常の予測を超えるものに対応する額

（共済契約の申込みの撤回等）

**第十五条の四**　第十一条第一項第十一号の事業を行う組合に対し共済契約の申込みをした者又は当該組合と共済契約を締結した共済契約者（以下この条において「申込者等」という。）は、次に掲げる場合を除き、書面によりその共済契約の申込みの撤回又は解除（以下この条において「申込みの撤回等」という。）を行うことができる。

一　申込者等が、農林水産省令で定めるところにより、共済契約の申込みの撤回等に関する事項を記載した書面を交付された場合において、その交付をされた日と申込みをした日とのいずれか遅い日から起算して八日を経過したとき。

二　当該共済契約の共済期間が一年以下であるとき。

三　当該共済契約が、法令により申込者等が加入を義務付けられているものであるとき。

四　申込者等が組合又は共済代理店（組合の委託を受けて、当該組合のために共済契約の締結の代理又は媒介を行う者で、当該組合の役員又は使用人でないものをいう。以下同じ。）の事務所その他の農林水産省令で定める場所において共済契約の申込みをしたとき。

五　その他農林水産省令で定めるとき。

2　前項第一号の場合において、同項の組合は、同号の規定による書面の交付に代えて、農林水産省令で定めるところにより、当該申込者等の承諾を得て、当該書面に記載すべき事項を電磁的方法により提供することができる。この場合において、当該書面に記載すべき事項を当該電磁的方法により提供した組合は、当該書面を交付したものとみなす。

3　前項前段の電磁的方法（第十一条の二第五項の農林水産省令で定める方法を除く。）により第一項第一号の規定による書面の交付に代えて行われた当該書面に記載すべき事項の提供は、申込者等の使用に係る電子計算機に備えられたファイルへの記録がされた時に当該申込者等に到達したものとみなす。

4　共済契約の申込みの撤回等は、当該共済契約の申込みの撤回等に係る書面を発した時に、その効力を生ずる。

5　第一項の組合は、共済契約の申込みの撤回等があつた場合には、申込者等に対し、当該申込みの撤回等に伴う損害賠償又は違約金その他の金銭の支払を請求することができない。ただし、同項の規定による共済契約の解除の場合における当該解除までの期間に相当する共済掛金として農林水産省令で定める金額については、この限りでない。

6　第一項の組合は、共済契約の申込みの撤回等があつた場合において、当該共済契約に関連して金銭を受領しているときは、申込者等に対し、速やかに、これを返還しなければならない。ただし、当該共済契約に係る共済掛金の前払として受領した金銭のうち前項ただし書の農林水産省令で定める金額については、この限りでない。

7　共済代理店は、共済契約につき申込みの撤回等があつた場合において、当該共済契約に関連して金銭を受領しているときは、申込者等に対し、速やかに、これを返還しなければならない。

8　共済代理店は、第一項の組合に共済契約の申込みの撤回等に伴い損害賠償の支払その他の金銭の支払をした場合において、当該支払に伴う損害賠償の支払その他の金銭の支払を、申込みの撤回等をした者に対し、請求することができない。

9　共済契約の申込みの撤回等の当時、既に共済金の支払の事由が生じているときは、当該申込みの撤回等は、その効力を生じない。ただし、申込みの撤回等を行つた者が、申込みの撤回等の当時、既に共済金の支払の事由が生じたことを知つているときは、この限りでない。

10　第一項及び第四項から前項までの規定に反する特約で申込者等に不利なものは、無効とする。

**解説**　本条は、共済契約の申し込みの撤回又は解除（クーリング・オフ）に関する規定である。共済の販売形態には、種々のものがあるが、共済の特性上、組合の職員が組合員宅などを訪問するケースが主となっている。こうした販売形態の下で、共済契約の申込み又は契約の締結が行われ、事後のトラブルが発生するおそれがある。このような中で、共済契約が多様化・複雑化しているため、契約締結までの一定の熟慮期間を保障することにより、契約者の保護を図る必要性から、契約者による共済契約の申込みの撤回又は解除に解する規定が設けられている。

共済事業を行う組合に対し、申込者等は、次に掲げる場合を除き、書面によりその共済契約の申込みの撤回又は解除を行うことができる。

① 申込者等が、申込みの撤回等に関する書面を交付された場合に、交付された日と申込みの日の遅い方の日から八日が経過したとき。

② 共済契約の期間が一年以下であるとき。

③ 申込者等が加入を義務づけられているものであるとき。

④ 申込者等が組合又は共済代理店の事務所等で共済契約の申込みをしたとき。

⑤ その他（施行規則第一八条）

（共済契約の締結等に関する禁止行為）

**第十五条の五**　第十一条第一項第十一号の事業を行う組合又は共済代理店は、共済契約の締結又は共済契約の締結の代理若しくは媒介に関して、次に掲げる行為（第十五条の七に規定する特定共済契約の締結に関しては、第一号に規定する共済契約の契約条項のうち重要な事項を告げない行為及び第四号に掲げる行為を除く。）をしてはならない。

一　共済契約者又は被共済者に対して、虚偽のことを告げ、又は共済契約の契約条項のうち重要な事項を告げない行為

二　共済契約者又は被共済者が当該組合に対して重要な事項につき虚偽のことを告げることを勧める行為

三　共済契約者又は被共済者が当該組合に対して重要な事実を告げるのを妨げ、又は告げないことを勧める行為

四　前三号に定めるもののほか、共済契約者、被共済者、共済金額を受け取るべき者その他の関係者（以下「共済契約者等」という。）の保護に欠けるおそれがあるものとして農林水産省令で定める行為

**解説**　本条は、共済契約の締結等に関する禁止行為に関する規定である。共済事業を行う組合又は共済代理店は、共済契約の締結又はその代理や媒介に関して、次の行為をしてはならない。

① 共済契約者又は被共済者に対して、虚偽のことを告げ、重要な事項を告げない行為

② 共済契約者又は被共済者が組合に対して重要な事実を告げるのを妨げ、又は告げないことを勧める行為

③ 共済契約者又は被共済者が組合に対して重要な事実

を告げるのを妨げ、又は告げないことを勧める行為

④　その他（施行規則第二一条）

（特定共済契約の締結の代理等の委託の禁止）

**第十五条の六**　第十一条第一項第十一号の事業を行う組合は、次条に規定する特定共済契約の締結の代理又は媒介を共済代理店に委託してはならない。

**解説**　本条は、特定共済契約の締結の代理等の委託の禁止に関する規定である。

（特定共済契約の締結に関する金融商品取引法の準用）

**第十五条の七**　金融商品取引法第三章第一節第五款（第三十四条の二第六項から第八項まで並びに第三十四条の三第五項及び第六項を除く。）、同章第二節第一款（第三十五条から第三十六条の四まで、第三十七条第一項第二号、第三十七条の三第一項第二号及び第六号並びに第三項、第三十七条の五、第三十七条の六、第三十八条第一号、第三十八条の二、第三十九条第三項ただし書及び第五項並びに第四十条の二から第四十条の五までを除く。）及び第四十五条（第三号及び第四号を除く。）の規定は、第十一条第一項第十一号の事業を行う組合が行う特定共済契約（金利、通貨の価格、同法第二条第十四項に規定する金融商品市場における相場その他の指標に係る変動により損失が生ずるおそれ（当該共済契約が締結されることにより利用者の支払うこととなる共済掛金の合計額が、当該共済契約が締結されることにより当該利用者の取得することとなる共済金等の合計額を上回ることとなるおそれをいう。）がある共済契約として農林水産省令で定めるものをいう。）の締結について準用する。この場合において、これらの規定中「金融商品取引契約」とあるのは「特定共済契約」と、「金融商品取引業」とあるのは「特定共済契約の締結の事業」と、これらの規定（同法第三十九条第三項本文の規定を除く。）中「内閣府令」とあるのは「農林水産省令」と、これらの規定（同法第三十四条の規定を除く。）中「金融商品取引行為」とあるのは「特定共済契約の締結」と、同法第三十四条中「顧客を相手方とし、又は顧客のために金融商品取引行為（第二条第八項各号に掲げる行為をいう。以下同じ。）を行うことを内容とする契約」とあるのは「水産業協同組合法第十五条

の七に規定する特定共済契約」と、同法第三十七条の三第一項中「次に掲げる事項」とあるのは「次に掲げる事項その他水産業協同組合法第十五条の五第一号に規定する共済契約の契約条項のうち重要な事項」と、同法第三十九条第一項第一号中「有価証券の売買その他の取引（買戻価格があらかじめ定められている買戻条件付売買その他の政令で定める取引を除く。）又はデリバティブ取引（以下この条において「有価証券売買取引等」という。）」とあるのは「特定共済契約の締結」と、「有価証券又はデリバティブ取引（以下この条において「有価証券等」という。）」とあるのは「特定共済契約」と、「顧客（信託会社等（信託会社又は金融機関の信託業務の兼営等に関する法律第一条第一項の認可を受けた金融機関をいう。以下同じ。）が、信託契約に基づいて信託をする者の計算において、有価証券の売買又はデリバティブ取引を行う場合にあつては、当該信託をする者を含む。以下この条において同じ。）」とあるのは「利用者」と、「損失」とあるのは「損失（当該特定共済契約が締結されることにより利用者の支払う共済掛金の合計額が当該特定共済契約が締結されることにより当該利用者の取得する共済金等（水産業協同組合法第十五条の三に規定する共済金等をいう。以下この号において同じ。）の合計額を上回る場合における当該共済掛金の合計額から当該共済金等の合計額を控除した金額をいう。以下この条において同じ。）」と、「補足するため」とあるのは「補足するため、当該特定共済契約によらないで」と、同項第二号及び第三号中「有価証券売買取引等」とあるのは「特定共済契約の締結」と、「有価証券等」とあるのは「特定共済契約」と、同項第二号中「追加するため」とあるのは「追加するため、当該特定共済契約によらないで」と、同項第三号中「追加するため、」とあるのは「追加するため、当該特定共済契約によらないで」と、同条第二項中「有価証券売買取引等」とあるのは「特定共済契約の締結」と、同条第三項中「原因となるものとして内閣府令で定めるもの」とあるのは「原因となるもの」と、同法第四十五条第二号中「第三十七条の二から第三十七条の六まで、第四十条の二第四項及び第四十三条の四」とあるのは「第三十七条の三（第一項各号に掲げる事項に係る部分に限り、同項第二号及び第六号並びに第三項を除く。）及び第三十七条の四」と読み替えるものとするほか、必要な技術的読替えは、政令で定める。

注　第一五条の七は、平成二一年六月法律第五八号により改正され、公布の日から起算して一年六月を超えない範囲内において政令で定める日から施行

「第三十七条の五、第三十七条の六」を「第三十七条の五から第三十七条の七まで」に改める。

**解説**　本条は、特定共済契約の締結に関する金融商品取引法の準用に関する規定である。近年の共済契約の多様化・複雑化に対応するため、投資性が強く、リスクが高い変額共済等の特定共済について、利用者保護の観点から、組合が特定共済契約を締結する際における禁止行為等を定めたものである。

（共済代理店が加えた損害の賠償責任）

**第十五条の八**　第十一条第一項第十一号の事業を行う組合は、当該組合の共済代理店が当該組合のために行う共済契約の締結の代理又は媒介につき共済契約者に加えた損害を賠償する責めに任ずる。

2　前項の規定は、同項の組合が、共済代理店の委託をするにつき相当の注意をし、かつ、当該共済代理店が当該組合のために行う共済契約の締結の代理又は媒介につき共済契約者に加えた損害の発生の防止に努めた場合には、適用しない。

3　第一項の規定は、同項の組合から共済代理店に対する求償権の行使を妨げない。

4　民法（明治二十九年法律第八十九号）第七百二十四条の規定は、第一項の規定による損害賠償の請求権について準用する。

**解説**　本条は、共済代理店が加えた損害の賠償責任に関する規定である。共済事業を行う組合は、その共済代理店が共済契約者に加えた損害を賠償する責任がある（第一項）。ただし、組合が、共済代理店委託をするに当たって相当の注意をし、代理店が共済契約者に加えた損害の発生防止に努めた場合には適用されない（第二項）。

（共済事業の適切な運営を確保するための措置）

**第十五条の九**　第十一条第一項第十一号の事業を行う組合は、この法律及び他の法律に定めるもののほか、農林水産省令で定めるところにより、その共済事業に係る重要な事項の利用者への説明、その共済事業に関して取得した利用者に関する情報の適正な取扱い、その共済事業を第三者に委託する場合における当該共済事

業の的確な遂行その他の健全かつ適切な運営を確保するための措置を講じなければならない。

**解説**　本条は、共済事業の適切な運営を確保するための措置に関する規定である。共済事業を行う組合は、本法及び他の法律に定めるもののほか、本法施行規則第四八条（共済事業の運営に関する措置）に定めるところにより、次の措置を講じなければならない。

① 共済事業に係る重要な事項の利用者への説明
② 共済事業に関して取得した利用者に関する情報の適正な取扱い
③ 共済事業を第三者に委託する場合における当該共済事業の的確な遂行
④ その他の健全かつ適切な運営を確保

注　第一五条の九の二は、平成二一年六月法律第五八号により追加され、公布の日から起算して一年六月を超えない範囲内において政令で定める日から施行

（指定共済事業等紛争解決機関との契約締結義務等）

**第十五条の九の二**　第十一条第一項第十一号の事業を行う組合は、次の各号に掲げる場合の区分に応じ、当該各号に定める措置を講じなければならない。

一　指定共済事業等紛争解決機関（第百二十一条の九第一項に規定する指定共済事業等紛争解決機関をいう。以下この条において同じ。）が存在する場合　一の指定共済事業等紛争解決機関との間で共済事業等（第百二十一条の六第五項第三号に規定する共済事業等をいう。次号において同じ。）に係る手続実施基本契約を締結する措置

二　指定共済事業等紛争解決機関が存在しない場合　共済事業等に関する苦情処理措置及び紛争解決措置

2　前項において、次の各号に掲げる用語の意義は、当該各号に定めるところによる。

一　苦情処理措置　利用者（利用者以外の共済契約者等を含む。次号において同じ。）からの苦情の処理の業務に従事する使用人その他の従業者に対する助言若しくは指導を消費生活に関する消費者と事業者との間に生じた苦情に係る相談その他の消費生活に関する事項について専門的な知識経験を有する者として農林水産省令で定める者に行わせること又はこれに準ずるものとして農林水産省令で定める措置

二　紛争解決措置　利用者との紛争の解決を認証紛争解決手続により図ること又はこれに準ずるものとして農林水産省令で定める措置

3　第一項の組合は、同項の規定により手続実施基本契約を締結する措置を講じた場合には、当該手続実施基本契約の相手方である指定共済事業等紛争解決機関の商号又は名称を公表しなければならない。

4　第一項の規定は、次の各号に掲げる場合の区分に応じ、当該各号に定める期間においては、適用しない。

一　第一項第一号に掲げる場合に該当していた場合において、同項第二号に掲げる場合に該当することとなつたとき　第百二十一条の九第一項において準用する保険業法第三百八条の二十三第一項の規定による紛争解決等業務の廃止の認可又は第百二十一条の九第一項において準用する同法第三百八条の二十四第一項の規定による指定の取消しの時に、同号に定める措置を講ずるために必要な期間として農林水産大臣が定める期間

二　第一項第一号に掲げる場合に該当していた場合において、同号の一の指定共済事業等紛争解決機関の紛争解決等業務の廃止が第百二十一条の九第一項において準用する保険業法第三百八条の二十三第一項の規定により認可されたとき、又は同号の一の指定共済事業等紛争解決機関の第百二十一条の六第一項の規定による指定が第百二十一条の九第一項において準用する同法第三百八条の二十四第一項の規定により取り消されたとき（前号に掲げる場合を除く。）　その認可又は取消しの時に、第一項第一号に定める措置を講ずるために必要な期間として農林水産大臣が定める期間

三　第一項第二号に掲げる場合に該当していた場合において、同項第一号に掲げる場合に該当することとなつたとき　第百二十一条の六第一項の規定による指定共済事業等紛争解決機関の指定の時に、同号に定める措置を講ずるために必要な期間として農林水産大臣が定める期間

（共済事業の利用者等の利益の保護のための体制整備）

**第十五条の九の二**　第十一条第一項第十一号の事業を行う組合は、当該組合又はその子金融機関等が行う取引に伴い、これらの者が行う事業又は業務（同号の事業その他の農林水産省令で定める事業又は業務に限る。）に係る利用者又は顧客の利益が不当に害されることのないよう、農林水産省令で定めるところにより、当該

事業又は業務に関する情報を適正に管理し、かつ、当該事業又は業務の実施状況を適切に監視するための体制の整備その他必要な措置を講じなければならない。

2　前項の「子金融機関等」とは、組合が総株主等の議決権の過半数を保有している者その他の当該組合と密接な関係を有する者として政令で定める者のうち、保険会社、銀行、金融商品取引業者その他政令で定める金融業を行う者をいう。

注　第一五条の九の二は、平成二一年六月法律第五八号により改正され、公布の日から起算して一年六月を超えない範囲内において政令で定める日から施行

第十五条の九の二を第十五条の九の三とする。

**解説**　本条は、共済事業の利用者等の利益の保護のための体制整備に関する規定である。

（責任準備金）

**第十五条の十**　第十一条第一項第十一号の事業を行う組合は、毎事業年度末において、共済契約に基づく将来における債務の履行に備えるため、農林水産省令で定めるところにより、責任準備金を積み立てなければならない。

**解説**　本条は、責任準備金に関する規定である。共済事業を行う組合は、毎事業年度末において、共済契約者と締結した共済契約に基づき、共済契約者から共済掛金を受領する一方で、将来の共済事故の発生の際に共済金等を支払う債務を負うことから、将来における債務の履行に備えるため、施行規則で定めるところにより、責任準備金を積み立てなければならないものとして本条でその趣旨について明確化された（本条（第九六条第一項及び第一〇〇条の八第一項において準用する場合を含む））。また、共同事業組合にあっては、責任準備金のうち未経過共済掛金のみ積み立てることとされている（施行規則第五八条）。

（支払備金）

**第十五条の十一**　第十一条第一項第十一号の事業を行う組合は、毎事業年度末において、共済金等で、共済契約に基づいて支払義務が発生したものその他これに準ずるものとして農林水産省令で定めるものがある場合であつて、共済金等の支出として計上していないものがあるときは、農林水産省令で定めるところにより、支払備金を積み立てなければならない。

**解説**　本条は、支払備金の積立てに関する規定である。共済事業を行う組合は、毎事業年度末において、まだ、支出として計上していないものがある場合に、当該支払のために必要な金額を積み立てる等、共済金等で共済契約に基づいて支払義務が発生したものその他これに準ずるものとして施行規則（第六〇条）で定めるものがある場合において、共済金等の支払として計上していないものがあるときは、施行規則（第六一条）で定めるところにより、支払備金を積み立てなければならないとされている（本条（第九六条第一項及び第一〇〇条の八第一項において準用された場合を含む。）。

（価格変動準備金）

**第十五条の十二**　第十一条第一項第十一号の事業を行う組合は、毎事業年度末において、その所有する資産で第十五条の十四の規定により共済事業に係るものとして区分された会計に属するもののうちに、価格変動による損失が生じ得るものとして農林水産省令で定める資産（次項において「特定資産」という。）があるときは、農林水産省令で定めるところにより、価格変動準備金を積み立てなければならない。ただし、その全部又は一部の金額について積立てをしないことについて行政庁の認可を受けた場合における当該認可を受けた金額については、この限りでない。

2　前項の価格変動準備金は、特定資産の売買等による損失（売買、評価換え及び外国為替相場の変動による損失並びに償還損をいう。）の額が特定資産の売買等による利益（売買、評価換え及び外国為替相場の変動による利益並びに償還益をいう。）の額を超える場合においてその差額のてん補に充てる場合を除いては、取り崩してはならない。ただし、行政庁の認可を受けたときは、この限りでない。

**解説**　本条は、価格変動準備金に関する規定である。共済事業を行う組合は、毎事業年度末において、所有する資産（債権・株式等）の価格変動リスクに備えるために、漁業協同組合及び水産加工業協同組合にあってはその所有する資産で共済事業に係る会計に属するもの、共済水産業協同組合連合会にあってはその所有する資産のうちに、価格変動による損失が生じ得るものとして施行規則（第六二条）で定める資産があるときは、施行規則（第六三条）で定めるところにより、価格変動準備金を積み立てなければならないものとされている（本条第一項（第九六条第一項及び第一〇〇条の八第一項において準用する場合を含む。））。

（契約者割戻し）

**第十五条の十三**　第十一条第一項第十一号の事業を行う組合は、契約者割戻し（共済契約者に対し、共済掛金及び共済掛金として収受する金銭を運用することによつて得られる収益のうち、共済金等の支払、事業費の支出その他の費用に充てられないものの全部又は一部を分配することを共済規程で定めている場合において、その分配をいう。以下同じ。）を行う場合は、公正かつ衡平な分配をするための基準として農林水産省令で定める基準に従い、行わなければならない。

2　契約者割戻しに充てるための準備金の積立てその他契約者割戻しに関し必要な事項は、農林水産省令で定める。

**解説**　本条は、契約者割戻しに関する規定である。共済事業を行う組合は、共済事業による剰余が出た場合に共済契約者に対し、契約者割戻し（共済掛金及び共済掛金の運用益のうち、共済金の支払、事業費の支出その他の費用に充て、その剰余の全部又は一部を分配すること）を行う場合は、公正かつ衡平な分配をするための基準として施行規則（第六五条）で定める基準に従い、行わなければならないものとされている（本条第一項（第九六条第一項及び第一〇〇条の八第一項において準用する場合を含む。））。

（会計の区分経理）

**第十五条の十四**　第十一条第一項第十一号の事業を行う組合は、共済事業に係る会計を他の事業に係る会計と区分して経理しなければならない。

**解説**　本条は、会計の区分経理に関する規定である。共済事業を行う組合は、共済事業の健全な運営を確保し、組合員その他の共済契約者等の利益を保護する等の趣旨から共済事業と他の事業に係る会計と区分して経理しなければならない。

（特別勘定）

**第十五条の十五**　第十一条第一項第十一号の事業を行う組合は、農林水産省令で定める共済契約について、当該共済契約に係る責任準備金の金額に対応する財産をその他の財産と区別して経理するための特別の勘定（次項において「特別勘定」という。）を設けなければならない。

2 前項の組合は、農林水産省令で定める場合を除き、次に掲げる行為をしてはならない。

一 特別勘定に属するものとして経理された財産を特別勘定以外の勘定又は他の特別勘定に振り替えること。

二 特別勘定に属するものとして経理された財産以外の財産を特別勘定に振り替えること。

**解説** 共済事業を行う組合の特別勘定に関する規定である。共済事業を行う組合は、特別勘定を設けなければならない（第一項）。「特別勘定」とは、農林水産省令で定める共済契約について、当該共済契約に係る責任準備金の金額に対応する財産をその他の財産と区別して経理するための特別の勘定をいう。「農林水産省令で定める共済契約」とは、当該共済契約に係る責任準備金の金額に対応する財産の価額により、共済金等の金額が変動する共済契約をいう（施行規則六七条）。

（財産の運用方法の制限）

**第十五条の十六** 第十一条第一項第十一号の事業を行う組合の財産で第十五条の十四の規定により共済事業に係るものとして区分された会計に属するものは、農林水産省令で定める方法によるほか、これを運用してはならない。

**解説** 本条は、共済事業を行う組合の財産の運用方法の制限に関する規定である。この財産運用の方法は、安全性を基本として、次に掲げる方法に限定されている（本条、施行規則第六九条）。

① 信用事業実施組合、農林中央金庫、銀行その他農林水産大臣が指定する金融機関への預け金

② 国債証券、地方債証券、政府保証債券又は農林中央金庫その他の金融機関の発行する債券の取得

③ 特別の法律により設立された法人の発行する債券の取得

④ 信託会社又は信託業務を営む金融機関への金銭信託

⑤ 貸付信託の受益証券の取得

⑥ 共済契約に基づき、共済契約者に対して、当該共済契約に係る共済掛金積立金の額の範囲内において行う貸付け

（共済計理人の選任等）

**第十五条の十七**　第十一条第一項第十一号の事業を行う組合（農林水産省令で定める要件に該当する組合を除く。）は、理事会（第三十四条の二第三項の組合にあつては、経営管理委員会）において共済計理人を選任し、共済掛金の算出方法その他の事項に係る共済の数理に関する事項として農林水産省令で定めるものに関与させなければならない。

２　共済計理人は、共済の数理に関して必要な知識及び経験を有する者として農林水産省令で定める要件に該当する者でなければならない。

**解説**　本条は、共済計理人の選任等に関する規定である。

共済事業の必要性の高まり、事業の複雑化の中で、共済事業の健全な運営の確保を通じて、共済契約者の保護を図るためには、共済掛金や責任準備金の算出等について、共済の数理に関する事項についての高度の専門知識及び実務経験を有する者を関与させることがますます重要となっている。こうしたことから、一定規模の共済事業を行う組合は、共済掛金等の数理的な適正さをチェックする共済計理人を選任しなければならないこととするほか、共済計理人の資格要件、選任・解任の届出、共済計理人の解任命令等について定められている（第一五条の一七から第一五条の一九まで及び第四七条（これらの規定を第九六条第一項及び第一〇〇条の八第一項において準用する場合を含む。）並びに第一二六条の二第二号）。

（共済計理人の職務）

**第十五条の十八**　共済計理人は、毎事業年度末において、次に掲げる事項について、農林水産省令で定めるところにより確認し、その結果を記載した意見書を理事会に提出しなければならない。

一　農林水産省令で定める共済契約に係る責任準備金が健全な共済の数理に基づいて積み立てられているかどうか。

二　契約者割戻しが公正かつ衡平に行われているかどうか。

三　その他農林水産省令で定める事項

２　共済計理人は、前項の意見書を理事会に提出したときは、遅滞なく、その写しを行政庁に提出しなければならない。

3　行政庁は、共済計理人に対し、前項の意見書の写しについて説明を求め、その他その職務に属する事項について意見を求めることができる。

4　前三項に定めるもののほか、第一項の意見書に関し必要な事項は、農林水産省令で定める。

**解説**　本条は、共済計理人の職務に関する規定である。第一項第一号の「農林水産省令で定める共済契約」とは、すべての共済契約をいう（施行規則第七五条）。

（共済計理人の解任）

**第十五条の十九**　行政庁は、共済計理人が、この法律又はこの法律に基づく行政庁の処分に違反したときは、当該組合に対し、その解任を命ずることができる。

**解説**　本条は、共済計理人の解任に関する規定である。

（団体協約の効力）

**第十六条**　第十一条第一項第十四号の団体協約は、書面をもつてすることによつて、その効力を生ずる。

2　組合員の締結する契約であつてその内容が前項の団体協約に定める規準に違反するものについては、その規準に違反する契約の部分は、これをその規準によつて契約したものとみなす。

**解説**　本条は、団体契約の効力に関する規定である。団体協約（第一一条第一項第一四号）は、書面をもってすることによって効力を生ずる（第一項）。書面によらないものは単に組合と相手方との間の債権債務関係として処理されるにすぎない。

団体協約の内容は、債権的部分と規範的部分に大別される。債権的部分とは、協約当事者（組合と相手方）が相互に守るべき義務を規定した部分であり、その効力は協約当事者たる組合と相手方とを拘束し、これに対する違反は法律上債務不履行となる。これに対し、規範的部分とは、協約の適用を受ける組合員とこの協約の相手方との間に締結されるべき個々の契約を拘束し支配する基準を定めた部分である。したがって、組合員が協約の相手方とこの基準に違反した契約を締結しても、その違反部分は無効となり。その無効となった部分は協定された基準によって契約したものとみなされる（第二項）。

（漁業の経営）

**第十七条**　第十九条第一項の規定により組合員に出資させ、かつ、その営む漁業又はこれに附帯する事業に常時従事する者の三分の一以上が組合員又は組合員と世帯を同じくする者である組合は、第十一条に規定する事業のほか、漁業及びこれに附帯する事業を営むことができる。

2　前項の規定により組合が漁業を営むには、組合員の三分の二以上の書面による同意を必要とする。

3　前項の場合において、電磁的方法により議決権を行うことが定款で定められているときは、当該書面による同意に代えて、当該漁業を営むことについての同意を当該電磁的方法により得ることができる。この場合において、当該組合は、当該書面による同意を得たものとみなす。

4　前三項の規定により漁業及びこれに附帯する事業を営む組合は、第一項の条件を欠くに至つた場合には、遅滞なく、その旨を行政庁に届け出るとともに、その事業を廃止するため必要な定款の変更をしなければならない。この場合には、組合は、定款の変更があるまではその事業を行うことができる。

**解説**　本条は、漁業の経営に関する規定である。組合は、一定の要件を備えた場合には、漁業及びこれに附帯する事業を営むことができる。漁業の自営を行うには、四つの条件を満たすことが必要である。第一は、出資組合でなければならない（第一項）。第二は、自営漁業に常時従事する者の三分の一以上が組合員又は組合員と世帯を同じくする者でなければならない（第一項）。第三は、自営することにつき組合員（准組合員を含む。）の三分の二以上の書面による同意を得なければならい（第二項）。第四は、定款変更をして定款に記載しなければならない（第三二条第一項第一号）。この場合に第二、第三及び第四の条件は、その組合が営もうとする漁業種類ごとに充足しなければならない。

漁業を自営している組合が、自営の条件のうち、上述の第一の条件又は第二の条件のいずれかの条件を欠くに至った場合には直ちに行政庁に届け出るとともに、その条件に該当しなくなった漁業種類の自営をやめるための定款変更をしなければならない。しかし、定款変更の認可があるまでは自営を続けられることになっている（第四項）。

## 第二節　共済契約に係る契約条件の変更

（契約条件の変更の申出）
**第十七条の二**　第十一条第一項第十一号の事業を行う組合は、その業務又は財産の状況に照らしてその共済事業の継続が困難となる蓋然性がある場合には、行政庁に対し、当該組合に係る共済契約（変更対象外契約を除く。）について共済金額の削減その他の契約条項の変更（以下「契約条件の変更」という。）を行う旨の申出をすることができる。
2　前項の組合は、同項の申出をする場合には、契約条件の変更を行わなければ共済事業の継続が困難となる蓋然性があり、共済契約者等の保護のため契約条件の変更がやむを得ない旨及びその理由を、書面をもつて示さなければならない。
3　行政庁は、第一項の申出に理由があると認めるときは、その申出を承認するものとする。
4　第一項に規定する「変更対象外契約」とは、契約条件の変更の基準となる日において既に共済事故が発生している共済契約（当該共済事故に係る共済金の支払により消滅することとなるものに限る。）その他の政令で定める共済契約をいう。

**解説**　本条は、契約条件の変更の申出に関する規定である。近年、超低金利が続く中で、共済契約に係る資産運用の利回りが、過去の高金利時代に契約者に約束した予定利率を下回るいわゆる「逆ざや」の状態が続いており、このまま放置すると、共済事業の継続が困難となり、契約者の利益が損なわれるおそれもあることから、組合と多数に及ぶ契約者との間で、一定の手続を経る場合には、個々の契約者の同意によることなく、契約条件を変更することができることとされた（第一七条の二から第一七条の一三まで（これらの規定を第九六条第一項及び第一〇〇条の八第一項において準用する場合を含む。））。

（業務の停止等）
**第十七条の三**　行政庁は、前条第三項の規定による承認をした場合において、共済契約者等の保護のため必要があると認めるときは、当該組合に対し、期間を定めて、共済契約の解約に係る業務の停止その他必要な措置を命ずることができる。

**解説**　本条は、業務の停止等に関する規定である。行政庁は、共済契約者等の保護のため必要があると認めるときは業務の停止等の措置を命ずることができる。

（契約条件の変更の限度）

**第十七条の四**　契約条件の変更は、契約条件の変更の基準となる日までに積み立てるべき責任準備金に対応する共済契約に係る権利に影響を及ぼすものであつてはならない。

2　契約条件の変更によつて変更される共済金等の計算の基礎となる予定利率については、共済契約者等の保護の見地から第十一条第一項第十一号の事業を行う組合の資産の運用の状況その他の事情を勘案して政令で定める率を下回つてはならない。

**解説**　本条は、契約条件の変更の限度に関する規定である。契約条件の変更は、契約条件の変更の基準となる日までに積み立てるべき責任準備金に対応する共済契約に係る権利に影響を及ぼすものであってはならない。

（契約条件の変更の議決）

**第十七条の五**　第十一条第一項第十一号の事業を行う組合は、契約条件の変更を行おうとするときは、第十七条の二第三項の規定による承認を得た後、契約条件の変更につき、総会の議決を経なければならない。

2　前項の議決には、第五十条の規定を準用する。

3　第一項の議決を行う場合には、同項の組合は、第四十七条の六第一項又は第二項の通知において、総会の目的である事項のほか、契約条件の変更がやむを得ない理由、契約条件の変更の内容、契約条件の変更後の業務及び財産の状況の予測、共済契約者等以外の債権者に対する債務の取扱いに関する事項、経営責任に関する事項その他の農林水産省令で定める事項を示さなければならない。

4　第一項の議決を行う場合において、契約条件の変更に係る共済契約に関する契約者割戻しその他の金銭の支払に関する方針があるときは、前項の通知において、その内容を示さなければならない。

5　前項の方針については、その内容を定款に記載し、又は記録しなければならない。

**解説**　本条は、契約条件の変更の議決に関する規定である。共済事業を行う組合が契約条件の変更を行う場合には、行政庁の承認を得た後に総会の議決が必要である。

（契約条件の変更等についての仮議決）

**第十七条の六**　前条第一項の議決又はこれとともに行う第五十条第一号、第二号若しくは第三号の二の事項に係る議決は、同条（前条第二項において準用する場合を含む。）の規定にかかわらず、出席した組合員の議決権の三分の二以上に当たる多数をもつて、仮にすることができる。

2　前項の規定により仮にした議決（以下この条において「仮議決」という。）があつた場合においては、組合員（准組合員を除く。）に対し、当該仮議決の趣旨を通知し、当該仮議決の日から一月以内に再度の総会を招集しなければならない。

3　前項の総会において第一項に規定する多数をもつて仮議決を承認した場合には、当該承認のあつた時に、当該仮議決をした事項に係る議決があつたものとみなす。

**解説**　本条は、契約条件の変更等についての仮議決に関する規定である。

（契約条件の変更に係る書類の備付け等）

**第十七条の七**　第十一条第一項第十一号の事業を行う組合の理事は、第十七条の五第一項の議決を行うべき日の二週間前から第十七条の十三第一項の規定による公告の日まで、契約条件の変更がやむを得ない理由、契約条件の変更の内容、契約条件の変更後の業務及び財産の状況の予測、共済契約者等以外の債権者に対する債務の取扱いに関する事項、経営責任に関する事項その他の農林水産省令で定める事項並びに第十七条の五第四項の方針がある場合にあつてはその方針を記載し、又は記録した書面又は電磁的記録（電子的方式、磁気的方式その他人の知覚によつては認識することができない方式で作られる記録であつて、電子計算機による情報処理の用に供されるものとして農林水産省令で定めるものをいう。以下同じ。）を各事務所に備えて置かなければならない。

2　組合員及び共済契約者は、組合の業務時間内は、いつでも、理事に対し次に掲げる請求をすることができる。この場合においては、理事は、正当な理由がないのにこれを拒んではならない。

一　前項の書面の閲覧の請求

二　前項の書面の謄本又は抄本の交付の請求
三　前項の電磁的記録に記録された事項を農林水産省令で定める方法により表示したものの閲覧の請求
四　前項の電磁的記録に記録された事項を電磁的方法であつて組合の定めたものにより提供することの請求又はその事項を記載した書面の交付の請求

3　組合員及び共済契約者は、前項第二号又は第四号に掲げる請求をするには、組合の定めた費用を支払わなければならない。

**解説**　本条は、契約条件の変更に係る書類の備付け等に関する規定である。

（共済調査人）

**第十七条の八**　行政庁は、第十七条の二第三項の規定による承認をした場合において、必要があると認めるときは、共済調査人を選任し、共済調査人をして、契約条件の変更の内容その他の事項を調査させることができる。

2　前項の場合においては、行政庁は、共済調査人が調査すべき事項及び行政庁に対して調査の結果の報告をすべき期限を定めなければならない。

3　行政庁は、共済調査人が調査を適切に行つていないと認めるときは、共済調査人を解任することができる。

4　民事再生法（平成十一年法律第二百二十五号）第六十条及び第六十一条第一項の規定は、共済調査人について準用する。この場合において、同項中「裁判所」とあるのは、「行政庁」と読み替えるものとする。

5　前項において準用する民事再生法第六十一条第一項の費用及び報酬は、第十七条の二第三項の規定による承認に係る組合（以下「被調査組合」という。）の負担とする。

**解説**　本条は、共済調査人に関する規定である。行政庁は、契約条件の変更の承認をした場合には、共済調査人に契約条件の変更の内容その他の事項を調査させることができる（第一項）。この場合に行政庁は、共済調査人が調査すべき事項及び行政庁に対して調査の結果の報告期限を定めなければならない（第二項）。

（共済調査人による調査）

**第十七条の九**　共済調査人は、被調査組合の役員及び参事その他の使用人並びにこれらの者であつた者に対し、被調査組合の業務及び財産の状況（これらの者であつた者については、その者が当該被調査組合の業務に従事していた期間内に知ることのできた事項に係るものに限る。）につき報告を求め、又は被調査組合の帳簿、書類その他の物件を検査することができる。

2　共済調査人は、その職務を行うため必要があるときは、官庁、公共団体その他の者に照会し、又は協力を求めることができる。

**解説**　本条は、共済調査人による調査の方法に関する規定である。

（共済調査人の秘密保持義務）

**第十七条の十**　共済調査人は、その職務上知ることのできた秘密を漏らしてはならない。共済調査人がその職を退いた後も、同様とする。

2　共済調査人が法人であるときは、共済調査人の職務に従事するその役員及び職員は、その職務上知ることのできた秘密を漏らしてはならない。その役員又は職員が共済調査人の職務に従事しなくなつた後においても、同様とする。

**解説**　本条は、共済調査人の秘密保持義務に関する規定である。

（契約条件の変更に係る承認）

**第十七条の十一**　第十一条第一項第十一号の事業を行う組合は、第十七条の五第一項の議決があつた場合（第十七条の六第三項の規定により第十七条の五第一項の議決があつたものとみなされる場合を含む。）には、遅滞なく、当該議決に係る契約条件の変更について、行政庁の承認を求めなければならない。

2　行政庁は、当該組合において共済事業の継続のために必要な措置が講じられた場合であつて、かつ、第十七条の五第一項の議決に係る契約条件の変更が当該組合の共済事業の継続のために必要なものであり、共済契約者等の保護の見地から適当であると認められる場合でなければ、前項の承認をしてはならない。

**解説**　本条は、契約条件の変更に係る承認に関する規定である。

（契約条件の変更の通知及び異議申立て等）

**第十七条の十二**　第十一条第一項第十一号の事業を行う組合は、前条第一項の承認があつた場合には、当該承認があつた日から二週間以内に、第十七条の五第一項の議決に係る契約条件の変更の主要な内容を公告するとともに、契約条件の変更に係る共済契約者（以下この条において「変更対象契約者」という。）に対し、同項の議決に係る契約条件の変更の内容を、書面をもつて、通知しなければならない。

2　前項の場合においては、契約条件の変更がやむを得ない理由を示す書類、契約条件の変更後の業務及び財産の状況の予測を示す書類、共済契約者等以外の債権者に対する債務の取扱いに関する事項を示す書類、経営責任に関する事項を示す書類その他の農林水産省令で定める書類並びに第十七条の五第四項の方針がある場合にあつてはその方針の内容を示す書類を添付し、変更対象契約者で異議がある者は、一定の期間内に異議を述べるべき旨を、前項の書面に付記しなければならない。

3　前項の期間は、一月を下つてはならない。

4　第二項の期間内に異議を述べた変更対象契約者の数が変更対象契約者の総数の十分の一を超え、かつ、当該異議を述べた変更対象契約者の共済契約に係る債権の額に相当する金額として農林水産省令で定める金額が変更対象契約者の当該金額の総額の十分の一を超えるときは、契約条件の変更をしてはならない。

5　第二項の期間内に異議を述べた変更対象契約者の数又はその者の前項の農林水産省令で定める金額が、同項に定める割合を超えないときは、当該変更対象契約者全員が当該契約条件の変更を承認したものとみなす。

**解説**　本条は、契約条件の変更の通知及び異議申立て等に関する規定である。

（契約条件の変更の公告等）

**第十七条の十三**　第十一条第一項第十一号の事業を行う組合は、契約条件の変更後、遅滞なく、契約条件の変更をしたことその他の農林水産省令で定める事項を公告しなければならない。契約条件の変更をしないこととなつたときも、同様とする。

2　前項の組合は、契約条件の変更後三月以内に、当該契約条件の変更に係る共済契約者に対し、当該契約条件の変更後の共済契約者の権利及び義務の内容を通知しなければならない。

**解説**　本条は、契約条件の変更の公告等に関する規定である。

## 第三節　子会社等

信用事業又は共済事業を行う組合について、事業の健全性の確保の観点から、子会社の保有の制限、子会社等の議決権の保有の制限等に関する規定が整備された（第一七条の一四、第一七条の一五）。

（子会社の範囲等）

**第十七条の十四**　第十一条第一項第四号又は第十一号の事業を行う組合は、次に掲げる業務を専ら営む国内の会社（第一号に掲げる業務を専ら営むものにあつては主として信用事業に従属する業務を専ら営むものにあつては主として当該組合その他これに類する者として主務省令で定めるものの行う事業又は営む業務のために、その他の会社にあつては主として当該組合の行う事業のためにその業務を営んでいるものに限る。第三項において「子会社対象会社」という。）を除き、特定事業に相当する事業に従属し、付随し、若しくは関連する業務を営む会社を子会社としてはならない。

一　組合の行う特定事業に従属する業務として主務省令で定めるもの（第四項及び次条第一項において「従属業務」という。）

二　次項第一号に掲げる組合にあつては第十一条第一項第三号、第四号又は第十一号の事業に、次項第二号に掲げる組合にあつては同条第一項第三号又は第四号の事業に、次項第三号に掲げる組合にあつては同条第一項第十一号の事業に、それぞれ付随し、又は関連する業務として主務省令（次項第三号に掲げる組合にあつては、農林水産省令）で定めるもの

2　前項に規定する「特定事業」とは、次の各号に掲げる組合の区分に応じ、それぞれ当該各号に定める事業をいう。

一　第十一条第一項第四号及び第十一号の事業を併せ行う組合　信用事業又は共済事業

二　第十一条第一項第四号の事業を行う組合（前号に掲げる組合を除く。）　信用事業

三　第十一条第一項第十一号の事業を行う組合（第一号に掲げる組合を除く。）　共済事業

3　第一項の規定は、子会社対象会社以外の会社が、同項の組合又はその子会社の担保権の実行による株式又

は持分の取得その他の主務省令で定める事由により当該組合の子会社となる場合には、適用しない。ただし、当該組合は、その子会社となつた会社が当該事由の生じた日から一年を経過する日までに子会社でなくなるよう、所要の措置を講じなければならない。

4　第一項の場合において、会社が主として組合その他これに類する者として主務省令で定めるものの行う事業若しくは営む業務又は組合の行う事業のために従属業務を営んでいるかどうかの基準は、主務大臣が定める。

**解説**　本条は、子会社等の範囲に関する規定である。信用事業又は共済事業を行う組合は、経営の健全性の確保の観点から、子会社として保有可能な会社は、

① 信用事業又は共済事業に従属する業務を営む会社

② 信用事業又は共済事業に附随し又は関連する業務を営む会社

に限定されている。

（議決権の取得等の制限）

**第十七条の十五**　第十一条第一項第四号若しくは第十一号の事業を行う組合又はその子会社は、特定事業会社（特定事業（前条第二項に規定する特定事業をいう。以下この項において同じ。）に相当する事業を行い、又は特定事業に相当する事業に従属し、付随し、若しくは関連する業務を営む会社をいう。以下この条において同じ。）である国内の会社（従属業務又は前条第一項第二号に掲げる業務を専ら営む会社を除く。以下この条において同じ。）の議決権については、合算して、その基準議決権数（当該特定事業会社である国内の会社の総株主等の議決権に百分の十を乗じて得た議決権の数をいう。以下この条において同じ。）を超える議決権を取得し、又は保有してはならない。

2　前項の規定は、同項の組合又はその子会社が、担保権の実行による株式又は持分の取得その他の主務省令で定める事由により、特定事業会社である国内の会社の議決権をその基準議決権数を超えて取得し、又は保有することとなる場合には、適用しない。ただし、当該組合又はその子会社は、合算してその基準議決権数を超えて取得し、又は保有することとなつた部分の議決権については、当該組合があらかじめ行政庁の承認を受けた場合を除き、その取得し、又は保有することとなつた日から一年を超えてこれを保有してはならな

い。

3　前項ただし書の場合において、行政庁がする同項の承認の対象には、第一項の組合又はその子会社が特定事業会社である国内の会社の議決権を合算してその総株主等の議決権の百分の五十を超えて取得し、又は保有することとなつた議決権のうち当該百分の五十を超える部分の議決権は含まれないものとし、行政庁が当該承認をするときは、当該組合又はその子会社が合算してその基準議決権数を超えて取得し、又は保有することとなつた議決権のうちその基準議決権数を超える部分の議決権を速やかに処分することを条件としなければならない。

4　第一項の組合又はその子会社は、次の各号に掲げる場合には、同項の規定にかかわらず、当該各号に定める日に有することとなる特定事業会社である国内の会社の議決権がその基準議決権数を超える場合であつても、同日以後、当該議決権をその基準議決権数を超えて保有することができる。ただし、行政庁は、当該組合又はその子会社が、次の各号に掲げる場合に特定事業会社である国内の会社の議決権を合算してその総株主等の議決権の百分の五十を超えて有することとなるときは、当該各号に規定する認可をしてはならない。

一　当該組合が第五十四条の二第三項の認可を受けて同条第二項に規定する信用事業の全部又は一部の譲受けをしたとき（主務省令で定める場合に限る。）　その信用事業の全部又は一部の譲受けをした日

二　第六十九条第二項の認可を受けて当該組合が合併により設立されたとき　その設立された日

三　当該組合が第六十九条第二項の認可を受けて合併をしたとき（当該組合が存続する場合に限る。）　その合併をした日

5　行政庁は、前項各号に規定する認可をするときは、当該各号に定める日に第一項の組合又はその子会社が合算してその基準議決権数を超えて有することとなる特定事業会社である国内の会社の議決権のうちその基準議決権数を超える部分の議決権を、同日から五年を経過する日までに当該行政庁が定める基準に従つて処分することを条件としなければならない。

6　第一項の組合又はその子会社が、特定事業会社である国内の会社の議決権を合算してその基準議決権数を超えて有することとなつた場合には、その超える部分の議決権は、当該組合が取得し、又は保有するものと

みなす。

7　第十一条の六第三項の規定は、前各項の場合において第一項の組合又はその子会社が取得し、又は保有する議決権について準用する。

**解説**　本条は、子会社等の議決権の取得の制限に関する規定である。

## 第四節　組合員

（組合員たる資格）

**第十八条**　組合の組合員たる資格を有する者は、次に掲げる者とする。

一　当該組合の地区内に住所を有し、かつ、漁業を営み又はこれに従事する日数が一年を通じて九十日から百二十日までの間で定款で定める日数を超える漁民

二　当該組合の地区内に住所又は事業場を有する漁業生産組合

三　当該組合の地区内に住所又は事業場を有する漁業を営む法人（組合及び漁業生産組合を除く。）であつて、その常時使用する従業者の数が三百人以下であり、かつ、その使用する漁船（漁船法（昭和二十五年法律第百七十八号）第二条第一項に規定する漁船をいう。以下同じ。）の合計総トン数が千五百トンから三千トンまでの間で定款で定めるトン数以下であるもの

2　漁業法第八条第三項に規定する内水面において漁業を営み、若しくはこれに従事し、又は河川において水産動植物の採捕若しくは養殖をする者を主たる構成員とする組合（以下「内水面組合」という。）にあつては、前項第一号の規定にかかわらず、組合の地区内に住所を有し、かつ、漁業を営み、若しくはこれに従事し、又は河川において水産動植物の採捕若しくは養殖をする日数が一年を通じて三十日から九十日までの間で定款で定める日数を超える個人は、組合の組合員たる資格を有する。

3　組合（河川において水産動植物の採捕又は養殖をする者を主たる構成員とする組合を除く。次項において同じ。）は、定款の定めるところにより、第一項第一号又は前項の規定により組合員たる資格を有する者を漁業を営む者であつてその営む日数が一年を通じて九十日から百二十日まで（内水面組合にあつては、三十日から九十日まで）の間で定款で定める日数をこえるものに限ることができる。

4　組合の地区が市町村又は特別区の区域をこえるものにあつては、定款の定めるところにより、前三項の規定により組合員たる資格を有する者を特定の種類の漁

業を営む者に限ることができる。

5　組合は、前各項に規定する者のほか、次に掲げる者であつて定款で定めるものを組合員たる資格を有する者とすることができる。

一　前各項の規定により当該組合の組合員たる資格を有する者以外の漁民又は河川において水産動植物の採捕若しくは養殖をする者

一の二　前各項又は前号の規定による組合員と世帯を同じくする者その他当該組合の事業を利用することを相当とする者として政令で定める個人

二　当該組合の地区内に住所又は事業場を有する漁業を営む法人（組合及び第一項第二号若しくは第三号又は前項の規定により当該組合の組合員たる資格を有する法人を除く。）であつて、その常時使用する従業者の数が三百人以下であり、かつ、その使用する漁船の合計総トン数が三千トン以下であるもの

三　当該組合の地区内に住所又は事業場を有する水産加工業者又は常時使用する従業者の数が三百人以下である水産加工業を営む法人

三の二　当該組合の地区内に住所又は事業場を有する遊漁船業（第十一条の二第一項に規定する遊漁船業をいう。）を営む者であつて、その常時使用する従業者の数が五十人以下であるもの

四　当該組合の地区の全部又は一部を地区とする組合

**解説**　本条は、組合の組合員資格についての規定である。正組合員（第一項から第四項）については、資格の範囲を法によって厳密に限定されており、組合が定款で任意に付しうる余地をほとんど認めていない。これに対して准組合員（第五項）の資格の基準については各組合が実情に応じて自主的に定款で定めることができることとされている。

組合の種類については、法文上複雑であるので、わかりやすく分類して表示すると次のようである。

正組合員の資格（第一項から第四項）
　地区組合（第一項・第二項）
　　沿海組合（第一項）
　　内水面組合（第二項）
　経営者組合（第三項）
　河川組合（第三項かっこ書）
　業種別組合（第四項）
准組合員の資格（第五項）

第一項は、いわゆる地区組合（市町村その他一定の地域における各種の漁業をその中に含んで結ばれる漁業協同組合）の正組合員の資格を有する者を規定したものである。組合員資格は、次に掲げる三つに該当するものである。

① 住所要件及び漁業日数要件を満たす漁民。住所要件は、その地区内に住所を有している漁民でなければならない。また、漁業日数要件については、漁業を営み又はこれに従事する日数が一年を通じて九〇日から一二〇日までの間で定款で定める日数を超える漁民でなければならない。

② その組合の地区内に住所又は事業場を有する漁業生産組合。

③ その組合の地区内に住所又は事業場を有する一定規模以下の漁業を営む法人（組合及び漁業生産組合を除く。）。一定規模とは、常時使用する従業者の数が三〇〇人以下、かつ、使用漁船の合計総トン数が一五〇〇トンから三〇〇〇トンまでの間で定款で定めるトン数以下のものをいう。

第二項は、内水面漁業協同組合の正組合員資格を規定したものであって、地区組合の次の二つの特例を定めたものである。

① 日数要件が沿海地区組合と異なり、三〇日から九〇日の間で定款で定める日数としたことである。

② 内水面のうち特に河川については、漁業を営み又はこれに従事する者でなくとも河川において事実行為である水産動植物の採捕又は養殖する者であって、前述の日数要件を満たすものも正組合員の資格を有することである。

第三項は、正組合員である漁民を漁業を営む者のみに限定することができる旨の特例を定めたものである。組合は、定款で正組合員である漁民を地区内に住所を有し、一年を通じて漁業を営む日数が九〇日から一二〇日の間で定款で定める日数以上の者に限ることができる。このような限定は、内水面組合においてもすることができるが（この場合は、日数は三〇日から九〇日の間で定める。）、内水面組合のうち河川において水産動植物の採捕又は養殖をする者を主たる構成員とする組合はできない。

第四項は、いわゆる業種別組合の規定である。組合の地区が市町村又は特別区の区域をこえる場合でなければ業種別組合とすることができない。業種別組合とは、正組合員を特定の種類の漁業を営む者に限る組合であって、地区組合が業種を問わず一定の地域内の漁民をすべて組合員である資格を有する者とする地縁的な結合であるのに比べ、地縁的な要素は少なく、より業種別な組織である性格を持っている。

第五項は、准組合員たる資格に関する規定である。准組合員は正組合員とちがって、次に掲げる者であって定款で定めるものを資格を有する者とすることができる。

① 正組合員たる資格を有しない漁民等（第一号）

第一項から第四項までの規定により正組合員たる資格を有するもの以外の漁民等は、准組合員となりうる。具体的には、組合の地区内に住所を有しない漁民、漁業に携わる日数が定款で定める日数に満たない漁民、漁業を営む者のみを正組合員たる漁民とする組合における漁業従事者、業種別組合における限定された業種以外の漁業に携わる漁民、沿海の組合における河川において事実上の漁労行為を行っている者等が該当する。

② 漁民である組合員と世帯を同じくする者その他当該組合の施設を利用することを政令で定める法人（第一の二号）

政令（施行令第一一条）で定める個人は、次のとおりである。

イ 当該漁業協同組合の地区内に住所又は事業場を有する者であって、当該漁業協同組合の行う事業又は当該漁業協同組合の組合員の営む漁業に密接に関連する事業（農林水産大臣の定めるものに限る。）を行うもの

ロ 当該漁業協同組合の地区内の事業場において水産加工業、遊漁船業又は前号に掲げる事業に従事する者

ハ 当該漁業協同組合の行う事業に従事する者

③ 漁業を営む法人（第二号）

常時使用する従事者の数が三〇〇人以下であり、使用する漁船の合計総トン数が三〇〇〇トン以下の法人が該当する。

④ 水産加工業者又は水産加工業を営む法人（第三号）

「水産加工業を営む法人」は、常時使用する従事者の数が三〇〇人以下の小規模な法人のみに限られている。

⑤ 遊漁業者（第三の二号）

当該組合の地区内に住所又は事業場を有する遊漁船

業を営む者であって、その常時使用する従事者の数が五〇人以下であるものが該当する。

⑥　組合（第四号）

組合は他の組合に准組合員として加入することができる。「当該組合の地区の全部又は一部を地区とする組合」とは、当該組合の地区の又は一部をその地区の全部又は一部とする組合の意である。したがって、地区の一部でも重複しておれば准組合員となりうるのである。

判例

1　漁民とは漁業を職業とする人であり漁業による収益をもって生計をたて少なくとも生計の一部とする人をいうものと解され、職業に兼業が考えられる以上一般には公務員であることが漁民であることと相排斥するものではない。水協法及び定款における正組合員の資格要件としての「漁民」についても公務員であることを排斥する何らの制約も付されていない。したがって、適法に公務員を兼業する漁民は、漁業協同組合の組合員資格の喪失に当たらない。（昭和五九年八月三一日長崎地裁民判決、総覧九六二頁・タイムズ五四〇号二三六頁）

2　水協法は渡船業と漁業との兼業を禁じていない上、他にこれを禁ずる法令もないところ、右兼業が不可能とはいえないし、また渡船業者と漁業者を兼ねることが相容れないとはいい難い。そうとすると、右兼業は、営業の自由に照らし一般的には可能であり、渡船業者についてもその出漁方法等いかんによっては漁業を営む漁民と認めて妨げないというべきである。したがって、定款で定められた日数を超えて漁業を営んだ場合は正組合員の地位を有するものと認められる。（平成三年二月二一日松江地裁民判決、総覧続巻三一一頁・時報一三九九号一二〇頁）

3　水産業協同組合法第一八条第五項所定のいわゆる准組合員は、必ずしも漁業を営む者ではないから、組合が漁業権をもっている場合に、そこの准組合員となったからとて、右漁業権につき、必ずしも権利をもつことになるものではないことは明らかであろう。したがって、漁業権につき補償金の交付があったからとて、これらの者が補償金の分配にあずかれないことがありうることも明らかである。（昭和四八年一一月二二日最高裁一小民判決、総覧一二九六頁・金融法務七一二号三三頁）

4　水協法第一条第一号は「漁業を営む漁民」は漁業協同組合員たる資格を有する旨規定し、同法第一〇条第二項は、「漁民」とは漁業を営む個人又は漁業を営む者のために水産動植物を採捕若しくは養殖に従事する個人をいうと定義するところ、右に「漁業を営む」とは、法律上経営の主体として実質的に漁業に参与することを意味すると解すべきである。（昭和五五年一月二三日福岡高裁民判決、総覧続巻三二八頁・タイムズ四一九号一一二頁）

5　水産業協同組合への加入条件を一世帯一名などと制限した組合員資格審査規定に基づく加入制限に正当なる理由はない。（平成四年六月一二日福岡地裁民判決、総覧続巻三二九頁・タイムズ八〇一号二四〇頁）

（出資）

**第十九条**　組合は、定款の定めるところにより、組合員に出資をさせることができる。

2　前項の規定により組合員に出資をさせる組合（以下本章において「出資組合」という。）の組合員は、出資一口以上を有しなければならない。

3　出資一口の金額は、均一でなければならない。

4　出資組合の組合員の責任は、その出資額を限度とする。

5　組合員は、出資の払込について、相殺をもつて出資組合に対抗することができない。

**解説**　組合は、定款の定めるところにより、組合員に出資させることができる（第一項）。「出資」とは、組合の事業運営に必要な資金として、また、組合の経済活動上の信用の基礎をなす基本財源（資本）として、これらの財源にあてるため、本条及び定款の定めるところにより、組合員が組合に給付する一定の金額をいう。組合員の出資は、金銭出資（現金の払込みによる出資）を原則とするが、現物出資（現金以外の財産の給付による出資）も認められる。

出資組合（第一項の規定により出資させる組合）の組合員の出資義務は、その地位に伴う固有のものであるから、組合員は出資一口以上を必ずもたなければならない（第二項）。「出資一口」とは、組合の出資は、一定の単位に分割されるが、この単位を出資一口という。

出資一口金額は均一でなければならない（第三項）。これは持分計算の便宜のためである。

出資組合の組合員の責任は、「有限責任」であるという規定である（第四項）。「有限責任」とは、組合員が、組合に対して、引き受けた出資額を限度として負担する責任をいう。

組合員の出資払込債務と、組合のその組合員に対する債務（例えば貯金債務）とがともに弁済期にある場合に、組合員からその債務と組合の出資払込債権とを消滅させることとなる相殺を、組合に対して行うことはできない（第五項）。これは、組合の運営上必要な資本を現実に充実させようという趣旨である。

判例

1　水産加工業協同組合の組合員は、定款所定の経費を負担するほか、その出資額を限度とする有限責任を負担するにとどまるものであるから、組合が出資額を超えて経費以外の金員を組合員から徴収することは、右金員が組合の損失を補てんし組合の存続を図るのに必要なものであったとしても、右のいわゆる組合員有限責任の原則に反するものといわなければならず、その負担に同意した組合員以外の組合員から右金員を領収することは許されないと解する。（平成四年三月三日最高裁三小民判決、総覧続巻三五六頁、時報一一九一号一二〇号）

2　水産加工業協同組合は、その負担に同意した組合員以外の組合員から出資額を超えて経費以外の金員を徴収することはできない。（平成四年三月三日最高裁三小民判決、最高裁民集四六巻三号一五一頁）

（回転出資金）

**第十九条の二**　出資組合は、前条の規定による出資のほか、定款の定めるところにより、組合員に対し組合の事業を利用した割合に応じて配当した剰余金の全部又は一部を、五年を限り、その者に出資させることができる。

2　組合員は、前項の規定による出資（以下「回転出資金」という。）の払込みについて、相殺をもつて出資組合に対抗することができない。

解説　出資組合は、定款の定める所により、組合員に対しその事業の利用配分の割合に応じて配当した余剰金の全部又は一部を、五年を限り、その者に出資させることができる（第一項）。組合員が組合に給付する金額を回転出資金という。

組合員は回転出資金の払込みについて、相殺をもって出資組合に対抗することはできない（第二項）。このことは、特別の性質の一種の出資であるとはいえ、出資の充実を図ることが必要であるので、一般出資金の場合と同様の措置がとられている。

（持分の譲渡）

**第二十条**　出資組合の組合員は、組合の承認を得なければ、その持分を譲り渡すことができない。

2　組合員でない者が持分を譲り受けようとするときは、加入の例によらなければならない。

3　持分の譲受人は、その持分について、譲渡人の権利義務を承継する。

4　組合員は、持分を共有することができない。

**解説**　本条は、持分の譲渡及び共有禁止の規定である。

持分の譲渡は、他の組合員又は組合員でない者に対して行われるが、いずれの場合でも、持分の性質からみて出資組合の承認を必要とする（第一項）。持分の譲渡とは、組合員が組合員の資格において有する権利義務発生の基礎たる組合員の法律上の地位を他人に譲渡することをいう。

非組合員の持分譲渡による加入（いわゆる特別加入）については、通常加入の場合とまったく同様な取扱いを受けるが、新たな出資の払込みを必要としないことはいうまでもなく、持分調整のための加入金の納付も必要としない。

持分の譲受人は、その持分について、譲渡人の権利義務を承継する（第三項）。

二人以上の組合員が持分を共同で所有することは認められない（第四項）。これは、各組合員は出資一口以上を有しなければならない旨の第一九条第二項の規定と相照応するものである。

（議決権及び選挙権）

**第二十一条**　組合員は、各一個の議決権並びに役員及び総代の選挙権を有する。ただし、准組合員は、議決権及び選挙権を有しない。

2　組合員は、定款で定めるところにより、第四十七条の六第一項又は第二項（これらの規定を第四十三条第二項において準用する場合を含む。）の規定によりあらかじめ通知のあつた事項につき、書面又は代理人をもつて議決権又は選挙権（以下「議決権等」という。）を行うことができる。この場合には、その組合員と世帯を同じくする者、その組合員の使用人又は他の組合員（准組合員を除く。）でなければ、代理人となることができない。

3　組合員は、定款で定めるところにより、前項の規定による書面をもつてする議決権の行使に代えて、議決権を電磁的方法により行うことができる。

4　前二項の規定により議決権等を行う者は、これを出席者とみなす。

5　代理人は、五人以上の組合員を代理することができない。

6　代理人は、代理権を証する書面を組合に提出しなければならない。

7　会社法第三百十条（第一項及び第五項を除く。）の規定は代理人による議決権等の行使について、同法第三百十一条（第二項を除く。）の規定は書面による議決権等の行使について、同法第三百十二条（第三項を除く。）の規定は電磁的方法による議決権の行使について準用する。この場合において、同法第三百十条第二項中「前項」とあるのは「水産業協同組合法第二十一条第二項」と、同条第三項中「第一項」とあるのは「水産業協同組合法第二十一条第六項」と、同条第四項中「第二百九十九条第三項」とあるのは「水産業協同組合法第四十七条の六第二項」と、同条第七項第二号並びに同法第三百十一条第一項並びに第三百十二条第一項及び第五項中「法務省令」とあるのは「農林水産省令」と、同条第二項中「第二百九十九条第三項」とあるのは「水産業協同組合法第四十七条の六第二項」と読み替えるものとするほか、必要な技術的読替えは、政令で定める。

**解説**　本条は、正組合員の基本権である議決権及び選挙権に関する規定である。

正組合員は、各一個の議決権並びに役員及び総代会の選挙権を有している。しかし、准組合員は、これらの議決権及び選挙権を有していない（第一項）。「一個の議決権」とは、組合員のもつ議決権（議決権とは、総会に出席して総会に附議された事項の決定に参加する権利をいう。）の数が、その出資口数に関係なく一個であるという意味である。協同組合の一般原則である「一人一票主義」によるものである。また、「一個の役員及び総代の選挙権」とは、組合員の選挙権（選挙権とは、選挙に参加して選挙を行う権利をいう。）の行使は、出資口数に関係なく、一人につき一票とするという意味である。

議決権又は選挙権は、必ずしも組合員が自ら現実の総会に出席して行使することを必要とせず、書面又は代理人をもってこれを行うことができる。代理人の資格は、組合員と同一家族の者、又は他の正組合員であることが必要である（第二項）。

書面又は代理人をもって議決権又は選挙権を行使する組合員は、出席者とみなされる（第四項）。

代理人は、四人までの組合員を代理することができる（第五項）。

代理人は、代理権を証する書面を組合に提出しなければならない（第六項）。「代理権を証する書面」とは、いわゆる委任状をいう。

**判例**　本件総会決議は、被告組合の組合員とは認められない者あるいは議決権を有しない准組合員にすぎない者が相当多数出席するとともに、その多数決により、被告組合の定款に違反してその組合員とは認められない者を三名も理事に選任したものであって、もはや総会決議の体裁をなしていないほどに著しい瑕疵を帯び、法律上存在するものとは認められないというべきである。（平成一〇年三月二〇日津地裁民判決、総覧続巻三三四頁・タイムズ一〇〇六号二六五頁）

（経費）
**第二十二条**　組合は、定款の定めるところにより、組合員に経費を賦課することができる。
2　組合員は、前項の経費の支払について、相殺をもって組合に対抗することができない。

**解説**　本条は、経費の賦課に関する規定である。組合は、定款の定めるところにより、組合員に経費を賦課することができる（第一項）。経費とは、組合の活動に必要な費用である。
組合員の賦課金支払債権と組合員の債務（たとえば、委託販売代金）とが、ともに弁済期にある場合、組合員側からその債権、債務の相殺を組合に対して主張することはできない（第二項）。これは組合の収入確保の趣旨によるものである。

（過怠金）
**第二十三条**　組合は、定款の定めるところにより、組合員に対して過怠金を課することができる。

**解説**　本条は、組合の内部秩序維持のため過怠金の規定である。組合は、定款の定めるところにより、組合員に対して過怠金を過することができる。「過怠金」とは、組合がその内部的統制を保つために、その構成員である組合員の義務違反行為に対して制裁として課する金銭をいう。過怠金の賦課は、定款で定めることが必要であり、定款に記載しなければ、過怠金を徴することができない。

（専用契約）
**第二十四条**　組合は、定款の定めるところにより、二年を超えない期間を限り、組合員が当該組合の事業の一部を専ら利用すべき旨の契約を組合員と締結することができる。
2　前項の契約の締結は、組合員の任意とし、組合は、その締結を拒んだことを理由として、その組合員が組合の事業を利用することを拒んではならない。

解説　本条は、いわゆる「専用利用契約」に関する規定である。専用契約を結ぶためには、定款にそれを認める規定がなければならず、また、組合員に対する圧迫となることを防ぐために契約の期間は二年以内であることを要する（第一項）。専用契約とは、組合員が組合の行う事業についてもっぱら組合の施設のみを利用し、他の商人などの施設を使わないという契約であって、組合の施設を独占的に使用するという意味ではない。組合員が組合の施設を利用するのは当然であるが、拘束されてはいないので、組合の事業分量を確保し、経営の安定を図るための一つの方法として専用契約の必要が生ずるのである。

組合員の専用契約の締結は全く任意であり、締結を拒んだからといって、以後その組合員の組合の施設の利用を拒んではならない（第二項）。本項に違反して、組合の施設の利用を拒んだ場合には、当該組合の役員は二〇万円以下の過料に処せられる（第一三〇条第二〇項）。

（加入制限の禁止）
**第二十五条**　組合員たる資格を有する者が組合に加入しようとするときは、組合は、正当な理由がないのに、その加入を拒み、又はその加入につき現在の組合員が加入の際に附されたよりも困難な条件を附してはならない。

解説　本条は、「加入の自由」を保護するための規定である。加入の自由という協同組合の原則をあらわすのであって、組合の趣旨に賛同し、組合員になろうとする者は、なるべく広く加入させようとするものであり、第二六条において「任意脱退」を認めているのと対応しているものである。本条には、加入制限について二つの事項を規定している。一つは、加入の許否についてであり、組合は正当な理由がないのに組合員たる資格を有する者の加入を拒んではならないことである。「正当な理由」とは、社会通念上も法の趣旨から客観的一般的に是認される自由が存在する場合をいい、単に事業能力の有無や身分関係又は性別等は正当な理由とはいえない。二つは、加入の条件についてであって、正当な理由がないのに、現在組合員になっている者が加入の際に付されたよりも困難な条件を付してはならないことである。また、本条に違反した組合員の役員は、二〇万円以下の過料に処せられる（第一三〇条第二一号）。

判例

1　「漁業補償問題が解決するまで新規加入を認めない」との総会議決を理由とする漁業協同組合の組合加入拒否は、水協法第二五条の「正当な理由」に当たらない。

なお、加入申込を正当な理由なく拒絶したことは不法行為を構成するので、民法第四四条第二項より、被告組合は原告に生じた精神上の損害を賠償すべき義務がある。（昭和五四年七月三〇日鹿児島地裁民判決、総覧九六九頁・時報九四八号九九頁）

2　法は、漁民等の協同組織の発達を促進し、その経済的地位の向上等を図りもって国民経済の発展を記することを目的として制定されたものであり（法一条）、水産漁業協同組合法一八条、二五条の各規定は、法の右の目的を承けて、漁業協同組合法の組合員たる資格を有する者を一定の範囲に限定する反面、右資格を有する者に対しては、その者が欲する限り、組合に加入してその施設を利用し、組合事業の恩恵を受けることができるようにしたものと考えられるのであって、このような規定の趣旨に照らすときは、右法二五条は、単に組合が法一三〇条五号（現一三〇条二一号）所定の制裁される公法上の義務を有することが定められたにとどまらず、組合員たる資格を有する者に対する関係においても、その者が組合加入の申込みをしたときは、正当な理由がない限り、その申し込みを承諾しなければならない私法上の義務を組合に課したものと解するのが相当である。（昭和五五年一二月一一日最高

裁一小民判決、総覧九七五頁・時報九八九号四四頁）

（任意脱退）

**第二十六条**　出資組合の組合員は、いつでも、その持分の全部の譲渡によつて脱退することができる。この場合において、その譲渡を受ける者がないときは、組合員は、出資組合に対し、定款の定めるところによりその持分を譲り受けるべきことを、請求することができる。

2　非出資組合の組合員は、六十日前までに予告し、事業年度末において脱退することができる。

3　前項の予告期間は、定款でこれを延長することができる。ただし、その期間は、一年を超えてはならない。

4　第一項の規定により出資組合が組合員の持分を譲り受ける場合には、第二十条第一項及び第二項の規定は、適用しない。

**解説**　本条は、組合員の任意脱退の規定である。組合員の自由意思による脱退は協同組合の一つの原則であり、脱退については組合の承諾を必要としない。しかし、事業年度の途中において、組合員がまったく任意に突然脱退することは、組合の事業遂行上支障をきたし、さらに、払い戻すべき持分の計算も煩瑣となるので、本条のような制限を設けたのである。

出資組合の組合員は、いつでも、その持分の全部の譲渡によって脱退することができる。この場合において、その譲渡を受ける者がないときは、組合員は、出資組合に対し、定款の定めるところによりその持分を譲り受けるべきことを、請求することができる（第一項）。出資組合が組合員の持分を譲り受ける場合には、第二〇条（持分の譲渡）第一項及び第二項の規定は適用しない（第四項）。「脱退」とは、組合員たる地位にある者がその地位を失うこと、すなわち組合員でなくなることをいう。

非出資組合の組合員は、六〇日前までに予告し、事業年度末において脱退することができる（第二項）。「六〇日前」とは、脱退の時から六〇日前のことであり、脱退は事業年度の終わりに行われる。したがって事業年度の終わりから六〇日前ということである。「脱退の予告」とは、事業年度の終わりにおいて組合員たる地位を失うという意思表示であり、したがってこの予告があれば、事業年度の終わりにおいて当然脱退するのであって、その際あらためて脱退の手続を必要としないことは、もちろんである。

第二項に定められている予告期間である六〇日は、あくまで原則であって、組合の実情いかんによっては、定款でこれを延長することができる。しかし、組合員の脱退の自由や利益が不当に制限されないよう、その予告期間は最大一年間とされている（第三項）。

（法定脱退）

**第二十七条**　組合員は、次の事由によつて脱退する。

一　組合員たる資格の喪失

二　死亡又は解散

三　除名

2　除名は、次の各号のいずれかに該当する組合員につき、総会の議決によつてこれをすることができる。この場合には、組合は、その総会の会日から七日前までにその組合員に対しその旨を通知し、かつ、総会において弁明する機会を与えなければならない。

一　長期間にわたつて組合の事業を利用しない組合員

二　出資の払込み、経費の支払その他組合に対する義務を怠つた組合員

三　その他定款で定める事由に該当する組合員

3　除名は、除名した組合員にその旨を通知しなければ、これをもつてその組合員に対抗することができない。

**解説**　本条は、組合員の「法定脱退」に関する規定である。「法定脱退」とは、第二六条の任意脱退である予告脱退とちがって、一定の事実が発生したときに、組合員の意思の如何を問わず、法律の規定により当然に組合員たる地位を失うことである。

法定脱退の事由として次の三つの場合を定めている（第一項）。これらの事由は、組合の定款で縮小したり拡大することはできない。

① 組合員たる資格の喪失

② 死亡又は解散

③ 除名

「組合員たる資格の喪失」とは、第一八条（組合員たる資格）及び組合員に関する定款規定に該当しなくなることをいう。また、「死亡解散」とは、死亡は、自然人（個人）たる組合員の死亡であり、解散は、組合員たる法人の解散である。

除名は、次の三つのいずれかに該当する組合員について、総会の特別議決によって行うことができる。この場合には、組合は総会開催日の七日前までに除名の対象となった組合員に対し通知し、総会当日その組合員の意見を聴くことを義務づけている。その組合員の権利が不当に侵害されることのないための措置である（第二項）。

① 長期間にわたって組合の事業を利用しない組合員

② 出資の払込み、経費の支払その他組合に対する義務を怠った組合員

③ その他定款で定める事由に該当する組合員

「長期間」とは、組合の施設を利用しようとする意思が全く期待できないような期間という趣旨である。通常は一漁期程度では不十分であり一年以上利用しない場合などが考えられる。「その他組合に対する義務」とは、組合員が組合に対し組合員たる地位に基づいて負う義務のことであり、組合からの借入金、買掛金その他取引上の債務ではない。

除名は、総会の特別議決が成立すればその効力を生ずるわけだが、その旨を除名した組合員に通知することが必要であり、もしその手続をとらないときは、その者は組合に対し組合員たることを主張できるのである（第四項）。

判例

1 定款が、組合員が「組合の事業を妨げる行為をしたとき」、当該組合員を除名することができるとした趣旨は、組合の構成員でありながら組合の事業遂行を妨害し、組合の目的を否定するような行為に出た者に対し、その統制力にもとづき、除名の制裁をもって対処することができるとしたものであることが明らかであり、このような規制の趣旨に鑑み、ことを合目的に考えると、「組合の事業を妨げる行為」とは、控訴人が主張するような組合の事業の遂行を間接的に妨害する行為をも含むものと解するのが相当である。（昭和四二年九月二〇日東京高裁民判決、総覧九七七頁・東高民時報一八巻九号一三五頁）

2 組合員の死亡は、組合脱退の効果を生じ、組合員は、これによって、当然に組合員たる地位を失うに至るものであるから、組合員たる地位の承継という関係は生ぜず、ただ、持分払戻請求権の承継関係が生ずるに至るだけであると解される。（昭和三九年五月二二日千葉地裁民判決、総覧九八〇頁・下裁民集一五巻五号一一三〇頁）

3　漁業協同組合において、定款に定める除名事由が存しないのにもかかわらず、総会において組合員を除名する旨の議決をした場合には、右議決はその要件を欠き当然に無効であると解する。（昭和四七年三月三〇日最高裁一小民判決、総覧一一五一頁・タイムズ二七七号一三八頁）

4　本件の組合員に対する、虚偽事実の流布等を理由とする除名決議は、その手続きにおいて何ら欠けるところはなく、また充分の理由のあるものであり、その内容においても欠けるところはないものである。（昭和四八年五月一八日東京高裁民判決、総覧九九四頁・東高民時報二四巻五号九五頁）

5　水協法は、漁業協同組合の正組合員から非漁民的色彩を排除し、もって組合に対し漁民のための真の組織としての性格を付与し、かつこれを維持させることを目的とし、その第一八条において組織の地区内に住所を有し、かつ、漁業を営み、又これに従事する日数が一年を通じて九〇日から一二〇日までの間で定款で定める日数を超える漁民であることを、漁業協同組合の組合員たる資格として規定し、第二七条において右組合員資格の喪失を法定脱退の事由として規定している。しかし、水協法第二七条第一項第一号は、右目的からして組合が法第一条の基本目的に副ってその活動を維持継続していることを適用の範囲の前提としているものと解すべきものであるから、組合が解散された場合又はこれと同視し得べき特段の事由のある場合のように、組合がその活動を停止し、あるいは停止を既定のものとしてその準備段階にあるときには、組合の存続を前提とし、組合から個別的離脱を規定している同条は適用の余地がないものと解すべきである。（昭和五五年四月二五日岡山地裁民判決、総覧続巻三六〇頁・タイムズ四一九号一三四頁）

（脱退者の持分の払戻し）

**第二十八条**　出資組合の組合員は、前条第一項の規定により脱退したときは、定款の定めるところにより、その持分の全部又は一部の払戻しを請求することができる。

2　前項の持分は、脱退した事業年度末における当該出資組合の財産によってこれを定める。

**解説**　本条は、組合員が脱退した場合における持分払戻に関する規定である。

出資組合の組合員は第二七条第一項の規定により脱退したときは、定款の定めるところにより、その持分の全部又は一部の払戻しを請求することができる（第一項）。「持分の払戻しを請求」とは、いわゆる持分払戻請求権をいうのであるが、この権利は、組合員が脱退しない限り、具体的な請求権とならないが、脱退により具体的な債権となる。脱退した組合員は、定款の規定上容認された請求権の範囲内において具体的な請求権を有する。

持分払戻の時期については、本来なら脱退した当時における組合財産の状況に基づいて計算した額を直ちに払い戻すべきである。しかし、実際の事務処理上困難であるので、その脱退した事業年度の終わりにおけるその組合の財産によって定めることとしている（第二項）。したがって、任意脱退の場合には、事業年度末に脱退するので問題はないが、法定脱退の場合にも、脱退は年度途中であっても、その持分計算は事業年度末における組合の財産を基礎として行われる。

（脱退者の払込義務）

**第二十八条の二**　事業年度末において、出資組合の財産をもつてその債務を完済するに足りないときは、その出資組合は、定款の定めるところにより、その事業年度内に第二十七条第一項の規定により脱退した組合員に対して、未払込出資額の全部又は一部の払込みを請求することができる。

**解説**　出資組合は、事業年度の終わりに当たり、その財産をもってその債務を完済するに足りないときは、定款に定めるところにより、その年度内に脱退した組合員に対して未払込出資額の限度においてその払込みを請求することができる。「財産をもってその債務を完済するに足りないとき」とは、すなわち、破産原因のあるときである。破産宣告のない限り脱退を制限すべき原因はないので、脱退しようとする組合員に対して、脱退しなかったならば破産宣告後、当然負担することになる金額を払い込ませるというのが本条の趣旨である。

（時効）

**第二十九条**　前二条の規定による請求権は、脱退の時から二年間これを行わないときは、時効によつて消滅する。

**解説**　持分払戻請求権及び脱退者に対する未払出資額の

払込請求権の短期消滅時効に関する規定である。「時効によって消滅」とは、脱退の時から二年の間に請求しなかったときは、持分の払戻し、又は損失の払込みを請求する権利が消滅し、その期以後においては、組合は持分を払い戻す義務を、組合員は損失を払い込む義務を免れるのである。しかし、第三〇条の規定によって持分の払戻しを停止すれば時効は中断される（民法第一四三条）。

（持分払戻しの停止）

**第三十条**　第二十七条第一項の規定により脱退した組合員が出資組合に対する債務を完済するまでは、出資組合は、その持分の払戻しを停止することができる。

**解説**　本条は、持分の払戻しを停止する場合の規定である。「出資組合に対する債務」とは、組合からの借入金、買掛金、払込時期に達している未払込出資金など一切の債務をいう。「持分の払戻の停止」とは、組合員に払い戻さなければならない持分の払戻しを一時見合わすことである。

（出資口数の減少）

**第三十一条**　出資組合の組合員は、事業を休止したとき、事業の一部を廃止したとき、その他特にやむを得ない事由があると認められるときは、定款の定めるところにより、その出資口数を減少することができる。

2　前項の場合には、第二十八条から第二十九条までの規定を準用する。

**解説**　本条は、組合員の行う出資口数の減少に関する規定である。

事業を休止したとき、事業の一部を廃止したとき、その他特にやむを得ない事由があるときには、定款の定めるところにより、その出資口数を減少することができる（第一項）。「定款の定めるところ」とは、出資口数の減少を認めるには、定款に定めることを必要とする意味である。出資口数の減少は、組合の出資総額を減少させるものであって、組合の債権者に対しても影響を与えるものである。したがって、真にやむを得ない場合に限るべきである。「出資口数の減少」とは、組合員が脱退せず組合員のままで、また、他人にその持分を譲渡しないで、その出資口数を減らすことである。

第二項は、規定の準用である。出資口数の減少をした組合員は、その減少した口数に応ずる持分について、脱退の場合の持分について、脱退の場合の持分の払戻しと同様の取扱いを受ける。

（組合員名簿の備付け及び閲覧等）

**第三十一条の二**　理事は、組合員名簿を作成し、各組合員について次に掲げる事項を記載し、又は記録しなければならない。ただし、非出資組合の組合員名簿には、第三号及び第四号に掲げる事項を記載し、又は記録しなくてもよい。

一　氏名又は名称及び住所

二　加入の年月日及び組合員たる資格の別

三　出資口数及び出資各口の取得の年月日

四　払込済出資額（回転出資金に係る額を除く。以下同じ。）及びその払込みの年月日

2　理事は、組合員名簿を主たる事務所に備えて置かなければならない。

3　組合員及び組合の債権者は、組合の業務時間内は、いつでも、理事に対し次に掲げる請求をすることができる。この場合においては、理事は、正当な理由がないのにこれを拒んではならない。

一　組合員名簿が書面をもつて作成されているときは、当該書面の閲覧又は謄写の請求

二　組合員名簿が電磁的記録をもつて作成されているときは、当該電磁的記録に記録された事項を農林水産省令で定める方法により表示したものの閲覧又は謄写の請求

**解説**　本条は、組合員名簿の作成、備付け、閲覧等に関する規定である。

## 第五節　管　理

（定款に記載し、又は記録すべき事項）

**第三十二条**　組合の定款には、次の事項を記載し、又は記録しなければならない。ただし、非出資組合であつて、第十一条第一項第五号から第七号までの事業を行わない組合の定款には、第六号、第八号及び第九号の事項を、その他の非出資組合の定款には、第六号の事項を記載し、又は記録しなくてもよい。

一　事業

二　名称

三　地区

四　事務所の所在地

五　組合員たる資格並びに組合員の加入及び脱退に関する規定

六　出資一口の金額及びその払込みの方法並びに一組合員の有することのできる出資口数の最高限度

七　経費の分担に関する規定

八　剰余金の処分及び損失の処理に関する規定

九　準備金の額及びその積立ての方法

十　役員の定数、職務の分担及び選挙又は選任に関する規定

十一　事業年度

十二　公告の方法（組合が公告（この法律又は他の法律の規定により官報に掲載する方法によりしなければならないものとされているものを除く。）をする方法をいう。以下同じ。）

2　前項第五号の組合員たる資格に関する規定には、組合員たる資格及びその審査の方法を定めなければならない。

3　組合の定款には第一項の事項のほか、組合の存立時期を定めたときはその時期を、現物出資をする者を定めたときはその者の氏名、出資の目的である財産及びその価額並びにこれに対して与える出資口数を記載し、又は記録しなければならない。

4　主務大臣は、模範定款例を定めることができる。

**解説**　本条は、定款の記載（又は記録）事項に関する規定である。

第一項は、絶対的記載事項（絶対的に定款に記載しな

ければならない事項であって、そのうち一事項の記載を欠いでも定款全体が無効となる性質を有する事項をいう。）についての規定である。

① 事業　第一一条及び他の法律によって組合ができる事業のうち、具体的にその組合において行うことのできる事業を記載する。

② 名称　漁業協同組合という文字を用いた組合固有の名称をいう。

③ 地区　組合員の資格を決定する基準となり、また、監督行政庁を決定する基準ともなる地域をいう。

④ 事務所の所在地　「事務所」とは、主たる事務所（本所）と従たる事務所（支所）との双方を含む。ここにいう事務所とは、その施設において自己の権限で取引その他対外的業務を行うことのできる者（理事、参事、特定の権限を与えられた職員等）が駐在していて継続的に業務が行われるところをいう。「所在地」とは、事務所の所在する最小行政区画（区・市・町・村）の区域のことである。したがって、その区市町村名を記載すれば足り、番地までの記載は必要ない。

⑤ 組合員たる資格並びに組合員の加入及び脱退に関する規定　「組合員たる資格」については、第一八条（組合員たる資格）に該当するもののうち、具体的に組合員とする範囲を定めて記載する。正組合員のほか、准組合員を認める場合には、これを明らかに規定する必要がある。また、「組合員たる資格及び審査の方法」も定めなければならない（第五項）。「組合員の加入及び脱退に関する規定」とは、加入手続、加入金、承諾の通知、脱退の予告手続等の規定をいう。

⑥ 出資一口の金額及びその払込みの方法並びに一組合員の有することのできる出資口数の最高限度　「出資一口金額」及び「口数の最高限度」については、法令上の制限がないので、その組合の実情によって適当に定めることができる。非出資組合については、記載の必要がないことはもちろんである。

⑦ 経費の分担に関する規定　経費の賦課をすることのできる事業の種類等を記載する。しかし、第四八条第四号で経費の賦課及び徴収方法は、総会の議決を要することとなっているので、これと重複しない範囲ですべきである。また、経費を賦課しない組合は、その旨を定款に記載する必要がある。

⑧ 剰余金の処分及び損失の処理に関する規定　「剰余金の処分」については、剰余金から積み立てるべき準

備金及び積立金等の積立て、剰余金の配当、翌年度への繰越し等を記載する。「損失の処理」については、その塡補の方法などについて記載する。非出資組合については記載事項とされていない。

⑨　準備金の額及びその積立ての方法　「準備金の額」については、損失の塡補のみにあてる法定準備金の額は、第五五条第一項にその枠を定めているが、具体的には定款に定めることとなっている。「積立方法」とは、毎事業年度の剰余金から一定割合（一〇分の一以上）を積み立てる等の規定である。非出資組合については記載事項とされていない。

⑩　役員の定数、職務分担及び選挙又は選任に関する規定　「役員の定数」については、第三四条第二項の規定に従い、組合の規模に応じて具体的に規定する。「職務の分担」については、組合長、専務理事、常務理事等の設置及びそれぞれの役員の分担する職務の内容について記載する。「役員の選挙又は選任」については、第三四条にその基本的事項が規定されているが、ここでは、その具体的細目について記載する。通常は、これを定款付属書たる役員選挙規程又は役員選任規程として一括して記載される。この場合には、定款付属書役員選挙（選任）規程は、定款の一部をなすものであり、その変更には総会の特別決議及び行政庁の承認が必要である。

⑪　事業年度　組合の事業運営の計算関係を処理するために設けられる一定期間をいう。その末日は決算期であり、事業年度の総決算が行われる（第四八条）。事業年度は、通常一年間であるが、特に法定されていない。

⑫　公告の方法　「公告」とは、ある事項を一般に知らせることをいう。ここでは、本法又は他の法律の規定により官報に掲載する方法によりしなければならないものとされているものは除かれている。一般には、特定の新聞への掲載、特定場所での掲示などがある。

第二項は、組合員の資格審査の方法の定款への記載の義務づけに関する規定である。組合の組合員たる資格は、漁業従事日数が一年を通じて一定の日数を超えることが必要とされている（第一八条第一項第一号）が、当該資格に関する審査手続等については、組合自治の観点から従来は組合自身にゆだねられていた。しかし、近年、漁業補償金の配分が利権化したこと等を背景に、配分を行う理事と法定の要件を満たさない正組合員との癒着が生じ、資格審査が適切に行われないため、組合自治に支障を生じているケースもみられる。このため、資格審査の方法を定款の記載事項として明定し、これを行政庁が認可することにより、資格審査が公正かつ適切に行われ、組合自治が適正に機能するように促すこととされた。

第三項は、相対的記載事項（その事項を定めるかどうかは組合の自由である事項であるが、これを定める以上は定款に規定することが必要であり、定款に記載しない場合には、その事項の効力を生じないものをいう。）についての規定である。「存立時期」を定めたり、「現物出資」とする者を定めたときは、相対的記載事項としてその旨を規定する。なお、定款の相対的記載事項の主なるものをあげれば次のとおりである。

①員外利用（第一一条第七項）、②出資組合とすること（第一九条第一項）、③書面又は代理人による議決権又は選挙権の行使（第二一条第二項）、④過怠金の徴収（第二三条）⑤専用契約の締結（第二四条第一項）、⑥出資口数の減少（第三一条第一項）、⑦存立時期（第三二条第二項）⑧現物出資（第三二条第二項）、⑨役員の総会外選挙（第三四条第三項ただし書）、⑩役員の選任（第三四条第八項）、⑪総会の議決を出席者の議決権の過半数によらないこととすること（第四九条第一項）⑫総代会の設置（第五二条第一項）等

（規約で定めうる事項）

**第三十三条**　左の事項は、定款で定めなければならない事項を除いて、これを規約で定めることができる。

一　総会又は総代会に関する規定
二　業務の執行及び会計に関する規定
三　役員に関する規定
四　組合員に関する規定
五　その他必要な事項

**解説**　本条は規約に関する規定である。「規約」とは、定款に比べ比較的に軽微な事項を内容とし、定款の補助的役割を果たす性格を有している組合の自主的な法規である。定款と違う主なる点を上げると次のとおりである。

①　定款は組合成立の要件であるが、規約は組合が必要と認めるとき設定することができるものであり、組合の存続中これを廃止することもできる。

②　定款は創立総会において定めるが、規約は総会又は

総代会において定める。

③　定款の変更は、総会の特別議決と行政庁の認可を受けなければ効力を生じないが、規約の変更は、普通議決で足り、行政庁の認可を必要としない。

本条各号に掲げられる事項は、定款又は総会の決議によって委任された場合は、理事会の議決により業務規程、経理規程等の形で定めることができる。

①　総会又は総代会に関する規定　第四九条により、総会の定足数及び議決方法について、定款又は規約で特別の定めをすることになっているが、その他総会又は総代会の議事に関する細則は規約で定めることができる。

②　業務の執行及び会計に関する規定　定款の定める事項を除き、その他の事項はすべて規約で定めることができる。

③　役員に関する規定　理事・監事の事務処理方法に関するもの等を定めるものである。

④　組合員に関する規定　定款の絶対的記載事項となっているので、その他の細則を定めることとなる。

⑤　その他必要な事項　職員の事務執行に関する事項などが主要なものと考えられる。

**判例**　漁業協同組合が、組合員の営む遊漁船営業について、その統一料金を組合規約で定めることは、漁業協同組合に認められた目的ないし事業の範囲を逸脱するものであって、違法、無効である。（平成一三年一〇月一九日大阪高裁民判決、タイムズ一〇八八号二三七頁）

（定款その他の書類の備付け及び閲覧等）

**第三十三条の二**　理事は、定款等（定款、規約、信用事業規程及び共済規程をいう。以下同じ。）を各事務所に備えて置かなければならない。規則等（漁業法第八条第一項の漁業権行使規則（以下単に「漁業権行使規則」という。）、同項の入漁権行使規則（以下単に「入漁権行使規則」という。）及び同法第百二十九条第一項の遊漁規則（以下単に「遊漁規則」という。）、資源管理規程並びに沿岸漁場整備開発法（昭和四十九年法律第四十九号）第八条第二項の育成水面の区域（以下単に「育成水面」という。）及び同項の育成水面利用規則（以下単に「育成水面利用規則」という。）をいう。以下この条において同じ。）を定めたときも、同様とする。

2　組合員及び組合の債権者は、組合の業務時間内は、いつでも、理事に対し次に掲げる請求をすることができる。この場合においては、理事は、正当な理由がないのにこれを拒んではならない。

一　定款等又は規則等が書面をもつて作成されているときは、当該書面の閲覧の請求

二　前号の書面の謄本又は抄本の交付の請求

三　定款等又は規則等が電磁的記録をもつて作成されているときは、当該電磁的記録に記録された事項を農林水産省令で定める方法により表示したものの閲覧の請求

四　前号の電磁的記録に記録された事項を電磁的方法であつて組合の定めたものにより提供することの請求又はその事項を記載した書面の交付の請求

3　組合員及び組合の債権者は、前項第二号又は第四号に掲げる請求をするには、組合の定めた費用を支払わなければならない。

4　定款等又は規則等が電磁的記録をもつて作成されている場合であつて、各事務所（主たる事務所を除く。）における第二項第三号及び第四号に掲げる請求に応じることを可能とするための措置として農林水産省令で定めるものをとつている組合についての第一項の規定の適用については、同項中「各事務所」とあるのは、「主たる事務所」とする。

**解説**　組合員に組合の運営の内容を公開して、組合の公正で民主的な運営を確保し、あわせて組合の債権者の利益を保護する規定である。

第一項は、理事が事務所に備えておかなければならない書類の種類を規定している。それは、定款等（定款、規約、信用事業規程、共済規程）、規則等（漁業権行使規則、入漁権行使規則、遊漁規則、資源管理規程、育成水面、育成水面利用規則）及び組合員名簿である。

第二項は、組合員及び債権者の書類閲覧権を規定したものである。

第三項は、組合員及び債権者が前項第二号又は第四号に掲げる請求（定款又は規則等の書面の謄本又は抄本等の請求）をする場合の、組合の定めた費用の支払義務を定めたものである。

第四項は、定款又は規則等が電磁的記録をもって作成されている場合に関する規定である。

（役員）

**第三十四条**　組合は、役員として理事及び監事を置かな

ければならない。
2　理事の定数は、五人以上とし、監事の定数は、二人以上とする。
3　第十一条第一項第四号の事業を行う組合には、役員として、信用事業を担当する常勤の理事を置かなければならない。この場合において、当該理事のうち一人以上は、当該組合を代表する理事でないものでなければならない。
4　役員は、定款の定めるところにより、組合員（准組合員を除く。）が総会（設立当時の役員は、創立総会）においてこれを選挙する。ただし、定款の定めるところにより、役員（設立当時の役員を除く。）を総会外において選挙することができる。
5　役員の選挙は、無記名投票によつてこれを行う。ただし、定款の定めるところにより、役員候補者が選挙すべき役員の定数以内であるときは、投票を省略することができる。
6　投票は、一人につき一票とする。
7　定款によつて定めた投票方法による選挙の結果投票の多数を得た者（第五項ただし書の規定により投票を省略した場合は、当該候補者）をもつて当選人とする。
8　総会外において役員の選挙を行うときは、投票所は、組合員の選挙権の適正な行使を妨げない場所に設けなければならない。
9　役員は、第四項の規定にかかわらず、定款の定めるところにより、組合員（准組合員を除く。）が総会（設立当時の役員は、創立総会）においてこれを選任することができる。
10　組合の理事の定数の少なくとも三分の二は、准組合員以外の組合員（法人にあつては、その役員）でなければならない。ただし、設立当時の理事の定数の少なくとも三分の二は、組合員（准組合員を除く。）たる資格を有する者であつて設立の同意を申し出たもの（法人にあつては、その役員）でなければならない。
11　第十一条第一項第四号又は第十一号の事業を行う組合（その行う信用事業又は共済事業の規模が政令で定める基準に達しない組合を除く。）にあつては、監事のうち一人以上は、当該組合の組合員又は当該組合の組合員たる法人の役員若しくは使用人以外の者であつて、その就任の前五年間当該組合の理事若しくは使用人又はその子会社の取締役、会計参与（会計参与が法人であるときは、その職務を行うべき社員）、執行役若しくは使用人でなかつたものでなければならない。

12　第十一条第一項第四号又は第十一号の事業を行う組合（その行う信用事業又は共済事業の規模が政令で定める基準に達しない組合を除く。）は、監事の互選をもつて常勤の監事を定めなければならない。

**解説**　本条は、役員の種類、定数及び選挙（選任）に関する規定である。

第一項は、役員の種類に関する規定である。組合は、役員として理事及び監事を置かなければならない。「理事及び監事を置く」とは、理事、監事は組合の必要的常設機関であるという意味である。理事、監事のいずれを欠いても組合は法人として成立しない。

第二項は、役員の定数に関する規定である。理事の定数は、五人以上とし、監事の定数は、二人以上とする。「定数」とは、法律上必要とするある定まった数をいう。理事は五人又はそれ以上、監事は二人又はそれ以上の数であることを必要とする。五人又は二人以上で何人おくかは定款で定める。

第三項は、信用事業を行う組合理事に関する規定である。信用事業を行う組合（第一条第一項第四号）は、信用事業を担当する理事をおくとともにその一人以上は、当該組合の代表理事以外でなければならない。

第四項は、役員の選挙等に関する規定である。役員は、定款の定めるところにより、組合員が総会においてこれを選挙する。ただし、定款の定めるところにより、役員を総会外において選挙することができる。「総会において選挙」とは役員の選出は、原則として選挙によるものとするという意味である。この選出があっただけでその被選出者が直ちに役員になるというわけではなく、その者が就任を承諾して、はじめて役員となる。「総会外において」とは、総会とは別の時、別の場所で選挙を行うという意味である。

第五項は、投票の記名方法に関する規定である。役員の選挙は、無記名投票によってこれを行う。ただし、定款の定めるところにより、役員候補者が選挙すべき役員の定数以内であるときは、投票を省略することができる。「無記名投票」とは、投票者の名前を記載しない投票をいう。

第六項は、投票は、一人一票とする規定である。出資額の多少等にかかわらず平等が保障されている。

第七項は、当選者の決定方法に関する規定である。定款によって定めた投票方法による選挙の結果、投票の多数を得た者をもって当選人とする。

第八項は、総会外選挙の投票所に関する規定である。組合員数の多い漁協や、離島などを考慮して総会外選挙を認めることとされたので、基本的に組合員の投票を行いやすくすべきである。

第九項は、役員の選出に関する規定である。役員の選出は、選挙によることが原則であるが、定款で定めれば、総会（設立当時の役員については、創立総会）における選任によることができる。

第一〇項は、理事となりうる者の資格に関する規定である。原則として正組合員（法人の場合は、その役員）に限るが、定数の三分の一以内においてそれ以外の者もなることができる。このことは、正組合員資格を厳密にして非漁民的色彩を排除するとともに、一方、非漁民であっても有能な人が役員となる途を開いておく必要があるためである。

第一一項は、信用事業及び共済事業を行う組合の監事の資格に関する規定である。

第一二項は、信用事業及び共済事業を行う組合の常勤監事に関する規定である。

判例

1　同一氏名の被選挙権者が二人ある場合に、その氏名のみを記載した投票が現れた場合、その効力を判定するためには、投票に秘密性を害しない限りにおいて、選挙当時の諸般の事情をも斟酌し、その結果によっても、なお、何人に対する投票であるかを確認できないときにはじめてこれを無効として取り扱うべきものと解する。

本件の場合は、組合員で従前理事及び組合長に当選したことがあり、また当該選挙においても事実上立候補し選挙運動をしていた原告に対する有効投票とみるのが相当である。（昭和三七年九月二五日青森地裁民判決、総覧九九九頁・行政集一三巻九号一六二八頁）

2　一　協同組合連合会会長解任の手続は、法及び定款の規定にない以上、選任手続と同一の方法により解任しうるとするのが相当である。

二　会長の解任は理事全員を改選することによってのみなしうるということはない。

三　一人または数人の理事の発議により会長解任の可否を理事会全員に問い、多数が解任を可とする

ときは、解任の効力が生ずると解すべきである。（昭和四三年三月二八日千葉地裁民判決、総覧一〇〇頁・時報五四二号六七頁）

（経営管理委員）

**第三十四条の二**　組合は、定款の定めるところにより、役員として、理事及び監事のほか、経営管理委員を置くことができる。

2　経営管理委員の定数は五人以上とし、当該定数の少なくとも四分の三は、准組合員以外の組合員（法人にあつては、その役員）でなければならない。ただし、設立当時の経営管理委員の定数の少なくとも四分の三は、組合員（准組合員を除く。）たる資格を有する者であつて設立の同意を申し出たもの（法人にあつては、その役員）でなければならない。

3　経営管理委員を置く組合の理事の定数は、前条第二項の規定にかかわらず、三人以上とする。

4　前項の組合の理事は、前条第四項及び第九項の規定にかかわらず、第三十八条第一項の経営管理委員会が選任する。

5　前条第十項の規定は、第三項の組合には、適用しない。

**解説**　本条は、経営管理委員会に関する規定である。組合は定款の定めるところにより、役員として理事及び監事のほか、経営管理委員を置くことができる（第一項）。経営管理委員の定数は五人以上で、このうち少なくとも四分の三は、准組合員以外の組合員でなければならない（第二項）。

（組合と役員との関係）

**第三十四条の三**　組合と役員との関係は、委任に関する規定に従う。

**解説**　本条は、組合と役員の関係に関する規定である。組合の機関担当者としての役員は、組合に対してその地位に伴う権利義務を有している。組合と役員の関係は、組合が委任した者、役員が委任を受けた者という関係にあり、本条の委任の規定が適用される。従来は、商法第二五四条第三項（現行会社法第三三〇条）が準用されていた。

（役員の資格）

**第三十四条の四**　次に掲げる者は、役員となることができない。
一　法人
二　成年被後見人若しくは被保佐人又は外国の法令上これらと同様に取り扱われている者
三　この法律、会社法若しくは一般社団法人及び一般財団法人に関する法律（平成十八年法律第四十八号）の規定に違反し、又は民事再生法第二百五十五条、第二百五十六条、第二百五十八条から第二百六十条まで若しくは第二百六十二条の罪若しくは破産法（平成十六年法律第七十五号）第二百六十五条、第二百六十六条、第二百六十八条から第二百七十二条まで若しくは第二百七十四条の罪を犯し、刑に処せられ、その執行を終わり、又はその執行を受けることがなくなつた日から二年を経過しない者
四　前号に規定する法律の規定以外の法令の規定に違反し、禁錮以上の刑に処せられ、その執行を終わるまで又はその執行を受けることがなくなるまでの者（刑の執行猶予中の者を除く。）
五　暴力団員による不当な行為の防止等に関する法律（平成三年法律第七十七号）第二条第六号に規定する暴力団員（以下この号において「暴力団員」という。）又は暴力団員でなくなつた日から五年を経過しない者

2　前項各号に掲げる者のほか、次の各号に掲げる者は、それぞれ当該各号に定める事業を行う組合の役員となることができない。
一　破産手続開始の決定を受けて復権を得ない者　第十一条第一項第四号又は第十一号の事業
二　金融商品取引法第百九十七条、第百九十七条の二第一号から第十号の三まで若しくは第十三号、第百九十八条第八号、第百九十九条、第二百条第一号から第十二号の二まで、第二十号若しくは第二十一号、第二百三条第三項又は第二百五条第一号から第六号まで、第十九号若しくは第二十号の罪を犯し、刑に処せられ、その執行を終わり、又はその執行を受けることがなくなつた日から二年を経過しない者　第十一条第一項第四号の事業

**解説**　本条は、役員の資格に関する規定である。次に掲げる者は、役員となることができない。
①　法人
②　成年被後見人、被保佐人等

③　会社法、中間法人法等に違反し、罪を犯し、刑に処せらる等した日から二年を経過しない者

④　③以外の法令違反で禁錮以上の刑に処せられ、執行を終わるまで又は執行を受けることがなくなるまでの者

⑤　暴力団員（暴力団員による不当な行為の防止等に関する法律第二条第六号）又は暴力団員でなくなった日から五年を経過しない者

前項に掲げる者のほか、次の者は次の事業の役員になれない（第二項）。

①　破産手続の決定を受けて復権を得ていない者　信用事業又は共済事業

②　金融商品取引法違反の刑に処せられ、その執行を終わり、執行を受けなくなった日から二年未満の者　信用事業

（役員等の兼職又は兼業の制限）

**第三十四条の五**　第十一条第一項第四号の事業を行う組合を代表する理事（第三十四条の二第三項の組合を代表する理事を除く。）並びに当該組合の常務に従事する役員（第三十四条の二第三項の組合の理事及び経営管理委員を除く。）及び参事は、他の組合若しくは法人の常務に従事し、又は事業を営んではならない。ただし、行政庁の認可を受けたときは、この限りでない。

2　行政庁は、前項ただし書の認可の申請があったときは、当該申請に係る事項が当該組合の業務の健全かつ適切な運営を妨げるおそれがないと認める場合でなければ、これを認可してはならない。

3　第三十四条の二第三項の組合の理事は、他の組合若しくは法人の常務に従事し、又は事業を営んではならない。

4　経営管理委員は、理事、監事又は組合の使用人を兼ねてはならない。

5　監事は、理事又は組合の使用人を兼ねてはならない。

**解説**　本条は、役員等の兼職又は兼業の制限に関する規定である。信用事業を行う組合の代表理事、常務理事及び参事は、他の組合、法人の常務に従事し、又は事業を営んではならない。ただし、行政庁の認可を受けたときは、この限りでない（第一項）。行政庁は、認可の申請

があったときは、組合の業務の健全かつ適切な運営を妨げるおそれがない場合でなければこれを認可してはならない（第二項）。

また、経営管理委員は、理事、監事、組合の使用人を、監事は、理事、組合の使用人をそれぞれ兼ねてはならない（第四項、第五項）。

（役員の任期）

**第三十五条**　役員の任期は、三年以内において定款で定める。ただし、定款によつて、その任期を任期中の最終の事業年度に関する通常総会の終結の時まで伸長することを妨げない。

2　設立当時の役員の任期は、前項の規定にかかわらず、一年以内の期間で創立総会において定める。ただし、創立総会の議決によつて、その任期を任期中の最終の事業年度に関する通常総会の終結の時まで伸長することを妨げない。

3　合併による設立の場合における前項の規定の適用については、同項中「創立総会において」とあるのは「設立委員が」と、同項ただし書中「創立総会の議決によつて、その」とあるのは「設立委員が当該役員の」とする。

**解説**　本条は、役員の任期に関する規定である。「任期」とは、機関担当者として理事及び監事が、その地位にある期間をいう。

任期は、長くとも三年が限度となっているが、その事業年度の事業運営の結末処理の途中で役員の交代となることは、組合のため不利不便があるので、定款で定めて、任期中の最終の決算期に関する通常総会まで、その任期を延長することができる（第一項）。

設立当時の役員の任期は、一年を超えてはならず、その範囲内において創立総会（合併によって設立する場合は設立委員）において定める期間とされる（第二項、第三項）。

（理事会の職務等）

**第三十六条**　組合は、理事会を置かなければならない。

2　理事会は、すべての理事で組織する。

3　理事会は、組合の業務執行を決し、理事の職務の執行を監督する。

4　第三十四条の二第三項の組合の理事会が組合の業務執行を決し、理事の職務の執行を監督するに当たつては、第三十八条第一項の経営管理委員会が決定するところに従わなければならない。

**解説** 本条は理事会の職務等に関する規定である。

第一項は、組合の理事会設置義務に関する規定である。

第二項は、理事会の組織に関する規定で、すべての理事で組織することとされている。

第三項は、理事会の職務権限に関する規定である。職務権限の第一は、組合の業務執行の意思決定を行うことである。職務権限の第二は、代表理事その他の理事の職務の執行を監督することである。

第四項は、経営管理委員会と理事会の関係に関する規定である。

（理事会の議決等）

**第三十七条** 理事会の議決は、議決に加わることができる理事の過半数（これを上回る割合を定款で定めた場合にあつては、その割合以上）が出席し、その過半数（これを上回る割合を定款で定めた場合にあつては、その割合以上）をもつて行う。

2 前項の議決について特別の利害関係を有する理事は、議決に加わることができない。

3 理事会の議事については、農林水産省令で定めるところにより、議事録を作成し、議事録が書面をもつて作成されているときは、出席した理事及び監事は、これに署名し、又は記名押印しなければならない。

4 前項の議事録が電磁的記録をもつて作成されている場合における当該電磁的記録に記録された事項については、農林水産省令で定める署名又は記名押印に代わる措置をとらなければならない。

5 理事会の議決に参加した理事であつて第三項の議事録に異議をとどめないものは、その議決に賛成したものと推定する。

6 会社法第三百六十六条及び第三百六十八条の規定は、理事会の招集について準用する。この場合において、必要な技術的読替えは、政令で定める。

**解説** 理事会の議決は、理事の過半数が出席し、その出席理事の過半数でするのが原則であるが、定款でこの要件を加重することもできる（第一項）。しかし、議決の公正を期するため、議決について利害関係を有する理事は議決権の行使を認められない（第二項）。

理事会の議事については、書面又は電磁的記録をもって、議事録を作成し、議事録が書面をもって作成されているときは、出席した理事及び監事は、これに署名し、又は記名押印しなければならない（第三項、施行規則第九五条第一項）。

（経営管理委員会の職務等）

**第三十八条**　第三十四条の二第三項の組合は、経営管理委員会を置かなければならない。

2　経営管理委員会は、すべての経営管理委員で組織する。

3　経営管理委員会は、この法律で別に定めるもののほか、組合の業務の基本方針の決定、重要な財産の取得及び処分その他の定款で定める組合の業務執行に関する重要事項を決定する。

4　経営管理委員会は、理事をその会議に出席させて、必要な説明を求めることができる。

5　理事会は、必要があるときは、経営管理委員会を招集することができる。

6　会社法第三百六十八条第一項の規定は、前項の規定による招集について準用する。

7　経営管理委員会は、理事が第三十九条の二第一項の規定に違反した場合には、当該理事の解任を総会に請求することができる。

8　経営管理委員会は、総会の日から七日前までに、前項の規定による請求に係る理事に解任の理由を記載した書面を送付し、かつ、総会において弁明する機会を与えなければならない。

9　第七項の規定による請求につき同項の総会において出席者の過半数の同意があつたときは、その請求に係る理事は、その時にその職を失う。

10　前条の規定は、経営管理委員会について準用する。この場合において、必要な技術的読替えは、政令で定める。

**解説**　本条は、経営管理委員会の職務等に関する規定である。理事の定数が三人以上の組合（第三四条の二第三項）は、経営委員会を置かなければならない（第一項）。経営管理委員会の職務は、本法で定めるもののほか、組合の業務の基本方針の決定、重要な財産の取得及び処分その他の定款で定める組合の業務執行に関する重要事項を決定することとされている（第三項）。

（理事会の議事録の備付け及び閲覧等）

**第三十九条**　理事は、理事会（第三十四条の二第三項の組合にあつては、理事会及び経営管理委員会。以下この項及び次項において同じ。）の日から十年間、理事会の議事録を主たる事務所に備えて置かなければならない。

2　理事は、理事会の日から五年間、前項の議事録の写しを従たる事務所に備えて置かなければならない。ただし、当該議事録が電磁的記録をもつて作成されている場合であつて、従たる事務所における次項第二号に掲げる請求に応じることを可能とするための措置として農林水産省令で定めるものをとつているときは、この限りでない。

3　組合員は、組合の業務時間内は、いつでも、理事に対し次に掲げる請求をすることができる。この場合においては、理事は、正当な理由がないのにこれを拒んではならない。

一　第一項の議事録が書面をもつて作成されているときは、当該書面又は当該書面の写しの閲覧又は謄写の請求

二　第一項の議事録が電磁的記録をもつて作成されているときは、当該電磁的記録に記録された事項を農林水産省令で定める方法により表示したものの閲覧又は謄写の請求

4　組合の債権者は、役員の責任を追及するため必要があるときは、裁判所の許可を得て、理事に対し第一項の議事録について前項各号に掲げる請求をすることができる。

5　裁判所は、前項の請求に係る閲覧又は謄写をすることにより組合又はその子会社に著しい損害を及ぼすおそれがあると認めるときは、同項の許可をすることができない。

6　会社法第八百六十八条第一項、第八百六十九条、第八百七十条（第一号に係る部分に限る。）、第八百七十一条本文、第八百七十二条（第四号に係る部分に限る。）、第八百七十三条本文、第八百七十五条及び第八百七十六条の規定は、第四項の許可について準用する。この場合において、必要な技術的読替えは、政令で定める。

**解説**　理事は、理事会等の日から一〇年間議事録を主た

る事務所に備えておかなければならない（第一項）。また、理事は、五年間、原則として議事録の写しを従たる事務所に備えて置かなければならない（第二項）。組合員は、組合の業務時間内は、いつでも、理事に対して、議事録の閲覧又は謄写等の請求をすることができる。この場合に、理事は正当な理由がないのにこれを拒んではならない（第三項）。

（理事及び経営管理委員の忠実義務等）

**第三十九条の二**　理事（第三十四条の二第三項の組合にあつては、理事及び経営管理委員。次項において同じ。）は、法令、法令に基づいてする行政庁の処分、定款等及び総会（同条第三項の組合にあつては、総会及び経営管理委員会）の議決を遵守し、組合のため忠実にその職務を遂行しなければならない。

2　理事は、理事会（第三十四条の二第三項の組合にあつては、経営管理委員会）の承認を受けた場合に限り、組合と契約することができる。この場合には、民法第百八条の規定は、適用しない。

**解説**　本条は、理事及び経営管理委員の忠実義務に関する規定である。組合と理事（及び経営管理委員）との法律関係は、委任関係にあり（第三九条の四で準用する会社法）、理事等は、善良な管理者の注意をもってその委任事務たる機関として担当する職務を組合のため忠実に執行すべき義務を有する（民法第六四四条）。本法では、さらに具体的に「理事（及び経営管理委員）は、法令、法令に基づいてする行政庁の処分、定款等及び総会（及び経営管理委員会）の議決を遵守し、組合のため忠実にその職務を遂行しなければならない。」と規定している（第一項）。

理事は、理事会（及び経営管理委員会）の承認を受けた場合には、組合と契約することができる。この場合には、民法第一〇八条（自己契約及び双方代理）の規定は、適用しない（第二項）。

**判例**

1　理事は、法令に基づいてする行政庁の処分、定款、規約等を遵守し、組合のため忠実にその職務を遂行しなければならず、理事がその任務を怠ったときは、組合に対して連帯して賠償の責任を負うとされているから、協同組合である被控訴人の組合長理事であった控訴人としては、右の趣旨に従い、法令、定款等に則って業務を忠実に執行し、被控訴人に損害をあたえないように職務を遂行しなければならないものであったところ、理事会の議決を得る手続を回避する等、被控訴人が通常行うべき不動産購入と異なる手順、様態で本件売買契約を締結させたものであり、右の点で控訴人は本件不動産購入に当たって、被控訴人に対する忠実義務に違反したものと認めるのが相当である。（平成一一年五月二七日東京高裁民判決、時報一七一八号五八頁）

2　一旦総会決議で会長の報酬限度額を定めた以上、理事会はその限度額を超えて報酬を支給することはできない。（昭和五四年四月二〇日大阪高裁民判決、総覧一〇〇五頁・タイムズ三八七号一三八頁）

3　定款に「理事及び監事の報酬は、総会において、これを定める」旨の規定がある場合に、役員会の決議のみにより、あるいは役員会の決議をも経ることなく、実質上報酬と認むべき金員を、理事、監事等役員たる地位にある者に支給するときは、その行為は自己の占有する他人の物を、自己又は第三者の利益のために、自己の権限をこえて、すなわち不法領得の意思をもって処分するものにほかならない。（昭和二六年一〇月一五日名古屋高裁刑判決、総覧一〇一六頁・高裁刑集三〇号六三頁）

4　漁業協同組合長でありかつ信用金庫の理事長であった原告は、継続して同組合の金員を同金庫に預金しかつ払戻していたが、この払戻し金員のうち、同金庫の用途にあてられたものは、金員流用の手段としてなされたものであるから、同組合のために有効な払戻しがあったとは解されない。（昭和四〇年一月二〇日福岡高裁民判決、総覧続巻三九二頁・金融法務三九九号六頁）

（代表理事）

**第三十九条の三**　組合は、理事会（第三十四条の二第三項の組合にあつては、経営管理委員会）の議決により、理事の中から組合を代表する理事（以下「代表理事」という。）を定めなければならない。

2　代表理事は、組合の業務に関する一切の裁判上又は裁判外の行為をする権限を有する。

3　代表理事は、定款又は総会若しくは経営管理委員会の議決によつて禁止されていないときに限り、特定の行為の代理を他人に委任することができる。

**解説**　本条は、代表理事に関する規定である。組合は、理事会（及び経営管理委員会）の議決により、代表理事を定めなければならない（第一項）。代表理事は、組合の業務に関する一切の裁判上又は裁判外の行為をする権限を有している（第二項）。

（理事及び経営管理委員に関する会社法の準用）

**第三十九条の四**　会社法第三百五十七条第一項及び第三百六十一条の規定は理事及び経営管理委員について、同法第三百六十条第一項の規定は理事について準用する。この場合において、同項中「著しい損害」とあるのは「回復することができない損害」と、同法第三百六十一条第二項中「取締役」とあるのは「理事（水産業協同組合法第三十四条の二第三項の組合にあっては、経営管理委員）」と読み替えるものとするほか、必要な技術的読替えは、政令で定める。

2　会社法第三百四十九条第五項、第三百五十条及び第三百五十四条の規定は、代表理事について準用する。この場合において、同項中「前項」とあるのは、「水産業協同組合法第三十九条の三第二項」と読み替えるものとするほか、必要な技術的読替えは、政令で定める。

解説　本条は、理事及び経営管理委員に関する会社法及び民法の準用の規定である。

判例

1　法人の理事が代表権限を濫用して法人の代表名義で特定の行為を行った場合において、当該行為が法人の目的の範囲を逸脱するものでない限り、右代表行為の効力は法人について生ずる。（昭和三六年六月六日東京地裁民判決、総覧一〇四四頁・金融法務二八二号一〇〇頁）

2　協同組合への加入契約は、組合の組織に関する事項であり、代表機関に加入承諾の権限はなく、理事会の権限に属するから、組合加入について、代表機関である組合長の承諾を得たとしても、理事会の承諾の決議がない以上、組合員たる地位は取得できない。（昭和四六年一二月一四日福岡地裁民判決、総覧一〇四七頁・時報六六一号七五頁）

3　一　協同組合の代表権限のない理事が組合名義で他の会社の手形債務について保証契約を締結した場合、右取引の相手方において、組合が右保証をしえないことを当然認識できたものと解せられるから、民法第一一〇条を類推適用することはできない。

二　右の場合、右理事が権限をこえて保証契約を締結して第三者に損害を与えた行為は、右理事が職務を執行するにつき不法に第三者に損害を与えたものといえるから、漁業協同組合は、民法第七一五条により、その損害を賠償する責任がある。

（昭和五一年二月二七日広島地裁民判決、総覧一〇四八頁・タイムズ三四〇号二六〇頁）

4　被告組合は、そもそも組合長理事ないし理事が特定の行為の代理を他人に委任することは法令上も認められている（水協法第四四条、民法第五五条）のであるから、本件決議は組合の最高意思決定機関である総会が組合長に代わって特定行為の代理を他人に委任したものであると解釈すれば、その内容が違法とは言えない旨主張する。

しかしながら、仮に被告組合が、総会決議をもってすれば、自由に組合長兼理事職務代行者以外の者にも代表行為の委任をなし得るものとした場合、組合長兼職務代行者に対する許可というかたちで水資源開発公団との漁業損失補償契約等の組合の常務外の行為をすべからく裁判所の監督下に置いてその適正化を図るという本件仮処分決定の趣旨は没却される。

本件仮処分決定がされた後は、被告組合の代表権は、組合長兼理事職務代行者にあり、総会において、組合員が組合長兼理事職務代行者に対する支持の意思表明のため、漁業損失補償に関する一切の権限を同人に与えて委任する旨の決議をすることは何ら差し支えないが、組合長兼理事職務代行者以外の者にこれを委任することは許されないというべきである。とりわけ、本件仮処分決定においては、被告組合を名宛人（債権者）として、本件交渉委員らの一人Nについて組合長兼理事としての職務を執行させること自体を禁止しているのであるから、組合の意思決定機関にすぎない総会が、本件仮処分の趣旨を無視して、右の者を受任者として選任する決議を行うことが許されないことは自明のことと言わなければならない。（平成一一年五月二八日津地裁民判決、総覧続巻四〇七頁・タイムズ一〇四一号二四四頁）

5　漁業協同組合に交付された漁業権消滅漁業補償金の組合員に対する配分について、正組合員としての資格要件を充足していない者に対する配分は、公序良俗に反し無効であり、理事としての善管注意義務ないし忠実義務に違反して、漁業協同組合に損害を与えたというべきである。（平成一四年三月一五日松山地裁民判決、タイムズ一一三八号一一八頁）

（監事）

**第三十九条の五**　監事は、理事（第三十四条の二第三項の組合にあつては、理事及び経営管理委員。次項において同じ。）の職務の執行を監査する。この場合において、監事は、農林水産省令で定めるところにより、監査報告を作成しなければならない。

2　監事は、いつでも、理事及び参事その他の使用人に対して事業の報告を求め、又は組合の業務及び財産の状況の調査をすることができる。

3　監事は、理事が不正の行為をし、若しくは当該行為をするおそれがあると認めるとき、又は法令若しくは定款に違反する事実若しくは著しく不当な事実があると認めるときは、遅滞なく、その旨を理事会（第三十四条の二第三項の組合にあつては、理事会及び経営管理委員会）に報告しなければならない。

4　第三十四条の二第三項の組合の監事は、経営管理委員が不正の行為をし、又は当該行為をするおそれがあると認めるときは、遅滞なく、その旨を経営管理委員会に報告しなければならない。

5　第三十九条の二第一項並びに会社法第三百四十三条第一項及び第二項、第三百四十五条第一項から第三項まで、第三百八十一条第三項及び第四項、第三百八十三条第一項本文、第二項及び第三項並びに第三百八十四条から第三百八十八条までの規定は、監事について準用する。この場合において、同法第三百四十三条第一項及び第二項中「取締役」とあるのは「理事（水産業協同組合法第三十四条の二第三項の組合にあっては、経営管理委員）」と、同法第三百四十五条第三項中「第二百九十八条第一項第一号」とあるのは「水産業協同組合法第四十七条の五第一項第一号」と、同法第三百八十一条第三項及び第四項中「子会社」とあるのは「子法人等（水産業協同組合法第百二十二条第二項に規定する子法人等をいう。）」と、同法第三百八十三条第一項本文中「取締役会」とあるのは「理事会（水産業協同組合法第三十四条の二第三項の組合にあっては、理事会及び経営管理委員会）」と、同条第二項中「取締役」とあるのは「理事（水産業協同組合法第三十四条の二第三項の組合にあっては、理事又は経営管理委員)」と、同項及び同条第三項中「取締役会」とあるのは「理事会(水産業協同組合法第三十四条の二第三項の組合にあつては、理事会又は経営管理委員会)」と、同法第三百八十四条中「取締役」とあるのは「理事又は経営管理委員」と、「法務省令」とあるのは「農林水産省令」と、同法第三百八十五条中「取締役」とあるのは「理事」と、同法第三百八十六条第一項中「第三百四十九条第四項、第三百五十三条及び第三百六十四条」とあるのは「水産業協同組合法第三十九条の三第二項」と、「取締役」とあるのは「理事若しくは経営管理委員」と、同条第二項中「第三百四十九条第四項」とあるのは「水産業協同組合法第三十九条の三第二項」と読み替えるものとするほか、必要な技術的読替えは、政令で定める。

**解説** 本条は、監事の職務に関する規定である。監事は、理事(及び経営管理委員)の職務の執行を監査する。この場合において、監事は監査報告を作成しなければならない(第一項)。監査報告の作成に当たっては、監事は、その職務を適切に遂行するため、理事等との意思疎通を図り、情報の収集及び監査の環境の整備に努めなければならない。この場合において、理事及び理事会又は経営管理委員は、監事の職務の執行のための必要な体制の整備に留意しなければならない(施行規則第九六条第一項)。

また、監事は、いつでも、理事及び参事その他の使用人に対して事業の報告を求め、又は組合の業務及び財産の状況の調査をすることができる(第二項)。

監事は、理事が不正の行為をし、若しくは当該行為をするおそれがあると認めるとき、又は法令若しくは定款に違反する事実若しくは著しく不当な事実があると認めるときは、遅滞なく、その旨を理事会(及び経営管理委員会)に報告しなければならない(第三項)。

(役員の組合に対する損害賠償責任等)

**第三十九条の六** 役員は、その任務を怠つたときは、組合に対し、これによつて生じた損害を賠償する責任を負う。

2 前項の責任の原因となつた行為が理事会(第三十四条の二第三項の組合にあつては、理事会又は経営管理委員会)の議決に基づき行われたときは、その議決に賛成した理事(同条第三項の組合にあつては、理事又は経営管理委員）は、その行為をしたものとみなす。

3　第一項の責任は、総組合員の同意がなければ、免除することができない。

4　前項の規定にかかわらず、第一項の責任は、当該役員が職務を行うにつき善意でかつ重大な過失がないときは、第一号に掲げる額から第二号に掲げる額を控除して得た額を限度として、総会の議決によつて免除することができる。

一　賠償の責任を負う額

二　当該役員がその在職中に組合から職務執行の対価として受け、又は受けるべき財産上の利益の一年間当たりの額に相当する額として農林水産省令で定める方法により算定される額に、次のイからハまでに掲げる役員の区分に応じ、当該イからハまでに定める数を乗じて得た額

イ　代表理事　六

ロ　代表理事以外の理事又は経営管理委員　四

ハ　監事　二

5　前項の場合には、理事（第三十四条の二第三項の組合にあつては、経営管理委員）は、前項の総会において次に掲げる事項を開示しなければならない。

一　責任の原因となつた事実及び賠償の責任を負う額

二　前項の規定により免除することができる額の限度及びその算定の根拠

三　責任を免除すべき理由及び免除額

6　理事（第三十四条の二第三項の組合にあつては、経営管理委員）は、第一項の責任の免除（理事及び経営管理委員の責任の免除に限る。）に関する議案を総会に提出するには、各監事の同意を得なければならない。

7　第四項の議決があつた場合において、組合が当該議決後に同項の役員に対し退職慰労金その他の農林水産省令で定める財産上の利益を与えるときは、総会の承認を受けなければならない。

8　役員がその職務を行うについて悪意又は重大な過失があつたときは、当該役員は、これによつて第三者に生じた損害を賠償する責任を負う。

9　次の各号に掲げる者が、当該各号に定める行為をしたときも、前項と同様とする。ただし、その者が当該行為をすることについて注意を怠らなかつたことを証明したときは、この限りでない。

一　理事　次に掲げる行為

イ　次条第一項又は第二項の規定により作成すべきものに記載し、又は記録すべき重要な事項についての虚偽の記載又は記録
ロ　虚偽の登記
ハ　虚偽の公告
二　監事　監査報告に記載し、又は記録すべき重要な事項についての虚偽の記載又は記録

10　役員が組合又は第三者に生じた損害を賠償する責任を負う場合において、他の役員も当該損害を賠償する責任を負うときは、これらの者は、連帯債務者とする。

**解説**　本条は、役員の組合に対する損害賠償責任等に関する規定である。役員は、その任務を怠つたときには、組合に対し、これによつて生じた損害を賠償する責任を負うこととされている（第一項）。この責任の原因となった行為が理事会（経営管理委員会）の議決に基づき行われたときは、その議決に賛成した理事（又は経営管理委員）は、その行為をしたものとみなされる（第二項）。この理事等が行った損害賠償の責任は、総組合員の同意がなければ、免除することができないのである（第三項）。

**判例**

1　監事の責任については、従前の検査における監督庁の指摘内容、会計検査の実施状況、会社等への貸し付け状況等の事情に照らすと、会社等への不正貸付が始まった直後には不正貸付の事実を容易に把握することができ、また、理事の責任については、組合長及び常勤の理事以外の非常勤の理事は、常勤の理事から報告を受けていなかったとはいえ、その後の監督庁の検査の指摘内容は本件の不正貸付に関するものであり、右指摘に沿って理事会において具体的に協議・検討すれば、不正貸付の事実を認識し得たものであり、そして常勤であっても非常勤理事と職務権限に格別差異のない組合長についても同様である。

漁業協同組合の理事・監事が職員に対する監督を怠った結果、組合に損害が生じた場合は理事・監事に責任があり、組合に対する損害賠償責任はまぬがれない。（平成一一年八月二七日札幌地裁民判決、総覧続巻三六五頁・タイムズ一〇三九号二四四頁）

2　理事は、法令に基づいてする行政庁の処分、定款、規約等を遵守し、組合のため忠実にその職務を遂行し

なければならず、理事がその任務を怠ったときは、組合に対して連帯して同様の責任を負うとされているから、協同組合である被控訴人の組合長理事であった控訴人としては、右の趣旨に従い、法令、定款等に則って業務を忠実に執行し、被控訴人に損害をあたえないように職務を遂行しなければならないものであったところ、理事会の議決を得る手続を回避する等、被控訴人が通常行うべき不動産購入と異なる手順、様態で本件売買契約を締結させたものであり、右の点で控訴人は本件不動産購入に当たって、被控訴人に対する忠実義務に違反したものと認めるのが相当である。（平成一一年五月二七日東京高裁民判決、時報一七一八号五八頁）

3　在任中の漁業協同組合長の任務懈怠と同組合長が理事を退任した後に同漁協の会計主任がした本件手形の振出し、交付との間に相当の因果関係があると認めることはできないので、同組合長に水協法第三五条（現三九条の六）に定める責任があると解することはできない。（昭和五五年七月二九日福岡高裁民判決、総覧一〇〇三頁・タイムズ四二九号一三二頁）

4　漁業協同組合の理事が、組合員に対して漁業権消滅による補償金を配分するに際し、他の組合員については三年分の水揚高を基準として配分額を算定しているのに、格別の理由なく、一部組合員についてのみ右のうち二年度分の水揚高を除外することは、不当な執務執行にあたり、水産漁協同組合法第三五条の二（現第三九条の六）の損害賠償責任を免れることはできない。（昭和五六年七月一四日最高裁三小民判決、総覧一〇〇八頁・時報一〇一四号六五頁）

5　協同組合の理事は、参事の業務遂行を監視すべき義務を負っている。

協同組合の理事が、毎年数回招集される理事会に出席するだけで、業務の一切を専務理事と参事に任せきりにし、参事の業務遂行に対する監視義務を尽くさず、専務理事もまた業務遂行を参事に任せきりにし、これがため参事の手形乱発を阻止することができず、第三者に損害を蒙らせたときは、その職務を行うにつき重大な過失があったものというべきであり、理事は第三者に対し連帯して損害賠償の責に任じなければならない。（昭和五三年四月二一日仙台高裁民判決、総覧一〇一九頁・金融商事五八四号三二頁）

（決算関係書類の作成、備付け及び閲覧等）

**第四十条**　理事は、農林水産省令で定めるところにより、組合の成立の日における貸借対照表（非出資組合であつて第十一条第一項第五号から第七号までの事業を行わないものにあつては、財産目録）を作成しなければならない。

2　理事は、農林水産省令で定めるところにより、事業年度ごとに、非出資組合であつて第十一条第一項第五号から第七号までの事業を行わないものにあつては財産目録及び事業報告を、その他の組合にあつては貸借対照表、損益計算書、剰余金処分案又は損失処理案その他組合の財産及び損益の状況を示すために必要かつ適当なものとして農林水産省令で定めるもの並びに事業報告並びにこれらの附属明細書を作成しなければならない。

3　前二項の規定により作成すべきものは、電磁的記録をもつて作成することができる。

4　理事は、第一項及び第二項の規定により作成したもの（事業報告及びその附属明細書を除く。第十三項において同じ。）を作成の日から十年間保存しなければならない。

5　第二項の規定により作成したものについては、農林水産省令で定めるところにより、監事の監査を受けなければならない。

6　前項の規定により監事の監査（第四十一条の二第一項に規定する特定組合にあつては、監事の監査及び同項の全国連合会の監査）を受けたものについては、理事会（第三十四条の二第三項の組合にあつては、理事会及び経営管理委員会）の承認を受けなければならない。

7　理事（第三十四条の二第三項の組合にあつては、経営管理委員）は、通常総会の招集の通知に際して、農林水産省令で定めるところにより、組合員に対し前項の承認を受けたもの（監事の監査報告（第四十一条の二第一項に規定する特定組合にあつては、監事の監査報告及び同項の全国連合会の監査報告）を含む。以下この条において「決算関係書類」という。）を提供しなければならない。

8　理事は、決算関係書類を通常総会に提出し、又は提供しなければならない。

9　理事は、決算関係書類を、通常総会の日の二週間前の日から五年間主たる事務所に備えて置かなければならない。

10　理事は、決算関係書類の写しを、通常総会の日の二週間前の日から三年間従たる事務所に備えて置かなければならない。ただし、決算関係書類が電磁的記録をもつて作成されている場合であつて、従たる事務所における次項第三号及び第四号に掲げる請求に応じることを可能とするための措置として農林水産省令で定めるものをとつているときは、この限りでない。

11　組合員及び組合の債権者は、組合の業務時間内は、いつでも、理事に対し次に掲げる請求をすることができる。この場合においては、理事は、正当な理由がないのにこれを拒んではならない。

一　決算関係書類が書面をもつて作成されているときは、当該書面又は当該書面の写しの閲覧の請求

二　前号の書面の謄本又は抄本の交付の請求

三　決算関係書類が電磁的記録をもつて作成されているときは、当該電磁的記録に記録された事項を農林水産省令で定める方法により表示したものの閲覧の請求

四　前号の電磁的記録に記録された事項を電磁的方法であつて組合の定めたものにより提供することの請求又はその事項を記載した書面の交付の請求

12　組合員及び組合の債権者は、前項第二号又は第四号に掲げる請求をするには、組合の定めた費用を支払わなければならない。

13　会社法第四百四十三条の規定は、第一項及び第二項の規定により作成したものについて準用する。

**解説**　本条は、決算関係書類の作成、備付け及び閲覧等に関する規定である。理事は、施行規則第三節で定めるところにより、組合の成立の日における貸借対照表（非出資組合は、財産目録）を作成しなければならない（第一項、施行規則第五章第三節）。また、理事は、事業年度ごとに、貸借対照表、損益計算書、余剰金処分案、損失処理案等（非出資組合は、財産目録、事業報告）を作成しなければならない（第二項、施行規則第三節）。理事は、これらの作成したもの（事業報告、その附属明細書を除く。）を作成の日から一〇年間保存しなければならない（第四項）。

理事は、決算関係書類を通常総会に提出し、又は提供しなければならない（第八項）。理事は、決算関係書類

を、通常総会の日の二週間前の日から五年間主たる事務所に備えて置かなければならないし（第九項）、決算関係書類の写しを、通常総会の日の二週間前の日から三年間従たる事務所に備えて置かなければならない（第一〇条）。

組合員及び組合の債権者は、組合の業務時間内は、いつでも、理事に対し決算関係書類又はその写しの閲覧、書類の謄本又は抄本の請求等をすることができる。この場合においては、理事は、正当な理由がないのにこれを拒んではならない（第一一項）。

（事業別損益を明らかにした書面の作成等）

**第四十一条**　組合（農林水産省令で定める組合を除く。）の理事は、事業年度ごとに、前条第二項の規定により作成すべきもののほか、農林水産省令で定める事業の区分ごとの損益の状況を明らかにした事項を記載し、又は記録した書面又は電磁的記録を作成し、これを通常総会に提出し、又は提供しなければならない。

2　前項の規定により通常総会に提出し、又は提供する書面又は電磁的記録については、あらかじめ、理事会（第三十四条の二第三項の組合にあつては、理事会及び経営管理委員会）の承認を受けなければならない。

**解説**　本条は、事業別損益を明らかにした書面の作成等に関する規定である。

組合（信用、購買、販売、共済事業、その他の事業のみを行う組合を除く。）の理事は、事業年度ごとに、前条第二項の規定により作成すべきもののほか、購買、販売、その他の事業の区分ごとの損益の状況を明らかにした事項を記載し、又は記録した書面又は電磁的記録を作成し、これを通常総会に提出し、又は提供しなければならない。「その他の事業」を行っている場合には、原則としてその事業の種類ごとに区分を行うこととされている（第一項、施行令第一五八条）。

通常総会に提出し、又は提供する書面等については、あらかじめ、理事会（及び経営管理委員会）の承認を受けなければならない（第二項）。

（特定組合の監査）

**第四十一条の二**　第十一条第一項第四号の事業を行う組合（政令で定める規模に達しない組合を除く。以下この条及び次条において「特定組合」という。）は、第四十条第二項の規定により作成したものについて、監事の監査のほか、主務省令で定めるところにより、第八十七条第八項に規定する全国連合会（以下この条及び次条において単に「全国連合会」という。）の監査を受けなければならない。この場合において、監査を行う全国連合会は、主務省令で定めるところにより、監査報告を作成しなければならない。

2　特定組合の監事は、全国連合会に対して、その監査報告につき説明を求めることができる。

3　全国連合会は、第一項の監査について任務を怠つたときは、特定組合に対し、これによつて生じた損害を賠償する責任を負う。

4　全国連合会が第一項の監査に関する職務を行うについて悪意又は重大な過失があつたときは、全国連合会は、これによつて第三者に生じた損害を賠償する責任を負う。

5　全国連合会が、監査報告に記載し、又は記録すべき重要な事項について虚偽の記載又は記録をしたときも、前項と同様とする。ただし、当該全国連合会が当該記載又は記録をすることについて注意を怠らなかつたことを証明したときは、この限りでない。

6　全国連合会が特定組合又は第三者に生じた損害を賠償する責任を負う場合において、特定組合の役員も当該損害を賠償する責任を負うときは、これらの者は、連帯債務者とする。

7　第三十九条の五第二項並びに会社法第三百八十一条第三項及び第四項、第三百九十七条第一項及び第二項、第三百九十八条第一項及び第二項並びに第七編第二章第二節（第八百四十七条第二項、第八百四十九条第二項第二号及び第五項、第八百五十条第四項並びに第八百五十一条を除く。）の規定は第一項の全国連合会について、同法第四百三十九条の規定は特定組合について準用する。この場合において、同法第三百八十一条第三項及び第四項中「子会社」とあるのは「子法人等（水産業協同組合法第百二十二条第二項に規定する子法人等をいう。）」と、同法第三百九十七条第一項中「取締役」とあるのは「理事又は経営管理委員」と、同法第三百九十八条第一項中「第三百九十六条第一項に規定する書類」とあるのは「水産業協同組合法第四十条第二項の規定により作成したもの」と、同法第四百三十九条中「第四百三十六条第三項の承認を受けた計算書類」とあるのは「水産業協同組合法第四十条第六項の承認を受けた貸借対照表、損益計算書その他漁業協同組合の財産及び損益の状況を示すために必要かつ適当なものとして農林水産省令で定めるもの」と、「法務省令」とあるのは「主務省令」と、「前条第二項」とあるのは「同法第四十八条第一項」と、同法第八百四十七条第一項及び第四項中「法務省令」とあるのは「主務省令」と読み替えるものとするほか、必要な技術的読替えは、政令で定める。

**解説**　本条は、特定組合の監査に関する規定である。「特定組合」とは、組合員の貯金又は定期積金の受入事業を行っている組合であって、その事業年度の開始の時における貯金等合計額が二〇〇億円に達しない漁業協同組合又は水産加工業協同組合をいう（第一項、施行令第一四条第一項）。特定組合は、監事の監査のほか、全国連合会の監査を受けなければならない。

（特定組合以外の組合の監査）

**第四十一条の三**　特定組合以外の組合は、定款で定めるところにより、第四十条第二項の規定により作成したものについて全国連合会の監査を受けることができる。この場合においては、当該組合を特定組合とみなして、同条第六項及び第七項並びに前条の規定を適用する。

**解説**　本条は、特定組合以外の組合の監査に関する規定である。特定組合以外の組合は、定款の定めるとにより、決算関係書類（第四〇条第二項）について全国連合会の監査を受けることができる。

（役員の改選又は解任の請求）

**第四十二条**　組合員（准組合員を除く。）は、総組合員（准組合員を除く。）の五分の一（これを下回る割合を定款で定めた場合にあつては、その割合。次項において同じ。）以上の連署をもつて、その代表者から役員（第三十四条の二第三項の組合にあつては、理事を除く。）の改選を請求することができる。

2　第三十四条の二第三項の組合にあつては、組合員（准組合員を除く。）は、総組合員（准組合員を除く。）の五分の一以上の連署をもつて、その代表者から理事の解任を請求することができる。

3　前二項の規定による請求は、理事の全員、経営管理委員の全員又は監事の全員について同時にしなければならない。ただし、法令、法令に基づいてする行政庁の処分又は定款、規約、信用事業規程若しくは共済規程の違反を理由として請求する場合は、この限りでない。

4　第一項又は第二項の規定による請求は、改選又は解任の理由を記載した書面を理事（第三十四条の二第三項の組合にあつては、経営管理委員。以下この条において同じ。）に提出してこれをしなければならない。

5　第一項又は第二項の規定による請求があつたときは、理事は、これを総会の議に付さなければならない。

6　第四項の規定による書面の提出があつたときは、理事は総会の日から七日前までに、当該請求に係る役員にその書面又はその写しを送付し、かつ、総会において弁明する機会を与えなければならない。

7　第一項又は第二項の規定による請求につき第五項の総会において出席者の過半数の同意があつたときは、その請求に係る役員は、その時にその職を失う。

8　第四十七条の三第二項及び第四十七条の四第二項の規定は、第五項の場合について準用する。

**解説**　本条は、役員の改選又は解任の請求に関する規定である。

改選（通称リコール）の場合には、正組合員の五分の一以上の連署をもって、その代表者から役員の改選を請求することができる（第一項）。「改選」とは、従来の役員の地位を奪う効果を伴う新役員の選挙をいう。また、解任の場合には、正組合員の五分の一以上の連署をもって、その代表者から理事の解任を請求することができる（第二項）。「解任」とは、役員の地位をその意思に基づかないで解くことをいう。改選又は解任の請求は、その理由を記載した書面を理事に提出しなければならない（第四項）。

改選又は解任の請求は、法令違反等の場合を除き、理事の全員又は監事の全員について同時にすることを要することとされたのは（第三項）、多数組合員の恣意により少数組合員の意向を代表する役員がその地位を奪われるおそれがあるからである。

改選又は解任の請求があったときは、理事は、これを総会にかけなければならない（第五項）。総会において出席者の過半数の同意があったときは、その請求のあった役員は、その時にその職を失うこととなる（第七項）。

**判例**

1　一　定款では監事三名とされており、本件改選請求時、一名が欠員であったが、本件決議は右二名を改選したものであるから、水協法第四二条第二項本文の規定に違反するものではない。

二　本件改選請求署名簿の署名中には、組合員の家族が署名したものが相当数あるが、その後、当該組合員から異議等の申し入れがないことからすると、これらの署名については事後に署名を承諾したものと認められ、水協法第四二条第一項所定の「総組合員の五分の一以上」の要件に欠ける点はない。

三　理事会の招集通知に監事改選請求を懸案とする旨の記載がなかったとする点について、定款上、議決事項の記載は求められていないし、規約上は、本件改選請求は、理事会の開催当日であったから、議案の記載を要しない「緊急やむを得ない場合」に当たる。（平成一〇年四月九日津地裁民判決、総覧続巻四〇二頁・自治一八五号九七頁）

2　Xは、Y漁業協同組合の組合員かつ理事であったところ、Y組合は組合員代表一二名からなされた役員改選請求に基づき、臨時総会で理事の改選決議を行い、Xを解任した。右改選請求申立書に記載された請求の理由は、Xが、①Y組合が決定した漁港利用調整事業に反対する趣旨の対外的行動をした（忠実義務違反）、②総会等の議事録に署名押印することを許否した（定款違反）、③Y組合の会計帳簿等を閲覧し、その内容を第三者の漏洩した（組合規定違反）というものである。

①の忠実義務違反については、Xは「鴨川の海を守る会代表」の名義で本件質問書の内容もY組合の理事の職務に関係するものとはいえず、したがって、本件質問書を千葉県知事に提出する行為は理事の職務として行った行為とはいえず、水協法第三七条第一項（現第三九条の二第一項）の忠実義務の対象とはならない。②の定款違反につては、Y組合の定款第三四条の二第四項、第四九条及び第五八条において、理事会、総会及び総代会の議事録に理事が押印する旨定められてるが、押印できない正当な理由がある場合には右各条違反とはならないというべきである。そこで、Xが押印しなかった理由が正当な理由にあたるかが問題となるが、右条項に基づく押印は、各議事録が正確に記載されたことを確認する趣旨である以上、議事録が閲覧できない場合あるいは議事録の記載が正確でないと判断した場合は、押印しない正当な理由があるというべきである。③の規定違反については水協法第四二条

第二項（現第三項）但書が制限列挙と解される以上、同項但書にあげられていない規定違反は、理事の一部のみの改選請求の理由とはならないというべきである。（平成六年八月一六日千葉地裁民判決、総覧続巻三九六頁・時報一五二七号一四九頁）

3　漁業協同組合の役員が、水産業協同組合法第四四条第二項（現第四二条第三項）ただし書違反を理由として組合総会において解任され、これに対する同法第一二五条第一項の取消請求が監督行政庁から却下され、却下処分が確定したとしても、その後役員総会において、現任役員の任期残りの期間中、右被解任役員を改めて役員に選挙することを妨げない。（昭和三五年九月五日福岡高裁民判決、高裁民集一三巻六号五九八頁）

（役員に欠員を生じた場合の措置）

**第四十二条の二**　定款で定めた役員の員数が欠けた場合には、任期の満了又は辞任により退任した役員は、新たに選任された役員（次条第一項の一時理事又は監事の職務を行うべき者を含む。）が就任するまで、なお役員としての権利義務を有する。代表理事が欠けた場合又は定款で定めた代表理事の員数が欠けた場合についても、同様とする。

**解説**　本条は、役員に欠員を生じた場合の措置に関する規定である。定款で定めた役員の員数が欠けた場合には、任期の満了又は辞任により退任した役員は、新たに選任された役員が就任するまで、なお役員としての権利義務を有する。代表理事が欠けた場合又は定款で定めた代表理事の員数が欠けた場合でも同様である。

（行政庁による一時役員の職務を行うべき者の選任又は総会の招集）

**第四十三条**　役員の職務を行う者がないため遅滞により損害を生ずるおそれがある場合において、組合員その他の利害関係人の請求があつたときは、行政庁は、一時理事若しくは監事の職務を行うべき者を選任し、又は役員（第三十四条の二第三項の組合にあつては、理事を除く。以下この項において同じ。）を選挙し、若しくは選任するための総会を招集して役員を選挙させ若しくは選任させることができる。

2　第四十七条の六及び第四十七条の七の規定は、前項の総会の招集について準用する。

3　代表理事の職務を行う者がないため遅滞により損害を生ずるおそれがある場合において、組合員その他の利害関係人の請求があつたときは、行政庁は、一時代表理事の職務を行うべき者を選任することができる。

解説　本条は、行政庁による一時役員の職務を行うべき者の選任又は総会の招集に関する規定である。役員の職務を行うべき者がいないために問題がある場合に、組合員その他利害関係人の請求があったときは、行政庁は一時理事若しくは監事の職務を行うべき者の選任、総会の招集等の措置をとることとされている。

（役員の責任を追及する訴えに関する会社法の準用）

**第四十四条**　会社法第七編第二章第二節（第八百四十七条第二項、第八百四十九条第二項第二号及び第五項並びに第八百五十一条を除く。）の規定は、役員の責任を追及する訴えについて準用する。この場合において、同法第八百四十七条第一項及び第四項中「法務省令」とあるのは「農林水産省令」と、同法第八百五十条第四項中「第五十五条、第百二十条第五項、第四百二十四条（第四百八十六条第四項において準用する場合を含む。）、第四百六十二条第三項（同項ただし書に規定する分配可能額を超えない部分について負う義務に係る部分に限る。）、第四百六十四条第二項及び第四百六十五条第二項」とあるのは「水産業協同組合法第三十九条の六第三項」と読み替えるものとするほか、必要な技術的読替えは、政令で定める。

解説　本条は、役員の責任を追及する訴えに関する会社法の準用に関する規定である。

（参事及び会計主任の選任等）

**第四十五条**　組合は、参事及び会計主任を選任し、その主たる事務所又は従たる事務所において、その業務を行わせることができる。

2　参事及び会計主任の選任及び解任は、理事会の議決によりこれを決する。

3　会社法第十一条第一項及び第三項、第十二条並びに第十三条の規定は、参事について準用する。

解説　本条は、参事及び会計主任の選任等に関する規定である。組合は、参事及び会計主任を選任し、その事務所において、業務を行わせることができる（第一項）。参事及び会計主任の選任及び解任は、理事会の議決によって行われる（第二項）。

参事は、会社法第一一条（支配人の代理権）第一項・第三項、第一二条（支配人の競業の禁止）、第一三条（表見支配人）の規定が準用される（第三項）。参事は、組合に代わってその事業に関する一切の裁判上又は裁判外の行為をする権限を有している。しかし、参事の代理権に加えた制限は、第三者に対して主張することはできない（会社法第一三条第一項、第三項の準用）。

判例

1　被告人が水産業協同組合法により支配人に関する商法の規定が準用される漁業協同組合参事であっても、同組合内部の定めとしては、同組合が融通手形として振り出す組合長振出名義の約束手形の作成権限はすべて専務理事に属するものとされ、被告人は単なる起案者、補佐役として右手形作成に関与していたにすぎない場合において、同人が組合長又は専務理事の決裁・承認を受けることなく融通手形として組合長振出名義の約束手形を作成したときは、有価証券偽造罪が成立する。（昭和四三年六月二五日最高裁三小刑判決、総覧一〇五〇頁・最高裁刑集二二巻六号四九〇頁）

2　協同組合参事が組合職員の慰労や組合のための接待に組合員の金員を支出するのは、その代理権限に属する行為で、これをもって横領とはいえない。（昭和二九年一月一六日札幌高裁刑判決、総覧一〇八七頁・高裁刑特報三二号五七頁）

3　一　協同組合参事は、その主たる事務所、従たる事務所において、その業務を行うことができるものであり、支配人と同様（会社法第一一条）組合の業務に関する一切の行為をする権限を有する。

二　協同組合参事が組合のために手形行為をする場合に、とくにその理事より署名又は記名捺印を代理する権限を授与されていなくとも、直接理事名義の署名又は記名押印をしうる権限を当然有するものと解するのが相当である。（昭和三五年一月二九日大阪高裁民判決、総覧一〇八八頁・時報二一九号三〇頁）

4　同人は参事に選任された者であるから商法第三八条（現会社法第一一条）の支配人に関する規定が準用され、本来ならば組合に代わってその事業に関する一切の裁判上または裁判外の行為をする権限を有し、その権限の中には約束手形を振り出す権限も当然含まれているはずである。しかしながら、組合がその代理権に制限を加えることは商法第三八条第三項（現会社法第一一条第三項）の規定からみて明らかで、現に被告人の場合は、自分だけの一存で組合の融通手形を振り出すことは許されていなかったのである。したがって、被告人にはその参事としての代理権に大きな制限がくわえられたというべきで、融通手形の振出に関しては、直接組合長名義をもってすることはもちろん、組合参事名義をもってするものについても、一切その権限がなかったものである。このようなもとで、被告人が組合長または専務理事の決裁・承認を受けずに独断で組合長振出名義の約束手形を作成して交付したことは、やはり刑法上の偽造にあたるとみなさざるをえない。（昭和四〇年六月一八日東京高裁刑判決、総覧続巻四二〇頁・東京刑時報一六巻六号七七頁）

（参事又は会計主任の解任の請求）

**第四十六条**　組合員（准組合員を除く。）は、総組合員（准組合員を除く。）の十分の一（これを下回る割合を定款で定めた場合にあつては、その割合）以上の同意を得て、理事に対し、参事又は会計主任の解任を請求することができる。

2　前項の規定による請求は、解任の理由を記載した書面を理事に提出してこれをしなければならない。

3　第一項の規定による請求があつたときは、理事会は、当該参事又は会計主任の解任の可否を決しなければならない。

4　理事は、前項の可否を決する日の七日前までに、当該参事又は会計主任に対し、第二項の書面又はその写しを送付し、かつ、弁明する機会を与えなければならない。

**解説**　本条は、参事及び会計主任の解任の請求の規定である。正組合員は、総組合員の一〇分の一（これを下回る割合を定款で定めた場合は、その割合）以上の同意を得て、理事に対し、参事又は会計主任の解任を請求することができる（第一項）。この場合の請求は、解任の理由を記載した書面を理事に提出してしなければならない（第二項）。

解任請求があったときは、理事会は、その参事又は会計主任の解任の可否を決めなければならない（第三項）。

（競争関係にある者の役員等への就任禁止）

**第四十七条**　組合の行う事業と実質的に競争関係にある

事業（当該組合の組合員の営み、又は従事する漁業及び当該組合の所属する漁業協同組合連合会又は共済水産業協同組合連合会の行う事業を除く。以下この条において「競合事業」という。）を営み、又は競合事業に従事する者（当該競合事業を営む法人その他の団体の役員及び職員を含む。）は、当該組合の理事、経営管理委員、監事、参事、会計主任又は共済計理人になることができない。

**解説**　本条は、競争関係にある者の役員等への就任禁止に関する規定である。組合の行う事業と実質的に競争関係にある事業の関係者が組合の役員等になることを禁止することによって、その地位を濫用して組合事業の発展を阻害することのないようにし、また、役員が組合事業の遂行に全能力を発揮できる体制を確保することを目的としたものである。

（通常総会の招集）

**第四十七条の二**　通常総会は、定款で定めるところにより、毎事業年度一回招集しなければならない。

**解説**　本条は、通常総会招集義務に関する規定である。総会とは、正組合員により構成する組合の最高の意思決定機関であり、必置機関である。代表理事は、理事会の決定に基づき、毎事業年度一回通常総会を開催すべき義務を負う。通常総会は、毎年一回定期的に招集され、その招集は代表理事の任務であり、事業報告書等関係書類の承認をすることが主なる点である。しかし、その他の事項について通常総会において議決することを妨げない。「通常総会」とは、毎事業年度に一回必ず定期的に開催される総会であり、臨時総会に対するものである。「招集」とは、総会を開催することを決定し、その旨を組合員に通知し、実際に総会を開催することをいう。

（臨時総会の招集）

**第四十七条の三**　臨時総会は、必要があるときは、定款で定めるところにより、いつでも招集することができる。

2　組合員（准組合員を除く。）が総組合員（准組合員を除く。）の五分の一（これを下回る割合を定款で定めた場合にあつては、その割合）以上の同意を得て、会議の目的である事項及び招集の理由を記載した書面を理事（第三十四条の二第三項の組合にあつては、経営管理委員。第四項において同じ。）に提出して、総会の招集を請求したときは、理事会（同条第三項の組合にあつては、経営管理委員会）は、その請求のあつた日から二十日以内に臨時総会を招集すべきことを決定しなければならない。

3　前項の場合において、電磁的方法により議決権を行うことが定款で定められているときは、当該書面の提出に代えて、当該書面に記載すべき事項及び理由を当該電磁的方法により提供することができる。この場合において、当該組合員は、当該書面を提出したものとみなす。

4　前項前段の電磁的方法（第十一条の二第五項の農林水産省令で定める方法を除く。）により行われた当該書面に記載すべき事項及び理由の提供は、理事の使用に係る電子計算機に備えられたファイルへの記録がされた時に当該理事に到達したものとみなす。

**解説**　理事会が必要と認めるときの臨時総会及び組合委員の請求による臨時総会の招集に関する規定である。臨時総会は、その回数に制限はなく、いつでも必要に応じて招集することができるが、原則として招集の決定は理事会の議決によらねばならず、その招集手続は定款の定めに従って代表理事が行う。臨時総会は、通常総会に対するもので、毎年度一回定期的に行われる通常総会以外の総会は、すべて臨時総会である（第一項）。

第二項は、組合員の総会招集請求権に関する規定であるとともに、組合員の請求に基づく理事の臨時総会招集義務に関する規定である。理事が必要があるにもかかわらず臨時総会を招集しない場合に、組合員にその招集を請求することを認める規定であり、他面からみれば、少数組合員の保護に関する規定である。組合員が総組合員の五分の一（これを下回る割合を定款で定めた場合にあっては、その割合）以上の同意を得て、会議の目的である事項及び招集の理由を記載した書面を理事に提出して、総会の招集を請求したときは、理事会は、その請求のあった日から二〇日以内に臨時総会を招集すべきことを決定しなければならないのである（第二項）。

**判例**

一　漁業協同組合の総会の会日当日において、総会の開会が可能であるかぎり、たとえ開会宣言前であっても、招集権者は開会の取りやめを独断ですることはできない。

二　漁業協同組合に組合員として加入するについて理事会の決議を要すると解される場合には、組合の代表機関が組合を代表して承諾することはできない。（昭和三七年一月一六日最高裁三小民判決、総覧一〇二七頁・最高裁民集一六巻一号一頁）

（総会招集者）
**第四十七条の四**　総会は、理事（第三十四条の二第三項の組合にあつては、経営管理委員。次項において同じ。）が招集する。
2　理事の職務を行う者がないとき、又は前条第二項の請求があつた場合において理事が正当な理由がないのに総会招集の手続をしないときは、監事は、総会を招集しなければならない。
3　第三十四条の二第三項の組合にあつては、経営管理委員及び監事の職務を行う者がないときは、理事は、総会を招集しなければならない。

解説　本条は、総会の招集者に関する規定である。総会は、原則として理事が招集する（第一項）。

理事の職務を行う者がないとき、又は第四七条の三第二項の請求があった場合において理事が正当な理由がないのに総会招集の手続をしないときは、監事は、総会を招集しなければならない（第二項）。この場合の「理事の職務を行う者がないとき」とは、理事がいながらその職務を怠っている場合は含まれず、機関担当者としての理事が欠員である場合をいう。「正当な理由がない」とは、理事の全員が一時不在（総会の招集を故意に避けるための不在を除く。）で理事会を開催できず招集の決定が得られない場合とか、組合員の大部分が出漁しており、総会を招集してもその議決が少数者の意見のみを反映する結果を生むなどの客観的な正当であると思われる根拠のないことをいう。

（総会の招集の決定）
**第四十七条の五**　理事（理事以外の者が総会を招集する場合にあつては、その者。次条において「総会招集者」という。）は、総会を招集する場合には、次に掲げる事項を定めなければならない。
一　総会の日時及び場所
二　総会の目的である事項があるときは、当該事項
三　前二号に掲げるもののほか、農林水産省令で定める事項

2　前項各号に掲げる事項の決定は、前条第二項（第四十二条第八項において準用する場合を含む。）の規定により監事が総会を招集するときを除き、理事会（経営管理委員が総会を招集するときは、経営管理委員会）の議決によらなければならない。

**解説**　総会招集者（理事等）は、総会を招集する場合には、次に掲げる事項を定めなければならない（第一項、施行規則第一六七条）。

① 総会の日時及び場所
② 総会の目的である事項があるときは、当該事項
③ 候補者の氏名、生年月日及び略歴
④ 就任の承諾を得ていないときは、その旨
⑤ 候補者と当該組合との間に特別の利害関係があるときは、その事実の概要
⑥ 候補者が現に当該組合の理事であるときは、当該組合における地位及び担当

なお、これらの事項は原則として理事会の議決によらなければならない（第二項）。

（総会の招集の通知等）

**第四十七条の六**　総会を招集するには、総会招集者は、その総会の日の一週間前までに、組合員に対して書面をもってその通知を発しなければならない。

2　総会招集者は、前項の書面による通知の発出に代えて、政令で定めるところにより、組合員の承諾を得て、電磁的方法により通知を発することができる。この場合において、当該総会招集者は、同項の書面による通知を発したものとみなす。

3　前二項の通知には、前条第一項各号に掲げる事項を記載し、又は記録しなければならない。

4　総会においては、第一項又は第二項の規定によりあらかじめ通知した前条第一項第二号に掲げる事項についてのみ、議決をすることができる。ただし、定款に特別の定めがあるときは、この限りでない。

5　会社法第三百一条及び第三百二条の規定は、第一項及び第二項の通知について準用する。この場合において、同法第三百一条第一項中「第二百九十八条第一項第三号に掲げる事項を定めた場合」とあるのは「書面をもって議決権又は選挙権を行うことが定款で定められている場合」と、「第二百九十九条第一項」とあるのは「水産業協同組合法第四十七条の六第一項」と、「法務省令」とあるのは「農林水産省令」と、「議決権

の」とあるのは「議決権又は選挙権の」と、「議決権を」とあるのは「議決権又は選挙権を」と、同条第二項中「第二百九十九条第三項」とあるのは「水産業協同組合法第四十七条の六第二項」と、同法第三百二条第一項中「第二百九十八条第一項第四号に掲げる事項を定めた場合」とあるのは「議決権を電磁的方法により行うことが定款で定められている場合」と、「第二百九十九条第一項」とあるのは「水産業協同組合法第四十七条の六第一項」と、「法務省令」とあるのは「農林水産省令」と、同条第二項中「第二百九十九条第三項」とあるのは「水産業協同組合法第四十七条の六第二項」と、同条第三項及び第四項中「第二百九十九条第三項」とあるのは「水産業協同組合法第四十七条の六第二項」と、「法務省令」とあるのは「農林水産省令」と読み替えるものとするほか、必要な技術的読替えは、政令で定める。

**解説**　本条は、総会の招集の通知等に関する規定である。総会を招集するには、総会招集者は、その総会の日の一週間前までに、組合員に対して書面をもってその通知を出さなければならない。

**判例**

1　総会招集の通知は、全組合員に会日前にその了知手段をとり、組合員が定められた会日に出席して表決する機会があたえられれば、たとえ通知と会日との間に法定の日時を介在させなくとも、ただちに違法とはいえず、これによって開かれた総会の決議も瑕疵あるものとはいえない。（昭和四三年三月一四日水戸地裁民判決、総覧九九一頁・下裁民集一九巻三・四合併号一三三頁）

2　水産業協同組合法第四一条第三項（現第四七条の六）に違反して開催された本件総会における決議には瑕疵があるが、取り消すべき事由があるとは認められない。（昭和三七年一一月三〇日高松地裁民判決、下裁民衆一三巻一一号二四〇八頁）

（組合員に対する通知）

**第四十七条の七**　組合の組合員に対してする通知又は催告は、組合員名簿に記載し、又は記録したその者の住所（その者が別に通知又は催告を受ける場所又は連絡先を組合に通知したときは、その場所又は連絡先）にあてればよい。

2　前項の通知又は催告は、通常到達すべきであつた時に、到達したものとみなす。
3　前二項の規定は、前条第一項の通知に際して組合員に書面を交付し、又は当該書面に記載すべき事項を電磁的方法により提供する場合について準用する。この場合において、前項中「到着したもの」とあるのは、「当該書面の交付又は当該事項の電磁的方法による提供があつたもの」と読み替えるものとする。

**解説**　本条は、組合が組合員に対してする通知又は催告に関する規定である。組合の組合員に対してする通知又は催告は、本人より別段の申し出がない限り組合員名簿に記載された住所にあてればよく、必ずしも本人の現住所に到達する必要はない（第一項）。「組合の組合員に対する通知」とは、総会招集の通知、出資払込みの通知その他組合員に対して組合の意思又は事実を知り得るような状況におくことをいう。「催告」とは、契約不履行の場合にその履行をなすべき旨の催告、出資払込遅延その他支払遅延の場合の催告など、その一定の行為をなすべきことを組合員に要求する通知をいう。
通知又は催告の到達時期については通常到達すべきであったときに到達したものとみなし、実際の到達時期は問わない。いわゆる到達主義によっている（第二項）。

（総会の議決事項）
**第四十八条**　次の事項は、総会の議決を経なければならない。
一　定款の変更
二　規約、資源管理規程、信用事業規程及び共済規程の設定、変更及び廃止
三　毎事業年度の事業計画の設定及び変更
四　経費の賦課及び徴収の方法
五　事業の全部の譲渡若しくは第十一条第一項第五号若しくは第七号の事業（これに附帯する事業を含む。）若しくは共済事業の全部若しくは一部の譲渡又は共済契約の全部若しくは一部の移転（その一部の移転にあつては、責任準備金の算出の基礎が同じである共済契約の全部を包括して移転するもの（以下「包括移転」という。）に限る。）
六　財産目録、貸借対照表、損益計算書、剰余金処分案、損失処理案その他組合の財産及び損益の状況を示すために必要かつ適当なものとして農林水産省令

で定めるもの並びに事業報告
七　毎事業年度内における借入金の最高限度
八　漁業権又はこれに関する物権の設定、得喪又は変更
九　漁業権行使規則若しくは入漁権行使規則又は遊漁規則の制定、変更及び廃止
十　漁業権又はこれに関する物権に関する不服申立て、訴訟の提起又は和解
十一　育成水面の設定、変更及び廃止
十二　育成水面利用規則の制定、変更及び廃止

2　定款の変更（軽微な事項その他の農林水産省令で定める事項に係るものを除く。）は、行政庁の認可を受けなければ、その効力を生じない。

3　前項の認可の申請があった場合には、第六十三条第二項、第六十四条及び第六十五条の規定を準用する。

4　組合は、第二項の農林水産省令で定める事項に係る定款の変更をしたときは、遅滞なく、その旨を行政庁に届け出なければならない。

5　共済規程の変更のうち、軽微な事項その他の農林水産省令で定める事項に係るものについては、第一項の規定にかかわらず、政令で定めるところにより、定款で、総会の議決を経ることを要しないものとすることができる。

**解説**　本条は、総会の決議事項に関する規定である。総会は、組合員の意思を決定する組合員（准組合員を除く。）全員によって構成される組合の最高かつ必要機関である。

次の事項は、総会の議決を経なければならない（第一項）。「次の事項」とは、決議事項を指すのであるが、大きく分ければ、組織に関する事項であり、それ以外は、事業及び運営に関する事項である。

①　定款の変更　これについては、とくに慎重にこれを取り扱うこととし、いわゆる特別議決（第五〇条）に当たるほか、行政庁の認可を得て、はじめて効力を生ずるとされている（第二項）。

②　規約、資源管理規程、信用事業規程及び共済規程の設定、変更及び廃止

③　毎事業年度の事業計画の設定及び変更　組合の経営に重大な影響を及ぼす事業計画自体の内容の変更については、その原因がなんであれ総会の議決が必要である。

④　経費の賦課及び徴収の方法
⑤　事業の全部の譲渡若しくは第一一条第一項第五号若しくは第七号の事業（これに附帯する事業を含む。）若しくは共済事業の全部若しくは一部の譲渡又は共済契約の全部若しくは一部の移転　「事業の譲渡」とは、一定の事業の目的により組織化され、有機的一体として機能する財産（動産、不動産、債権等）を契約によって移転することをいう。また、「共済契約の包括移転」とは、共済契約上の権利義務、たとえば、共済金、契約返戻金の支払、共済掛金の領収などに関する権利義務を個別の譲渡行為を必要とせず包括的に他の組合に移転するものである。この場合に、契約のみを移転することは、移転を受ける組合にとっては単なる債権引き受けになることから、包括移転契約によって共済契約に係る財産（責任準備金等に相当する財産）も併せて移転するのが原則である。
⑥　財産目録、貸借対照表、損益計算書、剰余金処分案、損失処理案等
⑦　毎事業年度内における借入金の最高限度
⑧　漁業権又はこれに関する物権の設定、得喪又は変更
⑨　漁業権行使規則若しくは入漁権行使規則又は遊漁規則の制定、変更及び廃止
⑩　漁業権又はこれに関する物権に関する不服申立て、訴訟の提起又は和解
⑪　育成水面の設定、変更及び廃止
⑫　育成水面利用規則の制定、変更及び廃止

定款の変更（軽微な事項その他の農林水産省令で定める事項に係るものを除く。）は、行政庁の認可を受けなければ、その効力を生じない（第二項）。「農林水産省令で定める事項」とは、次のものをいう（施行規則第一七八条）。

イ　法第八十七条の三第七項（法第百条第一項において準用する場合を含む。）の規定により定めるべき事項

ロ　主たる事務所の所在地の名称の変更その他の農林水産大臣の定める軽微な事項

判例

1　本件総会決議は、被告組合の組合員とは認められない者あるいは議決権を有しない准組合員にすぎない者が相当多数出席するとともに、その多数決により、被告組合の定款に違反してその組合員とは認められない者を三名も理事に選任したものであって、もはや総会

決議の体裁をなしていないほど著しい瑕疵を帯び、法律上存在するものとは認められないというべきである。（平成一〇年三月二〇日津地裁民判決、総覧続巻三三四頁・タイムズ一〇〇六号二六五号）

2　本件漁業補償金は、漁業協同組合の有する共同漁業権放棄の対価であり、一種の清算的剰余金の性質を有するから、その処分は総会の決議事項である。

総会において漁業補償金の配分について、しじみ部門の組合員多数が反対を唱えているのに、議長において賛否確認のための手段措置を何らとらずして総会を散会したものであるから、総会において漁業補償金の配分について総会の承認の議決そのものが存在しなかったものと認める。（昭和四三年五月八日富山地裁民判決、総覧一〇九九頁・時報五五四号六四頁）

3　漁業法第八条の法意は、漁業協同組合の組合員であって漁民であるものは、定款の定めるところによりはじめて顕在的な操業上の権利を有するものである。

総会議事細則に違反する採決手続によってなされた総会の議決は、その採決手続に存する違法の原因が議決の正否そのものにつき影響がある場合には取消を免れない。（昭和二八年四月一七日長崎地裁民判決、総覧一一一一頁・下裁民集四巻四号五一八頁）

4　水産業協同組合法は総会決議が無効である場合及び不存在である場合については何らの定めもしていないことに加え、組合員の裁判を受ける権利の保障の点を考えると、一般原則に従い総会の決議無効、不存在については訴訟の前提問題としてこれを争えるのみならず、これが現に存する紛争の直接かつ抜本的解決のため適切かつ必要と認められる場合には、総会決議の無効又は不存在の確認の訴えを提起できるものと言うべく、この場合には商法第二五二条（現会社法第八三〇条）を類推適用したうえ、対世的効力がその認容判定に付されるものと解するのが相当である。（昭和六一年二月二一日山口地裁民判決、総覧続巻四二七頁・時報一一九一号一二〇頁）

（総会の議事）

**第四十九条**　総会の議事は、この法律、定款又は規約に特別の定ある場合を除いて、出席者の議決権の過半数でこれを決し、可否同数のときは、議長の決するところによる。

2　議長は、総会において、その都度これを選任する。

3　議長は、組合員として総会の議決に加わる権利を有しない。

**解説**　本条は、総会の議事に関する規定である。総会の議決方法には、普通議決と特別議決があるが、本条は普通議決に関するものである。

総会の議事は、出席者の議決権の過半数でこれを決し、可否同数のときは、議長の決するところによる（第一項）。「法律に特別の定めのある場合」とは、第五〇条（特別決議事項）の「定款の変更」、「組合の解散又は合併」、「組合員の除名」に関する議決をする場合を指すのであり、この場合は普通議決ではできない。「定款又は規約に特別の定めのある場合」とは、定款又は規約に定足数を定めるとか、出席者の三分の二以上の多数により決することとするなど定めた場合である。本条の過半数主義は一般原則にとどまり、定款や規約で特別の定めをしたときはこの限りでない。「出席者」とは、総会に出席した者のうち、その有する議決権を有効に行使できる組合員のことをいう。したがって、准組合員を含まず、書面又は代理人をもって議決権を行使する者は含まれる。「可否同数」とは、議事の決定に当たって、賛成、反対が同数であって、いずれも過半数にならない場合をいい、議長がこれを決定するのである。この議長の専決権のことを通常「キャスチング・ボード」という。

議長は常任性をとらず、総会のつど選任される（第二項）。「議長」とは、総会の議事を総括掌理する総会の機関である。

議長は、普通議決の場合、右のようなキャスチング・ボードをもつ反面、正組合員として総会に加わる権利ももたない（第三項）。これは、議事の公正な進行を図る必要があると同時に、議長が二重に議決権を行使したことと同様の結果となることを避けるためである。

**判例**　総会議事細則に違反する採決手続によってされた本件漁業協同組合総会の議決は、取消を免れない。（昭和二八年四月一七日長崎地裁民判決、総覧一一一頁・下裁民集四巻四号五一三頁）

（特別決議事項）

**第五十条**　次の事項は、総組合員（准組合員を除く。）の半数（これを上回る割合を定款で定めた場合にあっては、その割合）以上が出席し、その議決権の三分の二（これを上回る割合を定款で定めた場合にあっては、その割合）以上の多数による議決を必要とする。
一　定款の変更
二　組合の解散又は合併
三　組合員の除名
三の二　事業の全部の譲渡、信用事業、第十一条第一項第五号若しくは第七号の事業（これに附帯する事業を含む。）若しくは共済事業の全部の譲渡又は共済契約の全部の移転
四　漁業権又はこれに関する物権の設定、得喪又は変更
五　漁業権行使規則又は入漁権行使規則の制定、変更及び廃止
六　第三十九条の六第四項の規定による責任の免除

**解説**　本条は、特別決議事項に関する規定である。特別決議は、組合の基本に影響のある重要な決議事項について、特にその議決を期するために用いる議決方法である。次の事項は、総組合員（准組合員を除く。）の半数以上が出席し、その議決権の三分の二以上の多数による議決を必要とする。

① 定款の変更
② 組合の解散又は合併
③ 組合員の除名
④ 事業の全部の譲渡、信用事業、第一一条第一項第五号・第七号の事業、共済事業の全部の譲渡又は共済契約の全部の移転
⑤ 漁業権又はこれに関する物権の設定、得喪又は変更
⑥ 漁業権行使規則又は入漁権行使規則の制定、変更及び廃止
⑦ 第三九条の六第四項の規定による責任の免除

これらの特別決議事項については、定款によりこれを制限し、手続を緩和するような定めをすることはできないが、より厳格にすることは差し支えない。

**判例**

1　漁業権を有する漁業協同組合が公有水面埋立法第四条第一号の同意をするには、水産業協同組合法第五〇条による特別決議を必要とするところ、その特別決議を欠く同意は無効である。（昭和四三年七月二三日松山地裁民判決、総覧一三七五頁・行政集一九巻七号一二九五頁）

2　漁業協同組合がその有する漁業権を放棄した場合に漁業権消滅の対価として支払われる補償金は、法人と

しての漁業協同組合に帰属するものというべきであるが、現実に漁業を営むことができなくなることによって損失を被る組合員に配分されるべきものであり、その方法について法律に明文の規定はないが、漁業権の放棄について総会の特別決議を要するものとする水協法の規定の趣旨に照らし、右補償金の配分は、総会の特別決議によってこれを行うべきものと解する。（平成元年七月一三日最高裁一小民判決、総覧続巻六一頁・最高裁民集四三巻七号八六六頁）

3　漁業権等放棄の補償金は組合に帰属し、組合員に分配されるべきものであり、信託財産性を有し、単なる財産の剰余金と解すべきでなく、また組合員の許可操業及自由操業の利益放棄の補償金についても、組合が独自の権限で交渉受領することができるものとし、右各分配については、総会の特別決議に基づくべきものである。（昭和五八年一〇月一七日名古屋地裁民判決、総覧一〇九四頁・時報一一三三号一〇〇頁）

4　漁業協同組合に支払われた漁業権消滅に伴う補償金の配分については、総会の特別決議によってその配分手続を役員会等に委ね、右委任によって役員会等が具体的な配分を決定した場合は、右役員会の配分決定は総会の決議と一体となって有効な配分と解される。（平成三年一月二九日熊本地裁民判決、総覧続巻四三五頁・時報一三九一号一五九頁）

5　防波堤工事により喪失あるいは漁業の制限される区域が共同漁業権漁場全域の〇・二パーセント程度の僅少部分にとどまるのであれば、右区域が右漁場における漁業に不可欠のものであって、これを喪失しあるいは同所で操業が制限されることが漁業権の喪失あるいは変更に相当するものでない限り、防波堤工事は漁業協同組合における漁業権の管理行為に含まれるものとして、漁業権の放棄を伴わずになし得る。（昭和五八年三月三一日長崎地裁民判決、総覧一一〇七頁・訴訟月報二九巻九号一六八五頁）

（役員の説明義務）
**第五十条の二**　役員は、総会において、組合員から特定の事項について説明を求められた場合には、当該事項について必要な説明をしなければならない。ただし、当該事項が総会の目的である事項に関しないものである場合、その説明をすることにより組合員の共同の利益を著しく害する場合その他正当な理由がある場合として農林水産省令で定める場合は、この限りでない。

**解説**　本条は、総会における役員の説明義務の規定である。役員は、総会において、組合員から特定の事項について説明を求められた場合には、当該事項について必要な説明をしなければならない。ただし、次に掲げる場合は除かれている（本条、施行規則第一八〇条）。

① 総会の目的である事項に関しないものである場合
② 組合員又は会員が説明を求めた事項について説明をするために調査することが必要である場合（調査が著しく容易である場合等を除く。）
③ 組合員又は会員が説明を求めた事項について説明をすることにより組合その他の者（当該組合員又は会員を除く。）の権利を侵害することとなる場合
④ 組合員又は会員が当該総会において実質的に同一の事項について繰り返して説明を求める場合
⑤ ②③④のほか、組合員又は会員が説明を求めた事項について説明をすることができないことにつき正当な事由がある場合

（延期又は続行の議決）

**第五十条の三**　総会においてその延期又は続行について議決があった場合には、第四十七条の五及び第四十七条の六の規定は、適用しない。

**解説**　総会においてその延期又は続行について議決があった場合には、第四七条の五（総会の招集の決定）及び第四七条の六（総会の招集の通知等）の規定は、適用しない。

（総会の議事録の備付け及び閲覧等）

**第五十条の四**　総会の議事については、農林水産省令で定めるところにより、議事録を作成しなければならない。

2　理事は、総会の日から十年間、前項の議事録を主たる事務所に備えて置かなければならない。

3　理事は、総会の日から五年間、第一項の議事録の写しを従たる事務所に備えて置かなければならない。ただし、当該議事録が電磁的記録をもつて作成されている場合であつて、従たる事務所における次項第二号に掲げる請求に応じることを可能とするための措置として農林水産省令で定めるものをとつているときは、この限りでない。

4　組合員及び組合の債権者は、組合の業務時間内は、

いつでも、理事に対し次に掲げる請求をすることができる。この場合においては、理事は、正当な理由がないのにこれを拒んではならない。
一　第一項の議事録が書面をもつて作成されているときは、当該書面又は当該書面の写しの閲覧又は謄写の請求
二　第一項の議事録が電磁的記録をもつて作成されているときは、当該電磁的記録に記録された事項を農林水産省令で定める方法により表示したものの閲覧又は謄写の請求

**解説**　総会の議事については、農林水産省令で定めるところにより、議事録を作成しなければならない（第一項）。議事録に記載すべき主なる内容は次のとおりである（施行規則第一八〇条）。

①　総会が開催された日時及び場所
②　総会の議事の経過の要領及びその結果
③　総会に出席した役員の氏名
④　総会の議長の氏名
⑤　議事録を作成した理事の氏名

理事は、総会の日から一〇年間、前項の議事録を主たる事務所に備えて置かなければならない。また、総会の日から五年間、議事録の写しを従たる事務所に備えて置かなければならない（第二項、第三項）。

（総会の議決の不存在若しくは無効の確認又は取消しの訴えに関する会社法の準用）
**第五十一条**　会社法第八百三十条、第八百三十一条、第八百三十四条（第十六号及び第十七号に係る部分に限る。）、第八百三十五条第一項、第八百三十六条第一項及び第三項、第八百三十七条、第八百三十八条並びに第八百四十六条の規定は、総会の議決の不存在若しくは無効の確認又は取消しの訴えについて準用する。この場合において、同法第八百三十一条第一項中「株主等（当該各号の株主総会等が創立総会又は種類創立総会である場合にあつては、株主等、設立時株主、設立時取締役又は設立時監査役）」とあるのは「組合員、理事、経営管理委員、監事又は清算人」と、「取締役、」とあるのは「理事、経営管理委員、」と、「第三百四十六条第一項（第四百七十九条第四項」とあるのは「水産業協同組合法第四十二条の二（同法第七十七条」と、同法第八百三十六条第一項ただし書中「取締

役、」とあるのは「理事、経営管理委員、」と読み替えるものとするほか、必要な技術的読替えは、政令で定める。

**解説**　本条は、総会の議決の不存在若しくは無効の確認又は取消しの訴えに関する会社法の準用規定である。

（総会の部会）

**第五十一条の二**　組合は、漁業法第十四条第二項若しくは第六項の規定により適格性を有するものとして設定を受けた特定区画漁業権（同法第七条の特定区画漁業権をいう。以下この条において同じ。）又は共同漁業権（同法第六条第二項の共同漁業権をいう。以下この条において同じ。）を有しているときは、総会の議決を経て、当該特定区画漁業権に係る同法第十一条に規定する地元地区（当該組合の地区である区域に限る。）又は当該共同漁業権に係る同条に規定する関係地区（当該組合の地区である区域に限る。）ごとに総会の部会を設け、当該特定区画漁業権又は共同漁業権に関し、第四十八条第一項第八号から第十号までに掲げる事項（同項第九号に掲げる事項にあつては、漁業権行使規則又は遊漁規則の制定、変更及び廃止に限る。）についての総会の権限をその部会に行わせることができる。

2　総会の部会は、その部会の設けられる前項の地元地区又は関係地区の区域内に住所又は事業場を有する組合員（准組合員を除く。）で組織する。

3　総会の部会の議事は、この法律、定款又は規約に特別の定めがある場合を除いて、出席者の議決権の過半数でこれを決し、可否同数のときは、議長の決するところによる。

4　議長は、総会の部会において、その都度これを選任する。

5　議長は、総会の部会を組織する組合員として当該部会の議決に加わる権利を有しない。

6　次の事項は、総会の部会を組織する組合員の総数の半数（これを上回る割合を定款で定めた場合にあつては、その割合）以上が出席し、その議決権の三分の二（これを上回る割合を定款で定めた場合にあつては、その割合）以上の多数による議決を必要とする。

一　特定区画漁業権若しくは共同漁業権又はこれらに関する物権の設定、得喪又は変更

二　漁業権行使規則の制定、変更及び廃止

7　第二十一条、第四十七条の三から第四十七条の六まで、第五十条の二から前条まで並びに第百二十五条第一項及び第三項の規定は、総会の部会について準用する。この場合において、第二十一条第一項中「議決権並びに役員及び総代の選挙権」とあるのは「議決権」と、同条第二項中「第四十七条の六第一項又は第二項（これらの規定を第四十三条第二項において準用する場合を含む。）」とあるのは「第五十一条の二第七項において準用する第四十七条の六第一項又は第二項」と、「議決権又は選挙権（以下「議決権等」という。）」とあるのは「議決権」と、同条第四項及び第七項中「議決権等」とあるのは「議決権」と、第四十七条の三第二項中「組合員（准組合員を除く。）が総組合員（准組合員を除く。）」とあるのは「総会の部会を組織する組合員が当該部会を組織する組合員の総数」と、第百二十五条第一項中「組合員（第十八条第五項の規定による組合員及び第八十八条第三号若しくは第四号、第九十八条第二号又は第百条の五第三号若しくは第四号の規定による会員を除く。）が総組合員（第十八条第五項の規定による組合員及び第八十八条第三号若しくは第四号、第九十八条第二号又は第百条の五第三号若しくは第四号の規定による会員を除く。）」とあるのは「総会の部会を組織する組合員が当該部会を組織する組合員の総数」と、「方法又は選挙」とあるのは「方法」と、「議決又は選挙若しくは当選決定」とあるのは「議決」と、及び「議決又は選挙若しくは当選」とあるのは「決議」と、「決議又は選挙若しくは当選」とあるのは「決議」と読み替えるものとするほか、必要な技術的読替えは、政令で定める。

**解説**　本条は、総会の部会制度に関する規定である。漁業権又はこれに関する物権の設定、得喪又は変更及び漁業権行使規則の制定、変更及び廃止については、漁業協同組合の総会において、総組合員（准組合員を除く。）の半数以上が総会に出席し、その議決権の三分二以上の多数による議決が必要とされる特別決議事項となっている（第五〇条第四号、第五項）。

最近の漁業協同組合の合併による広域化に伴って、組合管理漁業権である特定区画漁業権又は共同漁業権について、当該漁業権の行使の主体である地元地区、関係地区の組合員の意思を当該漁業協同組合の意思決定に的確に反映するために、意思決定の権限を総会に代わって行う機関として本条の総会の部会制度が新しく設けられた（平成一三年法律第九〇号）。その主なる内容をあげると次のとおりである。

漁業協同組合は、組合管理漁業権である特定区画漁業権又は共同漁業権を有しているときは、総会の議決を経て、当該特定区画漁業権に係る地元地区又は当該共同漁業権に係る関係地区ごとに総会の部会を設け、当該特定区画漁業権又は共同漁業権に関し、漁業権又はこれに関する物権の設定、得喪又は変更、漁業権行使規則の制定、変更及び廃止等について総会の権限をその部会に行わせることができる（第一項）。

総会の部会は、その部会の設けられる第一項の地元地区又は関係地区の区域内に住所又は事務所を有する正組合員で組織する（第二項）。

当該特定区画漁業権又は共同漁業権に関し、漁業権又はこれに関する物権の設定、得喪又は変更、漁業権行使規則の制定、変更及び廃止については、総会の部会を組織する組合員の総数の半数以上が出席し、その議決権の三分の二以上の多数による特別議決を必要とする（第六項）。

（総代会）

**第五十二条**　組合員（准組合員を除く。）の総数が二百人を超える組合は、定款の定めるところにより、総会に代わるべき総代会を設けることができる。

2　総代は、組合員（准組合員を除く。）でなければならない。

3　総代の定数は、組合員（准組合員を除く。）の四分の一以上でなければならない。ただし、組合員（准組合員を除く。）の総数が四百人を超える組合にあつては、百人以上であればよい。

4　総代の任期は、三年以内において定款で定める。

5　総代には、第三十四条第四項から第八項までの規定を準用する。

6　総代会には、総会に関する規定（総会の部会に関する規定を除く。）を準用する。この場合において、第二十一条第二項中「その組合員と世帯を同じくする者、その組合員の使用人又は他の組合員（准組合員を除く。）」とあるのは「他の組合員（准組合員を除く。）」と、同条第五項中「五人」とあるのは「二人」と読み替えるものとする。

7　総代会（次項の総代会を除く。）においては、前項の規定にかかわらず、総代を選挙し、又は第五十条第二号、第三号の二若しくは第四号の事項について議決することができない。

8　河川において水産動植物の採捕又は養殖をする者を主たる構成員とする組合の総代会においては、第六項の規定にかかわらず、総代を選挙し、又は第五十条第二号若しくは第三号の二の事項について議決することができない。

9　総代会において既に議決した事項については、総代会の議決の日から三箇月以内に開催された総会において、更にこれについて議決することができる。この場合総会において総代会と異なる議決をしたときは、以後その議決によるものとする。

**解説**　「総代会」とは、一定の事項について、総会に代わるべき意思決定機関であり、定款の定めるところにより設置することのできる任意機関である。本来民主的運営の確保という観点からすれば、組合員の総意を直接表明する総会において組合の最高方針を定めることが望ましいわけである。しかし、組合が組合員の意思を的確に把握し、迅速かつ効果的に組合を取り巻く情勢の変化に対応していくためには、たとえば、離島の多い組合や遠洋漁船員多い組合、また組合の地区が広く組合員数の多い組合では、総会の開催が困難である一方、総代会の方が、討議がしやすい場合もあり、総会に代わって総代会を設けたものである。

総代会は任意機関であるから、二〇〇人以上の正組合員をもつ組合ならば、必要に応じ、定款をもって、総代会を設置することができる（第一項）。

総代をもって総代会は構成されるが、この総代は、正組合員でなければならない（第二項）。

第三項は、少数の組合員の代表によって運営されることを防ぐための総代の定数に関する規定である。定数は正組合員の四分の一以上でなければならない。ただし、正組合員が四〇〇人を超える組合では、一〇〇人以上であればよい（第三項）。この総代の定数は選挙のときに満たしていればよく、その後に正組合員の加入等で定数をわっても差し支えない。

総代の任期は、三年以内で定款で定めることとされており（第四項）、総代の選挙は無記名投票で行わなければならない（第五項）。

総代会は、総会に代わるべきものであるから、原則として総会に関する規定が準用されている（第六項）。総代会においても書面又は代理人による議決権の行使は認められるが、代理人が代表しうる総代の数は一人だけであって、二人以上を代理することはできない。

総代会は総会の開催が困難などの理由で設置されるものであるから、不可能な総代の選挙、組合の解散、合併、事業の全部譲渡、信用事業、購買事業、販売事業及び共済事業の全部の譲渡並びに漁業権又はこれに関する物権の設定、得喪又は変更以外の事項はすべて議決又は選挙することができる（第七項）。また、これ以外の事項のほかに定款で必ず総会で行わなければならない事項を定めることができる。

河川組合においては、漁業権又はこれに関する物権の設定、得喪又は変更についても総代会で議決できる（第八項）。

総代会で一度議決した事項について当該総代会の議決の日から三か月以内に開催された通常総会又は正組合員の請求により招集された臨時総会において更に議決することができる。両者の議決が異なる場合は、総会の議決のあったときからそれによることとし、総代会の議決はそのときから取り消される（第九項）。

（出資一口の金額の減少）

**第五十三条**　出資組合は、出資一口の金額の減少を議決したときは、その議決の日から二週間以内に財産目録及び貸借対照表を作成し、かつ、組合の債権者の閲覧に供するため、これらの書類を主たる事務所に備えて置かなければならない。

2　出資組合は、前項の期間内に、債権者に対して、次に掲げる事項を官報に公告し、かつ、貯金者、定期積金の積金者その他政令で定める債権者以外の知れている債権者には、各別にこれを催告しなければならない。ただし、第三号の期間は、一箇月を下ることができない。

一　出資一口の金額の減少の内容

二　前項の財産目録及び貸借対照表に関する事項として農林水産省令で定めるもの

三　債権者が一定の期間内に異議を述べることができる旨

3　前項の規定にかかわらず、出資組合が同項の規定による公告を、官報のほか、第百二十一条第二項の規定による定款の定めに従い、同項第二号又は第三号のいずれかに掲げる公告の方法によりするときは、前項の規定による各別の催告は、することを要しない。

**解説**　本条は、出資一口の金額の減少に関する規定である。出資一口の金額の減少には、実質上組合財産が減少する場合と、名義上出資総額が減少する場合がある。いずれの場合にも債権者保護の手続をとることが必要である。それは、出資一口の金額の減少は、その増加の場合とは違って、組合員に新しい義務を課したり、その責任限度を拡大したりするものでないから対内的には定款変更の手続をもって足りるが、対外的には組合債権者の担保力の減少となるからである。本条の規定に違反して出資一口の金額を減少したときは、組合の理事は五〇万円以下の過料に処せられる（第一三〇条第三五号）。出資一口の金額を減少するには総会の議決を経なければならない。出資一口の金額は定款の必要記載事項であるから定款の変更を要し、総会の特別決議及び行政庁の認可が必要である。

　組合が出資一口金額の減少を議決したときは、その議決の日から二週間以内に財産目録及び貸借対照表を作成し（第一項）、かつ、この期間内に債権者に対して異議があれば一定の期間（一か月以上・第三項）内に申し述べるべき旨を公告し、貯金者、定期積金の積金者、共済契約に係る債権者及び保護預り契約に係る債権者以外の知れている債権者に対しては個別に催告することを要する（第二項、施行令第八条）。この場合の債権者には、組合員も個人として組合に対して債権を有する場合には含まれる。また、貯金者等の債権者については、大量的・定型的契約に基づく債権者であり、催告の労力と費用がかかることにかんがみ、債権者との法律関係を早期に確定させ手続を円滑に進めるため、個別の催告を要しないこととしたものである。

（出資一口の金額の減少に対する債権者の保護）

**第五十四条**　債権者が前条第二項第三号の一定の期間内に異議を述べなかつたときは、出資一口の金額の減少を承認したものとみなす。

2　債権者が異議を述べたときは、出資組合は、弁済し、若しくは相当の担保を供し、又はその債権者に弁済を受けさせることを目的として信託会社若しくは信託業務を営む金融機関に相当の財産を信託しなければならない。ただし、出資一口の金額の減少をしてもその債権者を害するおそれがないときは、この限りでない。

3　会社法第八百二十八条第一項（第五号に係る部分に限る。）及び第二項（第五号に係る部分に限る。）、第八百三十四条（第五号に係る部分に限る。）、第八百三十五条第一項、第八百三十六条から第八百三十九条まで並びに第八百四十六条の規定は、組合の出資一口の金額の減少の無効の訴えについて準用する。この場合において、同法第八百二十八条第二項第五号中「株主等」とあるのは「組合員、理事、経営管理委員、監事、清算人」と、同法第八百三十六条第一項ただし書中「取締役、」とあるのは「理事、経営管理委員、」と読み替えるものとするほか、必要な技術的読替えは、政令で定める。

**解説**　第五三条の公告、催告があったにもかかわらず、債権者が法定期間（一か月以上の一定期間）内に異議を述べなかったときは、出資一口金額を承認したものとみなされる（第一項）。しかし、債権者が異議を述べたときは、組合は、弁済するか若しくは相当の担保を提供し、又は債権者に弁済を受けさせることを目的として信託会社若しくは信託業務を営む銀行に相当の財産を信託することを要する（第二項）。

出資一口金額の減少が無効であるときは、組合員、理事、経営管理委員、監事、清算人、破産管財人又は出資一口金額の減少を承認しなかった債権者は、出資一口金額の減少の登記の日から六か月以内において、その無効の訴えを提起できる（第三項）。

（信用事業の譲渡又は譲受け）

**第五十四条の二**　第十一条第一項第四号の事業を行う組合は、総会の議決を経て、その信用事業の全部又は一部を同号の事業を行う他の組合、第八十七条第一項第四号の事業を行う漁業協同組合連合会、第九十三条第一項第二号の事業を行う水産加工業協同組合又は第九十七条第一項第二号の事業を行う水産加工業協同組合連合会（以下この条及び次条において「信用事業実施組合」という。）に譲り渡すことができる。

2　第十一条第一項第四号の事業を行う組合は、総会の議決を経て、信用事業実施組合の信用事業（第九十二条第一項、第九十六条第一項又は第百条第一項において準用する第十一条の四第二項に規定する信用事業を含む。次条において同じ。）の全部又は一部を譲り受けることができる。

3　前二項に規定する信用事業の全部又は一部の譲渡又は譲受けについては、政令で定めるものを除き、行政庁の認可を受けなければ、その効力を生じない。

4　第一項に規定する組合がその信用事業の全部又は一部を譲渡したときは、遅滞なく、その旨を公告しなければならない。

5　前項の規定による公告がされたときは、同項の組合の債務者に対して民法第四百六十七条の規定による確定日付のある証書による通知があつたものとみなす。この場合においては、その公告の日付をもつて確定日付とする。

6　前二条の規定は、第一項及び第二項に規定する信用事業の全部又は一部の譲渡又は譲受けについて準用する。この場合において、第五十三条第二項第一号中「出資一口の金額の減少の内容」とあるのは、「信用事業の全部又は一部の譲渡又は譲受けをする旨」と読み替えるものとする。

7　第一項の規定により組合がその信用事業の全部の譲渡をしたときは、遅滞なく、その旨を行政庁に届け出るとともに、信用事業を廃止するため必要な定款の変更をしなければならない。

**解説**　本条は、信用事業の譲渡又は譲受けに関する規定である。信用事業を行う漁業協同組合は、総会の議決を経て、その信用事業の全部又は一部を、同じ信用事業を行う漁業協同組合、漁業協同組合連合会、水産加工業協同組合、又は水産加工業協同組合連合会（以下「信用事業実施組合」という。）に譲り渡すことができる（第一項）。

また、逆に信用事業を行っている漁業協同組合は、総会の議決を経て、他の信用事業実施組合の信用事業の全部又は一部を譲り受けることができる（第二項）。

第一項、第二項の信用事業の譲渡又は譲受けについては、行政庁の認可を受けなければ、その効力を生じない。ただし、次に掲げる事業のみに係る信用事業の譲渡又は譲受けについては除かれる（第三項、施行令第一七条）。

①　国、地方公共団体、会社等の金銭の収納その他金銭に係る事務の取扱い

② 有価証券、貴金属その他の物品の保護預り

③ 両替

また、組合が信用事業の全部又は一部を譲渡したときは遅滞なく、その旨を公告しなければならない（第四項）。

信用事業の全部又は一部の譲渡に伴い、組合が有している信用事業関係の債権も当然に譲渡されることとなるが、一般的に債権の譲渡に当たっては、債務者各人に対して、民法第四六七条の規定による確定日付のある証書による通知を行わなければならないとされているのを、この公告がされたとき、組合の債権者のすべてに対し、当該公告の日付とする当該通知があったものとみなされる（第五項）。

信用事業の譲渡は、組合の債権者にとっても、債務者の変更又は担保の減少という重大な変更を伴うことから、これら債権者の保護を図るため、第五三条及び第五四条に規定する出資一口の減少の手続が準用される（第六項）。したがって、事業譲渡を行うには、譲渡されるべき資産及び負債を確定することが必要であり、理事は信用事業に係る財産目録及び貸借対照表を作成する。

組合が、総会の特別議決を経て信用事業の全部の譲渡をしたときは遅滞なくその旨を行政庁に届け出るとともに、信用事業を廃止するために必要な定款変更をしなければならない（第七項）。

（総会の議決を経ない信用事業の譲受け）

**第五十四条の三**　第十一条第一項第四号の事業を行う組合が信用事業実施組合の信用事業の全部又は一部の譲受けを行う場合において、その対価が当該譲受けを行う組合の純資産の額として農林水産省令で定める方法により算定される額の五分の一（これを下回る割合を定款で定めた場合にあつては、その割合）を超えないときの前条第二項の規定の適用については、同項中「総会」とあるのは、「総会又は理事会（第三十四条の二第三項の組合にあつては、経営管理委員会）」とする。

2　前項に規定する組合が同項の規定により総会の議決を経ないで信用事業の全部又は一部の譲受けを行う場合には、当該譲受けを約した日から二週間以内に、当該譲受けに係る契約の相手方である信用事業実施組合の名称及び住所並びに同項の規定により総会の議決を経ないで信用事業の全部又は一部の譲受けをする旨を

公告し、又は組合員に通知しなければならない。

3　第一項に規定する組合の総組合員（准組合員を除く。）の六分の一以上の組合員（准組合員を除く。）が前項の規定による公告又は通知の日から二週間以内に当該組合に対し書面をもつて信用事業の全部又は一部の譲受けに反対の意思の通知を行つたときは、第一項の規定により総会の議決を経ないで信用事業の全部又は一部の譲受けを行うことはできない。

**解説**　本条は、総会の議決を経ない信用事業の譲受けに関する規定であって、前条第二項の適用の特例である。

信用事業を行う組合が、信用事業を行う漁業協同組合、水産加工業協同組合、又は水産加工業協同組合連合会（以下「信用事業実施組合」という。）の信用事業の全部又は一部の譲受けを行う場合において、その対価が当該譲受けを行う組合の純資産の額が次の場合には、理事会（経営委員会）の議決を経て、他の信用事業実施組合の信用事業の全部又は一部を譲り受けることができる。次の場合とは、「最終の貸借対照表上の資産の額から負債の額を控除する方法により算定される額の五分の一（これを下回る割合を定款で定めた場合にあっては、その割合）を超えないとき」をいう（第一項、施行規則第八四条）。

また、総会の議決を経ないで信用事業の全部又は一部の譲受けを行う場合には、当該譲受けを約した日から二週間以内に、当該譲受けに係る契約の相手方である信用事業実施組合の名称及び住所並びに同項の規定により総会の議決を経ないで信用事業の全部又は一部の譲受けをする旨を公告し、又は組合員に通知することが必要である（第二項）。

（共済事業の譲渡等）

**第五十四条の四**　第十一条第一項第十一号の事業を行う組合が共済契約の全部又は一部を移転するとき（その一部を移転する場合にあつては、包括移転を行うときに限る。）は、共済事業を行う他の組合又は共済水産業協同組合連合会に対し、契約をもつてしなければならない。

2　前項の規定により共済契約の全部又は一部を移転する組合は、同項に規定する契約をもつてその共済事業に係る財産を移転することを定めることができる。

3　第五十三条及び第五十四条の規定は、共済事業の全部又は一部の譲渡及び前項に規定する共済事業に係る財産の移転について準用する。この場合において、第五十三条第二項第一号中「出資一口の金額の減少の内容」とあるのは、「共済事業の全部若しくは一部の譲渡又は共済事業に係る財産の移転をする旨」と読み替えるものとする。

4　第五十四条の二第七項の規定は、第四十八条第一項第五号の規定による議決を経てその共済事業の全部を譲渡した組合及びその共済契約の全部を移転した組合について準用する。

**解説**　共済契約の全部又は一部を移転する場合は、移転先において事業種類ごとに必要な責任準備金等を積み立て、共済事故に備える必要があり、共済契約者の保護の観点から、譲渡先は、本法上、共済に係る責任準備金の積み立てが義務づけられている共済事業を行う他の漁業協同組合又は共済水産業協同組合連合会に限定されている。また、共済契約の一部を移転する場合は、契約のみを移転することが移転を受ける組合にとって単に債務引受けになることから、これを防止するため、包括移転に限るとされている。包括移転は、共済契約上の権利義務、たとえば共済金、解約返却金の支払、共済掛金の領収などに関する権利義務を個別の行為とせず包括的に他の組合に移転するものであり、これらはすべて契約行為によって行われなくてはならない（第一項）。

財産の移転は、包括移転契約によって共済契約に係る財産（責任準備金等）を併せて移転することが原則である（第二項）。

共済事業の譲渡等についても、信用事業の譲渡と同様に、第五三条、第五四条に規定する出資一口の金額の減少の手続が準用されている（第三項）。

また、組合が共済事業の全部の譲渡及び共済契約の全部を移転したときは遅滞なくその旨を行政庁に届けるとともに、必要な定款変更をしなければならない（第四項）。

（会計の原則）

**第五十四条の五**　組合の会計は、一般に公正妥当と認められる会計の慣行に従うものとする。

**解説**　本条は、組合の会計の原則に関する規定である。公正妥当と認められる会計の慣行に従うものとされている。

（会計帳簿）
**第五十四条の六**　組合は、農林水産省令で定めるところにより、適時に、正確な会計帳簿を作成しなければならない。
2　会社法第四百三十二条第二項及び第四百三十四条の規定は、前項の会計帳簿について準用する。

**解説**　組合は、会計帳簿に付すべき資産、負債及び純資産の価額その他会計帳簿の作成に関する事項については、施行令第七節（会計帳簿）の定めにより、適時に、正確な会計帳簿を作成しなければならない（本条、施行令第一八五条）。

（準備金及び繰越金）
**第五十五条**　組合（非出資組合であつて、第十一条第一項第五号から第七号までの事業を行わないものを除く。第七項及び次条において同じ。）は、定款で定める額に達するまでは、毎事業年度の剰余金の十分の一（第十一条第一項第四号又は第十一号の事業を行う組合にあつては、五分の一）以上を利益準備金として積み立てなければならない。

2　前項の定款で定める利益準備金の額は、出資組合にあつては、出資総額の二分の一（第十一条第一項第四号又は第十一号の事業を行う組合にあつては、出資総額）を下つてはならない。
3　出資組合は、次に掲げる金額を資本準備金として積み立てなければならない。
一　出資一口の金額の減少により減少した出資の額が、持分の払戻しとして当該出資組合の組合員に支払つた金額及び損失のてん補に充てた金額を超えるときは、その超過額
二　合併によつて消滅した組合から承継した財産の価額が、当該組合から承継した債務の額及び当該組合の組合員に支払つた金額並びに合併後存続する出資組合の増加した出資の額又は合併によつて設立した出資組合の出資の額を超えるときは、その超過額
4　前項第二号の超過額のうち、合併によつて消滅した組合の利益準備金その他当該組合が合併の直前において留保していた利益の額に相当する金額は、同項の規定にかかわらず、これを資本準備金に繰り入れないことができる。この場合においては、その利益準備金の額に相当する金額は、これを合併後存続する出資組合

又は合併によつて設立した出資組合の利益準備金に繰り入れなければならない。

5　第一項の利益準備金及び第三項の資本準備金は、損失のてん補に充てる場合を除いては、これを取り崩してはならない。

6　利益準備金をもつて損失のてん補に充ててもなお不足する場合でなければ、資本準備金をもつてこれに充てることはできない。

7　組合は、第十一条第一項第二号及び第十三号の事業の費用に充てるため、毎事業年度の剰余金の二十分の一以上を翌事業年度に繰り越さなければならない。

**解説**　本条は、準備金及び繰越金に関する規定である。組合は、総会の承認を経て、剰余金の一部を組合内に留保して今後の組合の経済的基盤を固め、他を配当金として分配する。この留保及び分配を一括して剰余金処分といい、そのうちの留保についての規定が本条である。組合に留保されるものの中には準備金と繰越金がある。準備金は必要のあるまで積み立てられていくのに対し、繰越金は次期の純損益と合併され、更に処分される。

　利益準備金は、内部留保として利益を積み立て、損失が発生した場合にのみ取り崩すことのできるものであり、出資組合は、毎事業年度の剰余金の一〇分の一以上を、出資総額の二分の一を下回らない範囲内で定款で定める額に達するまで、利益準備金として積み立てなければならないものとされているが、信用事業を行う組合に加え、共済事業を行う組合についても、内部留保による自己資本を充実し、組合員や共済契約者の利益保護を図るために、毎事業年度の余剰金の五分の一以上を、出資総額を下回らない範囲内で定款で定める額に達するまで、利益準備金として積み立てなければならないとされている（本条第一項（第九六条第三項及び第一〇〇条第三項において準用する場合を含む。））。

　準備金のうち、法律により積立てが義務づけられているものを法定準備金といい、定款又は総会の議決によって積み立てられるものを任意準備金という。本法においては、組合の自己資本を拡充するとともに組合員及び組合債権者の利益の保護を図るため、一定の準備金の積立てが義務づけられているのである。この法定準備金の積立額は、定款の定めるところによるが、出資額の二分の一（貯金等の受入れの事業を行う組合にあっては、出資額）を下ってはならない（第二項）。

出資組合は、次に掲げる金額を資本準備金として積み立てなければならない（第三項）。

① 出資一口の金額の減少により減少した出資の額が、持分の払戻しとして当該出資組合の組合員に支払った金額及び損失のてん補に充てた金額を超えるときは、その超過額

② 合併によって消滅した組合から承継した財産の価額が、当該組合から承継した債務の額及び当該組合の組合員に支払った金額並びに合併後存続する出資組合の増加した出資の額又は合併によって設立した出資組合の出資の額を超えるときは、その超過額

②の超過額のうち、合併によって消滅した組合の利益準備金その他当該組合が合併の直前において留保していた利益の額に相当する金額は、同項の規定にかかわらず、これを資本準備金に繰り入れないことができる。この場合においては、その利益準備金の額に相当する金額は、これを合併後存続する出資組合又は合併によって設立した出資組合の利益準備金に繰り入れなければならない（第四項）。

この法定準備金は、損失のてん補以外に取り崩すことはできないこととされている（第五項）。利益準備金をもって損失のてん補に充ててもなお不足する場合でなければ、資本準備金をもってこれに充てることはできない（第六項）。

組合員の教育及び情報提供の事業を行う組合は、右の法定準備金のほか、当該事業の経費に充てるため毎事業年度の余剰金の二〇分の一以上を翌事業年度に繰り越さなければならない（第七項）。

（剰余金の配当）

**第五十六条**　組合の剰余金の配当は、事業年度終了の日における農林水産省令で定める方法により算定される純資産の額から次に掲げる金額を控除して得た額を限度として行うことができる。

一　出資総額

二　前条第一項の利益準備金及び同条第三項の資本準備金の額

三　前条第一項の規定によりその事業年度に積み立てなければならない利益準備金の額

四　前条第七項の繰越金の額

五　その他農林水産省令で定める額

2　剰余金の配当は、定款の定めるところにより、年八

パーセント以内において政令で定める割合を超えない範囲内において払込済出資額に応じ、又は組合事業の利用者にその事業の利用分量の割合に応じて、これをしなければならない。

**解説**　本条は、剰余金の配当の要件及びその方法に関する規定である。協同組合は、剰余金を配当することを本来の目的とするものではないので、剰余金の配当については法律上の一定の制限が付されているのである。本条に違反した組合の役員は、五〇万円以下の過料に処せられる（第一三〇条第三九号）。

組合の剰余金の配当は、事業年度終了の日における算定される純資産の額（貸借対照表上の資産の額から負債の額を控除して得た額）から次に掲げる金額を控除して得た額を限度として行うことができる（第一項、施行令第二〇二条）。

①　出資総額
②　第五五条第一項の利益準備金及び同条第三項の資本準備金の額
③　第五五条第一項の規定によりその事業年度に積み立てなければならない利益準備金の額
④　第五五条第七項の繰越金の額
⑤　その他施行規則第二〇三条で定める額

組合は、一定の事業を経営し、これを組合員の利用に供して、組合の事業の発展を図ることを目的とするものであって、会社のように利益を得てこれを株主に分配することを目的とするものではない。したがって、剰余金の配当も主として事業の利用分量に応じてなされるべきであり、出資組合においても、払込出資額に応じてする配当を無制限に認めることはできない。払い込んだ出資額に応ずる配当の限度は、「年八パーセント以内において政令で定める率」となっており、政令では年七パーセント（本条の規定は他の水産業協同組合に関する規定に準用されているが、水産加工業協同組合にあっては年七パーセント、漁業協同組合連合会及び水産加工業協同組合連合会にあっては年八パーセント）までと定められている（第二項、施行令第一八条）。

（剰余金の出資の払込みへの充当）
**第五十七条**　出資組合は、定款の定めるところにより、組合員が出資の払込みを終わるまでは、組合員に配当する剰余金をその払込みに充てることができる。

解説　組合員に配当する余剰金は、組合員が出資の払込みを終わるまでは、組合は、一方的に出資の払込みに充てることが認められている。このためには、定款にこれに関する規定を定めておかなければならない。出資金の払い込みとは、払込期日がこない出資の払込みをいうのであり、期日が来た後の未払込出資がある場合には、組合の方から相殺することができる。

（回転出資金による損失のてん補及びその払戻し）

**第五十七条の二**　出資組合は、回転出資金を損失のてん補に充てることができる。

2　出資組合は、回転出資金を損失のてん補に充ててなお残額がある場合には、その払込みに充てた剰余金を生じた事業年度の次の事業年度の開始の日から起算して五年を経過した時にこれを払い戻さなければならない。ただし、当該期間内に、総会において払い戻すべき旨の議決をしたとき又は組合員が脱退したときは、当該議決又は脱退に係る事業年度末にこれを組合員又は脱退した者に払い戻さなければならない。

解説　本条は、回転出資金による損失のてん補と払戻しに関する規定である。回転出資金は、本来の出資とは、その性質を異にし、特別の預り金的性格をもった拠出金である。出資組合は、回転出資金を損失のてん補に充てることができる（第一項）。これについては、第一九条の二（回転出資金）の項を参照されたい。

この回転出資金による損失のてん補は、本来の出資の減資（一口金額の減少）による損失のてん補の場合と異なり、定款変更や債権者保護手続を必要としない（第二項）。「五年」という年月は、暦によって計算する（民法第一四三条）。

（財務基準）

**第五十七条の三**　第十一条の十一、第十一条の十四、第十五条の十から第十五条の十六まで及び第五十四条の五から前条までに定めるもののほか、組合が、その組合員との間の財務関係を明らかにし、組合員の利益を保全することができるように、その財務を適正に処理するための基準として従わなければならない事項は、政令で定める。

解説　本法においては、組合の財務と会計の処理について、これを組合の自主的な規律にゆだねることを原則としている。しかし、組合をめぐる諸事情の推移に照らし、組合の健全な運営の確保と組合員その他関係者の利益の保護とを図るために、これに必要な規制を加えることとし、この方針に基づいて、組合が従うべき財務基準を政令で定めている。これを定めたのが「水産業協同組合財務処理基準令」（昭和二六年政令第一四一号）である。この基準は概ね次の項目が定められている。

① 自己資本の基準（第二条）
② 経理の区分（第三条）
③ 信用事業に係る経理の他の経理への資金運用の基準（第三条の二）
④ 貯金の払戻準備等の基準（第四条）
⑤ 金融機関に対する貸付けの限度（第五条）
⑥ 余裕金の運用の基準（第六条）

（組合の持分取得の禁止）

**第五十八条**　出資組合は、組合員の持分を取得し、又は質権の目的としてこれを受けることができない。

2　出資組合は、第二十六条第一項の規定により組合員の持分を譲り受ける場合には、前項の規定にかかわらず、当該組合員の持分を取得することができる。

3　出資組合が前項の規定により組合員の持分を取得したときは、速やかに、これを処分しなければならない。

**解説**　本条は、組合の持分取得と持分質受けの禁止に関する規定である。

持分を組合員がその地位に基づいて有する包括的権利であるとすれば、これを組合が取得することは不合理であり、また、持分を組合財産に対する分け前としての財産的価額とすれば、組合がこれを取得すれば、組合に対する債権が組合に帰属し、混同（民法第五二〇条）によって消滅することになり、結果として資本の減少を来たし不適当であるので法律に禁止されている。また、組合が質権の目的として持分を受けた場合も質権の実効の結果、自己取得の場合と同様な問題を生ずることになるため同じように禁止されている（第一項）。

しかし、出資組合は、第二六条（任意脱退）第一項の規定により組合員の持分を譲り受ける場合に限ってこれを取得することができることとされている（第二項）。

（業務報告書）

**第五十八条の二**　組合は、事業年度ごとに、業務及び財産の状況を記載した業務報告書を作成し、行政庁に提出しなければならない。

2　組合が子会社等（子会社その他の当該組合と農林水産省令で定める特殊の関係のある会社をいう。以下この章において同じ。）を有する場合には、当該組合は、事業年度ごとに、前項の業務報告書のほか、当該組合及び当該子会社等の業務及び財産の状況を連結して記載した業務報告書を作成し、行政庁に提出しなければならない。

3　前二項の業務報告書の記載事項、提出期日その他業務報告書に関し必要な事項は、農林水産省令で定める。

**解説**　本条は、行政庁に対する業務報告書の提出に関する規定である。各組合の収支状況が悪化する中で、各事業の適性化・効率化の要請が高まっていることから、行政庁がすべての組合について定期的に業務状況の報告を受けることにより、適正かつ効率的な指導・監督を行えるようにする必要がある。このため、業務報告書の作成及び行政庁への提出が義務づけられる組合の範囲を、従来の信用事業を行う組合だけではなく、すべての組合に拡大することとされた。

組合は、事業年度ごとに、業務及び財産の状況を記載した業務報告書を作成し、行政庁に提出しなければならない（第一項）。また、組合が子会社等を有する場合には、当該組合は、事業年度ごとに、当該組合及び当該子会社等の業務及び財産の状況を連結して記載した業務報告書を作成し、行政庁に提出しなければならない（第二項）。

なお、行政庁に提出する業務報告書の記載事項、提出期限等に関し必要な事項は、農林水産省令で定められている（第三項、施行規則第二〇五条）。

（業務及び財産の状況に関する説明書類の縦覧）

**第五十八条の三**　第十一条第一項第四号又は第十一号の事業を行う組合は、事業年度ごとに、業務及び財産の状況に関する事項として主務省令で定めるものを記載した説明書類を作成し、当該組合の事務所（主として信用事業又は共済事業以外の事業の用に供される事務所その他の主務省令で定める事務所を除く。以下この条において同じ。）に備え置き、公衆の縦覧に供しなければならない。

2　前項の組合が子会社等を有する場合には、当該組合は、事業年度ごとに、同項の説明書類のほか、当該組合及び当該子会社等の業務及び財産の状況に関する事項として主務省令で定めるものを当該組合及び当該子会社等につき連結して記載した説明書類を作成し、当該組合の事務所に備え置き、公衆の縦覧に供しなければならない。

3　前二項に規定する説明書類は、電磁的記録をもつて作成することができる。

4　第一項又は第二項に規定する説明書類が電磁的記録をもつて作成されているときは、組合の事務所において、当該電磁的記録に記録された情報を電磁的方法により不特定多数の者が提供を受けることができる状態に置く措置として主務省令で定めるものをとることができる。この場合においては、これらの規定に規定する説明書類を、これらの規定により備え置き、公衆の縦覧に供したものとみなす。

5　前各項に定めるもののほか、第一項又は第二項の説明書類を公衆の縦覧に供する期間その他これらの規定の適用に関し必要な事項は、主務省令で定める。

6　第一項の組合は、同項又は第二項に規定する事項のほか、信用事業又は共済事業の利用者が当該組合及びその子会社等の業務及び財産の状況を知るために参考となるべき事項の開示に努めなければならない。

**解説**　信用事業又は共済事業を行う組合は、事業年度ごとに、業務及び財産の状況に関する事項として主務省令で定めるものを記載した説明書類を作成し、当該組合の事務所に備え置き、公衆の縦覧に供しなければならない（第一項、信用省令第四八条）。

## 第六節　設　立

共通の目的をもつ者が相集まって団体を結成することを「団体の設立」という。組合は単なる団体ではなく、本法に基づき漁民を主体として結成される協同組合であって法人格を与えられた団体であるから、組合の誕生には、このような組合の性質にふさわしい設立の手続が必要とされる。本法の定める手続に従った組合を作りあげることを「組合の設立」というのである。

（発起人）
**第五十九条**　組合を設立するには、組合員（准組合員を除く。）となろうとする者二十人（第十八条第四項の規定により組合員たる資格を有する者を特定の種類の漁業を営む者に限る組合（以下「業種別組合」という。）にあつては、十五人）以上が発起人となることを必要とする。

**解説**　「発起人」とは、組合の設立のため、設立の目論見書を作成し、設立準備会や創立総会を開催し、行政庁に設立の認可を申請するなどの設立の手続をとることを主たる任務とする者をいう。組合を設立するには、正組合員となろうとする者二〇人（業種別組合にあつては一五人）以上が発起人となることが必要である。

（設立準備会）
**第六十条**　発起人は、あらかじめ組合の事業及び地区並びに組合員たる資格に関する目論見書を作り、一定の期間前までにこれを設立準備会の日時及び場所とともに公告して、設立準備会を開かなければならない。
2　前項の一定の期間は、二週間を下つてはならない。

**解説**　「設立準備会」とは、定款作成の基本となるべき事項の決定と、それに従って具体的に定款を作成すべき定款作成委員の選任とを行う設立中の組合の議決機関をいう。

発起人は、まずこれから設立しようとする組合の事業、地区、組合員資格等について目論見書を作らねばならない。次に設立準備会の日時及び場所とその際提出すべき目論見書とを併せて公告し、その公告した日時に設立準備会を開くのであるが、その日時は少なくとも公告の日から二週間を経過した後でなければならない。

（定款作成委員の選任等）

**第六十一条**　設立準備会においては、出席した組合員（准組合員を除く。）となろうとする者の中から、定款の作成に当たるべき者（以下「定款作成委員」という。）を選任し、かつ、地区、組合員たる資格その他定款作成の基本となるべき事項を定めなければならない。

2　定款作成委員は、二十人（業種別組合にあつては、十五人）以上でなければならない。

3　設立準備会の議事は、出席した組合員（准組合員を除く。）となろうとする者の過半数の同意をもつて、これを決する。

**解説**　設立準備会に出席できる者は、正組合員となろうとする者である。設立準備会において議決されるべき事項は、定款作成委員の選任と定款作成の基本となるべき事項の決定である（第一項）。なお、定款作成の基本となるべき事項としては、少なくとも地区と組合員資格は決定されなければならず、このほか、事業、出資等が考えられる。

設立準備会の議事は、出席した正組合員となろうとする者の過半数の同意を要する（第三項）。

定款作成委員は、設立準備会で選任され、設立準備会で議決された定款作成の基本となるべき事項に従って、共同して組合の定款の原案を作成する。その数及び資格は、二〇人（業種別組合にあっては一五人）以上で設立準備会に出席した者でなければならない（第一項、第二項）。定款作成委員は、発起人が兼ねることは差し支えないが、発起人とは法律上別個の存在である。

（創立総会）

**第六十二条**　定款作成委員が定款を作成したときは、発起人は、一定の期間前までにこれを創立総会の日時及び場所とともに公告して、創立総会を開かなければならない。

2　前項の一定の期間は、二週間を下つてはならない。

3　定款作成委員が作成した定款の承認、事業計画の設定その他設立に必要な事項の決定は、創立総会の議決によらなければならない。

4　創立総会においては、前項の定款を修正することができる。ただし、地区及び組合員たる資格に関する規定については、この限りでない。

5　創立総会の議事は、組合員（准組合員を除く。）たる資格を有する者であつてその会日までに発起人に対し設立の同意を申し出たものの半数以上が自ら出席し、その議決権の三分の二以上でこれを決する。

6　第二十一条第一項、第四十九条第二項及び第三項並びに第五十条の二から第五十条の四までの規定は創立総会について、会社法第八百三十条、第八百三十一条、第八百三十四条（第十六号及び第十七号に係る部分に限る。）、第八百三十五条第一項、第八百三十六条第一項及び第三項、第八百三十七条、第八百三十八条並びに第八百四十六条の規定は創立総会の議決の不存在若しくは無効の確認又は取消しの訴えについて準用する。この場合において、第五十条の二中「役員」とあるのは「発起人及び定款作成委員」と、第五十条の三中「第四十七条の五及び第四十七条の六」とあるのは「第六十二条第一項及び第二項」と、同法第八百三十一条第一項中「株主等、」とあるのは「組合員、理事、経営管理委員、監事、清算人、」と、「設立時取締役又は設立時監査役」とあるのは「発起人又は定款作成委員」と、同法第八百三十六条第一項ただし書中「取締役、」とあるのは「理事、経営管理委員、」と、「設立時取締役若しくは設立時監査役」とあるのは「発起人若しくは定款作成委員」と読み替えるものとするほか、必要な技術的読替えは、政令で定める。

**解説**　「創立総会」とは、正組合員たる資格を有する者で設立の同意を申し出た者をもって構成され、定款の承認、事業計画の設定、役員の選出その他設立に必要な事項の決定を行う設立中の組合の議決機関をいう。創立総会は、組合の総会の前身をなすものであり、したがって、創立総会における出席者の議決権や選挙権の行使については、総会の場合の原則が適用される。

定款作成委員が定款を作成したときは、発起人はこれを創立総会の日時及び場所とともに併せ公告し、その公告の日時に創立総会を開くのであるが、その日時は公告の日から少なくとも二週間経過した後でなければならない（第一項、第二項）。

創立総会においてなされるのは、①作成された定款の承認、②事業計画の設定、③設立当時の役員の選挙、④その他設立に必要な事項の決定である（第三項）。「事業計画」とは、組合が営もうとするそれぞれの事業における取扱品目及び数量、施設の規模、管理者の設置等をいう。「その他必要な事項」とは、資金計画、収支計画及び第四八条第一項第二号以下に規定する総会の議決事項に相当するもの等である。

創立総会において提出された定款案を修正することができるが、地区及び組合員資格については修正できない（第四項）。地区及び組合員資格については、さきに設立準備会において決定されており、創立総会はそれに同意して組合員になろうとする者が出席して議事を議決するので、これを修正すれば創立総会における議決権自体に変動が生じ、決定することができなくなるからである。

創立総会の議事は、組合員たる資格を有する者でその会日までに発起人に対し設立の同意を申し出たものの半数以上が自ら出席してその議決権の三分の二以上で決する（第五項）。

議長は、創立総会において選任され、組合員として議決に加わる権利を有しないこと、議事の経過の要領とその結果を記載した議事録を作成しなければならないこと、組合員等が決議取消の訴えを提起できること等は、通常の総会の場合と同様である（第六項）。

（設立の認可の申請）

**第六十三条**　発起人は、創立総会終了の後遅滞なく、定款及び事業計画を行政庁に提出して、設立の認可を申請しなければならない。

2　発起人は、行政庁の要求があるときは、組合の設立に関する報告書を提出しなければならない。

**解説**　発起人は、創立総会終了後遅滞なく、定款及び事業計画を行政庁に提出して、設立認可の申請をしなければならない（第一項）。申請書を提出すべき行政庁は、その地区が都道府県の区域を越える区域とする組合については主務大臣、その他の組合については都道府県知事である（第一二七条）。

行政庁は、発起人に対して、組合の設立に関する報告書の提出を要求することができる（第二項）。これにより、行政庁は認可、不認可等のために、設立手続を適法に行っているかどうか、組合の実態が事業を行うに必要な経済的基盤を有しているかどうかを調査するためである。

（設立の認可）

**第六十四条**　行政庁は、前条第一項の認可の申請があつたときは、次の各号のいずれかに該当する場合を除き、設立の認可をしなければならない。

一　設立の手続又は定款若しくは事業計画の内容が、法令又は法令に基づいてする行政庁の処分に違反するとき。

二　事業を行うために必要な経営的基礎を欠く等その事業の目的を達成することが著しく困難であると認められるとき。

**解説**　本条は、行政庁の設立認可に関する規定である。行政庁は、設立認可の申請があったときは、次のいずれかに該当する場合を除いては、その認可をしなければならない。

①　設立の手続、定款又は事業計画の内容が法令又は法令に基づいてする行政庁の処分に違反するとき。

「設立の手続」とは、第五九条から第六三条までに規定する各手続をいい、このうち一つでも違反している場合には不認可となる。「法令」とは、本法以外の法令を含み、「処分」とは、許可、認可、免許等の行政処分をいう。

②　事業を行うために必要な経営的基盤を欠く等その事業の目的を達成することが著しく困難であると認められるとき。

「事業」とは、申請された定款に掲げられた各事業をいう。この事業の中で一つでも目的達成が困難であると認められた場合は不認可となる。「著しく困難である」かどうかは、行政庁が社会的通念を基礎として判断することである。「必要な経営基礎を欠く場合」については、予想される組合員の数、水揚高の多少、出資金の額、事業に対する職員数等の事務能力等自然的、経済的、社会的条件を広く総合的に勘案して行政庁が判断することである。

（認可の期間）

**第六十五条**　第六十三条第一項の認可の申請があつたときは、行政庁は、申請書を受領した日から二箇月以内に、発起人に対し、認可又は不認可の通知を発しなければならない。

2　行政庁が前項の期間内に同項の通知を発しなかつたときは、その期間満了の日に設立の認可があつたものとみなす。この場合には、発起人は、行政庁に対し、認可に関する証明をすべきことを請求することができる。

3　行政庁が第六十三条第二項の規定により報告書提出の要求を発したときは、その日からその報告書が行政庁に到達するまでの期間は、これを第一項の期間に算入しない。

4　行政庁は、不認可の通知をするときは、その理由を通知書に記載しなければならない。

5　発起人が不認可の取消しを求める訴えを提起した場合において、裁判所がその取消しの判決をしたときは、その判決確定の日に設立の認可があつたものとみなす。この場合には、第二項後段の規定を準用する。

**解説**　本条は、行政庁の設立認可の期間に関する規定である。設立認可の申請があったときは、行政庁は申請書を受領した日から二か月以内に発起人に対して認可又は不認可のいずれかの通知を発しなければならない（第一項）。

不認可の通知をする場合には、不認可とする旨及びその理由を具体的に通知書に記載してしなければならない（第四項）。この場合には、行政不服審査法第五七条に基づき、行政庁は、通知書に不認可処分につき不服申立てができる旨並びに不服申立てをすべき行政庁及び不服申立てをすることができる期間を教示しなければならない。

行政庁が二か月以内に認可又は不認可の通知を発しなかったときは、その期間満了の日に申請に対して認可があったものとみなされる（第二項）。すなわち、行政庁が申請を放置しておけば、自動的に認可したことになる。これを「認可の自動発効」という。しかし、この場合に行政庁が、さらに事業の内容を詳細に知り設立の適否を審査するために第六三条第二項の規定により報告の提出を求めたときは、その日から報告書が行政庁に到達するまでの期間は、この二か月の中に参入されない（第三項）。

認可があったとみなされる場合には、発起人は行政庁に対して認可に関する証明をすることを請求することができる（第二項）。これは、認可書がなければ設立登記ができないためであって、行政庁はこの請求に対して証明書を発行しなければならない。

また、発起人が不認可の取消しを求める訴えを提起した場合において、裁判所がその取消しの判決をしたときは、その判決確定の日に設立が自動的に認可があったものとみなされ、改めて行政庁の認可処分を必要としない。この場合には第二項後段の規定が準用され、発起人は行政庁に対して認可に関する証明をすべきことを請求することができる（第五項）。

（理事への事務引渡）

**第六十六条**　設立の認可があつたときは、発起人は、遅滞なくその事務を理事に引き渡さなければならない。

2　出資組合の理事は、前項の規定による引渡を受けたときは、遅滞なく出資の第一回の払込をさせなければならない。

3　現物出資者は、第一回の払込の期日に、出資の目的たる財産の全部を給付しなければならない。但し、登記、登録その他権利の設定又は移転をもつて第三者に対抗するため必要な行為は、組合成立の後にこれをすることを妨げない。

**解説**　組合設立の認可があれば、発起人は、遅滞なくその事務を理事に引き渡さねばならない（第一項）。引渡しを受けた出資組合の理事は、直ちに出資第一回の払込みをさせ（第二項）、その払込みの証書を添えて設立の登記をする（第一〇一条第一項）。出資は、現物出資の場合のほか現金で払い込むことを要する。

現物出資については、分割して給付することが困難な場合が多いので、出資者は、第一回の払込みの期日に出資の目的たる財産の全部を給付しなければならない（第三項）。現物出資の目的となるものは、財産に限定されており、労務出資や信用出資は認められない。現物出資は原則として第一回に全額給付せねばならないが、給付と同時にその財産の登記、登録その他権利の設定又は移転をもって第三者に対抗するために必要な行為、たとえば、土地、建物等についての移転登記等を完了する必要はなく、これは組合が成立した後であっても差し支えない。

（設立の認可の取消し）

**第六十六条の二**　組合が第六十三条第一項の認可があつた日から九十日を経過しても設立の登記をしないときは、行政庁は、その認可を取り消すことができる。

**解説**　行政庁の設立認可の処分は、設立行為の効力を補充してこれを完成させる設立の効力要件であるが、設立の認可後長期間登記をしないときは、取引の相手方に不測の損害を被らせ、また理事の不正行為を誘発する危険が多いので、設立認可があった日から九〇日を経過しても設立の登記をしないときは、行政庁は当該認可を取り消すことができることとされている。

（成立の時期）

**第六十七条**　組合は、主たる事務所の所在地において設立の登記をすることに因つて成立する。

**解説**　組合は、主たる事務所の所在地において設立の登記をすることに因って成立する。「設立の登記」は、組合にとっては、単に第三者に対する対抗要件であるばかりでなく、組合の成立要件である。この規定は、組合の成立の時期を明らかにして、取引の安全を図るためのものである。

（設立の無効の訴えに関する会社法の準用）

**第六十七条の二**　会社法第八百二十八条第一項（第一号に係る部分に限る。）及び第二項（第一号に係る部分に限る。）、第八百三十四条（第一号に係る部分に限る。）、第八百三十五条第一項、第八百三十六条第一項及び第三項、第八百三十七条から第八百三十九条まで並びに第八百四十六条の規定は、組合の設立の無効の訴えについて準用する。この場合において、同法第八百二十八条第二項第一号中「株主等（株主、取締役又は清算人（監査役設置会社にあっては株主、取締役、監査役又は清算人、委員会設置会社にあっては株主、取締役、執行役又は清算人）をいう。以下この節において同じ。）」とあるのは「組合員、理事、経営管理委員、監事若しくは清算人」と、同法第八百三十六条第一項ただし書中「取締役、」とあるのは「理事、経営管理委員、」と読み替えるものとするほか、必要な技術的読替えは、政令で定める。

**解説**　本条は、設立の無効の訴えに関する会社法の準用に関する規定である。設立無効の訴えにつき、提訴しうる期間、無効を主張しうる者等を厳重に制限し、現実に活動している組合がいたずらに無効を主張されるのを防止しており、かつ、無効の判決があった場合にもその判決の効果が遡及することなく解散の場合に準じて精算することとし、すでに組合と組合員、第三者間に生じた権利義務は影響を受けることのないよう立法上の配慮がされている。

# 第七節　解散及び清算

（解散事由）

**第六十八条**　組合は、次の事由によって解散する。

一　総会の決議

二　組合の合併

三　組合についての破産手続開始の決定

四　存立時期の満了

五　第百二十四条の二の規定による解散の命令

2　解散の決議は、行政庁の認可を受けなければ、その効力を生じない。

3　前項の申請があつた場合には、第六十三条第二項、第六十四条（第二号を除く。）及び第六十五条の規定を準用する。

4　第一項の事由に因る外、組合は、組合員（准組合員を除く。）が二十人（業種別組合にあつては、十五人）未満になつたことに因つて解散する。

5　組合は、前項の規定により解散したときは、遅滞なくその旨を行政庁に届け出なければならない。

**解説**　「解散」とは、組合の法人格の消滅を来す原因たる法律事実をいう。換言すれば、組合がその積極的な活動、すなわちその本来の活動をなしうる能力を失い、かつ、将来その法人格の消滅を来すことが確定する法律事実をいう。組合は解散しても、合併による解散の場合を除いては、清算手続に移行はするが、その法人格は直ちに失うことにはならない（第七七条）。本来の活動、すなわち、事業の経営活動をなしうる能力を失い、その権利能力は縮小するが、解散後も既存の法律関係を結了するまでは、その範囲内において、なお従前どおり存続する必要があり、法人格はその範囲内において存続し、その法律関係の結了（精算の結了）によってはじめて消滅する。

組合の解散は、法律の規定する所により生ずる。その事由は次のとおりである（第一項）。

①　総会の決議

組合は組合員の自由な意思によって設立されたものであるから、自由な意思によって解散することができる。この場合の解散決議は、たとえ総代会を置く組合であっても総会の特別決議によらなければならず（第五〇条第二号、第五二条第七項）、さらにこの決議は行政庁の認可を受けなければ効力を生じない（第六八条第二項）。

② 組合の合併
　合併の場合は、前述したように清算手続を経ないでその法人格が消滅する点において通常の解散と異なる。

③ 組合の破産
　組合の破産とは、組合がその財産をもって組合の債務を完済することができなくなった場合に、組合の総財産はすべての債務者に公平に弁済しようとする裁判上の措置である。その手続は、破産法の定めるところによって行われる。

④ 存立時期の満了
　組合は定款でその存立時期を定めることができる（第三二条第三項）から、これを定めた場合にはその時期の到来によって当然解散する。

⑤ 第一二四条の二の規定による解散命令
　組合が許されない事業を行ったとき、正当な理由がなく一年以上事業を開始せず又は一年以上事業を休止したとき及び法令違反の場合の必要措置命令に従わないときには、行政庁は解散命令を出しうるが、この命令があれば、組合は法律上当然に解散する。

　組合が総会の決議によって解散しようとするときは、その決議は行政庁の認可を受けた時にその効力を生ずる。（第二項）。

　解散の決議の認可の申請があったときは、設立の認可の申請の規定が準用される（第三項）。

　組合は、正組合員が二〇人（業種別組合にあっては、一五人）未満になったことによって解散する（第四項）。

　正組合員数が法定数未満となったことにより解散したときは、組合は遅滞なくその旨を行政庁に届け出なければならない（第五項）。この規定に違反したときは、組合の役員又は清算人は五〇万円以下の過料に処せられる（第一三〇条第四号）。

（合併の手続）
**第六十九条**　組合が合併しようとするときは、総会の議決を経て、政令で定める事項を定めた合併契約を締結しなければならない。

2　合併は行政庁の認可を受けなければ、その効力を生じない。
3　前項の認可の申請があつた場合には、第十一条第一項第四号又は第十一号の事業を行う組合にあつては第六十三条第二項の規定を、その他の組合にあつては同項、第六十四条及び第六十五条の規定を準用する。
4　第五十三条並びに第五十四条第一項及び第二項の規定は、出資組合の合併について準用する。この場合において、第五十三条第二項第一号中「出資一口の金額の減少の内容」とあるのは、「合併をする旨」と読み替えるものとする。

**解説**　「組合の合併」とは、法定の手続に従って、二個以上の組合が、新しい組合を設立する方法により、あるいは、一方の組合が他の組合を吸収する方法によって、一個の組合に合同することをいう。前者の方法によるものを新設合併、後者の方法によるものを吸収合併という。組合の合併は、事業を集中し、経営を集約し、また、組合員を併合して、組合の目的をより合理的に達成するために行われ、固定資本及び事業費の節約、事業の拡張、競争力の増大等の経済的効果が伴うものであり、漁業協同組合の経済事業体としての組合の発達を期するためには基本的に果たすべき課題である。

合併は、当事者たる組合において合併の特別決議を行い、これに基づいて合併契約を締結し（第一項）、行政庁の認可を受けた後（第二項）、合併の登記をする（第七一条）ことによって完成する。

組合が合併しようとするときは、総会の議決を経て、政令（施行令第二二条の二）で定める事項を定めた合併契約を締結しなければならない（第一項）。「合併契約」とは、合併の効果（組合が合同する物権的効力）の発生を目的とする契約であって、その効力が完成すると当然に次の効果が発生するという性質をもつ一般私法上の契約と異なった一種特別の契約であると解されている。

合併は、その手続を経ただけではその効力を生ぜず、行政庁の認可が必要である（第二項）。

合併の認可の申請があったときは、設立認可に関する規定が準用される。すなわち、信用事業又は共済事業を行う組合にあっては、第六三条第二項（組合の報告書に関する報告書の提出）の規定を、その他の組合にあっては、同項、第六四条（認可の申請）及び第六五条（認可の期間）の規定が準用される（第三項）。信用事業又は共済事業を行う組合は、行政庁は合併の認可に当たって特に個別具体的に慎重な審査が必要であるので、その他の組合と異なり認可拘束の規定が外されている。

合併は、組合の資産状況の変更を伴うので組合債権者の保護を必要とする。出資組合の合併については、第五三条並びに第五四条の第一項及び第二項の規定が準用されている（第四項）。

（総会の議決を経ない合併）

**第六十九条の二**　合併によつて消滅する組合の総組合員（准組合員を除く。以下この項及び第四項において同じ。）の数が合併後存続する組合の総組合員の数の五分の一（これを下回る割合を合併後存続する組合の定款で定めた場合にあつては、その割合。以下この項において同じ。）を超えない場合であつて、かつ、合併によつて消滅する組合の最終の貸借対照表により現存する資産の額が合併後存続する組合の最終の貸借対照表により現存する資産の額の五分の一を超えない場合における合併後存続する組合の合併についての前条第一項の規定の適用については、同項中「総会」とあるのは、「総会又は理事会（第三十四条の二第三項の組合にあつては、経営管理委員会）」とする。

2　前項の規定により総会の議決を経ないで合併を行う合併後存続する組合は、その旨を前条第一項の合併契約に定めなければならない。

3　合併後存続する組合が第一項の規定により総会の議決を経ないで合併を行う場合においては、合併後存続する組合は、前条第一項の合併契約を締結した日から二週間以内に、合併によつて消滅する組合の名称及び住所、合併を行う時期並びに第一項の規定により総会の議決を経ないで合併を行う旨を公告し、又は組合員に通知しなければならない。

4　合併後存続する組合の総組合員（准組合員を除く。）の六分の一以上の組合員が前項の規定による公告又は通知の日から二週間以内に当該組合に対し書面をもつて合併に反対の意思の通知を行つたときは、第一項の規定により総会の議決を経ないで合併を行うことはできない。

**解説**　本条は、総会の議決を経ない合併に関する規定である。組合が合併しようとするときは、「総会」の議決を要するが、特定の場合には「理事会」の議決でもよいこととされている。特定の場合とは、「合併によつて消滅する組合の総正組合員の数が合併後存続する組合の総組合員の数の五分の一（これを下回る割合を合併後存続する組合の定款で定めた場合にあつては、その割合）を超えない場合であつて、かつ、合併によつて消滅する組合の最終の貸借対照表により現存する資産の額が合併後存続する組合の最終の貸借対照表により現存する資産の額の五分の一を超えない場合における合併後存続する組合の合併」をいう。

（合併契約に関する書面等の備付け及び閲覧等）

**第六十九条の三**　次の各号に掲げる組合の理事は、当該各号に定める期間、第六十九条第一項の合併契約の内容その他農林水産省令で定める事項を記載し、又は記録した書面又は電磁的記録を主たる事務所に備えて置かなければならない。

一　合併によつて消滅する組合　第六十九条第一項の総会の日の二週間前の日から合併の登記の日まで

二　合併後存続する組合　第六十九条第一項の総会（前条第一項の規定により総会の議決を経ないで合併を行う場合にあつては、理事会（第三十四条の二第三項の組合にあつては、経営管理委員会））の日の二週間前の日から合併の登記の日後六箇月を経過する日まで

三　合併によつて設立する組合　合併の登記の日から六箇月間

2　前項各号に掲げる組合の組合員及び当該組合の債権者は、当該組合の業務時間内は、いつでも、当該組合に係る同項の書面又は電磁的記録について、理事に対し次に掲げる請求をすることができる。この場合においては、理事は、正当な理由がないのにこれを拒んではならない。

一　前項の書面の閲覧の請求

二　前項の書面の謄本又は抄本の交付の請求

三　前項の電磁的記録に記録された事項を農林水産省令で定める方法により表示したものの閲覧の請求

四　前項の電磁的記録に記録された事項を電磁的方法であつて当該組合の定めたものにより提供することの請求又はその事項を記載した書面の交付の請求

3　組合員及び当該組合の債権者は、前項第二号又は第四号に掲げる請求をするには、当該組合の定めた費用を支払わなければならない。

**解説**　次の各号に掲げる組合の理事は、当該各号に定める期間、合併契約の内容その他農林水産省令で定める事項（合併組合の事前開示事項）を記載し、又は記録した書面又は電磁的記録を主たる事務所に備えて置かなければならない（第一項、施行規則第二一〇条）。

①　合併によって消滅する組合　総会の日の二週間前の日から合併の登記の日まで

②　合併後存続する組合　総会（前条の総会の議決を経ないで合併を行う場合は、理事会）の日の二週間前の日から合併の登記の日後　六か月を経過する日まで

③　合併によって設立する組合　合併の登記の日から六か月間

組合員及び債権者は、理事に書面の閲覧の請求、書面の謄本又は抄本の交付の請求等をすることができる。この場合に理事は、正当な理由がないのにこれを拒んではならない（第二項）。

（合併による設立に必要な行為）

**第七十条**　合併によって組合を設立するには、各組合の総会において組合員（准組合員を除く。）の中から選任した設立委員が共同して、定款を作成し、役員（合併によって設立する組合が第三十四条の二第三項の組合であるときは、理事を除く。）を選任し、その他設立に必要な行為をしなければならない。

2　前項の規定による役員のうち、理事の選任については、第三十四条第十項本文の規定を、経営管理委員の選任については、第三十四条の二第二項本文の規定を準用する。

3　第一項の規定による設立委員の選任には、第五十条の規定を準用する。

**解説**　本条は、新設合併の場合における設立手続に関する規定である。新設合併の場合には、各組合の総会において正組合員から選任した設立委員が共同して、定款の作成、役員の選任、合併の認可の申請等設立に必要な行為をしなければならない（第一項）。

新設される組合の役員は設立委員が選任する。そのうち監事については組合員からでも組合員外からでも選任できるが、理事については、一般の理事の選挙の場合と同様に少なくともその定款の三分の二は正組合員（法人にあっては、その役員）であるように選任しなければならない（第二項）。

各組合が設立委員を選任する場合には、総会において特別決議の方法によってすることが必要である（第三項）。

（合併の時期）
**第七十一条** 組合の合併は、合併後存続する組合又は合併に因つて成立する組合が、その主たる事務所の所在地において、第百七条に規定する登記をすることに因つてその効力を生ずる。

**解説** 本条は、組合合併の場合の効力発生の時期とその要件に関する規定である。組合の合併は、認可を受けた後、合併後存続する組合又は合併によって設立する組合が、前者にあっては変更の登記を、後者にあっては設立の登記をすることによって最終的に合併の効力が確定する（本条、第一〇七条）。合併の登記は、組合の設立登記と同様に、単なる第三者に対する対抗要件でなく、合併の効力発生要件である。

（合併による権利義務の承継）
**第七十二条** 合併後存続する組合又は合併に因つて設立した組合は、合併に因つて消滅した組合の権利義務（当該組合がその行う事業に関し、行政庁の許可、認可その他の処分に基いて有する権利義務を含む。）を承継する。

**解説** 本条は、合併による権利義務の承継に関する規定である。合併の物的効果として、組合の財産の包括承継が生ずる。すなわち、存続組合又は新設組合は、合併によって消滅した組合の権利義務を承継する。これは、法律が合併契約に与えた物権的効果であって、この結果合併によって消滅した組合について、その財産を清算手続によって処分しないで存続組合又は新設組合に承継されることになる。この財産承継は、たとえば相続の場合と同様に包括承継であるから、動産、不動産、債権、債務その他一切の権利義務は一括して承継されるのであって、個別的な権利義務について特別の承継を必要としない。

（合併に関する事項を記載した書面の備付け及び閲覧等）
**第七十二条の二** 合併後存続する組合又は合併によって設立した組合の理事は、合併の登記の日後遅滞なく、前条の規定によりこれらの組合が承継した合併によつて消滅した組合の権利義務その他の合併に関する事項として農林水産省令で定める事項を記載し、又は記録した書面又は電磁的記録を作成しなければならない。

2　理事は、合併の登記の日から六箇月間、前項の書面又は電磁的記録を主たる事務所に備えて置かなければならない。

3　組合員及び組合の債権者は、組合の業務時間内は、いつでも、理事に対し次に掲げる請求をすることができる。この場合においては、理事は、正当な理由がないのにこれを拒んではならない。

一　第一項の書面の閲覧の請求

二　第一項の書面の謄本又は抄本の交付の請求

三　第一項の電磁的記録に記録された事項を農林水産省令で定める方法により表示したものの閲覧の請求

四　第一項の電磁的記録に記録された事項を電磁的方法であつて組合の定めたものにより提供することの請求又はその事項を記載した書面の交付の請求

4　組合員及び組合の債権者は、前項第二号又は第四号に掲げる請求をするには、組合の定めた費用を支払わなければならない。

**解説**　合併後の組合の理事は、合併の登記の日後遅滞なく、組合が承継した合併によって消滅した組合の権利義務その他の合併に関する事項を記載し、又は記録した書面又は電磁的記録を作成しなければならない（第一項）。

理事は、合併の登記の日から六か月間、第一項の書面等を事務所に備えて置かなければならない（第二項）。

組合員及び債権者は、理事に書面の閲覧の請求、書面の謄本又は抄本の交付の請求等をすることができる。この場合に理事は、正当な理由がないのにこれを拒んではならない（第三項）。

（合併の無効の訴え等に関する会社法の準用）

**第七十三条**　会社法第八百二十八条第一項（第七号及び第八号に係る部分に限る。）及び第二項（第七号及び第八号に係る部分に限る。）、第八百三十四条（第七号及び第八号に係る部分に限る。）、第八百三十五条第一項、第八百三十六条から第八百三十九条まで、第八百四十三条（第一項第三号及び第四号並びに第二項ただし書を除く。）並びに第八百四十六条の規定は組合の合併の無効の訴えについて、同法第八百六十八条第五項、第八百七十条（第十五号に係る部分に限る。）、第八百七十一条本文、第八百七十二条（第四号に係る部分に限る。）、第八百七十三条本文、第八百七十五条及び第八百七十六条の規定はこの条において準用する同法第八百四十三条第四項の申立てについて準用する。この場合において、同法第八百二十八条第二項第七号及び第八号中「株主等若しくは社員等」とあるのは「組合員、理事、経営管理委員、監事若しくは清算人」と、「株主等、社員等」とあるのは「組合員、理事、経営管理委員、監事、清算人」と、同法第八百三十六条第一項ただし書中「取締役、」とあるのは「理事、経営管理委員、」と読み替えるものとするほか、必要な技術的読替えは、政令で定める。

**解説**　本条は、合併の無効の訴え等に関する会社法の準用に関する規定である。組合の合併がその手続を経ずに行われた場合など合併の手続に欠陥があれば、合併の無効を来すことになるが、その解決を一般原則（無効は誰でもいつでも主張できる。）にゆだねると、組合の設立の無効の場合と同様に収拾し得ない紛糾を生ずることにもなる。このために、設立無効の訴えに準じて合併無効の訴えを認め、一方、無効の主張を制限（提訴し得る期間、無効の主張をし得る者等の制限）するなどとしている。

（清算人）

**第七十四条**　組合が解散したときは、合併及び破産手続開始の決定による解散の場合を除いては、理事が、その清算人となる。ただし、総会において他人を選任したときは、この限りでない。

**解説**　組合が解散した場合には、合併の場合を除いては、その残務を処理する手続が必要である。これを清算手続という。この清算手続には二種類あって、一つは破産手続であり、破産法に基づいて破産管財人によって清算手続する場合である。他の一つは、その他の場合の清算手続であり、清算人によって清算手続がされる場合である。本条でいう清算は後者である。清算手続は、第三者の利害に関するものであるから、すべての組合について画一的に、かつ、適正に行われることが必要である。したがって、これに関する法律の規定は原則として強行規定であって、定款又は総会の決議によって変更することはできない。

組合が解散したときは、合併及び破産による場合を除いて、理事が清算人になる。ただし、総会において他人を清算人に選任することもでき、この場合には、理事は清算人にはならない。

（清算人の職務）
**第七十四条の二**　清算人は、次に掲げる職務を行う。
一　現務の結了
二　債権の取立て及び債務の弁済
三　残余財産の分配

**解説**　本条は、清算人の職務に関する規定である。清算人は、次に掲げる職務を行う。

①　現務の結了
「現務の結了」とは、組合の解散前に着手していた継続中の事務を完結させることである。そのために必要な範囲内においては新しい業務執行としての法律行為をもなすことができる。

②　債権の取立て及び債務の弁済
組合が解散当時有していた一切の債権の取立てを行わなければならない。弁済期にあるものはもちろん、弁済期に達していない債権や条件付債権をも清算に必要ならば譲渡その他換価処分をしなければならない。

また、清算の進行を図るため、組合は弁済期末到来の債務を弁済することができ、その弁済額は、無利息債権及び法定利率より低い利息付き債券については中間利息の控除を認め、条件付き債権等については鑑定人の評価により決定する。

③　残務財産の分配
手続を終わって残余財産があるときは、清算人はその分配を行う。分配は、もちろん組合の債務を完済した後に行わなければならない。

（清算事務）
**第七十五条**　清算人は、就職の後遅滞なく、組合の財産の状況を調査し、非出資組合にあつては財産目録、出資組合にあつては財産目録及び貸借対照表を作り、財産処分の方法を定め、これを総会に提出し、又は提供してその承認を求めなければならない。

2　第三十四条の二第三項の組合の清算人は、前項の承認を求める場合には、あらかじめ、非出資組合にあつては財産目録及び財産処分の方法、出資組合にあつては財産目録、貸借対照表及び財産処分の方法について経営管理委員会の承認を受けなければならない。

**解説** 組合の財産を整理するに当たってその公正を期するために、清算人が清算に着手する前に解散当時における財産状況と財産処分の方法とを組合員の前に明らかにして承認を求めなければならない（第一項）。

経営委員の置かれた組合（第三四条の二）の場合は、経営委員会の承認も必要である（第二項）。

（決算報告）

**第七十六条** 清算人は、清算事務を終了した後遅滞なく、農林水産省令で定めるところにより、決算報告を作成し、これを総会に提出し、又は提供してその承認を求めなければならない。

2 第三十四条の二第三項の組合の清算人は、前項の承認を求める場合には、あらかじめ、決算報告について経営管理委員会の承認を受けなければならない。

3 会社法第五百七条第四項の規定は、第一項の承認について準用する。

**解説** 清算人は、清算事務を終了した後遅滞なく、次に掲げる事項を内容とする決算報告を作成し、これを総会に提出し、又は提供してその承認を求めなければならない（第一項、施行令第二一二条）。

① 債権の取立て、資産の処分その他の行為によって得た収入の額

② 債務の弁済、清算に係る費用の支払その他の行為による費用の額

③ 残余財産の額（支払税額がある場合には、その税額及び当該税額を控除した後の財産の額）

④ 出資一口当たりの分配額（次のイ、ロの注記が必要である。）

イ 残余財産の分配を完了した日

ロ 残余財産の全部又は一部が金銭以外の財産である場合には、当該財産の種類及び価額

第三四条の二第三項の組合は、総会に提出する前に決算報告について経営管理委員会の承認が必要である（第二項）。

（清算に関する会社法等の準用）

**第七十七条** 会社法第四百七十五条（第三号に係る部分を除く。）、第四百七十六条及び第四百九十九条から第五百三条までの規定は組合の清算について、第三十一条の二、第三十三条の二、第三十四条の三、第三十四条の四、第三十四条の五第四項及び第五項、第三十六

条、第三十七条、第三十八条第五項及び第六項、第三十九条（第二項を除く。）、第三十九条の二、第三十九条の三第二項及び第三項、第三十九条の四、第三十九条の五第一項から第三項まで、第三十九条の六第一項から第三項まで、第八項、第九項（第一号に係る部分に限る。）及び第十項、第四十条（第一項及び第十項を除く。）、第四十二条の二、第四十七条、第四十七条の三第二項から第四項まで、第四十七条の四、第四十七条の五第二項、第五十条の二並びに第五十条の四第二項から第四項まで並びに同法第三百八十三条第一項本文、第二項及び第三項、第三百八十四条から第三百八十六条まで、第四百七十八条第二項及び第四項、第四百七十九条第一項及び第二項（各号列記以外の部分に限る。）、第四百八十三条第四項及び第五項、第四百八十四条、第四百八十五条、第四百八十九条第三項から第五項まで、第五百八条、第七編第二章第二節（第八百四十七条第二項、第八百四十九条第二項第二号及び第五項並びに第八百五十一条を除く。）、第八百六十八条第一項、第八百六十九条、第八百七十条（第二号及び第三号に係る部分に限る。）、第八百七十一条、第八百七十二条（第四号に係る部分に限る。）、第八百七十四条（第一号及び第四号に係る部分に限る。）、第八百七十五条並びに第八百七十六条の規定は組合の清算人について準用する。この場合において、第三十九条の六第十項中「役員」とあるのは「役員又は清算人」と、第四十条第二項中「事業報告」とあるのは「事務報告」と、「貸借対照表、損益計算書、剰余金処分案又は損失処理案その他組合の財産及び損益の状況を示すために必要かつ適当なものとして農林水産省令で定めるもの並びに」とあるのは「貸借対照表及び」と、同条第四項中「事業報告」とあるのは「事務報告」と、同条第九項中「二週間」とあるのは「一週間」と、「五年間」とあるのは「清算結了の登記の時までの間」と、同法第四百七十五条第一号中「第四百七十一条第四号に掲げる事由」とあるのは「合併」と、同法第四百七十八条第二項中「前項」とあるのは「水産業協同組合法第七十四条」と、同法第四百七十九条第二項各号列記以外の部分中「次に掲げる株主」とあるのは「総組合員（准組合員を除く。）の五分の一（これを下回る割合を定款で定めた場合にあっては、その割合）以上の同意を得た組合員（准組合員を除く。）」と、同法第四百八十三条第四項中「第四百七十八条第一項第一号」とあるのは「水産業協同組合法第七十四条」と、同法第八百四十七条第一項及び第四項中「法務省令」とあるのは「農林水産省令」と、同法第八百五十条第四項中「第五十五条、第百二十条第五項、第四百二十四条（第四百八十六条第四項において準用する場合を含む。）、第四百六十二条第三項（同項ただし書に規定する分配可能額を超えない部分について負う義務に係る部分に限る。）、第四百六十四条第二項及び第四百六十五条第二項」とあるのは「水産業協同組合法第七十七条において準用する同法第三十九条の六第三項」と読み替えるものとするほか、必要な技術的読替えは、政令で定める。

**解説** 本条は、組合の清算に関する会社法等の準用の規定である。

# 第三章　漁業生産組合

漁業生産協同組合は、漁業の生産行程の協同化を目的とする漁民の生産協同組織である。漁業協同組合が信用、販売、購買、利用等主として流通面における経済事業を協同して行うのに対し、漁業生産組合は、生産面における労働の協同化を目的とする点が異なる。したがって、漁業生産組合は、漁業の生産活動とこれに必然的に附随する業務のみを行うものであって、流通面の機能は有しない。

（事業の種類）
**第七十八条**　漁業生産組合（以下本章において「組合」という。）は、漁業及びこれに附帯する事業を行うことができる。

**解説**　生産組合に認められている事業は漁業及びこれに附帯する事業のみである。生産組合は、組合が自ら採捕又は養殖した漁獲物を販売し、あるいはこれを加工して売ることはできるが、その組合員がそれぞれ個人の資格において採捕又は養殖して得た漁獲物を生産組合が協同販売することは許されない。購買事業についても同様で、生産組合自体の漁業に使用する資材以外の、組合員が各個に行う漁業のための資材と一括して生産組合の名において共同購入することは認められていない。

（組合員たる資格）
**第七十九条**　組合員たる資格を有する者は、漁民であって、定款で定めるものとする。

**解説**　漁業生産組合の組合員たる資格を有する者は、漁民であって定款で定めるものである（本条）。「漁民」とは、漁業を営む個人又は漁業を営むもののために水産動植物の採捕又は養殖に従事する個人をいう（第一〇条第二項）。

漁業生産組合は、その組合員たる資格を認める漁民の範囲を定款で自由に定めることができる。漁業協同組合の場合と異なり、法人を組合員とすることはできないが、漁民の範ちゅうを逸脱しない限り、住所要件及び漁業従事日数のいずれについても自由に定めることができる。これは、漁業生産組合が漁業の生産行程における協業に関する事業のみを行う協同組織体であることから、組合員資格は定款で自由に定め、真に労働の協業化のために参加しうるもののみに限定しうることとされている。

（組合員の常時従事要件）

**第八十条**　組合員の三分の二以上は、組合の営む事業に常時従事する者でなければならない。

**解説**　組合員の三分の二以上は、漁業生産組合の営む事業に常時従事するものでなければならない。言い換えれば、組合員総数の三分の一未満であれば単に出資するのみの組合員も認められる。このことは、漁業が多大の資金を要するので、資金の導入を円滑にするために要件が緩和されているのである。「漁業生産組合の営む事業」とは、漁業生産組合の営む漁業及びこれに附帯する事業をいう（第七八条）。したがって、附帯事業にのみ従事する者、たとえば、漁業生産組合の漁獲物の一貫加工を行っている場合にこの加工作業にのみ従事する者や漁ろう作業以外の事務あるいは陸上作業のみに従事する者も、漁業生産組合の営む事業に従事する者に含まれる。

なお、漁業生産組合がこの規定に違反するときは、行政庁はその解散を命ずることができる（第一二四条の二第一項第四号）。

（組合の事業の常時従事者）

**第八十一条**　組合の営む事業に常時従事する者の二分の一以上は、組合員でなければならない。

**解説**　漁業生産組合の営む事業に常時従事する者の二分の一以上は、組合員でなければならない。言い換えれば、常時従事する者の二分に一未満であれば員外者を雇用することが認められている。このことは、近年における漁村の労働事情及び漁業法上漁業権の適格性が認められているいわゆる漁民会社において要求される常時従事者中に占めるべき社員数の割合を考慮して要件が緩和されているのである。

なお、漁業生産組合がこの規定に違反するときは、行政庁はその解散を命ずることができる（第一二四条の二第一項第四号）。

（出資）

**第八十二条**　組合員は、出資一口以上を有しなければならない。

2　組合の総出資口数の過半数は、組合の営む事業に常時従事する組合員によつて保有されなければならない。

**解説** 組合員は、出資一口以上を有しなければならない（第一項）。生産組合はその経営する漁業の直接の資本として多額の出資を必要とする。組合は必ず出資制をとらねばならず、非出資の生産組合は認められない。

組合の総出資口数の過半数は、組合の営む事業に常時従事する組合員によって保有されなければならない（第二項）。第八〇条の規定により組合員の三分の一までは生産組合の事業に従事せず単に出資するのみの組合員が認められているが、その出資のみの組合員が出資額を背景として、組合の運営に実質的な権力を振うことを防止する意味でこのような制限が設けられているのである。

なお、漁業生産組合がこの規定に違反するときは、行政庁はその解散を命ずることができる（第一二四条の二第一項第四号）。

（組合員名簿の備付け及び閲覧等）

**第八十二条の二** 理事は、組合員名簿を作成し、各組合員について次に掲げる事項を記載し、又は記録しなければならない。

一 第三十一条の二第一項第一号、第三号及び第四号に掲げる事項

二 加入の年月日

三 組合の営む漁業又はこれに附帯する事業に常時従事する者でないときは、その旨

2 第三十一条の二第二項及び第三項の規定は、前項の組合員名簿について準用する。

**解説** 本条は、組合員名簿の作成、備付け、閲覧等に関する規定である。

（定款に記載し、又は記録すべき事項）

**第八十三条** 組合の定款には、第三十二条第一項第一号、第二号、第四号から第六号まで及び第八号から第十二号までの事項を記載し、又は記録しなければならない。

2 前項の定款には、第三十二条第三項及び第四項の規定を準用する。

**解説** 定款に記載すべき事項は、出資制度をとる漁業協同組合とほとんど同様である。絶対的記載事項は次のとおりである（第一項）。

① 事業

② 名称

③ 事務所の所在地

④ 組合員たる資格並びに組合員の加入及び脱退に関する規定

⑤ 出資一口の金額及びその払込みの方法並びに一組合員の有することのできる出資口数の最高限度

⑥ 剰余金の処分及び損失の処理に関する規定

⑦ 準備金の額及びその積立ての方法

⑧ 役員の定数、職務の分担及び選挙又は選任に関する規定

⑨ 事業年度

⑩ 公告の方法

生産組合はその人的結合の特殊性により、地区は定款の絶対的記載事項とはなっていない。また、経費の賦課は生産組合においては認められず、定款の記載事項でもないのである。

相対的記載事項としては、漁業協同組合の規定（第三二条第三項）が準用される（第二項）。

① 組合の存立時期を定めたときはその時期

② 現物出資をする者を定めたときはその者の氏名、出資の目的たる財産及びその価格並びにこれに対して与える出資口数

生産組合は漁業協同組合と本質的に異なった内容を有しているので農林水産大臣は模範定款例をつくることができる。

（組合の業務の決定）

**第八十三条の二**　組合の業務は、定款に特別の定めがないときは、理事の過半数で決する。

**解説**　組合の業務は、原則として理事の過半数で決める。ただし、定款で特別の定めをした場合はそれに従う。

（組合の代表）

**第八十三条の三**　理事は、組合のすべての業務について、組合を代表する。ただし、定款の定めに反することはできず、また、総会の議決に従わなければならない。

**解説**　本条は、組合の代表に関する規定である。

（理事の代表権の制限）

**第八十三条の四**　理事の代表権に加えた制限は、善意の第三者に対抗することができない。

**解説**　本条は、理事の代表権の制限に関する規定である。

（理事の代理行為の委任）

**第八十三条の五**　理事は、定款又は総会の議決によつて禁止されていないときに限り、特定の行為の代理を他人に委任することができる。

**解説**　本条は、理事の代理行為の委任に関する規定である。

（理事と組合との契約等）

**第八十四条**　組合が理事と契約するときは、監事が組合を代表する。組合と理事との訴訟についても、同様とする。

**解説**　生産組合の理事は、定款で制限されない限り、すべて組合の事務について組合を代表する権限を有しているが、本条はその例外規定である。組合と組合の代表機関たる理事が契約し又は訴訟行為をする場合には不正行為を惹起するおそれがあるので、組合の利益保護のために、理事には代表権を認めず、監事が代表する。

（監事の職務）

**第八十四条の二**　監事は、次に掲げる職務を行う。

一　組合の財産の状況を監査すること。

二　理事の業務の執行の状況を監査すること。

三　財産の状況又は業務の執行について、法令若しくは定款に違反し、又は著しく不当な事項があると認めるときは、総会又は行政庁に報告をすること。

四　前号の報告をするため必要があるときは、総会を招集すること。

**解説**　本条は、監事の職務に関する規定である。監事の職務を明らかにしており、職務を果たすための基本的、中心的な権限を定めている。従来は、商法第二七四条（現会社法第三八一条）を準用していたが、本法に直接規定された。監事の監査の対象は、理事の職務の執行の全般に及ぶ。したがって、理事が日常作成する会計帳簿や毎決算期に作成する計算書類及びその付属明細書についていわゆる会計監査を行うだけでなく、理事が組合の運営、組合の経営のために行う事項についていわゆる業務監査も行う。

（剰余金の配当）

**第八十五条**　組合は、損失をてん補し、第八十六条第二項において準用する第五十五条第一項の利益準備金及び同条第三項の資本準備金を控除した後でなければ、剰余金の配当をしてはならない。

2　剰余金の配当は、定款の定めるところにより、年十パーセントを超えない範囲内において払い込んだ出資額の割合に応じ、又は組合員が組合の事業に従業した程度に応じてこれをしなければならない。

**解説**　漁業生産組合は、損失をてん補し、法定準備金を控除した後でなければ剰余金の配当をしてはならない（第一項）。ただし、漁業生産組合は教育情報事業を行わないので、教育情報事業のための繰越金は留保する必要はない。出資配当とは、払込みの出資の額に応ずる配当であり、年一〇パーセントを超えない範囲内で定款に定める率により為される（第二項）。この率が他の水産業協同組合より高いのは、出資をなすのみで組合の事業に従事しない組合員が認められていること及び組合の事業の性質上収益の変動の危険が大きいことが考慮されていることによる。「従事した程度に応じて」とは、原則として従事日数を基準として算定されるが、その仕事に質的な差異がある場合には仕事の難易度に応じて加減して算定することは差し支えない。

（清算中の組合の能力）

**第八十五条の二**　解散した組合は、清算の目的の範囲内において、その清算の結了に至るまではなお存続するものとみなす。

**解説**　本条は、清算中の組合の能力に関する規定である。解散した組合は、組合本来の目的たる事業が停止されるので、組合の事業に固有の制度は、その存立の基礎がなくなる。しかし、清算事務と関係のない通常の事業を行うことができないのは当然としても、清算に必要な範囲内においては、業務の執行も許されるのである。

（裁判所による清算人の選任）

**第八十五条の三**　第八十六条第四項において準用する第七十四条の規定により清算人となる者がないとき、又は清算人が欠けたため損害を生ずるおそれがあるときは、裁判所は、利害関係人若しくは検察官の請求により又は職権で、清算人を選任することができる。

**解説**　本条は、裁判所による清算人の選任に関する規定である。組合が解散のときに理事も存在せず、清算人となる者が決定しないときは、裁判所が清算人を選任するほかない。そこで本条では、利害関係人若しくは検察官の請求により又は職権で、裁判所が清算人を選任することができることとされている。

（清算人の解任）
**第八十五条の四**　重要な事由があるときは、裁判所は、利害関係人若しくは検察官の請求により又は職権で、清算人を解任することができる。

**解説**　本条は、清算人に特別な規定である。清算は第三者に影響するところが大きいので、特別の事由があるときは、裁判所は清算人を解任することができるのである。

（清算人の職務及び権限）
**第八十五条の五**　清算人は、次に掲げる職務を行う。
一　現務の結了
二　債権の取立て及び債務の弁済
三　残余財産の引渡し
2　清算人は、前項各号に掲げる職務を行うために必要な一切の行為をすることができる。

**解説**　本条は、清算人の職務及び権限に関する規定である。「現務」とは、解散当時既に着手して未結了の事務をいう。この未結了の事務を完結させることを「現務の結了」という。また、「債務の取立て」とは、解散当時有した一切の債権の取立てをいう。弁済期日のあるものは即時に取立て、期限付又は条件付債権は、清算過程の経過に照らして、必要があるときは譲渡し、その他の換価処分をしなければならない。組合債権者に対しては、「債務の弁済」をしなければならないが、その公平と迅速と遺漏のないことが必要である。

（債権の申出の催告等）
**第八十五条の六**　清算人は、その就職の日から二箇月以内に、少なくとも三回の公告をもつて、債権者に対し、一定の期間内にその債権の申出をすべき旨の催告をしなければならない。この場合において、その期間は、二箇月を下ることができない。
2　前項の公告には、債権者がその期間内に申出をしないときは清算から除斥されるべき旨を付記しなければならない。ただし、清算人は、知れている債権者を除斥することができない。

3　清算人は、知れている債権者には、各別にその申出の催告をしなければならない。

4　第一項の公告は、官報に掲載してする。

**解説**　本条は、債権の申出の催告等に関する規定である。清算人は、就職の日から二か月以内に少なくとも三回、一般債権者に対して除斥公告をする。公告には、二か月以上の期間を定め、この期間内に債権の申出をなすべく、もしこれをしないときは、清算から除斥される旨を警告しなければならない。また、清算人は、知れている債権者には、除斥公告と異なり各別にその申出の催告をしなければならない。

（期間経過後の債権の申出）

**第八十五条の七**　前条第一項の期間の経過後に申出をした債権者は、組合の債務が完済された後まだ権利の帰属すべき者に引き渡されていない財産に対してのみ、請求をすることができる。

**解説**　生産組合は、申し出た債権者は逐次弁済する。除斥期間内に申し出なかった債権者は、申し出た債権者に全部返済してなお帰属権者に引き渡されない残余部分に対して請求できるのみである。これが除斥公告の効力である。

（清算中の組合についての破産手続の開始）

**第八十五条の八**　清算中に組合の財産がその債務を完済するのに足りないことが明らかになったときは、清算人は、直ちに破産手続開始の申立てをし、その旨を公告しなければならない。

2　清算人は、清算中の組合が破産手続開始の決定を受けた場合において、破産管財人にその事務を引き継いだときは、その任務を終了したものとする。

3　前項に規定する場合において、清算中の組合が既に債権者に支払い、又は権利の帰属すべき者に引き渡したものがあるときは、破産管財人は、これを取り戻すことができる。

4　第一項の規定による公告は、官報に掲載してする。

**解説**　清算手続を進めてゆく途中で、組合の全財産をもってしても、なお、その債務を完済できないことがわかれば、清算人は直ちに裁判所に対して、破産宣告の申立てをし、かつ、その旨を公告しなければならない（第一項）。

裁判所の破産宣告後、清算人は破産管財人に対し、事務の引継ぎをしなければならず、引き続き終了と同時に、清算人の任務は終わったものとする（第二項）。

清算手続において、既に債権者に支払ったり引き渡したものがあるときは、破産管財人は、それを取り戻せる（第三項）。

（裁判所による監督）

**第八十五条の九**　組合の解散及び清算は、裁判所の監督に属する。

2　裁判所は、職権で、いつでも前項の監督に必要な検査をすることができる。

3　組合の解散及び清算を監督する裁判所は、行政庁に対し、意見を求め、又は調査を嘱託することができる。

4　行政庁は、組合の解散及び清算を監督する裁判所に対し、意見を述べることができる。

**解説**　本条は、裁判所による監督に関する規定である。組合の解散や清算は裁判所が監督する。また、裁判所は、いつでも監督に必要な検査をすることができる。

（清算結了の届出）

**第八十五条の十**　清算が結了したときは、清算人は、その旨を行政庁に届け出なければならない。

**解説**　本条は、清算結了の届出に関する規定である。清算人は、清算が結了したときは行政庁に届出なければならない。

（解散及び清算の監督等に関する事件の管轄）

**第八十五条の十一**　組合の解散及び清算の監督並びに清算人に関する事件は、その主たる事務所の所在地を管轄する地方裁判所の管轄に属する。

**解説**　本条は、組合の解散及び清算の監督等に関する事件の管轄に関する規定である。

（不服申立ての制限）

**第八十五条の十二**　清算人の選任の裁判に対しては、不服を申し立てることができない。

**解説**　本条は、清算人の選任の裁判に対する不服申立ての制限に関する規定である。

（裁判所の選任する清算人の報酬）

**第八十五条の十三**　裁判所は、第八十五条の三の規定により清算人を選任した場合には、組合が当該清算人に対して支払う報酬の額を定めることができる。この場合においては、裁判所は、当該清算人及び監事の陳述を聴かなければならない。

**解説**　本条は、裁判所の選任する清算人の報酬に関する規定である。裁判所は、裁判所の選任する清算人に対して組合が支払う報酬を定めることができる。

（即時抗告）

**第八十五条の十四**　清算人の解任についての裁判及び前条の規定による裁判に対しては、即時抗告をすることができる。

**解説**　本条は、清算人の解任等についての裁判の即時抗告に関する規定である。「即時抗告」とは、抗告（決定、命令に対する上訴）の一種で、特に法令のこれを許す規定がある場合にのみすることのできる抗告である。

（検査役の選任）

**第八十五条の十五**　裁判所は、組合の解散及び清算の監督に必要な調査をさせるため、検査役を選任することができる。

2　前三条の規定は、前項の規定により裁判所が検査役を選任した場合について準用する。この場合において、第八十五条の十三中「清算人及び監事」とあるのは、「組合及び検査役」と読み替えるものとする。

**解説**　本条は、検査役の選任に関する規定である。裁判所は、組合の解散及び清算の監督に必要な調査のための検査役を選任することができる。

（準用規定）

**第八十六条**　第七十九条から第八十二条の二までに規定するもののほか、第十九条第三項から第五項まで、第二十条、第二十一条第一項本文及び第二項から第七項まで、第二十三条、第二十六条第二項及び第三項並びに第二十七条から第三十一条までの規定は、組合の組合員について準用する。この場合において、第二十六条第二項中「非出資組合の組合員」とあるのは「組合員」と、第二十八条第一項中「前条第一項の規定により脱退した」とあり、並びに第二十八条の二及び第三十条中「第二十七条第一項の規定により脱退した」とあるのは「脱退した」と、第三十一条第一項中「事業を休止したとき、事業の一部を廃止したとき、その他特にやむを得ない事由があると認められるときは、定款」とあるのは「定款」と読み替えるものとするほか、必要な技術的読替えは、政令で定める。

2　第八十三条から第八十五条までに規定するもののほか、第三十三条、第三十三条の二、第三十四条第一項、第二項、第四項本文、第五項から第七項まで、第九項及び第十項、第三十四条の三、第三十四条の五第五項、第三十五条、第三十九条の二第一項、第三十九条の六（第二項を除く。）、第四十二条第一項及び第三項から第八項まで（第六項を除く。）、第四十条（第六項を除く。）、第四十二条の二前段、第四十三条第一項及び第二項、第四十五条から第四十七条まで、第四十七条の三第二項から第四項まで、第四十七条の四第一項及び第二項、第四十七条の五第一項、第四十七条の六、第四十七条の七、第四十八条第一項から第四項まで、第四十九条、第五十条、第五十条の三、第五十条の四、第五十三条、第五十四条第一項及び第二項、第五十四条の五、第五十四条の六、第五十五条第一項から第六項まで、第五十七条並びに第五十八条第一項並びに一般社団法人及び一般財団法人に関する法律第七十八条の規定は、組合の管理について準用する。この場合において、第三十四条第二項中「五人」とあるのは「三人」と、同条第十項中「理事の定数の少なくとも三分の二は、」とあるのは「理事は、その全員が」と、第四十条第七項中「前項の承認を受けた」とあるのは「第二項の規定により作成した」と、第四十二条第一項中「五分の一」とあるのは「三分の一」と、第四十五条第二項中「理事会の議決」とあるのは「理事の過半数」と、第四十六条第一項中「十分の一」とあるのは「六分の一」と、同条第三項及び第四十七条の三第二項中「理事会」とあるのは「理事」と読み替えるものとするほか、必要な技術的読替えは、政令で定める。

3　第二十一条第一項本文、第四十九条第二項及び第三項、第五十条の三、第五十条の四、第五十九条から第六十一条まで、第六十二条第一項から第五項まで並びに第六十三条から第六十七条までの規定は、組合の設立について準用する。この場合において、第五十条の三中「第四十七条の五及び第四十七条の六」とあるのは「第八十六条第三項において準用する第六十二条第一項及び第二項」と、第五十九条中「二十人（第十八条第四項の規定により組合員たる資格を有する者を特定の種類の漁業を営む者に限る組合（以下「業種別組合」という。）にあつては、十五人）」とあり、及び第六十一条第二項中「二十人（業種別組合にあつては、十五人）」とあるのは「七人」と、第六十二条第五項中「議決権」とあるのは「議決権（組合と特定の者との関係について議決をする場合には、その者の議決権を除く。）」と読み替えるものとするほか、必要な技術的読替えは、政令で定める。

4　第八十五条の二から前条までに規定するもののほか、第六十八条、第六十九条、第六十九条の三から第七十四条まで、第七十五条第一項及び第七十六条第一項並びに会社法第五百二条の規定は、組合の解散及び清算について準用する。この場合において、第六十八条第四項中「二十人（業種別組合にあつては、十五人）」とあるのは「七人」と、第七十条第二項において準用する第三十四条第十項中「理事の定数の少なくとも三分の二は、」とあるのは「理事は、その全員が」と読み替えるものとするほか、必要な技術的読替えは、政令で定める。

**解説**

本条は、準用規定に関する規定である。

# 第四章　漁業協同組合連合会

漁業協同組合連合会（以下「連合会」という。）は、漁業協同組合、漁業生産組合及び連合会によって構成される組合組織である。連合会の組織運営については、事業の種類及び会員資格等につき特別の規定がおかれているほか、おおむね漁業協同組合と同様である。

（事業の種類）
**第八十七条**　漁業協同組合連合会（以下この章において「連合会」という。）は、次の事業の全部又は一部を行うことができる。
一　水産資源の管理及び水産動植物の増殖
二　水産に関する経営及び技術の向上に関する指導
三　連合会を直接又は間接に構成する者（以下この章において「所属員」と総称する。）の事業又は生活に必要な資金の貸付け
四　所属員の貯金又は定期積金の受入れ
五　所属員の事業に必要な物資の供給
六　所属員の事業に必要な共同利用施設の設置
七　所属員の漁獲物その他の生産物の運搬、加工、保管又は販売
八　漁場の利用に関する事業（漁業の安定的な利用関係の確保のための連合会を間接に構成する者の労働力を利用して行う漁場の総合的な利用を促進するものを含む。）
九　船だまり、船揚場、漁礁その他所属員の漁業に必要な設備の設置
十　会員の監査及び指導
十一　所属員の遭難防止又は遭難救済に関する事業
十二　所属員の福利厚生に関する事業
十三　連合会の事業に関する所属員の知識の向上を図るための教育及び所属員に対する一般的情報の提供
十四　所属員の経済的地位の改善のためにする団体協約の締結
十五　漁船保険組合が行う保険又は漁業共済組合若しくは漁業共済組合連合会が行う共済のあっせん
十六　前各号の事業に附帯する事業
2　会員に出資をさせない連合会は、前項の規定にかかわらず、同項第三号又は第四号の事業を行うことがで

きない。

3　第一項第三号又は第四号の事業を行う連合会は、同項の規定にかかわらず、これらの事業に附帯する事業又は次項、第五項若しくは第六項の事業のほか、他の事業を行うことができない。

4　第一項第四号の事業を行う連合会は、所属員のために、次の事業の全部又は一部を行うことができる。

一　手形の割引

二　為替取引

三　債務の保証又は手形の引受け

三の二　有価証券の売買等

四　有価証券の貸付け

五　国債等の引受け（売出しの目的をもつてするものを除く。）又は当該引受けに係る国債等の募集の取扱い

六　有価証券（国債等に該当するもの並びに金融商品取引法第二条第一項第十号及び第十一号に掲げるものに限る。）の私募の取扱い

七　農林中央金庫その他主務大臣の定める者（外国銀行を除く。）の業務の代理又は媒介（主務大臣の定めるものに限る。）

八　国、地方公共団体、会社等の金銭の収納その他金銭に係る事務の取扱い

九　有価証券、貴金属その他の物品の保護預り

九の二　振替業

十　両替

十一　デリバティブ取引の媒介、取次ぎ又は代理

十二　前各号の事業に附帯する事業

5　第一項第三号及び第四号の事業を併せ行う連合会は、これらの事業の遂行を妨げない限度において、次の各号に掲げる有価証券について、当該各号に定める行為を行う事業（前項の規定により行う事業を除く。）を行うことができる。

一　金融商品取引法第三十三条第二項第一号に掲げる有価証券（同法第二条第一項第一号及び第二号に掲げる有価証券並びに政府が元本の償還及び利息の支払について保証している同項第五号に掲げる有価証券その他の債券に限る。）　同法第三十三条第二項第一号に定める行為（同法第二条第八項第一号から第三号までに掲げる行為については、有価証券の売買及び有価証券の売買に係るものに限る。）

二　金融商品取引法第三十三条第二項第一号、第三号

及び第四号に掲げる有価証券（前号に掲げる有価証券を除く。）　金融商品取引業者の委託を受けて、当該金融商品取引業者のために行う同法第二条第十一項第一号から第三号までに掲げる行為

三　金融商品取引法第三十三条第二項第二号に掲げる有価証券　同号に定める行為

6　第一項第三号及び第四号の事業を併せ行う連合会は、これらの事業の遂行を妨げない限度において、次に掲げる事業を行うことができる。

一　金融機関の信託業務の兼営等に関する法律により行う信託業務に係る事業

二　信託法第三条第三号に掲げる方法によつてする信託に係る事務に関する事業

三　金融商品取引法第二十八条第六項に規定する投資助言業務に係る事業

7　連合会が前項第二号の事業を行う場合には、第十一条第六項の規定を準用する。

8　第一項第十号に規定する会員の監査の事業を行う連合会であつて、全国の区域を地区とし、かつ、同項第四号の事業を行う連合会を会員とするもの（次条において「全国連合会」という。）は、同項第十号に規定する会員の監査の事業のほか、第四十一条の二第一項（第九十二条第三項、第九十六条第三項及び第百条第三項において準用する場合を含む。）に規定する特定組合の監査の事業を行うものとする。

9　連合会は、定款で定めるところにより、所属員以外の者にその事業（第四項第三号及び第四号の事業にあつては、主務省令で定めるものに限る。）を利用させることができる。ただし、同項第二号から第十号まで及び第十二号、第五項並びに前項の事業に係る場合を除き、一事業年度において所属員及び他の連合会の所属員以外の者が利用し得る事業の分量の総額は、当該事業年度において所属員及び他の連合会の所属員の利用する事業の分量の総額を超えてはならない。

10　次の各号に掲げる事業の利用に関する前項ただし書の規定の適用については、当該各号に定める者を所属員とみなす。

一　第一項第三号の事業　所属員と世帯を同じくする者又は営利を目的としない法人に対して、その貯金又は定期積金を担保として貸し付ける場合におけるこれらの者

二　第一項第四号の事業　所属員と世帯を同じくする

者及び営利を目的としない法人

三　第一項第十二号の事業　所属員と世帯を同じくする者

11　連合会は、第九項の規定にかかわらず、所属員のためにする事業の遂行を妨げない限度において、定款で定めるところにより、次に掲げる資金の貸付けをすることができる。

一　地方公共団体に対する資金の貸付けで政令で定めるもの

二　営利を目的としない法人であつて、地方公共団体が主たる出資者若しくは構成員となつているもの又は地方公共団体がその基本財産の額の過半を拠出しているものに対する資金の貸付けで政令で定めるもの

三　漁港区域における産業基盤又は生活環境の整備のために必要な資金で政令で定めるものの貸付け（前二号に掲げるものを除く。）

四　銀行その他の金融機関に対する資金の貸付け

**解説**　連合会は次に掲げる次号に掲げる事業を行うことができる（第一項）。第三項の規定により、信用事業を行う連合会は他の事業を行うことができないので、事業のすべてを行うことは不可能である。

① 水産資源の管理及び水産動植物の増殖
② 水産に関する経営及び技術の向上に関する指導
③ 所属員の事業又は生活に必要な資金の貸付け
④ 所属員の貯金又は定期積金の受入れ
⑤ 所属員の事業に必要な物資の供給
⑥ 所属員の事業に必要な共同利用施設の設置
⑦ 所属員の漁獲物その他の生産物の運搬、加工、保管又は販売
⑧ 漁場の利用に関する事業
⑨ 船だまり、船揚場、漁礁その他所属員の漁業に必要な設備の設置
⑩ 会員の監査及び指導
⑪ 所属員の遭難防止又は遭難救済に関する事業
⑫ 所属員の福利厚生に関する事業
⑬ 連合会の事業に関する所属員の知識の向上を図るための教育及び所属員に対する一般的情報の提供
⑭ 所属員の経済的地位の改善のためにする団体協約の締結
⑮ 漁船保険組合が行う保険又は漁業共済組合若しくは

漁業共済組合連合会が行う共済のあっせん

⑯　①から⑮の事業に附帯する事業

事業の内容については、第一一条の解説を参照されたい。

非出資組合は、信用事業を行うことができない（第二項）。信用事業を行う連合会は他の事業を行うことができないから（第三項）、本項の趣旨は、信用事業を行う連合会は必ず出資制度をとらなければならない。

信用事業を行う連合会は、それ以外の事業を兼ねて行うことができない（第三項）。

信用事業を行う連合会は、手形の割引、為替取引、債務の保証又は手形の引受け、有価証券の売買等、有価証券の貸付け、国債等の引受け、又は当該引受けに係る国債等の募集の取扱い、有価証券の私募の取扱い、農林中央金庫その他主務大臣の定める者の業務の代理又は媒介、国、地方公共団体、会社等の金銭の収納その他金銭に係る事務の取扱い、有価証券、貴金属その他の物品の保護預り、振替業、両替、デリバティブ取引の媒介、取次ぎ又は代理、これらの事業に附帯する事業を行うことが認められている（第四項）。

第五項以下については、第一一条の解説を参照されたい。

（監査事業）

**第八十七条の二**　連合会は、前条第一項第十号に規定する会員の監査又は同条第八項に規定する特定組合の監査の事業（以下この条において「監査事業」という。）を行おうとするときは、監査の要領及びその実施の方法並びに監査事業に従事する者の服務に関する事項を監査規程で定め、行政庁の認可を受けなければならない。これを変更し、又は廃止しようとするときも、同様とする。

2　監査事業を行う連合会は、水産業協同組合の業務及び会計について専門的知識及び実務の経験を有する者で農林水産省令で定める資格を有するものである役員又は職員を当該事業に従事させなければならない。

3　全国連合会は、その行う特定組合の監査に関し公認会計士又は監査法人が公認会計士法（昭和二十三年法律第百三号）第二条第一項又は第二項の業務を行う旨の契約を、公認会計士又は監査法人と締結しなければならない。

**解説**　監査事業は、行政庁の検査とは異なり、上部団体である連合会が会員である被監査組合の同意又は依頼のもとに行う任意の事業である。この事業を行うに当たって、連合会の恣意的な事業運営を防止し、秘密保持を図り、適正なる事業実施を確保する等の観点から、監査事業行う連合会は監査規程を定め、行政庁の認可を受けなければならない。これを変更し、又は廃止するときも同様である（第一項）。

第二項は、監査事業に従事する者の資格（水産業協同組合監査士）に関する規定である。監査士の有資格者は、「水産業協同組合の業務及び会計について専門的知識及び実務の経験を有する者で農林水産省令で定める者」でなければならない（第二項）。農林水産省令で定める資格を有する者は、次のように定められている（施行令第二三〇条）。

① 全国連合会が行う資格試験に合格した者

② ①のほか次のイ、ロの者も資格を有する。

イ 国又は地方公共団体において、組合の検査に従事した期間又はこれらの期間を通算した期間が五年以上に達する者であって、全国連合会からその旨の認定を受けたもの

ロ イのほか、全国連合会がこれらの者と同等の学識及び経験を有すると認めた者

全国連合会は、その行う特定組合の監査に関し公認会計士又は監査法人が公認会計士法第二条第一項又は第二項の業務を行う旨の契約を、公認会計士又は監査法人と締結しなければならない（第三項）。

（子会社の範囲等）

**第八十七条の三** 第八十七条第一項第四号の事業を行う連合会は、次に掲げる会社（国内の会社に限る。第四項において「子会社対象会社」という。）以外の会社を子会社（第九十二条第一項において準用する第十一条の六第二項に規定する子会社をいう。以下この条及び次条において同じ。）としてはならない。

一 銀行法第二条第一項に規定する銀行のうち、金融機関の信託業務の兼営等に関する法律により信託業務を営むもの

注 第一号の二は、平成二一年六月法律第五九号により追加され、公布の日から起算して一年を超えない範囲内において政令で定める日から施行

一の二 資金決済に関する法律（平成二十一年法律第五十九号）第二条第三項に規定する資金移動業者のうち、資金移動業（同条第二項に規定する資

金移動業をいう。）その他主務省令で定める業務を専ら営むもの

二　金融商品取引法第二条第九項に規定する金融商品取引業者のうち、有価証券関連業（同法第二十八条第八項に規定する有価証券関連業をいう。次項において同じ。）のほか、同法第三十五条第一項第一号から第八号までに掲げる行為を行う業務その他の主務省令で定める業務を専ら営むもの（次項において「証券専門会社」という。）

三　金融商品取引法第二条第十二項に規定する金融商品仲介業者のうち、金融商品仲介業（同条第十一項に規定する金融商品仲介業をいい、次に掲げる行為のいずれかを業として行うものに限る。以下この号において同じ。）のほか、金融商品仲介業に付随する業務その他の主務省令で定める業務を専ら営むもの（次項において「証券仲介専門会社」という。）

イ　金融商品取引法第二条第十一項第一号に掲げる行為

ロ　金融商品取引法第二条第十七項に規定する取引所金融商品市場又は同条第八項第三号ロに規定する外国金融商品市場における有価証券の売買の委託の媒介（ハに掲げる行為に該当するものを除く。）

ハ　金融商品取引法第二十八条第八項第三号又は第五号に掲げる行為の委託の媒介

ニ　金融商品取引法第二条第十一項第三号に掲げる行為

四　信託業法第二条第二項に規定する信託会社のうち、信託業務を専ら営むもの（次項第六号において「信託専門会社」という。）

五　従属業務又は金融関連業務を専ら営む会社（従属業務を営む会社にあつては主として当該連合会、その子会社（第一号に掲げる会社に限る。第九項において同じ。）その他これらに類する者として主務省令で定めるものの行う事業又は営む業務のためにその業務を営んでいるものに限るものとし、金融関連業務を営む会社であつて次に掲げる業務の区分に該当する場合には、当該区分に定めるものに、それぞれ限るものとする。）

注　第五号は、平成二一年六月法律第五九号により改正され、公布の日から起算して一年を超えない範囲内において政令で定める日か

ら施行

「第一号」の下に「及び第一号の二」を加える。

イ　証券専門関連業務及び信託専門関連業務のいずれも営むもの　当該会社の議決権について、当該連合会の証券子会社等が合算して、当該連合会又はその子会社（証券子会社等及び信託子会社等を除く。）が合算して保有する当該会社の議決権の数を超えて保有し、かつ、当該連合会の信託子会社等が合算して、当該連合会又はその子会社（証券子会社等及び信託子会社等を除く。）が合算して保有する当該会社の議決権の数を超えて保有しているもの

ロ　証券専門関連業務を営むもの（イに掲げるものを除く。）　当該会社の議決権について、当該連合会の証券子会社等が合算して、当該連合会又はその子会社（証券子会社等を除く。）が合算して保有する当該会社の議決権の数を超えて保有しているもの

ハ　信託専門関連業務を営むもの（イに掲げるものを除く。）　当該会社の議決権について、当該連合会の信託子会社等が合算して、当該連合会又はその子会社（信託子会社等を除く。）が合算して保有する当該会社の議決権の数を超えて保有しているもの

六　新たな事業分野を開拓する会社又は経営の向上に相当程度寄与すると認められる新たな事業活動を行う会社として主務省令で定める会社（当該会社の議決権を、当該連合会の子会社のうち前号に掲げる会社で主務省令で定めるもの（次条第三項において「特定子会社」という。）以外の子会社又は当該連合会が、合算して、同条第一項に規定する基準議決権数を超えて有していないものに限る。）

七　前各号に掲げる会社のみを子会社とする私的独占禁止法第九条第五項第一号に規定する持株会社で主務省令で定めるもの（当該持株会社になることを予定している会社を含む。）

注　第七号は、平成二一年六月法律第五一号により改正され、公布の日から起算して一年を超えない範囲内において政令で定める日から施行

「第九条第五項第一号」を「第九条第四項第一号」に改める。

2　前項において、次の各号に掲げる用語の意義は、当該各号に定めるところによる。
一　従属業務　第八十七条第一項第四号の事業を行う連合会の行う事業又は前項第一号から第四号までに掲げる会社の営む業務に従属する業務として主務省令で定めるもの
二　金融関連業務　第八十七条第一項第三号若しくは第四号の事業、有価証券関連業又は信託業（信託業法第二条第一項に規定する信託業をいう。第四号において同じ。）に付随し、又は関連する業務として主務省令で定めるもの
三　証券専門関連業務　専ら有価証券関連業に付随し、又は関連する業務として主務省令で定めるもの
四　信託専門関連業務　専ら信託業に付随し、又は関連する業務として主務省令で定めるもの
五　証券子会社等　第八十七条第一項第四号の事業を行う連合会の子会社である次に掲げる会社
イ　証券専門会社又は証券仲介専門会社
ロ　イに掲げる会社を子会社とする前項第七号に掲げる持株会社
ハ　その他の会社であつて、当該連合会の子会社である証券専門会社又は証券仲介専門会社の子会社のうち主務省令で定めるもの
六　信託子会社等　第八十七条第一項第四号の事業を行う連合会の子会社である次に掲げる会社
イ　前項第一号に掲げる銀行（以下この号において「信託兼営銀行」という。）
ロ　信託専門会社
ハ　イ又はロに掲げる会社を子会社とする前項第七号に掲げる持株会社
ニ　その他の会社であつて、当該連合会の子会社である信託兼営銀行又は信託専門会社の子会社のうち主務省令で定めるもの
3　第十七条の十四第三項の規定は、第一項の連合会について準用する。この場合において、同条第三項中「第一項」とあるのは「第八十七条の三第一項」と、「子会社対象会社」とあるのは「同項に規定する子会社対象会社」と読み替えるものとする。
4　第一項の連合会は、子会社対象会社のうち、同項第一号から第五号まで又は第七号に掲げる会社（従属業務（第二項第一号に掲げる従属業務をいう。以下この項及び第九項並びに次条第一項において同じ。）又は

第八十七条第一項第三号若しくは第四号の事業に付随し、若しくは関連する業務として主務省令で定めるものを専ら営む会社（従属業務を営む会社にあつては、主として当該連合会の行う事業のためにその業務を営んでいる会社に限る。）を除く。以下この条において「認可対象会社」という。）を子会社としようとするときは、第九十二条第三項において準用する第五十四条の二第三項又は第九十二条第五項において準用する第六十九条第二項の規定により第九十二条第三項において準用する第五十四条の二第二項に規定する信用事業の全部若しくは一部の譲受け又は合併の認可を受ける場合を除き、あらかじめ、行政庁の認可を受けなければならない。

5　前項の規定は、認可対象会社が、第一項の連合会又はその子会社の担保権の実行による株式又は持分の取得その他の主務省令で定める事由により当該連合会の子会社となる場合には、適用しない。ただし、当該連合会は、その子会社となつた認可対象会社を引き続き子会社とすることについて行政庁の認可を受けた場合を除き、当該認可対象会社が当該事由の生じた日から一年を経過する日までに子会社でなくなるよう、所要の措置を講じなければならない。

6　第四項の規定は、第一項の連合会が、その子会社としている同項各号に掲げる会社を当該各号のうち他の号に掲げる会社（認可対象会社に限る。）に該当する子会社としようとするときについて準用する。

7　第一項の連合会は、第四項の規定により認可対象会社を子会社としようとするとき、又は前項の規定によりその子会社としている第一項各号に掲げる会社を当該各号のうち他の号に掲げる会社（認可対象会社に限る。）に該当する子会社としようとするときは、その旨を定款で定めなければならない。

8　第一項の連合会が認可対象会社を子会社としている場合には、当該連合会の理事は、当該認可対象会社の業務及び財産の状況を、主務省令で定めるところにより、総会に報告しなければならない。

9　第一項第五号又は第四項の場合において、会社が主として連合会、その子会社その他これらに類する者として主務省令で定めるものの行う事業若しくは営む業務又は連合会の行う事業のために従属業務を営んでいるかどうかの基準は、主務大臣が定める。

10　連合会が第八十七条第六項の規定により信託業務に

係る事業を行う場合における第一項第五号の規定の適用については、同号イ及びハ中「当該連合会の信託子会社等が合算して、当該連合会又はその子会社」とあるのは、「当該連合会又はその信託子会社等が合算して、当該連合会の子会社」とする。

**解説**　本条は、信用漁業協同組合連合会が保有できる子会社の範囲等に関する規定である。その範囲は、信託業務会社、証券専門会社、証券仲介専門会社等本条で指定するものに限られている。

（議決権の取得等の制限）

**第八十七条の四**　第八十七条第一項第四号の事業を行う連合会又はその子会社は、国内の会社（前条第一項第一号から第四号までに掲げる会社、従属業務又は同条第二項第二号に掲げる金融関連業務を専ら営む会社（同号に掲げる金融関連業務を営む会社であつて同条第一項第五号イからハまでに掲げる業務の区分に該当する場合には、当該区分に定めるものに、それぞれ限るものとする。）及び同条第一項第七号に掲げる会社を除く。以下この項において同じ。）の議決権については、合算して、その基準議決権数（当該国内の会社の総株主等の議決権に百分の十を乗じて得た議決権の数をいう。）を超える議決権を取得し、又は保有してはならない。

2　第十七条の十五第二項から第七項までの規定は、前項の連合会について準用する。この場合において、同条第二項中「前項」とあるのは「第八十七条の四第一項」と、「特定事業会社である国内の会社の議決権をその基準議決権数」とあるのは「国内の会社（同項に規定する国内の会社をいう。以下同じ。）の議決権をその基準議決権数（同項に規定する基準議決権数をいう。以下同じ。）」と、同条第三項及び第四項中「第一項」とあるのは「第八十七条の四第一項」と、「特定事業会社である国内の会社」とあるのは「国内の会社」と、同項第一号中「当該組合が」とあるのは「当該連合会が第八十七条の三第四項の認可を受けて同項に規定する認可対象会社を子会社としたとき、又は」と、「又は」とあるのは「若しくは」と、「その」とあるのは「その子会社とした日又はその」と、同条第五項及び第六項中「第一項」とあるのは「第八十七条の四第一項」と、「特定事業会社である国内の会社」とあるのは「国内の会社」と、同条第七項中「前各項」

とあるのは「第八十七条の四第一項及び同条第二項において準用する第十七条の十五第二項から前項まで」と、「第一項」とあるのは「第八十七条の四第一項」と読み替えるものとする。

3　第一項の場合及び前項において準用する第十七条の十五第二項から第七項までの場合において、新たな事業分野を開拓する会社又は経営の向上に相当程度寄与すると認められる新たな事業活動を行う会社として主務省令で定める会社の議決権の取得又は保有については、特定子会社は、第一項の連合会の子会社に該当しないものとみなす。

**解説**　本条は、信用漁業協同組合連合会又はその子会社の議決権の取得等の制限に関する規定である。

（会員たる資格）

**第八十八条**　連合会の会員たる資格を有する者は、次の者であつて定款で定めるものとする。

一　当該連合会の地区の全部又は一部を地区とする組合又は連合会

二　当該連合会の地区内に住所を有する漁業生産組合

三　当該連合会の地区内に住所を有し、かつ、法律に基づいて設立された協同組合であつて、前二号の者の事業と同種の事業を行うもの

四　第一号の組合又は連合会が主たる出資者又は構成員となつている法人（第一号及び前号に掲げる者を除く。）

**解説**　連合会の会員は、漁業協同組合の場合と異なり、正組合員の資格についても任意に定款で制限することができる。定款で正組合員の資格を有する者から漁業生産組合を排除することもできる。また、特定の事業を営む組合又は連合会のみに資格を認めることもできる。

連合会の会員たる資格を有する者は、次の者であって定款で定めるものである（第一項）。

①　当該連合会の地区の全部又は一部を地区とする組合又は連合会

②　当該連合会の地区内に住所を有する漁業生産組合

③　当該連合会の地区内に住所を有し、かつ、法律に基づいて設立された協同組合であって、①、②の者の事業と同種の事業を行うもの

④　①の組合又は連合会が主たる出資者又は構成員となっている法人（①及び②に掲げる者を除く。）

①及び②の組合又は連合会に対し、定款で会員資格を更に制限することはもちろん、会員資格を全く与えないこともできる。しかし、準会員として加入させることは認められていない。①の「地区の全部又は一部を地区とする」とは、正会員となろうとする組合又は連合会の地区が、加入しようとする連合会の地区の全部又は一部と重なっているという意味である。また、②の「漁業生産組合の住所」とは、漁業生産組合の主たる事務所の所在地である。

③及び④は、准組合員たる資格を有するものである。③の「法律に基づいて設立された協同組合」とは、水産加工業協同組合、農業協同組合、森林組合、中小企業協同組合等である。

（議決権及び選挙権）

**第八十九条**　会員は、各一個の議決権並びに役員及び総代の選挙権を有する。ただし、前条第三号及び第四号の規定による会員（以下この章において「准会員」という。）は、議決権及び選挙権を有しない。

2　連合会は、前項本文の規定にかかわらず、政令で定める基準に従い、定款の定めるところにより、その会員に対して、当該会員が組合である場合にあつては当該組合の組合員（准組合員を除く。）の数、当該会員が連合会である場合にあつては当該連合会を直接又は間接に構成する組合の組合員（准組合員を除く。）の数及び当該組合の当該連合会構成上の関連度に基づき、二個以上の議決権及び選挙権を与えることができる。

3　第二十一条第二項から第七項までの規定は、会員の議決権及び選挙権の行使について準用する。この場合において、必要な技術的読替えは、政令で定める。

**解説**　会員たる単位組合の組合員数、連合会に対する出資口数あるいは連合会事業の利用配分の多少にかかわらず一会員に一議決権及び役員、総代の選挙権が与えられている（第一項）。

連合会は、第一項の規定にかかわらず、政令で定める基準に従い、定款の定めるところにより、その会員に対して、当該会員が組合である場合にあっては当該組合の正組合員の数、当該会員が連合会である場合にあっては当該連合会を直接又は間接に構成する組合の正組合員の数及び当該組合の当該連合会構成上の関連度に基づき、二個以上の議決権及び選挙権を与えることができる（第二項）。一会員一票制の特例は、政令の定める基準に従い、定款の定めるところにより各連合会が実態に応じて自主的に定めることになる。政令では、「漁業協同組合連合会、水産加工業協同組合連合会又は共済水産業協同組合連合会が法第八九条第二項の規定によりその会員に対して二個以上の議決権及び選挙権を与えるときは、会員に平等に与える議決権及び選挙権以外の議決権及び選挙権の総数は、会員に平等に与える議決権及び選挙権の総数を超えてはならない。」と規定されている（施行令第二三条第一項）。

（発起人）

**第九十条** 連合会を設立するには、二以上の組合、漁業生産組合又は連合会が発起人となることを必要とする。

**解説** 連合会を設立するには、二以上の組合、漁業生産組合又は連合会が発起人となることを必要とする。発起人になれるのは、漁業協同組合、漁業生産組合、漁業協同組合連合会の三者に限られる。

（解散事由）

**第九十一条** 連合会は、次の事由によつて解散する。

一 総会の決議
二 連合会の合併
三 連合会についての破産手続開始の決定
四 存立時期の満了
五 第百二十四条の二の規定による解散の命令
六 会員（准会員を除く。以下この条及び次条（同条第一項第一号を除く。）において同じ。）がいなくなつたこと。

2 解散の決議は、行政庁の認可を受けなければ、その効力を生じない。

3 前項の申請があつた場合には、第六十三条第二項、第六十四条（第二号を除く。）及び第六十五条の規定を準用する。

4 会員が一人になつた連合会は、第一項の事由によるほか、次の事由により解散する。

一 次条の規定による権利義務の承継があつたこと。
二 次条第二項において準用する第六十九条第二項の認可の申請につき不認可の処分があつたこと。
三 次条第三項の期間内に同条第二項において準用する第六十九条第二項の認可の申請がなかつたこと。

5 連合会は、会員がいなくなつたこと又は前項第三号に掲げる事由によって解散したときは、遅滞なく、その旨を行政庁に届け出なければならない。

**解説**　連合会の解散は、漁業協同組合と同様の理由（総会の決議、連合会の合併、連合会についての破産手続開始の決定、存続時期の満了、解散の命令）のほか、正会員がいなくなった場合、また、正会員が一人になった連合会について、①包括承継が行われた場合、②包括承継が不可能であった場合、③包括承継の認可申請が六か月以内に行われなかった場合に解散する（第一項、第三項）。

連合会は、正会員がいなくなったこと又は包括承継の認可申請が六か月以内になかったときは、遅滞なく行政庁に届けなければならない（第五項）。

（連合会の権利義務の包括承継）

**第九十一条の二**　会員が一人になつた連合会の会員たる組合、漁業生産組合又は連合会（以下この条において「組合等」という。）は、会員が一人になつた連合会の権利義務（当該連合会がその行う事業に関し、行政庁の許可、認可その他の処分に基づいて有する権利義務を含む。）を承継することができる。ただし、次のいずれかに該当する場合は、この限りでない。

一　当該連合会が会員に出資をさせる連合会である場合において、その会員に准会員があるとき。

二　当該組合等の当該連合会に対して有する持分が第三者の権利の目的となつているとき。

2　第五十条、第六十九条、第六十九条の三、第七十一条及び第七十二条の二の規定は前項の規定による権利義務の承継について、会社法第八百二十八条第一項（第五号に係る部分に限る。）及び第二項（第五号に係る部分に限る。）、第八百三十四条（第五号に係る部分に限る。）、第八百三十五条第一項、第八百三十六条から第八百三十九条まで並びに第八百四十六条の規定は前項の規定による権利義務の承継の無効の訴えについて準用する。この場合において、第六十九条第三項中「第六十五条」とあるのは「第六十五条第一項から第四項まで」と、同法第八百二十八条第二項第五号中「株主等」とあるのは「組合員、理事、経営管理委員、監事、清算人」と、同法第八百三十六条第一項ただし書中「取締役、」とあるのは「理事、経営管理委員、」と読み替えるものとするほか、必要な技術的読替えは、政令で定める。

3　前項において準用する第六十九条第二項の認可の申請は、当該連合会の会員が一人になつた日から六月以内にしなければならない。

4　第一項の規定による権利義務の承継があつたときは、被承継人たる連合会は、その時に消滅する。

**解説**　連合会が、組合合併の進展に伴いその正会員が一人になったことにより法定解散する場合には、その機能をできるだけ正会員たる組合に承継させ、組合の機能を発揮させる措置をとることが適当である。このために連合会の有する権利義務を最後に残った一正会員たる組合に包括的に承継させることが認められている。しかし、連合会が出資組合であって准会員であるとき等はその者の権利を保護するため、包括承継ができない（一項）。

包括承継を行う場合、承継組合における総会の特別議決が必要である（第二項で準用する第五〇条）。また、出資組合が権利義務の承継の議決をしたときは、合併の場合に準じ、組合の債権者を保護するために、財産目録及び貸借対照表の作成、公告等の手続を行う必要がある（第二項において準用する第六九条、第六九条の三、第七一条、第七二条の二）。承継の認可のあった日から、主たる事務所の所在地においては、二週間以内に、従たる事務所の所在地においては三週間以内に、承継後存続する組合については変更の登記、承継によって消滅する連合会については解散の登記をしなければならない（第一〇七条）。

登記をすることによって、連合会の権利義務の包括承継は、その効力を生じ、被承継人たる連合会はその承継の時に消滅する（第四項）。

（準用規定）

**第九十二条**　第八十七条及び第八十七条の二に規定するもののほか、第十一条の二から第十一条の十三まで、第十二条から第十五条まで及び第十六条の規定は、連合会の事業について準用する。この場合において、第十一条の二第一項中「前条第一項第一号」とあるのは「第八十七条第一項第一号」と、「組合員」とあるのは「所属員」と、同条第三項中「組合員の三分の二以上」とあるのは「会員又は当該漁業を営む者を組合員とする会員のすべて」と、第十一条の三第一項及び第十一条の十二中「第十一条第一項第四号又は第十一号」とあり、並びに第十一条の四第一項、第十一条の六第一項、第十一条の七から第十一条の九まで、第十一条の十第一項、第十一条の十一第一項及び第十一条の十三第一項中「第十一条第一項第四号」とあるのは「第八十七条第一項第四号」と、第十一条の三第二項中「一億円（組合員（第十八条第五項の規定による組合員（以下この章及び第四章において「准組合員」という。）を除く。）の数、地理的条件その他の事項が政令で定める要件に該当する組合又は第十一条第一項第四号の事業を行わない組合にあつては、千万円）」とあるのは「一億円」と、第十一条の四第二項中「第十一条第一項第三号及び第四号」とあるのは「第八十七条第一項第三号及び第四号」と、「同条第三項から第五項まで」とあるのは「同条第四項から第六項まで」と、第十一条の五中「第十一条第十項」とあるのは「第八十七条第十一項」と、「組合員及び他の組合の組合員」とあるのは「所属員及び他の連合会の所属員」と、第十二条第一項中「第十一条第一項第七号」とあるのは「第八十七条第一項第七号」と、第十六条第一項中「第十一条第一項第十四号」とあるのは「第八十七条第一項第十四号」と読み替えるものとするほか、必要な技術的読替えは、政令で定める。

「第十一条の十第一項」の下に「、第十一条の十二第一項」を加える。

注　第一項は、平成二一年六月法律第五八号により改正され、公布の日から起算して一年六月を超えない範囲内において政令で定める日から施行

2　第八十八条及び第八十九条に規定するもののほか、第十九条から第二十条まで及び第二十二条から第三十一条の二までの規定は、連合会の会員について準用する。

3　第三十二条第一項、第三項及び第四項、第三十三条、第三十三条の二、第三十四条第一項から第三項まで、第四項本文、第五項から第七項まで及び第九項から第十二項まで、第三十四条の二から第四十七条の七まで、第四十八条第一項から第四項まで、第四十九条から第五十一条まで、第五十二条から第五十四条の三まで並びに第五十四条の五から第五十八条の三までの規定は、連合会の管理について準用する。この場合において、第三十二条第一項、第四十条第一項及び第二項並びに第五十五条第一項中「第十一条第一項第五号から第七号まで」とあるのは「第八十七条第一項第五

号から第七号まで」と、第三十四条第三項、第三十四条の四第二項第二号、第三十四条の五第一項、第四十一条の二第一項、第五十四条の二第一項及び第二項並びに第五十四条の三第一項中「第十一条第一項第四号」とあり、並びに第三十四条第十一項及び第十二項、第三十四条の四第二項第一号、第五十五条第一項及び第二項並びに第五十八条の三第一項中「第十一条第一項第四号又は第十一号」とあるのは「第八十七条第一項第四号」と、第三十四条第六項中「一人」とあるのは「一人（第八十九条第二項の規定によりその会員に対して二個以上の選挙権を与える連合会にあつては、選挙権一個）」と、同条第十項及び第三十四条の二第二項中「准組合員以外の組合員」とあるのは「所属員（准会員、准組合員及びこれらを構成する者を除く。）」と、「組合員（准組合員を除く。）たる資格を有する者であつて設立の同意を申し出たもの」とあるのは「会員（准会員を除く。）たる資格を有する者であつて設立の同意を申し出たもの又はこれを直接若しくは間接に構成する者（准会員、准組合員及びこれらを構成する者を除く。）」と、第三十四条第十一項及び第十二項中「組合（その行う信用事業又は共済事業の規模が政令で定める基準に達しない組合を除く。）」とあるのは「連合会」と、同条第十一項中「組合員又は当該組合の組合員たる法人」とあるのは「会員たる法人」と、第四十一条の二第一項中「組合（政令で定める規模に達しない組合を除く。」とあるのは「連合会」と、第四十七条中「（当該組合の組合員の営み、又は従事する漁業及び当該組合の所属する漁業協同組合連合会又は共済水産業協同組合連合会の行う事業を除く。」とあるのは「（当該連合会の所属員たる組合及び連合会並びに当該連合会の所属する連合会の行う事業を除く。」と、第四十八条第一項第五号及び第五十条第三号の二中「第十一条第一項第五号若しくは第七号」とあるのは「第八十七条第一項第五号若しくは第七号」と、第五十二条第七項及び第八項中「事項」とあるのは「事項若しくは第九十一条の二の規定による権利義務の承継」と、第五十五条第七項中「第十一条第一項第二号及び第十三号」とあるのは「第八十七条第一項第二号及び第十三号」と読み替えるものとするほか、必要な技術的読替えは、政令で定める。

4　第九十条に規定するもののほか、第六十条から第六十七条の二までの規定は、連合会の設立について準用する。この場合において、第六十一条第二項中「二十人（業種別組合にあつては、十五人）」とあるのは「二人」と、第六十二条第六項中「第二十一条第一項、第四十九条第二項及び第三項並びに第五十条の二から第五十条の四まで」とあるのは「第四十九条第二項及び第三項、第五十条の二から第五十条の四まで並びに第八十九条第一項」と読み替えるものとするほか、必要な技術的読替えは、政令で定める。

5　前二条に規定するもののほか、第六十九条から第七十七条までの規定は、連合会の解散及び清算について準用する。この場合において、第六十九条第三項中「第十一条第一項第四号又は第十一号」とあるのは「第八十七条第一項第四号」と、第七十条第二項において準用する第三十四条第十項本文及び第三十四条の二第二項本文中「准組合員以外の組合員」とあるのは「所属員（准会員、准組合員及びこれらを構成する者を除く。）」と、第七十四条中「及び破産手続開始の決定」とあるのは「、破産手続開始の決定及び第九十一条第四項第一号に掲げる事由」と読み替えるものとするほか、必要な技術的読替えは、政令で定める。

**解説**　本条は、水産業協同組合の準用規定に関する規定である。

# 第五章　水産加工業協同組合

水産加工業協同組合（以下「加工組合」という。）は、水産加工業者及び水産加工業を営む小規模な法人によって構成される水産加工業における協同組織である。加工組合は、漁業協同組合と同じく流通面を主体とする経済事業の協同化を目的とする組合であるから、その組織、運営においては漁業協同組合の場合とほぼ同様である。

（事業の種類）
**第九十三条**　水産加工業協同組合（以下この章及び次章において「組合」という。）は、次の事業の全部又は一部を行うことができる。
一　組合員の事業又は生活に必要な資金の貸付け
二　組合員の貯金又は定期積金の受入れ
三　組合員の事業又は生活に必要な物資の供給
四　組合員の事業又は生活に必要な共同利用施設の設置
五　組合員の生産物の運搬、加工、保管又は販売
六　組合員の製品、その原料若しくは材料又は製造若しくは加工の設備に対する検査
六の二　組合員の共済に関する事業
七　組合員の福利厚生に関する事業
八　水産物の製造加工に関する経営及び技術の向上並びに組合事業に関する組合員の知識の向上を図るための教育並びに組合員に対する一般的情報の提供
九　組合員の経済的地位の改善のためにする団体協約の締結
十　前各号の事業に附帯する事業
2　前項第二号の事業を行う組合は、組合員のために、次の事業の全部又は一部を行うことができる。
一　手形の割引
二　為替取引
三　債務の保証又は手形の引受け
三の二　有価証券の売買等
四　有価証券の貸付け
五　国債等の引受け（売出しの目的をもつてするものを除く。）又は当該引受けに係る国債等の募集の取扱い
六　有価証券（国債等に該当するもの並びに金融商品

取引法第二条第一項第十号及び第十一号に掲げるものに限る。）の私募の取扱い
七　農林中央金庫その他主務大臣の定める者（外国銀行を除く。）の業務の代理又は媒介（主務大臣の定めるものに限る。）
八　国、地方公共団体、会社等の金銭の収納その他金銭に係る事務の取扱い
九　有価証券、貴金属その他の物品の保護預り
九の二　振替業
十　両替
十一　デリバティブ取引の媒介、取次ぎ又は代理
十二　前各号の事業に附帯する事業
3　第一項第一号及び第二号の事業を併せ行う組合は、これらの事業の遂行を妨げない限度において、次の各号に掲げる有価証券について、当該各号に定める行為を行う事業（前項の規定により行う事業を除く。）を行うことができる。
一　金融商品取引法第三十三条第二項第一号に掲げる有価証券（同法第二条第一項第一号及び第二号に掲げる有価証券並びに政府が元本の償還及び利息の支払について保証している同項第五号に掲げる有価証券その他の債券に限る。）　同法第三十三条第二項第一号に定める行為（同法第二条第八項第一号から第三号までに掲げる行為については、有価証券の売買及び有価証券の売買に係るものに限る。）
二　金融商品取引法第三十三条第二項第一号、第三号及び第四号に掲げる有価証券（前号に掲げる有価証券を除く。）　金融商品取引業者の委託を受けて、当該金融商品取引業者のために行う同法第二条第十一項第一号から第三号までに掲げる行為
三　金融商品取引法第三十三条第二項第二号に掲げる有価証券　同号に定める行為
4　第一項第一号及び第二号の事業を併せ行う組合は、これらの事業の遂行を妨げない限度において、次に掲げる事業を行うことができる。
一　金融機関の信託業務の兼営等に関する法律により行う信託業務に係る事業
二　信託法第三条第三号に掲げる方法によってする信託に係る事務に関する事業
三　金融商品取引法第二十八条第六項に規定する投資助言業務に係る事業
5　組合が前項第二号の事業を行う場合には、第十一条

第六項の規定を準用する。

6　第一項第六号の二の事業を行う組合は、組合員のために、保険会社その他主務大臣が指定するこれに準ずる者の業務の代理又は事務の代行（農林水産省令で定めるものに限る。）の事業を行うことができる。

7　組合は、定款で定めるところにより、組合員以外の者にその事業（第二項第三号及び第四号の事業にあつては、主務省令で定めるものに限る。）を利用させることができる。ただし、同項第二号から第十号まで及び第十二号、第三項並びに前項の事業に係る場合を除き、一事業年度において組合員以外の者が利用し得る事業の分量の総額は、当該事業年度において組合員が利用する事業の分量の総額の五分の一（政令で定める事業については、政令で定める割合）を超えてはならない。

8　次の各号に掲げる事業の利用に関する前項ただし書の規定の適用については、当該各号に定める者を組合員とみなす。

一　第一項第一号の事業　組合員と世帯を同じくする者又は営利を目的としない法人に対して、その貯金又は定期積金を担保として貸し付ける場合におけるこれらの者

二　第一項第二号の事業　組合員と世帯を同じくする者及び営利を目的としない法人

三　第一項第六号の二及び第七号の事業　組合員と世帯を同じくする者

9　組合は、第七項の規定にかかわらず、組合員のためにする事業の遂行を妨げない限度において、定款の定めるところにより、次に掲げる資金の貸付けをすることができる。

一　地方公共団体に対する資金の貸付けで政令で定めるもの

二　営利を目的としない法人であつて、地方公共団体が主たる出資者若しくは構成員となつているもの又は地方公共団体がその基本財産の額の過半を拠出しているものに対する資金の貸付けで政令で定めるもの

三　漁港区域における産業基盤又は生活環境の整備のために必要な資金で政令で定めるものの貸付け（前二号に掲げるものを除く。）

四　銀行その他の金融機関に対する資金の貸付け

**解説**　第一項では、加工組合が行うことのできる事業が制限列挙主義的に並べられている（第一項）。このほか、資金の貸付け及び貯金の受入れの事業を行う加工組合は、組合員のために、手形の割引、為替取引等を行うことができる（第二項、第三項、第八項）。

加工組合の事業は漁業協同組合の事業とほぼ同様であるが、検査に関する事業があることが漁業協同組合とは異なる（第一項第六号）。これには、製品の検査、原料又は材料の検査、製造又は加工設備の検査の三種が含まれている。検査は、加工組合が独自の立場において自主的に行うものであり、他の法令に規定する効果をもち検査を行うためには当然その法令の制約を受ける。

（組合員たる資格）

**第九十四条**　組合の組合員たる資格を有する者は、次に掲げる者であつて定款で定めるものとする。

一　当該組合の地区内に住所又は事業場を有する水産加工業者

二　当該組合の地区内に住所又は事業場を有する水産加工業を営む法人であつて、その常時使用する従業者の数が三百人以下であるもの又はその資本金の額若しくは出資の総額が一億円以下であるもの

**解説**　組合の組合員たる資格を有する者は、次に掲げる者であって定款で定めるものである。

①　加工組合の地区内に住所又は事業場を有する水産加工業者

②　加工組合の地区内に住所又は事業場を有する水産加工業を営む法人であって、その常時使用する従業者の数が三〇〇人以下であるもの又はその資本金の額若しくは出資の総額が一億円以下であるもの

「水産加工業者」とは、水産加工業を営む個人をいい、「水産加工業」とは、水産動植物を原料又は材料として、食料、資料、肥料、糊料、油脂又は皮を生産する事業をいう（第一〇条）。

加工組合の組合員については、漁業生産組合と同様に准組合員制度がとられていない（第九六条第二項における準用）。したがって、加工組合の組合員は、すべてが議決権及び役員の選挙権を有する。

（出資）

**第九十五条**　組合員は、出資一口以上を有しなければならない。

解説　本条は、加工組合は必ず出資制をとらなければならない旨の規定である。漁業協同組合は経済事業よりも漁業権管理事業等非経済事業が主であり、非出資組合制度も認められているが、加工組合はすべてが経済事業を主たる目的とすべきであるので、その資本的基礎とするために出資制度をとる組合に限られている。

（公正取引委員会の排除措置命令による脱退）
**第九十五条の二**　組合員は、第九十六条第二項で準用する第二十七条第一項各号に掲げる事由によるほか、次条から第九十五条の五までの規定による公正取引委員会の確定した排除措置命令によつて脱退する。

解説　本条は、第二七条第一項各号に掲げる事由のほか、加工組合の組合員は、公正取引委員会の確定した排除措置命令により脱退することを規定したものである。加工組合の組合員で常時従業員が一〇〇人を超えるものに対し、公正取引員会が実質的に小規模な事業者でないと認めて、第九五条の三から第九五条の五までの規定に基づき組合から脱退させる場合である。

（排除措置）
**第九十五条の三**　公正取引委員会は、第九十四条第二号の規定による組合員たる法人でその常時使用する従業者の数が百人を超えるものが実質的に小規模の法人でないと認めるときは、この法律の目的を達成するために、次条に規定する手続に従い、その法人を組合から脱退させることができる。

**第九十五条の四**　前条の場合については、私的独占禁止法第四十条から第四十二条まで、第四十五条、第四十七条から第四十九条まで、第五十二条、第五十五条第一項及び第三項から第五項まで、第五十六条から第五十八条まで、第五十九条第一項、第六十条から第六十四条まで、第六十六条、第六十八条、第六十九条第一項及び第二項、第七十条、第七十条の二第一項から第三項まで、第七十条の三から第七十条の五まで、第七十条の八、第七十条の十二第二項、第七十条の十五から第七十条の十七まで、第七十条の十九から第七十条の二十二まで、第七十五条から第八十二条まで並びに第八十八条の規定を準用する。

**解説**　第九五条の三は、公正取引委員会の排除権に関する規定である。加工組合は、常時従業員数が三〇〇人又は資本金が一億円を超えない規模の組合員だけで組織されている場合には、独占禁止法の適用を除外される。しかし、右の基準のままでは業種によって実質的に大企業と認められる事業者が組合に加入することになる場合がありえるので、公正取引委員会は、常時従業員数が一〇〇人を超える規模の組合員が実質的に大企業であると認めた場合には、これを個別的に組合から排除しえるものとしている。

第九五条の四では、公正取引委員会が前条の規定による排除措置を行う場合における手続等に関し、独占禁止法の規定を準用している。

（東京高等裁判所の管轄権）

**第九十五条の五**　前条の規定による公正取引委員会の審決に係る訴訟については、第一審の裁判権は、東京高等裁判所に属する。

2　前項に掲げる訴訟事件は、私的独占禁止法第八十七条第一項の規定により東京高等裁判所に設けられた裁判官の合議体が取り扱うものとする。

**解説**　本条は、公正取引委員会の排除措置に不服のある者が、審決の取消し又は変更の訴を提起する場合の第一審の裁判管轄について定めたものである。公正取引委員会の審決に係る訴訟については、第一審の裁判権は、東京高等裁判所に属することとされている。

（準用規定）

**第九十六条**　第九十三条に規定するもののほか、第十一条の三から第十六条までの規定は組合の事業について、第十七条の二から第十七条の十三までの規定は組合の共済契約に係る契約条件の変更について、第十七条の十四及び第十七条の十五の規定は組合の子会社等について準用する。この場合において、第十一条の三第一項、第十一条の十二及び第十七条の十四第一項中「第十一条第一項第四号又は第十一号」とあるのは「第九十三条第一項第二号又は第六号の二」と、第十一条の三第二項、第十一条の四第一項、第十一条の六第一項、第十一条の七から第十一条の九まで、第十一条の十第一項、第十一条の十一第一項、第十一条の十三第一項、第十一条の十四及び第十七条の十四第二項第二号中「第十一条第一項第四号」とあるのは「第九十三条第一項第二号」と、第十一条の四第二項中「第十一条第一項第三号及び第四号」とあるのは「第九十三条第一項第一号及び第二号」と、「同条第三項から第五項まで」とあるのは「同条第二項から第四項まで」と、第十一条の五中「第十一条第十項」とあるのは「第九十三条第九項」と、「組合員及び他の組合の組合員」とあるのは「組合員」と、第十一条の十三第一項中「同項第三号又は第四号」とあるのは「同項第一号又は第二号」と、第十二条第一項中「第十一条第一項第七号」とあるのは「第九十三条第一項第五号」と、第十五条の二第一項、第十五条の三、第十五条の四第一項、第十五条の五から第十五条の七まで、第十五条の八第一項、第十五条の九、第十五条の九の二第一項、第十五条の十、第十五条の十一、第十五条の十二第一項、第十五条の十三第一項、第十五条の十四、第十五条の十五第一項、第十五条の十六、第十五条の十七第一項、第十七条の二第一項、第十七条の四第二項、第十七条の五第一項、第十七条の七第一項、第十七条の十一第一項、第十七条の十二第一項、第十七条の十三第一項及び第十七条の十四第二項第三号中「第十一条第一項第十一号」とあるのは「第九十三条第一項第六号の二」と、第十五条の二第一項中「同条第七項」とあるのは「同条第六項」と、第十六条第一項中「第十一条第一項第十四号」とあるのは「第九十三条第一項第九号」と、第十七条の十四第一項第二号中「第十一条第一項第三号、第四号又は第十一号」とあるのは「第九十三条第一項第一号、第二号又は第六号の二」と、「同条第一項第三号又は第四号」とあるのは「同条第一項第一号又は第二号」と、「同条第一項第十一号」とあるのは「同条第一項第六号の二」と、同条第二項第一号中「第十一条第一項第四号及び第十一号」とあるのは「第九十三条第一項第二号及び第六号の二」と、第十七条の十五第一項中「第十一条第一項第四号若しくは第十一号」とあるのは「第九十三条第一項第二号若しくは第六号の二」と読み替えるものとするほか、必要な技術的読替えは、政令で定める。

注　第一項は、平成二一年六月法律第五八号により改正され、公布の日から起算して一年六月を超えない範囲内において政令で定める日から施行

「第十一条の十第一項」の下に「、第十一条の十の二第一項」を、「第十五条の九の二第一項」の下に「、第十五条の九の三第一項」を加える。

2　第九十四条から前条までに規定するもののほか、第十九条第三項から第五項まで、第十九条の二、第二十条、第二十一条第一項本文及び第二項から第七項まで、第二十二条から第二十五条まで、第二十六条第一項及び第四項並びに第二十七条から第三十一条の二までの規定は、組合の組合員について準用する。

3　第三十二条第一項、第三項及び第四項、第三十三条から第三十四条まで、第三十四条の三、第三十四条の四（第一項第五号を除く。）、第三十四条の五第一項、第二項及び第五項、第三十五条、第三十六条第一項から第三項まで、第三十七条、第三十九条から第三十九条の四まで、第三十九条の五（第四項を除く。）、第三十九条の六から第四十一条の三まで、第四十二条第一項及び第三項から第八項まで、第四十二条の二から第四十七条の三まで、第四十七条の四第一項及び第二項、第四十七条の五から第五十一条まで並びに第五十二条から第五十八条の三までの規定は、組合の管理について準用する。この場合において、第三十四条第三項、第三十四条の四第二項第二号、第三十四条の五第一項、第四十一条の二第一項、第五十四条の二第一項及び第二項並びに第五十四条の三第一項中「第十一条第一項第四号」とあるのは「第九十三条第一項第二号」と、第三十四条第十一項及び第十二項、第三十四条の四第二項第一号、第五十五条第一項及び第二項並びに第五十八条の三第一項中「第十一条第一項第四号又は第十一号」とあるのは「第九十三条第一項第二号又は第六号の二」と、第四十七条中「漁業及び」とあるのは「水産加工業及び」と、「漁業協同組合連合会」とあるのは「水産加工業協同組合連合会」と、第四十八条第一項第五号及び第五十条第三号の二中「第十一条第一項第五号若しくは第七号」とあるのは「第九十三条第一項第三号若しくは第五号」と、第五十四条の四第一項中「第十一条第一項第十一号」とあるのは「第九十三条第一項第六号の二」と、第五十五条第七項中「第十一条第一項第二号及び第十三号」とあるのは「第九十三条第一項第八号」と読み替えるものとするほか、必要な技術的読替えは、政令で定める。

4　第五十九条から第六十七条の二までの規定は、組合の設立について準用する。この場合において、第五十九条中「二十人（第十八条第四項の規定により組合員たる資格を有する者を特定の種類の漁業を営む者に限る組合（以下「業種別組合」という。）にあつては、十五人）」とあり、及び第六十一条第二項中「二十人（業種別組合にあつては、十五人）」とあるのは、「十五人」と読み替えるものとするほか、必要な技術的読替えは、政令で定める。

5　第六十八条から第七十四条の二まで、第七十五条第一項、第七十六条第一項及び第三項並びに第七十七条の規定は、組合の解散及び清算について準用する。この場合において、第六十八条第四項中「二十人（業種別組合にあつては、十五人）」とあるのは「十五人」と、第六十九条第三項中「第十一条第一項第四号又は第十一号」とあるのは「第九十三条第一項第二号又は第六号の二」と、第七十七条中「第三十四条の四」とあるのは「第三十四条の四（第一項第五号を除く。）」と読み替えるものとするほか、必要な技術的読替えは、政令で定める。

**解説**　本条は、加工組合の準用規定に関する規定である。漁業協同組合に関する規定の大部分が準用されているが、加工組合はすべて出資制度をとるのであるから、「出資組合」とあるのは「組合」と読み替え、非出資組合に関する規定は当然に準用されない。

# 第六章　水産加工業協同組合連合会

水産加工業協同組合連合会（以下「加工連合会」という。）は、加工組合及び加工連合会によって構成される連合組織である。加工連合会は、水産加工業系統の組織であるからその点は加工組合の規定に準じる。他方単位組合を結合する連合会という点は漁業協同組合連合会の規定に準じて律せられるが、大部分の規定はいずれも漁業協同組合の規定を準用している。

（事業の種類）

**第九十七条**　水産加工業協同組合連合会（以下この章において「連合会」という。）は、次の事業の全部又は一部を行うことができる。

一　連合会を直接又は間接に構成する者（以下この章において「所属員」と総称する。）の事業に必要な資金の貸付け

二　所属員の貯金又は定期積金の受入れ

三　所属員の事業に必要な物資の供給

四　所属員の事業に必要な共同利用施設の設置

五　所属員の生産物の運搬、加工、保管又は販売

六　所属員の製品、その原料若しくは材料又は製造若しくは加工の設備に対する検査

七　会員の監査及び指導

八　所属員の福利厚生に関する事業

九　水産物の製造加工に関する経営及び技術の向上並びに連合会の事業に関する所属員の知識の向上を図るための教育並びに所属員に対する一般的情報の提供

十　所属員の経済的地位の改善のためにする団体協約の締結

十一　前各号の事業に附帯する事業

2　前項第一号又は第二号の事業を行う連合会は、同項の規定にかかわらず、これらの事業に附帯する事業又は次項、第四項若しくは第五項の事業のほか、他の事業を行うことができない。

3　第一項第二号の事業を行う連合会は、所属員のために、次の事業の全部又は一部を行うことができる。

一　手形の割引

二　為替取引

三　債務の保証又は手形の引受け
三の二　有価証券の売買等
四　有価証券の貸付け
五　国債等の引受け（売出しの目的をもつてするものを除く。）又は当該引受けに係る国債等の募集の取扱い
六　有価証券（国債等に該当するもの並びに金融商品取引法第二条第一項第十号及び第十一号に掲げるものに限る。）の私募の取扱い
七　農林中央金庫その他主務大臣の定める者（外国銀行を除く。）の業務の代理又は媒介（主務大臣の定めるものに限る。）
八　国、地方公共団体、会社等の金銭の収納その他金銭に係る事務の取扱い
九　有価証券、貴金属その他の物品の保護預り
九の二　振替業
十　両替
十一　デリバティブ取引の媒介、取次ぎ又は代理
十二　前各号の事業に附帯する事業

4　第一項第一号及び第二号の事業を併せ行う連合会は、これらの事業の遂行を妨げない限度において、次の各号に掲げる有価証券について、当該各号に定める行為を行う事業（前項の規定により行う事業を除く。）を行うことができる。
一　金融商品取引法第三十三条第二項第一号に掲げる有価証券（同法第二条第一項第一号及び第二号に掲げる有価証券並びに政府が元本の償還及び利息の支払について保証している同項第五号に掲げる有価証券その他の債券に限る。）　同法第三十三条第二項第一号に定める行為（同法第二条第八項第一号から第三号までに掲げる行為については、有価証券の売買及び有価証券の売買に係るものに限る。）
二　金融商品取引法第三十三条第二項第一号、第三号及び第四号に掲げる有価証券（前号に掲げる有価証券を除く。）　金融商品取引業者の委託を受けて、当該金融商品取引業者のために行う同法第二条第十一項第一号から第三号までに掲げる行為
三　金融商品取引法第三十三条第二項第二号に掲げる有価証券　同号に定める行為

5　第一項第一号及び第二号の事業を併せ行う連合会は、これらの事業の遂行を妨げない限度において、次に掲げる事業を行うことができる。

一　金融機関の信託業務の兼営等に関する法律により行う信託業務に係る事業
二　信託法第三条第三号に掲げる方法によつてする信託に係る事務に関する事業
三　金融商品取引法第二十八条第六項に規定する投資助言業務に係る事業
6　連合会が前項第二号の事業を行う場合には、第十一条第六項の規定を準用する。
7　連合会は、定款で定めるところにより、所属員以外の者にその事業（第三項第三号及び第四号の事業にあつては、主務省令で定めるものに限る。）を利用させることができる。ただし、同項第二号から第十号まで及び第十二号並びに第四項の事業に係る場合を除き、一事業年度において所属員以外の者が利用し得る事業の分量の総額は、当該事業年度において所属員が利用する事業の分量の総額の五分の一を超えてはならない。
8　次の各号に掲げる事業の利用に関する前項ただし書の規定の適用については、当該各号に定める者を所属員とみなす。
一　第一項第一号の事業　営利を目的としない法人に対して、その貯金又は定期積金を担保として貸し付ける場合におけるその者
二　第一項第二号の事業　営利を目的としない法人
三　第一項第八号の事業　所属員と世帯を同じくする者
9　連合会は、第七項の規定にかかわらず、所属員のためにする事業の遂行を妨げない限度において、定款で定めるところにより、次に掲げる資金の貸付けをすることができる。
一　地方公共団体に対する資金の貸付けで政令で定めるもの
二　営利を目的としない法人であつて、地方公共団体が主たる出資者若しくは構成員となつているもの又は地方公共団体がその基本財産の額の過半を拠出しているものに対する資金の貸付けで政令で定めるもの
三　漁港区域における産業基盤又は生活環境の整備のために必要な資金で政令で定めるものの貸付け（前二号に掲げるものを除く。）
四　銀行その他の金融機関に対する資金の貸付け

**解説**　第一項では、加工連合会が行うことのできる事業が制限列挙主義的に並べられている（第一項）。加工組合を会員としてつくられる加工連合会は、加工組合と同じく水産加工業の流通面における協同事業を主体とする経済事業体であるから、その事業の種類もほぼ漁業協同組合連合会及び加工組合の規定に準じている。

加工連合会においても漁業協同組合連合会とと同様に貯金の受入れ又は資金の貸付けの事業を行う加工連合会は、他の事業を併せて行うことはできないこととされている（第二項）。したがって、加工連合会は、いわゆる信用事業を行うものとそれ以外の事業を行うものとの二種類に大別される。

一　信用事業を行う加工連合会の事業

信用事業を行う加工連合会の事業は、①所属員の事業に必要な資金の貸付け（第一項第一号）、②所属員の貯金又は定期積金の受入れ（第一項第二号）、③前記①及び②の事業に附帯する事業（第一項第一一号）、④所属員のための手形割引、為替取引等（第三項、第四項、第九項）である。

二　信用事業以外の事業を行う加工連合会

信用事業以外の事業を行う加工連合会が行うことのできる事業は、①所属員の事業に必要な物資の供給（第一項第三号）、②所属員の事業に必要な共同利用に関する施設（第一項第四号）、③所属員の生産物の運搬、加工、保管又は販売（第一項第五号）、④所属員の製品、その原料若しくは材料又は製造若しくは加工の設備に対する検査に関する施設（第一項第六号）、⑤会員の監査及び指導（第一項第七号）、⑥所属員の福利厚生に関する施設（第一項第八号）、⑦水産物の製造加工に関する経営及び技術の向上並びに加工連合会の事業に関する所属員の知識の向上を図るための教育並びに所属員に対する一般情報の提供に関する施設（第一項第九条）、⑧所属員の経済的地位の改善のためにする団体契約の締結（第一項第一〇号）、⑨これらの事業に附帯する事業（第一項第一一号）である。

なお、加工連合会が行う監査事業について、監査規程を定め、行政庁の認可を受けなければならないこと、省令で定める資格を有する者である役員又は職員を監査事業に従事させなければならないことは、漁業協同組合連合会の場合と同様である（第一〇〇条第一項で準用する第八七条の二）。

（会員たる資格）

**第九十八条**　連合会の会員たる資格を有する者は、次に掲げる者であつて定款で定めるものとする。

一　当該連合会の地区の全部又は一部を地区とする組合又は連合会

二　当該連合会の地区内に住所を有し、かつ、法律に基づいて設立された協同組合であつて、前号の者の事業と同種の事業を行うもの

**解説**　加工連合会は、正会員と准会員の二種の会員を設けることができ、また、正会員の資格についても任意に定款で制限することができることは、漁業協同組合連合会の場合と同様である。

加工連合会の正会員たる資格を有する者は、その加工連合会の地区の全部又は一部を地区とする加工組合又は加工連合会であって定款で定めるものである（第一号）。

加工連合会の准会員たる資格を有するものは、その加工連合会の地区内に住所を有し、かつ、法律に基づいて設立された協同組合であって、正会員の事業と同種の事業を行うもののうち定款で定めるものである（第二号）。准会員を置くかどうかは加工連合会が任意に定めることができる。また、設ける場合にもさらに制限を加えることも自由である。

（議決権及び選挙権）

**第九十八条の二**　会員は、各一個の議決権並びに役員及び総代の選挙権を有する。ただし、前条第二号の規定による会員（以下本章において「准会員」という。）は、議決権及び選挙権を有しない。

2　会員の議決権及び選挙権については、第八十九条第二項及び第三項の規定を準用する。

**解説**　加工連合会の正会員は、その会員の規模、連合会に対する出資又は事業利用量の多少に関わらず各一個の議決権、選挙権が与えられている（第一項）。このことは、他の漁業協同組合連合会とも同様である。

なお、加工連合会については、漁業協同組合連合会と同様に正会員の議決権及び選挙権について一会員一票制の特例が設けられている（第二項）。

（発起人）

**第九十九条**　連合会を設立するには、二以上の組合又は連合会が発起人となることを必要とする。

**解説** 加工連合会を設立するにも発起人が必要であるが、その発起人になれるのは加工組合及び加工連合会に限られる。その発起人の数は二以上でなければならない。

（準用規定）

**第百条** 第九十七条に規定するもののほか、第十一条の三から第十一条の十三まで、第十二条から第十五条まで、第十六条並びに第八十七条の二第一項及び第二項の規定は連合会の事業について、第八十七条の三及び第八十七条の四の規定は連合会の子会社等について準用する。この場合において、第十一条の三第一項及び第十一条の十二中「第十一条第一項第四号又は第十一号」とあり、並びに第十一条の四第一項、第十一条の六第一項、第十一条の七から第十一条の九まで、第十一条の十第一項、第十一条の十一第一項及び第十一条の十三第一項中「第十一条第一項第四号」とあるのは「第九十七条第一項第二号」と、第十一条の三第二項中「一億円（組合員（第十八条第五項の規定による組合員（以下この章及び第四章において「准組合員」という。）を除く。）の数、地理的条件その他の事項が政令で定める要件に該当する組合又は第十一条第一項第四号の事業を行わない組合にあつては、千万円）」とあるのは「一億円」と、第十一条の四第二項中「第十一条第一項第三号及び第四号」とあるのは「第九十七条第一項第一号及び第二号」と、第十一条の五中「第十一条第十項」とあるのは「第九十七条第九項」と、「組合員及び他の組合の組合員」とあるのは「所属員」と、第十一条の十三第一項中「同項第三号又は第四号」とあるのは「同項第一号又は第二号」と、第十二条第一項中「第十一条第一項第七号」とあるのは「第九十七条第一項第五号」と、第十六条第一項中「第十一条第一項第十四号」とあるのは「第九十七条第一項第十号」と、第八十七条の二第一項中「前条第一項第十号に規定する会員の監査又は同条第八項に規定する特定組合の監査」とあるのは「第九十七条第一項第七号に規定する会員の監査」と、第八十七条の三第一項並びに第二項第一号、第五号及び第六号並びに第八十七条の四第一項中「第八十七条第一項第二号」とあるのは「第九十七条第一項第四号」と、第八十七条の三第一項中「第九十二条第一項」とあるのは「第百条第一項」と、同条第二項第二号及び第四項中「第八十七条第一項第三号若しくは第四号」とあるのは「第九十七条第一項第一号若しくは第二号」と、同項中「第九十二条第三項」とあるのは「第百条第三項」と、「第九十二条第五項」とあるのは「第百条第五項」と読み替えるものとするほか、必要な技術的読替えは、政令で定める。

注　第一項は、平成二一年六月法律第五八号により改正され、公布の日から起算して一年六月を超えない範囲内において政令で定める日から施行

「第十一条の十第一項」の下に「、第十一条の十の二第一項」を加える。

2　第九十八条及び第九十八条の二に規定するもののほか、第十九条第三項から第五項まで、第十九条の二、第二十条、第二十二条から第二十五条まで、第二十六条第一項及び第四項、第二十七条から第三十一条の二まで並びに第九十五条の規定は、連合会の会員について準用する。

3　第三十二条第一項、第三項及び第四項、第三十三条、第三十三条の二、第三十四条第一項から第三項まで、第四項本文、第五項から第七項まで及び第九項から第十二項まで、第三十四条の三、第三十四条の四（第一項第五号を除く。）、第三十四条の五第一項、第二項及び第五項、第三十五条、第三十六条第一項から第三項まで、第三十七条、第三十九条から第三十九条の四まで、第三十九条の五（第四項を除く。）、第三十九条の六から第四十一条の三まで、第四十二条第一項及び第三項から第八項まで、第四十二条の二から第四十七条の三まで、第四十七条の四第一項及び第二項、第四十七条の五から第四十七条の七まで、第四十八条第一項から第四項まで、第四十九条から第五十一条まで、第五十二条から第五十四条の三まで並びに第五十四条の五から第五十八条の三までの規定は、連合会の管理について準用する。この場合において、第三十四条第三項、第三十四条の四第二項第二号、第三十四条の五第一項、第四十一条の二第一項、第五十四条の二第一項及び第二項並びに第五十四条の三第一項中「第十一条第一項第四号」とあり、並びに第三十四条第十一項及び第十二項、第三十四条の四第二項第一号、第五十五条第一項及び第二項並びに第五十八条の三第一項中「第十一条第一項第四号又は第十一号」とあるのは「第九十七条第一項第二号」と、第三十四条第六項中「一人」とあるのは「一人（第九十八条の二第二項

において準用する第八十九条第二項の規定によりその会員に対して二個以上の選挙権を与える連合会にあつては、選挙権一個）」と、同条第十項中「准組合員以外の組合員」とあるのは「所属員（准会員及びこれを構成する者を除く。）」と、「組合員（准組合員を除く。）たる資格を有する者であつて設立の同意を申し出たもの」とあるのは「会員（准会員を除く。）たる資格を有する者であつて設立の同意を申し出たもの又はこれを直接若しくは間接に構成する者（准会員及びこれを構成する者を除く。）」と、同条第十一項及び第十二項中「組合（その行う信用事業又は共済事業の規模が政令で定める基準に達しない組合を除く。）」とあるのは「連合会」と、同条第十一項中「組合員又は当該組合の組合員たる法人」とあるのは「会員たる法人」と、第四十一条の二第一項中「組合（政令で定める規模に達しない組合を除く。」とあるのは「連合会」と、第四十七条中「（当該組合の組合員の営み、又は従事する漁業及び当該組合の所属する漁業協同組合連合会又は共済水産業協同組合連合会の行う事業を除く。」とあるのは「（当該連合会の所属員の営む水産加工業並びに当該連合会の所属員たる組合及び連合会並びに当該連合会の所属する連合会の行う事業を除く。」と、第四十八条第一項第五号及び第五十条第三号の二中「第十一条第一項第五号若しくは第七号」とあるのは「第九十七条第一項第三号若しくは第五号」と、第五十二条第七項中「事項」とあるのは「事項若しくは第百条第五項において準用する第九十一条の二の規定による権利義務の承継」と、第五十五条第七項中「第十一条第一項第二号及び第十三号」とあるのは「第九十七条第一項第九号」と読み替えるものとするほか、必要な技術的読替えは、政令で定める。

4 前条に規定するもののほか、第六十条から第六十七条の二までの規定は、連合会の設立について準用する。この場合において、第六十一条第二項中「二十人（業種別組合にあつては、十五人）」とあるのは「二人」と、第六十二条第六項中「第二十一条第一項、第四十九条第二項及び第三項並びに第五十条の二から第五十条の四まで」とあるのは「第四十九条第二項及び第三項、第五十条の二から第五十条の四まで並びに第九十八条の二第一項」と読み替えるものとするほか、必要な技術的読替えは、政令で定める。

5 第六十九条から第七十四条の二まで、第七十五条第一項、第七十六条第一項及び第三項、第七十七条、第九十一条並びに第九十一条の二の規定は、連合会の解散及び清算について準用する。この場合において、第六十九条第三項中「第十一条第一項第四号又は第十一号」とあるのは「第九十七条第一項第二号」と、第七十条第二項において準用する第三十四条第十項本文中「准組合員以外の組合員」とあるのは「所属員（准会員及びこれを構成する者を除く。）」と、第七十四条中「及び破産手続開始の決定」とあるのは「、破産手続開始の決定及び第百条第五項において準用する第九十一条第四項の規定に基づく同項第一号に掲げる事由」と、第七十七条中「第三十四条の四」とあるのは「第三十四条の四（第一項第五号を除く。）」と、第九十一条の二第一項中「組合、漁業生産組合又は連合会」とあるのは「組合又は連合会」と読み替えるものとするほか、必要な技術的読替えは、政令で定める。

**解説**　本条は、加工連合会の準用規定に関する規定である。加工連合会は水産加工業系統の組織であるのでその点は加工協同組合の規定に準じ、一方単位協同組合を結合する連合会という点では漁業協同組合連合会の規定に準じて律せられる。いずれにせよその大部分の規定は漁業協同組合の規定を準用している。

# 第六章の二　共済水産業協同組合連合会

共済水産業協同組合連合会（以下「共済連合会」という。）は、漁業協同組合、漁業協同組合連合会、水産業加工協同組合、水産業加工協同組合連合会、共済連合会、漁業生産組合によって構成される連合組織である。

（事業の種類）

**第百条の二**　共済水産業協同組合連合会（以下この章において「連合会」という。）は、次の事業を行うことができる。

一　連合会を直接又は間接に構成する者（以下この章において「所属員」と総称する。）の共済に関する事業

二　前号の事業に附帯する事業

2　連合会は、所属員のために、保険会社その他主務大臣が指定するこれに準ずる者の業務の代理又は事務の代行（農林水産省令で定めるものに限る。）の事業を行うことができる。

3　連合会は、定款の定めるところにより、所属員以外の者にその事業を利用させることができる。ただし、前項の事業に係る場合を除き、一事業年度において所属員及び他の連合会の所属員以外の者が利用し得る事業の分量の総額は、当該事業年度において所属員及び他の連合会の所属員が利用する事業の分量の総額を超えてはならない。

4　第一項第一号の事業の利用に関する前項ただし書の規定の適用については、所属員と世帯を同じくする者は、これを所属員とみなす。

**解説**　共済連合会が行うことのできる事業は、他の組合と異なり次の共済事業及びその附帯事業に限定されている。

①　共済連合会は、所属員の共済に関する施設の事業を行うことができる。「所属員」とは、共済連合会を直接又は間接に構成するものをいう（第一項第一号）。

②　共済連合会は、共済に関する施設の事業に附帯する事業を行うことができる（第一項第二号）。

共済連合会の事業は、定款の定めるところにより員外者（所属員以外）に利用させることができる。員外利用

分量の制限に関しては、漁業協同組合連合会の場合と同様に、他の共済連合会の所属員の利用分量も員内として計算した上で、員内の利用分量と同量まで認められている（第二項）。

第三項は、員外利用に関する第二項のただし書の計算をするに当たっての特例規定である。所属員と世帯を同じくする者の利用は、員外利用分を計算する際に員内（所属員）利用として計算される（第三項）。

（子会社の範囲等）

**第百条の三**　連合会は、次に掲げる会社（第六項において「子会社対象会社」という。）以外の会社を子会社としてはならない。

一　保険会社

二　保険業（保険業法第二条第一項に規定する保険業をいう。）を行う外国の会社

三　少額短期保険業者（保険業法第二条第十八項に規定する少額短期保険業者をいう。）

四　次に掲げる業務を専ら営む会社（イに掲げる業務を営む会社にあつては、主として当該連合会の行う事業又はその子会社の営む業務のためにその業務を営んでいるものに限る。）

イ　従属業務

ロ　関連業務

五　新たな事業分野を開拓する会社として農林水産省令で定める会社（当該会社の議決権を、当該連合会の子会社のうち前号に掲げる会社で農林水産省令で定めるもの（次条第三項において「特定子会社」という。）以外の子会社又は当該連合会が、合算して、同条第一項に規定する基準議決権数を超えて有していないものに限る。）

六　前各号に掲げる会社のみを子会社とする私的独占禁止法第九条第五項第一号に規定する持株会社で農林水産省令で定めるもの（当該持株会社になることを予定している会社を含む。）

注　第六号は、平成二一年六月法律第五一号により改正され、公布の日から起算して一年を超えない範囲内において政令で定める日から施行

「第九条第五項第一号」を「第九条第四項第一号」に改める。

2　前項に規定する「子会社」とは、連合会がその総株主等の議決権の百分の五十を超える議決権を有する会

社をいう。この場合において、当該連合会及びその一若しくは二以上の子会社又は当該連合会の一若しくは二以上の子会社がその総株主等の議決権の百分の五十を超える議決権を有する他の会社は、当該連合会の子会社とみなす。

3　第十一条の六第三項の規定は、前項の場合において連合会又はその子会社が有する議決権について準用する。

4　第一項において、次の各号に掲げる用語の意義は、当該各号に定めるところによる。

一　従属業務　連合会の行う事業又は第一項第一号から第三号までに掲げる会社の営む業務に従属する業務として農林水産省令で定めるもの

二　関連業務　前条第一項第一号の事業に付随し、又は関連する業務として農林水産省令で定めるもの

5　第十七条の十四第三項の規定は、連合会について準用する。この場合において、同項中「第一項」とあるのは「第百条の三第一項」と、「子会社対象会社」とあるのは「同項に規定する子会社対象会社」と、「同項の組合又はその子会社」とあるのは「連合会又はその子会社（第百条の三第二項に規定する子会社をいう。以下この項において同じ。）」と読み替えるものとする。

6　連合会は、子会社対象会社のうち、第一項第一号から第四号まで又は第六号に掲げる会社（従属業務（第四項第一号に掲げる従属業務をいう。以下この条及び次条第一項において同じ。）又は関連業務（第四項第二号に掲げる関連業務をいう。同条第一項において同じ。）のうち農林水産省令で定めるものを専ら営む会社（従属業務を営む会社にあつては、主として当該連合会の行う事業のためにその業務を営んでいる会社に限る。）を除く。次項において「認可対象会社」という。）を子会社（第二項に規定する子会社をいう。第八項、次条、第百条の五第四号ロ、第百二十六条の二第九号から第十一号まで並びに第百三十条第一項第四十七号及び第四十八号において同じ。）としようとするときは、第百条の八第五項において準用する第六十九条第二項の規定により合併の認可を受ける場合を除き、あらかじめ、行政庁の認可を受けなければならない。

7　第八十七条の三第五項から第八項までの規定は、認可対象会社について準用する。この場合において、同

条第五項中「前項」とあり、並びに同条第六項及び第七項中「第四項」とあるのは「第百条の三第六項」と、同条第五項から第八項までの規定中「第一項の連合会」とあるのは「連合会」と、同条第五項中「又はその子会社」とあるのは「又はその子会社（第百条の三第二項に規定する子会社をいう。以下この条において同じ。）」と、同条第六項中「同項各号」とあり、及び同条第七項中「第一項各号」とあるのは「同条第一項各号」と、同条第八項中「主務省令」とあるのは「農林水産省令」と読み替えるものとする。

8　第一項第四号又は第六項の場合において、会社が主として連合会の行う事業若しくはその子会社の営む業務又は連合会の行う事業のために従属業務を営んでいるかどうかの基準は、主務大臣が定める。

**解説**　本条は、子会社の範囲等に関する規定である。連合会は、保険会社、保険業を行う外国の会社、少額短期保険業者等本条で指定するもの以外の会社を子会社としてはならない。

（議決権の取得等の制限）

**第百条の四**　連合会又はその子会社は、国内の会社（前条第一項第一号及び第三号に掲げる会社、従属業務又は関連業務を専ら営む会社並びに同項第六号に掲げる会社を除く。以下この項において同じ。）の議決権については、合算して、その基準議決権数（当該国内の会社の総株主等の議決権に百分の十を乗じて得た議決権の数をいう。）を超える議決権を取得し、又は保有してはならない。

2　第十七条の十五第二項から第七項までの規定は、連合会について準用する。この場合において、同条第二項中「前項」とあるのは「第百条の四第一項」と、「同項の組合又はその子会社」とあるのは「連合会又はその子会社（第百条の三第二項に規定する子会社をいう。以下この条において同じ。）」と、「特定事業会社である国内の会社の議決権をその基準議決権数」とあるのは「国内の会社（第百条の四第一項に規定する国内の会社をいう。以下この条において同じ。）の議決権をその基準議決権数（同項に規定する基準議決権数をいう。以下この条において同じ。）」と、同条第三項から第七項までの規定中「第一項の組合」とあるのは「連合会」と、同条第三項から第六項までの規定中「特定事業会社である国内の会社」とあるのは「国内の会社」と、同条第四項中「同項」とあるのは「第百条の四第一項」と、同項第一号中「第五十四条の二第三項」とあるのは「第百条の三第六項」と、「同条第二項に規定する信用事業の全部又は一部の譲受けをしたとき（主務省令で定める場合に限る。）」とあるのは「同項に規定する認可対象会社を子会社としたとき」と、「その信用事業の全部又は一部の譲受けを」とあるのは「その子会社と」と、同条第七項中「前各項」とあるのは「第百条の四第一項及び同条第二項において準用する第十七条の十五第二項から前項まで」と読み替えるものとする。

3　第一項の場合及び前項において準用する第十七条の十五第二項から第七項までの場合において、新たな事業分野を開拓する会社として農林水産省令で定める会社の議決権の取得又は保有については、特定子会社は、連合会の子会社に該当しないものとみなす。

**解説**　本条は、議決権の取得等の制限に関する規定である。連合会（又は会社）は、国内の会社の議決権については、合算して、その基準議決権数を超える議決権を取得し、又は保有してはならない。「基準議決権数」とは、当該国内の会社の総株主等の議決権に一〇〇分の一〇を乗じて得た議決権の数をいう。

（会員たる資格）

**第百条の五**　連合会の会員たる資格を有する者は、次に掲げる者であつて定款で定めるものとする。

一　当該連合会の地区の全部又は一部を地区とする漁業協同組合、漁業協同組合連合会、水産加工業協同組合、水産加工業協同組合連合会又は連合会

二　当該連合会の地区内に住所を有する漁業生産組合

三　当該連合会の地区内に住所を有し、かつ、法律に基づいて設立された協同組合であつて、前二号の者の事業と同種の事業を行うもの

四　第一号の者が主たる出資者又は構成員となつている法人（次に掲げる者を除く。）

イ　第一号及び前号に掲げる者

ロ　連合会の子会社である第百条の三第一項第一号から第三号までに掲げる会社

**解説**　共済連合会は、正会員と准会員の二種の会員を設けることができ、また、正会員についても任意に定款で制限できることは、漁業協同組合連合会の場合と同じで

ある。

共済連合会の正会員たる資格を有する者は、次に掲げる者のうち共済連合会の定款で定めるものである（第一号、第二号）。

① 共済連合会の地区の全部又は一部を地区とする漁業協同組合、漁業協同組合連合会、水産加工業協同組合、水産加工業協同組合連合会又は共済連合会

② 共済連合会の地区内に住所を有する漁業生産組合

これらの組合又は連合会に対し、定款で会員資格を更に制限したり、全く与えないこともできるが、准会員として加入させることは認められない。

共済連合会の准会員たる資格を有する者は、次に掲げる者のうち定款で定めるものである（第三号、第四号）。

① 共済連合会の地区内に住所を有し、かつ、法律に基づいて設立された協同組合であって、正組合員たる資格を有する者の事業と同種の事業を行う者

② 正組合が主たる出資者又は構成員となっている法人

准組合員を置くかどうかは共済連合会が任意に定めることができ、設ける場合も定款で更に制限することもできる。

（議決権及び選挙権）

**第百条の六**　会員は、各一個の議決権並びに役員及び総代の選挙権を有する。ただし、前条第三号及び第四号の規定による会員（以下この章において「准会員」という。）は、議決権及び選挙権を有しない。

2　会員の議決権及び選挙権については、第八十九条第二項及び第三項の規定を準用する。この場合において、同条第二項中「組合」とあるのは「漁業協同組合又は水産加工業協同組合」と、「連合会である場合」とあるのは「漁業協同組合連合会、水産加工業協同組合連合会又は連合会である場合」と読み替えるものとする。

**解説**　共済連合会の正会員は、漁業協同組合連合会又は水産加工業協同組合連合会の場合と同様に、各一個の議決権、選挙権を有する（第一項）。

第二項は、一会員一票制の原則を規定した第一項の特例であり、これも共済連合会の正会員は、漁業協同組合連合会又は水産加工業協同組合連合会の場合と同様である（第二項）。

（発起人）

**第百条の七**　連合会を設立するには、二以上の漁業協同組合、漁業生産組合、漁業協同組合連合会、水産加工業協同組合、水産加工業協同組合連合会又は連合会が発起人となることを必要とする。

**解説**　共済連合会を設立するにも発起人が必要であるが、その発起人になれるのは漁業協同組合、漁業協同組合連合会、水産加工業協同組合、水産加工業協同組合連合会又は共済連合会に限られる。その発起人の数は二以上でなければならない。

（準用規定）

**第百条の八**　第百条の二に規定するもののほか、第十一条の三、第十一条の十二、第十五条の二から第十五条の十三まで及び第十五条の十五から第十五条の十九までの規定は連合会の事業について、第十七条の二から第十七条の十三までの規定は連合会の共済契約に係る契約条件の変更について準用する。この場合において、第十一条の三第一項及び第十一条の十二中「第十一条第一項第四号又は第十一号」とあり、並びに第十五条の二第一項、第十五条の三、第十五条の四第一項、第十五条の五から第十五条の七まで、第十五条の八第一項、第十五条の九、第十五条の九の二第一項、第十五条の十、第十五条の十一、第十五条の十二第一項、第十五条の十三第一項、第十五条の十五第一項、第十五条の十六、第十五条の十七第一項、第十七条の七第一項、第十七条の十一第一項、第十七条の四第二項、第十七条の五第一項、第十七条の十二第一項及び第十七条の十三第一項中「第十一条第一項第十一号」とあるのは「第百条の二第一項第一号」と、第十一条の三第二項中「一億円（組合員（第十八条第五項の規定による組合員（以下この章及び第四章において「准組合員」という。）を除く。）の数、地理的条件その他の事項が政令で定める要件に該当する組合又は第十一条第一項第四号の事業を行わない組合にあつては、千万円）」とあるのは「十億円」と、第十一条の十二中「主務省令」とあるのは「農林水産省令」と、第十五条の二第一項中「同条第七項」とあるのは「同条第二項」と、第十五条の十二第一項中「資産で第十五条の十四の規定により共済事業に係るものとして区分された会計に属するもの」とあるのは「資産」と、第十五条の十六中「財産で第十五条の十四の規定により共済事業に係るものとして区分された会計に属するもの」とあるのは「財産」と読み替えるものとするほか、必要な技術的読替えは、政令で定める。

注　第一項は、平成二一年六月法律第五八号により改正され、公布の日から起算して一年六月を超えない範囲内において政令で定める日から施行

「第十五条の九の二第一項」の下に「、第十五条の九の三第一項」を加える。

2　第百条の五及び第百条の六に規定するもののほか、第十九条第三項から第五項まで、第十九条の二、第二十条、第二十二条から第二十五条まで、第二十六条第一項及び第四項、第二十七条から第三十一条の二まで並びに第九十五条の規定は、連合会の会員について準用する。

3　第三十二条第一項、第三項及び第四項、第三十三条、第三十三条の二、第三十四条第一項、第二項、第四項本文、第五項から第七項まで及び第九項から第十二項まで、第三十四条の二、第三十四条の三、第三十四条の四（第一項第五号及び第二項第二号を除く。）、

第三十四条の五第三項から第五項まで、第三十五条から第四十条まで、第四十二条から第五十一条まで、第五十二条から第五十四条まで、第五十四条の五、第五十四条の六、第五十五条第一項から第六項まで並びに第五十六条から第五十八条の三までの規定は、連合会の管理について準用する。この場合において、第三十四条第六項中「一人」とあるのは「一人（第百条の六第二項において準用する第八十九条第二項の規定によりその会員に対して二個以上の選挙権を与える連合会にあつては、選挙権一個）」と、同条第十項及び第三十四条の二第二項中「准組合員以外の組合員」とあるのは「所属員（准会員、第十八条第五項の規定による組合員、第八十八条第三号若しくは第四号又は第九十八条第二号の規定による会員及びこれらを構成する者を除く。）」と、「組合員（准組合員を除く。）たる資格を有する者であつて設立の同意を申し出たもの」とあるのは「会員（准会員を除く。）たる資格を有する者であつて設立の同意を申し出たもの又はこれを直接若しくは間接に構成する者（准会員、第十八条第五項の規定による組合員、第八十八条第三号若しくは第四号又は第九十八条第二号の規定による会員及びこれらを

構成する者を除く。）」と、第三十四条第十一項及び第十二項中「第十一条第一項第四号又は第十一号の事業を行う組合（その行う信用事業又は共済事業の規模が政令で定める基準に達しない組合を除く。）」とあるのは「連合会」と、同条第十一項中「組合の組合員又は当該組合の組合員」とあるのは「連合会の会員」と、「子会社」とあるのは「子会社（第百条の三第二項に規定する子会社をいう。第三十九条第五項及び第五十八条の二第二項において同じ。）」と、第三十四条の四第二項第一号及び第五十八条の三第一項中「第十一条第一項第四号又は第十一号」とあるのは「第百条の二第一項第一号」と、第四十七条中「（当該組合の組合員の営み、又は従事する漁業及び当該組合の所属する漁業協同組合連合会又は共済水産業協同組合連合会の行う事業を除く。）」とあるのは「（当該連合会の所属員たる漁業協同組合、水産加工業協同組合及び連合会並びに当該連合会の所属する連合会の行う事業を除く。）」と、第五十五条第一項中「十分の一（第十一条第一項第四号又は第十一号の事業を行う組合にあつては、五分の一）」とあるのは「五分の一」と、同条第二項中「出資総額の二分の一（第十一条第一項第四号又は第十一号の事業を行う組合にあつては、出資総額）」とあるのは「出資総額」と、第五十八条の三第一項、第二項、第四項及び第五項中「主務省令」とあるのは「農林水産省令」と読み替えるものとするほか、必要な技術的読替えは、政令で定める。

4　前条に規定するもののほか、第六十条から第六十七条の二までの規定は、連合会の設立について準用する。この場合において、第六十一条第二項中「二十人（業種別組合にあつては、十五人）」とあるのは「二人」と、第六十二条第六項中「第二十一条第一項、第四十九条第二項及び第三項並びに第五十条の二から第五十条の四まで」とあるのは「第四十九条第二項及び第三項、第五十条の二から第五十条の四まで並びに第百条の六第一項」と読み替えるものとするほか、必要な技術的読替えは、政令で定める。

5　第六十八条から第七十七条までの規定は、連合会の解散及び清算について準用する。この場合において、第六十八条第四項中「二十人（業種別組合にあつては、十五人）未満」とあるのは「二人」と、第六十九条第三項中「第十一条第一項第四号又は第十一号」とあるのは「第百条の二第一項第一号」と、第七十条第二項において準用する第三十四条第十項本文及び第三十四条の二第二項本文中「准組合員以外の組合員」とあるのは「所属員（准会員、第十八条第五項の規定による組合員、第八十八条第三号若しくは第四号又は第九十八条第二号の規定による会員及びこれらを構成する者を除く。）」と、第七十七条中「第三十四条の四」とあるのは「第三十四条の四（第一項第五号及び第二項第二号を除く。）」と読み替えるものとするほか、必要な技術的読替えは、政令で定める。

**解説**　本条は、共済連合会の準用規定に関する規定である。

# 第七章　登　記　等

一般に、登記とは、重要な事実の生起、変更又は消滅を広く社会に公示するために、法律の定めるところに従って、これを登記簿に記載すること、又は記載されたものをいうのであって、この登記簿はだれにでも閲覧を許されることになっている（商業登記法第一〇条）。このように、登記は、一定の事実や法律関係の内容を社会に公示することにより、その内容を利害関係者が知りうるようにし、利害関係者が不測の損害を被ることを防止するための制度であって、取引の安全を保護する上において重要な役割を果たすものである。

本法によって行う登記は、その効力によって二種類に分けることができる。第一は、組合の設立及び合併の登記である。この場合には、登記は設立又は合併の効力の発生要件であり、その登記の完了によってはじめて設立又は合併の効力を生ずる（第六七条、第七一条）。第二は、第一に掲げた登記以外の一般の登記である。この場合には、登記は第三者に対抗するための要件であるにとどまる（第九条）。すなわち、その事項の効力は既に登記に関係なく発生しており、登記は第三者に主張しうるための要件であるのにとどまる。

（設立の登記）

**第百一条**　組合は、組合員又は会員（以下「組合員」と総称する。）に出資をさせない組合にあつては、設立の認可があつた日（第六十五条第二項及び第五項（第九十二条第四項において準用する場合を含む。）の場合にあつては、設立の認可に関する証明のあつた日）から、組合員に出資をさせる組合（以下「出資組合」という。）にあつては、出資の第一回の払込みがあつた日から二週間以内に、主たる事務所の所在地において、設立の登記をしなければならない。

2　設立の登記においては、次に掲げる事項を登記しなければならない。ただし、漁業生産組合の設立登記には、第三号の事項を掲げなくてもよい。

一　事業

二　名称

三　地区

四　事務所の所在場所

五　出資組合にあっては、出資一口の金額及びその払込みの方法並びに出資の総口数及び払込済出資額の総額

六　存立の時期を定めたときは、その時期

七　代表権を有する者の氏名、住所及び資格

八　公告の方法

九　前号の公告の方法が電子公告（公告の方法のうち、電磁的方法（会社法第二条第三十四号に規定する電磁的方法をいう。）により不特定多数の者が公告すべき内容である情報の提供を受けることができる状態に置く措置であつて同条第三十四号に規定するものをとる方法をいう。以下同じ。）であるときは、次に掲げる事項

イ　電子公告により公告すべき内容である情報について不特定多数の者がその提供を受けるために必要な事項であつて会社法第九百十一条第三項第二十九号イに規定するもの

ロ　第百二十一条第三項後段の規定による定款の定めがあるときは、その定め

**解説**　組合の設立登記は、非出資組合にあっては設立の認可のあった日から二週間以内に、出資組合にあっては出資第一回の払込みがあった日から二週間以内に、それぞれの主たる事務所の所在地において設立の登記をしなければならない。この主たる事務所における設立の登記は組合の成立要件である（第一項）。

設立の登記に記載しなければならない事項が列挙されている（第二項）。

従たる事務所においては、設立の登記を主たる事務所でした後、二週間以内に設立の登記をしなければならない（第三項）。この場合の登記は、組合の成立要件ではなく、第三者に対する対抗要件である。

**判例**　本法に定められた各種の登記に関する規定は公益的理由に基づく強行性を有し、これに基づく登記義務はいわゆる公法上の義務であり、組合の定款、規約その他総会決議等を根拠にその義務を免れない。

本法の変更登記義務は、組合を代表理事のみが負担するものと解すべきものである。（昭和三八年一二月二五日高松高裁民判決、総覧一一四〇頁・高裁民集一六巻九号八七四頁）

（設立登記事項の変更の登記）
**第百二条**　前条第二項各号に掲げる事項中に変更を生じたときは、二週間以内に、主たる事務所の所在地において変更の登記をしなければならない。
2　前条第二項第五号に掲げる事項中出資の総口数及び払込済出資額の総額の変更の登記は、前項の規定にかかわらず、毎事業年度末日現在により、事業年度終了後四週間以内に、主たる事務所の所在地においてこれをすることができる。

**解説**　設立登記事項（第一〇一条第二号）に変更を生じたときは、二週間以内に、主たる事務所の所在地において変更の登記をしなければならない（第一項）。
ただし、出資の総口数及び払込済出資額の総額（第一〇一条第五号）の変更の登記は、毎事業年度末日現在により、事業年度終了後四週間以内に、主たる事務所の所在地においてこれをすることができる（第二項）。

（他の登記所の管轄区域内への主たる事務所の移転の登記）
**第百三条**　組合が主たる事務所を他の登記所の管轄区域内に移転したときは、二週間以内に旧所在地においては移転の登記をし、新所在地においては第百一条第二項各号に掲げる事項を登記しなければならない。

**解説**　組合が主たる事務所を他の登記所の管轄区域内に移転したときは、二週間以内に旧所在地においては移転の登記をし、新所在地においては設立登記事項（第一〇一条第二項）を登記しなければならない。

（理事の職務執行停止等の登記）
**第百四条**　組合（漁業生産組合を除く。）の代表理事又は漁業生産組合の理事の職務の執行を停止し、若しくはその職務を代行する者を選任する仮処分命令又はその仮処分命令を変更し、若しくは取り消す決定がされたときは、主たる事務所の所在地において、その登記をしなければならない。

**解説**　本条は、理事の職務執行停止等の登記に関する規定である。仮処分（処分禁止の仮処分、占有移転禁止の仮処分等）の抗力を明確化して仮処分制度を確立しようとする趣旨で規定されたものである。

（参事の登記）

**第百五条**　組合が参事を選任したときは、二週間以内に、主たる事務所の所在地において、参事の氏名及び住所並びに参事を置いた事務所を登記しなければならない。その登記した事項の変更及び参事の代理権の消滅についても同様である。

**解説**　参事は主たる事務所又は従たる事務所それぞれの中における業務を担当するので、参事を置いた事務所の所在地において参事の登記をすればよい。この場合に数人の参事が共同して代理権を行う場合には、その旨を第三者の対抗要件として登記する必要がある。

（解散の登記）

**第百六条**　組合が解散したときは、合併、破産手続開始の決定、第九十一条第四項第一号に掲げる事由及び第百条第五項において準用する第九十一条第四項の規定に基づく同項第一号に掲げる事由による解散の場合を除いては、二週間以内に、主たる事務所の所在地において解散の登記をしなければならない。

**解説**　組合が解散したときは、合併、破産及び連合会の権利義務の包括承継の場合を除いて、各事務所の所在地において解散の登記をしなければならない。この場合の登記事項は、解散の事由及び年月日である。

（合併の場合の登記）

**第百七条**　組合が合併又は第九十一条の二（第百条第五項において準用する場合を含む。）の規定による権利義務の承継（以下この条、第百十四条第四項、第百十六条第二項及び第三項並びに第百三十条第一項第三十六号において単に「承継」という。）をするときは、合併又は承継の認可のあつた日から二週間以内に、主たる事務所の所在地において、合併又は承継後存続する組合については変更の登記、合併又は承継によつて消滅する組合については解散の登記、合併によつて成立する組合については第百一条第二項に規定する登記をしなければならない。

**解説**　合併又は連合会の権利義務の包括承継の場合は、登記が成立要件である。吸収合併の場合は、吸収組合は、変更の登記をしなければならないし、被吸収組合は、解散の登記をしなければならない。新設合併の場合は、新設組合について設立の登記が必要であり、解散した組合については、解散の登記が必要である。連合会の権利義務の包括承継の場合は、承継した組合は、変更の登記をしなければならず、連合会は解散の登記をしなければならない。

（清算結了の登記）

**第百九条**　組合の清算が結了したときは、第七十六条第一項（第八十六条第四項、第九十二条第五項、第九十六条第五項、第百条第五項及び第百条の八第五項において準用する場合を含む。）の承認の日から二週間以内に、主たる事務所の所在地において清算結了の登記をしなければならない。

解説　組合の清算が結了したときは、主たる事務所及び従たる事務所において清算結了の登記をしなければならない。組合が解散しても清算結了登記が終わらない間は、清算法人として存続することになる。

（従たる事務所の所在地における登記）

**第百十条**　次の各号に掲げる場合（当該各号に規定する従たる事務所が主たる事務所の所在地を管轄する登記所の管轄区域内にある場合を除く。）には、当該各号に定める期間内に、当該従たる事務所の所在地において、従たる事務所の所在地における登記をしなければならない。

一　組合の設立に際して従たる事務所を設けた場合　主たる事務所の所在地における設立の登記をした日から二週間以内

二　組合の成立後に従たる事務所を設けた場合　従たる事務所を設けた日から三週間以内

2　従たる事務所の所在地における登記においては、次に掲げる事項を登記しなければならない。ただし、従たる事務所の所在地を管轄する登記所の管轄区域内に新たに従たる事務所を設けたときは、第三号に掲げる事項を登記すれば足りる。

一　名称

二　主たる事務所の所在場所

三　従たる事務所（その所在地を管轄する登記所の管轄区域内にあるものに限る。）の所在場所

3　前項各号に掲げる事項に変更が生じたときは、三週間以内に、当該従たる事務所の所在地において、変更の登記をしなければならない。

**解説**　従たる事務所の所在地における登記に関する規定である。次に掲げる場合に、次の期間内に登記をしなければならない（第一項）。

①　組合の設立に際して従たる事務所を設けた場合　設立の登記をした日から二週間以内

②　組合の成立後に従たる事務所を設けた場合　事務所を設けた日から三週間以内

この場合には、次に掲げる事項を登記しなければならない（第二項）。

①　名称

②　従たる事務所の所在地

③　従たる事務所の場所

（他の登記所の管轄区域内への従たる事務所の移転の登記）

**第百十一条**　組合が従たる事務所を他の登記所の管轄区域内に移転したときは、旧所在地（主たる事務所の所在地を管轄する登記所の管轄区域内にある場合を除く。）においては三週間以内に移転の登記をし、新所在地（主たる事務所の所在地を管轄する登記所の管轄区域内にある場合を除く。以下この条において同じ。）においては四週間以内に前条第二項各号に掲げる事項を登記しなければならない。ただし、従たる事務所の所在地を管轄する登記所の管轄区域内に新たに従たる事務所を移転したときは、新所在地においては、同項第三号に掲げる事項を登記すれば足りる。

**解説**　本条は、他の登記所の管轄区域内への従たる事務所の移転の登記に関する規定である。組合が従たる事務所を他の登記所の管轄区域内に移転したときは、旧所在地においては三週間以内に移転の登記をし、新所在地においては四週間以内に登記しなければならない。

（従たる事務所における変更の登記等）

**第百十二条**　第百七条及び第百九条に規定する場合には、これらの規定に規定する日から三週間以内に、従たる事務所の所在地においても、これらの規定に規定する登記をしなければならない。ただし、第百七条に規定する変更の登記は、第百十条第二項各号に掲げる事項に変更が生じた場合に限り、するものとする。

**解説**　従たる事務所における変更の登記等に関する登記である。これについては三週間以内に登記しなければならない。

（管轄登記所及び登記簿）

**第百十三条**　組合の登記については、その事務所の所在地を管轄する法務局若しくは地方法務局若しくはこれらの支局又はこれらの出張所が管轄登記所としてこれを掌る。

2　各登記所に、漁業協同組合登記簿、漁業生産組合登記簿、漁業協同組合連合会登記簿、水産加工業協同組合登記簿、水産加工業協同組合連合会登記簿及び共済水産業協同組合連合会登記簿を備える。

**解説**　第一項は、主たる事務所又は従たる事務所の所在地を管轄する登記所についての規定である。

第二項は、登記所に置く登記簿の種類を定めている。

（裁判による登記の嘱託）

**第百十四条**　会社法第九百三十七条第一項（第一号イに係る部分に限る。）の規定は、組合（漁業生産組合を除く。）の設立の無効の訴えに係る請求を認容する判決が確定した場合について準用する。

2　会社法第九百三十七条第一項（第一号ニに係る部分に限る。）の規定は、組合（漁業生産組合を除く。）の出資一口の金額の減少の無効の訴えに係る請求を認容する判決が確定した場合について準用する。

3　会社法第九百三十七条第一項（第一号トに係る部分に限る。）の規定は、組合（漁業協同組合及び漁業生産組合を除く。）の総会若しくは創立総会又は漁業協同組合の総会、総会の部会若しくは創立総会の議決の不存在若しくは無効の確認又は取消しの訴えに係る請求を認容する判決が確定した場合について準用する。

4　会社法第九百三十七条第三項（第二号及び第三号に係る部分に限る。）及び第四項の規定は、組合の合併又は承継の無効の訴えに係る請求を認容する判決が確定した場合について準用する。

**解説**　本条は、裁判による登記の嘱託に関する会社法の準用の規定である。

（設立の登記の申請）

**第百十五条**　組合の設立の登記の申請書には、定款及び代表権を有する者の資格を証する書面並びに出資組合にあつては出資総口数及び出資の第一回の払込みのあつたことを証する書面を添付しなければならない。

2　合併による組合の設立の登記の申請書には、合併によつて消滅する組合の登記事項証明書を添付しなければならない。ただし、当該登記所の管轄区域内に合併によつて消滅する組合の主たる事務所があるときは、この限りでない。

3　合併による出資組合の設立の登記の申請書には、前二項の書面のほか、第六十九条第四項（第八十六条第四項、第九十二条第五項、第九十六条第五項、第百条第五項及び第百条の八第五項において準用する場合を含む。）において準用する第五十三条第二項の規定による公告及び催告（同条第三項の規定により公告を官報のほか時事に関する事項を掲載する日刊新聞紙又は電子公告によつてした場合にあつては、これらの方法による公告。次条第二項において同じ。）をしたこと並びに異議を述べた債権者があるときは、これに対し、弁済し、若しくは担保を供し、若しくは信託をしたこと又は合併をしてもその債権者を害するおそれがないことを証する書面を添付しなければならない。

**解説**　本条は、設立の登記の申請の方法に関する規定である。

（事務所新設、移転及び設立の登記事項変更の登記の申請）

**第百十六条**　組合の事務所の新設又は事務所の移転その他第百一条第二項各号に掲げる事項の変更の登記の申請書には、事務所の新設又は登記事項の変更を証する書面を添付しなければならない。

2　出資一口の金額の減少又は出資組合の合併若しくは承継による変更の登記の申請書には、前項の書面のほか、第五十三条第二項（第六十九条第四項（第八十六条第四項、第九十一条の二第二項（第百条第五項において準用する場合を含む。）、第九十二条第五項、第九十六条第五項、第百条第五項及び第百条の八第五項において準用する場合を含む。）、第八十六条第二項、第九十二条第三項、第九十六条第三項、第百条第三項及び第百条の八第三項において準用する場合を含む。）の規定による公告及び催告をしたこと並びに異議を述べた債権者のあるときは、これに対し、弁済し、若しくは担保を供し、若しくは信託をしたこと又は出資一口の金額の減少をし、若しくは合併若しくは承継をしてもその債権者を害するおそれがないことを証する書面を添付しなければならない。

3　前条第二項の規定は、組合の合併又は承継による変更の登記について準用する。

**解説**　本条は、事務所新設、移転及び設立の登記事項変更の登記の申請の方法に関する規定である。

（解散の登記の申請）

**第百十七条**　第百六条の規定による組合の解散の登記の申請書には、解散の事由を証する書面を添附しなければならない。

2　行政庁が組合の解散を命じた場合における解散の登記は、当該行政庁の嘱託に因つてこれをする。

**解説**　本条は、解散の登記の申請の方法に関する規定である。

（清算結了の登記の申請）

**第百十八条**　組合の清算結了の登記の申請書には、清算人が第七十六条第一項（第八十六条第四項、第九十二条第五項、第九十六条第五項、第百条第五項及び第百条の八第五項において準用する場合を含む。）の規定により決算報告の承認を得たことを証する書面を添付しなければならない。

**解説**　本条は、精算結了の登記の申請の方法に関する規定である。

（登記の期間の計算）

**第百十九条**　登記すべき事項であつて行政庁の認可を要するものは、その認可書の到達した時から登記の期間を起算する。ただし、第六十五条第二項及び第五項（第八十六条第三項、第九十二条第四項、第九十六条第四項、第百条第四項及び第百条の八第四項において準用する場合を含む。）の場合には、認可に関する証明書の到達した時から登記の期間を起算する。

**解説**　本条は、登記の期間の計算方法に関する規定である。登記の期間の計算については、民法の一般原則による（民法第一四〇条、第一四二条）のであるが、登記すべき事項で行政庁の認可を要するものの起点について特例が設けられている。すなわち、行政庁の認可書の到達したときから、つまり到達した日の翌日から起算する。行政庁が認可の通知を発しなかったとき、及び裁判所が不認可の取消しの判決があって認可があったとみなされるときには、認可に関する証明書の到達したときから起算する。

（商業登記法の準用）

**第百二十条**　商業登記法（昭和三十八年法律第百二十五号）第二条から第五条まで、第七条から第十五条まで、第十七条から第二十三条の二まで、第二十四条（第十五号及び第十六号を除く。）、第二十五条から第二十七条まで、第四十五条、第四十七条第一項、第四十八条から第五十三条まで、第七十一条第一項及び第三項、第七十九条、第八十二条、第八十三条並びに第百三十二条から第百四十八条までの規定は、組合の登記について準用する。この場合において、同法第二十五条中「訴え」とあるのは「行政庁に対する請求」と、同条第三項中「その本店の所在地を管轄する地方裁判所」とあるのは「行政庁」と、同法第四十八条第二項中「会社法第九百三十条第二項各号」とあるのは「水産業協同組合法第百十条第二項各号」と、同法第七十一条第三項ただし書中「会社法第四百七十八条第一項第一号の規定により清算株式会社の清算人となつたもの（同法」とあるのは「水産業協同組合法第七十四条本文（同法第八十六条第四項、第九十二条第五項、第九十六条第五項、第百条第五項及び第百条の八第五項において準用する場合を含む。）の規定により清算人となつたもの（同法第七十七条（同法第九十二条第五項、第九十六条第五項、第百条第五項及び第百条の八第五項において準用する場合を含む。）において準用する会社法」と、同法第七十九条中「吸収合併による」とあるのは「合併若しくは水産業協同組合法第九十一条の二第一項（同法第百条第五項において準用する場合を含む。）の規定による権利義務の承継（以下単に「承継」という。）による」と、「合併をした」とあるのは「合併若しくは承継をした」と、「吸収合併により」とあるのは「合併若しくは承継により」と、同法第八十二条第一項中「合併による」とあるのは「合併又は承継による」と、「吸収合併後」とあるのは「合併若しくは承継後」と読み替えるものとするほか、必要な技術的読替えは、政令で定める。

**解説**　本条は、組合の登記についての、商業登記法の準用に関する規定である。

（公告の方法等）

**第百二十一条**　組合は、公告の方法として、事務所の掲示場に掲示する方法を定款で定めなければならない。

2　組合は、公告の方法として、前項の方法のほか、次の各号に掲げる方法のいずれかを定款で定めることができる。ただし、第十一条第一項第四号若しくは第十一号、第八十七条第一項第四号、第九十三条第一項第二号若しくは第六号の二、第九十七条第一項第二号又は第百条の二第一項第一号の事業を行う組合にあつては、第二号又は第三号に掲げる方法のいずれかを定款で定めなければならない。
一　官報に掲載する方法
二　時事に関する事項を掲載する日刊新聞紙に掲載する方法
三　電子公告
3　組合が前項第三号に掲げる方法を公告の方法とする旨を定める場合には、電子公告を公告の方法とする旨を定めれば足りる。この場合においては、事故その他やむを得ない事由によつて電子公告による公告をすることができない場合の公告の方法として、同項第一号又は第二号に掲げる方法のいずれかを定めることができる。
4　組合が当該組合の事務所の掲示場に掲示する方法又は電子公告により公告をする場合には、次の各号に掲げる公告の区分に応じ、当該各号に定める日までの間、継続して公告をしなければならない。
一　公告に定める期間内に異議を述べることができる旨の公告　当該期間を経過する日
二　前号に掲げる公告以外の公告　当該公告の開始後一箇月を経過する日
5　会社法第九百四十条第三項、第九百四十一条、第九百四十六条、第九百四十七条、第九百五十一条第二項、第九百五十三条及び第九百五十五条の規定は、組合がこの法律又は他の法律の規定による公告を電子公告により行う場合について準用する。この場合において、会社法第九百四十条第三項中「前条第二項」とあるのは「水産業協同組合法第百二十一条第四項」と、同法第九百四十一条中「この法律」とあるのは「水産業協同組合法」と読み替えるものとするほか、必要な技術的読替えは、政令で定める。

**解説**　組合は、公告の方法として、事務所の掲示場に掲示する方法を定款で定めなければならない（第一項）。また、事務所の掲示場に掲示する方法のほか、次に掲げる方法のいずれかを定款で定めることができる（第二項）。

①　官報に掲載する方法
②　時事に関する事項を掲載する日刊新聞紙に掲載する方法
③　電子公告

最近、契約者のニーズの多様化・高度化に伴う共済の種類・事故の範囲等の拡大、共済事業を行う組合については、公告の方法として事務所の掲示場に掲示する方法のほか、①、②、③のいずれかの方法を定款で定めることとされた。

# 第七章の二　特定信用事業代理業

（許可）

**第百二十一条の二**　特定信用事業代理業は、主務大臣の許可を受けた者でなければ、行うことができない。

2　前項に規定する「特定信用事業代理業」とは、第十一条第一項第四号、第八十七条第一項第四号、第九十三条第一項第二号又は第九十七条第一項第二号の事業を行う組合のために次に掲げる行為のいずれかを行う事業をいう。

一　資金の貸付けを内容とする契約の締結の代理又は媒介

二　貯金又は定期積金の受入れを内容とする契約の締結の代理又は媒介

三　手形の割引を内容とする契約の締結の代理又は媒介

四　為替取引を内容とする契約の締結の代理又は媒介

3　特定信用事業代理業者（第一項の許可を受けて特定信用事業代理業（前項に規定する特定信用事業代理業をいう。以下同じ。）を行う者をいう。以下同じ。）は、所属組合（特定信用事業代理業者が行う前項各号に掲げる行為により、同項各号に規定する契約において同項各号の資金の貸付け、貯金若しくは定期積金の受入れ、手形の割引又は為替取引を行う第十一条第一項第四号、第八十七条第一項第四号、第九十三条第一項第二号又は第九十七条第一項第二号の事業を行う組合をいう。以下同じ。）の委託を受け、又は所属組合の委託を受けた特定信用事業代理業者の再委託を受ける場合でなければ、特定信用事業代理業を行つてはならない。

**解説**　本条は、特定信用事業代理業の許可に関する規定である。特定信用事業代理業は主務大臣の許可を受けた者でなければ、行うことができない。

（適用除外）

**第百二十一条の三**　前条第一項の規定にかかわらず、銀行等（銀行その他政令で定める金融業を行う者をいう。以下この条において同じ。）は、特定信用事業代理業を行うことができる。

2　銀行等が前項の規定により特定信用事業代理業を行う場合においては、当該銀行等を特定信用事業代理業者とみなして、第十一条の八（第九十二条第一項、第九十六条第一項及び第百条第一項において準用する場合を含む。）、前条第三項、第百二十一条の五、第百二十二条第二項及び第百二十七条第二項の規定、次条第一項において準用する銀行法（以下「準用銀行法」という。）第五十二条の三十六第三項、第五十二条の三十九から第五十二条の四十一まで、第五十二条の四十三から第五十二条の四十五まで、第五十二条の四十九から第五十二条の五十六まで、第五十二条の五十八から第五十二条の六十まで、第五十三条第四項及び第五十六条（第十一号に係る部分に限る。）の規定並びにこれらの規定に係る第九章の規定を適用する。この場合において、準用銀行法第五十二条の五十六第一項中「次の各号のいずれか」とあるのは「第四号又は第五号」と、「第五十二条の三十六第一項の許可を取り消し、又は期限を付して銀行代理業の全部若しくは」とあるのは「期限を付して特定信用事業代理業の全部又は」とするほか、必要な技術的読替えは、政令で定める。

3　銀行等は、特定信用事業代理業を行おうとするときは、準用銀行法第五十二条の三十七第一項各号に掲げる事項を記載した書類及び同条第二項第二号に掲げる書類を主務大臣に届け出なければならない。

**解説**　本条は、特定信用事業代理業の適用除外に関する規定である。

（特定信用事業代理業に関する銀行法の準用）

**第百二十一条の四**　銀行法第七章の四（第五十二条の三十六第一項及び第二項、第五十二条の四十五の二から第五十二条の四十八まで並びに第五十二条の六十一を除く。）、第五十三条第四項及び第五十六条（第十号から第十二号までに係る部分に限る。）の規定は、銀行代理業者に係るものにあつては特定信用事業代理業者について、所属銀行に係るものにあつては所属組合について、銀行代理業に係るものにあつては特定信用事業代理業について、それぞれ準用する。

2　前項の場合において、同項に規定する規定中「内閣総理大臣」とあるのは「主務大臣」と、「内閣府令」とあるのは「主務省令」と、「第五十二条の三十六第一項」とあるのは「水産業協同組合法第百二十一条の二第一項」と、「銀行代理行為」とあるのは「特定信用事業代理行為」と、「特定預金等契約」とあるのは「水産業協同組合法第十一条の九に規定する特定貯金等契約」と、「銀行代理業再委託者」とあるのは「特定信用事業代理業再委託者」と、「銀行代理業再受託者」とあるのは「特定信用事業代理業再受託者」と、銀行法第五十二条の三十七第一項中「前条第一項」とあるのは「水産業協同組合法第百二十一条の二第一項」と、同法第五十二条の四十三及び第五十二条の四十四第一項第二号中「第二条第十四項各号」とあるのは「水産業協同組合法第百二十一条の二第二項各号」と、同条第二項中「第二条第十四項第一号」とあるのは「水産業協同組合法第百二十一条の二第二項第二号」と、同条第三項中「第五十二条の四十五の二」とあるのは「水産業協同組合法第百二十一条の五」と、同法第五十二条の五十一第一項中「第二十条第一項及び第二項並びに第二十一条第一項及び第二項の規定により作成する書類又は当該所属銀行を子会社とする銀行持株会社が第五十二条の二十八第一項及び第五十二条の二十九第一項」とあるのは「水産業協同組合法第五十八条の三第一項及び第二項（これらの規定を同法第九十二条第三項、第九十六条第三項及び第百条第三項において準用する場合を含む。）」と読み替えるものとするほか、必要な技術的読替えは、政令で定める。

**解説** 本条は、特定信用事業代理業に関する銀行法の準用の規定である。

（特定信用事業代理業に関する金融商品取引法の準用）

**第百二十一条の五** 金融商品取引法第三章第二節第一款（第三十五条から第三十六条の四まで、第三十七条第一項第二号、第三十七条の二、第三十七条の三第一項第二号及び第六号並びに第三項、第三十七条の五、第三十七条の六第一項、第二項、第四項ただし書及び第五項、第三十八条第一号及び第二号、第三十八条の二、第三十九条第三項ただし書及び第五項並びに第四十条の二から第四十条の五までを除く。）の規定は、特定信用事業代理業者が行う特定貯金等契約の締結の代理又は媒介について準用する。この場合において、これらの規定中「金融商品取引業」とあるのは「水産業協同組合法第十一条の九に規定する特定貯金等契約の締結の代理又は媒介の事業」と、「金融商品取引行為」とあるのは「水産業協同組合法第十一条の九に規定する特定貯金等契約の締結」と、これらの規定（同法第三十七条の六第三項及び第三十九条第三項本文の規定を除く。）中「内閣府令」とあるのは「主務省令」と、これらの規定（同法第三十七条の六第三項の規定を除く。）中「金融商品取引契約」とあるのは「水産業協同組合法第十一条の九に規定する特定貯金等契約」と、同法第三十七条の三第一項中「を締結しようとするとき」とあるのは「の締結の代理又は媒介を行うとき」と、「交付しなければならない」とあるのは「交付するほか、貯金者及び定期積金の積金者（以下この項において「貯金者等」という。）の保護に資するため、主務省令で定めるところにより、当該特定貯金等契約の内容その他貯金者等に参考となるべき情報の提供を行わなければならない」と、同項第一号中「金融商品取引業者等」とあるのは「特定信用事業代理業者（水産業協同組合法第百二十一条の二第三項に規定する特定信用事業代理業者をいう。）の所属組合（同項に規定する所属組合をいう。）」と、同法第三十七条の六第三項中「金融商品取引契約の解除があつた場合には」とあるのは「特定貯金等契約（水産業協同組合法第十一条の九に規定する特定貯金等契約をいう。第三十九条において同じ。）の解除に伴い組合（同法第二条に規定する組合をいう。）に損害賠償その他の金銭の支払をした場合において」と、「金融商品取引契約の解除までの期間に相当する手数料、報酬その他の当該金融商品取引契約に関して顧客が支払うべき対価（次項において「対価」という。）の額として内閣府令で定める金額を超えて当該金融商品取引契約の解除」とあるのは「支払」と、「又は違約金の支払を」とあるのは「その他の金銭の支払を、解除をした者に対し、」と、同法第三十九条第一項第一号中「有価証券の売買その他の取引（買戻価格があらかじめ定められている買戻条件付売買その他の政令で定める取引を除く。）又はデリバティブ取引（以下この条において「有価証券売買取引等」という。）」とあるのは「特定貯金等契約の締結」と、「有価証券又はデリバティブ取引（以下この条において「有価証券等」という。）」とあるのは「特定貯金等契約」と、「顧客（信託会社等（信託会社又は金融機関の信託業務の兼営等に関する法律第一条第一項の認可を受けた金融機関をいう。以下同じ。）が、信託契約に基づいて信託をする者の計算において、有価証券の売買又はデリバティブ取引を行う場合にあつては、当該信託をする者を含む。以下この条において同じ。）」とあるのは「顧客」と、「補足するため」とあるのは「補足するため、当該特定貯金等契約によらないで」と、同項第二号及び第三号中「有価証券売買取引等」とあるのは「特定貯金等契約の締結」と、「有価証券等」とあるのは「特定貯金等契約」と、同項第二号中「追加するため」とあるのは「追加するため、当該特定貯金等契約によらないで」と、同項第三号中「追加するため、」とあるのは「追加するため、当該特定貯金等契約によらないで」と、同条第二項中「有価証券売買取引等」とあるのは「特定貯金等契約の締結」と、同条第三項中「原因となるものとして内閣府令で定めるもの」とあるのは「原因となるもの」と読み替えるものとするほか、必要な技術的読替えは、政令で定める。

注　第一二二条の五は、平成二一年六月法律第五八号により改正され、公布の日から起算して一年六月を超えない範囲内において政令で定める日から施行

「第四項ただし書及び第五項」の下に「、第三十七条の七」を加える。

**解説**　本条は、特定信用事業代理業に関する金融商品取引法の準用の規定である。

注　第七章の三（一二一条の六〜一二一条の九）は、平成二一年六月法律第五八号により追加され、公布の日から起算して一年を超えない範囲内において政令で定める日から施行

## 第七章の三　指定紛争解決機関

（紛争解決等業務を行う者の指定）

**第百二十一条の六**　主務大臣は、次に掲げる要件を備える者を、その申請により、紛争解決等業務を行う者として、指定することができる。

一　法人（人格のない社団又は財団で代表者又は管理人の定めのあるものを含み、外国の法令に準拠して設立された法人その他の外国の団体を除く。第四号ニにおいて同じ。）であること。

二　第百二十一条の八第一項において準用する銀行法第五十二条の八十四第一項若しくは第百二十一条の九第一項において準用する保険業法第三百八条の二十四第一項の規定によりこの項の規定による指定を取り消され、その取消しの日から五年を経過しない者又は他の法律の規定による指定であつて紛争解決等業務に相当する業務に係るものとして政令で定めるものを取り消され、その取消しの日から五年を経過しない者でないこと。

三　この法律若しくは弁護士法（昭和二十四年法律第二百五号）又はこれらに相当する外国の法令の規定に違反し、罰金の刑（これに相当する外国の法令による刑を含む。）に処せられ、その刑の執行を終わり、又はその刑の執行を受けることがなくなつた日から五年を経過しない者でないこと。

四　役員のうちに、次のいずれかに該当する者がないこと。

イ　成年被後見人若しくは被保佐人又は外国の法令上これらと同様に取り扱われている者

ロ　破産者で復権を得ないもの又は外国の法令上これと同様に取り扱われている者

ハ　禁錮以上の刑（これに相当する外国の法令による刑を含む。）に処せられ、その刑の執行を終わり、又はその刑の執行を受けることがなくなつた日から五年を経過しない者

ニ　第百二十一条の八第一項において準用する銀行法第五十二条の八十四第一項若しくは第百二十一

条の九第一項において準用する保険業法第三百八条の二十四第一項の規定によりこの項の規定による指定を取り消された場合若しくはこの法律に相当する外国の法令の規定により当該外国において受けている当該指定に類する行政処分を取り消された場合において、その取消しの日前一月以内にその法人の役員（外国の法令上これと同様に取り扱われている者を含む。以下このニにおいて同じ。）であつた者でその取消しの日から五年を経過しない者又は他の法律の規定による指定であつて紛争解決等業務に相当する業務に係るものとして政令で定めるもの若しくは当該他の法律に相当する外国の法令の規定により当該外国において受けている当該政令で定める指定に類する行政処分を取り消された場合において、その取消しの日前一月以内にその法人の役員であつた者でその取消しの日から五年を経過しない者

ホ　この法律若しくは弁護士法又はこれらに相当する外国の法令の規定に違反し、罰金の刑（これに相当する外国の法令による刑を含む。）に処せられ、その刑の執行を終わり、又はその刑の執行を受けることがなくなつた日から五年を経過しない者

五　紛争解決等業務を的確に実施するに足りる経理的及び技術的な基礎を有すること。

六　役員又は職員の構成が紛争解決等業務の公正な実施に支障を及ぼすおそれがないものであること。

七　紛争解決等業務の実施に関する規程（以下この条及び次条において「業務規程」という。）が法令に適合し、かつ、この法律の定めるところにより紛争解決等業務を公正かつ的確に実施するために十分であると認められること。

八　次項の規定により意見を聴取した結果、手続実施基本契約（紛争解決等業務の実施に関し指定紛争解決機関（この項の規定による指定を受けた者をいう。以下同じ。）と第十一条第一項第四号、第八十七条第一項第四号、第九十三条第一項第二号若しくは第九十三条第一項第二号又は第十一条第一項第十一号、第九十七条第一項第六号の二若しくは第百条の二第一項第一号の事業を行う組合との間で締結される契約をいう。以下この号及び次条において同じ。）の解除に関する事項その他の手続実施基本契

約の内容（信用事業等に係るものについては第百二十一条の八第一項において準用する銀行法第五十二条の六十七第二項各号に掲げる事項を、共済事業等に係るものについては第百二十一条の九第一項において準用する保険業法第三百八条の七第二項各号に掲げる事項を除く。）その他の業務規程の内容（信用事業等に係るものについては第百二十一条の八第一項において準用する銀行法第五十二条の六十七第三項の規定によりその内容とするものでなければならないこととされる事項並びに同条第四項各号及び第五項第一号に掲げる基準に適合するために必要な事項を、共済事業等に係るものについては第百二十一条の九第一項において準用する保険業法第三百八条の七第三項の規定によりその内容とするものでなければならないこととされる事項並びに同条第四項各号及び第五項第一号に掲げる基準に適合するために必要な事項を除く。）について、信用事業等に係るものにあつては異議（合理的な理由が付されたものに限る。以下この号において同じ。）を述べた第十一条第一項第四号、第八十七条第一項第四号、第九十三条第一項第二号又は第九十七条第一項第二号の事業を行う組合の数の当該事業を行う組合の総数に占める割合が、共済事業等に係るものにあつては異議を述べた第十一条第一項第十一号、第九十三条第一項第六号の二又は第百条の二第一項第一号の事業を行う組合の数の当該事業を行う組合の総数に占める割合が、政令で定める割合以下の割合となつたこと。

2　前項の申請をしようとする者は、あらかじめ、信用事業等に係る業務規程にあつては主務省令で定めるところにより、第十一条第一項第四号、第八十七条第一項第四号、第九十三条第一項第二号又は第九十七条第一項第二号の事業を行う組合に対し、共済事業等に係る業務規程にあつては農林水産省令で定めるところにより、第十一条第一項第十一号、第九十三条第一項第六号の二又は第百条の二第一項第一号の事業を行う組合に対し、業務規程の内容を説明し、これについて異議がないかどうかの意見（異議がある場合には、その理由を含む。）を聴取し、及びその結果を記載した書類を作成しなければならない。

3　主務大臣は、第一項の規定による指定をしようとするときは、同項第五号から第七号までに掲げる要件

（紛争解決手続（信用事業等又は共済事業等に関する紛争で当事者が和解をすることができるものについて訴訟手続によらずに解決を図る手続をいう。第五項第一号において同じ。）の業務に係る部分に限り、第一項第七号に掲げる要件にあつては、信用事業等に係る業務規程については第百二十一条の八第一項において準用する銀行法第五十二条の六十七第四項各号及び第五項各号に掲げる基準に係るものに、共済事業等に係る業務規程については第百二十一条の九第一項において準用する保険業法第三百八条の七第四項各号及び第五項各号に掲げる基準に係るものに限る。）に該当していることについて、あらかじめ、法務大臣に協議しなければならない。

4　第一項の規定による指定は、紛争解決等業務の種別（紛争解決等業務に係る信用事業等及び共済事業等の種別をいう。以下同じ。）ごとに行うものとする。

5　この条において、次の各号に掲げる用語の意義は、当該各号に定めるところによる。

一　紛争解決等業務　苦情処理手続（信用事業等又は共済事業等に関する苦情を処理する手続をいう。）及び紛争解決手続に係る業務並びにこれに付随する業務

二　信用事業等　第十一条第一項第四号、第八十七条第一項第四号、第九十三条第一項第二号又は第九十七条第一項第二号の事業を行う組合が行う信用事業及び他の法律により行う事業のうち信用事業に関連する事業として主務省令で定めるもの並びに当該組合のために特定信用事業代理業を行う者が行う特定信用事業代理業

三　共済事業等　第十一条第一項第十一号、第九十三条第一項第六号の二又は第百条の二第一項第一号の事業を行う組合が行う共済事業及び他の法律により行う事業のうち共済事業に関連する事業として農林水産省令で定めるもの並びに当該組合のために共済代理店が行う共済契約の締結の代理又は媒介

6　主務大臣は、第一項の規定による指定をしたときは、指定紛争解決機関の商号又は名称及び主たる営業所又は事務所の所在地、当該指定に係る紛争解決等業務の種別並びに当該指定をした日を官報で告示しなければならない。

（業務規程）

**第百二十一条の七**　指定紛争解決機関は、次に掲げる事

項に関する業務規程を定めなければならない。
一　手続実施基本契約の内容に関する事項
二　手続実施基本契約の締結に関する事項
三　紛争解決等業務（前条第五項第一号に規定する紛争解決等業務をいう。以下この条及び第百二十九条の七の三において同じ。）の実施に関する事項
四　紛争解決等業務に要する費用について加入組合（手続実施基本契約を締結した相手方である第十一条第一項第四号、第八十七条第一項第四号、第九十三条第一項第二号若しくは第九十七条第一項第二号又は第十一条第一項第十一号、第九十三条第一項第六号の二若しくは第百条の二第一項第一号の事業を行う組合をいう。次号において同じ。）が負担する負担金に関する事項
五　当事者である加入組合又はその利用者（共済事業等（前条第五項第三号に規定する共済事業等をいう。第八号及び第百二十一条の九第一項において同じ。）に係る紛争解決等業務にあつては、利用者以外の共済契約者等を含む。）から紛争解決等業務の実施に関する料金を徴収する場合にあつては、当該料金に関する事項
六　他の指定紛争解決機関その他相談、苦情の処理又は紛争の解決を実施する国の機関、地方公共団体、民間事業者その他の者との連携に関する事項
七　紛争解決等業務に関する苦情の処理に関する事項
八　前各号に掲げるもののほか、紛争解決等業務の実施に必要な事項として、信用事業等（前条第五項第二号に規定する信用事業等をいう。次条第一項において同じ。）に係る業務規程に関するものについては主務省令で、共済事業等に係る業務規程に関するものについては農林水産省令で定めるもの

（指定信用事業等紛争解決機関に関する銀行法の準用）

**第百二十一条の八**　銀行法第七章の五（第五十二条の六十二及び第五十二条の六十七第一項を除く。）及び第五十六条（第十三号に係る部分に限る。）の規定は、指定信用事業等紛争解決機関（指定紛争解決機関であつてその紛争解決等業務の種別が信用事業等であるものをいう。第百二十七条第二項及び第百三十一条第二号において同じ。）について準用する。

２　前項の場合において、同項に規定する規定中「内閣総理大臣」とあるのは「主務大臣」と、「内閣府令」

とあるのは「主務省令」と、同項に規定する規定（銀行法第五十二条の六十五第二項を除く。）中「加入銀行」とあるのは「加入組合」と、前項に規定する規定（同法第五十二条の六十七第二項第四号を除く。）中「銀行業務関連紛争」とあるのは「信用事業等関連紛争」と、前項に規定する規定（同条第二項第一号を除く。）中「銀行業務関連苦情」とあるのは「信用事業等関連苦情」と、同法第五十二条の六十三第一項中「前条第一項」とあるのは「水産業協同組合法第百二十一条の六第一項」と、「次に掲げる事項」とあるのは「指定を受けようとする紛争解決等業務の種別（同条第四項に規定する紛争解決等業務の種別をいう。）及び次に掲げる事項」と、同項第二号中「紛争解決等業務」とあるのは「紛争解決等業務（水産業協同組合法第百二十一条の六第五項第一号に規定する紛争解決等業務をいう。以下同じ。）」と、同条第二項第一号中「前条第一項第三号」とあるのは「水産業協同組合法第百二十一条の六第一項第三号」と、同項第六号中「前条第二項」とあるのは「水産業協同組合法第百二十一条の六第二項」と、同法第五十二条の六十五第一項中「この法律」とあるのは「水産業協同組合法」と、同条第二項中「加入銀行（手続実施基本契約を締結した相手方である銀行」とあるのは「加入組合（水産業協同組合法第百二十一条の七第四号に規定する加入組合」と、「手続実施基本契約その他の」とあるのは「手続実施基本契約（同法第百二十一条の六第一項第八号に規定する手続実施基本契約をいう。以下同じ。）その他の」と、同法第五十二条の六十六中「又は他の法律」とあるのは「若しくは指定共済事業等紛争解決機関（水産業協同組合法第百二十一条の九第一項に規定する指定共済事業等紛争解決機関をいう。第五十二条の八十三第三項において同じ。）又は同法以外の法律」と、「苦情処理手続」とあるのは「苦情処理手続（同法第百二十一条の六第五項第一号に規定する苦情処理手続をいう。以下同じ。）」と、「紛争解決手続」とあるのは「紛争解決手続（同条第三項に規定する紛争解決手続をいう。以下同じ。）」と、同法第五十二条の六十七第二項中「前項第一号」とあるのは「水産業協同組合法第百二十一条の七第一号」と、同項第一号中「銀行業務関連苦情」とあるのは「信用事業等関連苦情（信用事業等（水産業協同組合法第百二十一条の六第五項第二号に規定する信用事業等をいう。以下同じ。）に関する苦情をいう。以下同じ。）」と、同項第四号中「銀行業務関連紛争」とあるのは「信用事業等関連紛争（信用事業等に関する紛争で当事者が和解をすることができるものをいう。以下同じ。）」と、同条第三項中「第一項第二号」とあるのは「水産業協同組合法第百二十一条の七第二号」と、「銀行から」とあるのは「組合（同法第十一条第一項第四号の事業を行う漁業協同組合、同法第八十七条第一項第四号の事業を行う漁業協同組合連合会、同法第九十三条第一項第二号の事業を行う水産加工業協同組合又は同法第九十七条第一項第二号の事業を行う水産加工業協同組合連合会をいう。以下この項及び第五十二条の七十九第一号において同じ。）から」と、「当該銀行」とあるのは「当該組合」と、同条第四項中「第一項第三号」とあるのは「水産業協同組合法第百二十一条の七第三号」と、同条第五項中「第一項第四号」とあるのは「水産業協同組合法第百二十一条の七第四号」と、同項第一号中「同項第五号」とあるのは「同条第五号」と、同法第五十二条の七十三第三項第二号中「銀行業務」とあるのは「信用事業等」と、同法第五十二条の七十四第二項中「第五十二条の六十二第一項」とあるのは「水産業協同組合法第百二十一条の六第一項」と、同法第五十二条の七十九第一号中「銀行」とあるのは「組合」と、同法第五十二条の八十二第二項第一号中「第五十二条の六十二第一項第五号から第七号までに掲げる要件（」とあるのは「水産業協同組合法第百二十一条の六第一項第五号から第七号までに掲げる要件（」と、「又は第五十二条の六十二第一項第五号」とあるのは「又は同法第百二十一条の六第一項第五号」と、同法第五十二条の八十三第三項中「又は他の法律」とあるのは「若しくは指定共済事業等紛争解決機関又は水産業協同組合法以外の法律」と、同法第五十二条の八十四第一項中「、第五十二条の六十二第一項」とあるのは「、水産業協同組合法第百二十一条の六第一項」と、同項第一号中「第五十二条の六十二第一項第二号」とあるのは「水産業協同組合法第百二十一条の六第一項第二号」と、同項第二号中「第五十二条の六十二第一項」とあるのは「水産業協同組合法第百二十一条の六第一項」と、同条第二項第一号中「第五十二条の六十二第一項第五号」とあるのは「水産業協同組合法第百二十一条の六第一項第五号」と、「第五十二条の六十二第一項の」とあるのは

「同法第百二十一条の六第一項の」と、同条第三項及び同法第五十六条第十三号中「第五十二条の六十二第一項」とあるのは「水産業協同組合法第百二十一条の六第一項」と読み替えるものとするほか、必要な技術的読替えは、政令で定める。

（指定共済事業等紛争解決機関に関する保険業法の準用）

**第百二十一条の九**　保険業法第四編（第三百八条の二及び第三百八条の七第一項を除く。）並びに第三百十一条第一項（第三百八条の二十一に係る部分に限る。）及び第二項の規定は、指定共済事業等紛争解決機関（指定紛争解決機関であつてその紛争解決等業務の種別が共済事業等であるものをいう。第百三十一条第二号において同じ。）について準用する。

2　前項の場合において、同項に規定する規定中「内閣総理大臣」とあるのは「農林水産大臣」と、「内閣府令」とあるのは「農林水産省令」と、同項に規定する規定（保険業法第三百八条の五第二項を除く。）中「加入保険業関係業者」とあるのは「加入組合」と、「顧客」とあるのは「利用者」と、前項に規定する規定（同法第三百八条の七第二項第四号を除く。）中「保険業務等関連紛争」とあるのは「共済事業等関連紛争」と、前項に規定する規定（同条第二項第一号を除く。）中「保険業務等関連苦情」とあるのは「共済事業等関連苦情」と、同法第三百八条の三第一項中「前条第一項」とあるのは「水産業協同組合法第百二十一条の六第一項」と、同項第一号中「紛争解決等業務の種別」とあるのは「紛争解決等業務の種別（水産業協同組合法第百二十一条の六第四項に規定する紛争解決等業務の種別をいう。）」と、同項第三号中「紛争解決等業務」とあるのは「紛争解決等業務（水産業協同組合法第百二十一条の六第五項第一号に規定する紛争解決等業務をいう。以下同じ。）」と、同条第二項第一号中「前条第一項第三号」とあるのは「水産業協同組合法第百二十一条の六第一項第三号」と、同項第六号中「前条第二項」とあるのは「水産業協同組合法第百二十一条の六第二項」と、同法第三百八条の五第一項中「この法律」とあるのは「水産業協同組合法」と、同条第二項中「加入保険業関係業者（手続実施基本契約を締結した相手方である保険業関係業者」とあるのは「加入組合（水産業協同組合法第百二十一条の七第四号に規定する加入組合」と、「顧客（顧客以外の保険契約者等」とあるのは「利用者（利用者以外の同法第十五条の五第四号に規定する共済契約者等）」と、「手続実施基本契約その他の」とあるのは「手続実施基本契約（同法第百二十一条の六第一項第八号に規定する手続実施基本契約をいう。以下同じ。）その他の」と、同法第三百八条の六中「又は他の法律」とあるのは「若しくは指定信用事業等紛争解決機関（水産業協同組合法第百二十一条の八第一項に規定する指定信用事業等紛争解決機関をいう。第三百八条の二十三第三項において同じ。）又は同法以外の法律」と、「苦情処理手続」とあるのは「苦情処理手続（同法第百二十一条の六第五項第一号に規定する苦情処理手続をいう。以下同じ。）」と、「紛争解決手続」とあるのは「紛争解決手続（同条第三項に規定する紛争解決手続をいう。以下同じ。）」と、同法第三百八条の七第二項中「前項第一号」とあるのは「水産業協同組合法第百二十一条の七第一号」と、同項第一号中「保険業務等関連苦情」とあるのは「共済事業等関連苦情（共済事業等（水産業協同組合法第百二十一条の六第五項第三号に規定する共済事業等をいう。以下同じ。）に関する苦情をいう。以下同じ。）」と、同項第四号中「保険業務等関連紛争」とあるのは「共済事業等関連紛争（共済事業等に関する紛争で当事者が和解をすることができるものをいう。以下同じ。）」と、同条第三項中「第一項第二号」とあるのは「水産業協同組合法第百二十一条の七第二号」と、「保険業関係業者から」とあるのは「組合（同法第十一条第一項第十一号の事業を行う漁業協同組合、同法第九十三条第一項第六号の二の事業を行う水産加工業協同組合又は共済水産業協同組合連合会をいう。以下この項及び第三百八条の十九第一号において同じ。）から」と、「当該保険業関係業者」とあるのは「当該組合」と、同条第四項中「第一項第三号」とあるのは「水産業協同組合法第百二十一条の七第三号」と、同条第五項中「第一項第四号」とあるのは「水産業協同組合法第百二十一条の七第四号」と、同項第一号中「同項第五号」とあるのは「同条第五号」と、同法第三百八条の十三第三項第二号中「保険業務等」とあるのは「共済事業等」と、同法第三百八条の十四第二項中「第三百八条の二第一項」とあるのは「水産業協同組合法第百二十一条の六第一項」と、同法第三百八条の十九第一号中「保険業関係業者」とあるのは「組合」と、同法第三百八条の二十二第二項第一号中「第三百八条の二第一項第五号から第七号までに掲げる要件（」とあるのは「水産業協同組合法第百二十一条の六第一項第五号から第七号までに掲げる要件（」と、「又は第三百八条の二第一項第五号」とあるのは「又は同法第百二十一条の六第一項第五号」と、同法第三百八条の二十三第三項中「又は他の法律」とあるのは「若しくは指定信用事業等紛争解決機関又は水産業協同組合法以外の法律」と、同法第三百八条の二十四第一項中「、第三百八条の二第一項」とあるのは「、水産業協同組合法第百二十一条の六第一項」と、同項第一号中「第三百八条の二第一項第二号」とあるのは「水産業協同組合法第百二十一条の六第一項第二号」と、同項第二号中「第三百八条の二第一項」とあるのは「水産業協同組合法第百二十一条の六第一項」と、同条第二項第一号中「第三百八条の二第一項第五号」とあるのは「水産業協同組合法第百二十一条の六第一項第五号」と、「第三百八条の二第一項の」とあるのは「同法第百二十一条の六第一項の」と、同条第三項及び第四項中「第三百八条の二第一項」とあるのは「水産業協同組合法第百二十一条の六第一項」と読み替えるものとするほか、必要な技術的読替えは、政令で定める。

# 第八章　監　　督

水産業協同組合は、漁民又は水産加工業者の自主的な組織であるから、行政庁の監督権限は、本来制限されるべきである。しかし、他方、組合は漁民及び水産加工業者の経済的社会的地位の向上を図ることを目的とし、組合の運営如何は多数の関係者に重大な影響を及ぼすものであり、その意味では公共的な性格も有しているので、必要な限度において行政庁の監督も必要とされるのである。この章では、行政庁の監督作用及び監督機関について規定している。

（報告の徴収）

**第百二十二条**　行政庁は、組合から、当該組合が法令、法令に基づいてする行政庁の処分若しくは定款、規約、信用事業規程若しくは共済規程を守っているかどうかを知るために必要な報告を徴し、又は組合に対し、その組合員、役員、使用人、事業の分量その他組合の一般的状況に関する資料であつて組合に関する行政を適正に処理するために特に必要なものの提出を命ずることができる。

2　行政庁は、組合（漁業生産組合を除く。）が法令、法令に基づいてする行政庁の処分又は定款、規約、信用事業規程若しくは共済規程を守っているかどうかを知るため特に必要があると認めるときは、その必要の限度において、当該組合の子法人等（子会社その他組合がその経営を支配している法人として主務省令で定めるものをいう。以下同じ。）、信用事業受託者（特定信用事業代理業者その他信用事業に関し組合から委託を受けた者をいう。以下同じ。）又は共済代理店に対し、当該組合の業務又は会計の状況に関し参考となるべき報告又は資料の提出を求めることができる。

3　前項に規定する「子会社」とは、組合（漁業生産組合を除く。）がその総株主等の議決権の百分の五十を超える議決権を有する会社をいう。この場合において、当該組合及びその一若しくは二以上の子会社又は当該組合の一若しくは二以上の子会社がその総株主等の議決権の百分の五十を超える議決権を有する他の会社は、当該組合の子会社とみなす。

4　第十一条の六第三項の規定は、前項の場合において組合（漁業生産組合を除く。）又はその子会社が有する議決権について準用する。

5　組合（漁業生産組合を除く。）の子法人等、信用事業受託者又は共済代理店は、正当な理由があるときは、第二項の規定による報告又は資料の提出を拒むことができる。

**解説**　本条は、行政庁の報告徴収権に関する規定である。行政庁は、組合から、その組合が法令、法令に基づいてする行政庁の処分若しくは定款、規約、信用事業規程若しくは共済規程を守っているかどうかを知るために必要な報告を徴し、又は組合に対し、その組合員、役員、使用人、事業の分量その他組合の一般的状況に関する資料であって組合に関する行政を適正に処理するために特に必要なものの提出を命ずることができる（第一項）。

また、行政庁は、組合（漁業生産組合を除く。）が法令、法令に基づいてする行政庁の処分又は定款、規約、信用事業規程若しくは共済規程を守っているかどうかを知るため特に必要があると認めるときは、その必要の限度において、当該組合の子会社に対し、当該組合の業務又は会計の状況に関し参考となるべき報告又は資料の提出を求めることができる（第二項）。「小会社」とは、組合が議決権のある株式総数又は出資額の五〇パーセントを超える株式又は持分を所有する会社をいい、株式については、組合が担保権の実行により取得するもの等は含まれないが、信託財産として議決権を行使できるもの等は含まれる（第二項、第三項）。

行政庁は、必要である場合はこの権限を行使できるが、資料の提出は、行政を適切に処理するために必要であるものでなければならない。また、子会社等に対する報告徴収等は、組合の業務等の把握のために必要な限度でなければならず、子会社は、正当な理由があるときはこれを拒むことができる（第五項）。

また、本条の命令に違反した者は、五〇万円以下の罰金（貯金等の受入れの事業を行う組合の場合は、一年以下の懲役又は三〇〇万円以下の罰金）に処せられる（第一二九条第一項）。

（業務又は会計状況の検査）

**第百二十三条**　組合員が総組合員の十分の一以上の同意を得て、組合の業務又は会計が法令、法令に基づいてする行政庁の処分又は定款、規約、信用事業規程若しくは共済規程に違反する疑いがあることを理由として検査を請求したときは、行政庁は、当該組合の業務又は会計の状況を検査しなければならない。

2　行政庁は、組合の業務又は会計が法令、法令に基づいてする行政庁の処分又は定款、規約、信用事業規程若しくは共済規程に違反する疑いがあると認めるときは、いつでも、当該組合の業務又は会計の状況を検査することができる。

3　行政庁は、第十一条第一項第四号若しくは第十一号、第八十七条第一項第四号、第九十三条第一項第二号若しくは第六号の二、第九十七条第一項第二号又は第百条の二第一項第一号の事業を行う組合の事業の健全な運営を確保するため必要があると認めるときは、いつでも、当該組合の業務又は会計の状況を検査することができる。

4　行政庁は、出資組合（漁業生産組合を除く。）の業務又は会計の状況につき、毎年一回を常例として、帳簿検査その他の検査をしなければならない。

5　行政庁は、前各項の規定により組合（漁業生産組合を除く。）の業務又は会計の状況を検査する場合において特に必要があると認めるときは、その必要の限度において、当該組合の子法人等、信用事業受託者又は共済代理店の業務又は会計の状況を検査することができる。

6　前項の検査については、前条第五項の規定を準用する。

**解説**　本条には、行政庁の組合に対する検査として、次の五つの場合が規定されている。

①　請求検査（組合の請求に基づく検査）

総組合員（准組合員を含む）の一〇分の一以上が、組合の業務又は会計が法令、法令に基づいてする行政庁の処分又は定款、規約、信用事業規程若しくは共済規程に違反する疑いがあることを理由として検査を請求したときは、行政庁は、当該組合の業務又は会計の状況を検査しなければならない（第一項）。

②　認定検査（法令等の違反を理由とする検査）

行政庁は、組合の業務又は会計が法令、法令に基づいてする行政庁の処分又は定款、規約、信用事業規程若しくは共済規程に違反する疑いがあると認めるときは、いつでも、組合の業務又は会計の状況を検査することができる（第二項）。この場合に、行政庁が違法の疑いがあると認定した理由は、どのようなものであってもよい。

③　任意検査（信用事業又は共済事業を行う組合に対する検査）

行政庁は、貯金若しくは定期積金の受入れの事業又は共済事業を行っている組合の事業の健全な運営を確保するため必要があると認めるときは、いつでも、当該組合の業務又は会計の状況を検査することができる（第三項）。

なお、貯金又は定期積金の受入れの事業を行う組合であって、都道府県知事が行政庁となるものの信用事業に関する本条第三項の規定による検査については、都道府県知事の要請があり、かつ、主務大臣が必要があると認めるときは、主務大臣及び都道府県知事が行う（第一二七条第一項）。この検査は、要請検査という。

④　常例検査

行政庁は、出資組合（漁業生産組合を除く。）の業務又は会計の状況について、毎年常例として、帳簿検査その他の検査をしなければならない（第四項）。

⑤　子会社に対する検査

行政庁は、組合（漁業生産組合を除く。）に対してその業務又は会計の状況の検査を行う場合において特に必要があると認めるときは、必要な限度において、当該組合の子会社の業務又は会計の状況を検査することができる（第五項）。この検査は、組合の業務等の把握のために必要な限度でなければならず、子会社は、正当な理由があるときはこれを拒むことができる（第六項）。

また、これらの検査を拒み、妨げ、又は忌避した者は、五〇万円以下の罰金（貯金等の受入れの事業を行う組合の場合は、一年以下の懲役又は三〇〇万円以下の罰金）に処せられる（第一二九条第一項）。

（行政庁の監督上の命令）

**第百二十三条の二**　行政庁は、第十一条第一項第四号若しくは第十一号、第八十七条第一項第四号、第九十三条第一項第二号若しくは第六号の二、第九十七条第一項第二号又は第百条の二第一項第一号の事業を行う組合に対し、その信用事業又は共済事業の健全な運営を確保するため、当該組合の業務若しくは財産又は当該組合及びその子会社等（子会社（第百二十二条第三項に規定する子会社をいう。第百二十六条の二第三号から第八号まで並びに第百三十条第一項第十七号、第四十五号及び第四十六号において同じ。）その他の当該組合と主務省令で定める特殊の関係のある会社をいう。以下この条及び第百二十七条第六項において同じ。）の財産の状況によつて必要があると認めるときは、当該信用事業又は共済事業に関し、措置をとるべき事項及び期間を定めて、その健全な運営を確保するための改善計画の提出を求め、又は提出された改善計画の変更を命ずることができる。

2　行政庁は、第十一条第一項第四号若しくは第十一号、第八十七条第一項第四号、第九十三条第一項第二号若しくは第六号の二、第九十七条第一項第二号又は第百条の二第一項第一号の事業を行う組合に対し、その事業の健全な運営を確保し、又は組合員を保護するため、当該組合の業務若しくは財産若しくは当該組合及びその子会社等の財産の状況又は事情の変更によつて必要があると認めるときは、当該事業に関し、定款、規約、信用事業規程若しくは共済規程の変更、業務執行の方法の変更、業務の全部若しくは一部の停止若しくは財産の供託を命じ、又は財産の処分を禁止し、若しくは制限し、その他監督上必要な命令をすることができる。

3　前二項の規定による信用事業の健全な運営を確保するための当該信用事業に関する命令（改善計画の提出を求めることを含む。）であつて、組合又は組合及びその子会社等の自己資本の充実の状況によつて必要があると認めるときにするものは、主務省令で定める組合又は組合及びその子会社等の自己資本の充実の状況に係る区分に応じ、それぞれ主務省令で定めるものでなければならない。

4　第一項又は第二項の規定による共済事業の健全な運営を確保するための当該共済事業に関する命令（改善計画の提出を求めることを含む。）であつて、組合の共済金等の支払能力の充実の状況によつて必要があると認めるときにするものは、農林水産省令で定める組合の共済金等の支払能力の充実の状況に係る区分に応じ、それぞれ農林水産省令で定めるものでなければならない。

**解説**　行政庁は、貯金等の受入れの事業を行う組合に対し、その信用事業又は共済事業の健全な運営を確保するため、当該組合の業務若しくは財産又は当該組合及びその子会社等の財産の状況によって必要があると認めるときは、当該信用事業又は共済事業に関し、措置をとるべき事項及び期間を定めて、その健全な運営を確保するための改善計画の提出を求め、又は提出された改善計画の変更を命ずることができる（第一項）。

行政庁は、貯金等の受入れの事業を行う組合に対し、その事業の健全な運営を確保し、又は組合員を保護するため、当該組合の業務若しくは財産若しくは当該組合及びその子会社等の財産の状況又は事情の変更によって必要があると認めるときは、当該事業に関し、定款、規約、信用事業規程若しくは共済規程の変更、業務執行の方法の変更、業務の全部若しくは一部の停止若しくは財産の供託を命じ、又は財産の処分を禁止し、若しくは制限し、その他監督上必要な命令をすることができる（第二項）。

第一項又は第二項に掲げる信用事業又は共済事業の健全な運営を確保するための当該信用事業等に関する命令であって、組合又は組合及び子会社等の自己資本の充実の状況によって必要があると認めるときにするものの内容は、組合及びその子会社等の自己資本の充実状況に係る区分に応じて定められている（第三項、第四項）。

（法令等の違反に対する措置）

**第百二十四条**　行政庁は、第百二十二条の規定による報告を徴した場合又は第百二十三条の規定による検査を行った場合において、当該組合の業務又は会計が法令、法令に基づいてする行政庁の処分又は定款、規約、信用事業規程若しくは共済規程に違反すると認めるときは、当該組合に対し、期間を定めて、必要な措置をとるべき旨を命ずることができる。

2　組合が前項の命令に従わないときは、行政庁は、期間を定めて、業務の全部若しくは一部の停止又は役員の改選を命ずることができる。

3　行政庁は、組合が信用事業規程又は共済規程に定めた特に重要な事項に違反した場合において、第一項の命令をしたにもかかわらず、これに従わないときは、第十一条の四第一項（第九十二条第一項、第九十六条第一項及び第百条第一項において準用する場合を含む。）又は第十五条の二第一項（第九十六条第一項及び第百条の八第一項において準用する場合を含む。）

の認可を取り消すことができる。

**解説**　行政庁は、組合から報告を徴した場合又は検査を行った場合において、その組合の業務又は会計が法令、法令に基づいてする行政庁の処分又は定款、規約、信用事業規程若しくは共済規程に違反すると認めるときは、行政庁は組合に対し、期間を定めて、必要な措置をとるべき旨を命ずることができる（第一項）。

組合がこの必要措置命令に従わないときは、行政庁は、期間を定めて、業務の全部若しくは一部の停止又は役員の改選を命ずることができる（第二項）。

また、行政庁は、組合が信用事業規程又は共済規程に定めた特に重要な事項に違反した場合において、第一項の命令をしたにもかかわらず、これに従わないときは、これらの規程の認可を取り消すことができる（第三項）。

（行政庁による解散命令）

**第百二十四条の二**　左の場合には、行政庁は、当該組合の解散を命ずることができる。

一　組合が法律の規定に基づいて行なうことができる事業以外の事業を行なつたとき。

二　組合が、正当な理由がないのに、その成立の日から一年を経過してもなおその事業を開始せず、又は一年以上事業を停止したとき。

三　組合が法令に違反した場合において、行政庁が前条第一項の命令をしたにもかかわらず、これに従わないとき。

四　漁業生産組合が第八十条、第八十一条又は第八十二条第二項の規定に違反するとき。

**解説**　次の場合には、行政庁は組合の解散を命ずることができる。

①　組合が法律の規定に基づいて行える事業以外を行ったとき。「法律の規定に基づいて行える事業」とは、本法に基づく事業のほか他の法律により行える事業も含む。

②　組合が、正当な理由がないのに、その成立の日から一年を経過してもなおその事業を開始せず、又は一年以上事業を停止したとき。これは、休眠組合を必要に応じて解散させるためのものである。「事業を開始せず、又は事業を停止した」とは、どの事業も行っていない状態のものを指すものであり、一部でも行っていれば解散の対照とはならない。

③　組合が法令に違反した場合において、行政庁が必要措置命令をしたにもかかわらず、これに従わないとき。

④　漁業生産組合が、組合員の三分の二以上が当該漁業生産組合の事業に常時従事していること、漁業生産組合の事業に常時従事する者の二分の一以上がその組合員であること、及び漁業生産組合の事業に常時従事する組合員が総出資の過半数を有すること、以上の三要素を満たしていない場合。

（解散命令の通知の特例）

**第百二十四条の三**　行政庁は、組合の代表権を有する者が欠けているとき、又はその所在が不明なときは、前条の規定による命令の通知に代えてその要旨を官報に掲載することができる。

2　前項の場合においては、当該命令は、官報に掲載した日から二十日を経過した日にその効力を生ずる。

**解説**　本条は、解散命令の通知の特例に関する規定である。行政庁は、組合の代表権を有する者がいないとき、又はその所在が不明なときは、前条の規定による命令の通知に代えてその要旨を官報に掲載することができる（第一項）。

第一項の場合の命令は、官報に掲載した日から二〇日を経過した日にその効力を生ずる（第二項）。

（決議、選挙又は当選の取消し）

**第百二十五条**　組合員（第十八条第五項の規定による組合員及び第八十八条第三号若しくは第四号、第九十八条第二号又は第百条の五第三号若しくは第四号の規定による会員を除く。）が総組合員（第十八条第五項の規定による組合員及び第八十八条第三号若しくは第四号、第九十八条第二号又は第百条の五第三号若しくは第四号の規定による会員を除く。）の十分の一以上の同意を得て、総会の招集手続、議決の方法又は選挙が法令、法令に基づいてする行政庁の処分又は定款若しくは規約に違反することを理由として、その議決又は選挙若しくは当選決定の日から一箇月以内に、その議決又は選挙若しくは当選の取消しを請求した場合において、行政庁は、その違反の事実があると認めるときは、当該決議又は選挙若しくは当選を取り消すことができる。

2　前項の規定は、創立総会の場合にこれを準用する。

3　前二項の規定による処分については、行政手続法（平成五年法律第八十八号）第三章（第十二条及び第十四条を除く。）の規定は、適用しない。

**解説**　正組合員（正会員）が、その総数の一〇分の一以上の同意を得て、総会の招集手続、議決の方法又は選挙が法令、法令に基づいてする行政庁の処分又は定款若しくは規約に違反することを理由として、その議決又は選挙若しくは当選決定の日から一か月以内に、その議決又は選挙若しくは当選の取消しを請求した場合において、行政庁は、その違反の事実があると認めるときは、行政庁は、当該決議又は選挙若しくは当選を取り消すことができる（第一項）。

なお、第一項の規定は、創立総会の場合には準用される（第二項）。

**判例**

1　一　水産業協同組合法第一二五条第一項にいう決議等取消請求に必要とされる「総組合員の一〇分の一以上の同意」の要件は、その請求の当否の判断時に存在することが必要である。

二　一掲記の要件は、同項に基づき行政庁のした決議等取消請求に対する決定の取消を求める抗告訴訟の訴訟要件である。（昭和五三年九月二〇日福岡高裁民判決、総覧一一四二頁・行政集二九巻九号一七五九頁）

2　一　水産業協同組合法による協同組合の総会の議決が当然に無効である場合においては、同法第一二五条所定の行政庁による取消の手続を経ていないでも、各組合員は直接裁判所に対しその無効を前提として権利関係の確認を求めることができる。

二　漁業協同組合において、定款に定める除名事由が存しないのにかかわらず、総会において組合員を除名する旨の議決をした場合には、右議決はその要件を欠き当然に無効であると解すべきである。（昭和四七年三月三〇日最高裁一小民判決、総覧一一五一頁・タイムズ二七七頁）

3　水産業協同組合法第一二五条第一項が総会の招集手続、議決の方法又は選挙が法令、法令に基づいてする行政庁の処分又は定款若しくは規約に違反することを理由とする場合に総会決議の取消を請求できると規定している趣旨は、その瑕疵が内容にわたらない形式的違法の場合には、日常的に組合の監督に当たりその実際上の運営その他諸般の情勢に精通している監督官庁に取り消し権を認めて早期に合目的的にこれを確定させる方が瑕疵ある組合の管理運営を迅速に治癒できるとする意図によるものであり、同条に基づく取消請求は、総会の招集手続、議決の方法又は選挙が法令等に違反する場合にのみ認められ、それ以外の決議内容の瑕疵等を理由とする場合には許されないとした上、原告主張の決議の瑕疵はすべてその内容について法令、定款及び公序良俗違反をいうものであるから、取消事由に該当しない。また、審議の経緯に照らして農林水産大臣が原告の審査請求を違法に放置していたものとは認められない。（平成六年一二月一六日最高裁二小民判決、総覧続巻四四六頁・自治一二五号一〇四頁）

4　水産業協同組合法上の漁業協同組合の総会の議決の内容に瑕疵があって議決が当然無効の場合及び議決の手続、内容いずれの瑕疵であるかを問わず、瑕疵の性質、程度が重大であって議決が不存在の場合については、水産業協同組合法の規定は何らの定めをしていないものと解されるので、これらの場合に限り、しかもこれらが現在の法律関係に影響を及ぼす限りにおいて、一般原則に従い、直接裁判所に対し訴を提議し、右無効又は不存在を前提問題として裁判所の判断を求めることは当然許されるところと解するのが相当である。（昭和四四年一〇月二一日高松高裁民判決、総覧一一五五頁・時報五九六号五七頁）

5　水産業協同組合法に基づいて設立せられた組合の総会の決議については、同法がその第一二五条において別に行政庁に対する決議取消請求の途を開き商法第二四七条、第二五二条（現会社法第八三一条、第八三〇条）の如き規定をおかなかった趣旨に鑑み、右商法の諸規定において認められたような形式訴訟としての決議無効確認又は取消しの訴を直接裁判所に提起することは許されないが、右決議が不存在又は無効であるときには、これが現在の権利関係に影響を及ぼすかぎり、一般原則に従い、前提問題として右不存在又は無効を主張することは許される。（昭和三六年一二月一一日広島高裁民判決、総覧一一六〇頁・高裁民集一四巻九号六七六頁）

6　水産業協同組合法第一二五条第一項の趣旨は、総会の招集手続議決の方法又は選挙が法令、法令に基づいてする行政庁の処分又は定款若しくは規約に違反する等取消事由に該当する場合には日常組合を監督する衝にあって組合の事情に精通する行政庁に右議決又は選挙若しくは当選の取消請求の当否を迅速適切に処理させることにしたものと解され、ただ右決議等の瑕疵が重大な場合換言すれば組合決議が不存在ないし手続的内容的に無効と目される場合に限って裁判所に対し直接救済を求めることができるものと解するのが相当である。（昭和四八年七月二四日広島地裁民判決、総覧一一五一頁・時報七一八号八五頁）

7　一　漁業協同組合の役員が、水産業協同組合法第四四条第二項但し書違反を理由として組合総会において解任を議決され、これに対する同法第一二五条第一項の取消請求が監督行政庁から却下され、却下処分が確定したとしても、その後組合総会において、現任役員の任期の残りの期間中、右被解任役員を改めて役員に選挙することを妨げない。

二　漁業協同組合の組合員は、たんに組合員であるという資格だけでは、組合員理事の職務執行停止の仮処分を求めることはできない。（昭和三五年九月五日福岡高裁民判決、総覧一一八〇頁・高裁民集一三巻六号五九八頁）

8　水産業協同組合法第一二五条による総会決議取消請求に対して知事のなした棄却決定に不服がある場合、その不服申立ては農林水産大臣に対する審査請求によるべきものであり、知事に対する異議申立ては不適当である。（昭和五九年九月二八日熊本地裁民判決、総覧続巻四四二頁・自治一〇号一一五頁）

9　仮に申立人らが共通の立場にあるとしても、補助参加が認められるためには、第三者が他人間の訴訟の判決主文で示される判断に法律上の利害関係を有する場合であることを必要とし、単に社会的にみて事実上共通の立場にあるだけでは足りないと解すべきところ、行政訴訟法第三二条によって取消判決の効力が第三者に及ぶとしても申立人らと漁業協同組合との関係は、被参加人と相手方らとの関係とは別個のものであって法律上何らの影響も受けるものではないし、棄却判決の効力は第三者に及ばないから、申立人らは本件訴訟の結果について民事訴訟法第六四条にいう利害関係を有するものではない。（平成四年一〇月二八日熊本地裁民判決、総覧続巻四四四頁・自治一一〇号九六頁）

（専用契約の取消し）

**第百二十六条**　行政庁は、第二十四条第一項（第九十二

条第二項、第九十六条第二項、第百条第二項及び第百条の八第二項において準用する場合を含む。）の規定による契約の内容が、公益に違反すると認めるときは、当該契約を取り消すことができる。

**解説** 本条は、専用契約の取消しに関する規定である。行政庁は、組合（漁業生産組合を除く。）が組合員（会員）との間に締結する専用契約の内容が公益に違反すると認めるときは、当該契約を取り消すことができる。

（行政庁への届出）

**第百二十六条の二** 組合は、次の各号のいずれかに該当するときは、農林水産省令で定めるところにより、その旨を行政庁に届け出なければならない。

一　第十一条第一項第十一号、第九十三条第一項第六号の二又は第百条の二第一項第一号の事業を行う組合が共済代理店の設置又は廃止をしようとするとき。

二　第十一条第一項第十一号、第九十三条第一項第六号の二又は第百条の二第一項第一号の事業を行う組合が共済計理人を選任したとき、又は共済計理人が退任したとき。

三　第十一条第一項第四号若しくは第十一号又は第九十三条第一項第二号若しくは第六号の二の事業を行う組合が子会社対象会社（第十七条の十四第一項（第九十六条第一項において準用する場合を含む。）に規定する子会社対象会社をいう。以下この条において同じ。）を子会社としようとするとき（第五十四条の二第三項（第九十六条第三項において準用する場合を含む。次号において同じ。）又は第六十九条第二項（第九十六条第五項において準用する場合を含む。）の規定による認可を受けて第五十四条の二第二項（第九十六条第三項において準用する場合を含む。）に規定する信用事業の全部若しくは一部の譲受け又は合併をしようとする場合を除く。）。

四　第十一条第一項第四号若しくは第十一号又は第九十三条第一項第二号若しくは第六号の二の事業を行う組合の子会社対象会社に該当する子会社が子会社でなくなつたとき（第五十四条の二第三項の規定による認可を受けて同条第一項（第九十六条第三項において準用する場合を含む。）に規定する信用事業の全部又は一部の譲渡をした場合を除く。）。

五　第十一条第一項第四号若しくは第十一号又は第九

十三条第一項第二号若しくは第六号の二の事業を行う組合の子会社対象会社に該当する子会社が子会社対象会社に該当しない子会社となつたとき。

六　第八十七条第一項第四号又は第九十七条第一項第二号の事業を行う組合が第八十七条の三第一項第五号又は第六号（第百条第一項において準用する場合を含む。）に掲げる会社（認可対象会社（第八十七条の三第四項（第百条第一項において準用する場合を含む。）に規定する認可対象会社をいう。第八号において同じ。）を除く。）を子会社としようとするとき（第九十二条第三項若しくは第百条第三項において準用する第五十四条の二第三項又は第九十二条第五項若しくは第百条第五項において準用する第六十九条第二項の規定による認可を受けて第九十二条第三項若しくは第百条第三項において準用する第五十四条の二第二項に規定する信用事業の全部若しくは一部の譲受け又は合併をしようとする場合を除く。）。

七　第八十七条第一項第四号又は第九十七条第一項第二号の事業を行う組合の子会社が子会社でなくなつたとき（第九十二条第三項若しくは第百条第三項において準用する第五十四条の二第三項の規定による認可を受けて同条第一項に規定する信用事業の全部又は一部の譲渡をした場合を除く。）。

八　第八十七条第一項第四号又は第九十七条第一項第二号の事業を行う組合の認可対象会社に該当する子会社が認可対象会社に該当しない子会社となつたとき。

九　共済水産業協同組合連合会が第百条の三第一項第四号又は第五号に掲げる会社（認可対象会社（同条第六項に規定する認可対象会社をいう。第十一号において同じ。）を除く。）を子会社としようとするとき（第百条の八第五項において準用する第六十九条第二項の規定による認可を受けて合併をしようとする場合を除く。）。

十　共済水産業協同組合連合会の子会社が子会社でなくなつたとき。

十一　共済水産業協同組合連合会の認可対象会社に該当する子会社が認可対象会社に該当しない子会社となつたとき。

十二　その他農林水産省令（信用事業又は倉荷証券に関するものについては、主務省令）で定める場合に該当するとき。

解説　本条は、行政庁に対する届出事項に関する規定である。

（認可等の条件）

**第百二十六条の三**　この法律の規定による認可、許可又は承認（次項において「認可等」という。）には、条件を付し、及びこれを変更することができる。

2　前項の条件は、認可等の趣旨に照らして、又は認可等に係る事項の確実な実施を図るため必要最小限のものでなければならない。

解説　行政庁は、本法の規定に基づく認可等を行う場合に、条件を付することができる。さらに、認可後において、条件を付し、又は当初の条件を変更することができる（第一項）。「条件」とは、行政庁が行う認可等の行政処分に際して付加される行政庁の従たる意思表示であり、認可等の内容を制限し、あるいは組合に対し特別の義務を命ずるものである。たとえば、定款変更の認可に当たり、法令違反の部分を除き認可する等である。

条件を付し得る範囲については、認可等の趣旨に照らして、又は認可等に係る事項の確実な実施を図るため必要最小限のものでなければならない（第二項）。

（農林水産省令等への委任）

**第百二十六条の四**　この法律に定めるもののほか、この法律の実施のための手続その他この法律の施行に関し必要な事項は、農林水産省令（信用事業又は倉荷証券に関するものについては、主務省令）で定める。

解説　本条は、農林水産省令（信用事業又は倉荷証券に関するものについては、主務省令）への委任に関する規定である。

（監督行政庁等）

**第百二十七条**　この法律中「行政庁」とあるのは、第七十二条（第八十六条第四項、第九十二条第五項、第九十六条第五項、第百条第五項及び第百条の八第五項において準用する場合を含む。）及び第九十一条の二第一項（第百条第五項において準用する場合を含む。）の場合を除いては、都道府県の区域を超える区域を地区とする組合（漁業生産組合を除く。）並びに都道府県の区域を地区とする漁業協同組合連合会、水産加工業協同組合連合会及び共済水産業協同組合連合会については主務大臣、その他の組合については、主たる事務所を管轄する都道府県知事（第十一条第一項第四号若しくは第十一号、第八十七条第一項第四号、第九十三条第一項第二号若しくは第六号の二、第九十七条第一項第二号又は第百条の二第一項第一号の事業を行う組合の信用事業又は共済事業に関する第百二十三条第三項の規定による検査に関する事項については、都道府県知事の要請があり、かつ、主務大臣が必要があると認める場合には、主務大臣及び都道府県知事）とする。

2　この法律（第八項に規定する規定を除く。）における主務大臣は、農林水産大臣とする。ただし、第十一条第一項第四号、第八十七条第一項第四号、第九十三条第一項第二号又は第九十七条第一項第二号の事業を行う組合及び特定信用事業代理業者にあつては、農林水産大臣及び内閣総理大臣（第十一条の六第一項第一号及び第二号（これらの規定を第九十二条第一項、第九十六条第一項及び第百条第一項において準用する場合を含む。）に掲げる基準並びに第十一条の十一第一項（第九十二条第一項、第九十六条第一項及び第百条第一項において準用する場合を含む。）に規定する同一人に対する信用の供与等（第六項において「信用の供与等」という。）の額に関する第百二十三条第一項から第五項までの規定による検査に関する事項については、内閣総理大臣）とする。

3　第百二十二条及び第百二十三条に規定する行政庁の権限（前項ただし書の規定により内閣総理大臣が単独で所管するものを除く。）並びに第百二十一条の四において読み替えて準用する銀行法第五十二条の五十三及び第五十二条の五十四第一項に規定する主務大臣の権限は、前項ただし書の規定にかかわらず、農林水産大臣及び内閣総理大臣がそれぞれ単独に行使することを妨げない。

注　第二・三項は、平成二一年六月法律第五八号により改正され、公布の日から起算して一年を超えない範囲内において政令で定める日から施行

第二項中「及び特定信用事業代理業者」を「、特定信用事業代理業者及び指定信用事業等紛争解決機関」に改め、第三項中「第五十二条の五十四第一項」の下に「並びに第百二十一条の八において読み替えて準用する同法第五十二条の八十一第一項及び第二項」を加

える。

4　内閣総理大臣は、第二項ただし書又は前項の規定により単独で検査を行つたときは、速やかに、その結果を農林水産大臣に通知するものとする。

5　農林水産大臣は、第三項の規定により単独で検査を行つたときは、速やかに、その結果を内閣総理大臣に通知するものとする。

6　第百二十三条の二第一項及び第二項に規定する行政庁の権限は、組合若しくは組合及びその子会社等の自己資本の充実の状況又は信用の供与等の状況に照らし信用秩序の維持を図るため特に必要なものとして政令で定める事由に該当する場合には、第二項ただし書の規定にかかわらず、内閣総理大臣が単独に行使することを妨げない。

7　内閣総理大臣は、前項の規定によりその権限を単独に行使するときは、あらかじめ、農林水産大臣に協議しなければならない。

8　第十二条第一項（第九十二条第一項、第九十六条第一項及び第百条第一項において準用する場合を含む。）並びに第十二条第四項（第九十二条第一項、第九十六条第一項及び第百条第一項において準用する場合を含む。次項において同じ。）において読み替えて準用する倉庫業法第八条第二項、第十二条第二項、第二十二条及び第二十七条第一項に規定する主務大臣は、農林水産大臣及び国土交通大臣とする。

9　第十二条第四項において読み替えて準用する倉庫業法第二十七条第一項に規定する主務大臣の権限は、前項の規定にかかわらず、農林水産大臣及び国土交通大臣がそれぞれ単独に行使することを妨げない。

10　農林水産大臣は、前項の規定により単独で検査を行つたときは、速やかに、その結果を国土交通大臣に通知するものとする。

11　国土交通大臣は、第九項の規定により単独で検査を行つたときは、速やかに、その結果を農林水産大臣に通知するものとする。

12　この法律における主務省令は、農林水産省令・内閣府令とする。ただし、第十二条第四項（第九十二条第一項、第九十六条第一項及び第百条第一項において読み替えて準用する場合を含む。）において読み替えて準用する倉庫業法第十二条の主務省令並びに第百二十六条の二第十二号及び前条の主務省令（倉荷証券に関するものに限る。）は、農林水産省令・国土交通省令とし、第百二十三条の二第三項及び第百二十六条の二第十二号の主務省令（同号の主務省令にあつては、金融破綻処理制度及び金融危機管理に係るものに限る。）は、農林水産省令・内閣府令・財務省令とする。

13　内閣総理大臣は、この法律による権限（政令で定めるものを除く。）を金融庁長官に委任する。

14　この法律による農林水産大臣の権限及び前項の規定により金融庁長官に委任された権限の一部は、政令で定めるところにより、地方支分部局の長（金融庁長官に委任された権限にあつては、財務局長又は財務支局長）に委任することができる。

15　この法律による農林水産大臣の権限及び第十三項の規定により金融庁長官に委任された権限に属する事務の一部は、政令で定めるところにより、都道府県知事が行うこととすることができる。

**解説**　本条は、監督行政庁等に関する規定である。組合に対する監督機関は、一般的な監督機関である行政庁と、清算中の組合を監督する機関である裁判所がある。

監督機関としての行政庁は、主務大臣又は都道府県知事とされ、裁判所は、地方裁判所とされている。

（財務大臣への協議）

**第百二十七条の二**　農林水産大臣及び内閣総理大臣は、第十一条第一項第四号、第八十七条第一項第四号、第九十三条第一項第二号又は第九十七条第一項第二号の事業を行う組合（都道府県の区域を超える区域を地区とする組合並びに都道府県の区域を地区とする漁業協同組合連合会及び水産加工業協同組合連合会に限る。次条において同じ。）に対し次に掲げる処分をすることが信用秩序の維持に重大な影響を与えるおそれがあると認めるときは、あらかじめ、信用秩序の維持を図るために必要な措置に関し、財務大臣に協議しなければならない。

一　第百二十三条の二第二項又は第百二十四条第二項の規定による業務の全部又は一部の停止の命令（信用事業に関するものに限る。）

二　第百二十四条第三項の規定による第十一条の四第一項の認可の取消し

三　第百二十四条の二の規定による解散の命令

**解説**　農林水産大臣及び内閣総理大臣は、貯金又は定期積金の受入れの事業を行う組合等に対し特定の処分をする場合には、財務大臣に協議をしなければならない。

（財務大臣への通知）

**第百二十七条の三**　内閣総理大臣は、第十一条第一項第四号、第八十七条第一項第四号、第九十三条第一項第二号又は第九十七条第一項第二号の事業を行う組合に対し次に掲げる処分をしたときは、速やかに、その旨を財務大臣に通知するものとする。

一　第十一条の四第一項又は第三項（同項の規定にあっては、信用事業規程の廃止に係る場合に限る。）（これらの規定を第九十二条第一項、第九十六条第一項及び第百条第一項において準用する場合を含む。）の規定による認可

二　第六十四条の規定による設立の認可

三　第六十八条第二項（第九十六条第五項において準用する場合を含む。）、第六十九条第二項（第九十一条の二第二項（第百条第五項において準用する場合を含む。）、第九十二条第五項、第九十六条第五項及び第百条第五項において準用する場合を含む。）又は第九十一条第二項（第百条第五項において準用する場合を含む。）の規定による認可

四　第九十一条第四項第二号（第百条第五項において準用する場合を含む。）に規定する不認可の処分

五　第百二十三条の二第一項若しくは第二項又は第百二十四条第一項若しくは第二項の規定による命令（改善計画の提出を求めることを含み、信用事業に関するものに限る。）

六　第百二十四条第三項の規定による第十一条の四第一項の認可の取消し

七　第百二十四条の二の規定による解散の命令

**解説**　内閣総理大臣は、貯金又は定期積金の受入れの事業を行う組合に対し特定の処分をしたときは、速やかに財務大臣に通知することとされている。

（財務大臣への資料提出等）

**第百二十七条の四**　財務大臣は、その所掌に係る金融破綻処理制度及び金融危機管理に関し、第十一条第一項第四号、第八十七条第一項第四号、第九十三条第一項第二号又は第九十七条第一項第二号の事業を行う組合に係る制度の企画又は立案をするため必要があると認めるときは、内閣総理大臣に対し、必要な資料の提出

及び説明を求めることができる。

**解説**　財務大臣は、金融破綻処理制度及び金融危機管理に関し特定の場合には、内閣総理大臣に対し必要な資料の提出及び説明を求めることができる。

（警察庁長官等からの意見聴取）

**第百二十七条の五**　行政庁は、漁業協同組合又は漁業協同組合連合会の役員又は清算人について、第三十四条の四第一項第五号（第七十七条（第九十二条第五項において準用する場合を含む。）及び第九十二条第三項において準用する場合を含む。次条において同じ。）に該当する疑いがあると認めるときは、その理由を付して、行政庁が主務大臣である場合にあつては警察庁長官、都道府県知事である場合にあつては警視総監又は道府県警察本部長（次条において「警察庁長官又は警察本部長」という。）の意見を聴くことができる。

**解説**　行政庁は、漁業協同組合又はその連合会の役員又は清算人について、暴力団員又は暴力団員でなくなった日から五年を経過した者（第三四条の四第五号）に該当する疑いがあるときは、行政庁は、警察庁長官（知事の場合は、警視総監又は道府県警察本部長）の意見を聴くことができる。

（行政庁への意見）

**第百二十七条の六**　警察庁長官又は警察本部長は、漁業協同組合又は漁業協同組合連合会の役員又は清算人について、第三十四条の四第一項第五号に該当すると疑うに足りる相当な理由があるため、行政庁が当該漁業協同組合又は漁業協同組合連合会に対して適当な措置をとることが必要であると認めるときは、行政庁に対し、その旨の意見を述べることができる。

**解説**　警察庁長官又は警察本部長は、漁業協同組合又はその連合会の役員又は清算人について、暴力団員又は暴力団員でなくなった日から五年を経過した者に該当すると疑うに足りる相当な理由があるため、行政庁が当該漁業協同組合又はその連合会に対して適当な措置をとることが必要であると認めるときは、行政庁に対し、その旨の意見を述べることができる。

（事務の区分）

**第百二十七条の七**　この法律（第百二十七条第十五項を除く。）の規定により都道府県が処理することとされている事務（第十一条第一項第四号の事業を行う漁業協同組合、第八十七条第一項第四号の事業を行う漁業協同組合連合会、第九十三条第一項第二号の事業を行う水産加工業協同組合又は第九十七条第一項第二号の事業を行う水産加工業協同組合連合会に係るものに限る。）は、地方自治法（昭和二十二年法律第六十七号）第二条第九項第一号に規定する第一号法定受託事務とする。

**解説** 本法の規定により都道府県が処理することとされている事務（組合員（所属員）の貯金又は定期積金の受入れの事業を行う漁業協同組合、漁業協同組合連合会、水産加工業協同組合、水産加工業協同組合連合会に係るものに限る。）は、地方自治法に規定する第一号法定受託事務とされている。第一号法定受託事務とは、法律又はこれに基づく政令により都道府県、市町村又は特別区が処理することとされる事務のうち、国が本来果たすべき役割に係るものであって、国においてその適正な処理を特に確保する必要があるものとして法律又はこれに基づく政令に特に定めるものをいう（地方自治法第二条第九項第一号）。

# 第九章　罰　　則

組合は、社会経済上独立した人格として種々の法律関係に立つものであり、組合又は組合員のためにも、第三者の立場からも法律上の保護又は制裁措置を講ずる必要がある。したがって、私法上機関担当者が詐欺、横領、背任等刑罰法規違反行為のあるときはそれぞれ一般刑法の正条に照らして処罰されるが、このほか、本法は、特定の場合における行政刑罰及び特定の場合における行政罰（過料）について規定している。行政刑罰は、行政上の目的のために定められた法規に違反する行為に対して科せられる制裁であって、社会道義に反する悪性による法益の侵害行為に科せられる一般の刑罰とは性質を異にする。行政罰（過料）は、形式的に行政上の目的を侵害する非行者の行政法規の不遵守に対する罰である点においては行政刑罰と異なるところはない。両者はいずれも広義の行政罰に属する。しかし、行政刑罰が、一般の刑罰と同様に刑法総則の適用を受け、刑事訴訟法による裁判に科されるのに対し、狭義の行政罰（過料）は、刑法総則の適用は受けず、非訟手続法による民事裁判として過料に処せられるべき住所地の地方裁判所において科される点が異なる。

行政刑罰を科せられる行為としては、役員の不当取引行為、業務報告書の提出又は説明書類の縦覧の懈怠、行政庁の監督権に対する妨害行為（第一二八条～第一二九条の九）のほか、公正取引委員会による調査に対する違反行為（第一三二条、第一三三条）がある。また、過料を科せられる行為としては、役員及び清算人の法律上の義務違反行為、子会社の役員等による調査妨害、秘密漏洩に対する違反行為、名称保護に対する違反行為がある（第一二九条の一〇～第一三一条）。

**第百二十八条**　組合の役員がいかなる名義をもつてするを問わず、組合の事業の範囲外において、貸付けをし、若しくは手形の割引をし、又は投機取引のために組合の財産を処分したときは、これを三年以下の懲役又は百万円以下の罰金（第十一条第一項第四号若しくは第十一号、第八十七条第一項第四号、第九十三条第一項第二号若しくは第六号の二、第九十七条第一項第二号又は第百条の二第一項第一号の事業を行う組合の役員にあつては、三年以下の懲役又は三百万円以下の罰金）に処する。

2　前項の罪を犯した者には、情状により懲役及び罰金を併科することができる。

3　第一項の規定は、刑法に正条がある場合には、これを適用しない。

**第百二十八条の二**　次の各号のいずれかに該当する者は、三年以下の懲役若しくは三百万円以下の罰金に処し、又はこれを併科する。

一　第十一条の七（第九十二条第一項、第九十六条第一項及び第百条第一項において準用する場合を含む。）の規定に違反して、他人に資金の貸付け、貯金若しくは定期積金の受入れ、手形の割引又は為替取引の事業を行わせた者

二　第十一条の九（第九十二条第一項、第九十六条第一項及び第百条第一項において準用する場合を含む。）、第十五条の七（第九十六条第一項及び第百条の八第一項において準用する場合を含む。）又は第百二十一条の五において準用する金融商品取引法（以下「準用金融商品取引法」という。）第三十九条第一項の規定に違反した者

三　第百二十一条の二第一項の規定に違反して許可を受けないで特定信用事業代理業を行った者

四　不正の手段により第百二十一条の二第一項の許可を受けた者

五　準用銀行法第五十二条の四十一の規定に違反して他人に特定信用事業代理業を行わせた者

**第百二十八条の三**　次の各号のいずれかに該当する者は、二年以下の懲役又は三百万円以下の罰金に処する。

一　準用銀行法第五十二条の三十八第二項の規定により付した条件に違反した者

二　準用銀行法第五十二条の五十六第一項の規定による業務の全部又は一部の停止の命令に違反した者

**第百二十八条の四**　次の各号のいずれかに該当する者は、一年以下の懲役若しくは三百万円以下の罰金に処し、又はこれを併科する。

一　第百二十一条の八第一項において準用する銀行法第五十二条の六十三第一項若しくは第百二十一条の九第一項において準用する保険業法第三百八

注　第一二八条の四は、平成二一年六月法律第五八号により追加され、公布の日から起算して一年を超えない範囲内において政令で定める日から施行

条の三第一項の規定による指定申請書又は第百二十一条の八第一項において準用する銀行法第五十二条の六十三第二項若しくは第百二十一条の九第一項において準用する保険業法第三百八条の三第二項の規定によりこれに添付すべき書類若しくは電磁的記録に虚偽の記載又は記録をしてこれらを提出した者

二　第百二十一条の八第一項において準用する銀行法第五十二条の六十九又は第百二十一条の九第一項において準用する保険業法第三百八条の九の規定に違反した者

三　第百二十一条の八第一項において準用する銀行法第五十二条の八十第一項若しくは第百二十一条の九第一項において準用する保険業法第三百八条の二十第一項の規定による報告書を提出せず、又は虚偽の記載をした報告書を提出した者

四　第百二十一条の八第一項において準用する銀行法第五十二条の八十一第一項若しくは第二項若しくは第百二十一条の九第一項において準用する保険業法第三百八条の二十一第一項若しくは第二項の規定による報告若しくは資料の提出をせず、若しくは虚偽の報告若しくは資料の提出をし、又はこれらの規定による当該職員の質問に対して答弁をせず、若しくは虚偽の答弁をし、若しくはこれらの規定による検査を拒み、妨げ、若しくは忌避した者

五　第百二十一条の八第一項において準用する銀行法第五十二条の八十二第一項又は第百二十一条の九第一項において準用する保険業法第三百八条の二十二第一項の規定による命令に違反した者

**第百二十八条の四**　第五十八条の二第一項若しくは第二項（これらの規定を第九十二条第三項、第九十六条第三項、第百条第三項及び第百条の八第三項において準用する場合を含む。）又は準用銀行法第五十二条の五十第一項の規定に違反して、これらの規定に規定する書類の提出をせず、又はこれらの書類に記載すべき事項を記載せず、若しくは虚偽の記載をしてこれらの書類の提出をした者は、五十万円以下の罰金（第十一条第一項第四号若しくは第十一号、第八十七条第一項第四号、第九十三条第一項第二号若しくは第六号の二、第九十七条第一項第二号若しくは第百条の二第一項第

一号の事業を行う組合又は特定信用事業代理業者に係る書類にあつては、一年以下の懲役又は三百万円以下の罰金）に処する。

**第百二十八条の五**　次の各号のいずれかに該当する者は、一年以下の懲役又は三百万円以下の罰金に処する。

一　第五十八条の三第一項若しくは第二項（これらの規定を第九十二条第三項、第九十六条第三項、第百条第三項及び第百条の八第三項において準用する場合を含む。）若しくは準用銀行法第五十二条の五十一第一項の規定に違反してこれらの規定に規定する書類を公衆の縦覧に供せず、若しくは第五十八条の三第四項（第九十二条第三項、第九十六条第三項、第百条第三項及び第百条の八第三項において準用する場合を含む。）若しくは準用銀行法第五十二条の五十一第二項の規定に違反してこれらの規定に規定する電磁的記録に記録された情報を電磁的方法により不特定多数の者が提供を受けることができる状態に置く措置として主務省令若しくは農林水産省令で定めるものをとらず、又はこれらの規定に違反して、これらの書類若しくは電磁的記録に記載し、若しくは記録すべき事項を記載せず、若しくは記録せず、若しくは虚偽の記載をして公衆の縦覧に供し、若しくは虚偽の記録をした情報を電磁的方法により不特定多数の者が提供を受けることができる状態に置く措置をとつた者

二　準用銀行法第五十二条の三十七第一項の規定による申請書又は同条第二項の規定によりこれに添付すべき書類に虚偽の記載をして提出した者

三　準用銀行法第五十二条の四十二第一項の規定による承認を受けないで特定信用事業代理業及び特定信用事業代理業に付随する業務以外の業務を行つた者

四　準用銀行法第五十二条の五十三の規定による報告若しくは資料の提出をせず、又は虚偽の報告若しくは資料の提出をした者

五　準用銀行法第五十二条の五十四第一項の規定による当該職員の質問に対して答弁をせず、若しくは虚偽の答弁をし、又は同項の規定による検査を拒み、妨げ、若しくは忌避した者

注　第一二八条の四・一二八条の五は、平成二一年六月法律第五八号により改正され、公布の日から起算して一年を超えない範囲内において政令で定める日から施行

第百二十八条の五を第百二十八条の六とし、第百二十八条の四を第百二十八条の五とする。

**第百二十九条**　次の各号のいずれかに該当する者は、五十万円以下の罰金（第十一条第一項第四号若しくは第十一号、第八十七条第一項第四号、第九十三条第一項第二号若しくは第六号の二、第九十七条第一項第二号若しくは第百条の二第一項第一号の事業を行う組合若しくはその子法人等、信用事業受託者又は共済代理店に係る報告若しくは資料の提出又は検査にあつては、一年以下の懲役又は三百万円以下の罰金）に処する。

一　第十二条第四項（第九十二条第一項、第九十六条第一項及び第百条第一項において準用する場合を含む。）において準用する倉庫業法第二十七条第一項の規定による報告をせず、若しくは虚偽の報告をし、又は同項の規定による検査を拒み、妨げ、若しくは忌避した者

二　第百二十二条の規定による報告若しくは資料の提出をせず、若しくは虚偽の報告若しくは資料の提出をし、又は第百二十三条の規定による検査を拒み、妨げ、若しくは忌避した者

**第百二十九条の二**　第十一条の八（第一号に係る部分に限り、第九十二条第一項、第九十六条第一項及び第百条第一項において準用する場合を含む。）又は準用銀行法第五十二条の四十五（第一号に係る部分に限る。）の規定の違反があつた場合において、利用者以外の者（組合又は特定信用事業代理業者を含む。）の利益を図り、又は利用者に損害を与える目的で当該違反行為をした者は、一年以下の懲役若しくは百万円以下の罰金に処し、又はこれを併科する。

**第百二十九条の二**　次の各号のいずれかに該当する者は、一年以下の懲役若しくは百万円以下の罰金に処し、又はこれを併科する。

一　第十一条の八（第一号に係る部分に限り、第九十二条第一項、第九十六条第一項及び第百条第一項において準用する場合を含む。）又は準用銀行法第五十二条の四十五（第一号に係る部分に限る。）の規定の違反があつた場合において、利用者以外の者（組合又は特定信用事業代理業者を含

注　第一二九条の二は、平成二一年六月法律第五八号により改正され、公布の日から起算して一年を超えない範囲内において政令で定める日から施行

む。）の利益を図り、又は利用者に損害を与える目的で当該違反行為をした者

二　第百二十一条の八第一項において準用する銀行法第五十二条の六十四第一項又は第百二十一条の九第一項において準用する保険業法第三百八条の四第一項の規定に違反して、その職務に関して知り得た秘密を漏らし、又は自己の利益のために使用した者

**第百二十九条の三**　次の各号のいずれかに該当する者は、一年以下の懲役若しくは百万円以下の罰金に処し、又はこれを併科する。

一　準用金融商品取引法第三十九条第二項の規定に違反した者

二　第十五条の五（第九十六条第一項及び第百条の八第一項において準用する場合を含む。）の規定に違反して第十五条の五第一号から第三号までに掲げる行為をした者

三　第十五条の七（第九十六条第一項及び第百条の八第一項において準用する場合を含む。）において準用する金融商品取引法第三十七条の三第一項（第二号及び第六号を除く。）の規定に違反して、書面を交付せず、若しくは同項に規定する事項を記載しない書面若しくは虚偽の記載をした書面を交付した者又は同条第二項において準用する同法第三十四条の二第四項に規定する方法により当該事項を欠いた提供若しくは虚偽の事項の提供をした者

**第百二十九条の四**　前条第一号の場合において、犯人又は情を知った第三者が受けた財産上の利益は、没収する。その全部又は一部を没収することができないときは、その価額を追徴する。

**第百二十九条の五**　被調査組合の役員若しくは参事その他の使用人又はこれらの者であった者が第十七条の九第一項（第九十六条第一項及び第百条の八第一項において準用する場合を含む。以下この条において同じ。）の規定による報告をせず、若しくは虚偽の報告をし、又は第十七条の九第一項の規定による検査を拒み、妨げ、若しくは忌避したときは、一年以下の懲役又は五十万円以下の罰金に処する。

**第百二十九条の六**　第十七条の十（第九十六条第一項及び第百条の八第一項において準用する場合を含む。）の規定に違反した者は、一年以下の懲役又は五十万円

以下の罰金に処する。

**第百二十九条の七**　次の各号のいずれかに該当する者は、六月以下の懲役若しくは五十万円以下の罰金に処し、又はこれを併科する。

一　準用金融商品取引法第三十七条第一項（第二号を除く。）に規定する事項を表示せず、又は虚偽の表示をした者

二　準用金融商品取引法第三十七条第二項の規定に違反した者

三　第十一条の九（第九十二条第一項、第九十六条第一項及び第百条第一項において準用する場合を含む。）若しくは第百二十一条の五において準用する金融商品取引法第三十七条の三第一項（第二号及び第六号を除く。）の規定に違反して、書面を交付せず、若しくは同項に規定する事項を記載しない書面若しくは虚偽の記載をした書面を交付した者又は同条第二項において準用する同法第三十四条の二第四項に規定する方法により当該事項を欠いた提供若しくは虚偽の事項の提供をした者

四　準用金融商品取引法第三十七条の四第一項の規定による書面を交付せず、若しくは虚偽の記載をした書面を交付した者又は同条第二項において準用する金融商品取引法第三十四条の二第四項に規定する方法により虚偽の事項の提供をした者

注　第一二九条の七の二・一二九条の七の三は、平成二一年六月法律第五八号により追加され、公布の日から起算して一年を超えない範囲内において政令で定める日から施行

**第百二十九条の七の二**　第百二十一条の八第一項において準用する銀行法第五十二条の七十一若しくは第五十二条の七十三第九項若しくは第百二十一条の九第一項において準用する保険業法第三百八条の十一若しくは第三百八条の十三第九項の規定による記録の作成若しくは保存をせず、又は虚偽の記録を作成した者は、百万円以下の罰金に処する。

**第百二十九条の七の三**　第百二十一条の八第一項において準用する銀行法第五十二条の八十三第一項又は第百二十一条の九第一項において準用する保険業法第三百八条の二十三第一項の認可を受けないで紛争解決等業務の全部若しくは一部の休止又は廃止をした者は、五十万円以下の罰金に処する。

**第百二十九条の八**　次の各号のいずれかに該当する者は、三十万円以下の罰金に処する。

一　第百二十一条第五項において準用する会社法第九百五十五条第一項の規定に違反して、調査記録簿等（同項に規定する調査記録簿等をいう。以下この号において同じ。）に同項に規定する電子公告調査に関し法務省令で定めるものを記載せず、若しくは記録せず、若しくは虚偽の記載若しくは記録をし、又は同項の規定に違反して調査記録簿等を保存しなかつた者

二　準用銀行法第五十二条の三十九第二項若しくは第五十二条の五十二の規定による届出をせず、又は虚偽の届出をした者

注　第二号は、平成二一年六月法律第五八号により改正され、公布の日から起算して一年を超えない範囲内において政令で定める日から施行

「第五十二条の五十二」の下に「、第百二十一条の七十八第一項において準用する銀行法第五十二条の七十八第一項、第五十二条の七十九若しくは第五十二条の八十三第二項若しくは第百二十一条の九第一項において準用する保険業法第三百八条の十八第一項、第三百八条の十九若しくは第三百八条の二十三第二項」を加える。

三　準用銀行法第五十二条の四十第一項の規定に違反した者

四　準用銀行法第五十二条の四十第二項の規定に違反して、同条第一項の標識又はこれに類似する標識を掲示した者

注　第五・六号は、平成二一年六月法律第五八号により追加され、公布の日から起算して一年を超えない範囲内において政令で定める日から施行

五　第百二十一条の八第一項において準用する銀行法第五十二条の六十八第一項若しくは第百二十一条の九第一項において準用する保険業法第三百八条の八第一項の規定による報告をせず、又は虚偽の報告をした者

六　第百二十一条の八第一項において準用する銀行法第五十二条の八十三第三項若しくは第五十二条の八十四第三項若しくは第百二十一条の九第一項において準用する保険業法第三百八条の二十三第三項若しくは第三百八条の二十四第四項の規定による通知をせず、又は虚偽の通知をした者

**第百二十九条の九**　法人（法人でない団体で代表者又は管理人の定めのあるものを含む。以下この項において

同じ。）の代表者又は法人若しくは人の代理人、使用人その他の従業者が、その法人又は人の業務に関し、次の各号に掲げる規定の違反行為をしたときは、行為者を罰するほか、その法人に対して当該各号に定める罰金刑を、その人に対して各本条の罰金刑を科する。

一　第百二十八条の二第二号又は第百二十八条の三　三億円以下の罰金刑

二　第百二十八条の四　五十万円以下の罰金刑（第十一条第一項第四号若しくは第十一号、第八十七条第一項第四号、第九十三条第一項第二号若しくは第六号の二、第九十七条第一項第二号若しくは第百条の二第一項第一号の事業を行う組合又は特定信用事業代理業者にあつては、二億円以下の罰金刑）

三　第百二十八条の五第一号、第二号、第四号若しくは第五号又は第百二十九条の二　二億円以下の罰金刑

注　第二・三号は、平成二一年六月法律第五八号により改正され、公布の日から起算して一年を超えない範囲内において政令で定める日から施行

二　第百二十八条の四（第二号を除く。）、第百二十八条の六（第三号を除く。）又は第百二十九条の二第一号　二億円以下の罰金刑

三　第百二十八条の五　五十万円以下の罰金刑（第十一条第一項第四号若しくは第十一号、第八十七条第一項第四号、第九十三条第一項第二号若しくは第六号の二、第九十七条第一項第二号若しくは第百条の二第一項第一号の事業を行う組合又は特定信用事業代理業者にあつては、二億円以下の罰金刑）

四　第百二十九条　五十万円以下の罰金刑（第十一条第一項第四号若しくは第十一号、第八十七条第一項第四号、第九十三条第一項第二号若しくは第六号の二、第九十七条第一項第二号若しくは第百条の二第一項第一号の事業を行う組合若しくはその子法人等、信用事業受託者又は共済代理店にあつては、二億円以下の罰金刑）

五　第百二十九条の三第一号　一億円以下の罰金刑

六　第百二十八条の二（第二号を除く。）、第百二十八条の五第三号、第百二十九条の三（第一号を除く。）又は前二条　各本条の罰金刑

注　第六号は、平成二一年六月法律第五八号により改正され、公布の

日から起算して一年を超えない範囲内において政令で定める日から施行

六　第百二十八条の二（第二号を除く。）、第百二十八条の四第二号、第百二十八条の六第三号、第百二十九条の二第二号、第百二十九条の三（第一号を除く。）又は第百二十九条の七から前条まで各本条の罰金刑

2　前項の規定により法人でない団体を処罰する場合には、その代表者又は管理人がその訴訟行為につきその団体を代表するほか、法人を被告人又は被疑者とする場合の刑事訴訟に関する法律の規定を準用する。

**第百二十九条の十**　次の各号のいずれかに該当する者は、百万円以下の過料に処する。

一　第百二十一条第五項において準用する会社法第九百四十六条第三項の規定に違反して、報告をせず、又は虚偽の報告をした者

二　正当な理由がないのに、第百二十一条第五項において準用する会社法第九百五十一条第二項各号又は同法第九百五十五条第二項各号に掲げる請求を拒んだ者

注　第三号は、平成二一年六月法律第五八号により追加され、公布の日から起算して一年を超えない範囲内において政令で定める日から施行

三　第百二十一条の八第一項において準用する銀行法第五十二条の七十六又は第百二十一条の九第一項において準用する保険業法第三百八条の十六の規定に違反した者

**第百三十条**　次の場合には、組合の役員若しくは清算人又は特定信用事業代理業者（特定信用事業代理業者が法人であるときは、その取締役、会計参与若しくはその職務を行うべき社員、執行役、監査役、理事、監事、代表者、業務を執行する社員又は清算人）は、五十万円以下の過料に処する。ただし、その行為について刑を科すべきときは、この限りでない。

一　この法律の規定又は他の法律の特別の規定に基づいて当該組合が行うことができる事業以外の事業を営んだとき。

二　第十一条第八項ただし書、第八十七条第九項ただし書、第九十三条第七項ただし書、第九十七条第七項ただし書又は第百条の二第三項ただし書の規定に違反したとき。

三　第十一条の四第一項（第九十二条第一項、第九十

六条第一項及び第百条第一項において準用する場合を含む。）又は第十一条の十四（第九十六条第一項において準用する場合を含む。）の規定に違反したとき。

四　第十一条の四第四項（第九十二条第一項、第九十六条第一項及び第百条第一項において準用する場合を含む。）、第十五条の二第三項（第九十六条第一項及び第百条の八第一項において準用する場合を含む。）、第四十八条第四項（第八十六条第二項、第九十二条第三項、第九十六条第三項、第百条第三項及び第百条の八第三項において準用する場合を含む。）、第六十八条第五項（第八十六条第四項、第九十六条第五項及び第百条の八第五項において準用する場合を含む。）、第九十一条第五項（第百条第五項において準用する場合を含む。）若しくは第百二十一条の三第三項の規定、準用銀行法第五十二条の三十九第一項若しくは第五十三条第四項の規定又は第百二十六条の二の規定による届出をせず、又は虚偽の届出をしたとき。

五　第十一条の五（第九十二条第一項、第九十六条第一項及び第百条第一項において準用する場合を含む。）の規定に違反したとき。

六　第十五条の二第一項若しくは第十五条の十から第十五条の十二まで（これらの規定を第九十六条第一項及び第百条の八第一項において準用する場合を含む。）、第十五条の十四（第九十六条第一項において準用する場合を含む。）又は第十五条の十五若しくは第十五条の十六（これらの規定を第九十六条第一項及び第百条の八第一項において準用する場合を含む。）の規定に違反したとき。

七　第十五条の十七第一項（第九十六条第一項及び第百条の八第一項において準用する場合を含む。）の規定に違反して、共済計理人の選任手続をせず、又は第十五条の十七第二項（第九十六条第一項及び第百条の八第一項において準用する場合を含む。）の農林水産省令で定める要件に該当する者でない者を共済計理人に選任したとき。

八　第十五条の十九若しくは第十七条の三（これらの規定を第九十六条第一項及び第百条の八第一項において準用する場合を含む。）又は第百二十三条の二第一項若しくは第二項の規定による命令（改善計画の提出を求めることを含む。）に違反したとき。

九　第十七条第四項の規定に違反したとき。

十　第十七条の六第二項、第十七条の十二第一項又は第十七条の十三第二項（これらの規定を第九十六条第一項及び第百条の八第一項において準用する場合を含む。）の規定に違反して通知することを怠り、又は不正の通知をしたとき。

十一　第十七条の六第二項（第九十六条第一項及び第百条の八第一項において準用する場合を含む。）の規定に違反して総会を招集しなかつたとき。

十二　第十七条の七第一項（第九十六条第一項及び第百条の八第一項において準用する場合を含む。）の規定、第二十一条第七項（第五十一条の二第七項、第八十六条第一項、第八十九条第三項（第九十八条の二第二項及び第百条の六第二項において準用する場合を含む。）及び第九十六条第二項において準用する場合を含む。次号において同じ。）において準用する会社法第三百十条第六項、第三百十一条第三項若しくは第三百十二条第四項の規定又は第三十一条の二第二項（第七十七条（第九十二条第五項、第九十六条第五項、第百条第五項及び第百条の八第五項において準用する場合を含む。以下この項において同じ。）、第八十二条の二第二項、第九十二条第二項、第九十六条第二項、第百条第二項及び第百条の八第二項において準用する場合を含む。）、第三十三条の二第一項（第七十七条、第八十六条第二項、第九十二条第三項、第九十六条第三項、第百条第三項及び第百条の八第三項において準用する場合を含む。）、第三十九条第一項（第七十七条、第九十二条第三項、第九十六条第三項、第百条第三項及び第百条の八第三項において準用する場合を含む。）若しくは第二項（第九十二条第三項、第九十六条第三項、第百条第三項及び第百条の八第三項において準用する場合を含む。）、第四十条第九項（第七十七条、第八十六条第二項、第九十二条第三項、第九十六条第三項、第百条第三項及び第百条の八第三項において準用する場合を含む。）若しくは第十項（第八十六条第二項、第九十二条第三項、第九十六条第三項、第百条第三項及び第百条の八第三項において準用する場合を含む。）、第五十条の四第二項若しくは第三項（これらの規定を第五十一条の二第七項、第六十二条第六項（第九十二条第四項、第九十六条第四項、第百条第四項及び第百条の八第四項において準用する場合を含む。次号及び第三十五号において同じ。）、第七十七条、第八十六条第二項及び第三項、第九十二条第三項、第九十六条第三項、第百条第三項並びに第百条の八第三項において準用する場合を含む。）、第五十三条第一項（第五十四条の二第六項（第九十二条第三項、第九十六条第三項及び第百条第三項において準用する場合を含む。第三十六号において同じ。）、第五十四条の四第三項（第九十六条第三項において準用する場合を含む。第三十六号において同じ。）、第六十九条第四項（第八十六条第四項、第九十一条の二第二項（第百条第五項において準用する場合を含む。以下この項において同じ。）、第九十二条第五項、第九十六条第五項、第百条第五項及び第百条の八第五項において準用する場合を含む。）、第八十六条第二項、第九十二条第三項、第九十六条第三項、第百条第三項及び第百条の八第三項において準用する場合を含む。）、第六十九条の三第一項（第八十六条第四項、第九十一条の二第二項、第九十二条第五項、第九十六条第五項、第百条第五項及び第百条の八第五項において準用する場合を含む。）若しくは第七十二条の二第二項（第八十六条第四項、第九十一条の二第二項、第九十二条第五項、第九十六条第五項、第百条第五項及び第百条の八第五項において準用する場合を含む。）の規定に違反して、書類若しくは電磁的記録を備えて置かず、その書類若しくは電磁的記録に記載し、若しくは記録すべき事項を記載せず、若しくは記録せず、又は虚偽の記載若しくは記録をしたとき。

十三　第十七条の七第二項（第九十六条第一項及び第百条の八第一項において準用する場合を含む。）の規定、第二十一条第七項において準用する会社法第三百十条第七項、第三百十一条第四項若しくは第三百十二条第五項の規定又は第三十一条の二第三項（第七十七条、第八十二条の二第二項、第九十二条第二項、第九十六条第二項、第百条第二項及び第百条の八第二項において準用する場合を含む。）、第三十三条の二第二項（第七十七条、第八十六条第二項、第九十二条第三項、第九十六条第三項、第百条第三項及び第百条の八第三項において準用する場合を含む。）、第三十九条第三項（第七十七条、第九十二条第三項、第九十六条第三項、第百条第三項及び第百条の八第三項において準用する場合を含む。）、

第四十条第十一項（第七十七条、第八十六条第二項、第九十二条第三項、第九十六条第三項、第百条第三項及び第百条の八第三項において準用する場合を含む。）、第五十条の四第四項（第五十一条の二第七項、第六十二条第六項、第七十七条、第八十六条第二項及び第三項、第九十二条第三項、第九十六条第三項、第百条第三項並びに第百条の八第三項において準用する場合を含む。）、第六十九条の三第二項（第八十六条第四項、第九十一条の二第二項、第九十二条第五項、第九十六条第五項、第百条第五項及び第百条の八第五項において準用する場合を含む。）若しくは第七十二条の二第三項（第八十六条第四項、第九十一条の二第二項、第九十二条第五項、第九十六条第五項、第百条第五項及び第百条の八第五項において準用する場合を含む。）の規定に違反して、正当な理由がないのに、書類若しくは電磁的記録に記録された事項を農林水産省令で定める方法により表示したものの閲覧若しくは謄写又は書類の謄本若しくは抄本の交付、電磁的記録に記録された事項を電磁的方法により提供すること若しくはその事項を記載した書面の交付を拒んだとき。

十四　第十七条の十二第一項若しくは第十七条の十三第一項（これらの規定を第九十六条第一項及び第百条の八第一項において準用する場合を含む。）の規定、第七十七条において準用する会社法第四百九十九条第一項の規定若しくは第八十五条の六第一項若しくは第八十五条の八第一項の規定による公告を怠り、又は不正の公告をしたとき。

十五　第十七条の十二第二項（第九十六条第一項及び第百条の八第一項において準用する場合を含む。）の規定による付記をせず、又は虚偽の付記をしたとき。

十六　第十七条の十二第三項（第九十六条第一項及び第百条の八第一項において準用する場合を含む。）の規定に違反したとき。

十七　第十七条の十四第一項（第九十六条第一項において準用する場合を含む。以下この号において同じ。）の規定に違反して第十七条の十四第一項に規定する子会社対象会社以外の第十七条の十五第一項（第九十六条第一項において準用する場合を含む。次号において同じ。）に規定する特定事業会社を子会社としたとき。

十八　第十七条の十五第一項若しくは第二項ただし書（第八十七条の四第二項（第百条第一項において準用する場合を含む。次号において同じ。）、第九十六条第一項及び第百条の四第二項において準用する場合を含む。）、第八十七条の四第一項（第百条第一項において準用する場合を含む。）又は第百条の四第一項の規定に違反したとき。

十九　第十七条の十五第三項又は第五項（これらの規定を第八十七条の四第二項、第九十六条第一項及び第百条の四第二項において準用する場合を含む。）の規定により付した条件に違反したとき。

二十　第二十四条第二項（第九十二条第二項、第九十六条第二項、第百条第二項及び第百条の八第二項において準用する場合を含む。）の規定に違反したとき。

二十一　第二十五条（第九十二条第二項、第九十六条第二項、第百条第二項及び第百条の八第二項において準用する場合を含む。）の規定に違反したとき。

二十二　第二十七条第二項後段（第八十六条第一項、第九十二条第二項、第九十六条第二項、第百条第二項及び第百条の八第二項において準用する場合を含む。）の規定に違反したとき。

二十三　第三十四条第三項（第九十二条第三項、第九十六条第三項及び第百条第三項において準用する場合を含む。）の規定に違反したとき。

二十四　第三十四条第十一項（第九十二条第三項、第九十六条第三項、第百条第三項及び第百条の八第三項において準用する場合を含む。以下この号において同じ。）の規定に違反して第三十四条第十一項に規定する者に該当する者を監事に選任しなかつたとき。

二十五　第三十四条第十二項（第九十二条第三項、第九十六条第三項、第百条第三項及び第百条の八第三項において準用する場合を含む。）に規定する常勤の監事を定める手続をしなかつたとき。

二十六　第三十四条の五第一項（第九十二条第三項、第九十六条第三項及び第百条第三項において準用する場合を含む。）、第三項若しくは第四項（これらの規定を第九十二条第三項及び第百条の八第三項において準用する場合を含む。）又は第五項（第八十六条第二項、第九十二条第三項、第九十六条第三項、第百条第三項及び第百条の八第三項において準用する場合を含む。）の規定に違反したとき。

二十七　第三十八条第八項（第九十二条第三項及び第百条の八第三項において準用する場合を含む。）又は第四十二条第六項若しくは第四十六条第四項（これらの規定を第八十六条第二項、第九十二条第三項、第九十六条第三項、第百条第三項及び第百条の八第三項において準用する場合を含む。）の規定に違反したとき。

二十八　第三十九条の五第二項（第四十一条の二第七項（第九十二条第三項、第九十六条第三項及び第百条第三項において準用する場合を含む。第三十二号及び第三項において同じ。）、第七十七条、第九十二条第三項、第九十六条第三項、第百条第三項及び第百条の八第三項において準用する場合を含む。）の規定又は第三十九条の五第五項（第九十二条第三項、第九十六条第三項、第百条第三項及び第百条の八第三項において準用する場合を含む。次号及び第三項において同じ。）若しくは第七十七条において準用する会社法第三百八十四条の規定による調査を妨げたとき。

二十九　第三十九条の五第五項において準用する会社法第三百四十三条第二項の規定による請求があった場合において、その請求に係る事項を総会の目的とせず、又はその請求に係る議案を総会に提出しなかつたとき。

三十　第三十九条の六第五項（第八十六条第二項、第九十二条第三項、第九十六条第三項、第百条第三項及び第百条の八第三項において準用する場合を含む。）の規定による開示をすることを怠つたとき。

三十一　第四十条第一項（第八十六条第二項、第九十二条第三項、第九十六条第三項、第百条第三項及び第百条の八第三項において準用する場合を含む。）、第五十四条の六第一項（第八十六条第二項、第九十二条第三項、第九十六条第三項、第百条第三項及び第百条の八第三項において準用する場合を含む。）、第七十五条第一項（第八十六条第四項、第九十二条第五項、第九十六条第五項、第百条第五項及び第百条の八第五項において準用する場合を含む。）又は第七十六条第一項（第八十六条第四項、第九十二条第五項、第九十六条第五項、第百条第五項及び第百条の八第五項において準用する場合を含む。）の規定に違反して、貸借対照表、財産目録、会計帳簿若しくは決算報告を作成せず、これらの書類若しくは電磁的記録に記載し、若しくは記録すべき事項を記載せず、若しくは記録せず、又は虚偽の記載若しくは記録をしたとき。

三十二　第四十一条の二第七項において準用する会社法第三百九十八条第一項又は第二項の規定により意見を述べるに当たり、虚偽の陳述をし、又は事実を隠したとき。

三十三　第四十二条第五項（第八十六条第二項、第九十二条第三項、第九十六条第三項、第百条第三項及び第百条の八第三項において準用する場合を含む。）の規定に違反したとき。

三十四　第四十七条の二（第九十二条第三項、第九十六条第三項、第百条第三項及び第百条の八第三項において準用する場合を含む。）の規定、第四十七条の三第二項若しくは第四十七条の四第二項（これらの規定を第四十二条第八項（第八十六条第二項、第九十二条第三項、第九十六条第三項、第百条第三項及び第百条の八第三項において準用する場合を含む。）、第五十一条の二第七項、第七十七条、第八十六条第二項、第九十二条第三項、第九十六条第三項、第百条第三項及び第百条の八第三項において準用する場合を含む。）の規定、第四十七条の四第三項（第五十一条の二第七項、第七十七条、第九十二条第三項及び第百条の八第三項において準用する場合を含む。）の規定又は第八十四条の三の規定に違反したとき。

三十五　第五十条の二（第五十一条の二第七項、第六十二条第六項、第七十七条、第九十二条第三項、第九十六条第三項、第百条第三項及び第百条の八第三項において準用する場合を含む。）の規定に違反して正当な理由がないのに説明をしなかつたとき。

三十六　第五十三条若しくは第五十四条第二項（これらの規定を第八十六条第二項、第九十二条第三項、第九十六条第三項、第百条第三項及び第百条の八第三項において準用する場合を含む。）の規定に違反して出資一口の金額を減少し、第五十四条の二第六項において準用する第五十三条若しくは第五十四条第二項の規定に違反して第五十四条の二第一項若しくは第二項（これらの規定を第九十二条第三項、第九十六条第三項及び第百条第三項において準用する場合を含む。）に規定する信用事業の全部若しくは一部の譲渡若しくは譲受けをし、第五十四条の四第三項において準用する第五十三条若しくは第五十四条第二項の規定に違反して共済事業の全部若しくは一部を譲渡し、若しくは共済事業に係る財産を移転し、第六十九条第四項（第八十六条第四項、第九十二条第五項、第九十六条第五項、第百条第五項及び第百条の八第五項において準用する場合を含む。）において準用する第五十三条若しくは第五十四条第二項の規定に違反して出資組合の合併をし、又は第九十一条の二第二項において準用する第六十九条第四項において準用する第五十三条若しくは第五十四条第二項の規定に違反して出資組合に係る承継をしたとき。

三十七　第五十四条の二第七項（第五十四条の四第四項（第九十六条第三項において準用する場合を含む。）、第九十二条第三項、第九十六条第三項及び第百条第三項において準用する場合を含む。）の規定に違反したとき。

三十八　第五十四条の三第二項（第九十二条第三項、第九十六条第三項及び第百条第三項において準用する場合を含む。）又は第六十九条の二第三項（第九十二条第五項、第九十六条第五項、第百条第五項及び第百条の八第五項において準用する場合を含む。）の規定に違反して、公告若しくは通知をすることを怠り、又は不正の公告若しくは通知をしたとき。

三十九　第五十五条第一項から第六項まで（これらの規定を第八十六条第二項、第九十二条第三項、第九十六条第三項、第百条第三項及び第百条の八第三項において準用する場合を含む。）、第五十五条第七項（第九十二条第三項、第九十六条第三項及び第百条第三項において準用する場合を含む。）、第五十六条（第九十二条第三項、第九十六条第三項、第百条第三項及び第百条の八第三項において準用する場合を含む。）又は第八十五条の規定に違反したとき。

四十　第五十八条第一項（第八十六条第二項、第九十二条第三項、第九十六条第三項、第百条第三項及び第百条の八第三項において準用する場合を含む。）の規定に違反して組合員の持分を取得し、又は質権の目的としてこれを受けたとき。

四十一　第七十七条において準用する会社法第四百八十四条第一項の規定又は第八十五条の八第一項の規定に違反して破産手続開始の申立てを怠つたとき。

四十二　清算の結了を遅延させる目的をもつて第七十七条において準用する会社法第四百九十九条第一項の期間又は第八十五条の六第一項の期間を不当に定めたとき。
四十三　第七十七条において準用する会社法第五百条第一項の規定に違反して債務の弁済をし、又は第八十五条の六第一項の期間内に債権者に弁済をしたとき。
四十四　第七十七条又は第八十六条第四項において準用する会社法第五百二条の規定に違反して組合の財産を処分したとき。
四十五　第八十七条の三第一項（第百条第一項において準用する場合を含む。以下この項において同じ。）の規定に違反して第八十七条の三第一項に規定する子会社対象会社以外の会社を子会社としたとき。
四十六　第八十七条の三第四項（第百条第一項において準用する場合を含む。以下この号及び第五十三号において同じ。）の規定による行政庁の認可を受けないで第八十七条の三第四項に規定する認可対象会社を子会社としたとき又は同条第六項（第百条第一項において準用する場合を含む。）において準用する第八十七条の三第四項の規定による行政庁の認可を受けないで同条第一項各号に掲げる会社を当該各号のうち他の号に掲げる会社（同条第四項に規定する認可対象会社に限る。）に該当する子会社としたとき。
四十七　第百条の三第一項の規定に違反して同項に規定する子会社対象会社以外の会社を子会社としたとき。
四十八　第百条の三第六項の規定による行政庁の認可を受けないで同項に規定する認可対象会社を子会社としたとき又は同条第七項において準用する第八十七条の三第六項において準用する同条第四項の規定による行政庁の認可を受けないで第百条の三第一項各号に掲げる会社を当該各号のうち他の号に掲げる会社（同条第六項に規定する認可対象会社に限る。）に該当する子会社としたとき。
四十九　第百二十一条第五項において準用する会社法第九百四十一条の規定に違反して同条の調査を求めなかつたとき。
五十　準用銀行法第五十二条の四十三の規定により行うべき財産の管理を行わないとき。

五十一　準用銀行法第五十二条の四十九の規定による帳簿書類の作成若しくは保存をせず、又は虚偽の帳簿書類を作成したとき。
五十二　準用銀行法第五十二条の五十五の規定による命令に違反したとき。
五十三　第百二十六条の三第一項の規定により付した条件（第八十七条の三第四項（同条第六項（第百条第一項及び第百条の三第七項において準用する場合を含む。）において準用する場合を含む。）又は第百条の三第六項の規定による認可に係るものに限る。）に違反したとき。
五十四　この法律の規定による登記をすることを怠つたとき。
2　共済調査人が、第十七条の八第二項（第九十六条第一項及び第百条の八第一項において準用する場合を含む。）の期限までに調査の結果の報告をしないときも、前項と同様とする。
3　会社法第九百七十六条に規定する者が、第三十九条の五第五項又は第四十一条の二第七項において準用する同法第三百八十一条第三項の規定による調査を妨げたときも、第一項と同様とする。

4　漁業協同組合連合会又は水産加工業協同組合連合会の役員又は職員が、第八十七条第一項第十号若しくは第八項又は第九十七条第一項第七号に規定する監査の事業に係る業務に関して知り得た秘密を正当な理由なく他に漏らし、又は盗用したときは、五十万円以下の過料に処する。その者が役員又は職員でなくなつた後において、当該違反行為をした場合においても、同様とする。
**第百三十一条**　第三条第二項又は第十三条第二項（第九十二条第一項、第九十六条第一項及び第百条第一項において準用する場合を含む。）の規定に違反した者は、これを十万円以下の過料に処する。

注　第一三一条は、平成二一年六月法律第五八号により改正され、公布の日から起算して一年を超えない範囲内において政令で定める日から施行

**第百三十一条**　次の各号のいずれかに該当する者は、十万円以下の過料に処する。
一　第三条第二項又は第十三条第二項（第九十二条第一項、第九十六条第一項及び第百条第一項において準用する場合を含む。）の規定に違反した者
二　第百二十一条の八第一項において準用する銀行

法第五十二条の七十七又は第百二十一条の九第一項において準用する保険業法第三百八条の十七の規定に違反してその名称又は商号中に、指定信用事業等紛争解決機関又は指定共済事業等紛争解決機関と誤認されるおそれのある文字を使用した者

**第百三十二条**　第九十五条の四において準用する私的独占禁止法第六十二条において読み替えて準用する刑事訴訟法（昭和二十三年法律第百三十一号）第百五十四条又は第百六十六条の規定により宣誓した参考人又は鑑定人が虚偽の陳述又は鑑定をしたときは、三月以上十年以下の懲役に処する。

2　前項の罪を犯した者が、審判手続終了前であつて、かつ、犯罪の発覚する前に自白したときは、その刑を軽減し、又は免除することができる。

**第百三十三条**　次の各号のいずれかに該当する者は、一年以下の懲役又は三百万円以下の罰金に処する。

一　第九十五条の四において準用する私的独占禁止法第四十七条第一項第一号若しくは第二項又は第五十六条第一項の規定による事件関係人又は参考人に対する処分に違反して出頭せず、陳述をせず、若しくは虚偽の陳述をし、又は報告をせず、若しくは虚偽の報告をした者

二　第九十五条の四において準用する私的独占禁止法第四十七条第一項第二号若しくは第二項又は第五十六条第一項の規定による鑑定人に対する処分に違反して出頭せず、鑑定をせず、又は虚偽の鑑定をした者

三　第九十五条の四において準用する私的独占禁止法第四十七条第一項第三号若しくは第二項又は第五十六条第一項の規定による物件の所持者に対する処分に違反して物件を提出しない者

四　第九十五条の四において準用する私的独占禁止法第四十七条第一項第四号若しくは第二項又は第五十六条第一項の規定による検査を拒み、妨げ、又は忌避した者

**第百三十四条**　次の各号のいずれかに該当する者は、二十万円以下の罰金に処する。

一　第九十五条の四において準用する私的独占禁止法第四十条の規定による処分に違反して出頭せず、報告、情報若しくは資料を提出せず、又は虚偽の報告、情報若しくは資料を提出した者

二　第九十五条の四において準用する私的独占禁止法第六十二条において読み替えて準用する刑事訴訟法第百五十四条又は第百六十六条の規定による参考人又は鑑定人に対する命令に違反して宣誓をしない者

# 第五部　漁船法

（昭和二五年五月一一日法律第一七八号
最終改正平成一九年六月六日法律第七七号）

漁船は漁業にとって、漁具とともに重要な生産手段の一つである。それゆえに、種々の漁業の目的、様態にあわせていろいろの漁船が存在している。日本の漁船は、漁業の発展に伴って漁船に関する技術的発展も目覚しいものがある。このように漁業の発展にとって漁船技術の発達は欠くべからざるものである。昭和二三年に水産庁が発足した際に、水産業界等から「漁船行政を漁業生産官庁で直接所管することが適当である。」との強い要望があり、その後昭和二五年に議員提出の法案として「漁船法」が国会に上程され成立をみたのである。

# 第一章　総　則

（この法律の目的）

**第一条**　この法律は、漁船の建造を調整し、漁船の登録及び検査に関する制度を確立し、且つ、漁船に関する試験を行い、もつて漁船の性能の向上を図り、あわせて漁業生産力の合理的発展に資することを目的とする。

**解説**　本条は、本法の目的を規定している。漁船の建造を調整し、漁船の登録及び検査に関する制度を確立し、かつ、漁船に関する試験を行い、もって漁船の性能の向上を図り、最終的な目的としては漁業生産力の合理的発展に資することである。

（定義）

**第二条**　この法律において「漁船」とは、左の各号の一に該当する日本船舶をいう。

一　もつぱら漁業に従事する船舶

二　漁業に従事する船舶で漁獲物の保蔵又は製造の設備を有するもの

三　もつぱら漁場から漁獲物又はその製品を運搬する船舶

四　もつぱら漁業に関する試験、調査、指導若しくは練習に従事する船舶又は漁業の取締に従事する船舶であつて漁ろう設備を有するもの

2　この法律において「動力漁船」とは、推進機関を備える漁船をいう。

3　この法律において「改造」とは、船舶の長さ、幅若しくは深さを変更し、推進機関をあらたに据えつけ、若しくはその種類若しくはその出力を変更し、又は船舶の用途若しくは従事する漁業の種類を変更するために船舶の構造若しくは設備に変更を加えることをいう。

**解説**　第一項は、漁船の定義に関する規定である。「漁船」とは、日本船舶であって次に掲げるものをいう。

①　もっぱら漁業に従事する船舶

一般に漁船といわれるもので、底びき網漁船、まき網漁船、一本釣り漁船などがある。

② 漁業に従事する船舶で漁獲物の保蔵又は製造の設備を有するもの
捕鯨母船など一般に母船といわれるものである。
③ もっぱら漁場から漁獲物又はその製品を運搬する船舶
定置漁業、まき網漁業などにおける付属運搬船で、漁獲物運搬船といわれるものである。
④ もっぱら漁業に関する試験、調査、指導若しくは練習に従事する船舶又は漁業の取締りに従事する船舶であって漁ろう設備を有するもの
漁業調査船、漁業試験船、漁業取締船、漁業練習船などの官公庁船などがこれに当たる。これらの船は、他の警備船や巡視船と区別するために漁ろう設備を有することが条件になっている。

第二項は、動力船の定義に関する規定である。「動力漁船」とは、推進機関を備える漁船をいう。「推進機関」とは、人力、自然力（風力、水力等）以外の力によって船舶を推進する機関をいう。ジーゼル機関、電気着火機関などがある。推進機関として船外機装置を使用する漁船も動力漁船である。

第三項は「改造」に関する規定である。「改造」とは、船舶の長さ、幅若しくは深さを変更し、推進機関をあらたに据えつけ、若しくはその種類若しくはその出力を変更し、又は船舶の用途若しくは従事する漁業の種類を変更するために船舶の構造若しくは設備に変更を加えることをいう。なお、漁船法施行規則（以下本法において「施行規則」という。）第一条において、用語の定義などについて次のように規定している。
① 「船舶の長さ」とは、上甲板りよう上において、船首材の前面からだ柱があるときはその後面まで、だ柱がないときはだ頭材の中心までの水平距離をいう。
② 「船舶の幅」とは、船体最広部において、ろく骨の外面から外面までの水平距離をいう。
③ 「船舶の深さ」とは、船舶の長さの中央において、りゅう骨の上面から上甲板りようの船側における上面までの垂直距離をいう。
④ 甲板を備えない船舶にあってはげん端の上面を上甲板りようの上面とみなす。
⑤ 前項の外特殊の構造を有する船舶にあっては船舶の長さ、幅及び深さは、その構造に応じ前四項の規定に準じた距離をいうものとする。
⑥ 船舶の長さ、幅及び深さは、メートルをもって単位

とし、一メートル未満の端数は小数点以下二位にとどめ、第三位は四捨五入するものとする。

⑦　「推進機関の馬力数」とは、ジーゼル機関及びガスタービンにあってはそれぞれその計画出力（機関の燃料の最大噴射量を一定の噴射量以下に制限する装置及びその封印並びに機関の最大回転数を一定の回転数以下に制限する装置及びその封印が取り付けられているジーゼル機関にあっては、日本工業規格F四三〇四により試験した連続出力。以下同じ。）をいい、電気点火機関にあっては日本工業規格F〇四〇五により試験した表示出力をいい、電気推進機関にあっては電動機の出力をいう。

⑧　推進機関の馬力数は、キロワットをもって単位とし、一キロワット未満の場合にあっては一キロワットとし、一キロワット以上の場合にあっては小数点以下を切り捨てるものとする。ただし、電気点火機関を備える漁船（法令（条例及び規則を含む。）の規定により農林水産大臣又は都道府県知事が推進機関の馬力数の制限を行っているものを除く。）の推進機関の馬力数は、三〇キロワット以下の場合にあっては三〇キロワットとし、三〇キロワットを超え六〇キロワット以下の場合にあっては六〇キロワットとし、六〇キロワットを超え八〇キロワット以下の場合にあっては八〇キロワットとし、八〇キロワットを超え一〇〇キロワット以下の場合にあっては一〇〇キロワットとし、一〇〇キロワットを超える場合にあっては小数点以下を切り捨てるものとする。

⑨　「主たる根拠地」とは、漁船の操業又は運航の本拠となる一の地（漁船を運航することができる水面に沿うものに限る。）をいい、その呼称は市町村（東京都の区の存する区域にあっては東京都）の名称による。

# 第二章　漁船の建造調整

（動力漁船の合計総トン数の最高限度等）

**第三条**　農林水産大臣は、漁業調整その他公益上の見地から漁船の建造を調整する必要があると認めるときは、根拠地の属する都道府県の区域別又は動力漁船の種類別に漁業（漁場から漁獲物又はその製品を運搬する事業を含む。第五条第一号において同じ。）に従事する動力漁船の隻数若しくは合計総トン数の最高限度又は性能の基準を設定するものとする。

2　前項の規定により設定された動力漁船の隻数又は合計総トン数の最高限度は、設定の日から一年を経過したときは、その効力を失う。ただし、同項の規定により更に最高限度を設定することを妨げない。

3　第一項の場合には、その最高限度又は基準につき水産政策審議会の意見を聴くことができる。

4　農林水産大臣は、第一項の隻数若しくは合計総トン数の最高限度又は性能の基準を設定し、又は変更したときは、これを告示しなければならない。

**解説**　本条は、動力漁船の合計総トン数の最高限度等に関する規定である。

①　農林水産大臣は、漁業調整その他公益上の見地から漁船の建造を調整する必要があると認めるときは、根拠地の属する都道府県の区域別又は動力漁船の種類別に漁業に従事する動力漁船の隻数若しくは合計総トン数の最高限度又は性能の基準を設定して告示する（第一項）。ここでいう「漁業」の中には、漁場から漁獲物又はその製品を運搬する事業を含んでいる。「動力漁船の性能の基準」の内容は次のとおりである。

イ　計画総トン数が二〇トン未満の漁船（単胴船に限る。）について、船舶の幅と深さの比を二以上としている。

ロ　計画総トン数が四〇トン未満の漁船（大臣管理漁業のみに従事する漁船及び官公庁船を除く。）について、総トン数階層ごとに推進機関の馬力数の上限を定めている。

ハ　計画総トン数が二〇トン未満の漁船（ジーゼル機関を推進機関とするものに限る。）について、推進機関に燃料の最大噴射量を制限する装置及び最大回転数を制限する装置を装備することを義務づけている。

ニ　特別の理由によりイからニの基準によりがたい漁船については、農林水産大臣が適当と認めて指示した性能を有するものとすることができる。

② 最高限度を設定した場合、設定の日から一年を経過したときにその効力は失われるが、農林水産大臣が漁業調整その他公益上の見地から必要と認めれば、さらに最高限度を定めることができる（第二項）。

③ 最高限度又は性能の基準を定めるとき農林水産大臣は、水産政策審議会の意見を聴くことができる（第三項）。

④ 農林水産大臣は、第一項の隻数若しくは合計総トン数の最高限度又は性能の基準を設定し、又は変更したときは、これを告示しなければならない（第四項）。現在ではその定めがない。

（建造、改造及び転用の許可）

**第四条**　船舶製造業者その他の者に注文して、動力漁船（長さ十メートル未満のものを除く。以下この章において同じ。）を建造し、又は船舶を動力漁船に改造しようとする者は、その動力漁船が第一号又は第三号に該当する場合にあつては農林水産大臣の許可を受け、その動力漁船が第二号又は第四号に該当する場合にあつてはその主たる根拠地（改造の場合にあつては、その改造後の主たる根拠地）を管轄する都道府県知事の許可を受けなければならない。動力漁船以外の船舶を改造しないで動力漁船として転用しようとする者についても、同様とする。

一　漁業法（昭和二十四年法律第二百六十七号）第五十二条第一項に規定する指定漁業又は同法第六十五条第一項若しくは第二項若しくは水産資源保護法（昭和二十六年法律第三百十三号）第四条第一項若しくは第二項の規定に基づく農林水産省令の規定により農林水産大臣の許可その他の処分を要する漁業に従事する動力漁船

二　漁業法第六十五条第一項若しくは第二項若しくは水産資源保護法第四条第一項若しくは第二項の規定に基づく規則の規定又は漁業法第六十六条第一項の規定により都道府県知事の許可その他の処分を要する漁業に従事する動力漁船（前号に掲げるものを除

く。）
三　前二号に掲げるもの以外の動力漁船で総トン数二十トン以上のもの
四　前三号に掲げるもの以外の動力漁船
2　前項の場合のほか、動力漁船を建造し、又は船舶を動力漁船に改造しようとする者についても、同項と同様とする。
3　前二項の許可を受けようとする者は、次に掲げる事項について記載した申請書を農林水産大臣又は都道府県知事に提出しなければならない。
一　申請者の氏名又は名称及び住所
二　船名（改造又は転用の場合にあつては改造又は転用前及び改造又は転用後の船名）
三　漁業種類又は用途、操業区域及び主たる根拠地（改造の場合にあつては改造前及び改造後の漁業種類又は用途、操業区域及び主たる根拠地）
四　計画総トン数（改造の場合にあつては改造前の総トン数及び改造後の計画総トン数、転用の場合にあつては総トン数）
五　船舶の長さ、幅及び深さ（改造の場合にあつては改造前及び改造後の長さ、幅及び深さ）
六　船質
七　建造又は改造を行う造船所の名称及び所在地
八　推進機関の種類及び馬力数並びにシリンダの数及び直径（改造の場合にあつては改造前及び改造後の推進機関の種類及び馬力数並びにシリンダの数及び直径）
九　推進機関の製作所の名称及び所在地
十　起工、進水及びしゆん工、改造工事の着手及び完成又は転用の予定期日
十一　建造、改造又は転用に要する費用及びその調達方法の概要
十二　建造、改造又は転用を必要とする事情
4　農林水産大臣又は都道府県知事は、第一項又は第二項の許可の申請者に、図面、仕様書その他第一項又は第二項の許可に関し必要な書類を提出させることができる。
5　第三項の申請書の提出があつたときは、農林水産大臣又は都道府県知事は、その申請書を受理した後、第一項又は第二項の許可に関してした照会中の期間を除いて二箇月以内に、その申請者に対し、許可又は不許可の通知を発しなければならない。

6　第一項又は第二項の許可を受けた者は、その許可に係る建造、改造又は転用について第三項第三号から第八号までに掲げる事項のいずれかを変更しようとするときは、その変更につき、その許可をした行政庁の許可を受けなければならない。

7　前項の場合において、その変更により当該建造、改造又は転用について第一項又は第二項の許可をすべき行政庁が異なることとなる場合には、前項の規定にかかわらず、新たに第一項又は第二項の規定による許可を受けなければならない。

8　前項の場合には、第四項及び第五項の規定を準用する。

9　第一項又は第二項の許可を受けた者は、その許可に係る建造、改造又は転用について第三項第一号、第二号及び第九号から第十一号までに掲げる事項のいずれかに変更を生じたときは、遅滞なくその旨をその許可をした行政庁に報告しなければならない。

**解説**　本条は、建造、改造及び転用の許可に関する規定である。

船舶製造業者その他の者に注文して、動力漁船（長さ一〇メートル未満のものを除く。）を建造し、又は船舶を動力漁船に改造し、若しくは動力漁船以外の船舶を改造しないで動力漁船として転用しようとする者は、農林水産大臣又は都道府県知事（以下「許可権者」という。）の許可（以下「建造等の許可」という。）を受けなければならない（第一項、第二項）。この許可制度は、漁船の用途、性能、設備等についてチェックし、無思慮な建造計画を排除するとともに、必要な漁業許可等を有さずに操業する漁船の出現を未然に防止するなどの漁業調整に当たっての側面的な役割も果たしているのである。

建造等の許可の対象となる漁船は長さ一〇メートル以上の動力漁船であるが、許可権者は、行政手続の円滑化の観点からその動力漁船が漁業許可を要する漁業に従事する場合は漁業許可を行う者が建造等許可を行い、漁業許可を要さない漁業に従事する場合は、総トン数二〇トン以上の動力漁船については農林水産大臣が、総トン数二〇トン未満については都道府県知事が建造許可を行うこととなっている。これらについて表示すると次のとおりである。

① 農林水産大臣の許可を必要とするもの

イ　指定漁業（漁業法第五二条）

ロ　特定大臣許可漁業等（漁業第六五条・水産資源保護法第四条）
ハ　漁業許可を要さない漁業に従事する二〇トン以上の動力漁船
②　都道府県知事の許可を必要とするもの
イ　法定知事許可漁業（漁業法第六六条）
ロ　知事許可制漁業等（漁業第六五条・水産資源保護法第四条）
ハ　漁業許可を要さない漁業に従事する二〇トン未満の動力漁船

建造等の許可の申請手続に関する規定である。建造等の許可を受けようとする者は、第三項で規定された事項について記載した申請書を許可権者に提出しなければならない（第三項）。

許可権者は、許可申請者に対して、図面、仕様書その他許可に関して必要な書類を提出させることができる（第四項）。

許可権者は、申請書を受理した後、二か月以内に、その申請者に対し、許可又は不許可の通知を発しなければならない（第五項）。

建造等の許可を受けた漁船の許可の内容を変更する場合も許可は必要である（第六項）。変更の許可が必要な事項は、①漁業種類又は用途、操業区域及び主たる根拠地、②計画トン数、③船舶の長さ、幅及び深さ、④船室、⑤建造又は改造を行う造船所の名称及び所在地、⑥推進機関の種類及び馬力数並びにシリンダ数及び直径である。

また、都道府県知事の許可を受ける場合であって、変更前と変更後における主たる根拠地を管轄する都道府県が異なるときは、変更後の主たる根拠地を管轄する都道府県知事の許可を受けなければならない（第七項）。

（許可の基準）

**第五条**　農林水産大臣又は都道府県知事は、次の各号のいずれかに該当する場合を除き、前条第一項、第二項又は第六項の許可をしなければならない。

一　第三条第一項の規定による隻数又は合計総トン数の最高限度の定めがある場合において、その申請に係る前条第一項、第二項又は第六項の許可をすることによつてその漁業に従事する動力漁船の隻数又は合計総トン数がその最高限度を超えることとなるとき。

二　第三条第一項の規定による性能の基準の定めがある場合において、その申請に係る動力漁船の性能がその基準に適合しないとき。

三　その申請に係る動力漁船の従事する漁業が前条第一項第一号又は第二号に掲げる漁業に該当する場合において、その漁業につき起業の認可を受けていることその他その漁業に必要な許可その他の処分の見込みがあると認められるものでないとき。

**解説**　本条は、許可の基準であって、許可権者は、次の各号に掲げる場合を除いて必ず許可をしなければならない。

①　隻数又は合計総トン数の最高限度の定めがある場合に、当該許可をすることによってその限度を超える場合（現時点では、その定めはない。）。

②　性能の基準の定めがある場合に、その申請に係る動力漁船の性能がその基準に適合しないとき。

③　その申請に係る動力漁船に従事する漁業が、第四条第一項第一号（指定漁業、特定大臣許可漁業等）又は第二号（法定知事許可漁業、知事許可制漁業等）に掲げる漁業に従事する場合は、その漁業につき起業の認可を受けていること、その他その漁業に必要な許可その他の処分の見込みがあると認められないとき。

（許可の失効）

**第六条**　次の各号のいずれかに該当する場合には、第四条第一項又は第二項の許可は、その効力を失う。

一　その許可が建造に係る場合にあつては、その許可の日から一年以内にしゆん工しないとき。

二　その許可が改造に係る場合にあつては、その許可の日から六箇月以内にその改造の工事が完成しないとき。

三　その許可が転用に係る場合にあつては、その許可の日から二箇月以内に転用による使用を開始しないとき。

四　第四条第七項の場合において、新たに同条第一項又は第二項の規定による許可があつたとき。

五　その許可に係る動力漁船の従事する漁業が、第四条第一項第一号又は第二号に掲げる漁業に該当する場合において、その漁業につき起業の認可が失効し、若しくは取り消され、又は許可その他の処分が取り消されたとき。

2　農林水産大臣又は都道府県知事は、やむを得ない理由があると認めるときは、第四条第一項又は第二項の許可を受けた者の申請により、前項第一号から第三号までの期間を延長することができる。

**解説**　本条は許可の失効で、次の各号のいずれかに該当するときは許可は効力を失う（第一項）。

①　建造の場合は、その許可の日から一年以内にしゅん工しないとき。

②　改造の場合は、その許可の日から六か月以内にその改造工事が完成しないとき。

③　転用の場合は、その許可の日から二か月以内に転用による使用を開始しないとき。

④　変更の許可を要する場合において、その変更により許可権者が変更前と変更後で異なることとなる場合（第四条第七項）は、新たに建造等の許可が必要であるが、この場合には、新たな許可があったときに従前の許可は失効する。

⑤　従事しようとする漁業が許可又はその他の処分を要する場合は、当該漁業に係る起業認可が失効し、又は取り消されたとき、あるいは当該漁業許可その他の処分が取り消されたとき。

①、②、③の場合に該当するときは、建造等の許可が失効することとなるが、許可権者は、やむを得ない事由があると認めるときは、当該許可を受けた者の申請により、当該許可の期間を延長することができる（第二項）。この場合に、期間の延長の許可を申請しようとする者は、期間延長の事由を記載した申請書にその事由を証する書類を添付して、許可権者に提出しなければならない（施行規則第六条）。

（許可の取消し）

**第七条**　農林水産大臣又は都道府県知事は、第四条第一項又は第二項の許可を受けた者が同条第六項の規定に違反したときは、その許可を取り消すことができる。

2　前項の規定による許可の取消しに係る聴聞の期日における審理は、公開により行わなければならない。

**解説**　第一項は、許可の取消しの規定であり、許可権者は、第四条第一項又は第二項の許可を受けているものが変更の許可を受けるべきにもかかわらず、変更の許可を受けなかったときは、当該許可を取り消すことができる。

第二項は、公開の聴聞の規定である。許可権者が、この許可の取消しをするときは、あらかじめ、当該許可を受けているものに対し、取消しの理由及び聴聞の期日、場所を、文書をもって通知し、当該許可を受けた者（又は代理人）が公開の聴聞において弁明し、かつ、有利な証拠を提出する機会を与えなければならない。「公開の聴聞」とは、一般人が実際に見ることができる状態のもとにおいて聴聞を行うことをいう。

（工事完成後の認定）

**第八条**　第四条の規定により建造又は改造の許可を受けた者は、その許可に係る動力漁船がしゅん工し、又は改造工事が完成したときは、当該漁船につき、同条第三項第三号から第八号までに掲げる事項に係る許可の要件及び性能の基準と一致しているかどうかについて、農林水産省令又は都道府県規則の定めるところにより、農林水産大臣又は都道府県知事の認定を受けなければならない。ただし、計画総トン数五トン未満の動力漁船については、この限りでない。

**解説**　本条は、工事完成後の認定制度に関する規定である。建造又は改造の許可を受けたものは、その許可に係る動力船がしゅん工したとき、又は改造工事が完成したときは、当該漁船について許可権者の認定を受けなければならない。

許可権者は、当該漁船が、「動力漁船の性能基準」と一致しているかどうか、及び次に掲げる事項に係る許可の要件と一致しているかどうかについて認定する。

① 漁業種類又は用途、操業区域及び主たる根拠地（改造の場合は、改造前及び改造後の漁業種類又は用途、操業区域及び主たる根拠地）

② 計画総トン数（改造の場合は、改造前の総トン数及び改造後の計画総トン数）

③ 船舶の長さ、幅及び深さ（改造の場合は、改造前及び改造後の船舶の長さ、幅及び深さ）

④ 船質

⑤ 建造又は改造を行う造船所の名称及び所在地

⑥ 推進機関の種類及び馬力数並びにシリンダの数及び直径（改造の場合は、改造前及び改造後の推進機関の種類及び馬力数並びにシリンダの数及び直径）

なお、この認定の対象となる漁船は計画総トン数が五トン以上の動力船である。

（指定認定機関）

**第九条**　農林水産大臣又は都道府県知事は、その指定する者（以下「指定認定機関」という。）に、前条の規定による認定（以下「認定」という。）の全部又は一部を行わせることができる。

2　農林水産大臣又は都道府県知事は、前項の規定により指定認定機関に認定の業務の全部又は一部を行わせることとしたときは、当該認定の業務の全部又は一部を行わないものとする。

解説　本条は、指定認定機関に関する規定である。許可権者は、その指定する者に、第八条に規定する認定の全部又は一部を行わせることができる（第一項）。指定する者に認定の業務の全部又は一部を行わせることとしたときは、許可権者は当該認定の業務の全部又は一部を行わない（第二項）。

# 第三章　漁船の登録

（漁船の登録）

**第十条**　漁船（総トン数一トン未満の無動力漁船を除く。）は、その所有者がその主たる根拠地を管轄する都道府県知事の備える漁船原簿に登録を受けたものでなければ、これを漁船として使用してはならない。

2　前項の登録を受けようとする者は、次に掲げる事項について記載した申請書を都道府県知事に提出しなければならない。

一　申請者の氏名又は名称及び住所
二　船名
三　総トン数
四　船舶の長さ、幅及び深さ
五　船質
六　進水年月日
七　造船所の名称及び所在地
八　推進機関の種類及び馬力数
九　無線電波の型式及び空中線電力
十　漁船の使用者の氏名又は名称及び住所
十一　主たる根拠地
十二　漁業種類又は用途
十三　漁船の建造、取得等登録の原因

3　都道府県知事は、前項の申請者に第四条第一項又は第二項の許可（同条第六項の変更の許可を含む。）を証する書面その他登録に関し必要な書類を提出させることができる。

**解説**　本条は、漁船の登録制度に関する規定である。

漁船は、その所有者がその主たる根拠地を管轄する都道府県知事の供える漁船原簿に登録を受けた者でなければ、これを漁船として使用できない。ただし、総トン数一トン未満の無動力漁船は、この登録制度の対象とならない（第一項）。また、もっぱら遊漁に従事するものは、漁船登録を行わない（昭和四三年水漁第一七六三号水産庁長官通知）。

漁船の登録を受けようとする者は、第二項で規定された事項について記載した申請書を都道府県知事に提出しなければならない（第二項）。

都道府県知事は登録の申請者に対して、建造等の許可あるいは変更の許可を証する書面（たとえば許可証の写し等）、その他登録に関して必要な書類を提出させることができる（第三項）。

判例　漁船法第九条（現行第一〇条）に基づく登録は、商法の規定に基づく私法上の権利関係を公示するための船舶登記と異なり、単なる行政上の取締り並びに管理のための登録に過ぎないので、右登録のあることをもって、商法第八四六条の適用ありとすることはできない。（総覧一一九九頁・金融商事五七九号三〇頁）

（登録の基準）

**第十一条**　都道府県知事は、次の各号のいずれかに該当する場合を除き、前条第一項の登録をしなければならない。

一　その申請に係る漁船について第四条第一項、第二項又は第六項の規定により許可を受けなければならない場合において、その許可がないとき、又は許可の要件に違反しているとき。

二　その申請に係る漁船の従事する漁業が第五条第三号の漁業に該当する場合において、その漁業につき、起業の認可又は許可その他の処分がないとき。

三　その申請に係る漁船が第八条の規定により認定を要する動力漁船である場合において、その認定がないとき。

四　その申請に係る漁船が第十九条第三号の規定によつて登録の取消しを受けたものであるとき。

五　その申請に係る事項が虚偽であるとき。

解説　本条は、登録の基準に関する規定である。都道府県知事は、次の場合を除いて必ず登録する義務がある。

①　登録しようとする漁船について建造等の許可がいる場合に当該許可がないとき又は登録しようとする漁船が当該許可の要件に違反しているとき。

②　登録しようとする漁船の従事しようとする漁業が、指定漁業、特定大臣許可漁業等の大臣管理漁業、法定知事許可漁業、知事許可制漁業等の知事管理漁業に従事する場合において、その漁業につき起業の認可又は許可等の処分がないとき。

③　登録しようとする漁船が工事完成後の認定を要する動力漁船である場合において、当該認定がないとき。

④　登録しようとする漁船が老朽、破損のため漁船とし

て使用することができなくなったと認められ、登録を取消した漁船であるとき。

⑤　登録の申請に係る事項が虚偽であるとき。

右に掲げた要件に該当する漁船については、都道府県知事は登録できない。

（登録票の交付）

**第十二条**　都道府県知事は、第十条第一項の登録をしたときは、申請者に登録票を交付しなければならない。

2　前項の規定により登録票の交付を受けた者がその漁船の使用者でないときは、その交付を受けた者は、遅滞なく登録票をその漁船の使用者に交付しなければならない。

3　都道府県知事は、登録を受けた漁船の所有者がその登録票を亡失し、又はき損したために理由を付して登録票の再交付を申請したときは、申請者に登録票を交付しなければならない。

**解説**　本条は登録票の交付の規定である。都道府県知事は、登録をした場合には、申請者に登録票を交付しなければならない（第一項）。

登録票は、漁船の所有者に対して交付される。当該所有者が、登録漁船の使用者でない場合には、登録票を交付された所有者は、登録漁船の使用者に対して、遅滞なく、登録票を交付しなければならない（第二項）。「使用者」とは、漁船を使用する権利を有する者をいい、所有者自身である場合及びその漁船を借り受けて漁業を営む場合がある。漁船の使用者が、その漁船の所有者でない場合に、登録票を亡失し、又は毀損したときは、遅滞なく所有者にその旨を通知しなければならない（施行規則第一一条第二項）。

登録票を亡失し、又は毀損した場合には、漁船の所有者は遅滞なくその理由を伏して当該登録をした都道府県知事に対して再交付の申請をしなければならない（施行規則第一一条第一項）。再交付を申請したときは、申請者に登録票を交付しなければならない（第三項）。

（登録票の検認）

**第十三条**　前条第一項又は第十七条第三項の規定により登録票の交付を受けた者は、その交付の日から五年を経過したときは、農林水産省令の定めるところにより、その登録をした漁船及び登録票につき当該都道府県知事の検認を受けなければならない。検認の日から五年を経過したときもまた同様とする。

**解説** 登録票の交付（第一二条第一項・第一七条第三項）を受けた者は、その交付の日から五年を経過したときは、その登録をした漁船及び登録票につき当該都道府県知事の検認を受けなければならない。さらに五年を経過したときも同様にまた検認を受けなければならない。

本条の規定による検認は、当該検認を受けるべき者に対し、都道府県知事（指定検認機関が検認を行う場合にあっては、指定検認機関。）が指定した場所及び期日において行われる（施行規則第一一条の二第一項）。また、登録票の交付を受けた者は、登録票の交付の日又は検認の日から起算して五年を経過する日の一か月前までに、本条の規定による検認を受けようとする場所及び期日を都道府県知事に届け出なければならない（施行規則第一一条の二第二項）。

（指定検認機関）

**第十四条** 都道府県知事は、その指定する者（以下「指定検認機関」という。）に、前条の規定による検認（以下「検認」という。）の全部又は一部を行わせることができる。

2 都道府県知事は、前項の規定により指定検認機関に検認の業務の全部又は一部を行わせることとしたときは、当該検認の業務の全部又は一部を行わないものとする。

**解説** 指定検認機関に関する規定である。都道府県知事は、その指定する者に、第一三条の規定による検認の全部又は一部を行わせることができる（第一項）。

指定する者に検認の業務の全部又は一部を行わせることとしたときは、都道府県知事は当該認定の業務の全部又は一部を行わない（第二項）。

（登録票の備付け）

**第十五条** 漁船の使用者は、漁船を運航し、又は操業する場合には、漁船の船内に第十二条の登録票を備え付けておかなければならない。ただし、農林水産省令で定める正当な理由がある場合は、この限りでない。

**解説** 漁船の使用者は、漁船を運航し、又は操業する場合には、漁船の船内に第一二条の登録票を備え付けておかなければならない。ただし、法施行規則第一二条に規定された次の正当な理由がある場合には、登録票を備え付けなくてもよい。

① 法第一八条第二項（相続、合併又は分割の特例）の規定により登録票が効力を有する場合において、当該登録票を添付して登録を申請しているとき。

② 建造し、又は改造した漁船を建造又は改造後はじめてその主たる根拠地まで回航するとき。

③ 漁船以外の船舶を航海中に漁船として転用し、これをその転用後はじめて本邦の港まで回航するとき。

（登録番号の表示）

**第十六条**　漁船の所有者は、第十二条第一項の規定により登録票の交付を受けたときは、同条第二項の場合を除き、遅滞なく登録票に記載された登録番号を当該漁船に表示しなければならない。同項の規定により登録票の交付を受けた漁船の使用者についても同様とする。

**解説**　漁船の所有者は、登録票の交付を受けたときは、遅滞なく登録票に記載された登録番号を当該漁船に表示しなければならない。また、登録漁船の所有者が使用者でない場合には、登録票の交付を受けた使用者が登録番号を表示する義務を負っている。施行規則第一三条には、その表示は、別記様式第一一号により、船橋又は船主の両側の外部その他見やすい場所に鮮明にしなければならないと規定されている。なお、これらに違反した場合は、三〇万円以下の罰金に処せられる（第五五条）。

**判決**

1　漁船法第一三条（現行第一六条）が漁船にその登録番号を表示せしめることとしたのは、同法が漁船の性能の向上を図ることなどの目的で登録制度等を確立実施しようとすることに伴い、当該漁船の登録の有無並びにその登録番号を他より容易に識別し得せしめようとの趣旨に出たものと解される。

本件の登録番号の表示の仕方は、全然表示がないとは言えないけれども、甚だ不完全かつ不鮮明であって全体としては他よりこれを識別することも判読することも不可能であるから、漁船法第一三条（現行法第一六条）、同法施行規則第一三条の表示をいうにあたらない。（昭和三五年九月二八日福岡高裁刑判決、総覧一二〇二頁）

2　漁船法第一三条（現行第一六条）における漁船登録番号の表示義務は、破損等特別の事情により船体に表示することが不可能な場合は別として、それが可能である限り表示する義務を負うものと解される。（昭和四七年一一月一九日名古屋高裁刑判決、総覧一二〇三頁・刑裁月報昭和四七年一一月一七頁）

（変更の登録）

**第十七条**　第十条第一項の登録を受けた漁船の所有者は、その漁船について同条第二項第一号から第四号まで及び第八号から第十二号までに掲げる事項について変更が生じたときは、その変更の生じた日（第二項の場合にあつては同項の通知を受けた日）から二週間以内に、その変更の理由を付してその登録をした都道府県知事に対し変更の登録を申請しなければならない。

2　第十条第一項の登録を受けた漁船の所有者がその漁船の使用者でない場合において、その漁船について同条第二項第八号から第十二号までに掲げる事項に変更を生じたときは、その使用者は、遅滞なくその旨を所有者に通知しなければならない。

3　都道府県知事は、第一項の申請があつたときは、第十一条各号の場合を除き、漁船原簿に変更の登録をするとともに、登録票を書き換えて交付しなければならない。

**解説**　登録を受けた漁船の所有者は、その漁船について次に掲げる事項について変更が生じたときは、その変更の生じた日から二週間以内に、その変更の理由を付してその登録をした都道府県知事に対し変更の登録を申請しなければならない（第一項）。

①　申請者の氏名（又は名称）及び住所
②　船名
③　総トン数
④　船舶の長さ、幅及び深さ
⑤　推進機関の種類及び馬力数
⑥　無線電波の形式及び空中線電力
⑦　漁船の使用者の氏名（又は名称）及び住所
⑧　主たる根拠地
⑨　漁業種類又は用途

登録を受けた漁船の所有者がその漁船の使用者でない場合において、その漁船について右の⑤から⑨までの事項に変更が生じたときは、その使用者は遅滞なくその旨を所有者に通知しなければならない（第二項）。

都道府県知事は、変更の登録の申請があったときは、登録の基準（第一一条）により登録しない場合を除き、漁船原簿に変更の登録をするとともに、登録票を書き換えて交付しなければならない（第三項）。

変更の登録の手続については、次のとおりである（施行規則第一三条の二）。

① 変更の登録の申請は、文書をもってしなければならない（同規則同条第一項）。

② 申請書には、次の書類を添付しなければならない（同規則同条第二項）。

イ　改造の許可を受けた動力漁船については、当該許可の通知書

ロ　改造の許可を受けた動力漁船について変更の許可を受けた場合は、改造の許可通知書及び変更の許可の通知書

ハ　工事完了後の認定について農林水産大臣の認定を受けるべき動力漁船に係るものにあっては、その認定の通知書

ニ　船舶の長さ、幅、深さ又は総トン数を変更するために改造の許可を受けた総トン数二〇トン以上の動力船（改造により総トン数二〇トン未満となるのものを除く。）に係るもの及び改造により総トン数二〇トン以上となる動力漁船に係るものにあっては、船舶原簿の謄本

都道府県知事は、船舶の長さ、幅、深さ又は総トン数を変更するため改造の許可を受けた総トン数二〇トン未満の動力漁船（改造により総トン数二〇トン以上となるものを除く。）に係るもの及び改造により総トン数二〇トン未満となる動力漁船に係るものにあっては、申請書に船舶の総トン数の測度に関する証明書を添付させることができる（同規則同条第三項）。

（登録の失効）

**第十八条**　次に掲げる場合には、漁船の登録は、その効力を失う。

一　登録を受けた漁船が漁船でなくなつたとき。

二　登録を受けた漁船が滅失し、沈没し、又は解てつされたとき。

三　登録を受けた漁船の存否が三箇月間不明になったとき。

四　登録を受けた漁船が譲渡されたとき。

五　登録を受けた漁船の主たる根拠地がその登録をした都道府県知事の管轄する都道府県の区域外に変更されたとき。

六　登録を受けた漁船の所有者が死亡し、解散し、又

は分割（当該漁船を承継させるものに限る。）をしたとき。

2　前項第六号の場合において、相続人、合併により設立した法人若しくは合併後存続する法人又は分割により登録を受けた漁船を承継した法人が、死亡、解散又は分割の日から一箇月以内に第十条の規定により登録を申請したときは、これに対する登録に関する処分があるまでは、被相続人、合併により解散した法人又は分割をした法人についてした登録及びこれらの者に交付した登録票は、その効力を有し、かつ、その登録又は登録票は、その申請人についてし、又は交付したものとみなす。

**解説**　本条は登録の失効の規定である。次の場合には、漁船の登録は失効する（第一項）。

①　登録を受けた漁船が漁船でなくなったとき。
②　登録を受けた漁船が滅失し、沈没し、又は解てつされたとき。
③　登録を受けた漁船の存否が三か月間不明になったとき。
④　登録を受けた漁船が譲渡されたとき。
⑤　登録を受けた漁船の主たる根拠地がその登録をした都道府県知事の管轄する都道府県の区域外に変更されたとき。
⑥　登録を受けた漁船の所有者が死亡し、解散し、又は分割（当該漁船を承継させるものに限る。）をしたとき。

右の⑥の場合において、相続人、合併により設立した法人若しくは合併後存続する法人又は分割により登録を受けた漁船を承継した法人が、死亡、解散又は分割の日から一か月以内に第一〇条の規定により登録を申請したときは、これに対する登録に関する処分があるまでは、被相続人、合併により解散した法人又は分割をした法人についてした登録及びこれらの者に交付した登録票は、その効力を有し、かつ、その登録又は登録票は、その申請人についてし、又は交付したものとみなす（第二項）。

（登録の取消し）
**第十九条**　都道府県知事は、第十条第一項の登録を受けた漁船が次の各号のいずれかに該当するときは、その登録を取り消すことができる。この場合には、第七条第二項の規定を準用する。

一　第四条の規定に違反して改造されたとき。
二　第十三条の規定に違反して検認を受けないとき。
三　老朽、破損等のため漁船として使用することができなくなつたと認められるとき。

**解説**　本条は、登録の取消し規定である。都道府県知事は、登録漁船が次の各号のいずれかに該当するときは、その登録を取り消すことができる。

①　改造許可を受けるべき場合に、許可を受けないで改造したとき。
②　漁船及び登録票の検認を受けないとき。
③　老朽、破損等のため漁船として使用することができなくなったと認められるとき。

（登録票の返納及び登録番号の抹消）
**第二十条**　次に掲げる場合には、漁船の所有者は、遅滞なく、その登録をした都道府県知事に登録票を返納しなければならない。ただし、登録票を返納することができない正当な理由がある場合において、その理由を付してその旨をその都道府県知事に届け出たときは、その返納をすることを要しない。

一　第十八条の規定により登録がその効力を失つたとき。
二　前条の規定により登録が取り消されたとき。

2　前項各号の場合において、漁船の所有者が漁船の使用者でないときは、その使用者は、遅滞なく、所有者にその登録票を返還しなければならない。

3　第一項各号の場合には、漁船の所有者（漁船の所有者がその使用者でない場合にあつては、その使用者）は、遅滞なく、第十六条の規定によりその漁船に表示された登録番号を抹消しなければならない。

**解説**　漁船登録がその効力を失ったとき及び漁船登録が取り消されたときは、漁船の所有者は、遅滞なく、その登録した知事に登録票を返納しなければならない。ただし、登録票を返納できない正当な理由がある場合は、その理由を付して知事に届け出れば返納する必要はない（第一項）。

第一項の場合において、漁船の所有者が漁船の使用者でないときは、その使用者は、遅滞なく、所有者にその登録票を返還しなければならない（第二項）。

第一項の場合には、漁船の所有者（漁船の所有者がその使用者でない場合にあっては、その使用者）は、遅滞なく、第一六条の規定によりその漁船に表示された登録番号を抹消しなければならない（第三項）。

（登録謄本の交付）
**第二十一条**　何人でも、都道府県知事に対し、漁船の登録の謄本の交付を請求することができる。

**解説**　何人でも、知事に対し漁船の登録の謄本の交付を請求することができる。

（船舶法の適用除外）
**第二十二条**　漁船については、船舶法（明治三十二年法律第四十六号）第二十一条の規定に基づく命令（船舶の総トン数の測度及び船名の標示に関する部分を除く。）を適用しない。

**解説**　漁船については、船舶法第二一条の規定に基づく命令を適用しない。ただし、船舶の総トン数の測度及び鮮明の表示に関する部分は適用される。

（漁船原簿の副本の提出等）
**第二十三条**　農林水産大臣は、都道府県知事に対し、漁船原簿の副本を提出させ、及び登録に関する統計その他登録に関し必要な報告を求めることができる。

**解説**　農林水産大臣は、都道府県知事に対し、漁船原簿の副本を提出させ、登録に関する統計その他登録に関し、必要な報告を求めることができる。施行規則第一四条には次のような報告義務等を定めている。

①　都道府県知事は、毎月一〇日までにその前月中に登録した総トン数一五トン以上の動力漁船に係る漁船原簿の副本並びにその前月中に行った登録（登録変更を含む。）、失効した登録、取り消した登録の報告書を取りまとめ、農林水産大臣に提出しなければならない（第一項）。

②　都道府県知事は、毎年一二月三一日現在で登録しているすべての漁船の統計表を翌年二月末までに農林水産大臣に提出しなければならない（第二項）。

（農林水産省令への委任）
**第二十四条**　この法律に定めるもののほか、漁船の登録に関し必要な事項は、農林水産省令で定める。

**解説**　本条は、漁船法施行規則への委任の規定である。

# 第四章　漁船に関する検査

漁船の依頼検査制度は、船舶安全法による強制検査とは異なり、漁業の操業能率の向上、操業上の安全等を考慮し、さらに性能の向上を図るために設けられたものである。これは農林水産大臣が、船主の依頼を受けて、造船所、造機工場等において工事の監督、技術指導を行い、優秀な漁船を造ることを目的としている。

（依頼検査）

**第二十五条**　農林水産大臣は、漁船の所有者（第四条第一項又は第二項の許可を受けた者を含む。）から、その漁船について次に掲げる事項に関する検査を依頼されたときは、設計及び工事の期間中の農林水産省令で定める時並びにしゆん工又は改造工事完成の時において、検査を行わなければならない。

一　船体

二　機関

三　漁ろう設備

四　漁獲物の保蔵又は製造の設備

五　電気設備

六　航海測器設備

2　農林水産省令で定める場合は、前項の規定にかかわらず、設計及び工事の期間中の検査を省略することができる。

3　第一項の検査においては、その設計、材料、工事及び性能が農林水産省令で定める技術基準に適合しているかどうかを検査するものとする。

4　農林水産大臣は、前項の技術基準を定めるには、水産政策審議会の意見を聴くことができる。

**解説**　農林水産大臣は、漁船の所有者から、その漁船について次の事項に関する検査を依頼されたときは、一定の時期において、検査を行わなければならない（第一項、施行規則第一五条）。

①　船体

②　機関（推進機関、補機関及び圧縮機）

③　漁ろう設備（魚群探知機及びびうず巻ポンプ）

④　漁獲物の保蔵又は製造の設備（魚そうの防熱設備及び冷凍設備）

⑤ 電気設備（発電機、電動機、変圧器及び配電盤）
⑥ 航海計測設備（磁器コンパス、舶用六分儀、舶用アネロイド気圧計及び船内時計）

なお、「漁船の所有者」には、建造、改造又は転用の許可を受けた者を含んでいる。したがって、当該許可を受けていればその漁船の所有権を有しない場合であっても、検査を依頼することができる。

農林水産大臣は、これらの諸設備について、その設計、材料、工事及び性能が農林水産省令で定める技術基準（「漁船検査規則」（昭和二五年農林省令第四号））に適合しているかどうかを検査する（第三項）。農林水産大臣は、この技術基準を定める場合は、水産政策審議会の意見を聴くことができる（第四項）。

（検査成績）

**第二十六条**　農林水産大臣は、前条第一項のしゅん工若しくは改造工事完成の時における検査又は同条第一項に掲げるすべての事項についての検査の結果、同条第三項の技術基準に適合すると認める場合は、その検査に合格したことを証する検査合格証を、その技術基準に適合しないと認める場合は、改善を要すべき事項を記載した検査成績書を申請者に交付しなければならない。

**解説**　農林水産大臣は、しゅん工若しくは改造工事完成の時における検査又は、すべての事項についての検査の結果が技術基準（漁船検査規則）に適合すると認める場合は、その検査に合格したことを証する検査合格証を申請書に交付しなければならない。技術基準（漁船検査規則）に適合しないと認める場合は、改善を要すべき事項を記載した検査成績書を申請者に交付しなければならない（第一項）。また、農林水産大臣は、申請者から検査合格証又は検査成績書の複本交付の請求があったときは、これを交付することがある（施行規則第二〇条）。

# 第五章　漁船に関する試験

漁船の模範設計を公表して、漁船の性能を改善しようとする漁業者に資料を提供するとともに、依頼があれば、いつでも設計又は試験に応じようとするものである。

（設計及び試験の依頼）

**第二十七条**　何人でも、漁船又は漁船用機関、漁船用機械その他の漁船用施設（以下この章において「漁船等」という。）に関する設計又は試験を農林水産大臣に依頼することができる。

**解説**　本条は、漁船の設計及び試験の依頼に関する規定である。何人でも、漁船又は漁船用機関、漁船用機械その他の漁船用施設に関する設計又は試験を農林水産大臣に依頼することができる。この場合に依頼者は、依頼書を農林水産大臣に提出するが、農林水産大臣は、依頼者に試験を行うに当たって、必要な書類の提出を求めることがある（施行規則第二三条第一項、第二項）。また、農林水産大臣は、設計又は試験を完了したときは、設計図、仕様書、計算書又は成績書を依頼者に送付する（施行規則第二三条第三項）。

（模範設計）

**第二十八条**　農林水産大臣は、漁船の改善及び発達に資するため、漁船等に関する模範設計を定めて、これを公表するものとする。

**解説**　農林水産大臣は、漁船の改善及び発達に資するため、漁船又は漁船機関、漁船用機械その他の漁船用施設に関する模範設計を定めて、これを公表する。

# 第六章　指定認定機関及び指定検認機関

## 第一節　指定認定機関

（指定認定機関の指定）
**第二十九条**　第九条第一項の指定は、農林水産省令で定めるところにより、認定の業務を行おうとする者の申請により行う。

**解説**　指定認定機関（第九条）の認定は、認定の業務を行おうとする者の申請により行う。指定認定機関の指定を受けようとする者は、申請書に次に掲げる書類を添付して農林水産大臣又は都道府県知事に提出しなければならない（施行規則第二五条）。
① 定款又は寄附行為及び登記事項証明書（申請者が個人である場合は、その氏名及び住所を証する書類）
② 申請の日を含む事業年度の直前の事業年度における財産目録及び貸借対照表
③ 申請の日を含む事業年度及び翌事業年度における事業計画書及び収支予算書
④ 次の事項を記載した書面
イ　申請者が法人である場合は、役員及び構成員の氏名及び略歴
ロ　認定の業務を行おうとする動力漁船の種類
ハ　認定の業務を行おうとする区域
ニ　一年間に認定を行うことができる動力漁船の隻数
ホ　認定を実施する者の氏名及び略歴
ヘ　認定以外の業務を行っている場合には、その業務の種類及び概要
⑤ 申請者が第三〇条（欠格条項）の各号に該当しないことを明らかにする書面
⑥ 申請者が第二八条（模範設計）の基準に適合していることを明らかにする書面

（欠格条項）
**第三十条**　次の各号のいずれかに該当する者は、第九条第一項の指定を受けることができない。
一　この法律又はこの法律に基づく処分に違反し、刑に処せられ、その執行を終わり、又は執行を受ける

ことがなくなつた日から二年を経過しない者
二　第四十四条第一項の規定により指定を取り消され、その取消しの日から二年を経過しない者
三　法人であつて、その業務を行う役員のうちに前二号のいずれかに該当する者があるもの

**解説**　指定認定機関の指定（第九条第一項）は、次のいずれかに該当する者は受けることができない。
①　本法に違反し、刑に処せられ、その執行が終わり、又は執行を受けることがなくなった日から二年を経過していない者
②　指定を取消され、その取消しの日から二年を経過しない者
③　法人であって、その業務を行う役員のうちに①又は②のいずれかに該当する者があるもの

（指定の基準）
**第三十一条**　農林水産大臣又は都道府県知事は、第九条第一項の指定の申請が次の各号のいずれにも適合していると認めるときでなければ、その指定をしてはならない。
一　農林水産省令で定める条件に適合する知識経験を有する者が認定を実施し、その数が農林水産省令で定める数以上であること。
二　法人にあつては、その役員又は法人の種類に応じて農林水産省令で定める構成員の構成が認定の公正な実施に支障を及ぼすおそれがないものであること。
三　前号に定めるもののほか、認定が不公正になるおそれがないものとして、農林水産省令で定める基準に適合するものであること。
四　認定の業務を適確かつ円滑に行うに必要な経理的基礎を有するものであること。
五　その指定をすることによつて申請に係る認定の適確かつ円滑な実施を阻害することとならないこと。

**解説**　本条は、指定認定機関の指定の基準に関する規定である。許可権者は、指定認定機関がその業務を適正に行うために、一定の専門知識を有している者がいること、法人の役員又は構成員の構成が公正な認定等の業務の実施に支障を及ぼすものでないこと、一定の経済的基盤の裏打ちがあること等が認められる場合でなければ、その指定をしてはならない。

（指定の公示等）

**第三十二条**　農林水産大臣又は都道府県知事は、第九条第一項の指定をしたときは、指定認定機関の名称及び住所並びに認定の業務を行う事務所の所在地を公示しなければならない。

2　指定認定機関は、その名称若しくは住所又は認定の業務を行う事務所の所在地を変更しようとするときは、変更しようとする日の二週間前までに、その旨を農林水産大臣又は都道府県知事に届け出なければならない。

3　農林水産大臣又は都道府県知事は、前項の規定による届出があつたときは、その旨を公示しなければならない。

**解説**　本条は、指定認定機関の指定の公示等に関する規定である。許可権者は、指定認定機関を指定した場合は公示するとともに、指定認定機関の名称等の変更された場合には、これを把握しておく必要があることから、指定認定機関等に名称等の変更の二週間前までに届出をさせることとしている。

（指定の更新）

**第三十三条**　第九条第一項の指定は、五年以上十年以内において政令で定める期間ごとにその更新を受けなければ、その期間の経過によつて、その効力を失う。

2　第二十九条から第三十一条までの規定は、前項の指定の更新について準用する。

**解説**　本条は、指定認定機関の指定の更新に関する規定である。指定認定機関の指定は、五年以上一〇年以内において政令で定める機関ごとにその更新を受けなければ、その機関の経過によって、その効力を失う。「漁船法第三三条第一項の期間等を定める政令（平成一三年九月政令第三〇七号）」によって、五年と定められている。

（認定の方法）

**第三十四条**　指定認定機関は、認定を行うときは、第三十一条第一号に規定する者に認定を実施させなければならない。

**解説**　本条は、指定認定機関の認定の方法に関する規定である。認定を行うときは、一定の専門知識を有している者に認定を実施させなければならない。

（認定の義務）

**第三十五条**　指定認定機関は、認定を行うべきことを求められたときは、正当な理由がある場合を除き、遅滞なく、認定を行わなければならない。

**解説**　指定認定機関は、公平な認定の実施を図る観点から、認定を行うべきことを求められたときは、遅滞なく、認定を実施しなければならない。

（報告）

**第三十六条**　指定認定機関は、認定を行つたときは、農林水産省令で定めるところにより、農林水産大臣又は都道府県知事に報告しなければならない。

**解説**　指定認定機関は、認定を行ったときは、許可権者に報告しなければならない。

（業務規程）

**第三十七条**　指定認定機関は、認定の業務に関する規程（以下「業務規程」という。）を定め、農林水産大臣又は都道府県知事の認可を受けなければならない。これを変更しようとするときも、同様とする。

2　業務規程で定めるべき事項は、農林水産省令で定める。

3　農林水産大臣又は都道府県知事は、第一項の認可をした業務規程が認定の公正な実施上不適当となつたと認めるときは、その業務規程を変更すべきことを命ずることができる。

**解説**　本条は、業務規程に関する規定である。指定認定機関は、業務規程を定め、又はこれを変更しようとするときは許可権者の認定を受けなければならない（第一項）。

業務規程で定めるべき事項は次のものである（第二項・施行規則第三一条）。

①　認定の業務を行う動力漁船の種類
②　認定の業務を行う区域に関する事項
③　認定の業務を行う時間及び休日に関する事項
④　認定の業務の実施方法に関する事項
⑤　認定通知書の交付に関する事項
⑥　認定の業務を行う組織に関する事項
⑦　認定を実施する者の選任及び解任に関する事項
⑧　手数料を収納する場合にあっては、その方法に関する事項

⑨　前各号に掲げるもののほか、認定の業務に関し必要な事項

（帳簿の記載）
**第三十八条**　指定認定機関は、農林水産省令で定めるところにより、帳簿を備え、認定に関し農林水産省令で定める事項を記載し、これを保存しなければならない。

**解説**　指定認定機関は、次に掲げる事項を記載した帳簿を、認定を行った日の属する事業年度の末日から六年を経過する日まで保存しなければならない（本条・施行規則第三二条）。

①　認定の申請をした者の氏名又は名称及び住所
②　認定の申請を受けた年月日
③　認定を行った動力漁船に係る次の事項
イ　法第四条の規定による許可の番号及び許可年月日
ロ　船名
ハ　漁業種類又は用途、操業区域及び主たる根拠地
ニ　総トン数
ホ　動力漁船の長さ、幅及び深さ
ヘ　船質
ト　造船所の名称及び所在地
チ　推進機関の種類及び馬力数並びにシリンダの数及び直径
④　認定を実施した者の氏名
⑤　認定を行った年月日及び場所

（照会）
**第三十九条**　指定認定機関は、認定の適正な実施のため必要な事項について、農林水産大臣又は都道府県知事に照会することができる。この場合において、農林水産大臣又は都道府県知事は、当該照会をした者に対して、照会に係る事項の通知その他必要な措置を講ずるものとする。

**解説**　指定認定機関が認定を円滑に行うため、認定に必要な情報（建造等許可情報、船舶設計図書等）を許可権者に照会することができる。この場合に許可権者は、照会した者に対して、これらの事項を通知その他必要な措置をとることとする。

（業務の休廃止）
**第四十条**　指定認定機関は、認定の業務の全部又は一部

を休止し、又は廃止しようとするときは、農林水産省令で定めるところにより、あらかじめ、その旨を農林水産大臣又は都道府県知事に届け出なければならない。

2　農林水産大臣又は都道府県知事は、前項の規定による届出があつたときは、その旨を公示しなければならない。

**解説**　指定認定機関は、認定の業務の全部又は一部を休止し、又は廃止しようとするときは、その日の三か月前までに届出書を許可権利者に提出しなければならない（第一項及び施行規則第三三条）。

許可権利者は、第一項の届出があったときは、その旨を公示しなければならない（第二項）。

（解任命令）

**第四十一条**　農林水産大臣又は都道府県知事は、第三十一条第一号に規定する者がこの法律若しくはこの法律に基づく命令の規定又は業務規程に違反したときは、その指定認定機関に対し、同号に規定する者を解任すべきことを命ずることができる。

**解説**　許可権利者は、適正なる認定の業務を確保するため、認定の業務に従事する者が漁船法等の規定又は業務規程に違反したときは、認定機関に対し、当該従事する者を解任すべきことを命ずることができる。

（秘密保持義務等）

**第四十二条**　指定認定機関の役員若しくは職員又はこれらの職にあつた者は、認定の業務に関して知り得た秘密を漏らしてはならない。

2　認定の業務に従事する指定認定機関の役員又は職員は、刑法（明治四十年法律第四十五号）その他の罰則の適用については、法令により公務に従事する職員とみなす。

**解説**　本条は、秘密保持に関する規定である。指定認定機関の役員若しくは職員又はこれらの職にあった者は、認定の業務に関して知り得た秘密を漏らしてはならない（第一項）。

認定の業務に従事する指定認定機関の役員又は職員は、罰則の適用については、法令により公務に従事する職員とみなす（第二項）。

（適合命令）

**第四十三条**　農林水産大臣又は都道府県知事は、指定認定機関が第三十一条第一号から第四号までに適合しなくなつたと認めるときは、その指定認定機関に対し、これらの規定に適合するために必要な措置をとるべきことを命ずることができる。

**解説**　適正な認定業務を確保するためには、指定認定機関が指定の基準に適合していることが必要であることから、指定認定機関が指定の基準に適合しなくなったと認めるときは、基準に適合するために必要な措置をとることを命ずることができる。

（指定の取消し等）

**第四十四条**　農林水産大臣又は都道府県知事は、指定認定機関が次の各号のいずれかに該当するときは、その指定を取り消し、又は期間を定めて認定の業務の全部若しくは一部の停止を命ずることができる。

一　この節の規定に違反したとき。

二　第三十条第一号又は第三号に該当するに至つたとき。

三　第三十七条第一項の認可を受けた業務規程によらないで認定を行つたとき。

四　第三十七条第三項、第四十一条又は前条の規定による命令に違反したとき。

五　不正の手段により第九条第一項の指定を受けたとき。

2　農林水産大臣又は都道府県知事は、前項の規定により指定を取り消し、又は認定の業務の全部若しくは一部の停止を命じたときは、その旨を公示しなければならない。

**解説**　許可権者は指定認定機関が第六章第一節の規定に違反した場合、欠格条項に該当する場合、業務規程によらないで認定を実施した場合、認定の業務を適正かつ確実に実施する主体として適当でないと認める場合には、業務の全部又は一部の停止を命じることができる（第一項）。

許可権者は、第一項の規定により指定を取り消し、又は認定の業務の全部若しくは一部の停止を命じたときは、その旨を公示しなければならない（第二項）。

（農林水産大臣又は都道府県知事による認定の業務の実施）

**第四十五条**　農林水産大臣又は都道府県知事は、指定認定機関から第四十条第一項の規定による認定の業務の全部若しくは一部の休止の届出があつたとき、前条第一項の規定により指定認定機関に対し認定の業務の全部若しくは一部の停止を命じたとき、又は指定認定機関が天災その他の事由により認定の業務の全部若しくは一部を実施することが困難となつた場合において必要があると認めるときは、当該認定の業務の全部又は一部を自ら行うものとする。

2　農林水産大臣又は都道府県知事は、前項の規定により認定の業務を行うこととし、又は同項の規定により行つている認定の業務を行わないこととするときは、あらかじめ、その旨を公示しなければならない。

3　農林水産大臣又は都道府県知事が第一項の規定により認定の業務の全部若しくは一部を自ら行う場合、指定認定機関から第四十条第一項の規定による認定の業務の全部若しくは一部の廃止の届出があつた場合又は前条第一項の規定により指定認定機関の指定を取り消した場合における認定の業務の引継ぎその他の必要な事項は、農林水産省令で定める。

**解説**　指定認定機関については、許可権者（農林水産大臣又は都道府県知事）は、指定認定機関に認定の業務を行わせることとしたときは、当該認定の業務を行わない（第九条第二項又は第一四条第二項）ため、逆に認定業務の停止を命じた場合には、許可権者が自ら行うこととしている。

## 第二節　指定検認機関

（指定検認機関の指定）
**第四十六条**　第十四条第一項の指定は、農林水産省令で定めるところにより、検認の業務を行おうとする者の申請により行う。

解説　指定検認機関（第一四条）の認定は、検認の業務を行おうとする者の申請により行う。指定検認機関の指定を受けようとする者は、申請書に次に掲げる書類を添付して許可権者（農林水産大臣又は都道府県知事）に提出しなければならない（本条・施行規則第三五条）。

① 定款又は寄附行為及び登記事項証明書（申請者が個人である場合は、その氏名及び住所を証する書類）
② 申請の日を含む事業年度の直前の事業年度における財産目録及び貸借対照表
③ 申請の日を含む事業年度及び翌事業年度における事業計画書及び収支予算書
④ 次の事項を記載した書面
イ　申請者が法人である場合は、役員及び施行規則第三七条に規定する構成員の氏名及び略歴
ロ　検認の業務を行おうとする動力漁船の種類
ハ　検認の業務を行おうとする区域
ニ　一年間に検認を行うことができる動力漁船の隻数
ホ　検認を実施する者の氏名及び略歴
ヘ　検認以外の業務を行っている場合には、その業務の種類及び概要
⑤ 申請者が第四七条で準用する第三〇条（欠格条項）の各号に該当しないことを明らかにする書面
⑥ 申請者が施行令第三八条の基準に適合していることを明らかにする書面

（準用）
**第四十七条**　第三十条から第三十八条まで及び第四十条から第四十五条までの規定は、指定検認機関について準用する。この場合において、第三十条、第三十一条、第三十二条第一項、第三十三条第一項及び第四十四条第一項第五号中「第九条第一項」とあるのは「第十四条第一項」と、第三十一条、第三十二条、第三十六条、第三十七条第一項及び第三項、第四十条、第四十一条並びに第四十三条から第四十五条までの規定中

「農林水産大臣又は都道府県知事」とあるのは「都道府県知事」と、第三十一条各号、第三十二条第一項及び第二項、第三十四条から第三十六条まで、第三十七条第一項及び第三項、第三十八条、第四十条第一項、第四十二条、第四十四条並びに第四十五条中「認定」とあるのは「検認」と読み替えるものとする。

**解説**　本条は、指定認定機関の規定を指定検認機関に準用する規定である。指定認定機関の第三〇条から第三八条まで及び第四〇条から第四五条までの規定は、指定検認機関に準用する。

# 第七章　雑　則

（不服申立て）

**第四十八条**　農林水産大臣又は都道府県知事は、この法律又はこの法律に基づく命令の規定による処分についての異議申立てに対する決定をしようとするときは、あらかじめ、異議申立人に対し、期日及び場所を通知し、公開による意見の聴取をしなければならない。この場合において、意見の聴取に際しては、異議申立人は、当該事案について意見を述べ、かつ、証拠を提出することができる。

2　第八条の規定による工事完成後の認定に関する処分については、行政不服審査法（昭和三十七年法律第百六十号）による異議申立てをすることができない。

3　この法律の規定による指定認定機関又は指定検認機関の処分又は不作為について不服がある者は、当該指定認定機関又は指定検認機関を指定した農林水産大臣又は都道府県知事に対し、行政不服審査法による審査請求をすることができる。

**解説**　本条は、不服申立てに関する規定である。農林水産大臣又は都道府県知事は、漁船法又漁船法に基づく命令の規定による処分についての異議申立てに対する決定をしようとするときは、あらかじめ、異議申立人に対し、期日及び場所を通知し、公開による意見の聴取をしなければならない。この場合において、意見の聴取に際しては、異議申立人は、当該事案について意見を述べ、かつ、証拠を提出することができる（第一項）。

第八条の規定による工事完成後の認定に関する処分については、行政不服審査法による異議申立てをすることができない（第二項）。

漁船法の規定による指定認定機関又は指定検認機関の処分又は不作為について不服がある者は、当該指定認定機関又は指定検認機関を指定した農林水産大臣又は都道府県知事に対し、行政不服審査法による審査請求をすることができる（第三項）。

（報告の徴収）

**第四十九条**　農林水産大臣又は都道府県知事は、この法律の施行に必要な限度において、指定認定機関に対し、その業務又は経理の状況に関し報告させることができる。

2　都道府県知事は、この法律の施行に必要な限度において、指定検認機関に対し、その業務又は経理の状況に関し報告させることができる。

**解説**　許可権者（農林水産大臣又は都道府県知事）は、漁船法の施行に必要な限度において、指定認定機関に対し、その業務又は経理の状況に関し報告させることができる（第一項）。

都道府県知事は、漁船法の施行に必要な限度において、指定検認機関に対し、その業務又は経理の状況に関し報告させることができる（第二項）。

（立入検査）

**第五十条**　農林水産大臣又は都道府県知事は、この法律の施行に必要な限度において、その職員に、漁船の所有者若しくは管理者の事務所、漁船の建造若しくは改造の工事の場所、漁船用機関、漁船用機械その他の漁船用施設の製作の場所又は漁船（第四条第一項若しくは第二項の許可に係る建造若しくは改造中の船舶又はその許可の申請に係る改造若しくは転用前の船舶を含む。以下この条において同じ。）に立ち入り、漁船若しくは漁船用機関、漁船用機械その他の漁船用施設又は登録票その他の書類（その作成又は備付けに代えて電磁的記録（電子的方式、磁気的方式その他人の知覚によっては認識することができない方式で作られる記録であつて、電子計算機による情報処理の用に供されるものをいう。）の作成又は備付けがされている場合における当該電磁的記録を含む。）を検査させることができる。

2　農林水産大臣又は都道府県知事は、この法律の施行に必要な限度において、その職員に、指定認定機関の事務所に立ち入り、業務の状況又は帳簿、書類その他の物件を検査させることができる。

3　都道府県知事は、この法律の施行に必要な限度において、その職員に、指定検認機関の事務所に立ち入り、業務の状況又は帳簿、書類その他の物件を検査させることができる。

4　前三項の規定により立入検査をする職員は、その身分を示す証票を携帯し、かつ、関係人の請求があるときは、これを示さなければならない。

5　第一項から第三項までの立入検査は、犯罪捜査のために認められたものと解釈してはならない。

**解説** 許可権者（農林水産大臣及び都道府県知事）は、漁船法の施行に必要な限度において、その職員に立入検査をさせることができる（第一項）。立ち入ることができる検査の対象及び場所は次のとおりである（第一項、第二項、第三項）。

漁船若しくは漁船用機関、漁船用機械その他の漁船用施設又は登録票その他の書類

① 漁船の所有者又は管理者の事務所
② 漁船の建造又は改造の工事の場所
③ 漁船用機関、漁船用機械その他の漁船用施設の制作の場所
④ 漁船（許可に係る建造若しくは改造中の船舶又は許可の申請に係る改造若しくは転用前の船舶を含む。）

業務の状況又は帳簿、書類その他の物件

① 指定認定機関の事務所
② 指定検認機関の事務所（立入検査ができるのは都道府県知事に限られる。）

立入検査をする職員は、その身分を示す証票を携帯し、関係人の請求があるときはこれを示さなければならない（第四項）。

この立入検査は、犯罪捜査のために認められたものではなく、漁船行政の円滑な運用を確保するために認められたものである（第五項）。

これは、違憲性を考慮したうえでの規定である。

憲法第三五条　何人も、その住居、書類及び所持品について、侵入、捜索及び押収を受けることのない権利は、第三三条の場合を除いては、正当な理由に基いて発せられ、かつ捜索する場所及び押収する物を明示する令状がなければ、侵されない。

（水産政策審議会による報告徴収等）

**第五十一条** 水産政策審議会は、第三条第三項の規定によりその権限に属させられた事項を処理するために必要があると認めるときは、漁業者、漁業従事者その他関係者に対し出頭を求め、若しくは必要な報告を求め、又はその委員若しくはその事務に従事する者に漁場、漁船、事業場若しくは事務所について所要の調査をさせることができる。

**解説** 水産政策審議会は、水産基本法第三五条に「農林水産省に、水産政策審議会（以下「審議会」という。）

を置く。」と規定されている。本法の場合は、第三条第三項（動力漁船の合計総トン数の最高限度又は基準に関する諮問）に関する権限に関する事項の処理をするために必要があると認めるときは、漁業者、漁業従事者その他関係者に対し出頭を求め、又はその委員若しくはその事務に従事する者に漁場、漁船、事業場若しくは事務所について所要の調査をさせることができる

（手数料）

**第五十二条**　第二十五条第一項の規定により検査を受けようとする者は、検査に要する費用の範囲内において農林水産省令で定める額の手数料を納めなければならない。

2　都道府県は、地方自治法（昭和二十二年法律第六十七号）第二百二十七条の規定に基づき認定又は検認に係る手数料を徴収する場合においては、第九条第一項の規定により指定認定機関が行う認定又は第十四条第一項の規定により指定検認機関が行う検認を受けようとする者に、条例で定めるところにより、当該手数料を当該指定認定機関又は当該指定検認機関へ納めさせ、その収入とすることができる。

**解説**　第二五条第一項の規定により検査（依頼検査）を受けようとする者は、検査に要する費用の範囲内において農林水産省令で定める額の手数料を納めなければならない（第一項、施行規則第四六条）。

都道府県は、地方自治法第二二七条の規定に基づき認定又は検認に係る手数料を徴収する場合においては、指定認定機関が行う認定又は指定検認機関が行う検認を受けようとする者に、条例で定めるところにより、当該手数料を当該指定認定機関又は当該指定検認機関へ納めさせ、その収入とすることができる（第二項）。

# 第八章　罰　則

**第五十三条**　次の各号のいずれかに該当する者は、一年以下の懲役又は百万円以下の罰金に処する。
一　第四条第一項、第二項若しくは第六項又は第十条第一項の規定に違反した者
二　第四十二条第一項（第四十七条において準用する場合を含む。）の規定に違反してその職務に関して知り得た秘密を漏らした者

**第五十四条**　第四十四条第一項（第四十七条において準用する場合を含む。）の規定による業務の停止の命令に違反した場合には、その違反行為をした指定認定機関又は指定検認機関の役員又は職員は、一年以下の懲役又は百万円以下の罰金に処する。

**解説**　次の各号のいずれかに該当する者は、一年以下の懲役又は一〇〇万円以下の罰金に処せられる（第五三条）。

①　第四条第一項、第二項又は第六項に違反した者（建造、改造、転用又はこれらの変更の許可を要する場合に、当該許可を受けないで建造、改造又は転用した者）

②　第四二条第一項（第四七条において準用する場合を含む。）の規定に違反してその職務に関して知り得た秘密を漏らした者

③　第四四条第一項（第四七条において準用する場合を含む。）の規定による業務の停止の命令に違反した場合には、その違反行為をした指定認定機関又は指定検認機関の役員又は職員は、一年以下の懲役又は一〇〇万円以下の罰金に処せられる（第五四条）。

**第五十五条**　次の各号のいずれかに該当する者は、三十万円以下の罰金に処する。
一　第十五条、第十六条、第十七条第一項若しくは第二項又は第二十条の規定に違反した者
二　第五十条第一項の規定による当該職員の立入り又は検査を拒み、妨げ又は忌避した者

**第五十六条**　次の各号のいずれかに掲げる違反があった場合には、その違反行為をした指定認定機関又は指定検認機関の役員又は職員は、三十万円以下の罰金に処

する。

一　第三十八条（第四十七条において準用する場合を含む。以下この号において同じ。）の規定に違反して第三十八条に規定する事項を記載せず、虚偽の記載をし、又は帳簿を保存しなかつたとき。

二　第四十条第一項（第四十七条において準用する場合を含む。）の規定による届出をせず、又は虚偽の届出をしたとき。

三　第四十九条の規定による報告をせず、又は虚偽の報告をしたとき。

四　第五十条第二項又は第三項の規定による当該職員の立入り又は検査を拒み、妨げ、又は忌避したとき。

**解説**　次のいずれかに該当する者は、三〇万円以下の罰金に処せられる（第五五条）。

①　第一五条（登録票の備付け）、第一六条（登録番号の表示）、第一七条第一項若しくは第二項（変更の登録）又は第二〇条（登録票の返納及び登録番号の抹消）の規定に違反した者

②　第五〇条第一項（立入検査）の規定による当該職員の立入り又は検査を拒み、妨げ又は忌避した者

次のいずれかに掲げる違反があった場合には、その違反行為をした指定認定機関又は指定検認機関の役員又は職員は、三〇万円以下の罰金に処せられる（第五六条）。

①　第三八条の規定に違反して第三八条に規定する事項を記載せず、虚偽の記載をし、又は帳簿を保存しなかったとき。

②　第四条第一項の規定による届出をせず、又は虚偽の届出をしたとき。

③　第四九条の規定による報告をせず、又は虚偽の報告をしたとき。

④　第五〇条第二項又は第三項の規定による当該職員の立入り又は検査を拒み、妨げ、又は忌避したとき。

**第五十七条**　法人の代表者又は法人若しくは人の代理人、使用人その他の従業者が、その法人又は人の業務に関して第五十三条第一号又は第五十五条の違反行為をしたときは、行為者を罰するほか、その法人又は人に対し各本条の罰金刑を科する。

**解説**　本条は、両罰規定に関する規定である。法人の代表者又は法人若しくは人の代理人、使用人その他の従業

者が、その法人又は人の業務に関して、第五三条第一号又は第五五条の違反行為をしたときは、行為者を罰するほか、その法人又は人に対し、本条の罰金刑を科する。両罰規定とは、ある犯罪が行われた場合に、行為者本人のほか、その行為者と一定の関係にある他人（法人を含む。）に対しても刑を科する旨の規定をいう。

# 第六部　漁港漁場整備法

〔昭和二五年五月二日法律第一三七号
最終改正平成一九年五月三〇日法律第六一号〕

戦後の食料難の中で漁業生産の基地である港の整備拡充は、緊急の課題であって議員提案により昭和二五年四月八日衆議院において可決、引き続き同年四月九日参議院において可決・成立し、五月二日に法律第一三七号として公布された。その後漁港法は何度かの改正整備が行われたが、平成一三年六月二九日に公布された「漁港法の一部を改正する法律」(平成一三年法律第九二号)により、法律名も「漁港漁場整備法」となった。

従来は漁港は、漁業の根拠地として位置づけられ(旧漁港法第二条)、その整備に当たっては、主に陸揚げの効率化を図ることを目的として行われていた。一方、漁場は、沿岸漁業の基盤として位置づけられ(旧沿岸漁場整備開発法第一条)、その整備に当たっては、水産物の供給の増大を図ることを目的として行われていた。ところが事業実施面では平成一三年から漁港漁村整備事業と沿岸漁場整備開発事業再編統合し、その効率化を図ることとし、その裏付けとなる制度面でも対応するために、漁港法を改正して新しく本法ができたのである。

# 第一章　総　則

（目的）

**第一条**　この法律は、水産業の健全な発展及びこれによる水産物の供給の安定を図るため、環境との調和に配慮しつつ、漁港漁場整備事業を総合的かつ計画的に推進し、及び漁港の維持管理を適正にし、もつて国民生活の安定及び国民経済の発展に寄与し、あわせて豊かで住みよい漁村の振興に資することを目的とする。

**解説**　本法の目的は、水産業の健全な発展及びこれによる水産物の供給の安定を図るため、環境との調和に配慮しつつ、漁港漁場整備事業を総合的かつ計画的に推進し、及び漁港の維持管理を適正にし、もって国民生活の安定及び国民経済の発展に寄与し、あわせて豊かで住みよい漁村の振興に資することである。

（漁港の意義）

**第二条**　この法律で「漁港」とは、天然又は人工の漁業根拠地となる水域及び陸域並びに施設の総合体であつて、第六条第一項から第四項までの規定により指定されたものをいう。

**解説**　「漁港とは、天然又は人工の漁業根拠地となる水域及び陸域並びに施設の総合体であつて、第六条第一項から第四項までの規定により指定されたものをいう。」と定義されている。すなわち、機能からみて漁業根拠地であると同時に、法律上の指定という行政行為によりその範囲と性格が明らかにされたものに限って、漁港として行政の対象とされることになっている。

（漁港施設の意義）

**第三条**　この法律で「漁港施設」とは、次に掲げる施設であつて、漁港の区域内にあるものをいう。

一　基本施設

イ　外郭施設　防波堤、防砂堤、防潮堤、導流堤、水門、閘門、護岸、堤防、突堤及び胸壁

ロ　係留施設　岸壁、物揚場、係船浮標、係船くい、桟橋、浮桟橋及び船揚場

ハ　水域施設　航路及び泊地

二　機能施設

イ　輸送施設　鉄道、道路、駐車場、橋、運河及びヘリポート
ロ　航行補助施設　航路標識並びに漁船の入出港のための信号施設及び照明施設
ハ　漁港施設用地　各種漁港施設の敷地
ニ　漁船漁具保全施設　漁船保管施設、漁船修理場及び漁具保管修理施設
ホ　補給施設　漁船のための給水、給氷、給油及び給電施設
ヘ　増殖及び養殖用施設　水産種苗生産施設、養殖用餌料保管調製施設、養殖用作業施設及び廃棄物処理施設
ト　漁獲物の処理、保蔵及び加工施設　荷さばき所、荷役機械、蓄養施設、水産倉庫、野積場、製氷、冷凍及び冷蔵施設並びに加工場
チ　漁業用通信施設　陸上無線電信、陸上無線電話及び気象信号所
リ　漁港厚生施設　漁港関係者の宿泊所、浴場、診療所その他の福利厚生施設
ヌ　漁港管理施設　管理事務所、漁港管理用資材倉庫、船舶保管施設その他の漁港の管理のための施設
ル　漁港浄化施設　公害の防止のための導水施設その他の浄化施設
ヲ　廃油処理施設　漁船内において生じた廃油の処理のための施設
ワ　廃船処理施設　漁船の破砕その他の処理のための施設
カ　漁港環境整備施設　広場、植栽、休憩所その他の漁港の環境の整備のための施設

**解説**　漁港施設とは、基本施設と機能施設とからなり、漁港の区域内にあるものをいう。本条では、これらについて、それぞれ列挙されている。

（漁港漁場整備事業の意義）

**第四条**　この法律で「漁港漁場整備事業」とは、次に掲げる事業で国、地方公共団体又は水産業協同組合が施行するものをいう。

一　漁港施設の新築、増築、改築、補修若しくは除却、漁港の区域内の土地の欠壊の防止又は漁港の区域内への土砂の流入の防止その他漁港の整備を図るための事業及びこれらの事業以外の事業で漁港にお

ける汚泥その他公害の原因となる物質のたい積の排除、汚濁水の浄化その他の公害防止のための事業

二　優れた漁場として形成されるべき相当規模の水面において行う魚礁の設置、水産動植物の増殖場及び養殖場の造成その他水産動植物の増殖及び養殖を推進するための事業並びに漁場としての効用の低下している水面におけるその効用を回復するためのたい積物の除去その他漁場の保全のための事業

2　漁港漁場整備事業で国が施行するものは、前項第一号に掲げる事業にあつては第三種漁港又は第四種漁港に係るものに限り、同項第二号に掲げる事業にあつては次に掲げる要件のいずれにも該当する事業であつて政令で定めるものに限るものとする。

一　我が国の排他的経済水域において施行されるものであること。

二　海洋生物資源の保存及び管理に関する法律（平成八年法律第七十七号）第二条第六項に規定する第一種特定海洋生物資源又は同条第七項に規定する第二種特定海洋生物資源のうち、これらの資源の数量その他の状況を勘案して、その保護及び増殖又は養殖のための措置を緊急に講ずる必要のある水産動植物であつて、保護のための措置が講じられているものを対象とするものであること。

三　その事業が施行されるべき海域において施行される場合に著しい効果があると認められるものであること。

3　前項の政令においては、第一項第二号に掲げる事業が施行されるべき海域、当該事業の対象とする水産動植物の種類、当該事業の内容その他の当該事業の施行に必要な事項を明らかにしなければならない。

4　農林水産大臣は、第二項の政令の制定又は改廃の立案をしようとするときは、あらかじめ関係都道府県知事の意見を聴かなければならない。

**解説**　漁港漁場整備事業とは、漁港施設の新築等漁港の整備を図るための事業及びこれらの事業以外の事業で漁港における公害防止のための事業並びに魚礁の設置、水産動植物の増殖及び養殖を推進するための事業並びに漁場の保全のための事業をいう。

（漁港の種類）

**第五条**　漁港の種類は、次のとおりとする。

第一種漁港　その利用範囲が地元の漁業を主とするも

の

第二種漁港　その利用範囲が第一種漁港よりも広く、第三種漁港に属しないもの

第三種漁港　その利用範囲が全国的なもの

第四種漁港　離島その他辺地にあつて漁場の開発又は漁船の避難上特に必要なもの

**解説**　漁港の種類は、その利用目的によって第一種漁港から第四種漁港まで四種類に分類されている。

## 第二章　漁港の指定

**第六条**　第一種漁港であつてその区域が一の市町村の区域に限られるものは、市町村長が、関係地方公共団体の意見を聴いて、名称及び区域を定めて指定する。

2　第一種漁港であつてその区域が二以上の市町村の区域にわたるもの及び第二種漁港は、都道府県知事が、関係地方公共団体の意見を聴いて、名称及び区域を定めて指定する。

3　その区域が二以上の都道府県の区域にわたる第一種漁港及び第二種漁港は、前項の規定にかかわらず、農林水産大臣が、水産政策審議会の議を経、かつ、関係地方公共団体の意見を聴いて、名称及び区域を定めて指定する。

4　第三種漁港及び第四種漁港は、農林水産大臣が、水産政策審議会の議を経、かつ、関係地方公共団体の意見を聴いて、名称及び区域を定めて指定する。

5　市町村長又は都道府県知事は、第一項又は第二項の規定により指定した漁港について、事情の変更その他特別の事由があると認める場合には、関係地方公共団体の意見を聴いて、当該指定の内容を変更し、又は当該指定を取り消すことができる。

6　農林水産大臣は、第三項又は第四項の規定により指定した漁港について、事情の変更その他特別の事由があると認める場合には、水産政策審議会の議を経、かつ、関係地方公共団体の意見を聴いて、当該指定の内容を変更し、又は当該指定を取り消すことができる。この場合において、指定の内容の軽微な変更で、農林水産大臣があらかじめ水産政策審議会の議を経て定める基準に適合するものについては、水産政策審議会の議を経ることを要しない。

7　市町村長又は都道府県知事は、第一項若しくは第二項の指定又は第五項の変更をしようとする場合において、漁港の区域を定め、又はこれを変更しようとするときは、当該漁港の区域について、農林水産省令で定めるところにより、農林水産大臣の認可を受けなければならない。

8　農林水産大臣は、前項の認可をしようとするときは、水産政策審議会の議を経なければならない。この場合においては、第六項後段の規定を準用する。

9　農林水産大臣は、第三項若しくは第四項の指定若しくは第六項の変更をしようとする場合において、漁港の区域を定め、若しくはこれを変更しようとするとき、又は市町村長若しくは都道府県知事が第一項若しくは第二項の指定若しくは第五項の変更をしようとする場合において、第七項の認可をしようとするときは、当該漁港の区域について、国土交通大臣に協議しなければならない。

10　市町村長、都道府県知事又は農林水産大臣は、河川法（昭和三十九年法律第百六十七号）第三条第一項に規定する河川の河川区域又は海岸法（昭和三十一年法律第百一号）第三条の規定により指定される海岸保全区域について、第一項から第四項までの指定又は第五項若しくは第六項の変更をしようとするときは、当該漁港の区域について、当該河川を管理する河川管理者又は当該海岸保全区域を管理する海岸管理者に協議しなければならない。

11　第一項から第四項までの指定並びに第五項及び第六項の変更又は取消しは、告示でする。

**解説**　本条は、漁港の指定に関する規定である。漁港の指定は、事実上の漁港根拠地を本法の対象とするための行為であり、第五条に規定する漁港の種類ごとに、原則として、①第一種漁港は市町村長が、②第二種漁港は都道府県知事が、③第三種漁港及び第四種漁港は農林水産大臣が、その名称及び区域を定めることとされている（第一項から第四項）。

市町村長又は都道府県知事は、右の①又は②で指定した漁港について、事情の変更その他特別の事由がある場合には、関係地方公共団体の意見を聴いて、漁港の指定を変更し、又は取り消すことができる（第五項）。

農林水産大臣は、右の③で指定した漁港について、事情の変更その他特別の事由があると認める場合には、水産政策審議会の議を経、かつ、関係地方公共団体の意見を聴いて、漁港指定の内容を変更し、又は指定を取り消すことができる（第六項）。

右の①又は②の場合、又はその変更の場合にその意思決定は、市町村長又は都道府県知事によることになるが、当該区域の設定については、一定の国の関与が必要であり、農林水産大臣の「認可」を受けなければならない（第七項）。この場合に、農林水産大臣は認可をしようとするときは水産政策審議会の議を経なければならない（第八項）。

また、農林水産大臣は、自らが漁港の区域を定めて漁港を指定又は指定内容の変更をしようとするとき、又は市町村長若しくは都道府県知事が漁港の指定又は指定内容の変更をしようとする場合にその区域について認可をしようとするときは、当該漁港の区域について国土交通大臣に協議しなければならない（第九項）。

さらに、河川法第三条第一項に規定する河川区域又は海岸法第三条の規定により指定される海岸保全区域について、漁港の指定をしようとするときは、漁港の指定によって当該河川又は海岸が漁港漁場整備法上の行為制限（第三九条第一項）の対象となり、当該河川又は海岸の管理に影響を及ぼす可能性があることから、このような目的の異なる区域が重複して設定されることに伴う調整については、漁港の区域を設定又は変更するそれぞれの指定権者が、当該漁港の区域について、当該河川区域を管理する河川管理者又は当該海岸保全区域を管理する海岸管理者に協議しなければならない（第一〇項）。

# 第二章の二　漁港漁場整備基本方針

**第六条の二**　農林水産大臣は、漁港漁場整備事業の推進に関する基本方針（以下「漁港漁場整備基本方針」という。）を定めなければならない。

2　漁港漁場整備基本方針においては、次に掲げる事項を定めるものとする。

一　漁港漁場整備事業の推進に関する基本的な方向

二　漁港漁場整備事業の効率的な実施に関する事項

三　漁港漁場整備事業の施行上必要とされる技術的指針に関する事項

四　漁港漁場整備事業の推進に際し配慮すべき環境との調和に関する事項

五　その他漁港漁場整備事業の推進に関する重要事項

3　農林水産大臣は、漁港漁場整備基本方針を定めようとするときは、関係行政機関の長に協議するとともに、水産政策審議会の意見を聴かなければならない。

4　農林水産大臣は、漁港漁場整備基本方針を定めたときは、遅滞なく、これを公表しなければならない。

5　農林水産大臣は、情勢の推移により必要が生じたときは、漁港漁場整備基本方針を変更するものとする。

6　第三項及び第四項の規定は、前項の規定による漁港漁場整備基本方針の変更について準用する。

**解説**　本条は、漁港漁場整備基本方針に関する規定である。

農林水産大臣は、漁港漁場整備基本方針（漁港漁場整備事業に関する基本方針）を定めなければならない（第一項）。

漁港漁場整備基本方針においては、漁港漁場整備事業の推進に関する基本的な方向、漁港漁場整備事業の効率的な実施に関する事項、漁港漁場整備事業の推進に際し配慮すべき環境との調和に関する事項等について定めることとされている（第二項）。これは、漁港及び漁場の整備に当たっては、水産業の健全な発展及び水産物の安定を図るという大きな目標の下で、環境との調和に配慮して推進していくことを推進していくことを明らかにするためである。

農林水産大臣は、漁港漁場整備基本方針を定めようとするときは、関係行政機関の長に協議するとともに、水産政策審議会の意見を聴かなければならない（第三項）。基本方針の内容は、専門的なものであるとともに、漁業関係者をはじめ、広く国民にも影響を及ぼすものであるからである。

# 第二章の三　漁港漁場整備長期計画

**第六条の三**　農林水産大臣は、漁港漁場整備事業の総合的かつ計画的な実施に資するため、政令で定めるところにより、漁港漁場整備基本方針に即して、漁港漁場整備事業に関する長期の計画（以下「漁港漁場整備長期計画」という。）の案を作成し、閣議の決定を求めなければならない。

2　漁港漁場整備長期計画においては、我が国の水産業の基盤の整備における課題に的確に対応する観点から、計画期間に係る漁港漁場整備事業の実施の目標及び事業量を定めるものとする。

3　漁港漁場整備長期計画は、水産物の加工及び流通の改善の動向並びに水産動植物の増殖及び養殖の推進の動向に配慮して定めるものとする。

4　農林水産大臣は、第一項の規定により漁港漁場整備長期計画の案を作成しようとするときは、関係都道府県知事及び水産政策審議会の意見を聴かなければならない。

5　農林水産大臣は、漁港漁場整備長期計画につき第一項の閣議の決定があつたときは、遅滞なく、これを公表しなければならない。

6　漁港漁場整備長期計画は、水産業の事情、水産資源の状況、経済事情等の変動により必要が生じたときは、変更するものとする。

7　第一項から第五項までの規定は、前項の規定による漁港漁場整備長期計画の変更について準用する。

**第六条の四**　国は、漁港漁場整備長期計画の達成を図るため、その実施につき必要な措置を講じなければならない。

**解説**　本条は、漁港漁場整備長期計画に関する規定である。

第一項は、計画の策定に関する規定である。農林水産大臣は、漁港漁場整備事業の総合的かつ計画的な実施に資するため、政令で定めるところにより、漁港漁場整備基本方針に即して、「漁港漁場整備長期計画」（漁港漁場整備事業に関する長期の計画）の案を作成し、閣議の決定を求めなければならない（第一項）。漁港漁場整備長期計画は、五年を一期として定め、その変更は、当該計画期間の範囲内においてすることとされている（施行令第一条の三）。事業の完成までに長期間にわたり巨額の投資が必要とされ、その時々の予算の都合に左右されることがないように長期の目標をたて、それに即して計画的に事業を実施していくために、長期計画を策定し、閣議決定がなされるのである。

漁港漁場整備長期計画においては、我が国の水産業の基盤の整備における課題に的確に対応する観点から、計画期間に係る漁港漁場整備事業の実施の目標及び事業量を定めるものとされている（第二項）。

漁港漁場整備長期計画は、水産物の加工及び流通の改善の動向並びに水産動植物の増殖及び養殖の推進の動向に配慮して定めるものとされている（第三項）。

農林水産大臣は、漁港漁場整備長期計画の案を作成しようとするときは、関係都道府県知事及び水産政策審議会の意見を聴かなければならない（第四項）。

# 第三章　水産政策審議会

（調査等）

**第十三条**　水産政策審議会は、公務所、水産業者若しくは水産業に関する団体その他の関係者に対し、審議のために必要な報告若しくは資料の提出を求め、又は関係人の出頭を求めてその意見を聴くことができる。

2　水産政策審議会は、審議のために必要があると認める場合には、公務所、水産業者若しくは水産業に関する団体又は学識経験のある者に必要な調査を嘱託することができる。

3　第一項の規定により出頭を求められた者は、政令の定めるところにより、旅費及び手当を請求することができる。

**解説**　水産政策審議会は、水産基本法第三五条に「農林水産省に、水産政策審議会（以下「審議会」という。）を置く。」と規定されている。本条は、水産政策審議会の調査等に関する規定である。水産政策審議会は、公務所、水産業者若しくは水産業に関する団体その他の関係者に対し、審議のために必要な報告若しくは資料の提出を求め、又は関係人の出頭を求めてその意見を聴くことができる（第一項）。

また、水産政策審議会は、審議のために必要があると認める場合には、公務所、水産業者若しくは水産業に関する団体又は学識経験のある者に必要な調査を嘱託することができる（第二項）。

（審議の公開等）

**第十四条**　水産政策審議会の漁港漁場整備基本方針又は漁港漁場整備長期計画に関する審議は、公開して行う。

2　水産政策審議会は、前項の審議に用いられた資料を公表しなければならない。

3　水産政策審議会は、漁港漁場整備基本方針若しくは漁港漁場整備長期計画について審議するときその他必要があると認めるときは、公聴会を開くことができ、又は農林水産大臣の指示若しくは水産政策審議会の定める利害関係人の請求があつたときは、公聴会を開かなければならない。

**解説**　本条は、水産政策審議会の審議の公開等に関する規定である。水産政策審議会の漁港漁場整備基本方針又は漁港漁場整備長期計画に関する審議は、公開して行うとともに、その審議に用いられた資料は公表しなければならない。

# 第四章　特定漁港漁場整備事業

（地方公共団体が施行する特定漁港漁場整備事業）

**第十七条**　地方公共団体が漁港漁場整備事業のうち重要なものとして農林水産省令で定める要件に該当するもの（以下「特定漁港漁場整備事業」という。）を施行しようとする場合（第十九条の三第一項の特定第三種漁港に係る場合を除く。）には、漁港漁場整備基本方針に基づいて特定漁港漁場整備事業計画を定め、遅滞なく、これを農林水産大臣に届け出るとともに、公表しなければならない。この場合において、地方公共団体は、特定漁港漁場整備事業の効率的な施行を確保する上で必要があると認めるときは、他の地方公共団体と共同して、特定漁港漁場整備事業計画の作成、届出及び公表をすることができる。

2　前項の特定漁港漁場整備事業計画においては、当該特定漁港漁場整備事業につき、目的、その施行に係る区域及び工事に関する事項、事業費に関する事項、効果に関する事項その他農林水産省令で定める事項を定めるものとする。

3　地方公共団体は、第一項の規定により特定漁港漁場整備事業計画を定めようとするときは、関係地方公共団体及び関係漁港管理者と協議しなければならない。

4　地方公共団体は、第一項の規定により特定漁港漁場整備事業計画を定めようとするときは、あらかじめ、農林水産省令の定めるところにより、その旨を公告し、当該特定漁港漁場整備事業計画の案を、当該公告の日から二十日間公衆の縦覧に供しなければならない。

5　前項の規定による公告があつたときは、当該特定漁港漁場整備事業計画の案に意見がある者は、同項の縦覧期間満了の日までに、当該地方公共団体に対し意見書を提出することができる。

6　前項の規定による意見書の提出があつたときは、第一項の規定による届出には、当該意見書の写しを添付しなければならない。

7　農林水産大臣は、第一項の規定による届出があつた特定漁港漁場整備事業計画が漁港漁場整備基本方針に適合していないと認めるときは、当該地方公共団体に対し、これを変更すべきことを求めることができる。
8　地方公共団体は、前項の規定による求めを受けたときは、遅滞なく、当該特定漁港漁場整備事業計画について、必要な変更を行わなければならない。
9　農林水産大臣は、第一項の規定による届出があつた特定漁港漁場整備事業計画について第七項の規定による措置をとる必要がないと認めるときは、その旨を当該地方公共団体に通知しなければならない。
10　地方公共団体は、事情の変更その他の事由により必要がある場合において、第一項の特定漁港漁場整備事業計画の変更（農林水産省令で定める基準に適合する軽微な変更（以下「軽微な変更」という。）を除く。）をしたときは、遅滞なく、これを農林水産大臣に届け出るとともに、公表しなければならない。
11　前項の規定による特定漁港漁場整備事業計画の変更（軽微な変更を除く。）については、第三項から第九項までの規定を準用する。ただし、急速を要する場合には、第三項から第六項までの規定によることを要しない。
12　地方公共団体は、事情の変更その他の事由により必要がある場合において、特定漁港漁場整備事業（第十九条の三第一項の特定第三種漁港に係るものを除く。次項並びに次条第八項及び第九項において同じ。）の全部若しくは一部を廃止し、又はその施行を停止したときは、遅滞なく、これを農林水産大臣に届け出るとともに、廃止の場合にあつては廃止した旨、その理由その他農林水産省令で定める事項を、施行の停止の場合にあつては施行を停止した旨、その理由その他農林水産省令で定める事項を公表しなければならない。
13　地方公共団体は、特定漁港漁場整備事業の全部若しくは一部を廃止し、又はその施行を停止しようとするときは、関係地方公共団体及び関係漁港管理者と協議しなければならない。ただし、急速を要する場合には、この限りでない。

**解説**　特定漁港漁場整備事業とは、漁港漁場整備事業のうち重要なものとして農林水産省令で定める要件に該当するものである（第一項）。

農林水産省令で定める要件は、次の各号のいずれにも該当するものである（施行規則第一条の二）。

①　計画事業費が一事業につき二〇億円を超えるものであること。

② 漁港の整備を含む事業にあっては、当該漁港を利用する漁船の隻数等が相当程度見込まれるものであること。

地方公共団体が特定漁港漁場整備事業を施行しようとする場合（特定第三種漁港に係る場合を除く。）には、漁港漁場整備基本方針に基づいて特定漁港漁場整備事業計画を定め、遅滞なく、これを農林水産大臣に届け出るとともに、公表しなければならない（第一項）。

特定漁港漁場整備事業計画においては、当該特定漁港漁場整備事業につき、目的、その施行に係る区域及び工事に関する事項、事業費に関する事項、効果に関する事項その他農林水産省令で定める事項を定めることとされている（第二項）。農林水産省令で定める事項とは、次に掲げる事項である（施行規則第一条の四）。

① 環境との調和に関する事項

② 他の水産業に関する施設との関係に関する事項

地方公共団体は、特定漁港漁場整備事業計画を定めようとするときは、関係地方公共団体及び関係漁港管理者と協議しなければならない（第三項）。

地方公共団体は、特定漁港漁場整備事業計画を定めようとするときは、あらかじめ、その旨を公告し、当該特定漁港漁場整備事業計画の案を、当該公告の日から二〇日間公衆の縦覧に供しなければならないこととされている（第四項）。なお、縦覧に当たっては、縦覧に供すべき書類の名称、縦覧の期間及び場所について、官報、公報その他所定の手段により行わなければならない（施行規則第一条の五）。

また、当該公告があったときは、当該特定漁港漁場整備事業計画の案に意見がある者は、同項の縦覧期間満了の日までに、当該地方公共団体に対し意見書を提出することができる（第五項）。さらに、当該意見書の提出があったときは、第一項の規定による届出には、当該意見書の写しを添付しなければならないとされている（第六項）。

地方公共団体が農林水産大臣に届け出た特定漁港漁場整備事業計画が漁港漁場整備基本方針に適合しないと認めるときは、農林水産大臣は当該計画の変更を求めることができる（第七項）。また、地方公共団体が当該求めを受けたときは、遅滞なく、必要な変更を行わなければならない（第八項）。

地方公共団体は、事情の変更その他の事由により必要がある場合において、第一項の特定漁港漁場整備事業計画の変更（軽微な変更を除く。）をしたときは、遅滞なく、これを農林水産大臣に届け出るとともに、公表しなければならない（第一〇項、施行規則第一条の六）。また、特定漁港漁場整備事業計画の変更（軽微な変更を除く。）については、第三項から第九項までの規定を準用する。ただし、急速を要する場合には、第三項から第六項までの手続を要しない（第一一項）。

地方公共団体は、事情の変更その他の事由により必要がある場合において、特定漁港漁場整備事業（第十九条の三第一項の特定第三種漁港に係るものを除く。次項並びに次条第八項及び第九項において同じ。）の全部若しくは一部を廃止し、又はその施行を停止したときは、遅滞なく、これを農林水産大臣に届け出るとともに、廃止の場合にあっては廃止した旨、その理由その他農林水産省令で定める事項を、施行の停止の場合にあっては施行を停止した旨、その理由その他農林水産省令で定める事項を公表しなければならない（第一二項、施行規則第一項及び第二項）。また、地方公共団体は、特定漁港漁場整備事業の全部若しくは一部を廃止し、又はその施行を停止しようとするときは、関係地方公共団体及び関係漁港管理者と協議しなければならない。ただし、急速を要する場合には、この限りでない（第一三項）。

（水産業協同組合が施行する特定漁港漁場整備事業）

**第十八条**　水産業協同組合が特定漁港漁場整備事業を施行しようとする場合（第十九条の三第一項の特定第三種漁港に係る場合を除く。）には、漁港漁場整備基本方針に基づいて特定漁港漁場整備事業計画を定めた上、農林水産大臣の許可を受けなければならない。

2　水産業協同組合は、前項の規定による許可を受けたときは、遅滞なく、当該許可に係る特定漁港漁場整備事業計画を公表しなければならない。

3　第一項の規定による特定漁港漁場整備事業計画の作成については、前条第二項から第六項までの規定を準用する。この場合において、同条第五項中「当該地方公共団体」とあるのは「当該水産業協同組合」と、同条第六項中「第一項の規定による届出には」とあるのは「第十八条第一項の規定による許可の申請をするには」とそれぞれ読み替えるものとする。

4　水産業協同組合は、事情の変更その他の事由により必要があるときは、農林水産大臣の許可を受けて、第一項の特定漁港漁場整備事業計画の変更をすることができる。ただし、軽微な変更については、許可を受けないですることができる。

5　水産業協同組合は、前項本文の規定により特定漁港漁場整備事業計画の変更をしたときは、遅滞なく、これを公表しなければならない。

6　第四項の規定による特定漁港漁場整備事業計画の変更（軽微な変更を除く。）については、前条第三項から第六項までの規定を準用する。ただし、急速を要する場合には、これらの規定によることを要しない。

7　前項の場合において、前条第五項中「当該地方公共団体」とあるのは「当該水産業協同組合」と、同条第六項中「第一項の規定による届出には」とあるのは「第十八条第四項の規定による許可の申請をするには」とそれぞれ読み替えるものとする。

8　水産業協同組合は、事情の変更その他の事由により必要があるときは、農林水産大臣の許可を受けて、特定漁港漁場整備事業の全部若しくは一部を廃止し、又はその施行を停止することができる。この場合には、前条第十三項の規定を準用する。

9　水産業協同組合は、前項の規定により特定漁港漁場整備事業の全部若しくは一部を廃止し、又はその施行を停止したときは、遅滞なく、廃止の場合にあっては廃止した旨、その理由その他農林水産省令で定める事項を、施行の停止の場合にあっては施行を停止した旨、その理由その他農林水産省令で定める事項を公表しなければならない。

10　農林水産大臣は、第一項、第四項又は第八項の規定による許可をするについては、あらかじめ水産政策審議会の議を経て定めた基準によらなければならない。

**解説**　水産業協同組合が特定漁港漁場の整備事業を施行しようとする場合（特定第三種漁港に係る場合を除く。）には、漁港漁場整備基本方針に基づいて特定漁港漁場整備事業計画を定めた上、農林水産大臣の許可を受けなければならない（第一項）。これは、水産業協同組合は、地方公共団体と異なり、漁港及び漁場の整備に係る事業の実績も乏しいことから、適切に事業を実施できるか否かについてを農林水産大臣の判断が必要であるからである。

　水産業協同組合が特定漁港漁場整備事業を施行する場合についても、特定漁港漁場整備事業計画の許可を必要とすること以外、基本的には地方公共団体が施行する場合と同様の手続が必要とされている（第二項～第九項）。

（国が施行する特定漁港漁場整備事業）

**第十九条**　国が特定漁港漁場整備事業を施行しようとする場合には、農林水産大臣は、漁港漁場整備基本方針に基づいて特定漁港漁場整備事業計画を定め、遅滞なく、これを公表しなければならない。

2　農林水産大臣は、前項の規定により特定漁港漁場整備事業計画（第四条第一項第二号に掲げる事業に係るものに限る。）を定めようとするときは、関係広域漁業調整委員会の意見を聴かなければならない。

3　第一項の規定による特定漁港漁場整備事業計画の作成については、第十七条第二項から第五項までの規定を準用する。この場合において、同条第五項中「当該地方公共団体」とあるのは、「農林水産大臣」と読み替えるものとする。

4　農林水産大臣は、事情の変更その他の事由により必要がある場合において、第一項の特定漁港漁場整備事業計画の変更（軽微な変更を除く。）をしたときは、遅滞なく、これを公表しなければならない。

5　前項の規定による特定漁港漁場整備事業計画の変更（軽微な変更を除く。）については、第二項及び第十七条第三項から第五項までの規定を準用する。ただし、急速を要する場合には、これらの規定によることを要しない。

6　前項の場合において、第十七条第五項中「当該地方公共団体」とあるのは、「農林水産大臣」と読み替えるものとする。

7　農林水産大臣は、事情の変更その他の事由により必要がある場合において、特定漁港漁場整備事業の全部若しくは一部を廃止し、又はその施行を停止したときは、遅滞なく、廃止の場合にあつては廃止した旨、その理由その他農林水産省令で定める事項を、施行の停止の場合にあつては施行を停止した旨、その理由その他農林水産省令で定める事項を公表しなければならない。

8　前項の規定による特定漁港漁場整備事業の廃止又はその施行の停止については、第二項及び第十七条第十三項の規定を準用する。

**解説**　国が施行する特定漁港漁場整備事業を施行しようとする場合には、農林水産大臣が特定漁港漁場整備事業計画を策定することとされている。これ以外の手続については、基本的には地方公共団体が施行する場合と同様の手続が必要である（第一項～第七項）。

なお、旧漁港法に基づいて国が直接行う漁港修築事業は、北海道における第三種漁港及び第四種漁港についてのみ行われ（施行令第三条）、その実施は国土交通省設置法第三三条第二項の規定に基づいて北海道開発局が担当していた。引き続き、国が施行する特定漁港漁場整備事業についても北海道開発局が担当することとされている（国土交通省設置法第三三条第二項）。

（土地又は水面の測量等）

**第十九条の二**　地方公共団体又は国は、第十七条第一項又は前条第一項の規定により特定漁港漁場整備事業を施行しようとする場合において、特定漁港漁場整備事業計画を定めるために必要があるときは、五日前にその所有者又は占有者に通知して、他人の土地又は水面に立ち入り、測量又は検査をすることができる。

2　前項の規定による立入りをする者は、その身分を示す証票を携帯しなければならない。

3　第一項の場合には、地方公共団体又は国は、遅滞なく、同項の立入り、測量又は検査により現に生じた損害を補償しなければならない。

4　前三項の規定は、第十七条第十項又は前条第四項の規定による特定漁港漁場整備事業計画の変更をしようとする場合について準用する。

**解説**　特定漁港漁場整備事業を施行者である地方公共団体又は国が特定漁港漁場整備事業計画を定める場合又は農林水産大臣が特定第三種漁港の特定漁港漁場整備事業計画を定めるために必要がある場合には、五日前にその所有者又は占有者に通知して、他人の土地又は水面に立ち入り、測量又は検査をすることができる（第一項）。この場合に立入りをする者は、その身分を示す証票を携帯しなければならない（第二項、施行規則第三条）。また、この場合には、地方公共団体又は国は、遅滞なく、同項の立入り、測量又は検査により現に生じた損害を補償しなければならない（第三項）。

（特定第三種漁港に係る特定漁港漁場整備事業）

**第十九条の三**　特定第三種漁港（第三種漁港のうち水産業の振興上特に重要な漁港で政令で定めるものをいう。以下同じ。）については、国以外の者が行う特定漁港漁場整備事業についても、その特定漁港漁場整備事業計画は、農林水産大臣が漁港漁場整備基本方針に基づいてこれを定める。

2　農林水産大臣は、前項の規定により特定漁港漁場整備事業計画を定めたときは、遅滞なく、これを公表しなければならない。

3　第一項の規定による特定漁港漁場整備事業計画の作成については、第十七条第二項から第五項まで及び前条第一項から第三項までの規定を準用する。この場合において、第十七条第三項中「関係地方公共団体」とあるのは「当該特定漁港漁場整備事業の施行者たるべき者、関係地方公共団体」と、同条第五項中「当該地方公共団体」とあるのは「農林水産大臣」とそれぞれ読み替えるものとする。

4　水産業協同組合が第一項の特定漁港漁場整備事業計画に基づいて特定漁港漁場整備事業を施行しようとする場合には、農林水産大臣の許可を受けなければならない。

5　農林水産大臣は、事情の変更その他の事由により必要がある場合において、第一項の特定漁港漁場整備事業計画の変更（軽微な変更を除く。）をしたときは、遅滞なく、これを公表しなければならない。

6　前項の規定による特定漁港漁場整備事業計画の変更（軽微な変更を除く。）については、第十七条第三項から第五項まで及び前条第四項の規定を準用する。ただし、急速を要する場合には、第十七条第三項から第五項までの規定によることを要しない。

7　前項の場合において、第十七条第三項中「関係地方公共団体」とあるのは「当該特定漁港漁場整備事業の施行者たるべき者、関係地方公共団体」と、同条第五項中「当該地方公共団体」とあるのは「農林水産大臣」とそれぞれ読み替えるものとする。

8　農林水産大臣は、事情の変更その他の事由により必要があるときは、第一項の特定漁港漁場整備事業計画に基づく特定漁港漁場整備事業の施行者に対し、当該特定漁港漁場整備事業の全部若しくは一部の廃止又はその施行の停止を求めることができる。この場合において、当該求めを受けた者は、遅滞なく、当該特定漁港漁場整備事業の全部若しくは一部の廃止又はその施行の停止をしなければならない。

9　農林水産大臣は、前項の規定による要求をしようとするときは、当該特定漁港漁場整備事業の施行者、関係地方公共団体及び関係漁港管理者と協議しなければならない。ただし、急速を要する場合には、この限りでない。

10　農林水産大臣は、第八項の規定による要求をしたときは、遅滞なく、廃止の要求の場合にあつては廃止の要求をした旨、その理由その他農林水産省令で定める事項を、施行の停止の要求の場合にあつては施行の停止の要求をした旨、その理由その他農林水産省令で定める事項を公表しなければならない。

**解説**　特定第三種漁港は水産業の振興上特に重要な漁港であるので、特定第三種漁港に係る特定漁港漁場を国以外の者が実施する場合であっても、農林水産大臣が漁港漁場整備基本方針に基づいて特定漁港漁場整備事業計画を定めることになっている（第一項）。農林水産大臣は特定漁港漁場整備事業計画を定めたときは、遅滞なく、これを公表しなければならない（第二項）。

したがって、公告、縦覧の手続も施行者ではなく、特定漁港漁場整備事業計画の案の作成者である農林水産大臣が行うことになっている。また、当該特定漁港漁場整備事業計画の策定、変更の際に意見を聴く対象として、「関係地方公共団体及び関係漁港管理者」以外にも「当該特定漁港漁場整備事業の施行者たるべき者」が加えられている（第三項）。

また、特定漁港漁場整備事業の廃止等の手続についても、施行者自ら行うのでなく、農林水産大臣が施行者に対し、当該特定漁港漁場整備事業の廃止等を求めることになっている（第八項～第一〇項）。

（費用の負担及び補助）

**第二十条**　国が特定漁港漁場整備事業のうち第四条第一項第一号に掲げる事業を施行する場合には、国は、政令で定める基準に従い、その費用の一部を当該漁港の漁港管理者の同意を得て、これに負担させることができる。

2　国が特定漁港漁場整備事業のうち第四条第一項第二号に掲げる事業を施行する場合には、国は、政令で定める基準に従い、その費用の一部を当該事業により著しく利益を受ける都道府県の同意を得て、これに負担させることができる。

3　前項の都道府県が同項の同意をしようとするときは、あらかじめ当該都道府県の議会の議決を経なければばならない。

4　国以外の者が第三種漁港又は第四種漁港について特定漁港漁場整備事業を施行する場合には、第三条第一号の基本施設の修築に要する費用は、次の表の上欄及び中欄に定める区分に従い、それぞれその下欄に定める割合を国において負担する。

| 施行者 | 漁港の種類 | 国の負担割合 |
| --- | --- | --- |
| 地方公共団体 | 第三種漁港 | 北海道にあつては百分の七十（係留施設については、百分の六十）、その他の地域にあつては百分の五十（特定第三種漁港の外郭施設については、三分の二） |
| | 第四種漁港 | 北海道にあつては百分の七十（係留施設については、三分の二）、その他の地域にあつては三分の二（係留施設については、百分の五十） |
| 水産業協同組合 | 第三種漁港 | 北海道にあつては百分の九十（係留施設については、百分の七十五）、その他の地域にあつては、特定第三種漁港については百分の七十（係留施設については、百分の六十）、その他の第三種漁港については百分の六十（係留施設については、百分の五十） |
| | 第四種漁港 | 北海道にあつては百分の九十（係留施設については、百分の八十）、その他の地域にあつては百分の七十五（係留施設については、百分の六十） |

5　地方公共団体又は水産業協同組合が第一種漁港又は第二種漁港について特定漁港漁場整備事業を施行する場合には、第三条第一号の基本施設の修築に要する費用は、次の表の上欄に定める区分に従い、それぞれその下欄に定める割合をもつて、国は、当該特定漁港漁場整備事業の施行者に補助する。

| 施行者 | 国の補助割合 |
| --- | --- |
| 地方公共団体 | 北海道にあつては百分の七十（係留施設 |

| | |
|---|---|
| | については、百分の六十）、その他の地域にあつては百分の五十 |
| 水産業協同組合 | 北海道にあつては百分の九十（係留施設については、百分の七十五）、その他の地域にあつては百分の五十 |

6　国以外の者が特定漁港漁場整備事業を施行する場合において、特に必要があると認めるときは、国は、前二項に規定するもののほか、政令で定める基準に従い、予算の範囲内で当該特定漁港漁場整備事業に要する費用の一部を当該特定漁港漁場整備事業の施行者に補助することができる。

7　第四項又は第五項の規定により国が負担し、又は補助することとなる金額は、国会の議決を経た予算の金額を超えない範囲内とする。

**解説**　本条は、特定漁港漁場整備事業の費用の分担及び補助に関する規定である。

特定漁港漁場整備事業に要する費用については、国が施行する場合は、政令で定める基準に従い、その同意を得て漁港管理者にその一部を負担させることができる（第一項、施行令第三条）。また、国以外の者が施行する場合は、基本施設について、第三種漁港及び第四種漁港については国が各々定める割合で負担し（第二項）、第一種漁港及び第二種漁港については国が各々定める割合で補助する（第三項）。さらに、特に必要があると認めるときは、政令で定める基準に従い、予算の範囲内で施行者に補助することができる（第四項）。施行令では、機能施設のうち公共性の高い輸送施設、漁港施設用地（公共施設用に限る。）、漁港浄化施設、廃油処理施設及び漁業用通信施設について、補助の基準が定められている（施行令第四条）。

（市町村の分担金）

**第二十条の二**　前条第二項の規定により都道府県の負担する費用のうち、その事業が当該都道府県の区域内の市町村に著しく利益を与えるものについては、当該事業による受益の限度において、当該市町村に対し、当該事業に要する費用の一部を負担させることができる。

2　前項の規定により市町村が負担すべき金額は、当該市町村の同意を得るとともに、当該都道府県の議会の議決を経て定めなければならない。

**解説**　第二〇条第二項の規定により都道府県の負担する費用のうち、その事業が当該都道府県の区域内の市町村に著しく利益を与えるものについては、当該事業による受益の限度において、当該市町村に対し、当該事業に要する費用の一部を負担させることができる。

（他の工作物と効用を兼ねる漁港施設の工事の費用の負担）

**第二十条の三**　漁港施設で他の工作物と効用を兼ねるものの特定漁港漁場整備事業の費用の負担については、特定漁港漁場整備事業の施行者と当該工作物の管理者とが、協議して定めるものとする。

**解説**　漁港施設で他の工作物と効用を兼ねる場合、たとえば堤防又は護岸と道路が効用を兼ねる場合等については、当該堤防又は護岸の特定漁港漁場整備事業の費用の負担については、当該特定漁港漁場整備事業の施行者と当該道路の管理者とが協議して定めることとされている。

（特定漁港漁場整備事業の施行の許可に係る権利の譲渡及び特定漁港漁場整備事業の施行の委託）

**第二十一条**　特定漁港漁場整備事業の施行の許可に係る権利の譲渡は、農林水産大臣の認可を受けなければ、その効力を生じない。

2　特定漁港漁場整備事業の施行者は、特定漁港漁場整備事業の施行を委託することができる。この場合において、特定漁港漁場整備事業の施行者が水産業協同組合であるときは、あらかじめ農林水産大臣の許可を受けなければならない。

3　第一項の認可及び前項後段の許可をするについては、第十八条第十項の規定を準用する。

**解説**　特定漁港漁場整備事業の施行の許可を受けた水産業協同組合が、その許可に係る権利を譲渡する場合は、農林水産大臣の認可を受けなければ、その効力を生じない（第一項）。この場合は、農林水産大臣は認可に当たって、水産政策審議会の議を経て定めた基準によらなければならない（第三項、第一八条第一〇項の準用）。しかし、過去においてこのような権利の譲渡が行われた事例はない。

（施行者に対する命令及び許可の取消）

**第二十三条**　農林水産大臣は、事情の変更その他の事由により必要があると認める場合には、水産業協同組合に対し、特定漁港漁場整備事業計画の変更又は特定漁港漁場整備事業の全部若しくは一部の廃止若しくはその施行の停止を命ずることができる。

2　農林水産大臣は、水産業協同組合がする特定漁港漁場整備事業の施行が、この法律、この法律に基づく命令若しくはこれらの法令に基づいてする行政庁の処分に違反し、若しくは完了の見込みがないと認めるとき、又は当該水産業協同組合が特定漁港漁場整備事業計画において定められた期限までに工事に着手しないときは、当該特定漁港漁場整備事業の施行の許可を取り消すことができる。

**解説**　農林水産大臣は、水産業協同組合に対し、事情の変更その他の事由により必要があると認める場合には、特定漁港漁場整備事業計画の変更又は特定漁港漁場整備事業の全部若しくは一部の廃止若しくはその施行の停止を命ずることができる（第一項）。

また、農林水産大臣は、水産業協同組合がする特定漁港漁場整備事業の施行が、本法、本法に基づく命令若しくはこれらの法令に基づいてする行政庁の処分に違反し、若しくは完了の見込みがないと認めるとき、又は当該水産業協同組合が特定漁港漁場整備事業計画において定められた期限までに工事に着手しないときは、その施行の許可を取り消すことができる（第二項）。

（土地、水面等の使用）

**第二十四条**　特定漁港漁場整備事業の施行者は、特定漁港漁場整備事業の施行のために必要がある場合には、五日前にその所有者又は占有者に通知して、他人の土地若しくは水面に立ち入り、又はこれらを一時材料置場として使用することができる。この場合において、水産業協同組合の施行に係るときには、立ち入り、若しくは使用すべき土地若しくは水面の区域又は使用の期間を定めて、あらかじめ、農林水産大臣の許可を受けなければならない。

2　前項の規定による立入りをする者は、その身分を示す証票を携帯しなければならない。

3　第一項の場合には、特定漁港漁場整備事業の施行者は、遅滞なく、同項の立入り若しくは使用により現に生じた損害を補償し、又は相当の使用料を支払わなければならない。

**解説**　特定漁港漁場整備事業の施行者は、特定漁港漁場

整備事業の施行のために必要がある場合には、五日前にその所有者又は占有者に通知して、他人の土地若しくは水面に立ち入り、又はこれらを一時材料置場として使用することができる。この場合において、水産業協同組合の施行に係るときには、立入り、若しくは使用すべき土地若しくは水面の区域又は使用の期間を定めて、あらかじめ、農林水産大臣の許可を受けなければならない（第一項）。この場合の農林水産大臣の職権は、都道府県知事に委任されている（施行例第二八条第一項第一号）。

立入りをする者は、その身分を示す証票（施行規則第三条）を携帯しなければならない（第二項）。また、施行者は、遅滞なく立入り等によって現に生じた損害を補償し、又は相当の使用料を支払わなければならない（第三項）。

（国の施行する特定漁港漁場整備事業によつて生じた土地等の管理及び処分）

**第二十四条の二**　国が施行する特定漁港漁場整備事業によつて生じた土地又は工作物は、農林水産大臣が政令で定めるところにより管理し、又は処分する。

2　農林水産大臣は、政令で定めるところにより、前項の土地又は工作物で漁港施設であるものの管理を漁港管理者に委託することができる。

3　農林水産大臣が第一項の土地又は工作物を漁港管理者に譲渡する場合の譲渡の対価は、漁港管理者が負担した費用の額に相当する価額の範囲内で無償とする。

**解説**　国が施行する特定漁港漁場整備事業によって生じた土地又は工作物は、農林水産大臣が政令で定めるところにより管理し、又は処分する（第一項）。農林水産大臣は、第一項の土地又は工作物で国有財産法第二条の国有財産であるものにつき、漁港ごとに、次に掲げる事項を記載した漁港整備財産台帳を備えて置かなければならない（施行令第六条第一項）。

① 漁港整備財産の所在、種類、構造及び規模
② 購入又は収用に係る漁港整備財産については、その種類ごとの購入価格又は補償金額
③ 得喪変更（管理の委託を含む。）の年月日及び理由
④ その他必要な事項

農林水産大臣は、政令で定めるところにより、前項の土地又は工作物で漁港施設であるものの管理を漁港管理者に委託することができる（第二項）。漁港施設財産を

漁港管理者に委託するには、両当事者の協議により次に掲げる事項を定めなければならない（施行令第七条）。
① 管理を委託する漁港施設財産の所在、種類、構造及び規模
② 移管の年月日
③ 管理の方法
④ 委託の条件
⑤ その他必要な事項

# 第五章　漁港の維持管理

（漁港管理者の決定）

**第二十五条**　次の各号に掲げる漁港の漁港管理者は、当該各号に定める地方公共団体とする。

一　第一種漁港であつてその所在地が一の市町村に限られるもの　当該漁港の所在地の市町村

二　第一種漁港以外の漁港であつてその所在地が一の都道府県に限られるもの　当該漁港の所在地の都道府県

三　前二号に掲げる漁港以外の漁港　農林水産大臣が、水産政策審議会の議を経て定める基準に従い、かつ、関係地方公共団体の意見を聴いて、当該漁港の所在地の地方公共団体のうちから告示で指定する一の地方公共団体

2　前項の規定にかかわらず、漁港の所在地の地方公共団体は、水産政策審議会の議を経て農林水産省令で定める基準に従い、協議して、当該地方公共団体のうち一の地方公共団体を当該漁港の漁港管理者として選定し、農林水産省令で定めるところにより、その旨を農林水産大臣に届け出ることができる。これを変更しようとするときも、同様である。

3　農林水産大臣は、前項の規定による届出を受理したときは、同項の規定により選定された漁港管理者を告示する。

**解説**　次に掲げる漁港の管理者は、それぞれ次のとおりである（第一項）。

①　第一種漁港であってその所在地が一の市町村に限られるもの
　当該漁港の所在地の市町村

②　第一種漁港以外の漁港であってその所在地が一の都道府県に限られるもの
　当該漁港の所在地の都道府県

③　①及び②に掲げる漁港以外の漁港
　農林水産大臣が、水産政策審議会の議を経て定める基準に従い、かつ、関係地方公共団体の意見を聴いて、当該漁港の所在地の地方公共団体のうちから告示で指定する一の地方公共団体

③の農林水産大臣が定める基準は、次に掲げるとおりである（施行規則第七条第一項）。

イ　第一種漁港であってその所在地が二以上の市町村にわたるものにあっては、当該漁港の所在地の地方公共団体のうち、当該漁港の利用状況等からみて当該漁港の維持管理を最も適正に行うことができると認められるものとすること。

ロ　第一種漁港以外の漁港であってその所在地が二以上の都道府県にわたるものにあっては、当該漁港の所在地の都道府県のうち、当該漁港の利用状況等からみて当該漁港の維持管理を最も適正に行うことができると認められるものとすること。

また、漁港の種類ごとに漁港管理者が定まるという原則にかかわらず、漁港の所在地の地方公共団体は、水産政策審議会の議を経て農林水産省令で定める基準に従い、協議して、当該地方公共団体の一つの地方公共団体を当該漁港の漁港管理者として選定し、農林水産省令で定めるところにより、その旨を農林水産大臣に届け出ることができる。また、これを変更しようとするときも同様である（第二項）。この場合の「農林水産省令で定める基準」は、当該漁港の所在地の地方公共団体のうち、当該漁港の利用状況等からみて当該漁港の維持管理を最も適正に行うことができると認められるものであることとする（施行規則第七条第二項）。また、農林水産省令で定める漁港管理者の届出」は、当該漁港の所在地の地方公共団体が共同して、次の事項を記載した届出書を提出してしなければならない（施行規則第八条）。

イ　漁港の名称

ロ　漁港管理者として選定された地方公共団体の名称及びその選定理由

ハ　その他必要な事項

農林水産大臣は、当該漁港の所在地の地方公共団体が水産政策審議会の議を経て農林水産省令で定める基準に従い協議して当該地方公共団体のうちの一の地方公共団体を当該漁港の漁港管理者として選定した届出を受理したときは、選定された漁港管理者を告示することとされている（第三項）。

（漁港管理者の職責）

**第二十六条**　漁港管理者は、漁港管理規程を定め、これに従い、適正に、漁港の維持、保全及び運営その他漁港の維持管理をする責めに任ずるほか、漁港の発展のために必要な調査研究及び統計資料の作成を行うものとする。

**解説**　本条は、漁港管理者の職責に関する規定である。漁港管理者は、漁港管理規程を定め、これに従い、適正に、漁港の維持、保全及び運営その他漁港の維持管理をする責めに任ずるほか、漁港の発展のために必要な調査研究及び統計資料の作成を行うものとする。本法には、漁港管理者の職責又は事務について、次のように規定している。

①　漁港管理規程を定め、これに従い漁港の維持管理を行うこと（第二六条、第三四条）。
②　漁港の発展のために必要な調査研究、統計資料の作成を行うこと（第二六条）。
③　漁港管理会の設置及び運営を行うことができること（第二七条）。
④　利用の対価を徴収することができること（第三五条）。
⑤　土地、水面の使用、収容等を行うことができること（第三六条）。
⑥　漁港台帳の調整を行うこと（第三六条の二）。
⑦　漁港施設の処分制限（第三七条）
⑧　漁港施設の利用規制（第三八条）
⑨　漁港の保全のための行為制限（第三九条）
⑩　土地採取料及び占用料の徴収（第三九条の五）

また、漁港管理者の責務については、本法のほか、公の管理者として「地方自治法」、公共の場所の管理者として「廃棄物の処理及び清掃に関する法律」、公の営造物の管理者として「国家賠償法」等の職責等が課せられている。

**判例**

1　漁港管理者は、漁港の区域内における道路を一般の交通のために使用させていたのであるから事故発生の危険性がある以上これを防止するため安全設備を設置すべきことは当然であって、ガードレール等設置する義務を免れることができないことはいうまでもない。したがって漁港管理者が管理する本件道路にはその設置又は管理に瑕疵のあったことが認められる。（昭和五二年四月二七日福岡高裁民判決、総覧一二一八頁）

2　本件事故発生地が山口県下関水産事務局の管轄区域内であり、その管轄区域では下関漁港管理条例により施設の維持・管理、保全に尽くすべき責務を負担しているのであるから、当然船舶が安全に航行できるように監視すべき義務があるにもかかわらず沈船に気がつかず、適切な処置を行わなかったことは、下関水産事務局の監視員の過失であり、この過失も加わって本件事故が発生したものというべきである。（昭和四八年一一月三〇日福岡地裁民判決、総覧一二二五頁・時報七四七号八六頁）

3　漁港管理者である町が当該漁港の区域内の水域に不法に設置されたヨット係留杭を漁港管理規程が制定されていなかったため法規に基づかず強制撤去する費用を支出した場合において、右係留の不法設置により、その設置水域においては、漁港等の航行可能な水路が狭められ、特に夜間、干潟時に航行する漁船等にとって極めて危険な状況が生じていたのに、右係留杭の除去命令権限を有する県知事は直ちには撤去することができないとし、その設置者においても右県知事の至急撤去の指示にもかかわらず、撤去しようとしなかったなど判示の事実関係の下においては、右撤去費用の支出は、緊急の事態に対処するためのやむを得ない措置に係る支出として違法とはいえない。（平成三年三月八日最高裁二小民判決、総覧続巻四五一頁・最高裁民集四五巻三号一六四頁・時報一三九三号八三頁）

（漁港管理会）

**第二十七条**　漁港管理者は、漁港に、漁港管理会を置くことができる。

2　漁港管理会は、漁港管理者の諮問に応じ、漁港の維持管理に関する重要事項を調査審議する。

3　第一項の規定により漁港管理会を設置した漁港の漁港管理者は、漁港管理規程の制定その他漁港の維持管理に関する重要事項については、漁港管理会の意見を徴し、その意見を尊重しなければならない。

4　漁港管理会の組織及び運営に関し必要な事項は、漁港管理規程で定める。

**解説**　本条は、漁港管理会に関する規定である。漁港管理会は、漁港に関する知識を有する漁業関係者や、学識経験者等によって組織し、漁港管理者の諮問に応じ、漁港管理規定の制定、変更を行い、毎年度の維持運営計画等、のほか漁港の維持管理に関する重要事項を審議する。

（漁港管理規程の制定及び変更）

**第三十四条**　漁港管理規程においては、政令で定めるところにより、当該漁港管理者の管理する漁港施設の維持、保全及び運営その他当該漁港の維持管理に関し必要な事項を定めるものとする。

2　漁港管理者は、漁港管理規程を制定し、又は変更したときは、遅滞なく、これを公示するとともに、農林水産大臣に届け出なければならない。

3　農林水産大臣は、漁港の維持管理の適正を図るために必要があると認めるときは、漁港管理者に対し、漁港管理規程について必要な助言又は勧告をすることができる。

4　農林水産大臣は、水産政策審議会の議を経て、模範漁港管理規程例を定めることができる。

**解説**　前述したように漁港管理者は、漁港管理規程を定め、これに従い適正に漁港の維持、保全及び運営その他の漁港の維持管理の責に任ずることとされている（第二六条）。この場合の漁港管理規程は、政令で定めるところにより、当該漁港管理者の管理する漁港施設の維持、保全及び運営その他当該漁港の維持管理に関し必要な事項を定めることとされている（第一項）。また、漁港管理者は、漁港管理規程を制定し、又は変更したときは、遅滞なく、これを公示するとともに、農林水産大臣に届け出なければならない（第二項）。なお、第一項の「政令の定めるところ」とは、次に掲げる記載事項が定められている（施行令第二〇条）。

①　漁港管理者の管理する漁港施設のうち、基本施設並びに機能施設に係る輸送施設及び漁港施設用地（公共施設用地に限る。）の維持、保全、運営に関する事項

②　漁港管理者の管理する漁港施設のうち、基本施設又は機能施設に係る輸送施設について利用の対価を徴収する場合にあっては、その利用の対価の料率に関する事項

③　漁港の区域内の水域の利用を著しく阻害する行為の規制に関する事項

漁港管理者は、漁港管理規程を制定し又は変更した場合は、遅滞なく、これを公示するとともに、農林水産大臣に届け出なければならない（第二項）。

農林水産大臣は、漁港の維持管理の適正を図るために必要があると認めるときは、漁港管理者に対し、漁港管理規程について必要な助言又は勧告をすることができる（第三項）。

農林水産大臣は、水産政策審議会の議を経て、模範漁

港管理規程例を定めることができる（第四項）。

（利用の対価の徴収）

**第三十五条**　漁港管理者は、漁港の維持管理に要する費用に充てるために、漁港管理規程の定めるところにより、漁港の利用者から、利用料、使用料、手数料、占用料等その利用の対価を徴収することができる。

**解説**　漁港管理者は、漁港の維持管理に要する費用に充てるために、漁港の利用者から、利用料、使用料、手数料、占用料等その利用の対価を徴収することができる。この場合、本法では漁港管理規程で定めることになっているが、徴収の根拠のみでなく料率についても定めなければならない（施行令第二〇条第二号）。

（土地、水面等の使用及び収用）

**第三十六条**　第二十四条の規定は、漁港の維持管理のために必要がある場合に準用する。

2　漁港管理者は、非常災害のために急迫の必要がある場合には、その現場にある者を復旧、危害防止その他の業務に協力させ、又は前項の規定によらないで左に掲げる処分をすることができる。

一　必要な土地、水面、船舶又は工作物を使用すること。

二　土石、竹木その他の物件（前号に掲げる物を除く。）を使用し、又は収用すること。

3　第二十四条第三項の規定は、前項の処分をした場合に準用する。

**解説**　漁港管理者は、漁港の維持管理のため必要がある場合には、五日前にその所有者又は占有者に通知して、他人の土地、水面に立ち入り、又は一時使用することができる。この場合は、立入りをする者はその身分を示す証票を携帯しなければならない。また、この場合、漁港管理者は遅滞なく立入り、使用により現に生じた損害を補償し、又は相当の使用料を支払わなければならない（第一項、第二四条の準用）。

漁港管理者は、非常災害のために急迫の必要がある場合には、その現場にある者を復旧、危害防止その他の業務に協力させ、又は第一項の規定によらないで、次の処分をすることができる。

①　必要な土地、水面、船舶又は工作物を使用すること。

② 土石、竹木その他の物件（①に掲げるものを除く。）を使用し、又は収用すること。

ただし、この場合にあっても、漁港管理者は遅滞なく使用、収容によって現に生じた損害を補償し、又は相当の使用料を支払わなければならない（第二項、第三項）。

（漁港台帳）

**第三十六条の二**　漁港管理者は、その管理する漁港について、漁港台帳を調製しなければならない。

2　漁港台帳に関し必要な事項は、農林水産省令で定める。

**解説**　漁港管理者は、その管理する漁港について、その現状を把握し、適正な管理を行うため、漁港台帳を調整し、その事務所に備えて置き、関係者の請求があったときは閲覧に供しなければならない（第一項、施行規則第一〇条）。

漁港台帳には、次に掲げる事項を記載しなければならない（施行規則第九条第一項）。

① 漁港の名称、種類、所在地及び区域
② 漁港施設の種類、名称、所在地、構造及び規模又は能力
③ 漁港施設の所有者及び管理者
④ 漁港施設の建設又は取得の年月日
⑤ 漁港施設の建設又は取得の価格
⑥ その他漁港の維持管理上必要な事項

また、漁港台帳の様式及び添付すべき図面は、農林水産大臣が告示で定めることになっている（施行規則第九条第二項、第三項、昭和三二年農林省告示第一二九号）。

さらに、漁港管理者は、第一項の漁港台帳の記載事項に変更があったときは、変更に係る事項をその都度当該漁港台帳に記載しなければならない（施行規則第九条第四項）。

（漁港施設の処分の制限）

**第三十七条**　漁港施設の所有者又は占有者は、漁港管理者の許可を受けなければ、当該施設の形質若しくは所在の場所の変更、譲渡、賃貸又は収去その他の処分をしてはならない。ただし、特定漁港漁場整備事業計画若しくは漁港管理規程によってする場合又は次条第四項の規定により貸付けをする場合は、この限りでない。

2　漁港管理者は、漁港の保全上必要があると認める場

合には、前項の規定に違反した者に対し、原状回復を命ずることができる。
3　前項の規定による原状回復に要する費用は、当該違反者の負担とする。

**解説**　漁港の機能を保全するためには、漁港全般について適正な維持管理が必要である。本条の漁港施設の処分制限の規定は、このような目的を達成するため、漁港施設の機能の保全を図ることを目的としたものである。漁港施設の所有者又は占有者は、漁港管理者の許可を受けなければ、当該施設の形質若しくは所在の場所の変更、譲渡、賃貸又は収去その他の処分をしてはならない（第一項）。

しかし、漁港機能の保全に特に支障を与えるおそれのない次の行為については、許可を受けることを要しない（第一項ただし書）。

①　特定漁港漁場整備計画によってする場合
　第一七条、第一八条又は第一九条の特定漁港漁場整備計画によって漁港施設の形質の変更、収去等の処分を行う場合については、当該処分が法の規定に基づき、漁港機能の増大を図ることを目的としたものであるので、許可は要しない。
②　漁港管理規程によってする場合
③　第三七条の二（行政財産である特定漁港施設の貸付け）の規程により貸付けをする場合
　なお、許可の手続は、申請者の氏名又は名称及び住所、漁港施設の名称、構造、機能及び所在場所、漁港施設の経緯、処分をしようとする理由及び内容等を記載した申請書を、漁港管理者に提出して行う（施行規則第一一条）。

（行政財産である特定漁港施設の貸付け）
**第三十七条の二**　漁港（その取り扱う水産物の数量が農林水産省令で定める数量以上であるものに限る。以下この条において同じ。）における特定漁港施設（漁獲物の処理、保蔵及び加工の用に供する施設（その敷地を含む。）その他の農林水産省令で定める漁港施設をいう。以下この条において同じ。）を運営し、又は運営しようとする者は、当該漁港の漁港管理者に対し、農林水産省令で定めるところにより、特定漁港施設の運営の事業を実施するために必要な資力及び信用を有することその他の農林水産省令で定める基準に適合するものである旨の認定を申請することができる。

2　漁港管理者は、前項の認定の申請があつた場合において、その申請を行つた者が同項の農林水産省令で定める基準に適合すると認めるときは、その認定をするものとする。

3　漁港管理者は、前項の認定をするに当たつては、農林水産省令で定めるところにより、当該認定の申請内容の公告、縦覧その他の次項の貸付けが公正な手続に従つて行われることを確保するために必要な措置を講じなければならない。

4　国又は地方公共団体（これらの者の委託を受けて特定漁港施設の管理を行う漁港管理者を含む。以下この条において同じ。）は、国有財産法（昭和二十三年法律第七十三号）第十八条第一項又は地方自治法（昭和二十二年法律第六十七号）第二百三十八条の四第一項の規定にかかわらず、行政財産（国有財産法第三条第二項又は地方自治法第二百三十八条第四項に規定する行政財産をいう。）である特定漁港施設を第二項の認定を受けた者に貸し付けることができる。

5　前項の規定による貸付けについては、民法（明治二十九年法律第八十九号）第六百四条並びに借地借家法（平成三年法律第九十号）第三条及び第四条の規定は、適用しない。

6　国有財産法第二十一条及び第二十三条から第二十五条まで並びに地方自治法第二百三十八条の五第四項から第六項までの規定は、第四項の規定による貸付けについて準用する。

7　漁港管理者は、第二項の認定を受けた者が第一項の農林水産省令で定める基準に適合しなくなつたと認めるときは、当該認定を受けた者に対し、必要な措置をとるべきことを勧告することができる。

8　漁港管理者は、前項の規定による勧告を受けた者が当該勧告に従い必要な措置をとらなかつたときは、第二項の認定を取り消すことができる。

9　前各項に定めるもののほか、特定漁港施設の貸付けに関し必要な事項は、農林水産省令で定める。

**解説**　漁港（その取り扱う水産物の数量が千トン以上であるものに限る（施行規則第一一条の二）。）における特定漁港施設（漁獲物の処理、保蔵及び加工の用に供する施設（その敷地を含む。）その他の農林水産省令で定める漁港施設をいう。）を運営し、又は運営しようとする者は、当該漁港の漁港管理者に対し、農林水産省令で定めるところにより、特定漁港施設の運営の事業を実施するために必要な資力及び信用を有することその他の農林水産省令で定める基準に適合するものである旨の認定を申請することができる（第一項）。

「農林水産省令で定める漁港施設」とは、次に掲げるものをいう（施行規則第一一条の三）。

① 係留施設
② 輸送施設
③ 漁獲物の処理、保蔵及び加工施設
④ ①、②、③の機能を確保するための護岸
⑤ ①から④の敷地

「農林水産省令で定める基準」とは、次のものをいう（施行規則第一一条の五）。

① 特定漁港施設の運営の事業を実施するために必要な資力及び信用を有していること。
② 特定漁港施設の機能の高度化に関する知識及び技術を有していること。
③ その実施する特定漁港施設の運営の事業が、次のいずれにも該当するものであること。
イ 当該漁港における水産物に係る衛生管理の方法の改善又は水産物の集出荷その他の流通に係る業務の効率化に特に資すること。
ロ 当該漁港の漁港管理規程に適合すること。
ハ 当該漁港における漁港漁場整備事業の施行に支障を及ぼさないこと。
ニ 当該漁港の利用を阻害しないこと。
ホ ロからニに掲げるもののほか、当該漁港の保全に支障を及ぼさないこと。

（漁港施設の利用）

**第三十八条** 国及び漁港管理者以外の者が基本施設である漁港施設を他人に利用させ、又はこれらの施設の使用料を徴収しようとするときは、利用方法及び料率を定めて、漁港管理者の認可を受けなければならない。これを変更しようとするときも、同様である。

**解説** 本条は、漁港施設の利用制限の規定である。国及び漁港管理者以外の者が基本施設である漁港施設を他人に利用させ、又はこれらの施設の使用料を徴収しようとするときは、利用方法及び料率を定めて、漁港管理者の認可を受けなければならない。漁港の区域内では、漁港管理者が漁港管理規程を定めてその管理する漁港施設を

利用者の使用に供し、利用の対価を徴収している。漁港管理者以外の者に同一漁港内において同様な行為を行わせる場合には、漁港の利用の秩序を維持するために、漁港管理者の認可を受ける必要があるのである。

（漁港の保全）

**第三十九条**　漁港の区域内の水域又は公共空地において、工作物の建設若しくは改良（水面又は土地の占用を伴うものを除く。）、土砂の採取、土地の掘削若しくは盛土、汚水の放流若しくは汚物の放棄又は水面若しくは土地の一部の占用（公有水面の埋立てによる場合を除く。）をしようとする者は、漁港管理者の許可を受けなければならない。ただし、特定漁港漁場整備事業計画若しくは漁港管理規程によつてする行為又は農林水産省令で定める軽易な行為については、この限りでない。

2　漁港管理者は、前項の許可の申請に係る行為が特定漁港漁場整備事業の施行又は漁港の利用を著しく阻害し、その他漁港の保全に著しく支障を与えるものでない限り、同項の許可をしなければならない。

3　漁港管理者は、第一項の許可に漁港の保全上必要な条件を付することができる。

4　国の機関又は地方公共団体（港湾法（昭和二十五年法律第二百十八号）に規定する港務局を含む。）が、第一項の規定により許可を要する行為をしようとする場合には、あらかじめ漁港管理者に協議することをもつて足りる。

5　何人も、漁港の区域（第二号及び第三号にあつては、漁港施設の利用、配置その他の状況により、漁港の保全上特に必要があると認めて漁港管理者が指定した区域に限る。）内において、みだりに次に掲げる行為をしてはならない。

一　基本施設である漁港施設を損傷し、又は汚損すること。

二　船舶、自動車その他の物件で漁港管理者が指定したものを捨て、又は放置すること。

三　その他漁港の保全に著しい支障を及ぼすおそれのある行為で政令で定めるものを行うこと。

6　漁港管理者は、前項各号列記以外の部分の規定又は同項第二号の規定による指定をするときは、農林水産省令で定めるところにより、その旨を公示しなければならない。これを廃止するときも、同様とする。

7　前項の指定又はその廃止は、同項の公示によつてその効力を生ずる。
8　都道府県知事（港湾法第五十八条第二項の規定に基づき公有水面埋立法（大正十年法律第五十七号）の規定による都道府県知事の職権を行う港湾管理者を含む。）は、漁港の区域内における公有水面の埋立てについて、同法第二条第一項の規定による免許をしようとするときは、漁港管理者の同意を得なければならない。ただし、次の各号のいずれかに該当するものについては、この限りでない。
一　特定漁港漁場整備事業計画によつてする埋立て
二　前号に掲げるもののほか、漁港施設の整備のためにする埋立て
三　前二号に掲げるもののほか、第一種漁港、第二種漁港又は第四種漁港の区域内の埋立てであつて当該漁港の利用を著しく阻害しないもの

**解説**　漁港の区域内の水域及び公共空地において、次に掲げる一定の行為を行う場合は、漁港管理者の許可が必要とされており、漁港の保全上必要な条件を付すことができる（第一項、第二項）。

①　工作物の建設若しくは改良
②　土砂の採取
③　土地の掘削、盛土
④　汚水の放流
⑤　汚物の放棄
⑥　水面又は土地の占用

なお、「水域」とは、漁港の指定内容である区域のうち、水域として表示されている範囲と同一であり、春秋分時の満潮線までの海面、湖沼又は河川水面の範囲である。「公共空地」とは、漁港の水域及び漁港施設と一体として機能する春秋分時の満潮線から陸側に存する国有の海浜地その他の土地で、公共の用に供されるものをいう。

規制の対象とされている行為に該当するものであっても、本法の他の規定により漁港の保全に支障を与えないことが担保されている行為又は軽易な行為で漁港の保全に支障を与えるおそれのないものなど次に掲げる行為については、許可を要しない（第一項ただし書）。

①　特定漁港漁場整備事業計画によってする行為
②　漁港管理規程によってする行為
③　次に掲げる軽易な行為（施行規則第一三条）

イ　通常の管理行為

ロ　非常災害のために必要な応急措置として行う行為

行為をしようとする者が、国の機関、地方公共団体（港湾法に規定する港湾局を含む。）である場合は、許可に代えて漁港管理者に協議すれば足りる（第四項）。この場合にあっては、協議書（施行規則第一二条第二項、別記七号様式）を漁港管理者に提出して行う。

何人も、漁港の区域内において、みだりに次に掲げる行為をしてはならないこととされ、漁港区域内（②及び③にあっては、漁港施設の利用、配置その他の状況により、漁港の保全上特に必要があると認めて漁港管理者が指定した区域に限る。）の利用調整をはかることとされている（第五項）。

① 基本施設である漁港施設を損傷し又は汚損すること。

② 船舶、自動車その他の物件で漁港管理者が指定したものを捨て、又は放置すること。

③ その他漁港の保全に著しい支障を及ぼすおそれのある行為で政令で定めるものを行うこと（現在のところ政令の定めはない。）。

なお、「みだりに」とは、正当な権限又は正当な理由がないことをいう。

漁港管理者は、禁止区域及び物件の指定をするときは、農林水産省令で定めるところにより、その旨を公示しなければならない。これを廃止するときも同様である（第六項）。当該指定又はその廃止は、公示によってその効力を生ずる（第七項）。

区域の指定の公示は、当該区域を明示して、広報又は新聞紙に掲載するほか、当該指定に係る区域又はその周辺の見やすい場所に掲示して行うこととされ、物件の指定の公示は、公報又は新聞紙に掲載するほか、当該指定に係る区域又はその周辺の見やすい場所に掲示して行うこととされている。これらの公示は、当該公示に係る指定の適用の日の一〇日前までに行わなければならない（施行規則第一四条）。

漁港の区域内の公有水面の埋立てについては、都道府県知事が公有水面埋立法第二条又は第四二条の規定により免許又は承認しようとするときは、特定漁港漁場整備計画によってする埋立て及び第一種、第二種又は第四種漁港の区域内の埋め立てて当該漁港の利用を著しく阻害しないものを除き、漁港管理者の同意を得なければならない（第八項）。

（監督処分）

**第三十九条の二**　漁港管理者は、次の各号のいずれかに該当する者に対して、その許可を取り消し、その効力を停止し、若しくはその条件を変更し、又はその行為の中止、工作物若しくは船舶、自動車その他の物件（以下「工作物等」という。）の改築、移転若しくは除却若しくは原状回復を命ずることができる。

一　前条第一項又は第五項の規定に違反した者

二　前条第一項の規定による許可に付した条件に違反した者

三　偽りその他不正な手段により前条第一項の規定による許可を受けた者

2　漁港管理者は、漁港の区域内の土地、竹木又は工作物等の所有者又は占有者に対し、土地の欠壊、土砂又は汚水の流出その他土地、竹木又は工作物等が漁港に及ぼすおそれのある危害を防止するために必要な施設の設置その他の措置をとることを命ずることができる。

3　第一項の規定による改築、移転、除却若しくは原状回復又は前項の規定による措置に要する費用は、当該命令を受けた者の負担とする。

4　第一項又は第二項の規定により必要な措置をとることを命じようとする場合において、過失がなくて当該措置を命ずべき者を確知することができないときは、漁港管理者は、当該措置を自ら行い、又はその命じた者若しくは委任した者にこれを行わせることができる。この場合においては、相当の期限を定めて、当該措置を行うべき旨及びその期限までに当該措置を行わないときは、漁港管理者又はその命じた者若しくは委任した者が当該措置を行う旨を、あらかじめ公告しなければならない。

5　漁港管理者は、前項の規定により工作物等を除却し、又は除却させたときは、当該工作物等を保管しなければならない。

6　漁港管理者は、前項の規定により工作物等を保管したときは、当該工作物等の所有者、占有者その他当該工作物等について権原を有する者（以下この条において「所有者等」という。）に対し当該工作物等を返還するため、政令で定めるところにより、政令で定める事項を公示しなければならない。

7　漁港管理者は、第五項の規定により保管した工作物等が滅失し、若しくは破損するおそれがあるとき、又は前項の規定による公示の日から起算して三月を経過してもなお当該工作物等を返還することができない場合において、政令で定めるところにより評価した当該工作物等の価額に比し、その保管に不相当な費用若しくは手数を要するときは、政令で定めるところにより、当該工作物等を売却し、その売却した代金を保管することができる。

8　漁港管理者は、前項の規定による工作物等の売却につき買受人がない場合において、同項に規定する価額が著しく低いときは、当該工作物等を廃棄することができる。

9　第七項の規定により売却した代金は、売却に要した費用に充てることができる。

10　第四項から第七項までに規定する工作物等の除却、保管、売却、公示その他の措置に要した費用は、当該工作物等の返還を受けるべき所有者等その他第四項に規定する当該措置を命ずべき者の負担とする。

11　第六項の規定による公示の日から起算して六月を経過してもなお第五項の規定により保管した工作物等（第七項の規定により売却した代金を含む。以下この項において同じ。）を返還することができないときは、当該工作物等の所有権は、当該工作物等を保管する漁港管理者に帰属する。

**解説**　漁港管理者は、次に掲げる事項のいずれかに該当する者に対して、その許可を取り消し、その効力を停止し、若しくはその条件を変更し、又はその行為の中止、工作物若しくは船舶、自動車その他の物件（以下「工作物等」という。）の改築、移転若しくは除却若しくは原状回復を命ずることができる（第一項）。

①　許可を受けないで制限行為を行った者
②　許可の条件に違反した者
③　偽りその他不正の手段により許可を受けた者

漁港管理者は、漁港の区域内の土地、竹木又は工作物等の所有者又は占有者に対し、土地の欠壊、土砂又は汚水の流出その他土地、竹木又は工作物等が漁港に及ぼすおそれのある危害を防止するために必要な施設の設置その他の措置をとることを命ずることができる（第二項）。この場合それらに必要な経費については、違反者の負担とされる（第三項）。

第一項又は第二項の命令に対し、相手方が従わない場合には、通常は行政代執行法に基づく代執行を行うことが多い。ところが、放置船などの場合に、その所有者が確認できない場合が多く、命令を出せないので行政代執行法に基づく代執行を行うことができない。このように命令の相手方を確認できない場合であっても、所用の手続を経た上で代執行のできる仕組み（簡易代執行ともいう。）が、本法では規定されている（第四項～第一一項）。簡易代執行の手続は次のとおりである。

① 第一項又は第二項の規定により必要な措置をとることを命じようとする場合において、過失がなくて当該措置を命ずべき者を確知することができないときは、漁港管理者は、当該措置を自ら行い、又はその命じた者若しくは委任した者にこれを行わせることができる。この場合においては、相当の期限を定めて、当該措置を行うべき旨及びその期限までに当該措置を行わないときは、漁港管理者又はその命じた者若しくは委任した者が当該措置を行う旨を、あらかじめ公告しなければならない（第四項）。

② 漁港管理者は、工作物等を除却し、又は除却させたときは、当該工作物等を保管しなければならない（第五項）。

③ 漁港管理者は、工作物等を保管したときは、当該工作物等の所有者、占有者その他当該工作物等について権原を有する者（以下この条において「所有者等」という。）に対し当該工作物等を返還するため、

イ 当該工作物等の名称又は種類、形状及び数量

ロ 当該工作物等が放置されていた場所及び当該工作物等を除却した日時

ハ 当該工作物等の保管を始めた日時及び保管場所

等について、保管を始めた日から起算して一四日間、当該漁港管理者の事務所に掲示するなどして公示しなければならない（第六項、施行令第二一条、第二二条）。

④ 漁港管理者は、保管した工作物等が滅失し、若しくは破損するおそれがあるとき、又は公示の日から起算して三か月を経過してもなお当該工作物を返還することができない場合において、当該工作物等の購入又は製作に要する費用、使用年数、損耗の程度その他工作物等の価格の評価に関する事情を勘案して評価した当該工作物等の価格に比し、その保管に不相当な費用若しくは手数を要するときは、競争入札又は随意契約により当該工作物等を売却し、その売却した代金を保管

することができる（第七項、施行令第二三条、第二四条）。

⑤　漁港管理者は、工作物等の売却につき買人がない場合において、評価額が著しく低いときは、当該工作物等を廃棄することができる（第八項）。

⑥　工作物等を売却した代金は、売却に要した費用に充てることができる（第九項）。

⑦　工作物等の除却、保管、売却、公示その他の措置に要した費用は、当該工作物等の返還を受けるべき所有者等その他当該措置を命ずべき者の負担とする（第一〇項）。

⑧　③の公示の日から起算して六か月を経過してもなお保管した工作物等（④により売却した代金を含む。以下同じ。）を返還することができないときは、当該工作物等の所有権は、当該工作物等を保管する漁港管理者に帰属する（第一一項）。

（負担金の通知及び納入手続等）

**第三十九条の三**　前条第十項の規定による負担金の額の通知及び納入手続その他負担金に関し必要な事項は、政令で定める。

**解説**　第三九条の二、第一〇項の規定（上の⑦）による負担金の額の通知及び納入手続は、地方自治法施行令第一五四条に規定している歳入の納入に係る手続の例により行う（第三九条の三、施行令第二七条）。

（経過措置）

**第三十九条の四**　第六条第一項から第四項までの規定による漁港の指定の際現に権原に基づき、第三十九条第一項の規定により許可を要する行為を行つている者は、従前と同様の条件により、当該行為について同項の規定により許可を受けたものとみなす。第六条第五項又は第六項の規定による漁港の区域の変更の際現に権原に基づき、その変更に伴い新たに第三十九条第一項の規定により許可を要することとなる行為を行つている者についても、同様とする。

**解説**　漁港が指定され又は漁港の指定内容の変更（区域の拡張）がなされた際、新たに漁港の区域となった地域において、現に権原に基づき、すなわち、他の法令等に基づき許可を受ける等正当な事由により第三九条第一項の規定による許可を要する行為を行っている者については、従前と同様の条件で当該行為について同条同項の許可を受けたものとみなされる。

（土砂採取料及び占用料）

**第三十九条の五**　漁港管理者は、農林水産省令で定める基準に従い、漁港の区域内の水域（漁港管理者以外の者がその権原に基づき管理する土地に係る水域を除く。）及び公共空地について第三十九条第一項の規定による採取又は占用の許可を受けた者から土砂採取料又は占用料を徴収することができる。ただし、同条第四項に規定する者については、この限りでない。

2　漁港管理者は、偽りその他不正の行為により前項の土砂採取料又は占用料の徴収を免れた者から、その徴収を免れた金額の五倍に相当する金額以下の過怠金を徴収することができる。

3　第一項の土砂採取料及び占用料並びに前項の過怠金は、当該漁港管理者の収入とする。

**解説**　漁港管理者は、農林水産省令で定める基準に従い、漁港の区域内の水域（漁港管理者以外の者がその権原に基づき管理する土地に係る水域を除く。）及び公共空地について第三九条第一項の規定による採取又は占用の許可を受けた者から土砂採取料又は占用料を徴収することができる（第一項）。「農林水産省令で定める基準」は、次のように定められている（施行規則第一八条）。

土砂採取料又は占用料は、土砂採取又は占用の目的及び態様に応じて公正妥当なものとなることを旨として、近傍類地における土砂採取料又は近傍類地の地代等を考慮して定めるものとする。

なお、第三九条第四項の規定により、協議をもって足りることとされている国の機関、地方公共団体からは徴収することはできない（第一項ただし書）。

漁港管理者は、偽りその他不正の行為により土砂採取料又は占有料の徴収を免れた者から、その徴収を免れた額の五倍に相当する金額以下の過怠金を徴収することができる（第二項）。

# 第六章　雑　則

（漁港施設とみなされる施設）
**第四十条**　第三条に掲げる施設であつて、第六条第一項又は第二項の規定により指定された漁港の区域内にないものについても、市町村長又は都道府県知事が、農林水産省令で定めるところにより、農林水産大臣の認可を受けて指定したものは、これを漁港施設とみなす。この場合において、農林水産大臣は、認可をしようとするときは、水産政策審議会の議を経なければならない。
2　第三条に掲げる施設であつて、第六条第三項又は第四項の規定により指定された漁港の区域内にないものについても、農林水産大臣が水産政策審議会の議を経て指定したものは、これを漁港施設とみなす。
3　市町村長、都道府県知事又は農林水産大臣は、前二項の規定により施設の指定をしたときは、遅滞なく、その旨を当該施設の所有者又は占有者に通知しなければならない。

**解説**　漁港施設（第三条）であって、市町村長又は都道府県知事により指定された漁港（第六条第一項又は第二項）の区域内にないものについても、市町村長又は都道府県知事が、農林水産大臣の認可を受けて指定したものは、これを漁港施設とみなす。この場合において、農林水産大臣は、認可をしようとするときは、水産政策審議会の議を経なければならない（第一項）。
なお、漁港施設とみなされる施設の認可を受けようとする場合には、次に掲げる事項を記載した申請書及びこれに図面を添付して、農林水産大臣に提出しなければならない（施行規則第一九条）。
①　申請者の名称
②　認可を受けようとする施設の所在地
③　認可を受けようとする施設の種類、名称及び構造
④　認可を受けようとする施設の所有者及び管理者
⑤　漁港施設とみなす必要があるとする理由
なお、添付する図面は、認可を受けようとする施設の所在地を示す図面及び当該施設の平面図、縦断面図、横断面図、構造図その他の当該施設の構造を示す図面であ

る。

漁港施設（第三条）であって、農林水産大臣により指定された漁港（第六条第三項又は第四項）の区域内にないものについても、農林水産大臣が水産政策審議会の議を経て指定したものは、これを漁港施設とみなされる（第三項）。

市町村長、都道府県知事又は農林水産大臣は、漁港施設の指定をしたときは、遅滞なく、その旨を当該施設の所有者又は占有者に通知しなければならない（第三項）。

（調査、測量及び検査）

**第四十一条**　市町村長、都道府県知事又は農林水産大臣は、第六条の規定により漁港の区域を定め、又はこれを変更するために必要があると認める場合には、漁港関係者若しくはその組織する団体に対し必要な報告若しくは資料の提出を求め、又は五日前にその所有者若しくは占有者に通知して、他人の土地若しくは水面に立ち入り、測量若しくは検査をすることができる。

2　農林水産大臣は、必要があると認める場合には、漁港管理者に対し、その職務の執行に関して必要な報告若しくは資料の提出を求め、又はその職員に、事業場、事務所その他の場所に立ち入り、質問させ、若しくは帳簿書類その他の物件を検査させることができる。

3　前二項の規定による立入り、測量、検査又は質問をする者は、その身分を示す証票を携帯しなければならない。

4　第一項の場合には、市町村長、都道府県知事又は農林水産大臣は、遅滞なく、同項の立入り、測量又は検査により現に生じた損害を補償しなければならない。

**解説**　市町村長、都道府県知事又は農林水産大臣は、漁港の指定（第六条）により漁港の区域を定め、又はこれを変更するために必要があると認める場合には、漁港関係者若しくはその組織する団体に対し必要な報告若しくは資料の提出を求め、又は五日前にその所有者若しくは占有者に通知して、他人の土地若しくは水面に立ち入り、測量若しくは検査をすることができる（第一項）。

農林水産大臣は、必要があると認める場合には、漁港管理者に対し、その職務の執行に関して必要な報告若しくは資料の提出を求め、又はその職員に、事業場、事務所その他の場所に立ち入り、質問させ、若しくは帳簿書類その他の物件を検査させることができる（第二項）。

（国土交通大臣に対する協議）

**第四十二条**　漁港管理者は、主として運輸の用に供する施設について、第三十八条の認可をし、又は第三十九条第一項の許可をしようとするときは、国土交通大臣に協議しなければならない。

解説

漁港管理者は、主として運輸の用に供する施設について、漁港施設の利用の認可（第三八条）をし、又は工作物の建設等の許可（第三九条第一項）をしようとするときは、国土交通大臣に協議しなければならない。

（不服申立て）

**第四十三条**　この法律若しくはこれに基く命令又は漁港管理規程によつてした漁港管理者の処分に不服のある者は、農林水産大臣に対して審査請求をすることができる。

2　農林水産大臣は、この法律若しくはこれに基づく命令又は漁港管理規程に基づく処分についての審査請求又は異議申立てがあつたときは、水産政策審議会の意見を聴いて、裁決又は決定をしなければならない。

3　水産政策審議会は、前項の規定により意見を決定しようとするときは、あらかじめ、期日及び場所を通知して、審査請求人若しくは異議申立人又はその代理人に対し公開による意見の聴取をしなければならない。

解説

本法若しくはこれに基づく命令又は漁港管理規程によってした漁港管理者の処分に不服のある者は、農林水産大臣に対して審査請求をすることができる（第一項）。行政不服申立てについては、行政審査法第一条第一項で「行政庁の処分その他公権力の行使に当たる行為に関する不服申立てについては、他の法律に特別の定めがある場合を除くほか、この法律の定めるところによる。」と規定されている。審査請求は、同法の規定による不服申立形式の一つで、処分庁の上級行政庁に対して行うものである。この場合の手続は、処分があったことを知った日の翌日から、六〇日以内にしなければならないし（行政不服審査法第一四条）、書面（正副二通）を提出してしなければならない（行政不服審査法第九条）。

農林水産大臣は、この法律若しくはこれに基づく命令又は漁港管理規程に基づく処分についての審査請求又は異議申立てがあったときは、水産政策審議会の意見を聴いて、裁決又は決定をしなければならない（第二項）。「異議申立て」とは、処分庁に上級官庁がないとき、処分庁が主務大臣であるとき等の場合、当該行政庁に対して行う不服申立ての形式であり（行政不服審査法第五条）、その手続は、審査請求の場合とほぼ同様である（行政不服審査法第九条、第四五条）。「裁決」とは、審査請求に対する上級行政庁の処分であり、「決定」とは、異議申立てに対する行政庁の処分をいう（行政不服審査法第七条、第四〇条）。

水産政策審議会は、前項の規定により意見を決定しようとするときは、あらかじめ、期日及び場所を通知して、審査請求人若しくは異議申立人又はその代理人に対し公開による意見の聴取をしなければならない（第三項）。

（都道府県等が処理する事務）

**第四十四条**　この法律に定める農林水産大臣の権限に属する事務の一部は、政令の定めるところにより、都道府県知事又は市町村長（特別区の区長を含む。）が行うこととすることができる。

**解説**　この法律に定める農林水産大臣の権限に属する事務の一部は、政令の定めるところにより、都道府県知事又は市町村長（特別区の区長を含む。）が行うこととすることができる。

本条の規定により都道府県知事等が処理することとされている事務の内容は、次のとおり（次のうち、市町村長が処理するとされている事務は、①の第一種漁港（その所在地が一の市町村の区域内にあり、かつ、その漁港管理者が当該市町村であるものに限る。）に係るもの。）である（施行令第二四条）。

① 第二四条第一項後段に規定する、水産業協同組合が特定漁港漁場整備事業の施行のため他人の土地若しくは水面への立入り、又はこれらの一時使用を行うに当たっての許可

② その所在地が一の都道府県に限られる第一種漁港についての第二五条第一項第三号の規定による漁港管理者の指定

③ 第一種漁港及び第二種漁港（それぞれ、その所在地が二以上の都道府県にわたるものを除く。）についての法第三四条第二項の規定による届出の受理（当該漁港の漁港管理者が都道府県である場合を除く。）

④ ③に規定する届出の受理に係る漁港管理規程につい

ての第三四条第三項の規定による助言又は勧告をすることができる。

⑤　第一種漁港及び第二種漁港（それぞれ、その所在地が二以上の都道府県にわたるものを除く。）については、その第四一条第二項の規定による報告若しくは資料の提出の要求、立入り、質問又は検査（当該漁港の漁港管理者が都道府県である場合を除く。）

なお、都道府県知事が、②の漁港管理者の指定、③の漁港管理規程の届出の受理、又は④の漁港管理規程について助言又は勧告をしたときは、遅滞なく、農林水産大臣に報告するものとされている。

（経過措置）

**第四十四条の二**　この法律の規定に基づき政令又は農林水産省令を制定し、又は改廃する場合においては、それぞれ、政令又は農林水産省令で、その制定又は改廃に伴い合理的に必要と判断される範囲内において、所要の経過措置（罰則に関する経過措置を含む。）を定めることができる。

**解説**　本条は、本法に基づく政省令の経過措置に関する規定である。本法の規定に基づき政省令の制定又は改廃の場合においては、それぞれ所要の経過措置を定めることができる。

# 第七章　罰　　則

**第四十五条**　次の各号のいずれかに該当する者は、五十万円以下の罰金に処する。
一　第二十四条第一項の場合において、農林水産大臣の許可を受けないで他人の土地若しくは水面に立ち入り、又はこれらを使用した者
二　第三十七条第一項の規定に違反した者
三　第三十九条第一項の許可を受けないで、同項の建設、改良、採取、掘削、盛土、放流、放棄又は占用をした者
四　第三十九条第五項の規定に違反して基本施設である漁港施設を損傷し、又は汚損した者

**解説**　次のいずれかに該当する者は、五〇万円以下の罰金に処せられる。
①　第二四条第一項違反（特定漁港漁場整備事業の施行のため必要がある場合において、農林水産大臣の許可を受けないで他人の土地若しくは水面に立ち入り、又はこれらを使用した者）
②　第三七条第一項違反（漁港管理者の許可を受けないで漁港施設の処分をした者）
③　第三九条第一項違反（漁港管理者の許可を受けないで漁港区域内の水域又は公共空地において工作物の建設、土砂の採取、水面又は土地の一部占用等の行為をした者）
④　第三九条第五項違反（漁港の区域内において、みだりに基本施設である漁港施設を損傷し、又は汚損した者）

**第四十六条**　次の各号のいずれかに該当する者は、三十万円以下の罰金に処する。
一　第二十一条第二項後段の許可を受けないで、特定漁港漁場整備事業の施行を委託した者
二　第三十八条の認可を受けないで、基本施設である漁港施設を他人に利用させ、又はこれらの施設の使用料を徴収した者
三　第三十九条第五項の規定に違反して同項第二号又は第三号に該当する行為をした者
四　第四十一条第二項の規定による職員の立入り、測

量又は検査を拒み、妨げ、又は忌避した者

**解説**　次のいずれかに該当する者は、三〇万円以下の罰金に処せられる。

① 第二五条第二項違反（農林水産大臣の許可を受けないで特定漁港漁場整備事業の施行を委託した者）

② 第三八条違反（漁港管理者の認可を受けないで、基本施設である漁港施設を他人に利用させ、又はこれらの施設の使用料を徴収した者）

③ 第三九条第五項違反（漁港区域内のうち漁港管理者が指定した区域内において、みだりに船舶、自動車その他の物件で漁港管理者が指定したものを捨て、又は放置した者）

④ 第四一条第二項違反（農林水産大臣が命ずる職員の立ち入り、測量又は検査を拒み、妨げ、又は忌避した者）

**第四十七条**　法人の代表者又は法人若しくは人の代理人、使用人その他の従業者が、その法人又は人の業務に関し、前二条の違反行為をしたときは、行為者を罰するほか、その法人又は人に対しても、各本条の刑を科する。

**解説**　本条は、両罰規定に関する規定である。法人の代表者又は法人若しくは人の代理人、使用人その他の従業者が、その法人又は人の業務に関して、第四五条又は第四六条の違反行為をしたときは、行為者を罰するほか、その法人又は人に対し、本条の罰金刑を科する。両罰規定とは、ある犯罪が行われた場合に、行為者本人のほか、その行為者と一定の関係にある他人（法人を含む。）に対しても刑を科する旨の規定をいう。

## 著者略歴

金田禎之（かねだ　よしゆき）
1948年農林省入省・秋田県水産課長・水産庁漁業調整課長・水産庁沖合漁業課長・瀬戸内海漁業調整事務局長・日本原子力船研究開発事業団相談役・社団法人日本水産資源保護協会専務理事・全国釣船業協同組合連合会会長・社団法人全国遊漁船業協会副会長等を歴任。
主なる著書等
和文英文日本の漁業と漁法（改訂版）・実用漁業法詳解（10訂版）・新編漁業法詳解（増補３訂版）・漁業法のここが知りたい（５訂版）・新編都道府県漁業調整規則詳解（改訂版）・漁業関係判例総覧（増補改訂版）・漁業関係判例総覧続巻（増補改訂版）・漁業関係判例要旨総覧・定置漁業者のための漁業制度解説・総合水産辞典・さかな随談・日本漁具漁法図説（増補２訂版）・漁業紛争の戦後史・漁業資材の統制とその変遷・漁業権等の諸問題と船舶の通航・Antecedente Y Desrrollo del Sistema Pesquero en Japon・The Seven Greatest Fisheries Incidents in Japan・Background and Development of Fishery System in Japan

# 解説・判例漁業六法

2009年９月25日　第１版第１刷発行

編　著　金　田　禎　之

発行者　松　林　久　行

発行所　株式会社大成出版社

東京都世田谷区羽根木１－７－11
〒156-0042　電話 03（3321）4131㈹
http://www.taisei-shuppan.co.jp/


印刷　信教印刷


ISBN978-4-8028-2908-3